荞麦燕麦理论研究与实践

◎常克勤 等 著

中国农业科学技术出版社

图书在版编目(CIP)数据

荞麦燕麦理论研究与实践 / 常克勤等著. --北京: 中国农业科学技术出版社, 2024.5

ISBN 978-7-5116-6665-9

Ⅰ. ①荞… Ⅱ. ①常… Ⅲ. ①荞麦-研究②燕麦-研究 Ⅳ. ①S517②S512.6

中国国家版本馆 CIP 数据核字(2024)第 021576 号

责任编辑 金 迪
责任校对 李向荣
责任印制 姜义伟 王思文

出 版 者 中国农业科学技术出版社
北京市中关村南大街 12 号 邮编: 100081
电 话 (010) 82106625 (编辑室) (010) 82106624 (发行部)
(010) 82109709 (读者服务部)
网 址 https://castp.caas.cn
经 销 者 各地新华书店
印 刷 者 北京建宏印刷有限公司
开 本 185 mm×260 mm 1/16
印 张 33.75 彩插 4 面
字 数 790 千字
版 次 2024 年 5 月第 1 版 2024 年 5 月第 1 次印刷
定 价 198.00 元

作者简介

常克勤，宁夏农林科学院固原分院研究员，宁夏农学院农学专业本科学历，学士学位，成都大学农业硕士（农艺与种业）专业学位研究生导师，主要从事荞麦、燕麦新品种选育、种质资源鉴定、栽培技术研究、成果转化示范和技术咨询服务工作。先后参与或主持完成国家科学技术部、农业农村部、宁夏回族自治区科技厅等各级各类科研项目（课题）46 项，其中 2008 年至今，被农业农村部聘为国家燕麦荞麦产业技术体系执行专家组成员，固原燕麦荞麦综合试验站站长，2022 年至今，被中组部、农业农村部等部委选派为国家乡村振兴重点帮扶县西吉县科技特派团团长兼燕麦荞麦产业组组长，2023 年被聘为宁夏小杂粮育种与栽培创新团队首席专家，同年被宁夏农林科学院评为优秀学科带头人，2006 年 9 月—2007 年 8 月由中组部等部委选派作为“西部之光”访问学者在中国农科院作物科学研究所研修，2010 年 8 月—2019 年 9 月应邀先后出访瑞典、丹麦、俄罗斯和印度等国家，参加燕麦荞麦学术交流国际会议，2011 年 10 月，应邀赴我国台湾在台湾大学参加“第三届海峡两岸谷物与杂粮健康产业研讨会”。主持或参与选育农作物新品种 22 个，制定地方（地区）标准 16 项（公布 6 项），授权国家发明专利 2 项，实用新型专利 6 项、软件著作权 1 项，取得科技成果 25 项，获宁夏回族自治区科技进步二等奖 2 项、三等奖 3 项，出版专著 18 部（其中主著（编）3 部、副著（编）2 部、参著（编）13 部），发表学术论文 60 余篇。通过多年的试验研究，制定出宁夏荞麦燕麦高产栽培和绿色生产技术规范，形成了适合宁夏南部山区特点的荞麦燕麦生产技术体系。

《荞麦燕麦理论研究与实践》
著者名单

主　　著　常克勤

参著人员　（按姓氏笔画排序）

马玉鹏　母养秀　任　强　杜燕萍
杨　娇　杨崇庆　李耀东　张久盘
张月荷　张晓娟　陈一鑫　陈彩锦
尚继红　赵永峰　赵芳成　剡宽将
常耀军　曾燕霞　翟玉明　穆兰海

前　　言

宁夏是我国荞麦燕麦的主产区之一，宁南山区作为我国红花荞麦和裸燕麦的核心区域，具有悠久的栽培历史和独特的地理气候环境，也拥有与其他荞麦燕麦种植区域不同的生态类型。选育适宜宁夏南部山区种植的荞麦燕麦新品种，研究配套高产栽培技术，是适应国家粮食作物种植业发展和宁夏小杂粮产业提升增效急需解决的实际生产问题。本书基于科学翔实的理论研究资料，从宁南山区荞麦燕麦生长种植特点出发，对不同生态型种植条件下荞麦燕麦育种和栽培管理等方面进行了系统研究，形成了荞麦燕麦种质资源创新利用、新品种选育、栽培生理研究、新品种新技术示范应用、科研成果转化等方面的研究成果。全书共分上、中、下三篇。上篇为理论研究，分为四章，在介绍包括荞麦、燕麦在内的宁夏小杂粮的本底现状、商品化趋势、影响因子、营养和医用价值、相关领域政策等宁夏小杂粮多样性的基础上，按章节分别介绍了甜荞、苦荞和莜麦的概况、形态特征、生物学特性、分布、生产及优势区域、新品种选育、高产栽培技术、综合利用等内容。中篇为学术论文，遴选了本人以及团队成员伴随着宁夏荞麦燕麦产业发展、科研创新、探索追求中写作、合作、协作完成的近60篇学术论文，内容涵盖荞麦燕麦育种方法与技术、种质资源研究与创新、品种选育与示范、有机无公害种植与基础研究等。下篇为科技成果，内容包括公布和未公布的地方（地区）标准，授权的国家发明和实用新型专利、为政府和相关部门决策提交的部分调研报告和宁夏小杂粮区域规划等。附录为专家传略。

本着尊重历史的原则和对过去负责的态度，原内容未进行修改，在各文尾均标明出处，尽最大努力保持原版、原作、原貌。其实，人生中的每一段旅程从时间的长河来看，每个人的存在只是短暂一瞬。人生短暂，一切既是逝去的瞬间，也是历史的积淀。本书系统而忠实地记录了宁夏荞麦燕麦发展的这一瞬间，既是个人成长经历的见证，也是团队多年从事研究工作的结晶，更是铸就产业发展未来的启迪！将这本书定名为《荞麦燕麦理论研究与实践》，以此表达自己对这两种作物科研工作的眷恋，本人万分珍惜从固原地区农业科学研究所到宁夏农林科学院固原分院从事荞麦燕麦研究过程中与各位老师、专家、同事、朋友结下的深厚情谊，本书的出版希望能够为作者自己多年来付出的心血和努力带来慰藉，能够为青年科技工作者带来精神指引，能够为宁夏荞麦燕麦产业技术研发积累历史经验，更能为国家粮食安全和乡村振兴做出积极贡献。

鉴于时间、水平局限，难免有很多不足甚至错误，恳请读者谅解、斧正。

2023 年 10 月 6 日于苏州

目　　录

上篇　理论研究

中篇　学术论文

下篇　科技成果

上篇

理论研究

第一章　宁夏小杂粮生物多样性研究

第一节　概　述

一、定义

小杂粮是小宗作物的俗称，主要包括小杂粮和小杂豆。其生育期短，种植分散，面积较小，抗旱耐瘠，是宁夏重要的特色农作物。宁夏种植的小杂粮包括糜子、谷子、荞麦（甜荞和苦荞）、燕麦（裸燕麦和皮燕麦）、高粱等；小杂豆有豌豆、草豌豆、蚕豆、扁豆、绿豆、小豆、芸豆、鹰嘴豆等。

二、概况

（一）世界小杂粮分布情况

小杂粮在世界范围内的分布不像小麦、水稻那样广泛，主要分布在亚洲、美洲、非洲和欧洲，小杂粮的主要种植国家有中国、印度、日本、伊朗、朝鲜、尼泊尔、美国、加拿大、俄罗斯、乌克兰、波兰、意大利、埃及、埃塞俄比亚、摩洛哥、巴西等30多个国家和地区。中国是小杂粮主产国，多数杂粮在世界上都占主导地位。黄河流域的谷子栽培为世界最早，苦荞麦为中国独产，糜子、荞麦面积和产量居世界第二位，燕麦、豇豆、小扁豆、蚕豆、绿豆、小豆等中国也是世界主产国。中国小杂粮面积和产量的变化直接影响着全球小杂粮市场价格和消费需求。

（二）中国小杂粮分布与生产

小杂粮在我国分布很广，各地均有种植，但主产区相对集中。从地理分布特点看，主要分布在我国高原区，即黄土高原、内蒙古高原、云贵高原和青藏高原；从生态环境分布特点看，主要分布在我国生态条件较差的地区，即干旱半干旱地区、高寒地区；从经济发展区域分布特点看，主要分布在我国经济欠发达的地区、少数民族地区、边疆地区、贫困地区和革命老区；从行政区域看，主要分布在东北、华北、西北和西南地区，包括内蒙古、河北、山西、陕西、甘肃、宁夏、青海、云南、四川、贵州、西藏、黑龙江、吉林、辽宁等省区。

我国小杂粮种植面积为$905.9\times10^4 hm^2$左右，占全国粮食作物种植面积的8.73%，其中荞麦、糜子、燕麦、青稞等面积为$350.76\times10^4 hm^2$，占3.81%，谷子、高粱面积为$238.05\times10^4 hm^2$，占2.3%，绿豆、豌豆、蚕豆、小豆等面积为$317.05\times10^4 hm^2$，占

2.62%。我国小杂粮总产量约1 971.53×10^4t，占全国粮食总产量的4.14%，其中荞麦、糜子、燕麦、青稞等产量为765.7×10^4t，占1.61%，谷子、高粱产量为719.9×10^4t，占1.51%，绿豆、豌豆、蚕豆、小豆等产量为485.9×10^4t，占1.02%。

全国豆类作物种植面积为1 167.1×10^4hm^2，其中杂豆种植面积为317.05×10^4hm^2，占27.17%，全国豆类总产量为2 001.09×10^4t，其中杂豆485.92×10^4t，占24.28%，杂豆在我国豆类生产中占有相当重要的地位。

我国小杂粮生产条件普遍较差，多数小杂粮育种栽培技术研究工作开展相比较晚，生产水平落后，单产普遍较低，许多地方产量只有300~600kg/hm^2，在栽培管理水平较好的地区，产量可达1 500~3 000kg/hm^2，甚至更高。

（三）宁夏小杂粮分布与产况

宁夏小杂粮主要分布在宁南山区八县，作物以糜子、荞麦、豌豆、蚕豆、谷子、草豌豆、燕麦、扁豆、高粱为主，也有少量的绿豆、小豆、芸豆、鹰嘴豆、豇豆等。2005年统计数据，全区小杂粮播种面积17.1×10^4hm^2，占全区粮食作物总面积（77.6×10^4hm^2）的21.98%，随着生产条件改善，新品种新技术的推广，小杂粮的产量上升，平均产量由1980年的628.65kg/hm^{2}增加到2005年的1 204.95kg/hm^2，增产91.67%，总产20.16×10^4t，占粮食总产量（299.81×10^4t）的6.72%，对稳定粮食总产量起到了重要作用。

三、本底现状

糜子：宁夏糜子主要种植在盐池、同心、海原、原州、彭阳、西吉等县（区），最高年份种植面积曾经超过13×10^4hm^2，一般年份保持在7×10^4hm^{2}左右。2020年调查显示，宁夏糜子种植面积为3.33×10^4hm^2，主要种植在干旱半干旱区的海原县、同心县、盐池县和彭阳县。小杂粮优势种植区域规划，将宁夏的海原县、同心县、盐池县、彭阳县、西吉县和原州区糜子适宜种植区划入糜子优势种植区域。

荞麦：宁夏荞麦主要种植在盐池县、同心县、彭阳县、海原县、西吉县和原州区，最高年份种植面积曾经超过7×10^4hm^2，一般年份保持在4×10^4~4.5×10^4hm^2。2020年调查显示，宁夏荞麦（甜荞和苦荞）种植面积约为8.70×10^4hm^2，主要种植在干旱半干旱区的盐池县、同心县、彭阳县和海原县。小杂粮优势种植区域规划，将宁夏的盐池县、同心县、彭阳县、海原县、西吉县和原州区荞麦适宜种植区划入荞麦优势种植区域。

豌豆：宁夏豌豆主要种植在西吉县西北部、海原县中南部以及同心县南部的半干旱区，最高年份种植面积曾经超过7×10^4hm^2，一般年份保持在4×10^4hm^{2}左右。2020年调查显示，宁夏豌豆种植面积为1.67×10^4hm^2，主要种植在干旱半干旱区的西吉县、海原县、同心县、盐池县和原州区。小杂粮优势种植区域规划，将宁夏的西吉县、海原县、同心县、盐池县和原州区豌豆适宜种植区划入优势种植区域。

谷子：宁夏谷子主要种植在宁夏北部干旱半干旱区，最高年份种植面积曾经超过4×10^4hm^2，常年种植面积保持在2×10^4hm^{2}左右。2020年调查显示，宁夏谷子种植面积为2.0×10^4hm^2，其中，地膜覆盖张杂谷13号达到1.2×10^4hm^2，主要种植在干旱半干旱区的同心县、海原县和盐池县，原州区和西吉县也有一定的种植面积。小杂粮优势种植区域规划，将宁夏的同心县、海原县、盐池县和原州区谷子适宜种植区划入优势种植区域。

蚕豆：宁夏蚕豆主要种植在以六盘山为中心的半湿润区，一般年份保持在1×10^4hm^{2}左右。2020年调查显示，宁夏蚕豆种植面积为0.80×10^4hm^2，主要种植在半湿润区的隆德县、泾源县，西吉县也有一定的种植面积。隆德县蚕豆种植面积占宁夏蚕豆总面积的75%以上。小杂粮优势种植区域规划，将宁夏的隆德县、泾源县蚕豆适宜种植区划入优势种植区域。

扁豆：宁夏扁豆主要种植在干旱、半干旱区，最高年份种植面积曾经超过1.5×10^4hm^2，一般年份保持在1×10^4hm^{2}左右。2020年调查显示，宁夏扁豆种植面积为4 000hm^2，主要种植在干旱半干旱区的海原县、同心县、西吉县、彭阳县和原州区。小杂粮优势种植区域规划，将宁夏的海原县、同心县扁豆适宜种植区划入优势种植区域。

莜麦（裸燕麦）：宁夏莜麦主要种植在六盘山东西两侧的半干旱区和半阴湿区的高寒冷凉山区，近年来年种植面积稳定在5 500hm^{2}左右。2020年调查显示，宁夏莜麦种植面积为10万亩（1亩≈667m^2），主要种植在半干旱区和半阴湿区的西吉县、彭阳县和原州区。小杂粮优势种植区域规划，将宁夏的西吉县、彭阳县和原州区莜麦适宜种植区划入优势种植区域。

草豌豆：宁夏草豌豆主要种植在固原市半干旱区，长期以来没有进行统计和调查。2020年调查显示，彭阳县草豌豆种植面积为5 333.3hm^2，其他各县（区）没有进行统计。根据草豌豆的抗旱耐旱特性及在全国的区域分布特点，宁夏草豌豆优势种植区域应包括彭阳县、原州区、盐池县、同心县、海原县等干旱半干旱区。

四、变化及趋势

小杂粮是宁夏农业生产的一大传统产业、特色产业，也是具有明显比较优势的出口创汇产业。近年来，本着因地制宜、规模发展的原则，坚持以市场为导向，效益为中心，以龙头企业为依托，通过抓基地、搞示范、建市场，使宁夏全区小杂粮生产有了长足发展，并把质量创优，品牌创新、效益创高当作农业调产的主要内容，加大开发力度，呈现出蓬勃发展的良好态势。一是种植规模不断扩大，主导地位日益突出。宁夏小杂粮种类多，品质好，独特的气候条件和明显的资源优势为小杂粮提供了良好的发展机遇，经过近几年的发展，小杂粮面积稳中有升，品种结构进一步优化，品质逐步提高。到2022年宁夏全区小杂粮种植面积发展到250万亩左右，占全区粮食总面积（1 038万亩）的24.1%，在规模发展的同时，小杂粮的品种结构更趋合理，谷子主推张杂谷13号，糜子主推固糜24号，荞麦主推信农1号、固荞1号和黔黑荞1号等，燕麦主推燕科1号、固燕1号，豆类主推固鹰1号等高产优质品种。全区小杂粮种植正在从零星松散种植向规模经营转变，已初步形成优质谷子、优质糜子、优质荞麦、优质杂豆等四大特色基地；二是商品量迅速增加，增值能力明显提升。目前，全区现已建成小杂粮加工龙头企业20多个，年加工能力达到15万t，全区小杂粮年销售总量9.0万t，占生产总量的60%. 宁夏环太生物技术有限公司、宁夏山逗子杂粮有限公司、宁夏兴鲜杂粮种植基地（有限公司）等成功走出了一条“农户十基地+企业”的综合发展路子，从而使企业形成从调种、培训、技术指导到产品回收、加工、销售为一体的经营格局，生产的优质商品销往全国30多个大中城市；三是大力实施精品名牌战略，绿色无公害产品荟萃。宁夏小杂粮种植历史悠久，生产的小杂粮绿色、无污染、品质好。近年来，我区把实施名牌战略、发展无公害食品作为促进全区经济的一项重大举措，加强领导，精心组织，制定小杂粮标准化安全生产操作规程，加强小杂粮产品的产地及品牌认证工作，全区累计创出20多个获奖品牌，多个小杂粮产品通过了绿色食品认证，所有这些名牌产品的问世和推广，都极大地提高了宁夏小杂粮的市场知名度和竞争力，为小杂粮产业开发增添了无限活力。

宁夏日新月异的农业科技成果，不仅带动着我区经济的飞速发展，更是在不断地改善着我区人民的生活水平。小杂粮作为农业中的一项新兴产业，依旧需要更为深入的开发和挖掘。小杂粮产业中潜藏着的巨大价值，最终将会为宁夏带来可观的效益！一个时代的生产水平决定了一个时代的需求，小杂粮能从中国几千年来的传统历史沉淀中在今日脱颖而出，这既是历史的选择也是农业生产发展的缩影，从过去单纯的解决温饱问题到今天要吃得健康、吃得营养，我国作为世界上首屈一指的农业大国，可以说，已经在很大程度上基本满足了人民群众和时代背景的需要。小杂粮产业虽然只是宁夏农业体系中的一个部分，但其今日的发展成果和辉煌的未来已然昭示着宁夏农业的飞跃，在未来，小杂粮产业定能更加完善地服务于宁夏农业。

第二节　影响因子

一、优势

1. 小杂粮是种植业结构调整的特色作物

多数小杂粮都具有生育期短，适应范围广，耐旱耐瘠的特点，可在高海拔冷凉山地和山旱薄地种植，是不可替代的避灾、救灾作物，是种植业资源合理配置中不可缺少的作物。

宁南山区自然灾害特别是干旱发生频率高达60%以上，从4月开始种植豌豆、燕麦、谷子，到5月、6月种植糜子，再到6月、7月种植荞麦，在宁夏南部山区，有长达120多天的时间可以播种不同小杂粮，这对于经常春夏连旱的宁夏南部山区而言是十分重要的。播期长使小杂粮成为宁南山区旱地抗旱播种的首选作物。尽管有许多其他高产量、高产值作物，小杂粮面积却一直稳定在一定的水平上，干旱年份还会大幅度上升。小杂粮以其自身年际间面积的不稳定，保证了宁南山区粮食播种面积和粮食产量的相对稳定，为当地人民生活、农业生产、畜牧业繁荣和经济发展作出了巨大贡献。发展小杂粮生产对实现区域粮食平衡，改善生态脆弱区的生态环境，提高全民族健康水平也有十分重要的意义。

2. 小杂粮是发展粮食生产的潜力产业

由于小杂粮种植条件差，科研和推广工作相对滞后，使得小杂粮生产上的产量水平与试验中的产量水平差距很大。加强小杂粮研究和技术推广，通过新品种和新技术的应用，小杂粮的产量会大幅度提高，对稳定增加粮食生产意义重大。

3. 小杂粮是健身食物源

小杂粮营养丰富，是食物构成中的重要粮食品种，是传统食物源，又是现代食物源。国际农业营养和卫生组织认为，小杂粮是尚未被充分认识和利用，具有特殊利用价值的经济作物，“荞麦在 21 世纪将成为一种主要的作物。”中国中长期食物发展战略研究表明，在供给国人 200kg 的粮食中，豆类应占 2%，荞麦、莜麦、糜子、青稞等小杂粮应占 20%，粗粮占 35%。现在欧洲富人的餐桌上已摆上过去穷人的食品——小杂粮健身食品。

4. 小杂粮是食品工业的原料源

小杂粮营养价值很高，还含有特殊营养素。荞麦、莜麦蛋白质含量高，多种氨基酸富有且配比合理，其亚油酸、黄酮苷、酚类及特有的 Mg、Fe、Zn、Se、Ca 等营养素有降血脂、降血糖、软化血管和防治地方病等调治效果，被誉为“美容、健身、防病”的保健食品原料，利用荞麦类黄酮含量高的特点为糖尿病人开发的保健食品、保健药品已经很多；绿豆、小豆、豌豆、蚕豆、芸豆、黑豆等食用豆类蛋白质含量不仅比禾谷类粮种高 1~2 倍，而且氨基酸齐全，“化学得分值高”，又由于含有核酸、胡萝卜素、膳食纤维、B 族维生素、维生素 C、维生素 E 等，是食品工业的原料源；糜子中含锌量为 27mg/100g，含硒 0.01mg/100g，氨基酸、维生素含量高而全；体外实验表明，高粱及糜子提取物对 HMG-Co 酶有显著的抑制作用，而此酶为体内胆固醇合成的限速酶，此提取物有可能开发为降血脂保健食品。

5. 小杂粮是天然有机食品源

人是自然的产物，食物是人体健康和疾病的物质根源。人要靠自然食物调节自身，保持健康，要尽量摄取自然态的食物，小杂粮有独特的优势：种类多，生长期短，多种植于无污染源、工业极不发达的地区。尤其是高海拔山区，无工业污染，生产中不施用农药、化肥，其产品是自然态，无有害物质，是人类“回归大自然”中颇受青睐的天然食品源。

6. 小杂粮是养殖业的饲料源

养殖业是食品工业的重要原料支柱，发展饲料工业是发展养殖业、增加动物性食物的前提。饲料工业的重点是蛋白饲料的开发利用。小杂粮中的大麦营养价值较全面，饲用价值高于其他谷类作物。糜子、谷子秸秆对解决干旱半干旱地区饲料缺乏问题具有十分重要的作用。食用豆类的籽粒、秕碎粒、荚壳、茎叶蛋白质含量较高，粗脂肪丰富，茎叶柔软，易消化，饲料单位高，且比其他饲料作物耐瘠、耐阴、耐旱，生长快、生长期短，在岗丘薄地、林果隙地、地边地堰都可种植，也可作为大田补缺、套种、复播。种植小杂粮能在较短的时间内获得较多的青体茎秆和干草，对畜牧业的发展，增加肉、奶、蛋的产量和提高食物构成中动物性食物的份额有直接的影响。

7. 小杂粮是宁夏传统的出口产品

在世界贸易中，我国出口到国外的土特产品中，小杂粮是大宗产品。宁夏出口的杂粮包括荞麦、扁豆、豌豆、糜子等。但由于新品种推广力度不大，产品的国际市场竞争力还很低，迫切需要我们改变现有种植、推广、生产、营销结构和更新理念，加强小杂粮新品种选育、优良品种提纯复壮、繁育和推广工作，提高品质，发展适销小杂粮品种，努力开拓新的国际市场。

8. 小杂粮是贫困地区的经济源

宁夏小杂粮主要种植在南部山区，干旱少雨，土地贫瘠，气候寒冷，资源有限，经济欠发达。许多地方不适宜种植其他作物，只有小杂粮能够良好生长。小杂粮在宁夏南部山区种植有较大的比较优势。加强小杂粮的科学研究，发展小杂粮生产，形成小杂粮产业，有利于老区、山区、少数民族地区的脱贫致富，有利于民族团结，是宁夏南部山区新的经济增长点。

二、劣势

1. 种植条件差

小杂粮主要种植在山旱地，山旱地种植占总面积的93.30%以上，有灌溉条件的只有$1\times10^4hm^2$左右，占5.95%，而且主要是间复套种。种植条件差对小杂粮产量的提高影响很大。一般情况下，农民的土地首先选择种植玉米、马铃薯、小麦等作物，在干旱十分严重的时候才种植杂粮类作物，而且多数不施肥。

2. 面积不稳，产量偏低

一是灾年面积扩大，正常年份减少。如2004年宁南山区气候基本正常，小杂粮面积只有约$13.3\times10^4hm^2$，而2005年春季干旱，面积达到$17.03\times10^4hm^2$，比上年增长了28%。二是当某种作物种植面积扩大时，首先是减少小杂粮的面积。如退耕还林（草）主要退的是山旱地，压缩的主要是小杂粮的面积。三是新品种和新技术推广应用速度慢，生产上良种缺乏和栽培管理不到位的问题没有根本改变。四是多年来形成的传统种植方式，习惯于粗放经营，科技含量低，投入不足，严重影响了小杂粮优势的发挥。

3. 政策影响比较大

糜子、豌豆等小杂粮在宁夏南部山区一度是主要作物，为当地生产、人民生活和经济发展做出了巨大贡献。随着扬黄灌溉面积的扩大，杂粮的面积和总产量都有较大的下降。退耕还林（草）战略的实施，首先冲击的是小杂粮的面积。从科技投入的角度看，与其他作物相比，小杂粮科技投入较少，对稳定小杂粮研究队伍带来了较大的影响。由于研究资金有限，还没有对小杂粮生理、生化、营养、品种、栽培、开发、转化等问题进行深入系统的研究，小杂粮产业链条尚未形成，区域优势和价值优势不能充分的发挥。

4. 品种改良步伐缓慢

小杂粮作物或植株小、花器小，或异交率高，杂交、选育难度大，一定程度上影响了小杂粮新品种的选育、应用和推广。全国从事小杂粮品种选育的单位较少，其中扁豆、糜子、莜麦、草豌豆、荞麦更少。资源收集和鉴定工作进行得很少，进行分子和基因水平的研究人员很少或研究的深度不够，很多优异基因，如抗旱基因、保健功能基因等没有得到很好的开发利用。

第三节 小杂粮品种名录

一、甜荞

甜荞（*Fagopyrum esculentum* Moench，普通荞麦），英文名 Buckwheat，蓼科（Polygonaceae）荞麦属（*Fagopyrum* Gaerth）栽培种，学名 *Fagopyrum* Mill，又名乔麦、乌麦、花麦、三角麦、荞子，为非禾本科谷物。异花授粉，籽粒为三棱形，花是很好的蜜源。

二、苦荞

苦荞［*Fagopyrum tataricum*（L.）Gaertn，鞑靼荞麦］，英文名 Bitter Buckwheat，蓼科（Polygonaceae）荞麦属（*Fagypyrum* Mill）栽培种。译名鞑靼荞。中国科学家通过对荞麦起源、史实、栽培及利用的研究认为，鞑靼荞冠名为苦荞更为妥当。

三、糜子

糜子（*Panicum miliaceum* L.），英文名 Proso 或 Broom corn millet，禾本科（Gramincae）黍属（*Panicum* L.）栽培种，又称黍、稷、糜，是我国北方旱区主要制米作物之一，有粳糯之分。主要分布在我国西北、华北、东北干旱半干旱地区。其生育期短，耐旱、耐瘠薄，生育规律与降水规律相吻合，是雨水资源高效利用型作物，在干旱半干旱地区粮食生产中占有举足轻重的地位。

四、谷子

谷子［*Setaria italica*（L.）Beauv.］，英文名 Foxtail millet，禾本科（Gramineae）狗尾草属（*Setaria* Beauv.）栽培种，古称粟、粱、禾等，有 7 300 多年的栽培史，是驯化最早的作物之一，几千年来一直作为极其重要的粮食作物被广泛种植。

五、莜麦

莜麦（*Avena nuda* L.），英文名 Naked Oat，一年生草本植物，禾本科（Cramineae），燕麦属（*Avena* L.）栽培种。燕麦属有燕麦（*A. sativa* L）、莜麦（*A. nuda* L）、野燕麦（*A. fatua* L）3 种，按外稃性状特征又将燕麦分为皮燕麦（有稃型）和莜麦（裸粒型）两大类，俗称皮燕麦和裸燕麦。世界其他国家的栽培燕麦以皮燕麦为主，绝大多数用于家畜家禽的饲料。中国栽培的燕麦以莜麦为主，籽实作为粮食食用，茎叶则用作牲畜的饲草，因此，我国莜麦是一种粮草兼用型作物。

六、高粱

高粱［*Sorghum bicolor*（L.）Moench］英文名 Sorghum，禾本科（Cramineae）高粱属（*Sorghum Moench*）栽培种，又名蜀黍、芦粟、秫秫、茭子，一年生草本，高粱是世界五大谷类作物之一，也是中国最早栽培的禾谷类作物之一。在中国，主要分布在东北、华北、西北和黄淮流域的温带地区。

七、小扁豆

小扁豆（*Lens culinaris* Medic.），英文名 Lentil split pea，豆科（Leguminosae）兵豆属［*Lens*（Toum）L.］栽培种，又名滨豆、鸡眼豆等，属一年生草本植物，根据籽粒大小和性状又分为两个亚种：

大粒亚种（*L. culinaris* subsp. *Macroperma*）：花较大，白色有纹，少数为浅兰色；荚果和籽粒均大而扁，种皮浅绿色带斑点；小叶大，卵形。

小粒亚种（*L. culinaris* subsp. *Microperma*）：花较小，白、紫或浅粉红色；荚果与籽粒小至中等；籽粒形如凸透镜，种皮浅黄、黑色、花纹不一；小叶小长条形或披针形。

八、草豌豆

草豌豆（*Lathyrus sativus* L.），英文名 Cultivate Vetchling，豆科（Leguminosae）山黧豆属（*Lathyrus* L.）栽培种，又名马牙豆、家山黧豆、草香豌豆、牙豌豆、三角豆等，一年生草本植物，草豌豆干籽粒既可食用，也是家畜的精料，其嫩叶可作为野菜食用，嫩荚水煮后作为蔬菜，刈草可喂牲口，是一种粮、菜、绿肥、饲料兼用的豆科作物。

山黧豆属有 50 多个种，是一个较大的属，有多年生种和一年生种，其主要特点是茎有翼状物或有棱角，羽状复叶，上有卷须，可以攀援。其中有些种可作饲料，另一些种可观赏，如香豌豆（*Lathyru sodoratus* L.）、宿根豌豆（*L. latifotbus* L）等，只有草豌豆可作为食用豆类作物栽培。在豆类作物中，草豌豆有很强的抗旱耐旱性和耐瘠薄能力，在我国北方干旱半干旱地区具有特殊的适应性。由于草豌豆研究基础薄弱，生产上主要以农家种为主。

九、绿豆

绿豆［*Vigna radiata*（L.）Wilclzek］，英文名为 Mung Beans，（Green）Grams。豆科（Leguminosae）豇豆属（*Vigna* L.）栽培种。又叫菉豆、录豆、植豆、文豆、青小豆。

十、小豆

小豆（*Vigna angularis*（willd）Ohwi & Ohashi），英文名：Azuki Bean、Adzuki Bean、或 Adsuki Bean，豆科（Leguminosae）豇豆属（*Vigna*）栽培种。又名赤豆、赤小豆、红

豆、红小豆、竹豆、金豆、朱豆等。

十一、芸豆

芸豆（*Phaseolus vulgaris* L.），英文名 Common Bean，Haricot Bean，Scarlet Runner Bean。豆科（Leguminosae）菜豆属（*Phaseolus* L.）栽培种，又名四季豆、唐豆、饭豆、莲豆等。

十二、豌豆

豌豆（*Pisum sativum* L.），英文名 Pea，Garden Pea，豆科（Leguminosae）豌豆属（*Pisum* L.）栽培种，又名麦豆、寒豆，软荚豌豆又被称为荷兰豆，是世界食用豆类作物之一，起源于亚洲西部和地中海沿岸，公元前6 000多年在近东和希腊，中世纪在欧洲普遍栽培。

十三、蚕豆

蚕豆（*Vicia faba* L.），英文名 Broadbean，Silkwormbean，Horsebean，豆科（Leguminosae）蚕豆属（*Vicia* L.）栽培种。豆科蚕豆属，一年生草本植物。因豆荚形似老熟的蚕，所以称蚕豆，又称胡豆、罗汉豆、佛豆等，宁夏多称大豌豆。蚕豆是人类栽培最古老的作物之一，一般认为里海南部、地中海沿岸及非洲北部是野生栽培种的祖先，4 000多年前意大利已从事蚕豆栽培。

第四节　相关研究分析

一、小杂粮生产的区域优势和市场竞争力分析

1. 宁夏南部山区小杂粮生产有明显的区域优势

全区小杂粮主产区耕地面积 $80.3\times10^4 hm^2$，人均 $0.34hm^2$，土地资源丰富。地域偏僻，工矿企业少，劳动力充足，高寒冷凉气候条件与小杂粮的生长发育习性相吻合，在无污染环境中种植的小杂粮，是真正的绿色食品。

2. 育种力量雄厚，育成品种的适应性强

先后育成豌豆、扁豆、蚕豆，糜子、谷子、荞麦、莜麦新品种 19 个，而且地方品种资源丰富，特别是荞麦、豌豆、蚕豆等由于品质好，深受外商欢迎。如宁糜 9 号是唯一被列入国家科技成果重点推广计划的糜子品种，在陕、甘、宁、内蒙古、晋等省推广，宁豌 4 号被农业部列入“科技进户工程”进行重点推广。糜子不论基础研究还是品种选育，处于全国领先地位。

3. 小杂粮生产已经引起地方政府的重视

从 2003 年开始，宁夏地方政府加大了对小杂粮研究推广的支持力度。增加了对小

杂粮品种试验、良种繁育的投入，建立了良种繁育基地。2006 年，宁夏自治区政府与西北农林科技大学携手，就小杂粮良种基地建设、产品产业开发等签署了合作协议，在原州区建立了国家小杂粮展示园区。在此基础上，划拨专门经费，开展了全区小杂粮生产现状调查。以县为调查单位，每县抽查 3 个乡（镇），每个乡（镇）又抽查 3 个行政村，每个行政村抽查 5 户农户进行了自 1980 年以来普查式的调查，掌握了第一手的基础资料。为宁夏小杂粮优势种植区划和今后小杂粮产业发展奠定了基础。

4. 宁夏小杂粮有较强的市场竞争力

2004 年全国豌豆、扁豆、蚕豆、荞麦、谷子、莜麦等 6 种作物出口量 23.746×10^4t，宁夏回族自治区小杂粮销售量 34 326t，销路畅通，价格明显低于国际市场，竞争力强。

二、小杂粮发展潜力和市场前景分析

1. 小杂粮面积、单产提高空间大

随着小杂粮产业开发和间、复、套种面积的扩大，小杂粮面积还有 $2.7\times10^4\sim3.3\times10^4hm^2$ 的增长空间。由于生产条件、优良品种和栽培技术的限制，目前小杂粮的亩产水平较低。到“十四五”末，随着一批小杂粮优良新品种的审定（认证）和推广，大面积试验、示范平均单产 2 250kg/hm^2，与目前大面积生产平均亩产量 1 205kg/hm^2 相比还有很大增长空间。差距预示着潜力，通过改良品种，提高品种纯度，改善生产条件，提高单产，增加总产的潜力很大。

2. 市场前景看好，销量还可扩大

小杂粮营养丰富，是食物构成中的重要组成部分，中国长期食物发展战略研究表明，在国人膳食结构中，豆类应占 2%，粗粮占 35%。与我国相邻的日本、韩国，每年小杂粮消费量的 82% 靠进口，俄罗斯、美国等国家和地区同样有较大需求量。宁夏回族自治区小杂粮种类多，生育期短，种植于高海拔、无污染的山区，是人类“回归大自然”中颇受青睐的天然食品。利用国家粮食宏观调控政策，在稳定面积，提高产量的基础上，加大研究、推广力度，发挥保护收购价的引导作用，使每个农户都严格按照经销者的要求种植，最大限度地降低营销风险，外销还可进一步扩大。

3. 加工利用可进一步发展

随着人们生活水平的提高、膳食结构的改变和对健康的追求，人们开始注重营养的全方位，洁净的自然食物已成为追逐的时尚。小杂粮是医、食同源的新型食品资源，依托宁夏回族自治区区域优势，开发小杂粮清真食品，开拓中东及其他伊斯兰地区市场前景广阔。同时，从宁夏各城镇以小杂粮为主的副食品供应现状看，不论是品种还是数量只能达到需求量的 70% 左右，而且随着城乡人口的增加，需求量还会大大增加，所以加工利用前景广阔。

总之，宁夏小杂粮不论从区域、分布、种类、面积还是品质上看，在全国都有一定的竞争能力，国内、外市场看好。要充分利用国家对小杂粮产业的重视，扶持农业与粮食生产等有利因素，抓住粮食产品售价略有增长的市场机会，通过良种和技术推广，稳定面积、提高产量，做大、做强小杂粮产业。

第五节　相关领域政策

一、优势区域布局

（一）指导思想

以市场为导向，以提高小杂粮产业总体效益和农民收入为目的，以稳定面积、优化结构和品种为重点，主要突出市场销路好，国际贸易需求旺盛的荞麦及小杂豆等作物种植，加强基础设施建设，发展订单生产，实现小杂粮区域化布区，规模化生产，产业化经营，加快形成具有国内外市场竞争力的小杂粮优势产区。

（二）发展思路

（1）区域发展保品质。坚持“有所为，有所不为”的原则，根据不同小杂粮对地域和气候条件的适应能力，划分优势区域，扶持龙头企业，统筹规划安排，分区重点发展。

（2）稳定面积抓良种。在单种基础上，发展间作、复种、套种，保证小杂粮面积稳定在300万亩，单位面积产量提高30%左右，总产量达31×10^4t。同时，加快品牌品种，间、复、套种品种的引进、选育、推广，完善配套栽培技术，提高单位面积产量。

（3）保证销路促经营。依托龙头企业带动，发展定单农业。严格按照市场和经营者的要求种植、管理，与开发商一起保销路，求生存。发挥保护价收购的引导作用，缓解产量波动和销售矛盾。

（4）加工增值求发展。稳定粗加工，发展深加工，开发特色加工，增加小杂粮的附加值。

（三）优势区域布局原则

（1）生态适宜原则。优势区域生态条件基本符合小杂粮生长要求。

（2）市场导向原则。着眼于国内、国际两个市场需求，加速发展市场占有率高、前景广阔的优势产品，建设原料基地，进行产品加工研发。

（3）龙头牵引原则。以培育龙头加工企业为重点，带动生产基地建设，形成“科技+公司+农户”的产业化结构模式。

（4）品牌带动原则。加大品牌品种和产品的开发力度，尽快形成独具竞争优势的特色品牌，占领国内外市场。走产地品牌和龙头企业品牌的路子。

（5）比较优势原则。一是生产布局相对集中，种植面积大，单产水平高。二是交通方便，销路广，副食品加工和外销能力强，转化率高。三是土地宽广，劳动力资源充足，有一定的发展后劲。

（四）优势区域界定依据

根据气候状况、种植现状和产业基础进行界定。

（1）气候状况（表1-1-1）

表 1-1-1 宁夏小杂粮主产县（区）气候状况与适宜小杂粮种类

主产县（区）	年均温（℃）	年降水量（mm）	≥10℃积温（℃）	无霜期（d）	海拔（m）	适宜小杂粮
原州区	6.0	478	1 980~2 690	135	1 450~2 825	豌豆、扁豆、莜麦
西吉县	5.3	420	1 850~2 320	129	1 688~2 633	豌豆、扁豆
隆德县	5.6	435	1 883~2 280	126	1 720~2 932	蚕豆、豌豆
泾源县	5.7	650.9	1 890~2 350	132	1 608~2 942	蚕豆、莜麦
彭阳县	7.4~8.4	350~550	2 500~2 800	160	1 248~2 416	荞麦、糜子、草豌豆
海原县	5.3~8.6	400	2 630~2 950	110~146	1 300~2 920	糜子、豌豆、扁豆
同心县	8.4	270	2 970~3 160	183	1 260~2 625	糜子、荞麦、豌豆
盐池县	9.2	280	3 120~3 310	168	1 300~1 900	荞麦、糜子

（2）小杂粮在粮食作物中的比重。宁南山区小杂粮占粮食作物总面积的 32.3%，其中，93.3% 的小杂粮种植在旱地。水地种植小杂粮只有隆德的蚕豆，年播种 $0.17\times10^4hm^2$，占 1.01%；小杂粮播种面积占粮食播种面积的比例分别为：同心 36.2%、盐池 46.1%、海原 48.9%，彭阳 31.1%、西吉 30.6%、隆德 25.9%、泾源 24.8%、原州区 10.9%。

（3）宁南山区小杂粮种植结构与产量水平。糜子面积为 $5.19\times10^4hm^2$，占杂粮面积的 30.5%，平均单产 1 390.5 kg/hm^2；荞麦面积为 $4.6\times10^4hm^2$，占杂粮面积的 27.16%，平均单产 667.5kg/hm^2；豌豆面积为 $3.45\times10^4hm^2$，占杂粮面积的 20.28%，平均单产 1 416 kg/hm^2；谷子面积为 $1.32\times10^4hm^2$，占杂粮面积的 7.74%，平均单产 1 144.5 kg/hm^2；蚕豆面积为 $0.84\times10^4hm^2$，占杂粮面积的 4.91%，平均单产 1 857kg/hm^2；扁豆面积为 $0.56\times10^4hm^2$，占杂粮面积的 3.28%，平均单产 1 140kg/hm^2；莜麦面积为 $0.53\times10^4hm^2$，占杂粮面积的 3.11%，平均单产 1 210.5kg/hm^2；草豌豆面积为 $0.52\times10^4hm^2$，占杂粮面积的 3.03%，平均单产 1 897.5kg/hm^2。

（五）优势区域划分

按照界定依据和生产现状，确定宁南山区的盐池县、同心县、海原县、西吉县、原州区、彭阳县、隆德县、泾源县 7 县 1 区为宁夏小杂粮优势区域。根据气候条件可分为干旱区、半干旱区和半阴湿区。重点发展荞麦、豌豆、糜子、蚕豆、扁豆、草豌豆、莜麦、谷子等优势小杂粮。

（六）优势区域规划社会经济效益分析

（1）促进小杂粮生产、科研、加工和销售等全面发展，能提高当地小杂粮的市场竞争力，把资源优势转变成产品优势。

（2）促进种植业结构和种植制度的合理调配，发展立体复合种植，能提高自然资源利用率，增强躲避和抵御自然灾害的能力。

（3）通过区域规划，集中种植，提升小杂粮产品质量，可以促进小杂粮产业化发展，使规划区内233万人有较稳定的收入来源，增加经济收入近1亿元，有利于提高老、少、边、穷地区人民的生活水平，有利于老、少、边、穷地区人民脱贫致富，减轻国家粮食区域平衡压力，促进民族团结、社会安定和经济腾飞。对提高老少边贫地区粮食自给水平，减少调入，防止脱贫人口再次返贫，减轻粮食总量和区域平衡压力意义重大。

（4）促进县域经济和养殖业发展，增加农民收入，调动农民学科学、用科学的积极性，对建设社会主义新农村和构建和谐社会具有十分重要的意义。

（5）规模化种植和集约化生产，能够带动收购、加工、运输、种子科研、生产等相关行业发展，解决劳动力就业，加快农村剩余劳动力的转化，加快小城镇的建设步伐。

二、小杂粮扶持政策

1. 原州区扶持政策

为加快推进小杂粮产业化发展，进一步优化产业结构，做大做强原州区小杂粮产业，根据中共原州区委办公室区人民政府办公室《关于印发〈固原市原州区2023年农业产业奖补方案〉的通知》（原党办〔2023〕10号）精神和《2023年原州区小杂粮种植补贴项目实施方案》，原州区2023年对集中连片种植张杂谷、糜子、荞麦、莜麦等累计面积在300亩以上，最小连片地块不小于50亩的企业、合作社、家庭农场和种植户等生产经营主体，每亩给予100元种植补贴（对自行购买张杂谷种子的种植主体给予每亩200元补贴），每个经营主体最多补贴1 000亩。种植300~500亩经营主体最少带动10户脱贫享受政策户、边缘易致贫户、突发严重困难户和政策性移民户每户增收1 000元以上，种植501~1 000亩经营主体最少带动15户脱贫享受政策户、边缘易致贫户、突发严重困难户和政策性移民户每户增收1 000元以上。

2. 西吉县扶持政策

为促进西吉县小杂粮产业高质量发展，提升绿色化、标准化、规模化水平。根据中共西吉县委 县人民政府《关于印发〈西吉县2023年财政涉农资金统筹整合使用方案〉的通知》（西党发〔2023〕9号）及中共西吉县委办公室 县人民政府办公室《关于印发〈2023年农业产业高质量发展实施方案〉的通知》（西党办发〔2023〕20号）文件精神，西吉县农业农村局牵头制定了《西吉县2023年农业产业高质量发展杂粮规模化基地建设项目实施方案》，该方案以深化农业供给侧结构性改革为主线，充分发掘当地特色杂粮种植的传统优势，以提升杂粮种植水平、做大做强杂粮特色产业、增加农民收入、巩固拓展脱贫成果、助力乡村振兴为总目标，通过开展杂粮良种引进、示范、推广，以及全程机械化种植、订单生产、加工包装、品牌销售等方式，采取“新型农业经营主体+基地+农户”的模式，建设一批杂粮（谷子、糜子、荞麦、莜麦）规模化种植基地，带动广大农户种植杂粮作物。按照先建后补的原则，集中连片建设500亩以上的小杂粮规模化种植基地，每亩补贴100元。计划建设规模化基地10万亩。进一步带动西吉县适宜区杂粮规模化种植、标准化生产和产业化经营，全面提升杂粮综合生产能力，推动西吉县小杂粮产业高质量发展。

3. 盐池县扶持政策

根据盐池县委员会农村工作领导小组文件（盐党农发【2023】1号）关于印发《盐池县2023年巩固拓展脱贫攻坚成果同乡村振兴有效衔接实施方案》的通知精神，2023年整合资金3 266.6万元对县级主导产业小杂粮产业培育扶持政策为建设荞麦标准化生产基地共2万亩，建设特色杂粮杂豆示范基地1个（200亩），带动全县种植以荞麦为主的小杂粮45万亩以上；认证荞麦绿色食品1个，培育市级以上龙头企业3家，培育产值2 000万元以上企业2家，培育产值5 000万元以上企业1家，打造杂粮加工企业品牌6个；年内完成社会化服务面积6.2万亩、推广液体有机肥面积10万亩。杂粮总产量达到3万吨以上，实现产值2亿元。

第六节　面临的问题、挑战和对策

一、面临的问题

（1）生产规模小，种植方式落后。宁夏小杂粮大多种植在干旱、半干旱地区或山坡丘陵等贫瘠的零星土地，种植分散、新品种推广、良种基地和生产基地建设规模小，实用技术得不到及时推广应用，种植方式落后，产品开发的产业链条尚未形成，产业化程度低，因此，不利于统一品种布局，统一技术指导，统一商品收购，从而影响了小杂粮生产的管理和商品市场的形成。

（2）品种单一、栽培管理技术比较粗放。由于宁夏小杂粮科研工作起步晚，手段比较落后，生产中缺乏优质、功能性、专用性品种，多数品种生产种植时间较长，退化严重，加之新品种、新技术推广速度缓慢，宁夏小杂粮多种植在干旱、半干旱地区的瘠薄地，人们对小杂粮生产中肥料的施用，合理密植、轮作倒茬、病虫害防控等栽培技术还没有很好的掌握和应用，因而影响了小杂粮生产水平的提高，造成产量偏低。

（3）市场体系不健全。在目前市场经济条件下，宁夏小杂粮的科研、生产、销售等尚未形成一体化，缺乏有效的生产组织和管理，生产盲目性大，市场信息不畅，商品价格不稳，影响了农民的收入和种植积极性。

（4）产品加工技术滞后，产品附加值低。宁夏绝大多数加工企业是传统的手工和半机械化作坊，缺少新技术支撑，技术含量低，食品市场占有份额少，附加值低，效益差，产品档次和质量不高，产销脱节。

二、机遇与挑战

1. 机遇

多年来，小杂粮一直是备受冷落的产业，近年来市场发展为其带来良好的机遇，小杂粮将走向大市场。从贸易角度看，社会的发展，科学的进步，赋予人们新的健康认识，食用小杂粮有益健康，从而增加了小杂粮的消费量。我国加入世界贸易组织后，获得了国际贸易的规范渠道，改善了出口环境，有利于宁夏回族自治区小杂粮市场由日、韩、东南亚向西欧、北欧、拉美和中东市场挺进，销售市场得以拓宽。小杂粮是区域性、地方性产品，面积小、生产量有限且发展缓慢，故在一定时间内优质小杂粮将供不应求，走俏国际市场。

我国小杂粮价格普遍低于国际市场，其中荞麦产品、豆类原粮的价格仅为国际市场的十分之一，故在国际市场上有很强的竞争力。我国小杂粮产区经济不发达，农民收入很低，发展能出口、有竞争力、有价格优势的荞麦、糜子、莜麦、绿豆、小豆、扁豆、草豌豆等小杂粮必然能增加产区农民收入，提高产区农民的生产积极性。

从产业发展的角度看，我国的粮食生产正在按照市场一体化的需求发展，政府计划管理职能削弱，农民可以按照市场需求、经济效益来选种庄稼，这样就很自然地调整了原来的种植结构，那些有竞争力、价格高、能增加农民收入的小杂粮，种植面积必然扩大。这样在世界生产和出口中占有重要份额的小杂粮产业将得以发展。

2. 挑战

（1）宁夏小杂粮市场基础设施薄弱，加工能力缺乏，资本金小，无贮备回旋余地和调控能力。小杂粮的产量和质量实际上掌握在小农手中，缺乏宏观的指导与调控。面对国际市场，如何提高小杂粮的国际竞争力，是值得探讨的重要问题。

（2）发展中国家是农产品的净出口国，而发达国家是净进口国。发达国家把进口原料再加工成产品返回到发展中国家或在本国市场销售，获取较高的利润。我国小杂粮多以原料出口，加工品出口份额很小，经济效益低，长此下去，势必影响小杂粮产业的发展。

（3）小杂粮一直是我国传统的有竞争力的出口产品，产品种类多，品种多，栽培范围广。但是，近50年来，小杂粮是“幼稚产业”，怎么也发展不起来，有些年份有发展，但优质率低，地域名牌、优质品种份额少，产品卖不出去，挫伤了农民生产积极性。

三、对策

1. 进行科学规划，构建产业化发展战略

宁夏小杂粮生产历史悠久，品种资源丰富，是我国重要的小杂粮主产区。因此政府职能部门在实施种植业结构调整中，要积极组织农业科技部门对农村种植制度进行深入研究，利用农业资源区划成果，因地制宜地发展小杂粮生产。把小杂粮生产作为发展农村经济，巩固脱贫成果的突破口和切入点。要突破“数量农业”的老观念，树立“品牌农业”新思想，突破地区粮食自求平衡的老观念，树立“市场农业，比较优势”新思想。着眼全国大市场，大流通和国内竞争国际化、市场需求优质化、杂粮种类多样化的特点，加快推进小杂粮生产市场化、科技化、标准化、产业化和国际化。坚持以市场为导向、以科技为依托、加工出口为龙头，示范引路、规模种植、系列开发，农工贸一体化、产加销一条龙发展的基本思路。同时，加强小杂粮产区的科技宣传力度，提高产区农民商品生产意识，并在技术、资金以及产前、产中、产后的服务等环节给予帮助和支持。通过市场引导、政府扶持、企业牵头、科技支撑、合理布局、优化区域，宁夏的小杂粮将会形成一个独具特色的大产业，支撑起宁南山区乡村振兴的一片新天地。

2. 依靠科技进步，促进小杂粮产业发展

农业生产的可持续发展，必须优先发展农业科技。小杂粮营养丰富，具有保健功能，是重要的营养、保健食品源，对干旱和高寒山区气候条件的特殊适应性，使得小杂粮成为贫穷地区的主要粮食作物和经济作物。但由于小杂粮产业开发未能引起足够的重视，小杂粮研究与开发经费缺乏，研究力量薄弱，严重影响了小杂粮产业的健康发展。因此，政府应重视和加强小杂粮的科学研究工作，以科技为先导，带动整个小杂粮产业的发展。要根据小杂粮的地域资源优势，积极开展新品种选育和栽培技术研究。加强小杂粮基础生理、生化研究，开展小杂粮优异基因定位研究和转基因技术应用研究。对名优农家品种及时进行提纯复壮，加速良种繁育。积极引进国内外品种资源，尤其对国际市场走俏的品种要积极组织力量进行多点试验示范，扩大种植面积。在栽培技术研究方面，开展不同类型区和不同品种的关键栽培技术研究，试验示范适合当地小杂粮与主产作物的间作套种技术，缓解小杂粮与大宗作物争地争水的矛盾。要加强小杂粮产区的科技服务工作，加快农业技术推广体系建设，建立农科教、产学研相结合的科研、推广、服务体系。扶持和壮大龙头企业，带动小杂粮产业基地的建设和发展。

3. 树立品牌意识，发展名优小杂粮产品

小杂粮是传统的有竞争力的出口农产品，宁夏荞麦、豌豆、扁豆、糜子等产品在国内外市场有一定的影响。但是，宁夏的小杂粮多数处于自发生产的状态，良好的生产条件没有得到充分的利用，名品名牌产品少，原粮贸易比例大，产品增值空间小。因此，要加强小杂粮名牌产品的保护、创新和管理，明确名牌产品的生产地域、条件、质量标准，大力推行名牌战略，切实增强“品牌兴农”的意识。以名品保名牌，以名牌促发展，以发展增效益。

4. 建立优质小杂粮基地，提高规模生产效益

宁夏小杂粮生产缺乏明确的优质生产区域，对生产条件、产品质量标准、加工储运设备、主栽品种等也没有相应的规程和技术标准。要在国家小杂粮优势种植区域规划的基础上，通过对宁夏小杂粮生产现状的调研，进行科学论证、认真设计、全面规划，扶持发展优质小杂粮繁种基地、生产基地和出口创汇基地，走产业化开发之路。选择传统产区，按照适当集中、规模发展的原则，实行集中连片种植，形成规模生产。统一基地建设的生产标准，确保基地建设高起点、高标准、高效益。对基地内的小杂粮产品按照国际市场的要求实行生产规范化、产品标准化。严格加强质量检测，做到生产、加工、出口一体化。强化技术服务体系和综合管理措施，积极开发名优珍稀产品，提高产品质量，在主产区形成一乡一业，一村一品的新格局，不断满足国内外贸易的需求。加大对小杂粮新品种择优补助、良种补贴、种子工程等项目资金投入。种子管理、科研、教学、推广部门要加强合作，协同攻关，加大小杂粮新品种的引、育、推广和配套栽培技术研究力度，为生产上提供高产、优质、多抗的小杂粮新品种、新技术。强化展示、示范力度，提升小杂粮新品种推广速度，加速小杂粮新品种更新换代。

5. 加强小杂粮加工技术研究，实现小杂粮加工增值

以小杂粮为加工原料的中高档产品匮乏，不能满足市场对小杂粮食品的需求。因此，要把小杂粮的初、深加工同生产紧密联系，立足国内消费，着眼国际市场，因地制宜地开发生产小杂粮系列加工食品。实现就地生产、就地加工增值，将优质小杂粮产品变成集方便、食用、营养、保健于一体的优质食品，进一步提高小杂粮的经济效益。

第七节 小杂粮营养价值及食品资源的开发利用

一、糜子的营养医用价值及加工利用

1. 糜子的营养价值

糜子籽粒中蛋白质含量相当高，特别是糯性品种，其含量一般在13.6%左右，最高可达17.9%。糜子籽粒中人体必需8种氨基酸的含量均高于小麦、大米和玉米；淀粉含量在70%左右，其中糯性品种为67.6%，粳性品种为72.5%；脂肪含量比较高，平均为3.6%，高于小麦粉和大米的含量；糜子籽粒中含有多种维生素，其中每100g中含维生素E 3.5mg、维生素$B_1$0.45mg、维生素$B_2$0.18mg，均高于大米；糜子每100g籽粒中镁的含量为116mg，钙的含量为30mg，铁的含量为5.7mg；食用纤维的含量在4%左右，高于小麦和大米。

2. 糜子的医用价值

（1）糜子性味甘、平、微寒、无毒，不仅具有很高的营养价值，也有一定的药用价值，是我国传统的中草药之一，《内经》《本草纲目》等书中都有记述。据《名医别录》记载：稷米“入脾、胃经”，功能“和中益气、凉血解暑”。煮熟和研末食，主治气虚乏力、中暑、头晕、口渴等症。黍米“入脾、胃、大肠、肺经”，功能“补中益气、健脾益肺、除热愈疮”。主治脾胃虚弱、肺虚咳嗽、呃逆烦渴、泄泻、胃痛、小儿鹅口疮、烫伤等症。

（2）糜子光滑、无毒，具有冬暖夏凉、松软、流动支撑不下陷、透气功能好等特点。糜子垫有按摩作用，可舒筋活络，预防毛细血管脆弱所诱发的出血症，促进皮肤的血液循环，减少褥疮的发生，较预防压疮使用的各种高科技床如缓释气囊褥垫、交替压力气垫、水垫、翻身床、按摩器等设备预防效果好，经济实惠，具有很好的推广价值。

（3）糜子有滑润散结之功，且取材方便，价格低廉，服用简单，无毒副作用，在治疗急性乳腺炎中的应用效果好，疗效佳，值得推广应用。

（4）蒙医中利用糜子“整胃法”治疗“胃下垂”，通过糜子胃部按摩排空胃内容物，调整胃肠蠕动力量，改善胃部血液循环，增加胃平滑肌的收缩能力，达到治疗的目的。

3. 糜子食品资源开发利用

（1）糜子中碳水化合物的含量非常高，经过水解能产生大量还原糖，可制造糖浆、麦芽糖。在宁夏南部山区，用糜子制作的糖浆、麦芽糖等产品畅销市场，但工艺仅限于传统经验，没有形成规模化生产和经营。

（2）糜子籽粒外层皮壳有褐（黑）、红、白、黄、灰等多种颜色，可提取各种色素，是食品工业中天然的色素添加剂。

（3）糜子是酿酒的好原料，糜子酒是中华传统名酒，古书多有记载，春秋即有“黍可制酒”之说。宁夏金糜子酒就是以糜子为原料酿制而成，出酒多且酒味香醇。宁夏固原金糜子酒业有限责任公司以糜子为主要原料酿制的系列糜子酒，已经成为名副其实的固原特产和宁夏特产。

（4）糜子可制作饮料，中药中常用的黄酒就是用糜子制成的。它含有多种氨基酸和维生素，营养和药用价值很高。

二、甜荞的营养医用价值及加工利用

1. 甜荞的营养价值

甜荞蛋白质含量15.5%~16.6%，特别是赖氨酸含量高达0.67%，远远超过大米和白面。而且很容易被人体吸收利用；脂肪含量2%~2.8%，也高于大米和白面，含9种脂肪酸，75%以上为不饱和的油酸和亚油酸，在体内生成花生四烯酸，有降血脂作用；淀粉含量66%~71.2%，其中抗性淀粉最高可达8.5%。甜荞粉膳食纤维60.39%，是小麦面粉膳食纤维的1.7倍和大米膳食纤维的3.5倍；籽粒中含有微量元素铁（11.54mg/100g）、锰（1.71mg/100g）、钙（43.71mg/100g）、磷（388.2mg/100g）、铜（1.21mg/100g）、锌（2.72mg/100g）、镁和极微量的硼、碘、镍、钴、硒（0.0054mg/100g）等无机元素。其中镁、钾、铜、铁等无机元素的含量为大米和小麦面粉的2~3倍；甜荞籽实中还含有其他粮食中不具有的叶绿素和芦丁（维生素P）。不仅有利于食物的消化和营养物质的吸收，也有利于提高人们的身体健康。

2. 甜荞的医用价值

我国古代医书中有很多关于荞麦治病防病的记载：

《备急千金要方》记有“荞麦味酸微寒无毒，食之难消，动大热风。其叶生食，动刺风令人身痒”。

《齐民四术》有“头风畏冷者，以面汤和粉为饼，更令罨出汗，虽数十年者，皆疾。又腹中时时微痛。日夜泻泄四五次者，久之极伤人。专以荞麦作食，饱食二三日即愈，神效。其秸作荐，可辟臭虫蜈蚣，烧烟熏之亦效。其壳和黑豆皮菊花装枕，明目”记述。

近代医学研究表明，芦丁有防治毛细血管脆弱性出血引起的脑出血，以及肺出血、胸膜炎、腹膜炎、出血性肾炎、皮下出血和鼻、喉、齿龈出血。治疗青光眼、高血压。此外，还有治疗糖尿病及其引起的视网膜炎及羊毛疔的效果。

现代医学临床结果表明，甜荞面食有杀肠道病菌、消积化滞、凉血、除湿解毒、治肾炎、蚀体内恶肉之功效；甜荞粥营养价值高，能治烧心和便秘，是老人和儿童的保健食品；甜荞青体可治疗坏血病，植株鲜汁可治眼角膜炎；使用甜荞软膏能治丘疹、湿疹等皮肤病。

甜荞含有多种有益人体的无机元素，不但可提高人体内必需元素的含量，还可起到保肝肾功能、造血功能及增强免疫功能，达到强体健脑美容，提高智力，保持心血管正常、降低胆固醇的效果。

甜荞含有其他粮食稀缺的硒，有利于防癌。还含有较多的胱氨酸和半胱氨酸，有较高的放射性保护特性。

3. 甜荞食品资源开发利用

（1）荞米。甜荞的籽粒在碾米中去皮壳（即果皮和种皮），再用一定孔径的筛子过筛后得到。出米率因品种、栽培条件和碾米技术而异，一般为70%~80%。

（2）荞麦挂面。选用我国特产、无污染的甜荞和小麦精粉为主要原料精制而成，是国内优质保健食品之一。它营养丰富，药用价值高，对控制糖尿病十分有效，降血脂效果明显，是糖尿病、高血脂患者理想的食疗佳品，是中老年人营养、保健必不可少的食品。荞麦挂面中的荞麦粉一般不超过30%，小麦粉一般在70%以上。

（3）甜荞维夫饼干。一种新型的营养、保健饼干，适合糖尿病、高血脂患者食用，也适合中老年人及儿童食用。饼干分为甜、咸两型，甜的分为加糖或加甜叶菊苷两种，加甜叶菊苷适合糖尿病人食用。干酥脆夹馅，甜咸适口，有芝麻香味。

（4）荞麦面包。在普通面包中添加一定量的甜荞面粉（一般不超过20%），即可提高面包的营养价值，又能增添一个面包新品种。添加甜荞使面包的食疗价值提高，更适用于糖尿病、高血脂患者及胃病患者食用，又是中老年人营养、保健佳品，荞麦面包松软，有荞麦的特殊香味。

（5）荞麦蛋糕。荞麦蛋糕比普通蛋糕更松软，营养丰富，软绵适口，易消化，非常适合老年人及儿童食用。

（6）荞麦营养茶。荞麦富含蛋白质和维生素等成分，还含有降血压、血脂作用的生物类黄酮，用荞麦、柿叶配制的营养、保健茶，经常饮用可增进人体健康。

三、苦荞的营养医用价值及加工利用

1. 苦荞的营养价值

苦荞麦含蛋白质9.3%~14.9%，在人体中必需的8种氨基酸中，苦荞含量都高于小麦、大米、玉米和甜荞。尤其是富含谷类作物最易缺少的赖氨酸，苦荞含量是小麦的2.8倍、玉米的1.9倍、大米的1.8倍、甜荞的1.6倍。色氨酸含量，苦荞是玉米的2.4倍、甜荞的1.71倍、小麦的1.6倍，并高出大米含量的15%；苦荞脂肪含量较高，为2.1%~2.8%，苦荞脂肪酸含量因产地而异；淀粉的含量为63.6%~73.1%，因地区和品种存有差异。苦荞粉中含有膳食纤维3.4%~5.2%，其中可溶性膳食纤维为0.68%~1.56%，占膳食纤维总量的20%~30%，高于玉米粉膳食纤维8%；苦荞粉中含有维生素B_1、维生素B_2、维生素PP、维生素P（芦丁），其中B族维生素含量丰富。维生素B_1和维生素PP显著高于大米，维生素B_2亦高于小麦面粉、大米和玉米粉1~4倍，有促进生长、增进消化、预防炎症的作用，苦荞中还含有维生素B_6，约为0.02mg/g；荞麦含有其他谷类粮食所不具有的维生素P（芦丁）及维生素C。芦丁和烟酸（维生素PP）都有降低血脂和改善毛细血管通透性及血管脆弱性的作用。维生素P（芦丁）与维生素C并存，苦荞粉中维生素P（芦丁）含量有的高达6%~7%，而甜荞仅含有0.3%左右，其含量差数在20倍以上。苦荞中维生素C含量为0.8~1.08mg/g。而具有促进细胞再生、防止衰老作用的维生素E，含量为1.347mg/g。

2. 苦荞的医用价值

研究表明，苦荞所含的蛋白复合物能提高人体抗氧化酶的活性，对体内的脂质过氧化物有一定的清除作用，而且苦荞所含的可溶性粗纤维和不可溶性粗纤维能使人胃里边的食物排空速度降低，减慢人体对碳水化合物的吸收速度，从而起到“肠胃和血液清洁工”的作用。此外，经常食用苦荞，还可起到延缓机体衰老、润泽肌肤的作用。在所有谷物中，只有荞麦（甜、苦荞）含有丰富的生物类黄酮，生物类黄酮是天然的抗氧化剂，是防治慢性病的新宠，并且能促进胰岛细胞的恢复，改善糖耐量，降低血液的黏度。所以说长期食用苦荞，就能调节人体的血糖、血脂，从而起到一种双重保健的作用。

3. 苦荞食品资源开发利用

（1）苦荞挂面。选用苦荞面（不超过30%）、精制小麦粉、食盐等为原、辅料精制而成，颜色为黄绿色。营养丰富，疗效作用高，对控制糖尿病十分有效，降血脂的效果明显，是糖尿病和高血脂患者的理想食疗佳品。

（2）苦荞方便面。以苦荞面、小麦精粉及食盐等为原、辅料精制而成。苦荞方便面具有携带方便，营养丰富，能溶解胆固醇，减少动脉硬化等特殊作用。可用开水泡食，开水煮食，老少皆宜。

（3）苦荞面包。以苦荞面、小麦粉、食盐及酵母等为原、辅料，按普通面包的制作方法，添加20%的苦荞粉就可做成苦荞面包。苦荞面包松软可口，有特殊香味，是中老年人营养保健的食品，更适合于糖尿病、高血脂及胃病患者食用。

（4）营养快餐粉。本品食用方便，可加适量糖后用开水或牛奶冲食即可。其营养丰富，富含较高的蛋白质、维生素和矿物质，适合上班族、中老年人及儿童食用。加工方法采用苦荞粉膨化后磨细过筛，配以不同比例的大豆粉、花生或芝麻粉而成。糖尿病患者可加盐或甜叶菊等不含蔗糖的甜味剂食用。

（5）苦荞饼干。饼干分为甜、咸两种，甜的分为加糖或甜叶菊苷，加甜叶菊苷适合糖尿病人食用。其饼干酥脆，甜感适口，适宜糖尿病、高血脂患者及中老年人、儿童食用。

（6）苦荞胶囊。将苦荞粉中的生物类黄酮通过一定工艺提取，然后制成胶囊，可作为保健品直接服用。

（7）苦荞米。苦荞脱壳后成为苦荞米。苦荞米可直接制米饭，煮汤，也可继续加工成面粉。

（8）苦荞茶。用苦荞脱壳的荞米或碎粒，经添加配料，制成袋茶。苦荞茶颜色清亮，适宜于心脑血管病人、中老年人饮用。

四、莜麦（裸燕麦）的营养医用价值及加工利用

1. 莜麦的营养价值

莜麦含蛋白质 15.6%，比标二小麦粉高 65.8%，比籼米、粳米分别高 105.3%、132.8%，比玉米高 75.3%。脂肪含量 8.8%，是小麦粉、籼米、粳米、小米、玉米面的 2~12 倍。含碳水化合物 64.8%，比大米和面粉低 10%左右；含纤维素 2.1%，灰分

2%，是一种低糖、高蛋白质、高脂肪、高能量食品。每 100g 含维生素 B_1 590μg、维生素 B_2 150μg、维生素 B_6 160μg、尼克酸 1 000μg、矿物质 1 000μg、叶酸 25μg、钙 55mg、钾 335mg、铁 5mg、锰 5mg、锌 4mg。特别是维生素 B_1居谷类粮食之首。莜麦中钙、铁、磷等矿物元素，维生素 E、维生素 B_1、维生素 B_2 显著高于大米、白面，在我国百姓日常食用的 9 种食粮中居于首位。谷类作物中只有莜麦含有皂苷，膳用纤维含量大大高于面粉、大米和玉米。

2. 莜麦的医用价值

（1）对高脂血症的预防和治疗作用。由于莜麦亚油酸含量高，可以有效地降低人体血液中的胆固醇含量，经常食用，可对中老年人心脑血管病起到一定的预防作用。

（2）对糖尿病的控制。莜麦蛋白质含量高，糖分含量低，是糖尿病患者的极好食物。国际上对糖尿病的食物疗法中，普遍认为增加膳食纤维含量高的莜麦可延续肠道对碳水化合物的吸收，降低餐后血浆葡萄糖水平的迅速提高，有利于糖尿病的控制。

（3）具有改善血液循环和通便的作用。莜麦含有高质量的膳食纤维，经常食用莜麦食品，可以改善血液循环，缓解生活、工作带来的压力；含有的钙、磷、铁、锌等矿物质有预防骨质疏松、促进伤口愈合、防止贫血的功效，是补钙佳品。莜麦粥有通大便的作用。

（4）莜麦还有抗衰老的作用。一方面，由于莜麦中含有的维生素 E、亚麻酸、铜、锌、硒、镁能清除体内多余自由基，另一方面，莜麦中也存在褪黑激素，有抗衰老和延缓神经元衰退的作用。

3. 莜麦食品资源开发利用

（1）燕（莜）麦片系列燕麦片。主要有两种类型：燕麦片和快熟燕麦片。燕麦片也叫原燕麦片，食用时需要经过煮沸约 5min；快熟燕麦片也叫即食麦片，食用时用沸水冲后加盖焖 2～3min 即可食用。普通燕麦片片子较大，快熟燕麦片为整齐的圆形小片。两种燕麦片都可以添加全脂、脱脂奶粉、蛋白质、甜味素、坚果碎片、牛肉干、肉松、蜂蜜以及为适宜于青少年、中老年人食用的各种添加营养素，其成品色泽随添加物而改变。

（2）莜麦乳粉。莜麦乳粉是在熟制的莜麦粉中加入药食同源的品种，如枸杞、昆布、大枣、山楂、薏仁等植物药材以及南瓜粉、绿豆粉等，配制成降脂、降糖乳粉系列，使其营养、保健功能更为显著。

（3）膨化莜麦产品。本品系在莜麦片中掺加一定量的玉米粉、大米粉、经膨化后粉碎而成的碎片；可加营养素、蛋黄、乳粉（脱脂或全脂）、香精、芝麻、干果碎片、也可加枸杞、山楂、黄芪、葡萄干、葵花仁等制成多种膨化莜麦产品。

（4）莜麦八宝粥。本系列产品分两大类，6 个品种，是根据莜麦片的营养、保健功能、结合莜麦支链淀粉含量较高的特性，取代传统八宝粥中的糯米而制成的。具有糯性强、禾香味浓、食用方便的特点。本系列产品为罐装莜麦八宝粥和八宝粥料两大类。

（5）莜麦饼干。莜麦饼干系列产品就是依据莜麦降脂、降糖的原理为消费者特别是高脂血症患者、糖尿病患者以及肥胖病人配制成的保健食品。

（6）莜麦方便面。本品是以莜麦粉为主要原料，掺加其他物料而成的速食方便面，内有加蔬菜和不加蔬菜两种。

五、谷子的营养医用价值及加工利用

1. 谷子的营养成分及价值

谷子去皮后为小米，其粗蛋白质平均含量为 11.42%，高于稻米、小麦粉和玉米。小米碳水化合物含量 72.8%，低于稻米、小麦粉和玉米，是糖尿病患者的理想食物。小米的维生素 A、维生素 B_1 含量分别为 0.19mg/100g 和 0.63mg/100g，均超过稻米、小麦粉和玉米，较高的维生素含量对于提高人体抵抗力有益，并可防止皮肤病的发生。小米中的矿物质含量如铁、锌、铜、镁均大大超过稻米、小麦粉和玉米，钙含量大大超过稻米和玉米，低于小麦粉，此外还含有较多的硒，平均为 71μg/kg。较高的上述矿物质含量具有补血、壮体、防治克山病和大骨节病等作用。小米的食用粗纤维含量是稻米的 5 倍，可促进人体消化。小米富含色氨酸，且还含极易被消化的淀粉，进食小米食品后，能使人很快产生温饱感，促进人体胰岛素的分泌，进一步提高进入人脑内色氨酸的数量。所以，小米是一种无药物副作用的安眠食品。

2. 谷子的医用价值

小米独特的保健作用在我国中医学文献中也多有记载，认为小米性味甘、咸、微寒，具有滋养肾气、健脾胃、清虚热等医疗功效。

《本草纲目》："粟之味咸淡，气寒下渗，肾之谷也，肾病宜食之。虚热消渴泄痢，皆肾病也，渗利小便，所以泄肾邪也，降胃炎，故脾胃之病宜食之。煮粥食用宜丹田、补虚损、开肠胃。"认为喝小米汤"可增强小肠功能，有养心安神之效"。

《本草拾遗》："粟米粉解诸毒，水搅服之；也主热腹痛，鼻衄，并水煮服之。陈粟米味苦，性寒，主胃热，消渴，利小便，止痢，解烦闷。"

小米熬粥浮在上面的一层米油，营养特别丰富。清代王士雄在《随息居饮食谱》中谓"米油可代参汤"。所以，小米是孕妇、产妇、老人、病人、婴幼儿良好的滋补佳品。

3. 谷子食品资源开发利用

小米除作为粮食供人们食用外，还可以酿酒、制糖、加工糕点和方便食品。

六、豌豆的营养医用价值及加工利用

1. 豌豆的营养价值

豌豆不论是籽粒，还是青嫩荚、青豆、茎梢都含有丰富营养。宁夏由于产区昼夜温差大，养分含量与外地略有差异，其中水分 7.6%~13.44%，粗蛋白 20.9%~29.68%，粗脂肪 0.76%~1.01%，淀粉 45.85%~48.2%，粗纤维 5.28%~6.4%，灰粉 2.65%~2.87%；而且粗蛋白含量白豌豆高于麻豌豆，粗脂肪含量麻豌豆略高于白豌豆。豌豆的嫩梢、嫩荚、籽粒均可食用，色翠质嫩，清香可口。豌豆荚有菜用和粮用两种，以荚内无硬膜的软荚豌豆作菜为佳，味道鲜美，营养丰富，食用方法较多。

2. 豌豆的医用价值

豌豆性味甘平，归脾经，胃经，具有益中气，止泄痢，调营卫，利小便，消肿的作用，主要治疗脚气，痈肿，还有乳汁不通，脾胃不适，呃逆呕吐，心腹胀痛，口渴泄泻等，都有一定的食疗作用。现代医学发现，它有防治糖尿病、治疗牙龈出血，预防感冒，预防病毒感染的功效。

3. 豌豆食品资源开发利用

（1）粉丝。豌豆粉丝是宁夏回族自治区加工较广的特色产品，西吉县还曾建设过大型粉丝厂。加工有手工和机械两种，主要有磨粉、冲芡、捏粉和漏粉四道工序。

（2）粉面。即用豌豆磨粉、冲芡、沉淀、提渣以后的淀粉，可用来制作粉丝和刷芡，也可干燥后直接包装销售。

（3）豆皮。把泡涨的豌豆磨细，盛入锅或缸中。加入适量石灰水，充分搅匀，用沸腾气体或直接加温，使其浓缩成糊状。捞出分层放在用白布隔开的固定装置内，压榨除去水分而成。豌豆豆皮质地柔软，食用方便、口感好，可直接做凉菜，也可与肉或蔬菜炒成热菜。

（4）豆面拌汤。以豌豆面加少量小麦面粉，搅拌均匀，用温水调和以后，手工制成豌豆大小的颗粒状面食。食用时放入开水中煮熟，加入蔬菜等佐料即可，质地光滑，汤、面清晰，风味独特。

七、蚕豆的营养医用价值及加工利用

1. 蚕豆的营养价值

蚕豆籽粒营养丰富，蛋白质含量24.6%~28.2%，在食用豆中排在大豆、四棱豆和羽扇豆之后，比稻、麦、玉米高1.6~2倍，比薯类高8~14倍，维生素含量相当于小麦的3倍，人体所必需的8种氨基酸总量比小麦、玉米、薯类高3~8倍。

2. 蚕豆的医用价值

蚕豆茎、叶、荚、种皮均可入药，性甘平，可健脾利湿，凉血止血，降血压，并能利尿、治水肿，补中益气，暖胃和腑，捣碎外敷还可治秃疮；籽粒制成的食品，可预防便秘、直肠癌和降低血液胆固醇，对糖尿病也有一定疗效。所以有人认为，作为人体有效养分来源，与肉类比较，更有利健康。

3. 蚕豆食品资源开发利用

（1）粉面。把蚕豆籽粒放在水中泡软，磨成浆，提去渣质，再加水搅拌沉淀，多次反复，使其变白以后即为粉面，可用来制作粉丝、凉粉和刷芡，也可干燥后直接包装销售。

（2）粉丝。蚕豆粉丝加工有手工和机械加工两种，主要过程有磨粉、冲芡、漏粉、晾晒等工序。食用时用开水浸泡，拌成凉菜或做热菜，香脆可口，风味独特。

（3）豆皮。加工方法是：把泡涨的蚕豆磨细成浆，盛入锅或缸中，再加入适量石灰水，充分搅匀，用沸腾气体或直接加温，使其浓缩成糊状，捞出后分层放在用白布隔开的固定装置内，压榨除去水分而成，可做凉菜和热菜食用。

（4）凉粉。加工方法是：在烧开的水中加入少量明矾，使其充分融化，把和成糊状的粉面倒入水中，边倒、边搅、边加温，黏稠后装入碗、碟等降温；食用时切成条状，加入佐料即可，是高温季节方便凉食之一。

（5）油炸蚕豆。选用上好蚕豆，在温水中浸泡至软，除去表面水分，用小刀在豆粒顶端割成“+”深为豆粒体长的1/2左右，放进油锅炸至表面开花、熟透后捞出，加入少量精盐粉或食盐水，搅拌均匀，降温后直接销售或包装销售。

八、高粱的营养医用价值及加工利用

1. 高粱的营养价值

高粱籽粒所含养分以淀粉为主，占籽粒重量的65.9%~77.4%，其次是蛋白质，占8.4%~14.5%，粗脂肪占2.4%~5.5%。每100g籽粒放出的热量为1 528kJ。与其他禾谷类作物相比，高粱的营养价值较低，主要表现在其蛋白质含量较低，且又以难溶的醇溶蛋白和谷蛋白为主。高粱籽粒中的赖氨酸含量较低，一般只有2.18%左右。单宁不仅影响籽粒的品质，而且影响可消化率。

2. 高粱的医用价值

在医药行业，作为着色剂，可用于制作有色糖衣药片和药用胶囊。高粱红可用60%乙醇提取。

3. 高粱食品资源开发利用

（1）制糖。甜高粱茎秆中含蔗糖10%~14%、还原糖3%~5%、淀粉0.5%~0.7%。用甜高粱茎秆熬制糖稀，在中国已有悠久的历史。用糖稀可进一步生产结晶糖。以高粱淀粉制成的高粱饴久负盛名。

（2）制酒及酒精。利用甜高粱生产酒精作能源越来越受到重视。欧共体经过多年研究认为，甜高粱是欧洲未来最有前途的再生能源作物。甜高粱茎秆经球磨机碾碎，榨取汁液。榨取的汁液与酵母和无机元素混合后发酵，糖就转化为酒精。高粱籽粒是中国制酒的主要原料。驰名中外的几种名酒多是用高粱做主料或佐料酿制而成。酿制高粱酒大都采用固体发酵法。此外，高粱还可以酿制啤酒，高粱啤酒是一种略带酸味的混浊液体，发酵后的酵母菌仍存在于啤酒中，是非洲人的传统饮料。

（3）提取高粱色素。高粱籽粒、颖壳、茎秆等部位含有各种颜色的色素，可以提取应用，目前较多的是利用高粱壳提取天然高粱红。高粱红色素成品是一种具有金属光泽的棕红色固体粉末，属异黄酮类，无毒无特殊气味，色泽良好。高粱红色素可应用于熟肉制品、果子冻、饮料、糕点彩装，畜产品、水产品及植物蛋白着色；在化妆品行业，如口红、洗发香波、洗发膏可取代酸性大红应用。此外，高粱茎秆还可用于造纸、编织、帚用、架材、建材、板材、燃料等。

九、小杂粮种质资源保护与技术应用

作物种质资源是人类生存和发展的宝贵财富，是农业科技原始创新、作物育种及其生物技术产业的物质基础，是保障国家粮食安全与重要农产品供给的战略性资源。宁夏是我国小杂粮主要生产省份，悠久的种植历史不仅使宁夏小杂粮长期保持了在旱地种植的优势地位，而且积累了大量优质小杂粮种质资源，宁南山区“十里不同天”“一地有四季”，种植的小杂粮种类多，种质资源十分丰富，既具多样性，又具显著的地域性，受长期的自然选择和人工驯化，培育出大量的优质品种。宁夏的荞麦、扁豆等被列入中国小杂粮名优产品；糜子品种资源“韩府红燃”在全国种质资源鉴定中被评价为“蛋白质、脂肪、赖氨酸含量均超过优异种质标准”，且为“世界优质，熟期短和抗病育种的好亲本”。

宁夏农林科学院固原分院小杂粮研发团队通过组织实施国家或自治区等各级各类项目，在引进筛选国内外小杂粮种质资源基础上，积极开展普查、梳理和抢救性收集，并进行鉴定、保存和创新利用，现收集保存小杂粮种质资源 2 382 份，其中糜子 576 份，谷子 212 份，荞麦 396 份，燕麦 359 份，豌豆 362 份，小扁豆 112 份，鹰嘴豆 365 份。这些种质资源材料将为宁夏小杂粮新品种选育和产业发展提供新资源和新种质，对丰富和保护宁夏小杂粮种质资源遗传多样性和宁夏旱作农业可持续发展将发挥重要作用。

在种质资源技术应用方面，宁夏农林科学院固原分院先后培育出糜子、荞麦、燕麦和食用豆等小杂粮新品种 40 多个、登记科技成果 20 余项，制订地方标准 20 余项，获得国家专利 30 余项，发表学术论文 200 余篇。在宁夏南部山区先后建立小杂粮示范基地 60 多个，示范推广小杂粮新品种 30 多个，使小杂粮品种实现 5 次更新换代；推广旱作生态农业新技术 20 余项，使小杂粮生产技术实现了 3 轮更新，在宁南山区农业科技进步、农业结构调整、农民增收致富和乡村振兴中处于重要地位，发挥了不可替代的作用。

（本章内容发表在《宁夏生物多样性研究》，黄河出版传媒集团阳光出版社，2023 年）

第二章　甜　荞

第一节　概　况

甜荞（*Fagopyrum esculentum* Moench）英文名 Buckwheat，属蓼科（Polygonaceae）荞麦属（*Fagopyrum* Mill）栽培种，一年生草本双子叶植物，又名乔麦、乌麦、花麦、三角麦、荞子，为非禾本科谷物。异花授粉，籽粒为三棱形，花是很好的蜜源。在我国古代原始农业中，甜荞有极重要地位。历代史书、著名古农书、古医书、诗词、地方志以及农家俚言等，无不有关于荞麦形态、特性、栽培和利用方面的记述。如唐代《杂说》对于荞麦的耕作栽培技术做了很详细记载；宋人对于荞麦的生理生态方面，有不少的认识；元代对于荞麦栽培方面提出“宜稠密撒种，则结实多，稀则结实少”；明代《养余月令》、清代《救荒简易书》等都指出荞麦可与苜蓿混种；《农桑经》主张“田多者，年年与莱子夹种”等。宁夏有关荞麦种植历史，在西夏、明、清及民国时期的地方志中均有记载。

甜荞作为一种传统作物在全世界广泛种植，但在粮食作物中的比重很小。全球荞麦种植面积 700 万~800 万 hm^2，总产量 500 万~600 万 t，主要生产国有俄罗斯、中国、波兰、法国、加拿大、日本、韩国等。俄罗斯为世界荞麦生产大国，种植面积为300 万~400 万 hm^2，占全球总播种面积的近一半，平均每公顷产量约 615kg（41 kg/亩），总产量 200 余万 t。法国和加拿大种植面积各约 10 万 hm^2，美国种植面积约 5 万~6 万 hm^2，平均每公顷产量 800~900kg（53.3~60kg/亩），总产量 8.9 万~10 万 t，日本甜荞种植面积约 3 万hm^2，平均每公顷产量约 750kg（50kg/亩），总产量 2 万~3 万 t。

荞麦是我国重要的粮食作物和出口农产品，常年播种面积约 150 万 hm^2，年产量 100 多万吨，种植面积和产量均居世界第二位，在我国荞麦出口贸易中，主要是以原粮出口为主，年出口 10 万~15 万 t，主要分布在内蒙古、陕西、宁夏、甘肃、山西、四川、贵州、云南等省区的丘陵山区。近年来，随着人们对其营养保健价值的认识，荞麦加工产品备受人们青睐，市场看好，种植面积有所扩大。荞麦生育期短，耐瘠、耐旱，适应性强，在旱地、新垦地和瘠薄地上都能良好生长；荞麦不仅可以制米也可以制粉，营养价值很高，能制作多种食品；荞麦食品不仅营养丰富，而且有较高的药用价值，可以预防和治疗各种疾病。我国荞麦单产水平很低，甜荞为 750~900kg/hm^2（50~60kg/亩），制约荞麦生产的因素主要有：一是结实率低，一般甜荞的结实率仅为 8%~10%；二是易落粒；三是易倒伏。大大影响了种植效益，因而一直被作为填闲、救荒作物。

20 世纪 90 年代以来，随着市场经济的稳步建立和发展，荞麦作为小宗作物，因产量、价格、种植区域和种植习惯、农业气候条件差异等因素的影响，年种植面积呈现不稳定的趋向。同时，由于工业、酿造业对荞麦原料的需求，使供需矛盾日益表现出来，就目前生产、需求状况而言，荞麦市场潜力巨大。

甜荞是宁夏的重要杂粮作物之一，种植面积在小杂粮中排序第二，主要分布在宁夏南部山区，多种植在高海拔山区，以旱地、薄地、山地、坡地、轮荒地等种植为主，生产比较落后，种植分散，技术不规范，生产品种多以农家品种为主。荞麦主产区的气候条件适宜荞麦生长发育，为荞麦产业的发展提供了自然资源保障。荞麦除了单播，还可在气温较高的河谷川道区麦后复播。常年种植面积 4. 67 万 hm^2，约占宁夏南部山区作物播种面积的 10%左右，占全国荞麦种植面积的 5%左右，是我国荞麦主产区之一。单产约 600～1 500kg/hm^2（40～100 kg/亩）平均每公顷产量 667. 4kg（44. 5kg/亩），高出全国平均单产每公顷 600kg 的 11. 2%。在宁夏小杂粮乃至全国荞麦生产中占重要地位。20 世纪 50 年代种植面积最大，曾达到 6. 67 万 hm^2以上，由于受到重大（大作物）轻小（小作物）思想的影响，80 年代全区荞麦面积减少到 2. 94 万 hm^2，2000 年农业结构调整以来，甜荞的种植面积急剧上升，2020 年增加到 6. 67 万 hm^2（100 万亩），宁夏甜荞主产区是盐池、同心、海原、彭阳、原州区、隆德、西吉、泾源和中宁县部分乡镇。超过 10 万亩的有盐池、同心、海原和彭阳县。据不完全统计，目前全区甜荞种植面积约 7. 3 万 hm^2，总产量达 7. 7 万 t，其中食用约占 60%，外贸出口约占 30%，自留种子用约占 10%。

第二节　甜荞形态特征与生物学特性

一、植物学特征

甜荞植株由根、茎、叶、花、果实（种子）组成。

1. 根

甜荞的根为直根系，包括定根和不定根。定根包括主根和侧根两种。主根是由种子的胚根发育而来，是最早形成的根，因此又称初生根。其上长有侧根，即从主根发生的支根及支根上再产生的二级、三级支根，称作侧根，又称次生根。甜荞的主根较粗长，垂直向下生长，侧根较细，呈水平分布状态。在茎的基部或者匍匐于地面的茎上也可产生不定根。不定根的发生时期晚于主根，也是一种次生根。一般情况下，甜荞主根伸出 1～2d 后其上产生数条侧根，侧根不断分化，又产生小的侧根，一般主根上可产生 50～100 多条侧根，构成了较大的次生根系，分布在主根周围土壤中，起支持和吸收作用。侧根吸收水分和养分的能力很强，对甜荞的生命活动所起作用极为重要。

主根最初呈白色，肉质，随着根的生长、伸长，逐渐老化，质地较坚硬，颜色呈褐色或黑褐色。侧根在形态上比主根细，入土深度不及主根，但数量很多，扩大了根的吸收面积。一般侧根在主根近地面处较密集，形成侧根数量较多，在土壤中分布范围较广。侧根在甜荞生长发育过程中可不断产生，新生侧根呈白色，稍后成为褐色。

2. 茎

甜荞茎直立，分为基部、中部和顶部3部分。幼嫩时实心，成熟时呈空腔。茎粗0.4~0.6cm，高60~100cm，最高可达150cm左右。茎光滑为圆形，稍有棱角，无毛或具细茸毛，多带红色；节处膨大，节数因品种而不同，为10~30个不等。略弯曲。节间长度和粗细取决于茎节间的位置，一般茎中部节间最长，上、下部节间长度逐渐缩短；茎可形成分枝，即主茎节叶腋处长出的分枝为一级分枝，在一级分枝叶腋处长出的分枝为二级分枝，在良好的栽培条件下，还可以在二级分枝上长出三级分枝。分枝多少因品种、生长环境、营养状况而数量不等，少则只有主茎无分枝，呈“一炷香”状，多则可达7~8个，通常为3~4个分枝。

甜荞茎的基部即下胚轴部分，常形成不定根，不定根的长度取决于播种的深度与植株的密度，种子覆土较深或幼苗较密的情况下，茎的长度就增加；茎的中部为子叶节到始现果枝的分枝区，其长度取决于植株分枝的强度，分枝越强，分枝区长度就越长；茎的顶部即从果枝始现至茎顶部分，只形成果枝，是甜荞的结实区。

3. 叶

甜荞的叶有子叶（胚叶）、真叶和花序上的苞片。子叶两片，对生，呈肾圆形，具掌状网脉，子叶出土后，进行光合作用，由黄色逐渐变成绿色，有些品种的子叶表皮细胞中含有花青素，微带紫红色。

真叶分叶片、叶柄和托叶鞘三个部分。为完全叶，单叶，互生，是甜荞进行光合作用制造有机物的主要器官，叶片为三角形或卵状三角形，顶端渐尖，基部为心脏形或箭形，全缘，较光滑，为浅绿至深色。叶脉处常常带花青素而呈紫红色。叶柄细长。三角形、卵状三角形、戟形或线形，稍有角裂，全缘，掌状网脉。是甜荞叶的重要组成部分，它起着支持叶片及调整其位置以接受日光进行光合与呼吸作用，并是光合物质和养分输出输入的通道。在日光照射的一面可呈红色或紫色。叶柄在茎上互生，与茎的角度常成锐角，使叶片不致互相荫蔽，以利充分接受阳光。叶柄上侧有凹沟，凹沟内和凹沟边缘有毛，其他部分光滑，中下部叶柄较长，上部叶叶柄渐短，至顶部则几乎无叶柄。托叶合生如鞘，称为托叶鞘，在叶柄基部紧包着茎，形如短筒状，顶端偏斜，膜质透明，基部常被绒毛。甜荞叶形态结构在同一植株上，因生长部位不同，受光照不同，叶形也不同，植株基部叶片形状呈卵圆形，中部叶片形状类似心脏形，叶面积较大，顶部叶片逐渐变小，形状渐趋箭形。叶片大小及形状在不同类型、不同生育阶段叶形也不一样。

甜荞花序上着生鞘状的苞片，这种苞片为叶的变态，其形状很小，长为2~3mm，片状半圆筒形，基部较宽，从基部向上逐渐倾斜成尖形，绿色，被微毛。苞片具有保护幼小花蕾的功能。

4. 花

甜荞花序为有限和无限的混生花序，既有聚伞花序类（有限花序）的特征，也有总状花序类（无限花序）的特征，以总状花序为主，上部果枝为伞房花序，着生在主茎和分枝的顶端或叶腋间。花朵密集成簇，一簇有20~30朵花，花较大有香味，白色和粉红色。花属于单被花，多为两性，由花被、雄蕊和雌蕊组成。甜荞花直径一般为

6～8mm。

花被 5 裂，呈镊合状花冠状，彼此分离。花被片为长椭圆形，长为 3mm，宽为 2mm，基部呈绿色，中上部为白色、粉色或红色；正常甜荞花的雄蕊不外伸或稍外露，常为 8 枚，由花丝和花药构成。雄蕊呈两轮环绕子房排列，外轮 5 枚，着生于花被片交界处，花药内向开裂；内轮 3 枚，着生于子房基部，花药外向开裂。花药粉红色，似肾形，有两室，其间有药隔相连。因此，其花丝也有不同的长度，短花柱的花丝较长，长为 2.7～3.0mm，长花柱的花丝较短，长为 1.3～1.6mm。雌蕊 1 枚为三心皮联合组成，柱头、花柱分离。子房三棱形，上位，一室，白色或绿白色；柱头膨大为球状，有乳头突起，成熟时有分泌液。甜荞的长花柱花雌蕊长为 2.6～2.8mm，短花柱花的雌蕊长为 1.2～1.4mm。还有一种雌蕊与雄蕊大体等长的花，雄蕊和雌蕊长度为 1.8～2.1mm。甜荞花的花柱是异长的，有长花柱短雄蕊花型、短花柱长雄蕊花型和雌雄蕊等长花型。在一个品种的群体中，以长花柱花和短花柱花占主要比例，比例大致为 1∶1。在同一植株上只有一种花型。雌雄蕊等长的花在群体中所占比例很少。

花器的两轮雄蕊基部之间着生一轮蜜腺，数目不等，通常为 8 个，变动在 6～10 个。蜜腺呈圆球状，黄色透明，能分泌蜜液，呈油状且有香味。甜荞的花粉粒较多，每个花药内的花粉粒为 120～150 粒。

5. 果实

甜荞果实为三棱卵圆形瘦果，棱角明显，先端渐尖，基部有 5 裂宿存花被。五裂宿萼，果皮革质，表面与边缘光滑，无腹沟，果皮内含有一粒种子，种子由种皮、胚和胚乳组成。果皮由雌蕊的子房壁发育而来。

种皮由胚珠的保护组织内外珠被发育而来。种皮厚为 8～15μm、分为内外两层。胚位于种子中央，嵌于胚乳中，横断面呈“S”形，占种子总重量的 20%～30%。

胚乳包括糊粉层及淀粉组织，占种子的 70%～80%，胚藏于胚乳内，具对生子叶。胚乳的最外层为糊粉层，排列较紧密和整齐，厚为 15～24μm，大部分为双层细胞，在果柄的一端有 3～4 层。

甜荞种子有灰、棕、褐、黑等多种颜色，种子的颜色也因成熟度的不同而有差异，成熟好的色泽深，成熟不好的色泽浅，棱翅有大有小。颜色的变化，棱翅的大小，是鉴别种和品种的主要特征。其千粒重变化很大，为 15～37g。

二、生物学特性

1. 温度

甜荞喜冷凉、湿润气候，既不耐寒，又不抗热，生育期间需要≥10℃的积温为 1 200～1 600℃。

甜荞种子在 7～8℃即可发芽，出苗约 15d，若温度太低，正常出苗会受影响。降到 3℃时，幼苗会受冷害，低于 0℃时受冻害而死亡。温度高于 20℃发芽快，5～6d 即可齐苗，但幼苗较弱。其最适宜温度范围为 13～15℃。果实形成期的最适温度为 17～19℃，温度过高或过低，会导致子房枯萎，不利于结实。若温度较高，土壤相对湿度降低到 40%以下，易“风旱不结实”。因为开花期正值高温期，如遇暖风，会引起水分的大量蒸发。水分不足，是造成花不结实的决定性因素。高温是现象，缺水是实质。

甜荞在生活周期中，前期短暂，中后期较长，前期要求少雨温暖条件，中期要求温和湿润，后期则要求晴朗、阳光充足、昼夜温差较大的凉爽气候条件。

2. 水分

甜荞是喜湿作物，因其生长期短，根系发育弱，前期生长迅速，叶面积增加很快，且叶片无被毛、蜡层保护，叶片平展排列，所以蒸腾水分较多，后期植株大量开花和形成果实，更需要水，因而甜荞一生需要连续不断的供应水分。比其他作物费水；抗旱能力较弱。甜荞在各个阶段需水情况也不同。种子发芽需水约为种子重量的50%，孕蕾期需水约为一生水分总耗量的11%，开花—结实期需水最多，占需水量的50%～60%，成熟期需水可降低到25%～35%。实际上，甜荞对水分的需要量还取决于品种特性和温度状况。一般早熟品种比晚熟品种需水少，温度低时比温度高时需水少。花期前可忍受水分不足，开花初期对水分则特别敏感，故始花期后的20d为甜荞水分临界期。如果在开花期间遇到干旱、高温，则影响授粉，花蜜分泌量也少。当大气湿度低于30%～40%而有热风时，会引起植株萎蔫，花和子房及形成的果实也会脱落。甜荞在多雾，阴雨连绵的气候条件下，授粉结实也会受到影响。每形成1g干物质需耗水500g左右。

3. 日照

甜荞是短日照作物，甜荞对日照反应敏感，在长日照和短日照条件下都能生育并形成果实。从出苗到开花的生育前期，宜在长日照条件下生育；从开花到成熟的生育后期，宜在短日照条件下生育。长日照促进植株营养生长，短日照促进发育。同一品种春播开花迟，生育期长；夏秋播开花早，生育期短。不同品种对日照长度的反应是不同的，晚熟品种比早熟品种的反应敏感。甜荞也是喜光作物，对光照强度的反应比其他禾谷类作物敏感。幼苗期光照不足，植株瘦弱；若开花、结实期光照不足，则引起花果脱落，结实率低，产量下降。

4. 养分

甜荞对养分的要求，一般以吸取磷、钾较多。施用磷、钾肥对提高甜荞产量有显著效果；氮肥过多，营养生长旺盛，“头重脚轻”，后期容易引起倒伏。一般每生产100g籽粒，消耗纯氮3.3kg，磷1.5kg，钾4.3kg。同时，荞麦不同生育期对三要素的吸收量不同。开花前对氮和钾的吸收量较多，分别占总吸收量的61%和62%；开花后磷钾的吸收量较多，占全生育期总吸收量的60%，因此要注重配方施肥。荞麦对土壤的选择不太严格，只要气候适宜，任何土壤，包括不适于其他禾谷类作物生长的瘠薄、带酸性或新垦地都可以种植，但以排水良好的砂质土壤为最适合。酸性较重的和碱性较重的土壤改良后可以种植。最适应的土壤pH值为6～7，荞麦根系弱、子叶大、顶土能力差，种植在黏重和碱性较重的土壤不易出苗。

三、生态特性

生育期：甜荞自出苗到70%籽粒成熟的总天数为生育期。一般早熟品种60～70d，中熟品种71～90d，晚熟品种大于90d，宁夏生产上多选用早、中熟品种。在一定的光温条件和栽培制度下，甜荞品种的生育期是一个稳定的性状。同一品种在不同地区种植，其生育期有变化；不同地区的甜荞品种在同一地区种植，其生育期表现都有一定的规律性。种植来源于低纬度低海拔地区的品种，一般晚开花、花期长、生育期变长；而来源于高纬度高海拔地区的品种，早开花、花期短、生育期缩短。品种的来源地不同，生育阶段的差异很大。株高：株高是甜荞的固有特征，为从出土基部到末端的高度，受遗传性状控制，受环境条件影响。主枝节数及分枝：主茎节数因品种、生态条件而不同，一般分为1~2级。地区间、品种间存在差异。花色：甜荞的花蕾色有白、粉、粉红，花蕾色地区间、品种间差异明显。粒色、籽粒性状：甜荞正常成熟籽粒颜色有黑、褐、棕基本色。籽粒颜色的分布与地域有关。粒形：甜荞为三棱形。粒色、粒形是鉴别品种的一个主要依据。株粒重，不同类型和来源地的品种其生产力不同。甜荞株粒重平均为3.78g，不同品种株粒重差异很大。千粒重：千粒重是重要的经济性状，也是品种的固有特性，受环境条件的影响相对较小。我国甜荞千粒重平均为（26.5±4.7）g，变幅为38.8~13.6g，以中粒品种为主，占41.4%。

第三节　甜荞分布、生产及优势区域

一、分布

我国是甜荞起源中心之一。荞麦种质资源丰富，分布广泛，经过长期的自然和人工选择，不同的生态类型形成不同类型的品种。荞麦品种根据各地自然气候、地形地貌特征、农事操作时间等分为春荞、夏荞和秋荞。到目前为止，从全国各地共收集各种荞麦种质3 000余份。

甜荞在我国的分布很广。甜荞分布在我国北部地区，包括东北、华北、西北以及南部的一些低海拔山区。从东北到华北到西北再到西南是我国荞麦的主产区。北部是甜荞的主产区，山西中部和南部、陕西、宁夏南部是过渡地带，既种甜荞也种苦荞。在我国的南部和东部地区也有零星的荞麦种植，所以荞麦遍布全国。从东北的黑龙江（北纬49°11′）到南部海南省的三亚市（北纬18°2′），从垂直高度上看，甜荞分布在海拔600~1 500m的地区，甜荞分布最高线为4 100m（位于西藏拉孜县），最低的种植在海拔100m的地区。

甜荞在宁夏全区分布较为广泛，但主产区比较集中，主要分布在盐池、同心、海原、西吉、泾源、隆德、彭阳和原州区以及中宁县的部分乡镇。在风沙干旱和高寒阴湿地区正茬种植，扬黄灌区和冬麦区复种。在六盘山东西两侧和盐同地区，甜荞种植面积较大，在位于东南部河谷、川道地区与玉米同为主要粮食作物与小麦搭配种植，是该地区的优势作物之一，因此，甜荞在宁夏农业经济战略中发挥着巨大作用。

二、生产水平

甜荞的生产水平比较低，一般每公顷产量在600~1 500kg（39.1~103.1kg/亩），随着农业科学技术的普及和农民文化素质的提高，多数地区的生产水平有了明显的提高，不少地方每公顷产量超过 1 500kg（100kg/亩），少数田块甚至有的超过 1 950kg（130kg/亩），2006 年与 1956 年相比较，全区荞麦面积由 6.33 万 hm^2 下降到 4.63 万 hm^2，面积减少了 1/3，单位面积产量由每公顷 375kg（25kg/亩）增至 667.40kg（44.5kg/亩），例如原州区 2006 年种植 1 966.7 hm^2 甜荞，平均每公顷产量达到 1 546.5kg（103.1kg/亩），表明甜荞具有很大的生产潜力，只要因地制宜，措施得当，平均每公顷生产达 1 500kg（100kg/亩）是很容易的。

宁夏甜荞种植区多为地广人稀、土地瘠薄、气候冷凉、水源缺乏、交通不便之地，20 世纪 80 年代以来，随着科学技术的发展和营养食品的开拓，甜荞以其独特的营养成分，被认为是 21 世纪世界性的最受青睐的新兴作物，随着人们生活的改善和人们健康的需要，国内外市场对甜荞食品的需求将迅速增加，甜荞的商品价值将逐渐提高，发展甜荞生产、外贸出口，对改善甜荞主产区的经济，改善人民膳食结构，提高人民生活水平发挥着重大作用。

三、优势区域

种植甜荞省时省工，在农时安排上，甜荞从耕翻、播种到管理，通常都在其他作物之后，可调节农时，全面安排农业生产，实现低投入高产出的经济效益。甜荞生育期短，从种到收一般只有 70~90d，早熟品种 50 多天即可收获。甜荞适应性广，抗逆性强，生长发育快，在作物布局中有特殊的地位：①在无霜期短、降水少而集中、水热资源不能满足玉米等大粮作物种植的宁南干旱山区是甜荞的主产区；②在无霜期较长、人均土地较少而耕作较为粗放的农业区，甜荞作为复播填闲作物；③在遭受干旱等自然灾害影响，主栽作物失收后，甜荞是重要的备荒救灾作物；④甜荞压青是改良轻沙土的措施之一，压青可增加土壤中的有机质和养分；⑤甜荞还可将土壤中不易溶解的磷转化为可溶性磷，也可将难溶性钾转化为可溶性钾，留存于土壤中，供后作作物吸收利用。随着我国甜荞科研和产业开发的发展，在现代农业中，甜荞在农业生产中的地位正在由“救灾补种”作物转变为农民脱贫致富的经济小作物。在发展宁夏地方特色农业和帮助贫困地区农民脱贫致富中有着特殊的作用，在宁夏区域经济发展中占有重要地位。

依据甜荞对温度、水分、光照以及土壤等方面的要求和宁南山区的自然条件决定了荞麦的优势区域。宁夏干旱区的盐池、同心、海原和半干旱区的彭阳、原州、西吉以及阴湿区的隆德、泾源等县（区）地广人稀、土地瘠薄、气候冷凉、无霜期 126~183d，≥10℃积温 1 850~3 310℃，年降水量 270~650.9mm，而且降水主要集中在荞麦生育期间的 7、8、9 三个月，“十年九旱”与“十秋九不旱”是该地区最明显的气候特点。降水规律的分布与甜荞的需水特点基本一致，多年试验表明，甜荞对水分的需求与降水的吻合程度明显高于夏粮中的豌豆、小麦和油料作物。甜荞生育期水源充足，这样的气候符合荞麦的生产条件，适宜荞麦生长发育，所以该地区既是宁夏甜荞的主产区，也是宁夏荞麦的优势区域。

第四节　甜荞品种选育与良种繁育

一、品种选育

20 世纪 80 年代，全国荞麦品种资源征集研究鉴定编目工作，促进了我区甜荞品种选育工作的开展。针对当时农业生产和农民对荞麦新品种的迫切要求，1984 年宁夏固原市农科所开始征集荞麦品种资源，进而开展荞麦新品种的选育工作，二十多年来通过引种鉴定、物理诱变、系统选育等方法，选育推广了一批荞麦新品种，在生产中发挥了显著的作用。同时开设并完成六轮宁夏南部山区荞麦品种区域试验，三轮宁南甜荞生产试验，向国家推荐了一批甜荞优良新品种。宁夏目前甜荞新品种仍不能满足生产发展的要求，各地仍以种植地方品种为主，因此，搞好荞麦育种工作，尽快培育出适应各种不同类型地区需要的符合出口高产、生物类黄酮含量高、制粉品质好、抗逆性强的甜荞品种，是发展我区甜荞生产的当务之急。目前甜荞育种采用的方法有以下几种。

1. 引种

从不同甜荞产区或其他国家引进甜荞优良品种，经过当地试验、鉴定，从中选择增产效果显著，适应当地种植的品种直接应用于大田生产或者作为育种原始材料，这种方法叫做引种。引种是低投入高产出的育种途径，目前我区已成功地引进推广了北海道、美国甜荞、岛根荞麦等日本甜荞品种并在宁夏及周边陕西、甘肃、内蒙古等省区发挥了重要作用。

2. 选择育种

我国甜荞品种资源的遗传基础比较复杂，而且每个品种实际上是多个变异类型的混合群体，同时由于天然杂交和生境条件的影响，往往可能产生一些新的突变体。选择育种就是根据育种目标，通过人工选择，从地方品种、推广品种或引进品种的群体中选择出优良的自然变异单株或集团，经过鉴定比较选育新品种的育种方法。这种优中选优的选择方法在荞麦育种工作中被广泛采用。我区已审定并推广的宁荞 1 号就是通过选择育种方法育成的。选择育种的方法很多，按照选株后处理方法的不同，又可分为混合选择、单株选择、集团选择和株系集团选择 4 种。

3. 杂交育种

荞麦仅仅依靠天然杂交和天然变异作为育种的原始材料是很难满足生产要求的。为此，必须根据生产的要求，采用人工手段来创造育种材料，从中选育出新品种。杂交育种是荞麦创造新类型和选育新品种的重要途径。目前，由于经费、技术等原因，我区甜荞杂交育种工作尚未开展。

4. 多倍体育种

多倍体育种是近代作物育种的一种新方法，它是通过染色体加倍来选育新的优良品种和创造新类型。我国常用秋水仙素加倍荞麦，当年就可收获四倍体种子，榆荞 1 号就是采用这种方法选育的。

5. 诱变育种

利用物理和化学因素诱导甜荞发生变异，并从中进行新品种的选育称为诱变育种。目前在甜荞诱变育种中应用较多的有射线（$60C_0$）、等离子（N^+）等作为物理诱变因素，秋水仙素、吲哚乙酸等作为化学诱变因素，诱导创造有益变异，然后选择选育新品种。利用射线诱变育成的新品种有晋荞 1 号，利用秋水仙素育成的甜荞新品种有榆荞 1 号。

6. 远缘杂交育种

一般是指不同种属甚至科间的杂交，也包括栽培植物与野生植物之间的杂交。目前，加拿大和日本利用甜荞栽培种和野生苦荞之间的杂交，通过组织培养一系列方法，选育出自花授粉甜荞新品种，一般比原来的甜荞栽培种增产 30%~80%。

二、授粉方式

甜荞花朵开放后，花药开裂散出花粉粒落在柱头上意味着授粉。甜荞的花器表现为花器大，颜色鲜艳，蜜腺发达，并伴有蜜汁分泌，花粉管多，花柱异长，有利于虫媒和风媒传粉。甜荞有两种花型，一种花柱长于雄蕊，一种花柱短于雄蕊，这些特征决定了甜荞的授粉方式为异花授粉。有关研究证实，甜荞的授粉是在不同结构花的植株间进行的。一般来说，在同一朵花内，同一植株不同花间授粉难以完成，花粉的萌发率和受精率都很低。有人把长雄蕊花和长花柱（或者短雄蕊花和短花柱花）叫做同型花，它们之间的传粉称作同型授粉或正常授粉。长雄蕊花和短花柱花（或者短雄蕊花和长花柱花）称作异型花，它们之间的传粉称作异型授粉或不正常授粉。

1. 昆虫授粉

蜜蜂等昆虫能提高甜荞授粉结实率。据内蒙古农业科学院对蜜蜂等昆虫传粉与荞麦产量关系研究表明，在相同条件下昆虫传粉能使单株粒数增加 37. 84%~81. 98%，产量增加 83. 3%~205. 6%。蜜蜂辅助授粉应在甜荞盛花期进行，即在甜荞开花前 2~3d，每公顷安放蜜蜂 7~8 箱。蜂箱应靠近甜荞地。

（1）蜜蜂与荞麦结实。甜荞是异花授粉作物，一般结实率较低，为 6%~10%，因而限制了产量的提高。甜荞在花期，蜜腺发达，泌蜜量大，吸引大量昆虫采食花蜜。昆虫在采食花蜜过程中，携粉足带走了荞麦花粉粒，从而提高了荞麦花间的自由活动和飞翔混合，花粉粒撒落在不同花上，辅助甜荞授粉，从而提高了甜荞的结实率。

（2）甜荞花期蜜蜂的活动规律。甜荞花期蜜蜂的活动规律与甜荞开花时间有密切关系。甜荞开花时间因天气条件而异，最早开花时间是上午 6 时左右。在晴朗低温的天气，甜荞开花时间从早晨 5 时 30 分开始，而在多云和高温天气时开花时间延长至早晨 7 时。不论什么天气条件，甜荞开花高峰期为上午 9 时，9 时以后开花的数目逐渐减少，至上午 11 时以后，当日开花完全停止。蜜蜂最早活动时间是上午 7 时 30 分出巢，9 时 30 分至 10 时 30 分活动数量最多，且活动频繁。在阳光下充足的日子，未授粉的花朵在 11 时开始凋萎，此时蜜蜂飞离甜荞。在四倍体品种的荞麦种植区，蜜蜂的出现往往较普通甜荞偏早，最早出现在上午 7 时，上午 9 时数量达到最多。

（3）蜜蜂活动与甜荞授粉。甜荞花是两性花，分为同性花和异性花，两性花的植株同时存在，但两种花型的比例并不固定。如果比例失调，减少了同型花授粉的概率，就会影响子房的形成，降低结实率。在通常情况下，同型花之间授粉结实率高，异型花之间授粉且能受精，但所形成的子房较同型花授粉所形成的子房要小一半。鉴于甜荞的上述授粉特点，为了增加其异花授粉的概率，农事操作中，常采用输送蜂房至甜荞田的方法，即当甜荞开花时，把蜂房直接安放在田间，让蜜蜂在田间自由采蜜授粉。实践证明，运送蜜蜂至荞麦田间的方法，不但提高了甜荞产量，而且还增收了蜂蜜和蜂蜡。

2. 人工辅助授粉

在没有放蜂的地方，在甜荞盛花期，每隔 2～3d，于上午 9—11 时用一块 20～30m 长，0.5m 宽的布，两头各系一条绳子，由两人各执一端，沿甜荞顶部轻轻拉过，摇动植株，使植株相互接触、相互授粉。

三、良种繁育

1. 良种标准

所谓甜荞良种，通常包括两个含义：一是指甜荞种子质量标准，如种子纯度高，籽粒干净、饱满、无杂质、发芽率高，而且均匀一致；二是指甜荞种子的产量表现、适应性、抗逆性和抗病性等。一个优良品种必须具备产量高，品质优良，适应性广，抗病、抗逆性强，并具有较高的农艺性状和经济性状。甜荞原种质量标准籽粒纯度 99%，异作物种子每千克不超过 16 粒，杂草种子不超过 10 粒，无危险性病虫侵害的种子，含水量北方 12%，南方 13%，发芽率 95%。

2. 原种生产技术规程

甜荞为异花授粉作物，繁种地必须采取隔离条件，繁种田与生产大田应相距 5km 以上。甜荞开花习性为无限花序，其籽粒成熟度、大小、色泽极不一致，对原原种、原种、生产用种应进行人工净选，选成熟饱满、色泽一致的籽粒作种用。净选应年年、代代进行，防止原种退化、品种混杂。甜荞原种生产采用单株选择，株行鉴定（株行圃），分系比较（株系圃），混合繁殖（原种圃）的单株混合选择法。

四、推广品种

宁夏甜荞育种工作尽管起步比其他作物晚、技术力量薄弱，20 世纪 80 年代初，国家首先把甜荞品种资源的征集、保存、利用研究列入计划，80 年代中期宁夏开始了甜荞的新品种选育工作，由于政府的支持和科研人员的努力，取得了显著成绩，育种工作 20 年来通过引种、混合选择、株系集团选择、物理及化学诱变等方法，选育推广了以下一批甜荞新品种，一般比当地农家种增产 10%～20%，在生产上起到了明显的增产作用。

1. 北海道

固原市农业科学研究所引种鉴定选育。特征特性：株高 100～102cm，花色白，粒色黑色麻纹，茎秆基部紫红，上部绿色，籽粒三棱形，棱翅明显，千粒重 30g，生育期 70～78d，属中早熟品种，一年春夏能播种两次，耐旱、耐瘠、耐涝，抗倒。1987—

1989 年区域试验结果，比当地甜荞平均增产 18.4%。1994—1995 年被列入宁夏科技兴农重大科技成果推广计划项目。

2. 榆荞 2 号

固原市农业科学研究所引种鉴定选育。特征特性：株高 90cm，红秆绿叶，花色粉红色，粒色棕色，千粒重 30g，生育期 80~85d，属中晚熟品种，1987—1989 年参加宁南山区区域试验，结果比当地甜荞平均增产 17.7%，1992 年与北海道一并获宁夏科技进步奖三等奖。

3. 美国甜荞

固原市农科所通过引种鉴定选育而成，特征特性：生育期 60~66d，株高 60cm，白花，粒棕褐色，全株绿色，株形紧凑，籽粒三棱形，棱角突出明显，千粒重 26~32g，属早熟品种。该品种比当地荞麦早熟 15d 以上，在宁夏干旱、半干旱及阴湿地区正茬播种或复播，早霜来临之前都能正常成熟，是麦后复种及救灾备荒的理想品种。

在各点不同年份生长发育表现为：随着气温的升高，生育进程加快，生育日数缩短。所以，在宁夏干旱、半干旱及阴湿区正茬播种或复种在早霜来临之前都能正常成熟。缺点是易落粒。1991—1993 年参加宁南山区品种区域试验，比当地甜荞增产 21.5%，1993—1995 年参加全国荞麦良种区域试验，先后在 13 个省区设点试验，三年 29 点次试验结果比对照品种增产 11.1%，全国荞麦科研协作组认为："三年区域试验结果表明，美国甜荞具有早熟，高产、适应性广的特点，适宜北方春荞麦区的河北北部、山西西部、内蒙古西部和宁夏南部推广种植"。1996 年宁夏推荐申报国家科技成果重点推广项目，1998 年获宁夏科技进步奖三等奖，1999 年被选入由中国农学会编辑出版的《高新农业实用技术》一书。

4. 岛根荞麦

宁夏种子管理站，固原市农业科学研究所从日本岛根县引进选育，株高 70cm，主茎节数 8 个，分枝 4 个，株粒数 56~74 粒，千粒重 30g。籽粒饱满，籽粒含水分 10.72%，粗蛋白 13.68%，粗脂肪 20.0%，粗淀粉 63.4%，赖氨酸 0.36%。花白色，全株绿色，株型紧凑，籽粒黑色，三棱形，棱翅明显，生育期 76d，属中早熟品种，田间生长整齐、长势强、抗旱、抗倒伏、结实集中。1995—1997 年参加宁南山区荞麦品种区域试验，结果平均比北海道荞麦增产 7.7%，是宁夏"九五"科研成果之一。适宜宁夏南部干旱、半干旱地区及阴湿地区推广种植。

5. 宁荞 1 号

固原市农业科学研究所用混选三号辐射处理后定向系统选育而成。特征特性：株高 90cm，主茎节数 10 个，主茎分枝 4 个，株型较紧凑，叶椭圆，白花，雄蕊粉红色，籽粒三棱形，棱角突出，粒色褐色麻纹，千粒重 38.0g 左右，粗蛋白 12.6%，粗脂肪 2.5%，水分 13.7%。生育期 80~90d，属中晚熟品种，生长发育整齐，结实集中，抗倒、耐旱，适应性强，宜早播。1998—2000 年参加宁南山区荞麦品种区域试验，平均折合产量 1 282.5kg/hm^2（85.5kg/亩），比对照北海道荞麦增产 11.5%，生产示范平均折合产量 1 669.5kg/hm^2（111.3kg/亩），比对照北海道增产 19.4%，营养品质和商品性好，籽粒较大，田间生长势强，生长发育整齐，结实集中，落粒性适中，具有早熟、高产、优质、抗倒、耐旱和适应性广的特性。

上述品种均适宜在宁夏南部干旱、半干旱地区及阴湿地区推广种植。

第五节　甜荞高产栽培技术

一、轮作倒茬

轮作制度是农作制度的重要组成部分。轮作，也称换茬，是指同一地块上于一定年限内按一定顺序轮换种植不同种作物，以调节土壤肥力，防除病虫草害，实现作物高产稳产，“倒茬如上粪”说明了轮作的意义。连作导致作物产量和品质下降，更不利于土地的合理利用。荞麦对茬口选择不严格，无论种在什么茬口上都可以生长。为了获得高产，在轮作上最好选择茬口，较好的茬口有豆类、马铃薯，这些是养地作物，种荞麦不施肥也可以获得较高的产量，其次是糜子、谷子、玉米、小麦茬口种植荞麦，应适当增施肥料。较差的亚麻、油菜茬种荞麦，应多施肥，还要增施磷肥。另外，种过荞麦的地块肥力消耗特别大，影响下茬作物的生长，因此，荞麦的下茬作物应补施或增施有机肥和氮、磷钾肥料。

二、整地与施肥

1. 深耕

甜荞是旱地作物，深耕是甜荞丰产的一条重要经验和措施。深耕能熟化土壤，加厚熟土层，提高土壤肥力，既利于蓄水保墒和防止土壤水分蒸发，又利于甜荞发芽、出苗，生长发育，同时可减轻病、虫、杂草对荞麦的危害。“深耕一寸，胜过上粪”。耕深20~25cm，能破除犁底层，改善土壤物理结构，使耕作层的土壤容重降低，孔隙度增加，同时改善土壤中的水、肥、气、热状况，提高土壤肥力，使甜荞根系活动范围扩大，吸收土壤中更多的水分和养分。

2. 耙耱

耙与耱是两种不同的整地工具和整地方法，习惯合称耙耱。耙耱都有破碎坷垃、疏松表土、平隙保墒的作用，也有镇压的效果。黏土地耕翻后要耙，沙壤土耕后要耱。

3. 镇压

镇压即机畜拉石磙压土地，是北方旱地耕作中的又一项重要整地技术，它可以减少土壤大孔隙，增加毛管孔隙，促进毛管水分上升。同时还可在地面形成一层干土覆盖层，防止土壤水分的蒸发，达到蓄水保墒，保证播种质量的目的。镇压分为封冻镇压、顶凌镇压和播种前后镇压。封冻镇压和顶凌镇压分别在封冻和解冻之前进行，播种前后镇压在播种前后进行，镇压宜在沙壤土上进行。

4. 施肥

甜荞是一种需肥较多的作物，每生产100kg籽实，消耗氮3.3kg，磷1.5kg，钾4.3kg。与其他作物相比较，高于禾谷作物，低于油料作物（表1-2-1）。所以，甜荞高产，必须增施肥料。

表 1-2-1　不同作物形成籽实吸收的养分数量（kg/100kg）

元素	豌豆	春小麦	糜子	甜荞	亚麻	油菜
氮	3.00	3.00	2.10	3.30	7.50	5.80
磷	0.86	1.50	1.00	1.50	2.50	2.50
钾	2.86	2.50	1.80	4.30	5.40	4.30

（1）基肥。基肥是甜荞播种之前，结合耕作整地施入土壤深层的基础肥料，也称底肥。充足的优质基肥，是甜荞高产的基础。基肥的作用有三种：一是结合耕作创造深厚、肥沃的土壤熟土层；二是促进根系发育，扩大根系吸收范围；三是多数基肥为“全肥”（养分全面）、“稳劲”（持续时间长）的有机肥，利于甜荞稳健生长。基肥一般以有机肥为主，也可配合施用无机肥。一般情况下，氮磷配合亩施腐熟农家肥 750~1 000kg 或施尿素 10kg 加过磷酸钙 11.5kg，或碳酸氢铵 20kg 加过磷酸钙 15kg，在播前“倒地”时一次施入田中。

（2）种肥。种肥是在甜荞播种时将肥料施于种子周围的一项措施，包括播前的肥滚籽、播种时溜肥及“种子包衣”等。种肥能弥补基肥的不足，以满足甜荞生育初期对养分的需要，并能促进根系发育。底肥不足时，每公顷施磷酸二铵 37.5~75kg（2.5~15kg/亩），播种时随种子一起施入沟中。

（3）追肥。追肥就是在甜荞生长发育过程中为弥补基肥和种肥的不足，增补养分的一项措施。追肥一般宜用尿素等速效氮肥，用量不宜过多，每公顷以 75kg（5 kg/亩）左右为宜，旱地甜荞若要追肥要选择在阴雨天气进行。

三、播种技术

1. 播期

甜荞播种期不宜太早，太早植株茎秆生长旺盛，结实率低，应适当晚播，播种期宜选择在 5 月中旬至 6 月中下旬，出苗期在 5 月底至 6 月底，现蕾期在 6 月中下旬至 7 月中旬，开花始期在 7 月上旬至 7 月下旬，成熟期在 9 月上旬至 9 月中旬为宜。

2. 种子处理

播种前的种子处理是甜荞栽培中的重要技术措施，对于提高甜荞种子质量、全苗壮苗奠定丰产基础有很大作用。甜荞种子处理主要有晒种、选种、浸种和拌种几种方法。

（1）晒种。晒种能提高种子的发芽势和发芽率，增加种子的活力和发芽力，还可以杀死病菌，减轻某些病害的发生。可改善种皮的透气性和透水性，促进种子后熟，提高酶的活力，增强种子的生活力和发芽力，提高种子的发芽势和发芽率。

（2）选种。即清选种子。目的是剔除空粒、秕粒、破粒、草籽和杂质。选用大而饱满一致的种子，以提高种子的发芽率和发芽势。其方法是：风选借用扇车或簸箕的风力；水选用清水或盐水选种；筛选用适当筛孔的筛子筛去小粒；采用机选籽粒，以保证种子质量，提高甜荞种子的发芽率和发芽势。

（3）浸种。也有提高种子发芽力的作用，用35℃温水浸15min效果良好。

（4）药剂拌种。是防治蝼蛄、地老虎、蛴螬等地下害虫和荞麦病害极其有效的措施。药剂拌种是在晒种和选种之后进行。

3. 播种方法

播种方法与甜荞获得苗全、苗壮、苗匀关系很大。宁夏甜荞播种方法归纳起来主要有条播、点播和撒播。

（1）条播。主要采用耧播和犁播。用三腿耧和双腿耧，一般行距25~27cm或33~40cm；犁播是用开沟手溜种；行距25~27cm，播幅9.5~10cm。条播是宁夏甜荞主产区普遍采用的一种播种方法，播种质量较高，有利于合理密植和群体与个体的协调发育，而使甜荞产量提高。

（2）点播。主要犁开沟人工抓籽，按穴距点播，一般行距23~26cm，穴距20~30cm，每穴10粒，点播密度不易控制，营养面积利用不均，点播太费工。适于小面积或黏性强的土壤上采用。

（3）撒播。即先耕地，随后撒种子，再进行耙耱。撒种无株行距之分，密度难以控制，出苗不整齐且稠稀不匀，群体结构不合理，通风透光不良，田间管理不便，因而产量不高。

4. 播种深度

甜荞子叶出土，因此播种不宜太深。播种深难以出苗，但播种浅又易风干。因而，播种深度直接影响出苗率与整齐度，是全苗的关键措施。掌握播种深度，一要看土壤水分，土壤水分充足宜稍浅，土壤水分欠缺要稍深；二要看土质，砂质土和旱地可适当深一些，但不超过6cm，黏土则要求稍浅些；三要看播种地区，在干旱多风地区，因种子裸露很难发芽，要重视播后覆土，并要视墒情适当镇压。在除水量充足土质黏重遇雨后易板结的地区为了防止播后遇雨，幼芽难以顶土，可在翻耕地之后，先撒籽，后撒土杂肥盖籽，不覆土或少覆土；四要看品种类型，因不同品种的顶土能力各异。

5. 播种量及密度

甜荞播种量是根据土壤肥力、品种、种子发芽率、播种方式和群体密度确定的，一般每0.5kg甜荞种子可出苗1万株左右；在一般情况下，甜荞适宜播种量为37.5~45.0kg/hm^2（2.5~3.5kg/亩）。

正茬播种荞麦生育期长，个体发育充分，一般留苗以90万~105万株/hm^2（6万~7万株/亩）为宜，最多不宜超过11万株。复种甜荞留苗较稀，在中等肥力的土壤，一般以75万株/hm^2（5万株/亩）为宜。

四、田间管理

1. 保全苗

全苗是甜荞生产的基础，也是甜荞苗期管理的关键。保证甜荞全苗壮苗，除播种前做好整地保墒、防治地下害虫的工作外，出苗前后的不良气候，也容易发生缺苗现象，因此要积极采取破除板结、补苗等保苗措施，保证出苗。

2. 中耕锄草

甜荞第一片真叶出现后进行中耕。中耕有疏松土壤、增加土壤通透性、蓄水保墒、提高地温、促进幼苗生长的作用，也有除草增肥之效。中耕除草次数和时间根据土壤、苗情及杂草多少而定。荞麦生育期进行 1~2 次，三片真叶进行第一次中耕除草，现蕾期进行第二次中耕除草。中耕锄草的同时进行疏苗和间苗，去掉弱苗、多余苗，减少幼苗防止拥挤，提高甜荞植株的整齐度和结实率。

五、收获贮藏

甜荞具有无限生长特性，边开花边结实，同株上籽粒成熟不一致，结实后期早熟籽粒易落，所以掌握适时收获是高产甜荞丰收不可忽视的最后一环，在生产实践中因收获失误减产 30%~50%。一般以植株 70%籽粒呈现本品种成熟色泽为成熟期（也即全株中下部籽粒呈成熟色，上部籽粒呈青绿色，顶花还在开花）。另我国农谚有“头戴珍珠花，身穿紫罗纱，出门二三月，霜打就回家”及“荞麦遇霜，种子落光”，都告诫荞麦应在霜前收获。

荞麦收获宜在露水干后的上午进行，割下的植株应就近码放，脱粒前后尽可能减少倒运次数，晴天脱粒时，籽粒应晾晒 3~5 个有太阳日，充分干燥后贮藏。通过净选工序筛扬出秕粒和后熟的青籽也应收藏起来，除农家用作饲料外，也可用作酿造、提取药物或色素等的工业原料，不应废弃。

收获期应注意气象预报，特别是大风天气，防止落粒和倒伏造成的减收损失。荞麦种子入库的含水量以 9%~12%为宜，不得超过 15%。荞麦具有完整的皮壳，在贮存中能缓和荞麦的吸湿和温度影响，对虫、霉有一定的抵抗能力。一般仓贮水分含量在 13%左右，但外贸出口一般要求水分含量 15%。

六、病虫草鼠害防治

（一）病害防治

甜荞的病害可分为真菌病害、细菌病害和病毒病害。其中有轮纹病、褐斑病、立枯病、霜霉病、病毒病和荞麦籽实菌核病等。

1. 轮纹病

（1）为害症状。轮纹病主要为害甜荞的叶片和茎干。发病时叶片上产生淡褐色病斑，病斑呈圆形，有同心轮纹，中间有小黑点。甜荞茎干被侵害后，病斑呈菱形或椭圆形，红褐色。植株死后变为黑色。受害严重时，常常造成叶片早期脱落，减产严重。轮纹病是荞麦的重要病害。轮纹病在幼苗出土后就开始侵染为害，为害程度因年份及地区而异，田间荫蔽，有利病菌发育，发病较重。

（2）发生规律。甜荞轮纹病菌属子囊菌纲，球壳菌目，球壳孢科，壳单孢属。分生孢子器埋于病叶或茎秆组织内。病菌以分生孢子器随病株残体在地面越冬。第二年温、湿度合适时，分生出孢子，引起初次侵染。一般借雨水或昆虫传播，湿度大有利于此病流行。

（3）防治方法。①加强田间管理。收获后将病残株烧毁。早中耕，早疏苗。②温汤浸种。先将种子在冷水中预浸 4～5 h，再在 50℃温水中浸泡 5min，捞出凉干播种。③药剂防治。发病初期，喷洒 0.5%的波尔多液或 65%的代森锰锌 600 倍液；或 40%的多菌灵胶悬剂 500～800 倍液，以防止病害的蔓延。

2. 褐斑病

（1）为害症状。甜荞的褐斑病发生在叶片上，最初在叶面发生圆形或椭圆形病斑，外围呈红褐色，有明显的边缘，中间为灰褐色，病叶渐变褐色，后枯死脱落。甜荞受害后，随植株生长而逐渐加重，开花前即可见到症状，开花和开花后发病加重，严重时叶片枯死，造成减产。褐斑病在开花时发生，病叶有褐色不规则形的病斑散布，周围呈暗褐色，内部因分出分生孢子而变灰色。病叶渐变褐色而枯死脱落。

（2）发生规律。病原菌属半知菌亚门，丝孢目，尾孢属。分生孢子无色，线形。病菌主要以菌丝在病株残体内存活。第二年在温、湿度适宜条件下，即产生分生孢子，引起初次侵染，病部可产生大量分生孢子，借风传播，经伤口可形成再次侵染。病菌也可以潜伏在种子内越冬，第二年种子发芽时，侵害子叶，引起幼苗发病。

（3）防治方法。①清除田间病残植株；②药剂拌种；用五氯硝基苯、退菌特，按照种子量的 0.3%～0.5%进行拌种。③喷药防治，在田间发现病株时，用 40%的复方多菌灵胶悬剂，75%的代森锰锌可湿性粉剂，或 65%的代森锌等杀菌剂 500～800 倍液喷打植株。

3. 立枯病

（1）为害症状。甜荞立枯病，俗称腰折病，是甜荞苗期的主要病害。一般出苗后半月左右发生，有时也在种子萌发出土时就发生病，常造成烂种、烂芽，缺苗断垄，受害芽变黄褐色腐烂。幼苗感染此病，病株基部出现赤褐色病斑，后逐渐扩大凹陷，严重时幼苗萎蔫枯死。子叶受害后出现不规则的黄褐色病斑，而后病部破裂脱落穿孔，边缘残缺，常常造成 20%左右的减产。

（2）发生规律。甜荞立枯病均属于半知菌纲，无孢菌群，丝核菌属。主要有菌丝繁殖传染。菌丝为褐色至棕色。病菌从菌丝或菌核在土壤中越冬。在土壤中可存活 2～3 年，腐生性较强。少数在种子表面积组织中越冬。一般在播种早、地温低、土壤黏重、排水不良等条件下发病。在连茬地上发病重。病菌发育的适温为 20～24℃。此病寄主范围较广，在其他感病的寄主植物上产生的分生孢子，是可引起幼苗发病的侵染源。

（3）防治方法。①深耕轮作。秋收后及时清除病残体，进行深耕，合理轮作。②药剂拌种。用 50%的多菌灵可湿性粉剂 250g，拌种 50kg；用 40%的五氯硝基苯粉剂 0.25～0.5kg，拌种 100kg，其效果都很好。③喷药防治。苗期发病用 65%代森锰锌可湿性粉剂 500～600 倍液；或甲基硫菌灵 800～1 000 倍液喷施，都有较好的防治效果。

4. 霜霉病

（1）为害症状。甜荞的霜霉病主要发生在荞麦的叶片上，受害叶片正面可见到不规则失绿病斑，其边缘界限不明显。病叶背面产生淡灰白色的霜状霉层，即病原菌子实体。叶片从下向上发病，受害严重后时，叶片卷曲枯黄，最后枯死，导致叶片脱落，造成减产。

（2）发生规律。荞麦霜霉病菌属藻状菌纲，霜霉目，霜霉科，霜霉属。孢子囊梗上着生卵形孢子囊一个，为淡灰色。病菌在荞麦的病残体内越冬。翌年在适宜的温、湿度条件下，形成卵孢子引起初次侵染。然后在被侵染的植株上产生孢子囊，通过气流传播引起再次侵染。病菌也能在种子内越冬，随带菌种子传播。

（3）防治方法。①清理田间病残体；②轮作倒茬；③药剂防治，40%的五氯硝基苯或70%的敌可松粉剂拌种，用量为种子量的0.5%。发病初期用800～1 000倍液的瑞毒霉，后期用75%的百菌清700～800倍液可湿性粉剂。

5. 病毒病

（1）为害症状。甜荞病毒病的发生年份与蚜虫的发生密切相关，蚜虫是该病的传媒，受侵染的植株出现矮花、卷叶、萎缩等症状，叶缘周围有灼烧状。

（2）防治方法。① 用500倍液杀虫星杀灭病毒传媒蚜虫；②喷施叶面复合肥料，增强植株抗性；③用病毒灵在受害植株上喷施。

6. 籽实菌核病

（1）为害症状。甜荞籽实菌核病为害种子，用手轻轻捻压被害种子，棱角部位容易分裂，籽粒内部呈黑色。

（2）防治方法。用50%可湿性粉剂扑海英，或多菌灵或速克灵等，按使用说明兑水稀释，在初花期喷一次，隔7～10d约盛花期再喷一次。

（二）地上害虫防治

1. 黏虫

（1）为害症状。黏虫俗称五花虫，是为害甜荞、豆类和禾谷类等作物的暴食性害虫。主要为害植株叶片，为害严重是时，可将植株吃成光杆，造成减产。

（2）发生规律。黏虫一年发生2～3代，成虫具有远距离迁飞的特性，随着季节的变化南北往返迁飞为害。趋光性很弱，对糖醋酒味及其他发酵物有强烈的趋性；成虫昼伏夜出，夜间出来取食、交尾、产卵，卵喜产在枯黄叶尖上，卵圆形，中间带有弧形皱纹，乳白色，每几十至二三百粒成行或重叠排列成块；幼虫有6龄，先群集后吐丝分数，有受惊卷缩装死的假死性。1、2龄啃食叶肉，3龄前食量少，抗药力弱，是防治的有利时机。幼虫也昼伏夜出，阴雨天整天出来取食为害。到5、6龄进入暴食期，可将作物吃成光秆。

（3）防治方法。①农艺措施：根据测报情况，在田间采摘卵块，搜集烧埋枯心苗、枯黄叶。在幼虫发生密度大时，于上午9时前和下午4时后，可将幼虫震落在容器或地下，把虫打死。②黏虫药剂防治：幼虫3龄前用速灭杀丁或溴氰菊酯4 000倍液，辛硫磷乳油1 500倍液，氧化乐果1 000倍液喷雾防治。3龄以后，用乙敌粉剂、辛拌磷粉剂，清晨带露水喷粉防治。

2. 草地螟

（1）为害症状。草地螟又叫黄绿条螟，属鳞翅目螟蛾科，是杂食性、暴食性害虫。幼虫为害荞麦叶、花和果实，大发生时可造成重大损失，甚至绝产。

（2）发生规律。一年发生三代，以幼虫和蛹越冬。第三代幼虫为害最重。成虫长12～13mm，深褐色，有趋光性，飞翔能力较弱。黄昏时有结群迁飞习性，寿命5～7d；

卵扁圆形，乳白色有贝壳光泽，散产或单产；幼虫黑绿或墨绿色，体长 20~25mm，计 5 龄。2~3 龄时稍触动则弹跳，卷扭后退，能吐丝悬垂。4 龄后活动剧烈，每分钟行 25~30cm。有群集暴食习性，通常在叶间结网潜居，嚼食叶肉，残留表皮，为时约 15d；老熟幼虫入土作茧成蛹越冬。

（3）防治方法。①农艺措施：用网捕成虫，灯光诱杀，即在成虫羽化至产卵 2~12d 空隙时间，采用拉网捕杀；或利用成虫趋光性、黄昏后有结群迁飞的习性，采用灯光诱杀，效果较好。②药剂防治：幼虫 3 龄前用 80%敌敌畏乳油 1 000 倍液、800 倍 90%敌百虫粉剂、2.5%的溴氰菊酯、20%速灭杀丁等菊酯类药剂 4 000 倍液喷雾。

3. 钩刺蛾

（1）为害症状。钩刺蛾又叫荞麦卷叶虫属鳞翅目钩蛾科，是仅为害甜荞叶、花、果实的专食性害虫，转寄主是牛耳大黄。

（2）发生规律。钩刺蛾一年发生一代，以蛹越冬。成虫长 10~13mm，有趋光性、趋绿性。白天栖息于草丛中、树林里。遇惊扰则低飞，飞翔力不强。寿命为 7~10d；卵椭圆形，产于叶背，珍珠白色，散产，一叶一块，每块 60~120 粒，卵期 4~10d；初孵幼虫群集害叶，2~3 龄后有假死性，能吐丝下垂，分散为害。高龄幼虫则爬行或折叶苞取食。幼虫历时 59~60d；蛹期 7 个月，分散于土中 15cm 处。

（3）防治方法。①农艺措施：深翻灭蛹、灯光诱杀、人工捕杀、药剂防治。利用幼虫假死性和趋光性，实行灯光诱捕和人工捕杀，可以减轻钩刺蛾的为害。②药剂防治：幼虫 3 龄以前，可用 0.04%的除虫精粉，每公顷 30~45kg，拌细土 225kg，撒施于荞麦地；也可以用 4 000 倍 2.5%溴氰聚酯类杀虫剂喷雾防治。

（三）地下害虫防治

甜荞产区地下害虫种类很多，其中为害严重的有蝼蛄、地老虎、蛴螬。主要以幼虫、若虫和成虫为害甜荞根部或幼苗，是甜荞生产中的重大害虫。

1. 蝼蛄

（1）华北蝼蛄。约需 3 年完成一代，以若虫和成虫越冬。成虫第二年 3—4 月开始活动，6 月上、中旬在土中产卵，6 月中、下旬孵化为若虫，40~60d 后进行为害。若虫经过两年生长和过冬，第三年 8 月份羽化为成虫，当年越冬。

（2）非洲蝼蛄。约两年发生一代，以若虫和成虫越冬。越冬成虫次年 5 月中、下旬在土中产卵，卵期 10~25d，初孵的若虫 1~2d 后活动为害。越冬若虫 4 月上旬活动，5 月中、上旬羽化为成虫。

两种蝼蛄都是白天藏在土里，夜间在表土层活动为害。成虫有趋光、趋化性。10cm 土温在 20~22℃，湿度达 20%时，最适宜蝼蛄活动为害。

2. 地老虎

（1）小地老虎。为害最重，分布最广，一年发生 3 代，以老熟幼虫或蛹在土中越冬，以第一代幼虫为害最重。3 月下旬至 9 月底有成虫发生，成虫有趋光、趋糖性，昼伏夜出，夜间飞出交配产卵。初孵化的幼虫头部黑褐，胸腹白色，取食后淡绿色，幼虫共 6 龄，有迁移为害习性。

（2）大地老虎。一年发生 1 代，以幼虫越冬。4 月中、下旬开始出现活动为害。9

月化蛹，成虫羽化在 10 月上、中旬，产卵于杂草上。幼虫 11 月上旬左右钻入土中越冬。

（3）黄地老虎。一年发生 2 代，比小地老虎晚出现 15～20d，第一代为害一般在 5 月下旬至 6 月上旬。为害习性与小地老虎基本相同。

3. 蛴螬

蛴螬的发生与温、湿度和土质有关，当 10cm 土温 5℃时，则开始上升，13～18℃时活动最盛，23℃以上向深土中移动，5℃以上时即进入深土层越冬。蛴螬一般在阴雨时期、水浇地、低洼地及多雨年份，发生为害严重。积水地不利于小龄蛴螬成活。黏土地比沙土地受害重。春季发生早，且受害时间长。此外，有机质多的地块为害较重。蛴螬主要在苗期为害。

4. 地下害虫的防治方法

①诱杀成虫。在成虫发生期用黑光灯诱杀成虫；或用红糖 3 份、酒 1 份、醋 4 份、水 2 份，再加毒液总量的 25%敌百虫配成毒液杀虫剂诱杀。②人工捕捉。以上三种地下害虫都可以捕捉。地老虎在早 7—9 时，在受害株附近捕捉。蛴螬在犁地时拾虫捕杀；蝼蛄可沿隧道挖捕若虫。③药剂拌种。用 20%甲基异硫磷乳油 0.3～0.5kg，拌种 100kg；甲拌磷（3911）乳油 0.5kg 拌种 100kg；或 50%辛硫磷乳油 0.1kg，兑水 5～10kg 拌种 100kg。也可采用种衣剂进行种子包衣。④土壤处理。对以上三种地下害虫都可以采用毒谷、毒饵防治。方法是用干谷 5kg 煮半熟捞出晾干加辛硫磷 0.5kg 拌匀，每亩撒施 1～1.5kg，随耕翻或随种子撒入犁沟内。或用辛硫磷、辛拌磷粉剂、甲敌粉等杀虫剂，每亩用 1kg 拌细土 2.5kg，随耕翻撒入土中，可有效地防治多种地下害虫。

（四）杂草防除

农田杂草一般是指农田中非栽培的各种植物。广泛地说，长错了地方的植物都可称之为杂草。据联合国粮农组织报道，全世界有杂草约 5 万种，其中农田杂草为 8 000 种，而危害主要粮食作物的杂草约 250 种。据统计，近年全世界因草害造成的作物减产，损失达 204 亿美元。据农业农村部全国植保总站的调查，我国有农田杂草 580 种，其中一年生杂草 278 种占 48%，多年生杂草 243 种占 42%，越年生杂草 59 种占 10%，给农作物造成危害的杂草达 120 种。杂草是甜荞生长的大敌，与甜荞争夺水、肥、光等物质条件，侵占农田地下、地上空间，影响甜荞的通气透光性，减低甜荞有效的光合作用。干扰其正常生长，影响产量和质量。

1. 杂草的综合防除

不同地区其杂草种类各不相同，因而围绕当地主要杂草及其生物学、生态学的特性，可以科学地制定综合防治杂草的措施。①注意田间卫生。田边杂草是进入农田最直接的传播源，搞好田间卫生的同时要注意田边杂草的清除。②合理轮作，合理密植。轮作可改变杂草的生态环境，从而中断某些杂草种子传播或抑制某些杂草发生为害。合理密植甜荞，有效合理地增加种植面积，从空间上抑制杂草的生长繁衍。③生物防治和物理防治。利用微生物、昆虫、植物、动物等来防治杂草，例如在甜荞行间种植一些绿豆等低秆作物，可有效地控制杂草危害。

2. 杂草的化学除草

（1）化学除草及其优越性。化学除草是利用化学药剂来消灭或控制杂草的一种除草方法。用于防除杂草的药剂，称为除草剂。20 世纪 90 年代，化学除草技术发展很快，已成为农业生产一项新的技术措施。从 20 世纪 70 年代后期起，全世界除草剂的使用量就占整个农药使用量的首位，除草剂的经济效益明显。实践证明，化学除草有以下好处：①灭草及时，效果好；②减少用工，节省劳力；③及早消灭病虫的中间寄主，减轻病虫为害；④有利于机械作业和耕作制度的改革。

（2）化学除草剂的种类。全世界生产和使用的除草剂有 200 余种，各种药剂性能差别很大。为了研究和使用方便，一般分为以下一些种类。

按除草剂的性质分：①选择性除草剂，如 2,4-D 丁酯、巨星等。②灭生性除草剂，如草甘膦、农达、克无踪。

按除草的作用方式分：①传导型（内吸型）除草剂，如巨星、2,4-D 丁酯。②触杀型除草剂，只有喷施均匀，才能达到良好的效果，如克无踪、草甘膦。

按除草剂的使用方法分：①茎时处理剂，作物发育期，喷洒叶面或全株，如敌稗、农达。②土壤处理剂，一般在播种后出苗前应用，如氯乐灵。

（3）除草剂的加工剂型。水溶剂、乳油、可湿性粉剂、颗粒剂、水剂、悬浮剂、粉剂和超低容量喷雾剂等 8 种剂型。

（4）除草剂的使用方法。主要有生育期茎叶处理和播种前后的土壤处理。除草剂使用方法不当，不仅浪费药剂，而且还会造成对作物的严重药害。

3. 甜荞田除草剂的喷施方法

（1）茎叶处理。就是将除草剂直接喷洒在生长的杂草和作物上，一般都在作物出苗后进行。这些药剂既接触杂草，也接触农作物，因此，需选用选择性除草剂，而且应选择对杂草敏感，在作物抗药性强的时期进行。茎叶处理一般多采用喷雾法，所用药液手动喷雾器为每亩 40~50kg，机动背负式喷雾器为 10~20kg。要防止重喷，漏喷，要在无风或小风晴天时作业。喷药后如遇降水，应视具体情况进行补喷。

（2）土壤处理。就是将除草剂直接施到土壤表面或土层中，一般在作物播种前或播种后出苗前进行，这时杂草正处在发芽出土阶段，有利于防除。其施药方法有以下四种。

①喷雾法。将药剂稀释后，用喷雾器直接喷到土壤表面，雾滴要分散均匀，有些药剂使用后必须立即耙耱混土，反之药效则差。②药土法。将除草剂与潮湿过筛的细土或沙土按一定的比例配成药土，使药剂充分黏附在土粒上，然后用手或机械进行撒施。③撒粒法。有些除草剂本身就是颗粒剂，不需任何加工，可按规定的用药量撒施于田间。④泼浇法。将除草剂以较大水量稀释，用喷壶、盆或其他工具将药液均匀地泼洒到土壤表面。此法适合于加工细度较粗的可湿性粉剂，可避免堵塞喷头或管道。

总之，除草剂的使用方法，必须坚持因地、因时、因草、因作物制宜的原则，灵活使用各种方法，配合各种制度、田间管理及自然因素等协调应用，以提高除草效果。

4. 甜荞田的杂草防除技术

甜荞田杂草因地而异，主要杂草有马唐、稗草、狗尾草、牛筋草、反齿苋、马齿苋、打碗花、苘麻、苍耳、藜、曼陀罗等。甜荞田间化学除草应搞好播后出苗前和苗后早期进行施药。甜荞为双子叶植物，施用除草剂时应注意选择，以免造成毁灭性的杀除。喷施时要尽量避开甜荞植株。具体用药量及药品要向植保专家请教咨询。

（五）甜荞的害鼠种类及防治

1. 害鼠的种类

我国的鼠类有150余种，其中主要的鼠种为：中华鼢鼠、达乌尔黄鼠、大仓鼠、长尾仓鼠、花鼠、褐家鼠、小家鼠等。

2. 害鼠的为害情况

由于自然环境复杂多样，害鼠在不同地貌类型中发生为害程度各不相同。在山区，中华鼢鼠虽然数量上不占优势，但由于个体较大，其为害位居第一，大仓鼠次之，长尾仓鼠、花鼠由于数量较大也是灾害性鼠种。平川地区，旱地主要是达乌尔黄鼠为害，水浇地主要是大仓鼠、长尾仓鼠为害。

3. 害鼠的为害方式

（1）直接为害农作物。在自然环境中害鼠多依靠摄食作物的根、茎、叶或籽实等生存。农田是各种害鼠的主要栖息地，其中地面害鼠的夹捕率为3%~10%，地下害鼠的密度为每亩0.4%~1.2%。通常密度下地面害鼠可以使粮食作物每亩减产5~7.5kg，而地下害鼠可使减产达10~15kg。

（2）加剧水土流失。人们把水土流失的原因归咎于乱砍滥伐，垦荒种地，开山采石，修筑道路等，但忽视了各种动物对水土流失的影响。以残塬沟壑区的荒草坡为例，在荒草坡中栖息着多种害鼠，对水土流失的影响是多方面的。首先，各种害鼠的摄食活动影响整个杂草群落的发育和更新，严重时甚至可以改变植被的构成，降低植被的覆盖度，形成斑块状的“裸地”从而减弱了植被的保土作用。据测算，各种害鼠对农作物籽粒的每只日摄食量为15~20g，而对茎叶等营养器官的摄食量则更大，以各种害鼠的摄食量测算，每只每年消耗的杂草量约4kg，约消耗6m^{2}的植被。其次，害鼠掘土为灾，其穴洞破坏了坡体土壤的整体结构。各种害鼠掘土挖洞，洞包括常住洞、耍洞等，每个深1~10m不等。在坡面上各种鼠洞、废弃洞星罗棋布，据抽样调查，平均洞穴密度为每公顷135个。各种鼠洞使坡体的结构变得脆弱，抗蚀性能减弱，一遇暴雨便引起塌陷，滑坡面形成水土流失。另外，害鼠对生态治理工程的破坏也加重了水土流失。

4. 鼠害的防治技术

当鼠数量达到一定水平时，就会出现鼠害。这时必须采取具体措施防治。鼠害防治有两大原则：一是创造不利于鼠类生存的环境，使它们失去摄食、巢居、隐蔽、活动和繁殖的条件；二是通过各种灭鼠手段，控制害鼠的数量。

（1）预防鼠害的措施，不外乎破坏鼠类栖息环境，食物来源的条件，生活供应需求，生态条件的要求，以及防止其迁移和窜扰。目的在于减少或控制鼠类数量，或防止侵入破坏活动，以免引起更为严重的为害。

（2）减少鼠类栖息场所。各种鼠类对栖息场所均有一定的要求，如果采取一些必需的有效措施，杜绝或减少鼠类可以栖息的场所，使其无处寄存，这是预防鼠害最有效的措施之一。例如子午沙鼠、大仓鼠等害鼠，常栖息在田边的灌草丛、田坡、沟旁或田间乱石堆、小土岗等处。因此，合理规划耕地，尽量减少田埂和铲除杂草、乱石堆等，不但可扩大耕地面积，而且还破坏了害鼠的主要栖息场所，减少为害。对于休耕地，应该做到及时深翻土地，力求最大限度地破坏分布在其间的鼠洞，减少鼠类栖息场所。

（3）破坏鼠类的食物来源。食物是鼠类赖以生存的基本条件，设法减少、切断鼠类的食物供应来源，就可达到控制其生长、发育、繁殖和成活的目的，加速其死亡。在野外及农田中，尤其是农作物收获前后，老鼠取食和贮粮的活动加速。为了减少损失，要及时收割，力求做到随割、随打、收割干净、颗粒归仓。

（4）灭鼠方法很多，大多数为药物灭鼠、器械灭鼠、生物灭鼠和生态灭鼠四种。①药物灭鼠。药物灭鼠又称化学灭鼠。具有成本低、技术易掌握、大田防治效果好等优点，是应用极广泛的灭鼠手段。根据用药方式可分为毒饵灭鼠、毒粉灭鼠、毒水灭鼠、毒胶灭鼠和毒气灭鼠等几种。②器械灭鼠。就是利用各种工具直接捕杀或驱赶鼠类。此法简便，可以就地取材，且不受季节和其他一些条件的限制，对人、畜较为安全，能节省粮食，可以多次使用，经济效益高。常用的灭鼠器械有鼠夹、鼠笼、地箭和电子猫等。③生物灭鼠。就是利用鼠类的天敌和疾病灭鼠，大致可分为两类：一类是用鼠类天敌灭鼠；另一类是用对人、畜无害而对鼠类有致病力的病原微生物灭鼠。④生态灭鼠。是指采取综合性措施，破坏鼠类生活环境和食物来源，防止鼠害发生。生态灭鼠涉及面广，是一项综合性措施，收效缓慢，还需其他方法配合使用。

（5）几种害鼠的防治要点。

中华鼢鼠：①洞内投药法。可以用 0.2%毒鼠磷、5%～8%磷化锌、1%甘氟、0.005%溴敌隆和氯敌鼠等毒饵，诱饵用马铃薯、萝卜、小麦、莜麦、玉米等，用铁管穿孔投入洞内。②LB 型灭鼠管。是根据鼢鼠的生活习性，设计的强烈性灭鼠措施，灭效为 78%～98%，具有使用方便，安全系数高的优点。③洞内支夹。应用 2 号强簧踩夹，具体做法是：先寻找到老鼠的常住洞，切开洞口，用小铲挖一低于洞道的小坑，用铁丝系住夹子，固定在洞外，并在踩夹上撒上些湿润的虚土。最后用草皮或土块将洞封住，不使透风。鼠通过就能将其夹住。④地箭捕打。选用 3 根铁丝插在洞口上，两边立棍搭架成“门”字形，上吊石板，用跳棍引入洞口别住。鼠出来封洞时，触动别棍，石板落下，压下箭针，即可打住鼢鼠。⑤活捉法。鼢鼠活动高峰期，将鼢鼠洞切开，鼢鼠出来堵洞时，在距洞口 33cm 远处用铁锹截获。在鼢鼠出来封洞前，人不要站在上风口，不要抽烟说话，以免惊吓鼢鼠，影响捕捉效果。

黄鼠：①人工捕杀。黄鼠白天活动，经常在农田中停留观望，可以枪击，也可以在洞口使用弓形夹捕打，还可以在大田灌溉时用水灌。由于大水漫灌，黄鼠就会沿洞口跑出，可以趁机捕杀。②药剂熏蒸。黄鼠洞穴，适于用熏蒸剂。常用的熏蒸剂及用量：氯化苦 5～8mL/洞，溴甲烷 10～14mL/洞，氰化钙 5～8g/洞，磷化锌 3 片/洞，木屑、硝酸钾烟剂 50g/洞。药剂熏杀要选在气温和湿度比较高的季节，要避开黄鼠的出洞活动时间。③毒饵灭鼠。药剂毒杀黄鼠最好选在黄鼠第一个数量高峰期，即黄鼠出蛰初期，此期黄鼠对毒饵的摄食率高，可收到杀一只灭一窝的效果。据试验，溴敌隆、毒鼠磷、敌鼠钠盐、氯敌鼠等抗凝血杀鼠剂对黄鼠的杀灭效果均较好。采用一次按洞投饵法，毒饵投在距洞口 30～50cm 鼠类频繁活动的地方。

大仓鼠、长尾仓鼠：①生态灭鼠。大仓鼠和长尾仓鼠的洞穴多分布于田埂、路巷、坟地等非耕作区。对这些环境进行改造，可有效地破坏栖息场所，从根本上控制鼠患。②人工捕杀仓鼠。洞口明显易于辨认，冬闲时节，发动群众采用灌水、挖掘等措施进行人工捕杀。③毒饵灭鼠。4 月中旬，气候渐暖，鼠类活动频繁，并进入第一个繁殖盛期，此期田间植被稀疏，降水量少，农田投饵易被取食，毒饵杀灭可把种群数量压低在第一个繁殖高峰之前，保证春播作物全苗。7—8 月秋作物渐趋成熟，害鼠处在第三个数量高峰，为害加剧。取食贮粮活动频繁，此时灭鼠不但可保证作物安全生产，而且能压低越冬数量，减轻翌年鼠患。根据试验，防治仓鼠的药剂种类及使用剂量分别是：0.5%毒鼠磷小麦毒饵，按洞一次性投饵，每洞 3～5g；40%的磷化锌毒饵，每洞 5～10g；0.005%溴敌隆小麦毒饵，每洞 10～20g。在鼠害严重地区，宜采用等距饱和投饵灭鼠，即每 5～10m 投放毒饵 10～15g，药物灭鼠要连片进行。

花鼠：①人工捕杀。花鼠白天活动，且行动时总要停顿观察周围的动静，可以抓住这一时机用枪击杀。还可用铁板夹或木制鼠夹捕打。但在放夹时，最好用包装箱和硬纸板剪成高 10cm，长 20cm 的纸板，变成弧形，用细绳固定在铁板或木制鼠夹没有踏板的一端，迫使花鼠从板机关上面取食诱饵，使其踩翻而被捕杀。诱饵宜选用花生仁、核桃仁或水果块。此外，还可用捕鼠笼捕捉。但鼠笼一定要放在鼠活动的路上，诱饵要新鲜适口，还要在笼口处撒一些玉米粒引诱。②毒饵防治。据测验，磷化锌、甘氟和溴敌隆等杀鼠剂是防治花鼠较理想的药剂，其中以磷化锌花生果毒饵防治效果最好。具体方法是：选用带壳的花生果，取出花生仁并在其上挖个小孔，在孔内投放少许磷化锌，封孔后将花生仁放入原壳内，壳用胶粘好，这样就制成了花生毒饵。将毒饵投放在花鼠活动的地方。隔 10～20m 投放两个花生果，也可投放到花鼠常出现的洞口、石堆、崖边等处。花鼠具有嗑食坚果的习性。这种方法用药隐蔽，易使花鼠上当取食。另外，也可用小麦等作物籽粒制成溴敌隆、甘氟等毒饵，选晴天投放在花鼠活动地带进行防治。

第六节　甜荞价值与主要用途

甜荞由于其独特的营养价值被认为是世界性的新兴作物。它是小宗作物，但却能弥补大宗作物优势的不足和不具有的成分：它能种植在大宗作物不能种植的生育期短、冷凉地域和瘠薄土壤，它不仅含有大宗作物含有的营养成分，而且还含有大宗作物不含的且是人体所必需的成分。甜荞全身是宝，幼枝嫩叶、茎叶花果、根和秸秆、外壳米面无一废物。从自然资源的利用到养地增产，从农业到养殖业，从食品工业到轻化工生产，从食品（食药同源）到保健防病，从国内市场到国际市场，特别是在宁夏日益兴起的旅游事业中，都有不可低估的市场前景，在特色农业中，荞麦更将显示特有的经济价值。因此，大力发展荞麦生产，提高荞麦的综合利用价值，变荞麦的资源优势为商品优势，实现增产增收，对于提高人民生活水平、防御疾病、促进农村经济发展和农民脱贫致富，都具有重要的现实意义。

一、营养成分

甜荞因其含多种特殊的功能成分，深受人们的推崇。在我国荞麦与燕麦、食用豆类、黑米、小米、玉米、麦麸、米糠等并称为八大保健食品。同时甜荞的药用价值也很高。据《本草纲目》记载，荞麦味苦，性平、寒，可益气力、续精神、利耳目，有降气、宽肠、健胃的作用。据现代临床医学研究观察表明，甜荞具有降血糖、降血脂、提高免疫力的作用。对于糖尿病、高血压、冠心病、中风病都有辅助治疗作用。而甜荞的这些功效都与荞麦所含成分密切相关。

1. 淀粉

甜荞淀粉是荞麦粉的主要组成成分，含量约占荞麦米的70%。甜荞淀粉颗粒呈多边形，粒度小于玉米和小麦淀粉的1.6~2.4倍，平均为6.5μm。甜荞淀粉主要有以下特性：一是高黏度。甜荞淀粉有较高的峰黏度、热黏度和最终冷黏度。其黏度远高于谷类淀粉和根茎类淀粉；二是易水解和消化吸收。研究表明，甜荞淀粉颗粒比玉米、小麦淀粉颗粒有较大的非结晶区。其水解效率明显高于玉米和小麦淀粉。这些性质可能与其颗粒小、直链淀粉含量高有关；三是高膨胀力和低溶解性。甜荞淀粉的膨胀力显著高于玉米、小麦淀粉，且有更好的持水能力；四是不易老化。实验表明，在不同温度下甜荞淀粉在整个储存阶段的老化速率皆小于玉米、小麦淀粉。其原因可能与甜荞淀粉中直链淀粉含量、直链淀粉分子量大小、结构有关。同时贮藏温度对甜荞淀粉老化的影响小于玉米和小麦淀粉；五是低凝胶脱水收缩性和高冻融性稳定性。甜荞淀粉一旦溶胀，就能保持高水分，形成比玉米、小麦淀粉还稠的胶体。甜荞淀粉的低凝胶脱水收缩性、高冻融性稳定性与其高脂肪含量、低分子量、高持水性有关。甜荞淀粉形成凝胶后，能在冰箱中反复冻融3~10d而不失水，可作为一种很好的增稠剂，能够经受在运输、贮存和加工中意外的温度变化。

2. 蛋白质

（1）功能特性。以1973年联合国粮食及农业组织（FAO）和世界卫生组织（WHO）规定的必需氨基酸标准，用化学分析法分析可知，甜荞中含有18种氨基酸，含量丰富。其组成模式符合标准，具有较高的生物价。甜荞蛋白还富含其他谷类物质缺乏的限制性氨基酸——赖氨酸。甜荞蛋白作为一种新型蛋白质具有一些独到的功效：①降低血糖。甜荞中含有人体必需的八种氨基酸。其中有些氨基酸，如异亮氨酸能调节胰岛素的产生，因而能够影响血糖水平，从而达到降低血糖和预防糖尿病的作用；②降低血液胆固醇。甜荞蛋白可显著降低血液胆固醇浓度，其效果优于大豆蛋白。原因在于甜荞蛋白质有较低的消化率，具有膳食纤维的作用；③抑制脂肪积累。现已证明：缺乏精氨酸会引起肝脏中胆固醇和甘油三酯含量的升高。而甜荞中含有丰富的精氨酸，可以抑制脂肪的积累；④抗衰老作用。荞麦蛋白可提高肌体中的超氧化物歧化酶、过氧化氢酶等的含量，使脂质过氧化物丙二醛的含量下降；⑤有改善便秘作用。甜荞蛋白中含有一定量的精氨酸，因而具有改善便秘作用；⑥可以抑制胆结石的产生；⑦可以抑制大肠癌的发生。

（2）组成成分。甜荞的蛋白组成与一般的粮食组成不同，其主要成分为水溶性清蛋白（含量31.8%~42.3%）、球蛋白（含量30%~42%），谷蛋白含量次之（含量24.5%~26.1%），醇溶蛋白含量最低（含量1.7%~2.3%）。同时，甜荞蛋白是一种纯天然的植物蛋白，富含多种氨基酸。其氨基酸分析如表1-2-2所示：

表1-2-2 甜荞蛋白氨基酸分析结果 (%)

氨基酸	必需氨基酸							半必需		非必需氨基酸								
	苏氨酸	蛋氨酸	缬氨酸	异亮氨酸	亮氨酸	苯丙氨酸	赖氨酸	色氨酸	精氨酸	组氨酸	天冬氨酸	丝氨酸	谷氨酸	甘氨酸	丙氨酸	胱氨酸	酪氨酸	脯氨酸
含量	0.39	0.23	0.68	0.59	0.98	0.58	0.60	0.19	1.04	0.29	0.16	0.44	2.58	0.64	0.57	0.14	0.41	0.07

3. 维生素和黄酮类物质

甜荞中含有较多的维生素，其中维生素 B_1 为7.19mg/kg，维生素 B_2 为3.30mg/kg，维生素C为19.50mg/kg，维生素E为1.42mg/kg。同时甜荞还含有其他谷类物质中所没有的芦丁，维生素C和叶绿素。其中，维生素E中γ-生育酚含量最多，其抗氧化能力强。芦丁，又称维生素P，含量占黄酮类物质总量的70%~90%。它具有明显的降低毛细血管脆性，提高毛细血管通透性，维护血液微循环，加强维生素C代谢的作用。临床上常将芦丁用于治疗因毛细血管变性引起的出血症和高血压，并可起到控制和治疗糖尿病的作用。

4. 膳食纤维

甜荞种子的膳食纤维含量3.4%~5.2%，其中20%~30%为可溶性食物纤维。现代研究认为甜荞膳食纤维可能对多肽等物质有结合能力，其持水、持油、吸水性突出，甜荞膳食纤维的主要功效如下：一是预防便秘与结肠癌。膳食纤维可改善肠道内微生物群的构成与代谢，诱导有益的好气菌的大量繁殖，有益于肠内压的下降，可预防痔疮及下肢静脉曲张；二是降低血清胆固醇。膳食纤维可降低血清胆固醇，预防由冠状动脉硬化引起的心脏病；三是改善胰岛素的敏感性。膳食纤维可以改善胰岛素的敏感性，降低对胰岛素的要求，从而达到调节糖尿病患者的血糖水平的作用；四是预防胆结石。膳食纤维可以减少胆汁酸的再吸收量，改变食物消化速度和消化道分泌物的分泌，预防胆结石；五是抗乳腺癌。膳食纤维可能还有抗乳腺癌的作用，目前的解释是膳食纤维会减少血液中诱导乳腺癌雌性激素的比率；六是膳食纤维的缺乏还与阑尾炎、间歇性疝、肾结石、膀胱结石等疾病的发病率与发病程度有很大的关系。

总之，众多的研究表明，膳食中足量的纤维会保护人体免遭这些疾病的侵害。虽然我国是以植物食物为主，一般居民不会缺乏膳食纤维。但近些年来，人们的饮食习惯有了很大的变化。大中城市已出现了膳食纤维不足的现象。食物中膳食纤维对保护肌体免受这些疾病的侵害有很好的作用。在世界中老年人数快速增长的情况下，开发膳食纤维更具有必要性和紧迫性。

5. 矿物质

甜荞中矿物质丰富，达 20 多种。其中钾、镁、铜、铬、锌、钙、铁等含量大大高于禾谷类物质；钙的含量一般是大米的 80 倍，这种钙是天然的，对人体无害，可以作为补钙的良好来源；铁的含量是小麦的 3~4 倍以上，锌的含量是小麦的 1.5 倍以上，锰的含量是小麦的 4 倍以上，硅的含量是小麦的 5 倍以上；镁的含量也特别高，一般是小麦和大米的 3~4 倍。因此摄食荞麦能调节人体心肌活动，减少血液中胆固醇含量，预防动脉硬化、心肌梗死、高血压等心血管疾病。甜荞还富含硒，极具防癌作用，被誉为“生命的奇效素”。

此外，甜荞中铬、钒具有降血糖的作用。而血糖的控制是治疗糖尿病的基础，糖尿病病人血糖控制不好又是引起其他并发症的直接原因。因此糖尿病患者只要坚持食用荞麦食品，既可降低血糖、减轻胰脏负担，又可使人体所需的多种微量元素得到及时的补充。

6. 低聚糖

提取的低聚糖对人类也有独特的保健功能，主要包括：一是双歧因子，促进肠道双歧杆菌增殖，清洁肠道，排出毒素；二是不会引起龋齿；三是水溶性纤维素可以防止便秘，提高肌体免疫功能；四是低热值，人体难以消化，不会引起肥胖，并适合于糖尿病患者服用；五是抑制肠道有害菌群的增殖，有效减少有毒发酵产物和有害细菌酶的产生；六是促进肠道内营养物质的生成和吸收，如促进合成维生素 B_1、维生素 B_6、维生素 B_{12}、维生素 PP 和叶酸等，还能促进钙质和乳制品的吸收，迅速给抗体补充营养；七是预防癌症，提高抗体免疫功能，分解破坏一些致癌物质，并能加速致癌物质排出体外；八是降低血压，人体试验发现人体舒张压高低与肠道内双歧杆菌的数量占细菌总数的比例呈负相关。由此可见，低聚糖的降压是通过促进双歧杆菌的增值来实现的；九是血液胆固醇，提高血清中高密度脂蛋白的比例；十是保护肝脏，减少体内有毒代谢物的产生，减轻肝脏减毒负担，对肝炎及肝硬化等肝病均有防治功效。

二、利用价值

1. 食用价值

甜荞食味好，有良好的适口性，且易被人体吸收，在我国东北、华北、西北、西南以及日本、朝鲜、俄罗斯都是很受欢迎的食物，许多国家已把甜荞列为高级营养食品。荞麦食品是直接利用荞米和荞麦面粉加工的。荞米常用来做荞米饭、荞米粥和荞麦片。荞麦粉与其他面粉一样，可精制美馔拨面，宴请贵宾，也可制成面条、烙饼、面包、糕点、荞酥、凉粉、血粑和灌肠等民间风味食品。甜荞凉粉有消暑防病之效，甜荞饺子风味别具一格。由于荞面的氨基酸中含有较多的双氨基蛋白，作荞面疙瘩汤，营养丰富，食味鲜美。甜荞还可酿酒，酒色清澈，营养丰富，酒精度低，饮之，清香可口，久饮有益身心健康。荞叶中的营养也十分丰富，约含蛋白质 7.4%，脂肪 1.6%，还有 1%~2% 的生物类黄酮，且具奇特食味，中国、日本、朝鲜常用荞麦幼嫩茎叶做凉拌菜及其他风味食品。

2. 蔬用价值

近年来，甜荞的开发利用研究已取得了长足进步，人们餐桌上出现了荞麦芽和荞菜两种美味食物。荞麦芽类似于豌豆苗等，其味道清爽，适口性能佳；荞菜叶嫩、茎脆，类似于苦菜。这些食物为人们提供了一定的营养元素，如磷、钾、钙等和纤维素，并有清凉消暑之功效，在蔬菜匮乏的山区，可以填补季节性蔬菜供应不足的状况。

3. 饲用价值

甜荞籽粒、皮壳、秸秆和青贮都可喂养畜禽，而广泛用作牲畜饲料的是碎粒、米糠和皮壳。荞麦碎粒是珍贵饲料，富含脂肪、蛋白质、铁、磷、钙等矿物质和多种维生素，其营养价值为玉米的70%。有资料报道，用荞麦粒喂家禽可提高产蛋率，也能加快雏鸡的生长速度；喂奶牛可提高奶的品质；喂猪能增加固态脂肪，提高肉的品质。荞麦比其他饲料作物生育期短，既可在无霜期短的地区直播，也可在无霜期长的地区复播，能在短时期内提供大量优质青饲料。

4. 蜜源作物

甜荞是我国三大蜜源作物之一，甜荞花朵大、开花多、花期长，蜜腺发达、具有香味，泌蜜量大。大面积种植甜荞可促进养蜂业和多种经营的发展，而且可以提高甜荞的受精结实率。荞麦田放蜂，产量可提高20%~30%或更高。

5. 副产品的利用

甜荞营养丰富，不仅能作为人粮、畜草、禽料、蜜源，还能防病治病强身健体，甜荞皮历来是做枕心的好材料，长期使用甜荞皮枕头有清热明目作用。近代研究表明，甜荞皮的灰分中碳酸钾含量约占4.6%，苦荞皮的芦丁含量高达30%，现在甜荞皮出口价格高于荞麦，估计多用于医药及工业上的开发研究，所以甜荞深加工的综合利用工程大有可为。近年我国荞麦特别是苦荞麦在食品、酿造、医药等领域的产业开发已居世界领先地位，产品出口比原粮出口增值数倍至数十倍。

6. 保健功能

古代医书记载。我国古书中有很多关于荞麦治病防病的记载：《备急千金要方》记有“荞麦味酸微寒无毒，食之难消，动大热风。其叶生食，动刺风令人身痒”。《图经本草》有“实肠胃、益气力”的记述。《群芳谱·谷谱》有荞麦“性甘寒，无毒。降气宽中，能炼肠胃。……气盛有湿热者宜之。”“秸：烧灰淋汁。熬干取碱。蜜调涂烂痈疽。蚀恶肉、去面志最良。淋汁洗六畜疮及驴马躁蹄”。《台海使槎录》记有“婴儿有疾，每用面少许，滚汤冲服立瘥”。《齐民要术》有“头风畏冷者，以面汤和粉为饼，更令罨出汗，虽数十年者，皆疾。又腹中时时微痛。日夜泻泄四五次者，久之极伤人。专以荞麦作食，饱食二三日即愈，神效。其秸作荐，可辟臭虫蜈蚣，烧烟熏之亦效。其壳和黑豆皮菊花装枕，明目”记述。《植物名实图考》（19世纪中期）记荞麦“性能消积，俗呼净肠草”。

近代医学研究表明，芦丁有防治毛细血管脆弱性出血引起的脑出血，以及肺出血、胸膜炎、腹膜炎、出血性肾炎、皮下出血和鼻、喉、齿龈出血。治疗青光眼、高血压。此外，还有治疗糖尿病及其引起的视网膜炎及羊毛疔的效果。

现代医学临床实践表明，荞麦面食有杀肠道病菌、消积化滞、凉血、除湿解毒、治肾炎、蚀体内恶肉之功效；荞麦粥营养价值高，能治烧心和便秘，是老人和儿童的保健食品；荞麦青体可治疗坏血病，植株鲜汁可治眼角膜炎；使用荞麦软膏能治丘疹、湿疹等皮肤病；以多年生野荞根为主要原料的“金荞麦片”（其有效成分为双聚原矢车菊甙元），具有较强的免疫功能和抗菌作用，可祛痰、解热、抗炎和提高机体免疫功能。

甜荞含有多种有益人体的无机元素，不但可提高人体内必需元素的含量，还可起到保肝肾功能、造血功能及增强免疫功能，达到强体健脑美容，提高智力，保持心血管正常、降低胆固醇的效果。如甜荞100g籽粒中含有21.85mg铜，相当于大麦的2倍，燕麦的2.5倍，小米的3倍，小麦、大米的2~4倍。铜能促进铁的利用，人体内缺铜会引起铁的不足，导致营养性贫血。故食荞麦有益于贫血病的防治。

甜荞还含有其他粮食稀缺的硒，有利于防癌。甜荞还含有较多的胱氨酸和半胱氨酸，有较高的放射性保护特性。

三、主要用途

当今绿色食品风靡世界各国。以膳食营养平衡为目的，世界各国已开发和研制出各种食品、药物和饮品。从对荞麦的检验分析看，其营养成分齐全，是一种营养丰富的食品原料，而且还含防癌治癌的有效成分，如芦丁等。荞麦所含维生素E中的γ-生育酚量最多，说明它防氧化能力强，不但对不妊娠症有疗效，对防治老年人细胞再生效果也明显，还能保持和增强肌肉运动的持续性，对动脉硬化、心脏病、高血压、肝脏病、糖尿病等疾病有预防和治疗效果，对由过氧化脂质所引起的疾病有一定的疗效。

近年来，甜荞的开发与利用日益受到欧美和日本等发达国家的重视。随着食品工业、新技术、新工艺的发展，消费结构的转型，甜荞必将成为各种营养保健食品和药物的主要原料和辅料。同时，在当今高科技迅速发展的时期，甜荞的各种营养成分将按照人类自身所需分离提取出来。在以其他粮食作物、无机盐和林果产品等为原料的加工业、制造业生产竞争中，由于甜荞营养价值的不断开发以及产品商业价值的攀升，使得市场对甜荞的需求迅猛增长。

从目前对现有各种农作物种质资源的测试分析结果看，甜荞是营养价值较高、营养成分较全的主要农作物之一。以环境保护、绿色农业革命、白色农业革命为生产背景的当今世界，对于农作物良种的要求，从数量型向数量、质量并举型发展。对于优良品种的要求，除产量因素外，重点考虑其营养成分、抗病虫性、抗逆性、适应性和无公害。着眼“营养平衡”的消费观正逐步形成，消费者对食品的要求从过去追求高蛋白、高脂肪、高糖的白色食品演变为讲营养平衡的健康食品、绿色食品、黑色食品等。

1. 甜荞面粉的用途

人们利用甜荞为原料开发的产品主要有以下几类：①食品类。如糕点、面包、方便面、荞米、荞米粉条等；②面粉类。如疗效粉、全麦粉、颗粒粉。

2. 甜荞蜜的用途

（1）甜荞蜜在临床上的应用。①防治胃和十二指肠溃疡；②防治呼吸系统病：鼻炎和鼻窦炎、咳嗽、哮喘、肺结核等；③防治肝脏病方面：利用荞麦蜜蜂王浆制剂治疗传染性肝炎、黄疸型肝炎或无黄疸型肝炎；④外科上的应用：可治疗外伤、冻疮、冻伤、烧伤、皮肤病；⑤治疗神经系统病；⑥促进儿童生长发育。

（2）甜荞蜜在食品上的应用。①食品类：蜂蜜糕点、硬壳火腿月饼、闻喜煮饼、蜂蜜糖衣坚果、蜂蜜甲鱼、蜂蜜饯银耳、蜂蜜药丸；②饮品类：蜂蜜酿酒、汽酒、发酵饮料、酸奶、冰淇淋、冰糕、蜂蜜粉、固体蜂蜜、酒精类；③家庭制作类：蜂蜜泡菜、冰镇色拉、青番茄、酸辣泡菜、烧排骨、青菜冷盘、烤鸭、糖浆馅饼、柠檬面包、蜂蜜牛奶面包、香蕉面包。

（3）甜荞蜜在工业上的应用。主要用于生产工业类物质：蜂蜡、蜂胶、三十烷醇等。

3. 甜荞花粉的用途

甜荞花粉的利用价值甚高，市场上可见的品种达数十种之多。如食品类的蜂花粉蜜、强化蜂花粉、蜂花粉汽酒、可乐、粉晶、补酒，化妆品类的美容霜、雪花膏、美容水、生发水、香粉。

4. 甜荞残余物的用途

据波兰科学家 D. Dietrych-Szostak 和 M. Pfoszynski 的研究结果表明，甜荞加工后各残余物都有一定的饲用价值，其价值受微量元素含量、蛋白质含量以及糖和脂肪含量的影响。甜荞皮中可溶性糖、脂肪和蛋白质的含量都很低，而纤维含量很高，因而离体消化率低。单宁在甜荞皮中含量很高，矿质元素含量低，特别是磷和钙，饲用价值相对低。结合我国劳动人民的传统习俗，利用荞麦皮可制作枕芯。

甜荞地上部蛋白质组分中各氨基酸含量值差异不大，从饲用价值观点看，氨基酸组成十分平衡，而且赖氨酸、精氨酸、亮氨酸、异亮氨酸、苏氨酸和组氨酸等必需氨基酸也比较丰富。在某种程度上，甜荞皮相对于植株其他部分的蛋白质氨基酸有所差别，主要差别是必需氨基酸之一的缬氨酸的含量低。这一特点极大地限制了其饲养用价值。因而收获后的甜荞植株残余物仅能用作畜禽的补充饲料，甜荞皮要少量用于畜禽的补充饲料中。

第七节　甜荞发展趋势与市场前景

一、发展趋势

宁夏甜荞生产长期处于自然经济状态，自种自食，商品率很低，加工也很落后。甜荞产区集中在自然条件恶劣、经济落后的宁南山区，土壤瘠薄，管理粗放，品种混杂退化现象严重，所以产量也不理想。随着国民经济的发展，人民生活水平的提高，人们的膳食结构和饮食习惯也在发生变化。过去这些地方的人们以包括甜荞在内的小杂粮为主食，后来细粮能够满足需求，同时城市居民的动物性食品越来越多，小杂粮也就退出了餐桌。最近几年，肥胖症和各种“富贵病”（高血脂、高血糖、高血压等）的出现，使得人们认识到当前膳食结构的不合理、不科学，因而重新重视小杂粮食品，食用粗粮（杂粮）成为一种时尚，市场对小杂粮的需求越来越多。另外，我国加入 WHO 后，甜荞及其产品的外销出现了一个良好的机遇。无论是国内市场还是国际市场，对于发展甜荞生产都是十分有利的。

1. 恢复甜荞的种植面积

（1）运用政策、贸易和科技手段发展甜荞生产。进一步加强政府投入，对农民种植甜荞实行相应的鼓励政策。以贸易推动生产。使甜荞生产趋于国际化，加大对外出口，特别要加大对日本、韩国和东南亚的出口。以2000年为例，我国荞麦共出口9.57万t，共换回外汇1 787.5万美元，出口创汇是增加农民收入的重要途径。要用科学技术手段发展甜荞生产，首先要建立强大的科研队伍，加强甜荞的育种工作，简化育种程序，通过系统选种、杂交育种、多倍体育种等手段尽快培育、审定一批高产、质优、多抗的甜荞新品种，以及具有特殊营养价值，如甜荞富硒品种、高赖氨酸品种以及药用、观赏和蜜源型新品种。促进甜荞的产业化，实现科、工、贸一体化及产、供、销一条龙。政府应制定鼓励政策，以加快甜荞产业化发展和市场的繁荣。

（2）大力宣传食用和药用荞麦的好处，通过广泛的宣传，使人们逐渐认识到甜荞的营养和药用价值，促进消费的增长，以消费带动甜荞生产的发展，逐步扩大甜荞的种植面积。

2. 提高甜荞的单产水平

目前宁夏甜荞平均单产水平仍然很低，但甜荞的增产潜力很大。低产原因主要是良种推广不够普遍，许多地方仍种植产量较低的农家品种，加之耕作粗放，不施肥，广种薄收。要提高甜荞的产量，必须选择适合本地区的优良品种或引进外地良种，实施适合本地区气候特点的配套高产栽培技术，就能达到预期目标。

3. 加大甜荞的开发力度

（1）加大甜荞的开发力度。甜荞本身的价格低廉，而加工成甜荞产品后价格则成倍或几十倍增长。在条件较差的地区，可进行简单的初步加工，如甜荞粉可以做成荞面凉粉、猫耳朵、蒸饺刀削荞面、羊汤荞面、煎饼、蒸饼、灌肠等各种风味小吃，也可进一步加工成荞麦挂面、方便面等。还可以利用高新技术提取黄酮类活性物质，如生物黄酮散、黄酮软膏、黄酮胶囊等。

（2）拓宽荞麦市场　目前，国际食品业正朝着合理性、平衡性的膳食方向发展，提倡增加植物性食品，所以荞麦等小杂粮进一步受到重视。在国外有荞麦营养配餐、荞麦糕点、多维荞麦食品，对荞麦的需求量大大增加。日本荞麦的年消费量为10万t，其中80%需要进口。韩国、尼泊尔、俄罗斯、法国、波兰、印尼等国生产出各种荞麦主食食品。不少国家已经着手研究和开发荞麦品种及其产品，甜荞的生产和种植也趋于国际化。宁夏有许多甜荞新产品随着市场开发的不断扩大，将会进一步促进甜荞生产的发展。

二、市场现状

1. 市场现状

甜荞在宁夏种植历史悠久，但由于长期处于自然经济状态，甜荞在宁夏种植区仍处于自给自足，自种自食的状况，商品率极低。甜荞主产区对甜荞的种植利用价值早已有了认识和了解。但受当时生产、运输等条件的限制，甜荞的生产与加工技术仅限于局部范围，也未得到进一步的发展。目前，在市场经济条件下，人们的认识观念虽得到了大的改变，但由于长期的自然经济状态，使得甜荞市场仍处于半封闭状态。开拓市场仍然是甜荞研究工作者和种植户面对的现实问题。甜荞产品种类少，宣传力度跟不上也是原因之一。活跃和振兴甜荞市场，加大甜荞制品及相关加工设备的开发仍是目前亟待解决的问题。

（1）产品与市场。生产和加工适合目前市场需求的产品是活跃市场的重要措施。随着人民生活水平的不断提高，以及消费者对甜荞价值的重新认识，甜荞及其制品在国民经济中的地位会日益提高。长期以来，宁夏民间对甜荞的食用主要以面粉为主，加工产品种类也局限在各地的风味小吃。近年来甜荞科研工作者致力于甜荞产品的产业化开发，市场上出现了如荞麦挂面、糕点等食品，对甜荞的商品化、产业化起到了积极的作用，为甜荞种植业的发展推波助澜。尽管如此，甜荞制成品的产品质量、包装以及产品类别仍有潜力可挖。甜荞独特的营养特性的利用，可用于发展各种营养型食品如糕点、面包、面条等单一型食品，也可与其他粮食类面粉混合制成各种复合型食品，如膨化食品、儿童食品、老年食品等。利用甜荞的药用价值可以制成防治各种疾病的单一制剂和复合制剂，如降糖脂粉等，以食补的形式，提高人民健康水平。无论作为主料还是辅料，甜荞的药用价值是不可估量的。利用甜荞的副产品制作枕芯和各种饲料，是经济有效的途径，可实现甜荞的综合利用。发展蔬用型甜荞也是进一步开发利用甜荞的措施。研究开发蔬用型专用品种，着重于甜荞苗和芽的利用。结合养蜂业发展甜荞蜜及制品，既增加甜荞的产量，又提高单位面积的经济效益和农民收入。

（2）消费与市场。积极培植甜荞及制成品的市场，要先从消费着手，引导是关键。改变传统观念，充实饮食文化，激发消费者对甜荞产品的信任和依赖是开拓甜荞市场的重要举措。主要措施包括：第一，政府投入及制定相应的鼓励政策。甜荞产业化开发首先必须实现科、工、贸一体化，产、供、销一条龙。因而制定必要的政策是必不可少的。政府介入可迅速加快产业的发展和市场的繁荣。第二，媒体宣传，对甜荞生产及产品的宣传是刺激消费、繁荣市场的主要手段。认识观的改变需要一定的时间和过程，让消费者懂得其利用价值和益处，方能刺激消费，扩大市场需求，带动甜荞业的生产和加工，最终实现各业兴旺。

2. 国内市场

国内甜荞消费市场主要是食品加工业原料及民间消费，其中民间消费份额和比例远远大于加工业需求。我国目前年生产甜荞总量约 3 亿 kg，人均不到 0. 25kg，甜荞生产量与人口群体消耗比例缺口大，市场潜力极大。有关甜荞的规模化加工和利用起步于 20 世纪 90 年代。随着科学研究的进一步深入，甜荞作为黑色食品将得到市场的认可。部分优良品种作为绿色食品已拥有一定的市场份额。我国甜荞市场极不活跃，甜荞种植业的发展主要依赖出口，国内市场需求极不稳定。因而价格体系尚未形成，年际间价格波动较大，呈现不稳定态势。这严重制约着甜荞种植业的发展。充分利用我国广大的消费市场，积极投入甜荞种植业的生产、科研和加工，大有发展前途。

3. 国际市场

近年来，全球甜荞种植面积均有下滑的趋势。甜荞面条是日本的传统食品之一，在日本被认为是保健食品。日本对甜荞的需求量正在增加，年总消耗量约 10 万 t（接近我国总产的 1/3）。日本甜荞生产量只能满足本国总需求量的 20%。韩国国内年生产甜荞量约 8 827t。韩国对甜荞的利用以生产甜荞鲜菜和制作面粉为主。其生产量相对较少，仍然需要进口，但其进口价位低，仅为本国市场价格的 1/5（约每千克 240 韩元）。尼泊尔播种面积为 4. 3 万 hm^2，年产量 2. 31 万 t，以出口为主。将甜荞作为粮食作物加以利用的国家除东亚各国外，法国、波兰、印尼、尼泊尔等将其作为主食食品。

三、发展前景

我国甜荞在国际市场上以品质优、价格廉受到各国重视。我国年生产额不足国际市场需求的 1/10，况且由于我国人口众多，消费市场潜力大，因而发展和种植甜荞将日趋重要。制约甜荞业发展的因素主要是：高产、优质品种少，甜荞加工方法手段和类别跟不上生产需要。随着这些因素的解决，甜荞生产的发展以及经济效益会大大改观。

抓住商机，大胆投入。目前甜荞及其制品的市场占有率很低，尽管国内市场和国际市场的需求额大，但对甜荞加工利用的企业不太多。在市场经济条件下，结合商机，大胆投入，不仅对甜荞生产产业化发展有利，而且对商家的效益颇有回报。有竞争实力的企业、事业单位的投入和开发，必将带动荞麦产业的兴旺。

扩大产品种类，增加甜荞利用途径。未来几年，随着人们对荞麦利用价值认识的提高，发展专用食品、复合食品、绿色食品和黑色食品势在必行。产品种类的增加，甜荞利用途径的扩展，对甜荞生产会起到推波助澜的作用。

1. 甜荞食品的开发利用逐渐受到重视

甜荞营养丰富，是具有保健疗效作用的食品，大有研究开发的必要。在国外，如俄罗斯、日本、美国、法国、加拿大和朝鲜等国都很重视甜荞食品的开发利用。目前，国际食品业正朝着合理性、平衡膳食方向发展，提倡增加植物性食品，减少动物食品的摄入，特别是限制动物性脂肪的摄入量。在国外有荞麦营养配餐，荞麦面包、糕点、方便面，多维荞麦食品等。

2. 市场潜力极大

我国目前特别是大、中城市因无原料没有食用甜荞的习惯，故一直未能受到人们重视。即使甜荞产区，对甜荞的消费也有限。因此，在宁夏的甜荞产区，应积极开展甜荞保健疗效食品的开发和应用，这无疑会对糖尿病人、心脑血管疾病患者食物治疗起到积极作用，给广大患者带来福音。

宁夏荞麦在国际市场上以“皮薄、面白、质优”享有盛名，深受外商的喜爱。日本是全球荞麦需求量最大的市场，其次是欧洲。在日本约有 5 000 多家荞面馆，日本人民喜食荞面的习俗由来已久。因而，发展甜荞种植业前景光明。近年来随着甜荞科研工作的发展，各种荞麦产品的出现，国内市场对荞麦原料的需求也与日俱增，有效发展甜荞种植业是未来农业生产结构调整的重点之一，甜荞产业发展市场潜力巨大，前景光明。

第八节　甜荞综合利用

一、风味小吃

中国小吃，历史悠久，技艺精湛，品种繁多，荞麦风味小吃是传统中国小吃家族中一枝绚丽的花朵。它形色俱佳，风味各异，营养合理，食用方便，经济实惠。随着科学技术的发展和人民生活水平的提高，荞麦风味小吃及荞麦制品花色、品种，不断增加，颇受中外人士的欢迎。宁夏甜荞主要风味小吃有以下几种。

1. 荞麦凉粉

荞麦凉粉的制作方法：①取荞麦糁子 1~1.5kg，加少许清水拌至潮湿，静置 1h 后，分批放案子上擀成粗粉（越细越好）。然后，放盆内加清水不停地搅动（边加水边搅），调至稀糊状，再放案板上，分批用手掌搓数十次，搓出面筋即可，将搓好的粉放在盆内加水搅动，搅至均匀的稀糊状，用纱布过滤，滤出奶状白浆待用。②将过滤的渍汁加清水 1 500~2 000mL，搅拌后再过滤 1 次，称为“清凉粉水”，盛另一盆中，专门用来调节凉粉稠稀用。③将清凉粉水 500g 放厚底锅（最好是压力锅），烧开后加第一次过滤出的白浆，边加边搅动，以防止糊底或结块。如果过稠，可加入适量清凉粉水，并不断搅动以防止夹生。白浆加完后，加锅盖，用文火煮片刻后再搅动，再加盖用文火煮，如此反复搅动几次，煮至锅内粉浆出现满锅气泡，即可出锅，盛于大盆内，冷凝后切条即可调料食用。④食用时，辅以韭菜、香菜、醋、辣椒油、味精及酱油等。

2. 臊子面饸饹

臊子面饸饹的制作方法：①取荞面若干，用温水和面，并且分批加水，使面团由硬变软，需用拳头反复用力挤压，使面团软而有韧性，能拉出条即可。②制臊子汤，将准备好的马铃薯、胡萝卜、豆腐及羊肉均切成小丁，海带切片，黄花菜切段，木耳切片，再用植物油将羊肉烧熟，加花椒粉、姜粉、辣椒粉等调料，放入上述切好的辅料，一起煸炒，再加开水及适量食盐、酱油、味精即可。③用饸饹床子把荞面压成饸饹（直接入锅），煮开后，捞入碗内，分别浇上臊子汤，即可食用。

3. 剥荞面

剥荞面的制作方法：①将荞面用温水和好，醒一下。②将和好的面擀成 15cm 宽、1cm 厚的面片，用一种特殊的刀（刀长约 36cm，宽约 10cm，一边有刃，两端有柄），双手握刀，将面片切为细如挂面的面条。直接入开水锅内煮开即可捞出。③食用时加汤，所配之汤料，可根据个人口味而定，猪肉汤、羊肉汤、鸡丝汤均可，可酸可辣。

4. 土豆荞麦米汤

土豆荞麦米汤的制作方法：①将 150g 荞麦米去杂洗净，下锅炒成金黄色，加少量水煮熟备用。②将土豆去皮洗净，切成小块，放锅内加水适量煮沸，放入荞麦米、胡萝卜丝、葱花、精盐、味精煮熟，淋麻油即成。

5. 红糖荞麦饼

红糖荞麦饼的制作方法：①将荞面 250g 加水拌匀，放在案板上揉匀，搓成长条，切成面剂，擀成圆面包，包入红糖成饼。②锅烧热，放入荞麦饼坯，烙至熟，出锅即成。

6. 炸绿豆荞麦饼

炸绿豆荞麦饼的制作方法：①取 500g 绿豆面置盆中，加凉开水搅拌成面糊。胡萝卜洗净，擦成细丝。芫荽末、五香粉、精盐与荞麦面 500g 一起掺入胡萝卜丝内，拌匀成馅。②平锅放油烧热，放铁圈模，用勺盛少许绿豆糊倒入，放入拌好的荞麦、胡萝卜丝馅，再倒上点绿豆糊，一面炸黄，翻过来将另一面也炸黄即成。如此逐个炸，直至炸完。

7. 荞面煎饼

荞面煎饼的制作方法：①称取荞面 500g，加 2~3 个鸡蛋，和少许苏打及食盐，和成硬面团，再分次加水，拌和成稠糊状。②将平底锅放在炉子上烧热，涂上油，倒入适量的面糊，提起锅来旋转，使面糊均匀地布满锅底，几分钟后即可出锅。③将肉丝、绿豆芽等加调料炒熟，卷入煎饼内食用，再佐以小豆稀饭，极为适口。

8. 荞麦酥

荞麦酥的制作方法：①先将适量的红糖加水煮沸成红糖水，停火后，放入植物油（数量为面粉重量的 20%左右），再加入发酵粉，搅匀后加入荞麦面、鸡蛋，将面和好后从锅内取出，晾 8~12h，揉成面团。②红小豆煮烂制成豆沙，加入红糖，炒至能成堆时，加入熟植物油出锅，即成馅料。③将面团分成若干剂子，擀成皮，包入豆馅，在印模内成型，入炉烧烤至皮酥黄即成。

9. 荞麦血糕

荞麦血糕的制作方法：①取 3 份荞麦面加 1 份猪血，用盐水打成稠糊状，加上五香调料，放笼上蒸，蒸成暄糕状。②冷却后切成 0.5cm 的三角形薄片，放油里炸黄，吃时拌上蒜泥。

10. 荞面碗坨

陕北、宁夏、内蒙古风味。《陕西烹饪大典》有专门条目介绍这种食品，名称是“陕北荞面碗团”。该条目介绍，“制法有两种：荞麦面制法。将荞面用温水和成面团，放入盆内，然后用手蘸水反复揉搓，揉匀后再蘸水揉搓，直到拽起能吊成线时，舀入碗中，上笼蒸熟，取出后在凉水中冰凉。荞麦糁子制法。将荞麦糁子放入盆内，洒凉水少许，浸渗约 10min，倒在案上擀成茸，再放入盆内，逐渐加入凉水，用拳头搋成糊状，用细箩过滤（面糊稀稠以能挂在勺子上为度），倒入碗内，入笼旺火蒸 10min，用筷子搅动几下，再蒸 10min 左右即熟，出笼晾凉。食用时用刀将碗团切成长薄片，盛入碗内，调入用麻籽油炒过的葱花及芝麻酱、生姜米、精盐、酱油、食醋、芥末、蒜泥、油泼辣子。如加点麻辣羊肝味道更佳。

二、食品及加工技术

1. 荞麦面包

甜荞面粉面筋含量少，含有大量淀粉，所以不宜制作面包，但以甜荞粉作为添加粉制成的面包不仅具有荞麦特殊的风味，而且营养价值大大提高。

（1）原料配方。小麦粉 400g、甜荞粉 100g、脱脂乳 10g、起酥油 20g、酵母 6g、食盐 7.5g、糖 20g、水 350g。

（2）工艺流程。原辅料处理—计量比例—面团的调制—面团的发酵—面团的二次调制—面团的二次发酵—分块、静置—整形—醒发—烘烤—冷却—包装。

（3）操作要点。

①原辅料选择与处理：小麦粉选用湿面筋含量在 35%~45%的硬麦粉，最好是新加工后放置 2~4 周的面粉；甜荞粉选用当年产的甜荞磨制，且要随用随加工，存放时间不宜超过 2 周。使用前，小麦粉、甜荞粉均需过筛除杂、打碎团块；食盐、糖需用开水化开，过滤除杂；奶粉需加适量水调成乳状液；酵母需放入 26~30℃的温水中，加入少量糖，用木棒将酵母块搅碎，静置活化，鲜酵母静置 20~30min，干酵母时间要长些；水选用洁净的硬度中等、微酸性的水。

②面团的调制及发酵：将称好的小麦粉和甜荞粉混合均匀，从中称取 50%的混合粉备用。调粉前先将预先准备的温水的 40%倒入调粉机，然后投入 50%的混合粉和全部活化好的酵母液，一起搅拌成软硬均匀的面团。将调制好的面团放入发酵室进行第一次发酵，发酵室温度 28~30℃，相对湿度控制在 75%左右，发酵 2~4h，其间揿分 1~2 次，发酵成熟后再进行第二次调粉。

③面团的二次调制及发酵：把第一次发酵成熟的种子面团和剩余的原辅料（除起酥油外）在和面机中一起搅拌，快要成熟时放入起酥油，继续搅拌，直至面团温度为 26~38℃，且面团不粘手、均匀有弹性时取出，放入发酵室进行第二次发酵。发酵温度 28~32℃，经 2~3h 即可成熟。发酵成熟判断，可用手指轻轻插入面团内部，再拿出后，四周的面团向凹处周围略微下落，即标志成熟。

④分块、静置：将发酵成熟的面团切成 150g 重的小面块，搓揉成表面光滑的圆球形，静置 3~5min。

⑤整形：将揉圆的面团压薄、搓卷，再做成所需制品的形状。

⑥醒发：将整形后的面包坯，放入醒发室或醒发箱内进行发酵。醒发室温度 38~40℃，相对湿度 85%左右，醒发 55~65min，待其体积达到整形后的 1.5~2 倍，用手指在其表面轻轻一按后，能慢慢起来，表示醒发完毕，应立即进行烘烤。

⑦烘烤：面包醒发后立即入炉烘烤。先用上火 140℃，下火 260℃烤 2~3min，再将上下火均调到 250~270℃烘烤定型，然后将上火控制在 180~200℃，下火控制在 140~160℃继续烘烤，总烘烤时间为 7~9min。

⑧冷却、包装：面包出炉后立即自然冷却或吹风冷却至面包中心温度为 36℃左右，及时包装。

（4）质量指标。

①感观指标。a.色泽：表面呈暗棕黄绿色，均匀一致，无斑点，有光泽，无烤焦和发白现象。b.面状态：光滑、清洁、无明显散粉粒，无气泡、裂纹、变形等情况。c.形态：符合要求，不粘边。d.内部组织：从断面看，气孔细密均匀，呈海绵状，富有弹性，不得有大孔洞。e.口感：松软适口，无酸、无黏、无牙碜感，微有苦荞麦特有的清

淡苦味，无未溶化的糖、盐等粗粒。

②理化指标。a. 水分：以面包中心部位为准，34%~44%。b. 酸度：以面包中心部位为准，不超过6度。

2. 荞麦饼干

荞麦饼干是一种新型的营养、保健饼干，它酥脆、适口，适合糖尿病、高血脂患者食用，也适合中老年人及儿童食用。

（1）原料配方。荞麦淀粉990g、糖1 200g、起酥油740g、起发粉40g、食盐25g、脱脂奶粉78g、羧甲基纤维素钠（CMC_Na）84g、水1 000g、全蛋750g。

（2）工艺流程。原辅料处理—计量配比—面团调制—辊轧—成型—烘烤—冷却—检验—包装。

（3）操作要点。

①荞麦淀粉的制作：用甜荞与水配比为1：24的水量浸泡甜荞20h后，换水再浸泡20h，然后捞出甜荞磨碎，过220目的筛后沉淀24h，除去上面清液，再加水沉淀后过80目的细包布，最后干燥粉碎过筛，制得荞麦淀粉，备用。

②面团的调制：先将称好的原辅料甜荞淀粉、糖、起酥油、起发粉、食盐、脱脂奶粉倒入和面机中搅拌混合45min，再加入预先用100g水溶解5. 2g羧甲基纤维素钠水溶液，搅拌5min，面团即可调成。

③辊轧成型：将调制好的面团送入饼干成型机，进行辊轧和冲印成型。为防止面带粘轧辊，可在表面撒少许面粉或植物油。辊轧使面团的压延比不要超过1：4，以避免面带表面粗糙、粘模型。

④烘烤：将成型后的饼干放入转炉，烘烤温度控制在275℃，烘烤15min。

⑤冷却、包装：烘烤结束后，采用自然冷却或吹冷风的方法，冷却到35℃左右，经挑拣后包装即为成品。

（4）产品特点。形态：比同质量的小麦面粉饼干的体积小，中心稍下陷。质地：颗粒较硬，内部结构潮湿带有韧劲。色泽：表面浅棕色、饼干心呈深暗色。

3. 荞麦蛋糕

（1）原料配方荞麦粉200g、小米粉300g、小麦粉500g、鸡蛋1 000g、白糖1 000g、蛋糕油、葵花油、蛋白糖、香兰素、精盐各少许。

（2）工艺流程。原材料处理—打蛋—调制面蛋糊—注模成型—焙烤—冷却—检验—包装。

（3）操作要点。

①原材料处理：将甜荞、小米洗净，浸泡3h，晾干、粉碎备用。将3种面粉分别过筛，要求全部通过CB30号筛绢，除去粗粒和杂质，并使面粉中混入一定的空气，以使制成的蛋糕疏松。

②打蛋：先将蛋液、白糖、蛋白糖放入打蛋机中，用中速打至白糖溶化开后，放入蛋糕油，快速搅拌几秒钟，徐徐加入总量1/3的水，继续搅拌几秒钟，再将总量1/3的水徐徐加入搅拌3s，再将剩余的水加入。然后将香兰素、食盐、甜荞粉、小米粉加入打蛋机中，搅打几秒钟。搅打好的蛋糊表面微白而有光泽，泡沫细腻，均匀，体积膨胀

为原来的2倍左右；用手拈取末端呈尖锋，弯曲手指尖锋也随着弯曲。

③调制面糊：将小麦粉徐徐加入蛋糊中，边加入边搅拌均匀。调制好的面糊应立即使用，不宜存放过久。否则，面糊中的淀粉粒以及糖易下沉，使烤制的蛋糕组织不均匀。

④注模：将蛋糕模刷上葵花油，用勺将蛋糕糊注入蛋糕模具中，注入量为模容积的2/3，之后立即入炉烘烤。

⑤烘烤：将远红外电烤箱升温至200℃，关掉顶火，放入模具8s后关掉底火，打开顶火，烘烤至蛋糕表面呈棕黄色。然后将其表面刷上葵花油。

⑥冷却、包装：将蛋糕脱模，自然冷却至室温，然后包装。

（4）产品质量指标。

形态：形态丰满，规格一致，薄厚均匀，不鼓顶，不塌陷。

色泽：呈棕黄色，内部呈浅灰白色。

组织：起发均匀，无大孔洞。有弹性，不黏，无杂质。

口感：松软，有到口就化的感觉。蛋白味浓，无异味。

保质情况：贮存2周后质地无变化。

4. 荞麦方便面

（1）原料配方。小麦粉100kg、水33kg、盐3kg、荞麦粉若干、纯碱若干。

（2）工艺流程（以油炸为主）。小麦粉、荞麦粉+盐+纯碱+水—和面—熟化—轧片切条—成型—蒸面—切断、折叠—油炸—冷却—包装。

（3）操作要点。

①和面：将配料中的原辅料全部加入调粉机内，加入小麦粉重量33%的水，在25～30℃的温度下，调粉10～15min，调粉机转速为12～15r/min。

②熟化：在调粉机转速为8r/min的缓慢搅拌下，时间为10～15min，温度为25℃。

③轧片：熟化之后的面团，在辊轧直径300mm，转速为10r/min，轧薄率50%的复合轧片机内，辊轧成4mm的面带。

④成型：在成型机内成型。

⑤蒸面：在蒸汽压力为0.15～0.2MPa的蒸面机内，蒸熟时间为90～120s，蒸熟温度为90～105℃，糊化程度为85%以上。

⑥切断折叠：以成品重量200g为标准。

⑦油炸、冷却：在油炸设备内，要求油温为140～150℃，时间为7～8s，油位距离为160mm，含水量在10%以下。室温条件下冷却3min。

⑧包装：包装时要求纵向密封温度为140～150℃，横向密封温度为150～160℃。

（4）质量指标。

①感官指标：色泽正常，均匀一致；具有甜荞粉的特殊气味，无霉味、哈味及异味；煮（泡）3～5min后不夹生，不牙碜，无明显断条。

②理化指标：水分＜10%；酸值（以脂+肪酸含量计）＜1.8%；糊化程度85%；复水时间3min；盐2%；含油20%～22%；过氧化值（以脂肪含量计）≤0.25%。

5. 荞麦挂面

（1）原料配方。甜荞粉 30%~50%、小麦粉 50%~70%、复合添加剂（魔芋微细精粉：瓜尔豆胶：黄原胶：3：3：2）0.5%~1.5%。

（2）工艺流程。原辅材料选择—计量配比—预糊化—和面—熟化—复合压延—切条—干燥—切断—计量—包装—成品。

（3）操作要点。

①原料选择：小麦粉要求品质为：硬质冬小麦粉达到特一级标准，湿面筋含量达到35%以上，粗蛋白含量 12.5% 以上。荞麦粉要求品质为：粗蛋白 ≥12.5%，灰分 ≤1.5%，水分≤14%，粗细度为全部能过 GB30 号筛绢。荞麦粉要随用随加工，存放时间以不超过 2 周为宜。

②预糊化：将称好的荞麦粉放入蒸拌机中边搅拌边通蒸汽，控制蒸汽量、蒸汽温度及通汽时间，使甜荞粉充分糊化。一般糊化润水量为 50%左右，糊化时间 10min。

③和面：将小麦粉与复合添加剂充分预混后加入预糊化的荞麦粉中，用 30℃左右的自来水充分拌和，调节含水量至 28%~30%，和面时间约 25min。在确定加水量之前，还要考虑原料中粗蛋白、水分含量的高低。小麦为硬质麦时，原料吸水率高，加水量要相应高一些。

④熟化：面团和好后放入熟化器熟化 20min 左右。在熟化时，面团不要全部放入熟化器中，应在封闭的传送带上静置，随用随往熟化器中输送，以免面团表面风干形成硬壳。

⑤复合压延：影响滚压的主要因素是压延比和压延速率。一般控制第一道压延比为50%，以后的 3~6 道压延比依次为 40%、30%、25%、15%、10%。面片厚度由 4~5mm 逐渐减薄到 1mm。轧辊的转速过高，面片被拉伸速度过快，易破坏面筋网络结构，光洁度也差。转速低，影响产量。一般在 20~35r/min。

⑥切条：经辊轧形成的一定厚度的面带按规定的宽度纵向切线，形成细丝状、宽带状、带状面条，再按规定的长度截断，并由挂杆自动挑起进入干燥室内烘干。

⑦烘干：首先低温定条，控制烘干室温度为 18~26℃，相对湿度为 80%~86%，接着升温至 37~39℃，控制相对湿度 60%左右进行低温冷却。

⑧切断、包装：挂面干燥出房后送包装房冷却至 15~25℃，切成长 180~260mm 段。称量后包装。

（4）产品质量指标。

①感观指标。a. 色泽：暗黄绿色。b. 气味：无霉、酸、碱味及其他异味，具有荞麦特有的清香味。c. 熟调性：煮熟后不糊，不浑汤，口感不黏，不牙碜，柔软爽口，熟断条率＜10%，不整齐度＜15%，其中自然断条率＜8%。

②理化指标。a. 水分：12.5%~14.5%。b. 脂肪酸值（湿基）≤80。c. 盐分：2%~3%。d. 弯曲断条率≤40%。

三、出口创汇

荞麦作为我国传统出口商品，已有较长久的历史。我国荞麦在国际市场上以“粒大、皮薄、面白、粉多、筋大、质优”享有盛名，特别是产于内蒙古后山地区、陕北榆林的大粒甜荞深受外商欢迎。除此之外，宁夏的荞麦出口量逐年在增加。我国甜荞主要出口日本、东南亚及欧洲等地。据统计，1990—2001 年，我国甜荞年出口量约 10 万 t，主要销往日本、荷兰、韩国、朝鲜、比利时、俄罗斯等 31 个国家和地区。其中每年出口日本 8 万~9 万 t，占日本荞麦进口量的 80%以上。目前，日本市场上最受欢迎的是内蒙古后山甜荞，又称内蒙古荞麦，该产品粒色一致，粒型整齐，制米品质好，而且上市比较早，一般 10 月底就可运达日本。据 2005 年中国主要杂粮出口情况统计，我国荞麦量为 9.7 万 t，出口价为 271 美元/t，当年仅荞麦创汇金额为 2 628.5 万美元。近年来，由于科学研究的深入，荞麦的药用价值被得到新的认识，各省区已在逐渐由出口原粮变为深加工产品。

荞麦在国际市场上本来就价位较高，我国荞麦出口量每年尚不足国际市场需求量的十分之一，所以荞麦在外贸出口中属紧俏物资。甜荞商品一般分为三级（表 1-2-3）。我国除出口 1、2 等级甜荞外还出口荞麦粉、挂面等产品。此外，四川、山西、北京、山东、浙江等省市已开始生产出口荞麦制成品。荞麦在国际市场上本来就价格昂贵，而作为一种集营养、保健于一体的新型食用性药用食物，将更会受消费者的欢迎。

1. 质量商品

甜荞产品卫生指标应符合 GB 2715 的规定。

表 1-2-3 甜荞等级质量标准

等级	千粒重（g）	异色粒（%）	苦荞粒（%）	不完善粒（%）	杂质（%）	水分（%）	色泽气味
1	≥31.0	≤5.0	≤1.0	≤3.0	1.0		
2	≥26.0	≤10.0	≤3.0	≤4.0	1.5	14.5	正常
3	≥21.0	≤15.0	≤5.0	≤2.0			

2. 甜荞质量检验的方法

扦样、分析：按 GB 5491 的规定执行；

千粒重：按 GB 5519 的规定执行；

异色粒：按 GB 5493 的规定执行；

苦荞粒：按 GB 5493 的规定执行；

粮食卫生标准的分析方法：按 GB 5009 36—85 的规定执行；

杂质不完善粒：按 GB 5494 的规定执行；

水分：按 GB 5497 的规定执行；

色泽、气味：按 GB 5492 的规定执行。

（本章内容发表在《荞麦莜麦高产栽培技术》，宁夏人民出版社，2009 年）

第三章 苦荞

第一节 概况

苦荞属蓼科（Polygonaceae）作物，为荞麦属（*Fagopyrum* Gaerth）中仅有的二个栽培种之一。1791年定名为 *Fagopyrum tataricum*（L.）Gaerth 中，译名鞑靼荞。中国科学家通过对荞麦起源、史实、栽培及利用的研究认为，鞑靼荞冠名为苦荞更为妥当。

苦荞有很高的营养价值和药用价值，籽粒蛋白质、脂肪、维生素、微量元素的含量普遍高于大米、小麦和玉米。苦荞籽粒中含有苦味素，制成的食品略有苦味，苦味素有清热解毒、消炎的作用。苦荞蛋白质中含有19种氨基酸，尤其是8种人体必需氨基酸含量都高于小麦、大米及玉米。苦荞还含有禾谷类作物所没有的生物类黄酮如芦丁、槲皮素及叶绿素等，具有扩张冠状血管和降低血管脆性，止咳平喘祛痰等防病治病作用。此外，苦荞中含有丰富的无机盐和维生素，如钾、镁、铜、硒，维生素E、维生素C等，不但具有保肝、补肾、造血及增加免疫功能作用，且能强体健脑、美容。

据我国医学圣典《本草纲目》记载："苦荞麦性味苦、平、寒，有益气力，续精神，利耳目，有降气宽肠健胃的作用"。另《备急千金要方》《群芳谱·谷谱》《齐民要术》等都有苦荞麦治病之说。而根据现代临床医学观察表明，苦荞麦粉及其制品具有降血糖、高血脂，增强人体免疫力的作用，对糖尿病、高血压、高血脂、冠心病、中风等病人都有辅助治疗作用。

过去苦荞的营养价值和药用价值不为人知，加之其味略苦，传统的加工食用方法又简单粗糙，所以苦荞在生产中地位相对低下，不被人们重视，分布不如甜荞广泛，我国主要集中在云南、四川、贵州、西藏和甘肃、陕西、山西等海拔1 500~3 000m的高寒山区和高原地区，其中云南、四川、贵州占全国苦荞种植面积的80%左右，并作为这些地区人民的主要食粮之一。国外只是与中国毗邻的喜马拉雅山南麓的尼泊尔、不丹、锡金等有零星种植，并未进行与生产加工有关的科学研究。

据1986年统计，全国20个省区苦荞种植面积约17.6万hm^2，总产22万t，平均产量为1 249.5kg/hm^2；随着科学研究的深入以及同国际学术界的交流，苦荞的营养价值和药用价值逐渐引起国内外人们的关注和重视。苦荞生产和保健食品开发呈现新的发展势头，苦荞在市场中的地位也正在提高。苦荞种植面积逐年增大，产量逐年提高。

苦荞麦大部分生长在中国云南省、四川省海拔3 000m以上的高原地带。那里远离城市工厂，空气土壤水源中都无污染。杂草无法生存，没有鸟类和鼠类，是纯天然的绿色谷类植物。四川省凉山彝族自治州是苦荞麦的主要产区和起源地之一，当地的彝族朋友长期以苦荞麦为主食或做成各种料理来食用。因此这个地区的人们身体健壮，肌肤红润，更是众所周知的长寿、健康的民族地区。

苦荞是中国的一枝独秀。国际上将苦荞当作野生荞麦对待，并未进行与生产、加工有关的科学研究。近年来，随着国际学术界的交流，各国学者对苦荞的价值给以肯定。日本研究学者认为，荞麦的营养效价指数为 80~92。荞麦中的脂肪油酸和亚油酸多数在体内合成花生四烯酸，有降血脂的作用。苦荞中的磷含量显著高于大米、白面，是儿童生长、智力发育必不可少的元素。钙、镁元素在扩张血管，抗栓塞，降低血脂、胆固醇方面有重要意义。外层粉中的芦丁含量高达 500mg，烟酸含量为 2.2mg，是其他粮食不能比拟的。芦丁有降低毛细血管的通透性，维持微血管循环，加强维生素 C 作用及促进维生素 C 在体内的蓄积。芦丁和烟酸二者均有降低人体血脂胆固醇，防止心脑血管疾病的作用。苦荞中三价铬（Cr^{3+}）丰富，铬在体内构成葡萄糖耐量因子（GTF）可增强胰岛素功能，改善葡萄糖耐量。苦荞中还含有大量的纤维素，纤维素无论是在减肥、降血脂及降血糖方面都有极为重要的作用。目前已有韩国、日本、波兰、尼泊尔等国着手研究和开发苦荞品种及其产品。所以苦荞的生产种植已趋于国际化。

宁夏作为全国荞麦主产区之一，农民在种植甜荞的同时，有种植苦荞的传统和习惯，但仅作为饲料作物只是零星种植，随着市场对苦荞需求量的增大，种植面积也有逐年上升的趋势。

第二节　苦荞形态特征

一、根

苦荞的根为直根系。有菌根，包括定根和不定根。定根包括主根和侧根两种。主根由胚根发育而成，垂直向下生长。是最早形成的根，因此又叫初生根，在主根上产生的根为侧根，侧根上产生的二级、三级侧根称次生根，形态上比主根细，入土深度不如主根，但数量很多，增加了根的分布面积。侧根不断分枝，并在侧根上又产生小的侧根，可达几十至上百条。在靠近土壤的主茎上可产生数条不定根，侧根和不定根构成了苦荞的次生根系，它们分布在主根周围的土壤中，对支持植株和吸收水分、养分起着重要作用。

苦荞的根系入土较浅，主要分布在距地表 35cm 左右的土层里，其中以地表 20cm 以内的根系较多，占总根量的 80%以上。

二、茎

苦荞主茎直立，圆形，稍有棱角，茎光滑，无毛或具细茸毛，幼嫩时茎为实心，成熟后当茎变老因髓部的薄壁细胞破裂形成髓腔而中空。茎粗一般 0.4~0.6cm，茎高 60~150cm，茎表皮多为绿色，少数因含有花青素而呈红色。节处膨大，略弯曲。茎节数在15~24节之间变动，一般为18节。除主茎外，还会产生许多分枝。在主茎节叶腋处长出的分枝为一级分枝，在一级分枝的叶腋处长出的分枝叫二级分枝，依此类推，通常苦荞的一级分枝数在3~7个。其茎高、分枝数除受品种遗传性影响外，与生长环境、营养状况、栽培水平以及种植密度也有密切关系。

三、叶

苦荞的叶包括子叶、真叶和花序上的苞片三种类型。

子叶是其种子发育时逐渐形成的，共有两片，对生于子叶节上，其外形呈圆肾形，具掌状网脉，大小为1.5~2.2cm。真叶属完全叶，由叶片、叶柄和托叶组成。叶片为卵状三角形，顶端急尖，基部心脏形，叶缘为全缘，脉序为掌状网脉。叶柄起着支持叶片的作用，其长度不等，位于茎中下部叶的叶柄较长，而往上部则逐渐缩短，直至无叶柄。叶柄与茎的角度常成锐角，在茎上互生。叶柄的上侧有凹沟，凹沟内和边缘有毛，其他部分光滑，托叶合生为鞘状，膜质，称托叶鞘，包围在茎节周围，其上被毛、苞片着生于花序上，为鞘状，绿色，被微毛，形状为片状半圆筒形，基部较宽，上部呈尖形，将幼小的花蕾包于其中。

四、花

苦荞的花序为混合花序，为总状、伞状和圆锥状排列的螺状聚伞花序。花序顶生或腋生。每个螺状聚伞花序里有2~5朵小花。花较小，无香味，黄绿色，由花被、雄蕊和雌蕊等组成。花被一般为5裂，呈镊合状。雄蕊8枚，呈二轮环绕子房，外轮5枚，内轮3枚，相间排列。雌蕊为三心皮联合组成，子房三棱形，上位，一室，柱头、花柱分离。雌雄蕊等长，能自花授粉。

苦荞的花器构成特征是雄蕊和柱头长度大概相等。花被颜色表现为绿白，蜜腺退化，其自交结实率相对较高。苦荞只有一种花型，但虫媒和风媒可以辅助其授粉，仍是提高结实率的主要方式。

五、果实

苦荞种子为三棱形瘦果，较小，棱角不明显，表面粗糙，无光泽，棱呈波纹状，表面有三条深沟，先端渐尖，5裂宿萼，由革质的皮壳（果皮）所包裹。果皮颜色主要有黑色、黑褐色、褐色、灰色等。果皮颜色因成熟度不同而有差异，成熟好的色泽深，成熟差的色泽浅。果实的千粒重在12~24g，通常为15~20g。果皮内为种子，种子由种皮、胚和胚乳三部分组成。种皮很薄，分为内外两层。胚由胚芽、胚轴、胚根、子叶四部分组成，占种子重量的20%~30%。胚乳位于种皮之下，占种子重量的68%~78%。

第三节　苦荞分布、生产与品种

一、分布

苦荞在宁夏的分布不如甜荞广泛，种植面积也远远小于甜荞，常年种植面积2 000hm^{2}左右，但主产区较为集中，主要在宁夏南部彭阳、西吉、原州、盐池、同心、海原、隆德以及泾源等8个县（区）的边远山区零星分散种植，分布海拔一般在1 248~2 852m。

苦荞的品种类型分布，以固原苦荞种植面积为最大，多种植在彭阳、原州区、西吉一带、近年来科研单位引进一批苦荞新品种并加以推广，如九江苦荞、榆6-21、西农9920等，对推动宁夏苦荞生产的发展起到了一定的促进作用。

二、生产水平

我国苦荞的种植面积和产量均居世界第一。特别是20世纪90年代，随着人们生活水平的提高和膳食结构的改善，清新自然的饮食方式成为一种时尚，低热量的健康食品成为一种趋势，苦荞食品越来越受人们的青睐，苦荞生产得以快速发展，面积逐年增大，据不完全统计，全国苦荞栽培面积增加到30多万hm^2，总产约30万t，云南、四川、贵州是苦荞的主要产区，占全国苦荞种植面积的80%左右。陕西、山西、湖北、重庆、湖南、广西、宁夏等省区都有种植，面积为5万~6万hm^2。

宁夏苦荞的生产水平较低，一般产量为1 125~2 250kg/hm^2。少数地区产量可超过3 000kg/hm^2。苦荞一般种植在地广人稀、土地瘠薄、气候冷凉、生产条件差、耕作栽培技术落后的边远山区及少数民族地区，要发展苦荞生产，必须针对不同生产条件，进一步探索苦荞高产栽培技术，并培育优质高产苦荞新品种。

三、适宜品种

1. 宁荞2号

宁夏固原市农业科学研究所选育，2005年经宁夏回族自治区农作物品种审定委员会审定，生育期90d左右，株高102cm，主茎节数17节，主茎分枝数5.4个，结实率31.3%，株型紧凑，叶椭圆，花色黄绿。籽粒形状桃形，粒色黑色，千粒重18.1g。籽粒中含粗蛋白15.92%，粗脂肪2.62%，粗淀粉65.59%，赖氨酸0.23%，水分7.4%。具有较强的抗旱、抗倒伏能力，抗落粒、耐瘠薄、分枝能力强。该品种属中熟品种，在宁夏南部山区均能种植。大田生产正常年份产量在1 500kg/hm^{2}左右，最高产量达2 910kg/hm^2。适宜在宁夏及陕西、甘肃等周边省的同类地区种植。

2. 榆6-21

陕西榆林市农业科学研究所从定边黑苦荞中用单株混合选择法选育而成，被青海省农业科学院引进后，经过鉴定、区试、生产试验表现良好，1996年通过青海省农作物品种审定委员会认定。生育期 100d 左右，株高 110~140cm，籽粒黑色，千粒重 21g。单产可达 2 750kg/hm^{2}适宜青海、山西、陕西、甘肃、宁夏等地种植。

3. 西农 9920

西北农林科技大学农学院从陕南苦荞混合群体中选育而成，2004 年通过国家小宗粮豆品种鉴定委员会鉴定。生育期 88d 左右，平均单产 1 578. 5kg/hm^2。株高 107. 5cm，主茎分枝 5. 9 个，主茎节数 16. 3 节，株粒重 17. 9g。籽粒含蛋白质 13. 10%，淀粉 73. 43%，粗脂肪 3. 25%。适宜内蒙古、陕西、河北、宁夏、甘肃、贵州等省区种植。

4. 凤凰苦荞

湖南省凤凰县农业局从地方品种苦荞混合群体中经系统选育而成。生育期 88d，属中熟种。株高 100cm 左右，主茎分枝 7 个左右，株型紧凑。籽粒长形、灰色，千粒重 23g。籽粒含淀粉 65. 1%，蛋白质 12. 4%，脂肪 2. 3%，赖氨酸 0. 619%。该品种抗旱、耐瘠，落粒性轻。1997—1999 年参加第五轮全国苦荞品种区域试验，在 3 年内每亩平均产量为 105. 3kg，比九江苦荞增产 7. 1%，比当地对照品种增产 13. 6%。表现高产、稳产。适宜在甘肃、陕西、宁夏、山西、贵州、云南、湖南等省（区）种植。

5. 九江苦荞

1982 年江西省征集农作物品种资源时在九江县城门乡征集到的地方品种，经吉安地区农业科学研究所整理、鉴定、筛选培育成早熟、高产、稳产品种。1989 年通过江西省农作物品种审定委员会审定，2000 年通过国家农作物品种审定委员会审定。九江苦荞生育期 66~75d，属苦荞，为早熟、高产类型。株高 80~100cm，株型紧凑。茎、叶均为绿色，花黄绿色。主茎节 15. 8 个，一级分枝 5~6 个。籽粒黑色，单株粒重 5g 左右，千粒重 19~21g，皮壳率 22%。籽粒长形、黑色，无棱翅。籽粒含蛋白质 10. 1%，赖氨酸 0. 59%，维生素 E 1. 26mg/100g，维生素 PP 1. 25mg/1 130 g，锌 23. 7μg/g，铁 61. 4μg/g，锰 19. 6μg/g。该品种抗旱、抗寒，耐瘠，不易落粒，适应性广，增产潜力大。一般每亩平均产量为 75~150kg，比对照品种增产 20%以上。在江西、云南、贵州、四川、宁夏等省（区）荞麦产区均可种植。

第四节 苦荞栽培技术

一、整地与施肥

1. 整地

苦荞适宜在有机质丰富，结构良好，养分充足，保水力强，通气性良好，pH 值 6~7的土壤上生长。加之其根系弱，子叶大，顶土能力差，所以应于前茬作物收获后进行深耕。通过深耕增加熟土层，在提高土壤肥力，有利于蓄水保墒和防止土壤水分蒸发的同时，减轻病虫害对苦荞的危害。宁夏苦荞主要种植在海拔较高的山区，气温低，因此，前作收获后抓紧深耕，以利用晚秋余热使植物秸秆根叶及早腐烂，促进土壤熟化，耕深以 20~25cm 为宜。第二次整地应在播种前 10~15d 进行。深耕增温，促进有机质分解和养分的释放，利于种子发芽和全苗。

2. 施肥

土壤肥力影响苦荞分枝、株高、节数、花序数、小花数和粒数。肥沃地荞麦产量主要靠分枝，瘠薄地主要靠主茎。苦荞生育期短，生长迅速，因此施肥应掌握以“基肥为主，种肥为辅、追肥为补”“有机肥为主、无机肥为辅”和“氮、磷、钾”配合的原则。

（1）重施基肥。基肥是苦荞的主要营养来源，一般应占总施肥量的50%~60%。由于苦荞多种植在偏远的高寒山区和旱薄地上，有机肥一般满足不了苦荞基肥的需要。若结合一些无机肥作基肥，对提高苦荞产量大有好处。施用方法：结合伏、秋深耕、早春耕或播种前撒施或施入沟内，通常是农家肥配用过磷酸钙、钙镁磷肥、磷酸二铵、硝铵和尿素等在播种前深耕时施入。

（2）适施种肥。种肥是播种时随种子一起施入的一项措施，包括播前以肥养籽，播种时溜肥或“种子包衣”等。种肥的施用能满足苦荞生长初期对养分的需要，对促进苦荞根系发育、提高产量有重要作用。一般施以尿素75kg/hm^2，过磷酸钙225kg/hm^2作种肥。用尿素作种肥时不能与种子接触，以免烧苗。

（3）看苗追肥。通过适期追肥，弥补苦荞基肥和种肥的不足，满足苦荞正常生长发育的需要。追肥一般宜用尿素等速效化肥为好，尿素用量75kg/hm^2为宜。氮肥不宜施得过多过晚，以避免延迟开花结实造成后期倒伏。据试验，以苗期追肥效果最好，比对照增产302.1%，花期次之，比对照增产67.0%。

（4）增施磷钾肥。苦荞生长发育过程中需要磷、钾元素较多，施磷、钾肥可使植株生长健壮，促进碳水化合物的积累和转运，使籽粒饱满。磷、钾肥既可作基肥，也可作种肥或根外追肥。据李钦元研究，开花期根外追肥喷施尿素13.5kg/hm^2，比对照增产16.32%，喷施磷酸二氢钾4.5kg/hm^2，增产19.42%。

二、种子处理

种子处理是苦荞栽培中的重要技术措施，有利于提高苦荞种子质量、保证全苗壮苗。苦荞种子处理主要有晒种、选种、浸种和拌种几种方法。

1. 晒种

晒种能提高种子的发芽势和发芽率，增加种子的活力和发芽力，还可以杀死病菌，减轻某些病害的发生。晒种宜选择播种前7~10d的晴朗天气，将苦荞种子薄薄地摊在向阳干燥的地面或席子上，在10时至16时连续晒2~3d。

2. 选种

即清选种子。目的是剔除空粒、秕粒、破粒、草籽和杂质。选用大而饱满一致的种子，以提高种子的发芽率和发芽势。其方法是：风选借用扇车或簸箕的风力；水选用清水或盐水选种；筛选用适当筛孔的筛子筛去小粒；采用机选和粒选，以保证种子质量。

3. 温汤浸种

温汤浸种有提高种子发芽力的作用。用35℃温水浸15min效果良好。播种前用0.1%~0.5%的硼酸溶液或5%~10%的草木灰浸出液浸种，或药剂拌种均能获得良好的增产效果。

三、播种技术

播种技术是直接关系到苦荞苗全、苗匀、苗壮的关键措施，也是个、群体生长发育的基础。

1. 播种期

播种期是否适时，对苦荞的产量有着很大影响。苦荞性喜冷凉稍湿润的气候，苗期宜在温暖气候中生长，而开花结实期宜在昼夜温差较大的凉爽天气中进行，生育期间高温干燥天气均不利于苦荞生长发育。由于各地的气候特点、种植制度不同，因此，各地播种期不能要求一致，其原则，一是在终霜期后，即冷尾暖头播种，早霜到来之前收获；二是开花结实期，处于当地阴雨天较多，空气相对湿度在 80%~90%，温度在 18~22℃的阶段，有利于苦荞的开花结实。因此苦荞在宁夏的适宜的播种期为 5 月下旬至 6 月上旬，海拔高度不同播种期也有差异。

2. 播种量

构成苦荞产量的主要因素是单位面积株数、株粒数和千粒重。只有建立合理的群体结构，使单位面积株数、株粒数和千粒重协调发展，才能保证理想的产量。合理密植是实现苦荞合理群体结构的基础。苦荞留苗密度的适宜范围，应根据各地自然条件、土壤肥力、品种特点和栽培技术水平来确定。一般苦荞每 0. 5kg 种子出苗 1. 5 万株左右。因此，一般中等肥力的土壤，留苗控制在 75 万~90 万株/hm^2为宜。一般参照中肥地密度指标，在肥地适当减低密度，瘦地适当加大密度。荞麦品种不同，其生长特点、营养体的大小和分枝能力、结实率有很大差别。一般生育期长的晚熟品种营养体大、分枝能力强，留苗要稀；生育期短的早熟品种则营养体小，分枝能力弱，留苗要稠。

3. 播种方式

苦荞的方法有条播、撒播和点播三种。

（1）条播。主要采用机播和犁播。用三行或四行蓄力播种机，一般行距 27~33cm；犁播是用犁开沟手溜种；行距 25~27cm，条播是我区苦荞主产区普遍采用的一种播种方法，播种质量较高，有利于合理密植和群体与个体的协调发育，而使苦荞产量提高。

（2）点播。主要是犁开沟人工抓籽，按穴距点播，一般行距 25~27cm，穴距 20~30cm，每穴 10 粒，点播密度不易控制，营养面积利用不均，且费工费时。适于小面积或黏性强的土壤上采用。

（3）撒播。即先耕地，随后撒种子，再进行耙耱。撒种无株行距之分，密度难以控制，出苗不整齐且稠稀不匀，群体结构不合理，通风透光不良，田间管理不便，因而产量不高。

苦荞播种方式不同，苦荞的个体生长发育也不同。条播植株营养体较大，能充分利用土壤养分，田间通风透光好，留苗密度相对较稀。点播植株穴内密度大，植株发育不良，密度难于控制，相对留苗较多。撒播植株出苗不均匀，留苗密度大，靠植株自然消长调节群体，留苗密度要稠。

4. 播种深度

苦荞播种不宜太深，播种深了难以出苗，沙质土和旱地可适当深播但不能超过6cm，黏质土壤适当浅播，一般4~5cm为宜。

四、中耕除草

中耕在苦荞第一片真叶出现后进行。中耕除草次数和时间根据地区、土壤、苗情及杂草多少而定。中耕一方面提高土壤温度，另一方面是铲除田间杂草和疏苗。一般在苗高7~10cm时进行第一次中耕，结合间苗，疏去较密的细弱幼苗。第二次中耕除草可结合培土，促进植株不定根充分发育。

五、病虫害防治

苦荞的常见病害有轮纹病、褐斑病、白霉病、立枯病和荞麦籽实菌核病等。在苦荞的虫害中，为害最大的黏虫、草地螟和荞麦钩刺蛾，它们为害苦荞的叶片、花及种子，严重时可以成片地把苦荞叶和花蕾吃光，种子被咬成空壳。

苦荞病虫害的防治应以农田防治为主，以药剂防治辅助。在生产上应合理轮作，清洁田园、实行深耕，以减少病虫来源。同时，通过精耕细作，培育壮苗、加强田间管理以增强幼苗的抗病和抗虫性。

防治荞麦轮纹病、褐斑病、白霉病、立枯病等病害可采用50kg种子加0.5kg的40%五氯硝基苯粉拌种，或在苗期喷洒1∶1∶200波尔多液或500~600倍65%可湿性代森锌粉溶液。利用三唑酮，每公顷施溶液525~1 500kg，防治荞麦叶部真菌和细菌病害。

防治苦荞虫害可用40%乐果乳剂3 000倍液防治3龄以前的黏虫幼虫，采用90%敌百虫800倍，2.5%的溴氰菊酯4 000倍喷雾防治3龄以前的草地螟幼虫；采用90%敌百虫1 000~2 000倍液喷雾防治钩刺蛾幼虫，均有良好效果。

六、收获与贮藏

苦荞成熟后，叶变黄，籽粒变黑色或浅灰色呈三棱卵圆形瘦果，密密麻麻地擦在秆上。但由于其开花期较长，籽粒成熟时间极不一致，在同一植株上可以同时看见完全成熟的种子和刚刚开放的花朵。成熟的种子由于风雨及机械振动极易脱落，导致苦荞减产。因此及时和正确的收获是苦荞高产的关键。最适宜的收获时期是当苦荞麦全株2/3籽粒成熟，即籽粒变为褐色、浅灰色，呈现本品种固有颜色时收获。过早收获，大部分籽粒尚未成熟，过晚收获籽粒将大量脱落，均会影响产量。

苦荞比一般禾谷类作物含有较高脂肪和蛋白质，对高温的抗性较弱，遇高温会造成蛋白质变性，品质变劣，其生活力、发芽力下降，故苦荞不宜长时间贮存。苦荞在贮存时，对仓房的要求较高，既要求仓房具有良好的防潮、隔热性能，又要求仓房具有良好的通风性能和良好的密闭性能。此外苦荞收获后要及时脱粒晾晒、降低籽粒含水量，一般苦荞籽粒的含水量降至13%以下才可入库贮存。

第五节　苦荞综合利用

一、营养成分

1. 蛋白质

苦荞麦含蛋白质 9.3%~14.9%，因品种、种植地区和籽粒新鲜程度有较大差异。高于小麦和大米，也高于玉米面粉。苦荞面粉的蛋白质组分不同于其他谷类作物，其清蛋白和球蛋白的含量较高，约占蛋白质总量的 46.93%，高出小麦面粉 20.83%。醇溶蛋白和谷蛋白含量较低，分别为 3.29%和 15.57%，仅为小麦面粉的 1/10 和 1/2。而残渣蛋白为 34.32%，为小麦面粉（2.7%）的 12.7 倍。苦荞粉和小麦面粉这种蛋白质组分的差异，造成了面食品加工特性的差异。苦荞粉的面筋含量很低，近似豆类蛋白，蛋白质总量低于大米、小麦和玉米。

在人体中必需的 8 种氨基酸中，苦荞含量都高于小麦、大米、玉米和甜荞。尤其是富含谷类作物最易缺少的赖氨酸，苦荞含量是小麦的 2.8 倍、玉米的 1.9 倍、大米的 1.8 倍、甜荞的 1.6 倍。色氨酸含量，苦荞是玉米的 2.4 倍、甜荞的 1.71 倍、小麦的 1.6 倍，并高出大米含量的 15%。

2. 脂肪

苦荞脂肪含量较高，为 2.1%~2.8%，在常温下呈固形物，黄绿色、无味，不同于一般禾谷类粮食。苦荞脂肪的组分较好，含 9 种脂肪酸，其中最多为高度稳定、抗氧化的不饱和脂肪酸、油酸和亚油酸，占总脂肪酸的 87%。另外在苦荞中还含有硬脂酸、肉豆蔻酸和未知酸。硬脂酸为 2.51%，肉豆蔻酸为 0.35%。苦荞脂肪酸含量因产地而异。

3. 淀粉和膳食纤维

苦荞籽粒中淀粉的含量因地区和品种存有差异。为 63.6%~73.1%，荞麦中的淀粉近似大米淀粉，但颗粒较大，与一般谷类淀粉比较，荞麦淀粉食用后易于人体消化吸收。

苦荞粉中含有膳食纤维 3.4%~5.2%，其中可溶性膳食纤维约占膳食纤维总量的 20%~30%，高于玉米粉膳食纤维 8%，甜荞粉膳食纤维 60.39%，是小麦面粉膳食纤维的 1.7 倍和大米膳食纤维的 3.5 倍。

4. 维生素

苦荞粉中含有维生素 B_1、维生素 B_2、维生素 PP、芦丁，其中 B 族维生素含量丰富。维生素 B_1和维生素 PP 显著高于大米，维生素 B_2亦高于小麦面粉、大米和玉米粉 1~4 倍，有促进生长、增进消化、预防炎症的作用，苦荞中还含有维生素 B_6，约为 0.02mg/g。

荞麦含有其他谷类粮食所不具有的维生素 P（芦丁）及维生素 C。芦丁是生物类黄酮物质之一，是一种多元酚衍生物，属芸香糖苷，它和烟酸（维生素 PP）都有降低血脂和改善毛细血管通透性及血管脆弱性的作用。芦丁与维生素 C 并存，苦荞粉中芦丁含量有的高达 6%~7%，而甜荞仅含有 0.3%左右，其含量差数在 20 倍以上。苦荞中维生素 C 含量为 0.8~1.08mg/g。含有促进细胞再生、防止衰老作用的维生素 E，含量为 1.347mg/g。

5. 矿质营养元素和微量元素

苦荞面粉中含有多种矿质营养元素，对人体功能和食品营养已引起关注。人们已知苦荞是人体必需营养矿质元素镁、钾、钙、铁、锌、铜、硒等的重要供源。镁、钾、铁的高含量展示苦荞粉的营养保健功能。

苦荞中镁为小麦面粉的 4.4 倍，大米的 3.3 倍。镁元素参与人体细胞能量转换，调节心肌活动并具有促进人体纤维蛋白溶解，抑制凝血酶生成，降低血清胆固醇，预防动脉硬化、高血压、心脏病的作用。苦荞中钾为小麦面粉 2 倍，大米的 2.3 倍，玉米粉的 1.5 倍。钾元素是维持体内水分平衡、酸碱平衡和渗透压的重要阳离子。苦荞中铁元素十分充足，含量为其他大宗粮食的 2~5 倍，能充分保证人体制造血红素对铁元素的需要，防止缺铁性贫血的发生。苦荞中的钙是天然钙，含量高达 0.724%，是大米的 80 倍，食品中添加苦荞粉能增加含钙量。锌与味觉障碍的关系令人注目。

苦荞中还含有硒元素，有抗氧化和调节免疫功能，在人体内可与金属相结合形成一种不稳定的“金属硒蛋白”复合物，有助于排除体内的有毒物质。荞麦被国家种质库誉为宝贵的富硒资源，硒是联合国卫生组织确定的人体必需的微量元素，而且是该组织目前唯一认定的防癌抗癌元素。

6. 其他

苦荞中还含有较多的 2,4-二羟基顺式肉桂酸，含有抑制皮肤生成黑色素的物质，有预防老年斑和雀斑发生的作用。还含有阻碍白细胞增殖的蛋白质阻碍物质。

二、药用价值

祖国传统医学认为，荞麦有平血健脑的功效。荞麦中的苦味素有清热败火健脑的作用。所以荞麦不仅营养丰富，而且有极高的药用价值。古今中外都有用荞麦来治病的记载。我国古书《图经本草》（1061 年）有“实肠胃，益气力”的记述。《植物名实图考》（19 世纪中期）有“性能消积，俗呼净肠草”的记载。据资料介绍，尼泊尔人喜食荞麦及其嫩茎叶，他们的高血压患病率极低。同样，我国凉山彝族人民长期以苦荞为主食，高血压、高血脂、糖尿病及心脑血管疾病的发病率也很低。

苦荞是提取芦丁的主要原料之一。荞麦的芦丁含量是其他粮食作物所不具备的。甜荞的芦丁含量一般在 0.02%~0.798%，苦荞在 1.08%~6.6%，芦丁用于治疗毛细血管脆弱引起的出血病，并用作高血压的辅助治疗剂。近代医学表明，荞麦中的芦丁是黄酮类复合物，具有多方面的生理活性，几乎对所有的中老年心脑血管疾病有预防作用和辅助疗效，而且具有一定的抗癌作用。

苦荞中的苦味素有清凉解毒、消炎的作用。由果胶和黏质组成的食物纤维对治疗和缓解糖尿病、高血脂等疾病有积极的作用。荞麦中所含无机元素如钙、磷、铁、铜、锌和微量元素硒、硼、碘、镍、钴等，对人体的组织功能和生理代谢都有良好的作用。

长期食用荞麦，体内的必需元素含量会提高，这对肝肾的保护、造血功能的增强和免疫力的增强有极大的作用，有益于提高智力，保持心脑血管正常，降低胆固醇。例如，荞麦中含有大量的铜，铜能促进铁的吸收与利用，人体缺铜会引起铁的不足，导致营养性贫血，故多食荞麦食品有利于贫血病的防治。除此之外，荞麦中富含其他作物所缺乏的硒，人体吸收足量的硒有利于防癌。荞麦籽粒中的胱氨酸和半胱氨酸，具有擎高的放射性保护特性。荞麦在防病治病中有良好的药用价值，以食代药既经济安全，又可改善生活，强身健体。我国现代医学对荞麦特别是对苦荞麦的研究与利用居世界领先地位。

三、保健功能

最近几年的研究表明：苦荞所含的蛋白复合物能提高人体抗氧化酶的活性，对体内的脂质过氧化物有一定的清除作用，斯洛文尼亚克列夫特（I. Kreft）教授等通过淀粉水热处理试验结果发现，苦荞可用作糖尿病人的良好补充饮食，因为经水热处理的苦荞淀粉和小麦面包相比，可以获得有利于葡萄糖的缓慢性释放和相对高比例的耐消化淀粉。而且苦荞所含的可溶性粗纤维和不可溶性粗纤维能使人胃里边的食物排空速度降低，减慢人体对碳水化合物的吸收速度，从而起到“肠胃和血液清洁工”的作用。此外，经常食用苦荞，还可起到延缓机体衰老、润泽肌肤的作用。

在所有谷物中，只有荞麦（甜、苦荞）含有丰富的生物类黄酮，生物类黄酮是天然的抗氧化剂，是防治慢性病的新宠，并且能促进胰岛细胞的恢复，改善糖耐量，降低血液的黏度。所以说长期食用苦荞，能调节人体的血糖、血脂，从而起到一种双重保健的作用。

苦荞营养丰富，是保健疗效食品的原料。除籽粒经碾磨粉碎供食用外，嫩叶也可充当蔬菜，具有某种食疗作用。目前，国际食品工业正在向着合理的平衡膳食方向发展，提倡增加植物性食品，减少动物性食品的摄入，特别是限制动物性脂肪的摄入量。因此，苦荞作为一种融营养和保健于一体的功能食物源，开发前景广阔。近年来，我国已在积极进行苦荞的综合开发利用，荞麦界的专家做了大量的研究工作，研制出了苦荞系列食品，较好地解决了苦荞的口感问题，受到了广大群众特别是糖尿病、心血管疾病患者的欢迎。

四、风味小吃

过去，人们一般只食用甜荞，苦荞则因清苦粗糙、适口性差而长期被视为粗劣物，一般只作为饲料进行栽培。近年来，清新自然的饮食方式和低热量的健康食品逐渐成为一种趋势，五谷杂粮越来越受人们的青睐，其中，苦荞营养丰富，易被人体吸收，更是成了人们餐桌上的新宠。

苦荞在烹饪中的应用很广泛，籽粒磨粉后适当掺入面粉，采用蒸、烙、烤、煮等烹调方法，可制作出面条、面片、饼子和糕点等，由于苦荞籽粒是一种耐饥的食物，多食会引起腹胀，所以制作时一般须经过“三熟”：一是磨粉前要炒熟，二是和面时要烫熟，三是制坯成型后一定要蒸熟。苦荞的食用方法，很多，而且风味各异。现简略介绍几种。

1. 苦荞鱼片粥

制作方法：取苦荞米和大米各100g淘洗干净，放清水中浸泡后，煮成粥，然后放入净鱼片200g和菜心100g，调入精盐3g并淋入化猪油15g，和匀即成，肉米相融，滑润清香。

2. 苦荞面红烧肉

制作方法：用苦荞面条100，带皮猪五花肉500g，茶树菇100g，糖色30g，草果3g，八角5g，姜片20g，葱节30g，红糖80g，料酒10g，精盐20g，色拉油适量，把五花肉切成片，放入烧热的油锅煸炒至吐油时，放姜片、葱节、草果、八角等炒香，随后放茶树菇、料酒、红糖和精盐，掺适量清水并烧至熟透，最后再配上煮熟的苦荞面条装盘，色泽红亮，菌鲜肉香，菜点相配。

3. 苦荞米饭（粥）

制作方法：将苦荞的籽实脱去皮壳，再过筛后即可得到荞米，荞米加其他米，再加水煮食，即是营养丰富的苦荞米饭或苦荞米粥。

4. 苦荞粑

制作方法：将苦荞籽实脱壳，除去皮磨细过筛后得到苦荞粉，取苦荞粉若干，加适量水和成面团，将面团擀成扁圆形，上笼蒸熟即成。

5. 苦荞摊饼

制作方法：苦荞面适量，加2~3个鸡蛋和适量糖，分次加水拌成稠糊状，将平底锅烧热，涂上油，倒入适量面糊，并使面糊均匀布满锅底，几分钟后即可出锅。

6. 苦荞千层饼

制作方法：苦荞面适量，加水拌和成稠糊状后（也可加少许鸡蛋和白糖），将扁锅加热涂油，倒入适量的面糊，并使面糊均匀布满锅内，少许，将面饼翻身，再在其上倒入薄层面糊，待下部熟后再翻身加薄层面糊，如此反复多次即得松软层多的千层饼。

7. 苦荞发糕

制作方法：将苦荞面加水调成糊状，再将酵母和糖倒入调均，让其自然发酵，发酵好的荞面糊倒入小容器内放入蒸笼蒸熟即成香甜、松软可口的苦荞发糕。

五、产品加工及工艺流程

人们利用苦荞为原料开发的产品有以下几类：①是药物类：如芦丁片、苦味素冲剂；②食品类：如叶绿素饼干、芦丁面包速食面等；③饮品类：如富硒醋、苦荞茶、荞麦花粉；④蔬菜类：如苦荞菜、黑苦荞美味蔬菜等。下面介绍几种产品的工艺方法。

1. 苦荞速食面

（1）原料配方。苦荞麦粉30%~50%、小麦粉50%~70%、葛根提取液、改良剂及调味剂（羧甲基纤维素钠0.4%、粗盐、味精）

（2）工艺流程。原辅料处理—搅拌和面—熟化—复合压片—切条—高压蒸煮熟化—干燥—冷却—包装。

（3）操作要点。①葛根提取液的制备：采用多次碱提取的方法，提取葛根中的总黄酮，这样总黄酮提取率高，且成本低，后处理简单。②增稠剂的选择：通过多次试验比较，羧甲基纤维钠（CMC-Na），较海藻酸钠更适合于作苦荞增稠剂，其含量为0.4%时，产品性状最佳，即成型性好。③搅拌和面：将改良剂、调味剂分别用少量水溶化配成溶液。然后将原料粉倒入和面机，边搅拌边加入葛根提取液、改良剂和调味剂溶液及20℃的水和面。控制在总加水量为原料的30%左右，和面时间大约25min。④熟化：面团和好后，置于熟化器中，保持面团温度20~30℃，静置30min左右。⑤辊轧、切条：将熟化好的面团先通过轧辊压成3~4mm厚的面带，再反复压延3次，最后将面带厚度压延至1mm左右，用切条器切成1.8mm宽，长240mm的面条。⑥蒸煮熟化：采用高压热蒸汽蒸煮工艺，即0.1MPa、120℃的热蒸汽蒸煮2min，使内部淀粉也能受到热糊化，可获得良好效果。⑦干燥冷却、包装：采用3℃的低温烘干可降低面条落地率，提高面条质量，烘干后冷却至室温即可包装。

（4）产品特点。①色泽：暗黄绿色，复水后呈黄绿色，外观光洁，色泽一致。②气味：有苦荞麦特有的清淡苦味。③水分≤13.5%，灰分≤1.2%。④自然断条率≤10%。

2. 苦荞麦茶

（1）工艺流程。苦荞麦—清洗—蒸煮—烘干—焙烤—破碎—浸提—过滤—调配—杀菌—灌装—成品。

（2）操作要点。①清洗：将苦荞麦进行多次水洗，除去附着其中的沙土、杂物等。②蒸煮：按苦荞麦：水=1：（1.2~1.5）的比例，浸泡12h，100℃蒸煮30min，使苦荞麦淀粉充分糊化。③烘干：将蒸煮后的苦荞麦在60~70℃条件下，热风干燥约8min，至含水量18%左右。④焙烤：180℃焙烤5~10min，至苦荞麦表面（脱皮后）出现焦黄色。⑤破碎：将焙烤后的苦荞麦破碎，破碎粒度以18~40目为宜。⑥浸提：采用60~70℃温水，按苦荞麦：水=1：（10~15）的比例，浸提30~60min。⑦过滤：将浸提液粗滤后，再进行精滤或超滤。⑧调配：用低热值甜味剂阿斯巴甜调甜度，使其甜度相当于蔗糖含量的8%~10%，加柠檬酸0.1%~0.2%。调pH 4.0。⑨杀菌：加热至80℃，趁热灌装于瓶中，于85~90℃热水中保温20~30min。

（3）质量指标。①感官指标：色泽金黄色；口味及气味：具有苦荞麦经烘焙后特有的焦香味，酸甜适口，无异味；组织状态：清澈透明，无沉淀，无异物。②理化及卫生指标：砷＜0.5mg/L；铅＜1.0mg/L；铜＜1.0mg/L；细菌总数＜100个/mL；大肠菌群＜3个/100mL，致病菌不得检出；食品添加剂符合国家标准。

3. 荞麦醋

（1）原料配方（配比）。苦荞粉100g；麸曲50g；醋酸菌种子（新鲜醋醅）30g；麸皮105g；酒母液10g；食盐2~5g；谷糠125g；水500~600g。

（2）工艺流程。

苦荞麦→粉碎→稀醪糖化、酒精发酵→固态醋酸发酵→醋醅陈酿→淋醋→灭菌→灌

装→成品。

（3）操作要点。①稀醪糖化、酒精发酵：将苦荞粉与麸皮、麸曲、酒母液放入缸内，加水（35℃）拌匀，并使水温保持在30℃左右，经24~26h后搅拌1次，有少量气泡产生，以后每天最少搅拌2次，经5d后醪液为淡黄色，用塑料薄膜密闭缸口，使其酒化3~5d，醪液开始澄清，酒度达6~7度。②固态醋酸发酵：酒精发酵后，拌入谷糠，再加上醋酸菌种子（新鲜醋醅）进入醋酸发酵阶段。此时室温保持28℃，第3天品温上升到38~39℃，进行循环淋浇使品温降至34~35℃，这样“以温定浇”，保持品温不超过38~39℃，每天进行1次，经10d左右测酸度达到5度，倒醅1次，后继续进行醋酸发酵，淋浇保持品温到22~23℃，酸度达7度，即发酵结束。③下盐：醋酸发酵结束后，待品温下降至35℃左右时，拌入2%~5%的食盐，以抑制醋酸菌的生长，避免烧醅等不良现象发生，下盐后每天倒醅1次，使品温接近于室温，下盐后的第2天即可淋醋。④淋醋：将醋醅放在淋缸中，加二淋醋超过醋醅10cm左右，浸泡10~16h，开始放醋，初流出的浑浊液可返回淋醋缸，至澄清后放入贮池。头淋醋放完，用清水浸泡放出二淋醋备用。淋醋后醋醅中的醋酸残留量以不超过0.1%为标准。⑤陈酿：醋液陈酿有两种方法，一是醋醅陈酿（先贮后淋）下盐成熟醋醅在缸内砸实，食盐盖面，塑料薄膜封顶，15~20d后倒醅1次，再行封缸，一般放一个月左右即可淋醋，这种方法在夏季易发生烧醅现象而不宜采用。二是成品陈酿（先淋后贮）将新醋放入缸内，夏季30d，冬季两个月以上，但这种方法要求酸度5.5度以上为好，否则也会变质。⑥装瓶：醋液陈酿后，加热灭菌灌装。灭菌温度80~90℃，并在醋液中加0.05%~0.1%的苯甲酸钠，以免生霉。

（4）质量指标。①感官指标：醋液呈棕红色，具有苦荞麦特有的香气，酸味柔和，回口略带涩味，体态澄清无沉淀，无醋鳗。②理化指标：总酸（以醋酸计）4~5g/100mL；氨基酸态氮（以氮计）>0.30g/100mL；还原糖（以葡萄糖计）≥2.0g/100L。③卫生指标：符合国家GB 18187—2000卫生标准。

（5）产品特点。苦荞麦香醋风味独特，更具有营养、保健价值。

4. 苦荞凉粉

（1）原料。苦荞淀粉1 000g、水6 500g、白矾4g。

（2）工艺流程。苦荞淀粉制备—调糊—冲熟—冷却—成形—成品。

（3）操作要点。①苦荞淀粉的制作：用清水将苦荞麦浸泡至软，捞出洗净，研磨成浆，再用细筛过筛去渣，然后将苦荞浆水洗沉淀后，去除表面清水，加清水搅和继续沉淀后，取出晾干，即为苦荞淀粉。②调糊：每1 000g淀粉加入40℃的水2 000 g，明矾4g，调和均匀。③冲熟：将4 500g 100℃的沸水快速冲入制好的淀粉糊内，边冲边搅拌，使之均匀受热糊化。④冷却成型：将冲熟的淀粉倒入容器内，刮平表面，待冷却后取出用刀按规格分割成块即可。

（4）产品特点。色泽黄绿色，表面有光泽；形态块状整齐，表面平整；质地均匀，细腻光滑，略显透明；食时加佐料。

（本章内容发表在《荞麦莜麦高产栽培技术》，宁夏人民出版社，2009年）

第四章 莜 麦

第一节 概 况

莜麦为一年生草本植物，在植物学分类中属禾本科（Cramineae），燕麦属（*A. vena*）。燕麦属有燕麦（*A. sativa* L.）、莜麦（*A. nuda* L.）、野燕麦（*A. fatua* L.）3个种，按外稃性状特征又将燕麦分为皮燕麦（有稃型）和莜麦（裸粒型）两大类，俗称皮燕麦和裸燕麦。世界其他国家的栽培燕麦以皮燕麦为主，绝大多数用于家畜家禽的饲料。中国栽培的燕麦以莜麦为主，籽实作为粮食食用，茎叶则用于作牲畜的饲草，因此，我国莜麦是一种粮草兼用型作物。

燕麦种植主要分布在北半球的温带地区。燕麦在世界禾谷类作物中，属于八大粮食作物之一，总产量仅次于小麦、水稻、玉米、大麦、高粱，居第六位。据联合国粮食及农业组织1990—1994年的统计，世界年均燕麦种植面积2 033万hm^2，总产量为3 599.6万t，平均单位面积产量为1 770.3kg/hm^2，其中种植面积最大的国家是俄罗斯，占世界总面积的17.21%，其次是美国、加拿大、澳大利亚、波兰等。单产最高的国家是爱尔兰，平均产量为6 450kg/hm^2左右，其次是荷兰、英国等，平均产量为4 800~5 100kg/hm^2。

我国是燕麦的原产地之一，燕麦在我国已有4 000多年的栽培历史，古书中早有记载。在《尔雅·释草》中名为“蘥”，《史记·司马相如列传》中称“簛”，《唐本草》中谓之“雀麦”。《本草纲目》说：“燕麦多为野生，因燕雀所食，故名”。此外，《救荒本草》和《农政全书》等古籍中，都有记述。唐代刘梦得有“菟葵燕麦，动摇春风”之句，说明燕麦在我国栽培利用历史悠久，且各地皆有分布，特别是华北北部长城内外和青藏高原、内蒙古、东北一带牧区或半牧区栽培较多。华北的长城内外和陕南秦巴山区高寒地带，由于气候凉爽，自古就广泛种植燕麦。在《唐书·吐蕃传》中记载了青藏高原一带早已种植着一种裸燕麦（也称莜麦）。这说明我国也是燕麦的起源中心之一。

燕麦（含莜麦和皮燕麦）在我国主要集中在内蒙古的阴山南北，河北的阴山、燕山地区，山西的太行、吕梁山区，陕、甘、宁、青以及云、贵、川等省区种植。燕麦生产省区有内蒙古、河北、山西、甘肃、陕西、宁夏、云南、四川、贵州、青海、新疆、黑龙江、辽宁、吉林、西藏等。全国共有210个县（旗）种植燕麦。20世纪50年代初，燕麦生产发展较快，全国播种面积200万hm^2左右，到60年代末燕麦的播种面积下降到133.3万 hm^2左右，进入90年代后，随着种植结构的调整，我国燕麦的种植面积进一步下降。2008年，燕麦种植面积在70万 hm^2左右，总产量约85万t左右。主要为裸燕麦，约占95%。目前，我国燕麦产业还是以农民自产自食为主，燕麦加工产品几乎没有出口。主要以燕麦片和燕麦原料进口，其中燕麦片年进口量为1.4万t左右，约600万美元；燕麦原料年进口量为1.1万t左右，约370万美元。我国燕麦产业发展还处于初级加工阶段。燕麦加工业可分为三大类，即传统的燕麦粉加工业、燕麦片加工业和燕麦深加工业。我国燕麦加工产品年供给能力约为40万t，传统的燕麦粉加工业占燕麦加工总量的80%左右，约占42万t；燕麦片加工业大约占到燕麦加工总量的10%~15%、约占6万t；燕麦深加工业（燕麦蛋白多肽、燕麦β-葡聚糖、燕麦膳食纤维、燕麦油等）和其他燕麦加工品（燕麦速食面、燕麦糊、燕麦护肤品和燕麦饮品等）约占到燕麦加工总量的5%，约占2万t。

在宁夏作为传统农作物之一，莜麦种植历史悠久，为上等杂粮。20世纪60—70年代是宁南山区农民的主粮之一，80年代是主要备荒作物，90年代初由于产量低而不稳，面积有所下降。90年代后期，尤其最近几年，当地把莜麦生产作为发展特色种植业的有效措施来抓，已发展成为主要优势特色作物之一，种植区域不断扩大，面积逐年增加。

莜麦作为上等杂粮。性喜冷凉、湿润的气候条件，适宜在气温低、无霜期短、日照充足的条件下生长，是一种长日照、短生育期、要求积温较低的作物，集中产于宁夏南部山区中高山地带。莜麦根系发达，吸收能力较强，比较耐旱，对土壤的要求也不严格，能适应多种不良自然条件，即使在旱坡、干梁、沼泽和盐碱地上，也能获得较好的收成。其生长期与小麦大致相同，但适应性甚强，耐寒、耐旱、喜日照。因其单产低，在其他一些地区已不多种。但由于宁南山区自然环境极其适宜莜麦的生长，因而山区农民一直都有种植莜麦的习惯。这里所产的莜麦质量特优，其营养成分的含量远比其他省产的莜麦高。因此，这一地区作为我国主要莜麦主产区之一得到国家和自治区人民政府的支持和帮助。

第二节　莜麦营养成分及价值

莜麦是禾谷类作物中最好的营养食品，具有营养与保健的双重功效。

一、营养成分

莜麦的营养价值非常高，蛋白质、脂肪含量均居禾谷类作物之首。是一种具有很高营养价值的谷类作物，据研究，莜麦含蛋白质15.6%，比标二小麦粉高65.8%，比籼米、粳米分别高105.3%、132.8%，比玉米高75.3%。含脂肪8.8%，是小麦粉、籼米、粳米、小米、玉米面的2~12倍。含碳水化合物64.8%，比大米和面粉低10%左右；含纤维素2.1%，灰分2%，是一种低糖、高蛋白质、高脂肪、高能量食品。其营养成分含量高，质量优，蛋白质中的必需氨基酸在谷类粮食中平衡最好，赖氨酸和蛋氨酸含量比较理想，而大米和面粉中的这种氨基酸严重不足。另外必需脂肪酸的含量非常丰富，亚油酸占脂肪酸的三分之一以上，维生素和矿物质也很丰富。每 100g 含维生素 B_1 590μg、维生素 B_2 150μg、维生素 B_6 160μg、尼克酸 1 000μg、矿物质1 000μg、叶酸 25μg、钙 55mg、钾 335mg、铁 5mg、锰 5mg、锌 4mg。特别是维生素 B_1 居谷类粮食之首。蛋白质含量 14.5%~20.07%，莜麦蛋白质组成比较全面，含有 18 种氨基酸，其中赖氨酸含量高。人体必需的 8 种氨基酸丰富且平衡，儿童必需的组氨酸含量也较高，特别是赖氨酸含量每百克莜面含 0.68g，成倍地高于白面、大米、玉米，仅略低于荞面。莜麦的脂肪含量较高，是大米、面粉的 2~6 倍。脂肪中含有大量的不饱和脂肪酸，且富含亚油酸，其亚油酸含量占不饱和脂肪酸的 44%~55%，占莜麦籽实重量的 2%~3%。莜麦中钙、铁、磷等矿物元素，维生素 E、维生素 B_1、维生素 B_2 显著高于大米、白面，在我国百姓日常食用的 9 种食粮中居于首位。谷类作物中只有莜麦含有皂苷，膳食纤维含量大大高于面粉、大米和玉米。

二、保健功能

关于莜麦的医疗价值和保健作用，已被古今医学界所公认。据古书记载，莜麦可用于产妇催乳、婴儿发育不良、年老体衰等症。近 20 年来，中国、美国、加拿大、日本等国通过人体临床观察动物试验，进一步证明莜麦具有以下医疗保健作用。

1. 降低胆固醇，对高脂血症的预防和治疗作用

据郭耀东研究结果表明，莜麦中含有丰富的油脂，含量为 8.8%，含量居谷类作物首位，远远高于小麦（1.3%）、粳米（0.7%）以及小米（1.7%）的含量。莜麦的脂肪为优质植物脂肪，其中不饱和脂肪酸占脂肪酸总量的 82.17%，亚油酸含量约占不饱和脂肪酸含量的 38%~52%，油酸占不饱和脂肪酸的 30%~40%。燕麦的油脂具有较高的保健价值。

（1）莜麦所含脂肪大部分为不饱和脂肪酸。不饱和脂肪酸对人体具有重要作用：保持细胞膜的相对流动性，保证细胞的正常生理功能；使胆固醇酯化，降低血中胆固醇和甘油三酯，参与合成人体内前列腺素，降低血液黏稠度、改善血液微循环，提高脑细胞的活性，增强记忆力和思维能力，有益于新细胞的形成，维持正常的大脑发育和神经功能；运载和帮助吸收维生素 A、D、E 和 K，以及类胡萝卜素等脂溶性维生素所必需的物质。当膳食中不饱和脂肪酸不足时，易产生血中低密度脂蛋白和低密度胆固醇增加，产生动脉粥样硬化，诱发心脑血管病，记忆力和思维力降低，婴幼儿的智力发育受影响，对老年人将产生老年痴呆症。

（2）莜麦油中所含的不饱和脂肪酸主要是亚油酸和油酸。由于亚油酸能降低血液胆固醇、预防动脉粥样硬化而倍受重视。研究发现，胆固醇必须与亚油酸结合后，才能在体内进行正常的运转和代谢。如果缺乏亚油酸，胆固醇就会与一些饱和脂肪酸结合，发生代谢障碍，在血管壁上沉积下来，逐步形成动脉粥样硬化，引发心脑血管疾病。

莜麦的降脂作用与其含有较多亚油酸有关，亚油酸是世界公认的降血脂药物的有效成分。亚油酸能与胆固醇结合成酯，进而降解为胆酸而排泄，尤其是大量的亚油酸可软化毛细血管，具有预防血管硬化，延缓人体衰老的功能。经检测，每 50g 优质燕麦中所含亚油酸含量相当于常用降压药“益寿宁”或“脉通”10~15 丸的主要成分。莜麦可作为今后临床治疗和防治高血脂、动脉粥样硬化、冠心病等主要心血管病的一种理想药物原料。据中国农业科学院作物品种资源研究所与北京 18 家医院的临床研究证明，燕麦能有效地预防和治疗高血脂引起的心脑血管疾病。即服用燕麦 23 个月者（日服 100g），可明显降低心血管和肝脏中心胆固醇、甘油三酯、β-脂蛋白，总有效率达到 87. 2%。血脂各项指标显著下降，血清总胆固醇平均下降 40. 4mg，下降幅度 13. 5%；β-脂蛋白平均下降 159. 7mg，下降幅度 15. 4%；高密度脂蛋白胆固醇均值上升 4. 0mg，上升幅度 8. 6%，达到显著标准。其疗效与冠心平（药物）无显著差异，且无毒副作用。

（3）莜麦油中各类脂肪酸的比例非常恰当，有利于人体健康。科研人员对莜麦脂肪酸组成分析表明，莜麦油中饱和脂肪酸：单不饱和脂肪酸：多不饱和脂肪酸 = 0. 5 : 1 : 1，与目前市场上调和营养油的 0. 7 : 1 : 1 的脂肪酸比例相近，因此，莜麦油脂具有较好的营养价值。

（4）科研人员在实验中发现莜麦油脂对皮肤较其他植物油脂有很好的渗透和滋润作用，其在化妆品中的功效有待于通过试验进一步的探讨。

2. 对糖尿病的控制

莜麦蛋白质含量高，糖分含量低，是糖尿病患者的极好食物。国际上对糖尿病的食物疗法中，普遍认为增加膳食纤维含量高的莜麦可延续肠道对碳水化合物的吸收，降低餐后血浆葡萄糖水平的迅速提高，有利于糖尿病的控制。根据中国农业科学院作物科学研究所与北京协和医院对莜麦降糖研究，在准备期时，选 29 名糖尿病患者在临床较好控制的基础上进行合理饮食指导，指导前后分别测定患者的空腹血糖和糖基化血红蛋白。实验期，日服 50g 莜麦片代替其他 50g 主食。结果为在未接受膳食指导时，空腹血糖平均为（152. 0±6. 78）mg/dL，经 4 个月的膳食合理控制后，空腹血糖值下降至（127. 9 ± 7. 77）mg/dL，达到控制尚好（＜130mg/dL）的标准。糖化血红蛋白（HbA）均值下降至 9. 66±15（正常值为 7. 00），均接近正常值。食莜麦 2 个月后，空腹血糖平均值为（129. 7±8. 48）mg/dL，HbA 均值为 8. 79±0. 19。实验前后空腹血糖及 HbA 无显著差异，说明莜麦未能使血糖进一步下降，但服用莜麦后两项指标均控制在接近正常值的较好水平。

以上研究说明：服用莜麦饮食后，两项糖尿病关键指标是可以控制在正常值的状态上。莜麦是适宜于糖尿病患者经常食用的最佳主食之一。

3. 对肥胖症的控制

莜麦所含的丰富的膳食纤维对于健康尤其是可抑制体重的作用正越来越引起人们的关注。莜麦作为一种古老的粮食作物，生长在海拔 1 000~2 700 m 的高寒地区，具有高蛋白低碳水化合物的特点；同时莜麦中富含可溶性纤维和不溶性纤维，能大量吸收人体内的胆固醇并排出体外，这正符合现代所倡导的“食不厌粗”的饮食观。而且燕麦含有高黏稠度的可溶性纤维，能延缓胃的排空，增加饱腹感，控制食欲。

β-葡聚糖是莜麦麸中的主要膳食纤维，莜麦麸中的 β-葡聚糖含量为 4%~10%，可溶部分占 65%~90%。β-葡聚糖是低热量的食品原料，食用后不易被人体消化吸收，可减缓血液中葡萄糖含量的增加，预防和控制肥胖症、糖尿病及心血管疾病。由于β-葡聚糖有吸水膨胀的性质，人吃后能在胃中吸水膨胀，使人产生饱腹感，防止饮食过量。另外其在肠内促进肠管蠕动，在结肠处有渗透作用，防止便秘，缩短了废弃物通过肠道的时间，减少了肠内致癌物对肠管的污染，达到防癌作用。正是因为β-葡聚糖的这些重要生理功能可使莜麦达到减肥的功效，也保证了正在减肥人群的营养需要。1993 年美国华盛顿有一位 39 岁的糕点大王利穗曼、血脂过高，体重 150kg，总胆固醇324mg/dL，平时只能卧床不动。后来，医生让他每天吃 2~3 个 25g 的莜麦饼，3 个月后体重下降到125kg，胆固醇降至 175mg/dL，效果非常显著。

4. 具有改善血液循环和通便的作用

莜麦含有高质量的膳食纤维，经常食用莜麦食品，可以改善血液循环，缓解生活工作带来的压力；含有的钙、磷、铁、锌等矿物质有预防骨质疏松、促进伤口愈合、防止贫血的功效，是补钙佳品。莜麦粥有通大便的作用。很多老年人大便干，容易导致脑血管意外，莜麦具有治疗便秘的功效。

5. 莜麦还有抗衰老的作用

胡新中教授研究结果表明，自莜麦β-葡聚糖被美国 FDA 鉴定具有降低血糖、抗氧化等活性功能以来，燕麦β-葡聚糖在精细化工和高级保健品方面得到广泛的应用。其中，1%的莜麦β-葡聚糖水溶液更是成为高端化妆品的一种重要的天然的功能添加剂。

莜麦β-葡聚糖用于化妆品能赋予皮肤光滑和丝绸般的触感，可以高效保持皮肤水分，同时其抗氧化功能可以防止黑色素和细纹的形成，从而减缓皮肤的衰老。

此外，莜麦β-葡聚糖对高温、紫外线非常稳定，所以适用于需要高温处理和高温搅拌的工艺。对于高端化妆品来说，对这种天然添加剂的要求很高，要求莜麦β-葡聚糖必须完全溶于水，不得含有不溶性杂质，并且不含脂质，蛋白质和其他纤维，这些杂质的存在不仅影响产品的稳定性，更重要的是会阻碍有效成分的吸收。

目前国内生产的莜麦β-葡聚糖达不到这样的要求，所以用在高端化妆品添加剂的燕麦β-葡聚糖主要来自欧美和日本。目前西北农林科技大学的物理化学相结合的工艺中，不仅除去来源于莜麦β-葡聚糖的蛋白和脂质，还可以彻底除去传统工艺中难以除去的微量淀粉和阿拉伯木聚糖（这两种多糖也是造成燕麦葡聚糖水溶性不佳的重要原因），其莜麦葡聚糖的纯度可以达到 90%以上。一方面，由于莜麦中含有维生素 E、亚麻酸、铜、锌、硒、镁能清除体内多余自由基，另一方面，莜麦中也存在褪黑激素，有抗衰老和延缓神经元衰退的作用。

三、饲用价值

莜麦食味和适口性好，是我国高寒山区人民的主要食粮。用莜麦制成的麦片是航空人员、婴儿和久病者食用的高级营养品，也是欧美国家早餐的主要食品。

莜麦秸秆不但可以造纸，而且是牲畜的好饲草，莜麦叶、秸秆多汁柔嫩，适口性好。含有丰富而易消化的营养物质，据《家畜饲养学》报道，莜麦秸秆中含粗蛋白5.2%、粗脂肪 2.2%、无氮抽出物 44.6%，均比谷草、麦草、玉米秸秆高；难以消化的纤维 28.2%，比小麦、玉米、粟秸低 4.9%~16.4%，是最好的饲草之一。其籽实是饲养幼畜、老畜、病畜和重役畜以及鸡、猪等家畜家禽的优质饲料。加拿大科学家对莜麦作为饲料喂养不同动物进行了系统的研究。研究结果表明，与传统的玉米-大豆饲料相比，给0~28日龄的肉鸡喂含有20%~60%的莜麦饲料会导致肉鸡的体重增长率下降64%~91%；而对于28~43日龄的肉鸡喂含有莜麦的饲料却会增加肉鸡的体重增长率；向饲料中单纯加入β-葡聚糖会导致肉鸡体重增长降低80%~96%；向饲料中加入莜麦同时添加1g/kg的β-葡聚糖酶会增加肉鸡体重增长；对于蛋鸡的喂养试验结果表明，随着莜麦加入量（30%~80%）增加，产蛋数量减少，鸡蛋单重增加；因为莜麦含有的类胡萝卜素少，鸡蛋黄的颜色变淡；但对于蛋壳、鸡蛋品质的影响没有明显规律；对于肉猪的喂养试验结果表明，随着莜麦加入量增加（30%~97%），肉猪日增重略有增加，且肉的质构、风味、嫩度明显优于用玉米-大豆喂养的肉猪。

莜麦秸秆的蛋白质、脂肪、浸出物含量都高于其他谷类作物茎秆。莜麦茎叶繁茂，柔嫩多汁，适口性好，是优良的青饲料。饲喂青饲燕麦能够提高奶牛的产奶量，这是世界养牛业公认的一项有效措施。

综合以上研究，他们提出了用莜麦作为饲料喂养不同动物的建议添加量，分别为：蛋鸡饲料莜麦添加量大于87%；肉鸡饲料莜麦添加量为50%；产肉火鸡和产蛋火鸡的饲料莜麦添加量大于50%；肉猪饲料莜麦添加量为95%。用莜麦作为饲料具有以下优点：一是提供了一种经济的饲料来源；二是降低了从国外进口饲用蛋白原料的数量；三是有助于土壤轮作，发展可持续农业。所以，用莜麦作为饲料进行动物喂养具有重要的经济和社会意义。

莜麦在调整种植业结构中的作用。莜麦抗旱、抗寒、耐瘠、耐碱，能够适应多种不良环境，在调整种植业结构、充分利用各种自然条件发展农业生产中有着特殊的作用。

总之，莜麦的营养、食用、医疗保健、饲用价值及在调整农业结构中的作用等都是其他粮食作物难以比拟的。随着人们生活条件的改善和生活水平的提高，关注食物结构，追求食物营养成为人们对食物选择的首要条件，而莜麦是公认的理想的健康食物源。

第三节　莜麦的植物学特征和生物学特性

一、莜麦与皮燕麦的区别

皮燕麦（*Avena sativa*），外稃紧包籽实与内稃呈革质，内外稃形状大小几乎相等，外稃具7~9脉，小穗一般具有2~3朵小花，呈纺锤形或燕翅形，小花梗较短不弯曲。

莜麦（*Avena nuda*），周散型圆锥花序，外稃不包籽实与内稃，籽粒与内外稃分离，内外稃膜质无毛，内外稃形状构造相似、大小不一，外稃具9~11脉，小穗一般具有3朵以上小花，呈鞭炮形、串铃形，小花梗较长（＞5mm）、弯曲。

二、植物学特征

莜麦从外形看，可分为根、茎、叶、穗、花、果实等六个部分。

1. 根

莜麦的根属须根系。根可分为初生根和次生根。初生根又叫种子根，当莜麦种子萌发后，白色的胚根首先露出，随后被迅速生长的初生根穿破，有一对侧生根（初生根）生出，不久再生出另一对侧生根，这些都属于种子根，一般有3~5条，最多时可达8条。初生根表面着生许多纤细的根毛，其寿命可维持2个月左右，它的主要作用是吸收土壤中的水分和养分，供应幼苗生长发育，直到次生根生长出来。初生根有较强的抗旱和抗寒能力，可保证幼苗在遇到零下2~4℃的温度时不至冻死，或在表层土壤含水量降到5%左右时，保证幼苗不被旱死。

莜麦次生根，又叫永久根。次生根着生于分蘖节上，形成须根。次生根一般密集于地表10~30cm的耕作层中，最深可达200cm。莜麦的次生根一般比小麦多，且扎得深，范围广，因此吸收水肥的能力也强。

2. 茎

莜麦的茎中空而圆，表面光滑无毛。比小麦粗而且软。其长度依品种环境而异，植株高60~150cm。茎节数4~8节，地上各节除最上一节外，其余各节均有一个潜伏芽，通常这些芽不发育，但当主茎生长发育受到抑制时，有的潜伏芽也能长出茎秆，同样可抽穗结实。莜麦茎秆直径4mm左右，秆壁厚约0.3mm，髓腔较大。莜麦的穗节长度随着株高而变化，据调查，株高在120cm时，穗节长度约70cm，若株高在100cm时，穗节长约50cm，穗节以下各节总长约50cm，通常将穗节与其下面各节长度的比，作为鉴定抗倒伏品种的依据之一。莜麦茎秆在接近成熟时其颜色一般为黄色，但有的品种茎秆为橙黄色或紫色。茎的表皮外有蜡质层，其蜡质层薄厚因品种和栽培技术而异，同一品种种植在水地蜡质层较薄，种在旱地蜡质较厚。

3. 叶

莜麦的叶由叶鞘、叶片、叶关节和叶舌组成。与其他禾谷类作物相同，比小麦叶宽大。叶鞘包围茎秆较松弛，基部闭合，一般外部有毛。叶片扁平质软、微粗糙、边缘呈锯齿状，颜色因品种不同而呈深绿色、绿色、黄绿色。叶片挺直或下披，长而狭窄渐细，也有短而宽的。在叶缘和叶背有细毛，这一特征可作为鉴定品种的依据。莜麦无叶耳，叶舌较发达，膜质，白色，顶端边缘呈锯齿状。叶的功能主要是进行光合作用，制造营养物质。

4. 穗

莜麦的穗为周散型圆锥花序，由穗轴和各级穗分枝组成。根据穗分枝与穗轴的着生状态分为周散和侧散两种穗型。穗分枝环绕穗轴四周均衡散开称为周散穗，穗分枝倒向穗轴一侧称为侧散穗。穗分枝在穗轴上为半轮生状着生，每一个半轮生着生的穗分枝称为一个轮层，一般每个穗具有4~7个轮层，每个轮层上着生许多穗分枝，着生在穗轴上的穗分枝称为一级分枝，着生在一级分枝上的穗分枝称为二级分枝，依次类推。莜麦的小穗（俗称铃铛）着生在各级穗分枝的顶端，小穗由小穗枝梗、护颖（二枚）、内稃、外稃、芒（有的品种无芒）、小花组成。依据小穗中小花数的多少及小花柄的长短，小穗分为鞭炮型、串铃型和纺锤型 3 种。

5. 花

莜麦每个小穗有 2~5 朵小花，有时更多，但结实小花通常有 2~3 朵，顶端小花常退化不结实。莜麦的小花由内、外稃和雌、雄蕊组成。内、外稃为膜质，内有雄蕊 3 枚、雌蕊 1 枚。莜麦小花为单子房，柱头二裂呈羽状，子房被茸毛包被，两侧有鳞片两枚。

6. 果实

莜麦的籽粒（果实）为颖果，颖果与内外稃分离，瘦长有腹沟，籽粒表面有茸毛，尤其顶部最多。燕麦的果实由皮层、胚乳和胚组成。莜麦粒形分筒形、卵圆形和纺锤形。粒色分白、黄、浅黄。籽粒大小因品种不同差异很大，一般千粒重在 14~25g 左右，千粒重最高可达 30g 以上。籽粒一般长 0.8~1.1cm，宽 0.16~0.32cm。同一穗中的籽粒大小不一，以基部第一朵小花的籽粒最大，依次递减，其结实率以基部第二朵小花最高，通常顶端的小花退化不结实。

三、生物学特性

莜麦的生物学特性是指其生长、发育规律及其在不同生育阶段对外界环境条件的要求。研究莜麦生物学特性的目的，在于掌握其生长发育规律，创造良好的栽培条件，以满足其生长发育的要求，从而获得高产。

1. 水分

莜麦是喜湿性作物。莜麦吸收、制造和运输养分，维持细胞膨胀都是靠水来进行的。如果严重缺水，莜麦就呈萎蔫状，甚至停止生长而死亡。因此，水分多少与莜麦生长发育关系极大。据苏联研究，春作莜麦最理想的土壤相对湿度为 34%，湿润的土层为 80cm。每增加 10cm 可提高产量 100.5kg/hm^2。实践证明，分蘖至抽穗期耗水量占全生育期的 70%，苗期只占 9%，灌浆和成熟期占 20%。需水的关键期是从拔节到抽穗，特别是在抽穗前 10~15d。如果在关键期缺水，就会造成严重减产。莜麦发芽时要求水分较多，吸水量占种子总量的 65%，比谷子（25%）、小麦（50%）都多，但比玉米（70%）、高粱（75%）、水稻（93%~100%）都少。因此，播种时，对土壤湿度的要求比谷子和小麦较高。莜麦发芽除水分外，还要求一定的温度和空气（氧气）。水分过多，温度降低，氧气缺乏，反而对发芽不利。播种后土壤中含水量不低于 9%~12%，即可正常出苗。

莜麦蒸腾系数为 474，低于小麦（513），高于大麦（403）。叶面蒸发量比较大，但在干旱情况下，调节水分能力很强，可以忍耐较长时间的干旱，因此，农民说的“莜麦妥皮”就是这个道理。所以在旱坡干梁和湿润沼泽等地，莜麦都可以正常生长。有些人把莜麦这种抗逆性强的特点误解为需水量小，并在生产实践中忽视莜麦管理，不给浇水，或者怕浇水浇坏等认识和做法，都是错误的。

莜麦从分蘖到抽穗阶段是最怕干旱的。幼穗分化前，干旱对莜麦生长发育虽有一定影响，只要以后灌溉还可以恢复生长。但是，如果分蘖到拔节阶段遇到干旱，即使后期满足供水，对穗长、小穗数和小花数的影响也是难以弥补的。拔节到抽穗，是莜麦一生中需水量最大、最迫切的时期，莜麦的小穗数和粒数，大都是这个时期决定的。若水分缺乏，结实器官的形成就要受到阻碍。这就是农谚所说的，“麦要胎里富”“最怕卡脖旱”的道理所在。

开花灌浆期是决定籽粒饱满与否的关键时期。它和前两个阶段相比，需水少了些，实际上由于营养物质的合成、输送和籽粒形成，仍然必须有一定的水分。

灌浆后期至成熟，对水分要求减少。其特点是喜晒怕涝。在日照充足的条件下，利于灌浆和早熟。若多雨或是阴雨连绵，对莜麦成熟不利，往往造成贪青晚熟。连绵阴雨后烈日曝晒，地面温度骤高，水分蒸腾强烈，就会造成生理干旱，出现“火烧”现象。所以农谚说：“淋出秕来，晒出籽来”。

研究莜麦需水规律，对莜麦生产有重要意义。在目前还不能控制自然降雨的情况下，懂得了莜麦需水规律，就可合理利用地下水，保蓄自然降雨，在旱地采取秋耕耙耱、适时播种等一整套技术措施，实现抗旱夺丰收。

2. 温度

莜麦是一种喜欢凉爽气候和湿润环境的作物。与其他谷类作物比较，它要求较低的温度。一生中需 1 500~1 900℃积温（日照均温在 10℃以上）。它在各个阶段内对温度的要求也和需水规律相似，即前期低，中期高、后期低。莜麦的发育起点温度是 2~3℃，所以，种子在 2~3℃时就能发芽。通常地温达 3~4℃时即开始播种。如果土壤含水量适宜，种子 4~5d 就可以发芽，14d 左右出土。地温稳定在 10℃以上，出苗可提前 5d 左右。反之，温度低，发芽出土就要延迟。莜麦比较抗寒，幼苗和分蘖期能耐 -2. 4℃的低温。

莜麦在苗期因温度低生长比较缓慢。随着温度的增高，生长速度加快。出苗至分蘖，适宜温度为 15℃左右，地温为 17℃。拔节至孕穗，需要较高的温度，以利迅速生长发育，建成营养生殖器官。适宜的平均温度为 20℃。在这样的条件下，莜麦生长迅速，茎秆粗壮。若温度超过 20℃，则会引起花梢的发生。根据山西省农科院高寒作物研究所的试验证明，莜麦拔节期（穗原始体分化形成过程）的气温在接近 20℃时，花梢就开始发生，花梢率在 10%以内；气温达 21℃左右，花梢率达 10%~20%左右；气温在 22~23℃，花梢率为 20%~30%；气温达 24℃时，花梢率为 30%以上。莜麦抽穗期适宜温度为 18℃。开花期适宜温度是 20~24℃，最低 16℃，最高 24. 4℃，需要湿润而无风的天气。此时对冷害忍受力最差。如大气平均温度下降到 2℃时植株全部死亡。温度过高有碍开花，低温又会延迟开花过程。干燥炎热而有干热风的天气或大雨骤晴，太阳暴晒，常易破坏受精过程而不能结实。通常说“干风不实”即指此言。

灌浆后要求白天温度高，夜间温度低，使养分消耗少，有利于干物质的积累，促进籽粒饱满。这时日平均气温 14~15℃为宜。如遇高温干旱或干热风，即使是一个很短的时间，也会影响营养物质的输送，限制籽粒灌浆，加速种子干燥，引起过早成熟，造成籽粒瘪瘦或者有铃无粒，严重减产。当温度下降到 4~5℃时仍可忍受，但如果天气变化剧烈而急剧降低气温，亦影响收成。由此看出，莜麦对温度是特别敏感的。在整个生育过程中，最高温度不能超过 30℃。若超过 30℃，经 4~5h，气孔就萎缩，不能自由开闭。特别是抽穗、开花、灌浆期间遭受高温的危害更大，导致结实不良，秕子增多。所以群众经验是夏季凉爽，宜于莜麦生长，可获得丰收。在宁夏南部半干旱地区和阴湿地区，“入伏即入秋”，凉爽的气候条件很适合莜麦的生长，这也是莜麦种植面积比较大的原因。

3. 光照

莜麦是一种春化阶段较短、光照阶段较长的作物，必须有充足的日照，才能充分进行光合作用，制造营养物质，满足生长发育的需要。但莜麦还有它的特殊性，即莜麦是长日照短日期作物，对光照时间反应非常敏感。莜麦在营养生长时期，特别是拔节以前，如果每天日照在 15h 以上，就可一直继续营养生长。如果这个时期日照太短，每天为 12h，在它的营养器官还未充分发育之前，就会迅速进入生殖生长阶段。这种情况会造成大量减产。合适的光照，就是既要保证一定的营养生长时期，又要给开花灌浆到成熟留下足够的时间。宁夏南部山区都适合莜麦生长日照条件。

在抽穗前 12d，花粉母细胞的四分体分化时，对光照强度非常敏感。此时光照强度不够，就会影响花粉的分化，降低花粉的受精能力。

明确了莜麦对光照的要求，在生产实践中就可以采取措施，改善光照条件，提高光合作用强度，使莜麦高产稳产。如在苗期及早中耕、锄草，可以避免杂草与苗争光、争肥、争水的矛盾；合理密植，使个体和群体都得到良好发育。在高水肥地区，应控制生长过旺、分蘖过盛，减少株间荫蔽。合理调节播期，使莜麦营养生长处在光照最长的条件下进行。以后日照逐渐缩短，光照强度逐渐加大，由营养生长转向生殖生长，很快形成结实器官。随着凉爽的秋季到来，日照渐短（14h 以下），而光照强度较大，有利于光合作用的进行，为灌浆提供充足的营养物质，保证籽粒饱满。

4. 肥料

莜麦对肥料的要求与对水、温度的要求相似，即分蘖至抽穗期需肥最多，后期所需要的养分则较少。每公顷产籽粒 3 000kg 和茎秆 3 750kg 时，收获物中含氮素 90kg、磷 30kg、钾 75kg。

（1）氮。氮是构成植物体内蛋白质和叶绿素的主要元素。氮素缺乏，则茎叶枯黄，光合作用功能低，制造和积累营养物质少，莜麦植株生长发育不良。但是如果氮素过多，则茎叶容易疯长，茎秆细长易倒伏。特别是生长后期，如氮素施用过多，就会造成贪青晚熟。

宁夏南部山区的土壤，一般缺乏氮素，莜麦又是喜氮作物，因此施氮后，增产效果显著。但是莜麦在不同时期对氮素的要求也不一样。莜麦是“胎里富”作物，一般在分蘖之前，植株小，生长缓慢，需氮量少，从分蘖到抽穗需氮量增加。氮肥充足，则莜麦穗大、叶片深绿，光合作用强，铃多、粒多。抽穗后需氮量减少，因此孕穗期适当追施速效氮肥，可弥补氮肥的不足。

（2）磷。磷是促进根系发育，增加分蘖，促进籽粒饱满和提前成熟，提高产量的重要营养元素。有磷则根系发达，植株健壮；无磷则苗小、苗瘦、生长缓慢。试验表明，磷还可以促进莜麦植株对氮素的吸收作用。所以氮磷配合施用，更有利于莜麦对氮磷的吸收利用，比单纯施氮或磷的增产效果都显著。磷肥在生长前期施用，能够参与抽穗后穗部的生理活动，到生长后期追磷，则大多留于茎叶营养器官之内。所以磷肥多用于底肥、种肥而不用追肥。

磷肥的施用效果与土壤中速效氮含量有关，根据资料介绍，土壤中含速效磷 15%以下，而速效氮和速效磷的比值在 2 以上时，施磷肥效果显著；如果速效磷的含量高于15%，而氮、磷比值在 2 以下时，施磷效果往往表现得不显著。因此，磷肥的施用要因地制宜。

（3）钾。钾是构成莜麦茎秆和籽粒的重要营养元素。莜麦植株缺钾，表现出植株矮小、底叶发黄、茎秆软弱、不抗病、不抗倒伏。

莜麦需钾时期是拔节后与抽穗前，抽穗以后逐渐减少。因此，钾肥要在播种前施足。农家肥是全效性肥料，氮、磷、钾三要素相当丰富。草木灰、羊粪和各种饼肥含钾较多。由于我国大量采用农家肥料作底肥和种肥，所以专门施钾肥的很少。随着生产的发展，莜麦产量的提高和氮、磷施用量的增加，也应增施钾肥，以求得在新的水平上使三要素互相平衡和协调，避免出现氮素过多的症状。

除氮、磷、钾以外，莜麦还需要少量的钙、镁、铁等微量元素。因为用量很少，农家肥料中一般都含有，可不再专门施用。

5. 土壤

莜麦一般对土壤选择不严，可栽培在多种土壤，如黏土、壤土、草甸土和沼泽土等，但以富有腐殖质的黏土为宜，干燥沙土则不适宜。就地形而言，淤洼地因土质比较潮湿、黏重，不适宜种植小麦及其他谷类作物，但可种植莜麦。二阴下湿地种植莜麦，生长旺盛，收成稳定。莜麦要求在 pH 值 5.5~6.5 的酸性土壤中种植，当 pH 值在 7~8 的土壤中，莜麦生长不良。在生产中，由于莜麦有较强的抗逆性，把莜麦种植在盐碱地，又较其他禾谷类作物生长良好。

四、生态特性

莜麦株高 60~150cm，茎节数 4~8 节，须根系，入土较深。幼苗习性分直立、半匍匐、匍匐 3 种类型；抗旱抗寒者多属匍匐型，抗倒伏耐水肥者多为直立型。叶有突出膜状齿形的叶舌，但无叶耳。圆锥花序，有紧穗型、侧散型与周散型 3 种。分枝上着生10~75 个小穗；小穗形分为纺锤形、串铃形和鞭炮形 3 种，每一小穗有两片稃片，内生小花 2~7 朵。自花传粉，异交率低。千粒重 20~40g。

莜麦是长日照作物。喜凉爽湿润，忌高温干燥，生育期间需要积温较低，但不适于寒冷气候。种子在 1~2℃开始发芽，幼苗能耐短时间的低温，绝对最高温度 25℃以上时光合作用受阻。故干旱高温对莜麦的影响极为显著，这是限制其地理分布的重要原因。对土壤要求不严，能耐 pH 5.5~6.5 的酸性土壤。在灰化土中锌的含量少于0.2mg/kg 时会严重减产，缺铜则淀粉含量降低。

第四节　莜麦分布、生产及适宜品种

一、分布

莜麦属小宗作物，性喜冷凉、湿润的气候条件，适宜在气温低、无霜期短、日照充足的条件下生长，是一种长日照、短生育期、要求积温较低的作物，莜麦根系发达，吸收能力较强，比较耐旱，对土壤的要求也不严格，能适应多种不良自然条件，即使在旱坡、干梁、沼泽和盐碱地上，也能获得较好的收成。宁夏莜麦种植主要分布在六盘山东西两侧的半干旱地区和阴湿地区的高寒冷凉山区。莜麦这种分布与其生物学特性十分吻合。每年种植面积稳定在 10 000hm^2左右。平均单产1 210.5kg/hm^2，其中西吉、彭阳、原州、隆德、泾源五县（区）具有生产优质莜麦的区域优势，该地区土壤质地以壤土为主，肥力中等，光照充足，太阳辐射能高。这样的地理环境和生态条件非常适应发展莜麦生产。随着种植业结构的调整和科学技术的发展，莜麦的种植面积逐年增加，产量逐年提高。例如作为宁夏莜麦主产区之一的彭阳县。目前，莜麦在县内种植区域已由王洼、草庙、小岔、石岔等乡镇扩大到北部十二乡镇和红茹河一带，年播种面积 140hm^2。种植品种也在不断更新，以宁莜 1 号、蒙燕 7314、为主栽品种，同时搭配蒙燕 7304、高 719、定燕 2 号等品种。

二、优势产区及生产水平

宁夏莜麦主产区年平均气温 5.3～8.4℃，≥10℃的有效积温为 1 850～2 800℃，无霜期 126～160d，年均降水量 350～650.9mm，由于宁南山区自然环境极宜莜麦的生长，莜麦对水分的需求与降水的吻合程度也高于夏粮中的豌豆、小麦和亚麻。加之莜麦适应性广，抗寒、抗旱性强。所以种植莜麦成为当地广大农民的偏爱。他们在多年的莜麦生产实践中，总结出了宝贵的经验和特定的种植措施，这里所产的莜麦，质量特优，其营养成分的含量比较高，农民种植莜麦的经济效益也比较高，如彭阳县 2002 年莜麦播种面积为 3.21 万亩，平均单产 2 737.5kg/hm^2，产值 3 832.5 元/hm^2，纯收入 2 518.5 元/hm^2，经济投产比 1：2.9；总产 585.8 万 kg，总产值 820.2 万元，纯收益 538.9 万元，仅此一项使种植户农民人均增收 108 元。王洼乡王洼村刘兴荣种植 3 亩莜麦平均单产 4 534.5kg/hm^2，为全县最高产量水平，充分说明莜麦的增产潜力很大。草庙乡赵洼村王正明种植 8 亩莜麦平均单产 4 300.5kg/hm^2，总收入 2 376.8 元，人均纯收入 475.4 元。莜麦的种植带动了县域内加工企业和食品业的发展，并成为农民增收、农村经济发展的有效途径。因此，现今这一地区已成为宁夏的主要莜麦优势产区之一。

三、发展趋势

莜麦的营养价值和特殊的医疗保健作用越来越被人们认识。因此，世界上一些国家把发展莜麦和大豆等高蛋白作物，作为第二次绿色革命的主攻方向。燕麦片、燕麦粥已是欧美一些国家人民的主要早餐食品，燕麦片在我国也成为一种快餐食品，特别是受到糖尿病、心血管病患者和老年人的高度青睐。莜麦粉也成为制作高级饼干、儿童食品的原料。莜麦食品从贫穷的高寒山区走进大中城市的超市，走上城市居民的餐桌。再加上发展畜牧业对饲草、饲料的需求不断上涨，莜麦在我区还有一定的发展空间。我区莜麦的发展方向，在最近若干年里仍然是以生产食用莜麦为主，积极培育粮饲兼用型品种，莜麦的发展途径一是部分恢复和扩大种植面积；二是采用优良品种，改进栽培技术，大力提高单产水平。恢复和扩大种植面积虽然还有希望，但余地不大，播种面积很难恢复到历史最高水平。但选育优良品种，改进栽培技术，提高单产的方向是切实可行的，而且符合农业生产的发展规律，同时也是莜麦的发展趋势。

四、适宜品种

1. 宁莜1号

是宁夏固原市农业科学研究所1992年从内蒙古农牧业科学院引进，并通过系统选育而成的莜麦新品种。该品种经过多年的试验和示范种植，表现出早熟、优质、高产、稳产、抗旱性强、适应性广等特点，1998年通过宁夏回族自治区农作物品种鉴定委员会鉴定并命名。该品种具有穗多、结实小穗多、单株颗数多、粒重较高、丰产稳定性好、品质佳等优良特性，主要性状表现：幼苗直立、深绿色，叶片上举、株型紧凑直立、粒色白色、株高75cm，穗长14.8cm，小穗数9.4个，小穗粒数4.1粒，每穗36粒、千粒重20.5g、籽粒含水率8.83%，粗蛋白15.88%，粗脂肪5.94%，粗淀粉46.55%，中早熟、生育期96d、分蘖力中、成穗率高、田间生长整齐、长势强、中抗锈病、抗倒伏、抗旱、抗寒性强。

产量表现：1994年区域试验折合产量为2 797.5kg/hm^2，比对照增产34.5%；1995年区域试验平均折合产量448.5kg/hm^2，比对照增产148.1%，1996年区域试验平均折合产量2 025kg/hm^2，比对照增产22.6%，1997年区域试验平均折合产量1 212kg/hm^2，比对照增产47.9%，一般正常年份产量在2 250kg/hm^{2}左右。

该品种对气候的变化适应性强，是一个丰产、稳产的优良新品种。在1995年特大干旱年份试验中，其他莜麦品种几乎绝产的情况下表现出极强的抗旱性，在山坡地仍有448.5kg/hm^{2}的产量。该品种适应在降水量350~550mm，海拔1 248~2 825 mm的半干旱阴湿区梯田、旱川地、坡地种植，特别适宜宁夏南部山区的彭阳、西吉、原州区等半干旱及阴湿区种植。

2. 燕科1号

是内蒙古农牧业科学院以8115-1-2/鉴17选育而成，固原市农业科学研究所1997年引入宁夏。该品种幼苗直立，苗色深绿，叶片上举，生长势强，株型紧凑，分蘖力强，成穗率高，群体结构好，株高71.4~132.1cm，穗型侧散形，穗长20.2cm，穗铃数30.8个，主穗76.8粒，穗粒重1.4g，千粒重19.3g，粒卵圆形，浅黄色。经农业部谷物及制品质量监督检验测试中心（哈尔滨）检测：籽粒含粗蛋白（干基）21.13%，粗脂肪（干基）6.65%，粗淀粉（干基）54.35%，粗纤维（干基）2.55%，灰粉（干基）2.22%，水分 10.1%。氨基酸（干基）21.18%（其中赖氨酸 0.94%）。生育期 97~104d，中晚熟品种。根系发达，抗寒、抗旱性强，耐瘠薄，茎秆粗壮坚硬，抗倒伏，成熟落黄好，中抗锈病，生长势强，生长整齐，口紧不落粒，适应性广。产量水平：2006 年生产试验平均亩产 118.1kg（3 增 1 减），比对照宁莜 1 号增产 7.6%；2007 年生产试验平均亩产 158.8kg（3 点均增产），平均增产 31.57%；两年平均亩产 138.45kg，平均增产 19.59%。适宜宁南山区干旱、半干旱莜麦主产区旱地种植。

第五节　莜麦的栽培与管理

一、轮作倒茬

莜麦属于须根系作物，一般只吸收耕作层养分，因而不太费地，茬口好，便于和小麦、玉米、谷子、马铃薯、亚麻、豆类、糜黍等作物轮作倒茬。在宁夏莜麦区，很早就有麦豆轮作的习惯，群众中历来有“豌豆茬是莜麦窖”的说法。增产的主要原因是由于豌豆根部有根瘤菌，可以把空气中的天然氮素固定到根瘤之中，增加土壤中的氮素；枯枝落叶还能增加土壤中有机质。豌豆又是夏季作物，收获早，土壤可蓄积较多的水分。此外，马铃薯茬也是莜麦的较好前茬。

莜麦同其他多数作物一样，不宜连作。长期连作一是病害多，特别是坚黑穗病，条件适宜的年份往往会造成蔓延，严重时发病率可达 15%以上；二是杂草多，因莜麦幼苗生长缓慢，极易被杂草为害，特别是使野生燕麦增多，严重影响莜麦生长；三是不能充分利用养分。莜麦连作，每年消耗同类养分，造成土壤里某些养分严重缺乏。莜麦是一种喜氮作物，需要较多氮素，如果长年连作，造成氮素严重缺乏，就会使莜麦生长不良。在水肥不足的情况下，影响就更大。因此，种植莜麦必须进行合理的轮作倒茬，这样不仅使病菌和燕麦草生长的环境条件改变，便于铲除和控制其发生，而且由于前茬作物品种不同和根系深浅所吸收的养分不同，可以调节土壤中的养分，做到余缺调剂，各取所需。这正是群众说的“倒茬如上粪”的道理所在。如果在轮作倒茬的同时，再配合施肥和耕耙等措施，就会进一步使地力得到恢复。

宁夏莜麦种植区，一般人少地多，年降水量偏少，多数又无良好灌溉条件，为了恢复土壤肥力，应采用草田轮作的办法，其主要方式有两种：草田—莜麦—豆类或马铃薯—莜麦—草田。或者是：草田—亚麻—豆类或马铃薯—莜麦—草田。另外，除选用抗病品种外，建立无病品种基地及实行“豌豆—小麦—马铃薯—莜麦—亚麻—豌豆”5 年轮作制度，是防治坚黑穗病发生的有效措施。

二、整地与施肥

（一）深耕施肥

秋深耕是莜麦产区抗旱增产的一项基础作业。前作收获早，应进行浅耕灭茬并及早进行秋深耕。如前茬收获较晚，为了保蓄水分，可不先灭茬而直接进行深耕，并随即耙耱保墒。

秋耕的好处，一是蓄水保墒。秋耕就等于在地里修了许许多多“小水库”和“肥料库”。因为宁夏莜麦区上冻前仍有一定的雨量，如及时深耕，不仅能疏松土壤，使土壤早休闲，利于恢复地力，把已有的水分保存下来，而且还能把上冻前后的雨雪积存下来，蓄墒过冬；二是利于改良土壤，秋季深耕结合施用高质农家肥料，经过一段较长时间的腐熟，土壤中的微生物和菌类的活动作用促进了土壤熟化，改良了土壤团粒结构，提高了土壤的肥力；三是利于促全苗。秋耕施肥，地整得细，土壤墒情好，比边耕边种好促苗。植物根系有趋肥向水性，秋耕施肥较深，利于早扎根，深扎根，长壮根。

总之，秋耕施肥是抗旱的重要措施之一。我区莜麦产地多为高寒山坡，水源奇缺，莜麦多在旱地种植，改春耕为秋耕，耕地时间比过去提早，耕翻深度由过去 10~13cm 加深到 23~25cm，是获得增产的主要措施。

为了保蓄水分，春耕深度应以不超过播种深度为宜。研究结果表明，应早应细，随收随耕，浅耕灭茬，结合施肥秋季深耕，春季需要浅翻。如果春天深翻容易跑墒，影响出苗。

秋耕施肥技术：前作物收获后，应当先进行浅耕灭茬。经过耙耱，清除根茬，消灭坷垃，准备施肥。施足底肥对莜麦增产极为重要。每亩施用混合高质农家肥料 2 500kg，而且要施足施匀。较大的粪块要打碎打细。为了保证在短时间完成全部莜麦地的秋施肥任务，应有计划地做好各项准备工作，并在秋收之前将肥料运到地头，做到边收、边灭茬、边施肥、边秋耕，达到速度快质量高，改良土壤的理化性状，提高土壤的蓄水保墒能力。

莜麦是须根系作物，85%以上的根系分布在 20~30cm 的耕作层里。因此，莜麦深翻的深度应超过根系分布的深度。莜麦深耕还要根据土壤性质和土壤结构来确定。一般说，黏土和壤土要深，沙土地和漏水地要浅。并注意不要因深耕打乱活土层。土地深耕后，要精细地做好耙耱和平田整地工作。尤其机耕后留下的犁沟和耕不到的地头，要及时进行补耕平整，否则，不易促全苗。

秋耕施肥后，上冻前耙耱与否，要因地制宜，针对不同情况决定。一般来说应该耙耱。尤其是二阴下湿地因土质黏，坷垃多，要耙耱结合。而坡梁地因土质松散，应以耱为主。秋耕耙耱后，到春天坷垃少。特别是在一些高原地区沙多土层薄的情况下，应当多耙多耱。也有的地区为促进土壤熟化，保留积雪，耕后不耙不耱，第二年春天及早顶凌耙耱。有的秋耕地后，第二年春天不再耕翻，播种前，只用犁串地 6~8cm。串地的作用是为了活土除草，提高地温，减少水分蒸发，并结合施入浅层底肥。串地后经 1~2 次耱地，即可播种。在春季十分干旱的情况下，一般只采取耱地，不再串地。但什么事情也都不是一成不变的，而应灵活掌握，因地制宜，如果个别年份春播时土壤过湿，就得耕翻晾墒。

秋耕施肥即便在夏莜麦区时间充足，也是越早越好。由于庄稼刚收后，土壤湿润，及早深耕阻力小，耕得快，耕得细、质量高、保墒好。若因前茬收获过晚，来不及秋耕的，在春季播种前进行春耕时，为减少土壤水分损失，可只进行浅耕耙耱，相随播种较为有利。

新开垦荒地和休闲地，因杂草多，耕后土块大，为保证耕作质量，耕翻时期以伏雨前为宜，耕地深度以能将草层埋到犁沟底部为佳。耕后要进行耙耱除草工作，使土壤上虚下实、保蓄水分，为种子发芽创造良好的条件。

（二）整地保墒

秋耕以后，进入严寒的冬季，土壤自上而下冻结。上层冻结后，温度比较低，受温差梯度影响，下层水分通过毛细管向上移动，以水汽形式扩散在冻层孔隙里，凝成冰屑。这就是春季土壤返浆水的主要来源，也是三九滚压和顶凌耙地保墒好的主要依据。土继返浆以后，尤其是接近春末夏初之交，气温升高，土壤干燥，土壤中水分运动形式改变，由原来的毛细管蒸发为主，转变为气态扩散为主，不再完全受毛细管作用的影响。此时单纯耙耱已经不能很好地控制土壤中水分的扩散，需要和镇压提墒紧密结合。根据这一自然规律，应把秋耕、施肥、蓄墒和三九滚压、春季整地保墒工作结合起来，形成一套完整的旱地整地技术来加以运用。

1. 耙耱保墒

经过耙耱的土地，切断了土壤毛细管，消灭坷垃，弥合裂缝，可以减少水分的蒸发。特别是顶凌耙地，可使土壤保持充足的水分，保墒的效果更好。耙耱多次比耙耱一次的地块，干土层减少 10cm 左右，土壤含水量提高 4.2%左右。

2. 早犁塌墒

有的地方土地刚解冻就行浅耕，并结合施肥，即把沤好的农家肥料和一部分氮、磷肥均匀撒开，而后浅串，深度 10cm 左右。有的在播前 7～15d 浅耕、细耕，耕后耱平。试验结果证明，同样一块地，都经过了秋耕施肥，而春天串地的时间早晚不同，那么土壤含水量、地温、小苗长势都有明显的差别。春季早耕比晚耕土壤含水量高，地温适宜，控制了茎叶生长，有效地促进了根系发育，起到了蹲苗壮苗作用。

3. 镇压提墒

串地后气温升高，正是春旱发生的时期。土壤水分以气态形式扩散，土壤中的含水量迅速下降，这时候单纯耙耱就不行了，必须耙耱结合镇压，碾碎坷垃，减少土壤空隙，减轻气态水的扩散。镇压同时还能加强毛细管作用，把土壤下层水分提升到耕作层，增加耕作层的土壤水分。镇压后耙耱，切断土壤表面的毛细管，使水分保存下来。

镇压有两种方治。一种是石磙镇压；另一种是打坷垃。经过普遍的拍打，使表土踏实。镇压过的土壤容重由 1.12g/cm^3，提高到 1.17g/cm^3。干土层减少，土壤耕作层含水量提高。镇压后土壤温度也稍有提高，10cm 土层内硝态氮有增加趋势。经过耙耱镇压，地面平整，播种层深浅基本一致，可使出苗早、出苗齐、扎根快、小苗壮。

镇压的先后，要根据土质和干旱程度来决定。一般是压干不压湿，先压沙土，再压壤土，后压黏土。对于跑墒严重、土坷垃多、整地粗糙的地块，尤其要搞镇压和打坷垃。整地保墒也要根据不同情况灵活掌握。耙耱和镇压次数要因地制宜。干旱严重，要多耙、多耱、重镇压。如果雨多地湿和二阴下湿地，不但不能镇压和耙耱，还得耕翻晾墒。一般情况下，秋耕施肥地在春天只犁串一遍，多耙多耱，打碎坷垃，即可播种。经过秋耕施肥和春耕保墒整地，莜麦地达到无坷垃、无根茬、土地平整细碎、上虚下实，即使一春无雨。地表二指深处的土壤仍是湿漉漉的，就可以保住全苗。

对于干旱地区的精细整地。经过以上秋冬春连续作业之后，一般地块墒土都比较好，为播种工作打好了基础。

（三）施肥技术

莜麦根系比较发达，有较强的吸收能力，增施肥料，并施用质量较高的有机肥料是确保莜麦苗壮、秆粗、叶绿、穗大、粒多、粒饱及增产效果明显的主要措施。许多莜麦的高产田一般莜麦地都用大量的农家肥料作底肥。施肥要施底肥、浅层肥、种肥、追肥。要实行农家肥为主，化肥为辅；基肥为主，追肥为辅，分期分层的科学施肥方法。

1. 施足底肥

农家肥料做底肥，不仅有后劲，肥效持久，而且可以使土壤形成团粒结构，使土壤疏松、透气，有利于土壤中微生物的活动。有条件每亩混施磷肥 25~50kg。第二年春播前再亩施 750~1 000kg 土羊粪（或猪粪）作浅层底肥效果更佳。

2. 科学施肥

多施肥、施好肥固然可以增产，但如果加上科学施肥，增产的效果会更大。莜麦需要“三要素”的数量，以亩产 200kg 计算，每亩需要可吸收的氮 6kg、磷 2kg、钾 5kg。多年来，广大群众在莜麦科学施肥上积累了丰富的经验。例如，将多种肥料混合在一起，制成混合肥施用；背阴和冷性地增施骡马粪、羊粪等热性肥料；沙地多施土粪、猪粪等凉性肥料；高寒地区为了提高地温，可大量施用炕土、羊粪、骡马粪作基肥。

为了提高肥效，要提倡集中施肥。肥多的地方，可结合秋耕或春耕施足底肥。地多肥少的地方，为使肥料充分发挥作用，可采用沟施办法，把肥料集中施于播种行内。还可以施用细碎腐熟的人粪干、饼肥、羊粪，播种时采取一把肥料几颗籽的办法。尤其在条件较差的旱地，要坚持以种肥为主。山西省高寒作物研究所施硝酸铵作种肥的试验结果证明，1kg 种肥平均可增产 6. 1kg 莜麦，比不施用农家肥的莜麦增产 16. 5%。

各种肥料要充分沤制腐熟。磷肥作底肥，要在施用前和农家肥混合沤制。如果直接施用，易在土壤中固定，不便于莜麦吸收。在施足底肥的基础上，莜麦分蘖阶段和拔节后、抽穗前，还应追一两次化肥（尿素），以保证莜麦一生不缺肥。

目前，莜麦地块的施肥水平普遍很低，甚至有相当数量的莜麦地基本上不施肥。这些地方如果做到大粪滚籽，消灭了白茬下籽，莜麦就会有较大幅度的增产。

三、播种技术

播种是莜麦栽培技术中的重要一环。搞好播种，是获得莜麦高产的重要措施，因此必须精益求精，认真抓好。

1. 选种

不管那种作物，播前对种子做进一步的精选和处理，都是提高种子质量，保证苗全苗壮的措施之一。“母壮儿肥”“好种出好苗”就是选种道理。莜麦的选种更为重要。因为莜麦是圆锥花序，小穗与小穗间，粒与粒间的发育不均衡，小穗以顶部小穗发育最好，粒以小穗基部发育最好，所以应通过风选或筛选选出粒大而饱满的种子供播种使用。

2. 晒种

晒种的目的，一是为了促进种子后熟作用，二是利用阳光中紫外线杀死附着在种子表皮上的病菌，减少菌源，减轻病害。种子经过冬季库存，温度较低，通过晒种，能使种子内部发热变化，促进早发芽，提高发芽率，因此是一个经济有效的增产措施。晒种方法很简便，按群众的经验，播种前几天，选择晴天无风，将种子摊在席子上晒4~5d，即可提高莜麦种子的活力，提早出苗3~4d。

3. 发芽试验

莜麦是较耐贮藏的一个品种，保存多年后，仍可发芽，一般地讲，头年收获的莜麦可不做发芽试验。但是，如果收获时遇雨或贮藏条件不好，因潮湿而发生变质现象，就应做发芽试验。假如是从外地引进的种子，都应该在播种前做发芽试验。发芽率在90%以下，要适当增加播种量。发芽率在50%以下者，不宜做种子。

4. 拌种

莜麦坚黑穗病近年又有回升，且很普遍，因此必须大力推广药剂拌种，拌种药剂是0.3%的菲醌或拌种双。同时用5%的七氯粉煮制的毒谷或毒土随种播入土壤，防治地下害虫。

5. 播期

选择适宜播期，充分利用自然条件，是目前夺取莜麦高产的一项重要措施。在莜麦一生的生长发育中，最主要的是播种、分蘖、拔节、抽穗和成熟五个时期，而播种期又是前提和基础。俗话说："见苗一半收"。说明播种不仅影响着苗全苗旺，同时对以后的四个时期也起着决定性的作用。

莜麦是喜凉怕热作物。莜麦播期的选择和确定，都必须自始至终考虑到"喜凉怕热"这一特点。就是说，不仅要考虑到播种期是否符合这一特点，而且更重要的还要考虑到以后的各生育阶段是否也适应这一特点。凡符合这一特点的就是适宜播期，否则就不是适宜播期。

根据这一自然特点和群众多年来的实践经验，宁夏莜麦区的适宜播期，一般应在春分到清明前后，最迟不宜超过谷雨。

6. 合理密植和播种方式

合理密植就是根据气候特点、品种类型、种植方式、耕作措施等条件，创造一个合理的群体结构。在正常的情况下，同一个莜麦品种，其籽粒和秸秆都保持着一定的比例。如果是粒多秸少，说明是稀植了；如果是粒少草多，说明是密度过大了。只有在莜麦的籽粒和秸秆达到合理的比例时，密度才比较合理。一般说，二者如达到1∶1，即单位面积收获的籽粒产量和秸秆产量相同时，反映出的密度比较合理。在这一原则指导下，确定具体的播种量时，又必须根据不同的耕作条件来确定。一般在高水肥土地，播种量应为127.5~142.5kg/hm^2。中水肥地亩播种量为112.5~127.5kg/hm^2。旱薄地播种量为90kg/hm^{2}左右。另外，在推迟播种的情况下，播种量要适当增加30~45kg/hm^2。

播种方式目前大体可分为耧播、犁播和机播。耧播主要适用于坡地和沙性大的土壤，它具有深浅一致、抗旱保墒、省工、方便的优点，适宜在大片地、小块地、山地、凹地、梯田等各种地形上播种。犁播有撒子均匀、播幅宽、便于集中施肥等优点。机播既有耧播的优点又有犁播的优点，而且速度快、质量好。播前一定要查墒验墒，根据不同土壤和地形的墒情状况，确定播种顺序和播种方式。一般播种深度 3cm，黑钙土和半干旱区 4~5cm，如果特别干旱时可种到 5~6cm。

7. 播后砘压

莜麦无论采用任何方式播种，在土壤干旱情况下，播后均需砘压。作用不仅在于使土壤与种子密切结合，防止漏风闪芽，而且便于土壤水分上升，有利发芽出苗。滩地和缓坡地随播随砘。坡梁地因受地形限制，一般情况下打砘要比耱地有利于获得全苗壮苗。

四、田间管理

农谚说：“三分种、七分管”。只有在种好的基础上，认真加强莜麦的田间管理，才能达到苗壮、秆粗、穗大的目的。莜麦的田间管理，主要分为三个阶段，即苗期管理、分蘖抽穗期的田间管理和开花成熟期的田间管理。

（一）苗期管理

1. 莜麦苗期的生育特点

莜麦从出苗到拔节为苗期。其生育特点是，莜麦播种后到出苗前，种子萌发与幼芽生长，全靠胚乳贮藏的养分供给。这一阶段需水很少，只要有黄墒土即可出苗。所需要的空气（氧气）和温度，一般均可满足供给。此时只要认真做好精细整地，种后耱平、破除板结、预防卷黄，即可保证全苗。出苗后到分蘖前，主要是生长根系，根系数和根重增加较快，而茎叶生长较慢。如果苗期根系没有扎好，拔节后地上部分猛长，根系生长就要受到影响，这个损失就很难弥补。所以“壮苗”和“麦要胎里富”的实质，就在于积极促进地下根系生长，适当控制地上部分的生长，达到根旺苗壮。所以说，“上控下促”，这是苗期管理的主要目的。

2. 高产莜麦苗期的长势长相

根据实践和多年观察，高产莜麦苗期长相，应当是满垄、苗全、生长整齐、植株短粗苗壮。单株的长势是秆圆、叶绿、根深。

3. 苗期的田间管理措施

莜麦苗期田间管理的中心任务，是保全苗、促壮苗。为使小苗敦实茁壮，在播种之前就要做到整地精细，科学施肥和种子处理等，为壮苗打下基础。在此情况下，要及早加强苗期的田间管理。莜麦苗期田间管理的主要措施是早锄、浅锄。一般莜麦区，春季干旱，莜麦生长缓慢，杂草极易混生，第一次中耕锄草不仅能松土除草，提高地温，切断土壤表层毛细管，减少水分蒸发，达到防旱保墒，而且能调节土壤中水分、温度和空气的矛盾，促进根系发育，早扎根、快扎次生根，形成发达的根系，加强根系吸水与新陈代谢的作用。尤其是二阴地和下湿盐碱地，第一次中耕锄草有提温通风、切断毛细管、防止盐碱上升发生锈苗的作用。

在具体运用上是干锄浅、湿锄深。即在干旱情况下浅锄，切断毛细管，保墒防旱，达到干锄湿；在雨涝情况下，深锄晾墒，促进土壤水分蒸发，达到湿锄干。通过锄地可以保证莜麦生长有一个适宜的土壤环境。近几年春季温度高，便有蚜虫苗期传毒造成早期幼苗红叶枯萎现象和地下蝼蛄、蛴螬伤苗等问题，因此在早锄的同时，还应注意防治苗期的病虫害。

总之，苗期根系发达，植株茁壮，就为后期壮株大穗打下了基础。如果杂草丛生，莜麦生长弱小，根系少，茎叶细弱，就不能有效地抗病、抗倒。

（二）分蘖抽穗期的田间管理

1. 防止倒伏

宁夏莜麦主要是旱地种植，但也有个别农户在川道水地种植，当前，水地莜麦栽培中存在的突出问题是倒伏与丰产的矛盾，这是限制水地莜麦产量提高的一个主要因素。据调查，倒伏一般减产 10%～40%，而且降低莜麦品质和秸秆的饲用价值。

莜麦倒伏有茎倒和根倒两种，常见的是根倒。造成倒伏的外界因素是栽培密度不当，施肥浇水不科学，以及不良气候（大风、暴雨）等的影响；内在因素是植株的抗倒能力弱，不能适应外界的自然条件。因此，防止倒伏的根本途径，是要从内在因素出发，采取综合措施，提高植株的抗倒能力。

（1）深耕壮秆。深耕不仅对莜麦生长有重要作用，而且是壮根壮秆的重要措施。深耕后种植的莜麦，根数明显增加，茎粗也较明显，根系发达，次生根生育健旺，不仅可以从土壤中摄取更多的养分，而且对于茎秆有牢固的支撑作用，对防止倒伏有重要作用，有些地方在盐碱地进行铺沙，改良土壤，也有显著的防倒伏作用。

（2）适当早播。莜麦早种，苗期气温低，有利于幼穗和根系生长；拔节成熟干旱少雨，气温偏低，有利于控秆蹲节，限制植株狂长，基部节间缩短，茎秆比较粗壮，提高抗倒能力。

（3）合理密植。莜麦倒伏与密度有很大关系。莜麦是喜凉怕热作物，如果密度过大，通风不好，造成茎秆细弱，茎壁组织不发达，容易倒伏。因此必须采取宽幅大垄，即播幅 4.5～6cm，行距 25cm 左右。播种方法应以机播为主，增加播幅内单株营养面积，做到合理密植。经调查试验，凡是这样做的地块，茎秆粗壮，抗倒性强，分蘖适中，抽穗整齐，成熟一致，成穗率高，穗大粒多。

（4）巧施水肥。根据典型调查，水地莜麦倒伏往往发生在底肥不足的情况下。由于底肥不足，影响了根部发育，从而使莜麦的营养生长与生殖生长以及内部生理机能失调。在此情况下，后期如果施肥浇水不当，必然造成倒伏。为了解决这一矛盾，必须采取前促后控的办法，以基肥为主，追肥为辅；农肥为主，化肥为辅；氮、磷、钾相互配合，防止营养失调。有的地方重施基肥，一般很少施追肥，特别是孕穗后，更注意少施或不施氮肥，对防止倒伏有明显的效果。在浇水上，要“头水早、二水迟，三水四水洗个脸”。早浇水既能满足幼穗分化对水肥的要求，又能达到壮而不狂、高而不倒的目的。有的地方在分蘖到孕穗前，浇二至三次水，孕穗后即停止浇水。浇后深锄两次，促进根壮。

前面几项措施是一个整体。适当早种是为控秆蹲节，但为了促进莜麦生长又需早浇水来促；早浇水对营养生长和生殖生长来说，是促进生殖生长，控制营养生长；宽幅大垄有利壮秆催苗，但为防止植株过高，后期又减少浇水，并实行轻浇。通过这一系列又促又控相结合的措施，就会有效地防止倒伏。但是，防止莜麦倒伏的根本性措施，是培育和选用抗倒的优良品种。

2. 控制花梢

莜麦空铃不实，称为花梢（有的地方叫白铃子、轮花）。莜麦的花梢率一般在15%左右，严重的达35%以上，对产量影响很大。因此，弄清花梢的成因，找出控制花梢的有效办法，同样是提高莜麦产量的一个重要措施。

花梢究竟是什么东西？它是如何形成的？长期以来人们对这些问题众说不一，分歧很大。有的认为花梢是一种病害，有的认为是药剂拌种的结果，也有的认为是光照、高温，干热风的危害所致（有的叫火扑）。山西农科院高寒作物研究所经过多年的试验与调查，认为莜麦的花梢并不是一种病害。它与谷子的秕谷和豆类的秕角一样，是一种生理特性。花梢的成因，也并不主要是光照、高温、干热风危害的结果，从根本上看，它是莜麦结实器官在不断分化、小穗和小花逐步形成的过程中，由于阶段发育所限与生理机能受到影响和抑制产生的。由于花梢是莜麦的一种生理特性，因此花梢是不会完全消灭的，消灭了，莜麦的生命也就停止了。但是，花梢又是可以控制的，人们完全可以在掌握其规律的基础上，采取有效措施，相应地减少花梢，达到高产的目的。

莜麦花梢主要有三种类型：一是羽毛型。这是由于拔节到抽穗阶段营养不足形成退化的乳白色护颖。其形状是对生的两个窄小羽毛薄片。二是空铃型。这是一种刚刚形成的小穗，但小穗及小花为发育不完全的性器官。三是空花型。在正常的小穗中，由于营养不足等原因，形成了发育不完全的小花，形成有穗无籽的空铃。

从花梢的着生部位看，其显著特点，一是上部少，下部多；二是主穗少，分蘖穗多。这些特点说明，莜麦花梢率的高低与莜麦体内营养物质的多少及其输送的先后次序有着极为密切的关系。在莜麦的生长发育过程中，先分化出来的小穗对营养物质的吸收既早又多，因而花梢少，而后分化出来的小穗对营养物质的吸收既迟又少，因而花梢就相应增多，于是形成莜麦花梢上部少，下部多；主穗少，分蘖穗多的普遍特点。找到了这个规律，我们就可以集中围绕莜麦体内营养物质的制造、输送以及有关的外部因素，采取各种相应措施，因势利导，控制和降低花梢率。

（1）增加营养物质，是降低花梢率的前提条件。试验结果表明，如果在生长发育阶段，特别是前期阶段，土壤中的水肥充足，莜麦体内吸收的营养物质就多，因而大大促进了穗分化，增加了小穗数，并在很大程度上减少了花梢的形成条件。反之，如果营养不足，不仅影响穗分化，减少小穗数，而且由于先天性不足，会产生大量的花梢。要增加营养物质，就必须注意科学施肥科学浇水。从施肥情况看，试验表明，多施氮肥的，比少施的花梢率低；以氮肥作种肥的比作追肥的花梢率低；氮、磷、钾三要素配合施用的比单独施用的花梢率低。如果农肥与化肥配合施用，则效果更为明显。从浇水情况看，试验表明，在莜麦抽穗前12d左右的降水量对花梢的发生有密切关系。降雨多则花捎率低；降雨少则花梢率高。同时抽穗前5d的湿度也直接影响花梢的多少。同样情况下，如果从分蘖到抽穗阶段适时灌水，经常保持土壤的一定湿度，就在很大程度上减少了花梢增加的条件，因而能同时收到花梢率低、产量高的双重效果。另外，轮作倒茬与花梢也有密切关系。特别是在气候干旱、土壤瘠薄的高寒山区，前茬作物对土壤中水肥的储备影响很大。试验证明，亚麻茬的花梢率比黑豆茬高，黑豆茬的花梢率又比马铃薯茬高。所以说，正确地选茬轮作，合理地养地，使土壤中的水肥积蓄较多，就会相应地增加土壤肥力，减轻花梢的发生。

（2）促进营养物质的输送，是降低花梢率的关键一环。莜麦是一种喜凉怕热作物，喜欢凉爽而湿润的气候环境。如果在生长发育过程中温度过高，就会使莜麦的发育阶段加快，生育期缩短，从而影响营养物质的制造和输送，同样会使花梢增多，产量降低。夏莜麦区的播种期试验结果表明，从清明到小暑分期播种的莜麦，随着播期的推迟，各个生育阶段的温度相应上升、花梢随之增加，产量随之下降。因此，合理调节播期，适当早播，减少高温对莜麦的影响，就能减轻花梢，提高产量。

莜麦种植密度与花梢也有直接关系。如果密度小，分蘖就多；分蘖多，就会影响单株莜麦体内营养的消耗，减慢输送速度，导致花梢增加。这也就是花梢着生部位所以形成主穗少、分蘖穗多的主要原因。如果密度适当加大，相应减少分蘖穗，就可更多地发挥主穗的威力，加快营养的输送和吸收，有效地降低花梢率。但是，如果密度过大，反而会因为主穗的群体过多，营养供不应求，同样会导致花梢的增加。只有因地制宜、合理密植，才能收到良好效果。

（3）培育和选用优良品种，是降低花梢率的根本措施。莜麦的品种不同，花梢率也不同。在现有的莜麦品种中，大体分三种情况：一是小穗数少，产量较低，花梢率也低；二是小穗数多，产量较高，花梢率也高；三是小穗数多，产量较高，花梢率较低。在选用品种时，既要看花梢率的高低，也要看小穗数的多少和产量的高低。小穗数少，产量低的品种，即使花梢率再低，也是没有意义的。如果一时找不到产量高、花梢率低的品种，可选用产量较高，花梢率也高的品种，然后通过各种综合措施，降低花梢率。与此同时，应加强科学试验，加快培育产量高，花梢率低的优良品种。

3. 掌握浇水

前面讲到，莜麦本是一种既喜湿又抗旱，既喜肥又耐瘠的作物。在实践中，有些人不注意莜麦的这一特性，往往将它的抗旱性误认为需水少，将它的耐瘠性误认为需肥少，因而导致了对莜麦的低营养管理，出现在种植分布上平川少于山区的情况，造成莜麦的低产状况。为此，必须科学地、全面地认识莜麦的生物学特性，为莜麦生长创造一个适宜的水肥条件，使莜麦的高产潜力能够充分地发挥出来。

从莜麦的发育与水分的关系中我们知道，莜麦是一种喜湿性作物，它吸收、制造和运输养分，都是靠水来进行的，水分多少与莜麦生长发育关系极大。为此，在莜麦的一生中，必须根据其各个阶段对水分的需求，进行科学浇水。

根据莜麦的生理特性和生产实践，在对莜麦浇水时应认真掌握以下三个原则：①饱浇分蘖水。因莜麦的分蘖阶段在莜麦的一生中占有十分重要的位置。在这一阶段中莜麦植株的地上部分进入分蘖期，决定莜麦的群体结构；植株的地下部分进入次生根的生长期，决定莜麦的根系是否发达；植株内部进入穗分化期，决定莜麦穗子的大小和穗粒数的多少。因此，在这一阶段，莜麦需要大量水分。为满足这一生理要求，必须饱浇。但不可大水漫灌，而要小水饱浇。②晚灌拔节水。饱浇分蘖水之后，莜麦进入拔节期，植株生长速度本来就很快，如果早浇拔节水，莜麦植株的第一节就会生长过快，致使细胞组织不紧凑，韧度减弱，容易造成倒伏。为了避免这些问题发生，拔节水一定要晚浇，即在莜麦植株的第二节开始生长时再浇，并要浅浇轻浇。③早浇孕穗水。孕穗期也是莜麦大量需水的时期，但这个时期莜麦正处于“头重足轻”的状态，底部茎秆脆嫩，顶部正在孕穗，如果浇不好，往往造成严重倒伏，为了既满足莜麦这一时期对水分的需求，又防止造成倒伏，必须将孕穗水提前到顶心叶时期浇水，并要浅浇轻浇。

（三）开花成熟期的田间管理

莜麦从开花到成熟约 40d 左右。这个时期虽然穗数和穗的大小已经决定，但仍是提高结实率，争取穗粒重的关键时期。这一时期的管理目标是防止叶片早衰，提高光合功能，使其能正常进行同化作用，促进营养物质的转运积累，提高结实率，增加千粒重，保证正常成熟。具体措施是“一攻”（攻饱籽）和“三防”（防涝、防倒伏状、防贪青）。

五、适时收获

莜麦的生长发育过程到蜡熟中期基本结束，这时根系的呼吸作用完全停止、叶片包括旗叶在内已经全黄、籽粒干物质积累和蛋白质含量达到最大值，实际上已经成熟，但植株含水量仍比较高、籽粒含水量还在 30%以上；进入蜡熟末期，植株全部转黄、籽粒含水率迅速降低到 20%以下。但莜麦成熟很不一致，当穗下部籽粒进入蜡熟中期即应开始进行收获，群众有“八成熟，十成收；十成熟，两成丢”的说法。

收获时期，时值雨季，收获过晚，常因风雨造成倒伏，不仅收割不便，还会导致籽粒发芽、秸秆霉烂，降低莜麦面粉和饲草的品质。因此，收获莜麦是一项突击性、抢时间的工作，应抓紧，不可有所延误，否则可能丰产而不得丰收。当然这里所说的抢时间，是指在适时收割的情况下抢，并不是说越早越好。如果收割过早，莜麦灌浆还不充分，籽粒不饱满，产量反而不高，品质也不好，但收获过晚、容易折穗、落粒严重、损失较大，所以收割莜麦必须强调“适时”“及时”。

收获莜麦应根据籽粒成熟度、品种特性、收获方法、劳力机具和天气条件等确定适宜时间集中抢收。以地多人力少的，收获可在蜡熟中期，收割后有一个自然脱水的过程再进行脱粒；地少劳力多的可从蜡熟后期开始；在天晴少雨时，采取割晒的方法，先将莜麦割倒，在田间晾晒一二天，然后打捆运回；如遇阴雨天气，要即割即运，注意翻晾，防止雨淋，否则会导致麦堆内温度过高、受热变质和霉坏的损失。种子田要在抽穗后期到成熟期间认真去杂去劣，抢晴收获，以最大限度地提高种子生命力和发芽率。莜麦收获既要争分夺秒抢时间，做到及时收割，又要讲究质量，保证颗粒归仓。为了保证精收细打，颗粒归仓，人工收割的，每平方米的掉穗数不应超过两个。

莜麦脱粒以后必须尽快晒干，扬净杂质筛除秕粒；无论是机械或畜力打场，都要做好细打和复打的工作，尽量减少丢失，做到精收细打，颗粒归仓。入库前的籽粒含水量应降到 13%以下。作为种子必须单收、单运、单晒、单脱，严格防止机械混杂，充分晒干、扬净，入库种子含水量要求在 12%左右，标明品种名称，妥善保管并采取严密的防蛀、防霉措施。

六、产量构成因素

简言之，莜麦产量是由单位面积上的成粒数和粒重两个因素构成的。其公式是：产量=成粒数×粒重。在这两个构成因素中，哪个又是主要的呢？根据莜麦种植上多年来的生产实践和试验研究证明，影响产量高低的主要因素是单位面积上的成粒数。莜麦产量的高低，与单位面积上成粒数的多少成正比，成粒数多的，产量就高；成粒数少的，产量就低。而千粒重的变化则不大，比较稳定，所以不是影响莜麦产量的主要因素。

既然莜麦的产量高低主要决定于成粒数的多少，那么，成粒数又是由哪些因素构成的呢？很明显，是由单位面积上的穗数和穗粒数构成的，其公式是：成粒数=穗数×穗粒数，这就是说，成粒数取决于单位面积上的穗数与每穗平均粒数之积。

那么，穗数与穗粒数这二者与成粒数之间，或者说与莜麦的产量之间又是什么关系呢？决定成粒数多少（或产量高低）的主要因素，既不是穗数的多少，也不是穗粒数的多少，而是它们二者之间的协调关系——合理的密度。有的人不注意这一点，或者只顾增加穗数，致使穗粒数减少的幅度超过了穗数增加的幅度；或者只顾增加穗粒数，致使穗数减少的幅度超过了穗粒数增加的幅度，都不能达到增加成粒数的目的。而只有穗数与穗粒数达到正好协调时，单位面积上的成粒数才会多，产量才会高。

那么，如何寻找或选择合理的密度呢？这要根据莜麦品种的类型、土地的水肥条件和各地的气候特点来确定。试验结果表明，一般高水肥地，使用矮秆抗倒品种，产量指标为300kg以上者，亩播种量10kg左右，合理密度为45万~50万株。中水肥地，产量指标为225kg左右者，亩播种量7.5~8.5kg，合理密度为40万株左右。高产旱地，使用分蘖力适中的大粒旱地优良品种，产量指标为200kg左右者，亩播量7.5~8.5kg，合理密度为35万株；如使用分蘖力强的优良品种，亩播量7.5kg左右，合理密度为20万株左右。一般旱地，使用抗旱品种，产量指标为125kg左右者，亩播量6.5~7.5kg，合理密度为20万~25万株。旱薄地，采取穴播，一穴8~12株，亩播量6kg左右，合理密度为18万株左右。

从上述情况中，我们至少可以引出以下两个结论：一是合理的密度主要是根据莜麦品种的类型、土地的水肥条件和当地的气候特点来确定的。凡适合这些条件的就是合理的，产量就高；凡不适合这些条件的，就是不合理的，产量就低。那种不分析客观条件，主观臆造地去确定密度，必然事与愿违。二是合理的密度又是随着莜麦品种、水肥条件和自然气候的变化而变化的。鉴于目前我们对自然气候只能利用它，适应它，因此，密度的变化又主要依据莜麦的品种和土地的水肥条件的变化而变化。就是说，在一定的气候条件下，要想通过适当地提高密度来增加产量，那就必须培养和选用新的优良品种，必须改善土地的水肥条件，增加土壤的肥力。

在一定密度情况下，或者说当合理的密度基本确定之后，产量的高低又取决于什么因素呢？很明显，取决于穗粒数的多少。因为在成粒数的计算公式中（成粒数=穗数×穗粒数），穗数即密度，成了常数，在此情况下，每穗的粒数越多，单位面积上的成粒数就越多，产量就越高。

为什么在相同密度下，平均穗粒数相差较大呢？主要原因在于田间管理。田间管理好，施肥和追肥适量、适时的，在同等穗数的基础上穗粒数就可以大大增加；反之，田间管理不好，浇水和追肥不适量、不适时的，穗粒数就大为减少，产量也随之降低。

既然如此，那么在已经选择了合理密度的情况下，要提高产量，就必须把功夫下在田间管理上，通过一系列科学和精细的田间管理措施，在维持和保证合理的群体结构（即穗数）的同时，努力促进个体形状的发育，增加铃数，减少花梢，以达到粒多、粒大的目的，这样，群体结构和个体结构都处于最佳状况，产量就会随之而大幅度增长。

综上所述，莜麦产量的高低取决于成粒数的多少；成粒数的多少，又是建立在合理的群体结构和个体结构协调一致的基础之上。成粒数是高产的主要条件，而粒重又是高产的保证，否则，尽管成粒数多，但后期如发生病害、灌浆期的干旱、早霜、贪青晚熟及倒伏等情况时，籽粒成熟不好，粒重降低，同样不能达到高产。因此，夺取莜麦的高产，既要抓住总体的主要矛盾，又要注意各生育阶段的具体矛盾，防止某一阶段的矛盾激化，导致整个全过程的矛盾转化。这样，在莜麦的整个栽培过程中，就必须运用各种措施，在保证粒重的同时，主攻单位面积上的成粒数，努力夺取莜麦的高产。

七、莜麦病虫害防治

（一）主要病害

莜麦病害主要有坚黑穗病、红叶病和锈病。

1. 坚黑穗病（又名“黑霉”“黑旦”）

（1）病状及传播。坚黑穗病带病植株从苗期到抽穗初期，症状不明显，外形与健株相似。到灌浆后期病穗的结实部分，变成黑褐色粉末状的孢子堆，病穗比较松散，病菌孢子称为厚垣孢子。孢子堆常黏成坚硬的小块，其外裹有灰白色的薄膜，不易破裂，故称为坚黑穗病。散黑穗病的病穗结实部位，也全部变成黑褐色粉末状的孢子堆，但病穗的显著特点是受病小穗紧贴穗轴，其外也包裹灰白色薄膜。

（2）发病规律。莜麦坚黑穗瘸病原菌是一种担子菌。发病的最适温度是 20~25℃。病害发生时病菌孢子侵染种子，种子萌发后侵入幼苗，蔓延到全株，最后侵入到穗部，成为来年发病的根源。一般在土壤湿度大而温度低时发病重。

（3）防治方法。多年的生产实践和科学研究表明，只要选用优良的拌种药剂和抗病品种，合理轮作倒茬，严格按照操作规程拌种，黑穗病是完全可以消灭的。

张家口市坝上地区农科所与中国农业科学院作物科学研究所大量协作研究，通过人工接种表明，不同品种对燕麦黑穗病感染程度存在明显差异。凡前期生长发育快，单株分蘖力低的品种田间抗病能力强，反之，生育期长，分蘖力强的农家品种、抗病力弱，相关系数在 $r=0.80 \sim 0.965$。因此异地换种，选用抗病力强的品种是防治黑穗病的有效措施之一。

除选用抗病品种外，建立无病品种基地及实行“豌豆—小麦—马铃薯—莜麦—亚麻—豌豆”5 年轮作倒茬外，重点应做好播前种子处理。处理方法：50%克菌丹按种子量的 0.3%~0.5%，播前 5~7d 拌种堆放在一起可提高拌种效果；50%福美双按种子量的 0.3%拌种；拌种双按种子量的 0.2%拌种，药效可达 95%~100%；若用多菌灵、甲基托布津等可湿性农药湿拌闷种防效更好。湿拌药剂闷种的方法是：按常规用量将药剂溶于水中，用水量是种子量的 3%~5%，若气温低于 0℃，将水加温至 10℃，种子以 100kg 为一堆，平摊在水泥地面上，用小喷雾器边喷药液边用木锨翻拌，连续翻 3 遍以上，然后集堆盖好，闷种 5~7d 即可播种；25%萎锈灵按种子量的 0.3%拌种。

农艺措施：选用无病种子；抽穗后及时拔除田间病株；播前晒种保持种子干燥清洁；播前药剂拌种处理；合理轮作倒茬避免多年连作；适期播种等。

2. 燕麦红叶病

燕麦红叶病是一种由大麦黄矮病（BYDW）引起的病毒性病害，在我国最初发现于 1951 年，由于该病寄主范围广，除可侵害大麦、小麦、燕麦、高粱、玉米、谷子等外，还能侵害 36 种禾本科杂草，所以该病又称为禾谷类黄矮病。

（1）为害症状。燕麦红叶病是由蚜虫、蓟马、条斑蝉等传毒媒介传播的一种病毒病；这种病不能由种子、汁液、土壤等途径传病。病毒侵染健康植株 3~15d 出现症状，初次侵染来源，都是由翅蚜从其他越冬寄主上吸入的病毒传播的，病毒病源在多年生禾本科杂草或秋播的谷类作物上越冬。因此红叶病的发生危害与传播蚜虫发生的时间、数量有关，5 月上、中旬气温高，相对湿度小，气候干旱，蚜虫数量大；同时，大麦、小麦黄矮病发生与为害数量也多；5 月上、中旬低温、多雨、虫源少，大麦、小麦的黄矮病均少。幼苗得病后，病叶开始发生在中部自叶尖变成紫红色，叶的背面较正面为深，而后沿叶脉向下部发展，逐渐扩展成红绿相间的条斑或斑驳，病叶变厚变硬，后期呈橘红色，叶鞘紫红色，病株有不同程度矮化、早熟、枯萎现象，由于病毒导致韧皮部畸形，干扰糖类的正常输送而溢出外面，使腐生性真菌得到良好的繁殖条件，故后期常呈黑色的外观。莜麦受红叶病侵染后，植株光合性能减弱或早衰，穗粒数、穗粒重明显下降。河北省察北牧场试验站调查结果显示，受红叶病侵染减产的主要原因是穗粒数减少 42.1%~51.2%，千粒重降低 9.4%~21.2%，株高降低 11%。

红叶病发病最适温度为 15~20℃，温度过高时症状不明显，一般气候干燥、稀植有利于蚜虫传播，发病也较重，潮湿、密植、背阴地则发病轻。

（2）发病规律。引起莜麦红叶病的大麦黄矮病毒，不能由种子、针液和土壤等途径传播病，只能由蚜虫传播，有 14 种蚜虫传播这个病毒，最主要的是麦二叉蚜和麦长管蚜。蚜虫吃食病株后。可以传播 20d 左右，但产下的幼蚜和卵不带毒。发病的最适温度为 15~20℃，温度过高时症状不明显。一般气候干燥、稀植有利于蚜虫传播，发病也较严重，潮湿、密植、背阴地则发病轻。

（3）防治方法。在常年蚜虫开始出现之前，在田边地头向阳窝风处及时发现、检查，一旦发现中心病株（田间最初发病的植株），及时喷药灭蚜控制传毒。其方法是：80%敌敌畏乳油 3 000 倍液；或用 20%速灭杀丁乳油 3 300~5 000 倍液喷雾；用 50%避蚜雾可湿性粉剂 150g/hm^2 兑水 750~900kg/hm^2 喷雾防治；用 40%乐果乳油 2 000~3 000 倍液；用 40.7%乐斯本乳油750~1 050mL/hm^2 兑水喷雾；50%辛硫磷乳油 200 倍液喷雾防治，效果达 87.7%；在播种前用内吸剂浸种或用内吸剂制成颗粒拌种；消灭田间地埂周围杂草，控制寄主和病毒来源；改善栽培管理，增施氮肥、磷肥及合理配比，促进早封垄，增加田间湿度，减少黄叶，保持绿叶数量，控制蚜虫数量是减轻红叶病的有效办法；选用抗病良种。

3. 锈病（又名黄疸病）

（1）为害症状。莜麦的锈病有秆锈病和冠锈病，但其发病条件相似。莜麦秆锈病发病始见于中部叶片的背面，初为圆形暗红色小点，逐渐扩大，可穿透叶肉，使叶片的正反面均有夏孢子堆。其后向叶鞘、茎秆、穗部甚至护颖、小花颖壳发展，病斑呈暗红色棱形，可连片密集呈不规则斑。由于病斑处大量散失水分、消耗叶肉内养分，致使受病组织早衰。该病是由地块外杂草寄主上产生的锈孢子侵染而发病，在适宜条件下，病斑产生大量的夏孢子，借助雨水、昆虫、风等传染，特别在低洼、下湿地种植密度大，通风不良，氮肥施用过多，植株贪青徒长的情况下发生尤重，一般减产15%~18%。

（2）发病规律。病菌能产生夏孢子和冬孢子。病害是由地块外杂草寄主上产生的锈孢子传染而发病。在条件适合时，由病斑产生大量的夏孢子，借雨水、昆虫、风力等传染，引起再侵染。一般在低洼湿地，或密度大、通风不良、施肥过多、植株徒长等情况下发病较重。

（3）防治方法。选用抗锈病高产良种；实行“豌豆—小麦—马铃薯—裸燕麦—亚麻—豌豆”轮作方式，避免连作；加强栽培管理，多中耕，增强植株抗病能力，合理施肥，防止贪青徒长晚熟，多施磷钾肥促进早熟；消灭病株残体，清除田间杂草寄主；用25%三唑醇可湿性粉剂120g拌种处理种子100kg；用12.5%速保利可湿性粉剂180~480g/hm^2在感病前或发病初期兑水1 125 L喷雾；发病后及时喷药防治，用25%三唑酮可湿性粉剂52.5g/hm^2，在发病初期兑水750L喷雾；用12.5%粉唑醇乳油500~750mL/hm^2在锈病盛发期兑水喷雾；用20%萎锈灵乳油2 000倍液喷雾。

4. 白粉病

（1）为害症状。该病可侵害莜麦植株地上部各器官，但主要发生在叶及叶鞘上，叶的正面较多，叶背、茎及花器也可发生，病部初期出现灰白色粉状霉层，后呈污褐色并生黑色小点，即闭囊壳。

（2）病原。*Erysiphe graminis* f. sp，*avenae*，此菌有寄生专化性，有复杂的生理小种，与莜麦专化型。属子囊菌亚门真菌。菌丝体表寄生，蔓延于寄主表面，在寄主表皮细胞内形成吸器吸收寄主营养。病部产生的小黑点，即病原菌的闭囊壳，黑色球形，内含子囊9~30个。子囊长圆形或卵形。

（3）发病规律。病菌靠分生孢子或子囊孢子借气流传播到感病莜麦叶片上，遇有温湿度条件适宜，病菌萌发长出芽管，芽管前端膨大形成附着胞和侵入线，穿透叶片角质层，侵入表皮细胞，形成初生吸器，并向寄主体外长出菌丝，后在菌丝丛中产生分生孢子梗和分生孢子，成熟后脱落，随气流传播蔓延，进行多次再侵染。病菌在发育后期进行有性繁殖，在菌丛上形成闭囊壳。该病发生适温15~20℃，低于10℃发病缓慢。相对湿度大于70%有可能造成病害流行。少雨地区当年雨多则病重，多雨地区如果雨日、雨量过多，病害反而减缓，因连续降雨冲刷掉表面分生孢子。施氮过多，造成植株贪青、发病重。管理不当、水肥不足、土地干旱、植株生长衰弱、抗病力低、也易发生该病。此外密度大发病重。

（4）防治方法。药剂防治。①用种子重量0.03%（有效成分）25%三唑酮（粉锈宁）可湿性粉剂拌种，也可用15%三酮可湿性粉剂20~25g拌一亩麦种防治白粉病，兼治黑穗病、条锈病等。②在燕麦抗病品种少的地区，当白粉病病叶率达10%以上时，开始喷洒20%三唑酮乳油1 000倍液或40%福星乳油8 000倍液；提倡施用酵素菌沤制的堆肥或腐熟有机肥，采用配方施肥技术，适当增施磷钾肥，根据品种特性和地力合理密植；种植抗病品种。

5. 叶枯病

（1）为害症状。又称条纹叶枯病。分布在我国各莜麦产区。主要为害叶片和叶鞘。发病初期病斑呈水浸状，灰绿色，大小（1~2）mm×（0.5~1.2）mm，后渐变为浅褐色至红褐色，边缘紫色。病斑四周有一圈较宽的黄色晕圈，后期病斑继续扩展达（7~25）mm×（2~4）mm，系不规则形条斑。严重时病斑融合成片，从叶尖向下干枯。该病常与锈病混合发生，对产量影响较大。

（2）病原。*Drechslera avenae*（Eidam）Sharif［*Helminthosporium avenae*（Eidam）］称燕麦德氏霉，属半知菌亚门真菌。有性态为Pyrenophora avenae Eidam Ito et Kuib.，称燕麦核腔菌，属子囊菌亚门真菌。分生孢子梗1~4根，单生或丛生，具3~8个隔膜，大小（65~210）μm×（65~12）μm；分生孢子圆柱状，两端圆，浅黄褐色，具3~9个横隔膜，脐明显内凹，大小（65~130）μm×（15~20）μm。子囊座烧瓶状，埋生在表皮下，外壁常附生分生孢子梗。子囊棍棒状，大小（250~400）μm×（35~45）μm，内含2~8个子囊孢子。子囊孢子卵圆形，具3~6个横隔膜，1~4个纵隔膜，浅黄褐色，大小（45~70）μm×（15~25）μm。

（3）发病规律。病菌以孢子囊、分生孢子或菌丝在病残体上或病种子上越冬。翌年春天产生分生孢子从幼嫩组织侵入，发病后又产生分生孢子进行多次重复侵染。土温低、湿度高，苗期易发病，生长期天气潮湿发病重。

（4）防治方法。发病重的地区或田块，于发病初期开始喷洒36%甲基硫菌灵悬浮剂500~600倍液或50%多菌灵可湿性粉剂800倍液、50%苯菌灵可湿性粉剂1 500倍液，防治1次或2次。

6. 包囊线虫病

（1）为害症状。该病为害重，寄生广泛，已引起世界各燕麦区的重视。各生育期均可表现症状，苗期较明显。病苗于播后45d表现生长缓慢、黄矮或分蘖减少。叶片由紫红色渐变为黄色，似缺氮症状，严重的植株矮化。后期有一半叶片变窄、变薄、变黄，穗小、秕粒增多。遇有不适宜的气候，引致干枯死亡。

（2）病原。*Heterodera avenae* Woll. 称燕麦包囊线虫，属植物寄生性线虫。雌虫包囊柠檬型，深褐色，阴门锥为两侧双膜孔型，无下桥，下方有许多排列不规则泡状突，长0.55~0.75mm，宽0.3~0.6mm，口针长26μm，头部环纹，有6个圆形唇片。雄虫4龄后为线型，两端稍钝，长164mm，口针基部圆形，长26~29μm；幼虫细小、针状，头钝尾尖，口针长24μm，唇盘变长与亚背唇和亚腹唇融合为一两端圆阔的柱状结构，卵肾形。

（3）发病规律。该线虫在我国年均只发生一代。9℃以上，有利于线虫孵化和侵入寄主。以2龄幼虫侵入幼嫩根尖，头部插入后在维管束附近定居取食，刺激周围细胞成为巨型细胞。2龄幼虫取食后发育，变为豆荚型，蜕皮形成长颈瓶形3龄幼虫，4龄为葫芦形，然后成为柠檬形成虫。被侵染处根皮鼓起，露出雌成虫，内含大量卵而成为白色包囊。雄成虫由定居型变为活动型，活动出根与雌虫交配后死亡。雌虫体内充满卵及胚胎卵变为褐色包囊，然后死亡。卵在土中可保持1年或数年的活性。包囊失去生命后脱落入土中越冬，可借水流、风，农机具等传播。春麦被侵入两个月可出现包囊。秋麦则秋季侵入，以各发育虫态在根内越冬，翌年春季气温回升为害，于4—5月显露包囊。也可孵化再次侵入寄主，造成苗期严重感染，一般春麦较秋麦重，春麦早播较晚播重。冬麦晚播发病轻。连作麦田发病重；缺肥、干旱地较重；沙壤土较黏土重。苗期侵染对产量影响较大。

（4）防治方法。加强检疫，防止此病扩散蔓延；选用抗（耐）病品种；轮作与麦类及其他禾谷类作物隔年或3年轮作；加强农业措施，适当晚播，要平衡施肥，提高植株抵抗力。施用土壤添加剂，控制根际微生态环境，使其不利于线虫生长和寄生；药剂防治每亩施用3%万强颗粒剂200g，也可用24%万强水剂600倍液在小麦返青时喷雾；其他方法参见小麦粒线虫病。

（二）主要地下害虫

1. 金针虫

（1）为害症状。金针虫又叫铁丝虫、黄蛐蜒，除为害莜麦，还为害其他麦类作物，金针虫种类有沟金针虫、细胸金针虫、褐纹金针虫3种，生荒地或草滩地附近农田多发生细胸金针虫，开垦年久的农田多为沟金针虫，二者均普遍发生于燕麦产区，且为害较重，尤以沟金针虫为害最大。以幼虫咬食已播种的莜麦种子或苗根部，造成裸燕麦不发芽或幼苗枯死，致使幼苗缺苗断垄，导致减产。土壤温度平均在10.8～16.6℃时活动为害最盛，也是防治的关键时机，土壤温度上升到20℃时，则向下移动，不再为害，冬季潜居于深层土壤之中越冬。

（2）防治方法。施毒土。用20%甲基异柳磷乳油0.2kg兑砂土25kg播前施入土壤；毒谷与种子混播，用干谷子或糜子5kg，90%敌百虫30倍液150g，先将谷子煮至半熟捞出晾至7成干，然后拌药即可施用，用量15kg/hm^2；施毒饵，用75kg麦麸炒香后加水35～40kg拌90%敌百虫0.5kg，在黄昏时撒在田间麦行，用量23～30kg/hm^2。

2. 蛴螬

（1）为害症状。蛴螬以其成虫有金属光泽，体圆形，故称金龟甲。以其幼虫体白胖、多皱纹、体弯曲，故俗称之为核桃虫。在裸燕麦产区，危害农作物的蛴螬共有十余种之多，但以朝鲜黑龟甲危害最烈。蛴螬食性极杂，常咬断植株幼苗根部，使之枯黄而死。

（2）防治方法。用2%二嗪农颗粒剂18.75kg/hm^{2}穴施；用50%辛硫磷乳油190mL拌种50kg，或用50%1605乳油500mL兑水25～50kg拌种250～500kg，拌种时先将种子摊开，将药液兑水后，用喷雾器边喷边拌，集堆闷2～3h以后即可播种；用3%甲基硫环磷颗粒剂75～225kg/hm^{2}与种子一起沟施；用5%大风雷颗粒剂23～37kg/hm^2，混拌细沙土 15~30kg/hm^{2}后，随播种施入；用 50%嘧啶氧磷乳油 500mL 兑水 50kg，喷拌种子 500kg。

3. 蝼蛄

（1）为害症状。蝼蛄俗称拉蛄、土狗，有两种，即华北蝼蛄和非洲蝼蛄。在 4—5 月气候温暖时开始活动，越冬后的蝼蛄非常饥饿，故为害加重。蝼蛄喜温湿，昼伏夜出，喜栖息于疏松湿润土壤或水位较高的盐碱地，雨后活动甚烈。除在土壤中咬食种子、幼苗外，在它窜土活动时拉断作物根系，使幼苗干枯而死。

（2）防治方法。用 35%呋喃丹，按种子量的 1%（有效成分）进行种子处理；用 30%甲拌磷粉剂 0.3kg，拌种子 100kg。用 50%对硫磷乳油 100~200 倍液，拌、闷、浸种。

4. 土蝗

土蝗是蝗虫中的一种类型，一年发生一代，从夏到秋都为害庄稼，尤其秋天为害最重。

（1）生活习性及发生规律。土蝗的卵成块产在深度为 1~2cm 的土中，卵化后叫蝗蝻。3 龄以后往往群集为害，致使成灾。尤其是靠近草地的莜麦，为害更为严重。

（2）防治方法。应用敌百虫或敌敌畏稀释2 000~3 000倍喷洒，效果良好。

（三）地上害虫

1. 蚜虫

（1）为害症状。蚜虫又名油汉，有麦长管蚜和麦二叉蚜两种。这两种麦蚜在莜麦整个生育期内都能发生为害，以孕穗和抽穗期为害最盛。被害叶初呈黄色斑点，逐步扩大为条纹状，严重时全叶皱缩枯黄，以致全株枯死，麦穗受害，造成空穗和秕穗。

（2）发生规律。麦长管蚜喜光耐湿，多分布在植株上部和叶片正面，吸食穗部。麦二叉蚜喜干怕光，多分布在植株下部和叶片背面，喜幼嫩组织和发黄叶片。莜麦灌浆后迁离麦田。这两种麦蚜在莜麦整个生育期内都能发生为害，在孕穗和抽穗期为害严重。

（3）防治方法。有条件的地方进行麦田冬灌，可消灭部分越冬麦蚜；早期麦苗发生蚜虫时，用稀释到2 000~13 000倍的乐果液体；也可用80%的敌敌畏乳剂 1kg，加水 3 000kg，进行喷雾。

2. 黏虫

（1）为害症状。黏虫又名粟夜盗虫、五花虫、行军虫或剃枝虫。是我国禾谷类作物的毁灭性害虫之一，对华北、西北燕麦的危害极大，发生频率高，成虫有很强的迁飞能力。通常在 7 月上、中旬或 7 月下旬，第一代黏虫的幼虫大量咬食叶片，到 5~6 龄暴食期为害严重，有时咬断嫩枝、幼穗，使整个燕麦植株成为光秆，故为毁灭性害虫。

（2）发生规律。黏虫成虫有很强的迁飞能力，昼伏夜出，阴天时白天也来取食为害。食量随龄期增大而逐渐增多，到 5~6 龄为暴食期，可将植物吃成光秆，故为毁灭性虫害。

（3）防治方法。用糖蜜诱杀液灭蛾灭卵，做好预测预报，掌握虫情动态；最大限度地消灭成虫；把幼虫消灭在 3 龄以前；大发生时，要防止其转移蔓延。其药剂防治：

用 2%甲胺磷粉剂 15～22.5kg/hm^2 喷粉；用 0.04%二氯苯醚菊酯粉剂 22.5kg/hm^{2}喷粉；用 5%来福灵乳油 150～300mL/hm^{2}兑水喷雾；用 20%速灭杀丁乳油 3 300～5 000 倍液喷雾；将 80%敌敌畏乳油 1.5kg 喷到 25kg 细土中，充分搅拌均匀后，再加入 125kg 细土继续搅拌，直到药土混合均匀，达到用手一扬即可散开为止，施毒土。用量为 150kg/hm^2；人工扑打，挖沟封锁。如果幼虫龄期增加，上述药液量及其浓度应相应增高。

第六节　莜麦综合利用

一、风味小吃

莜麦营养丰富，食用价值高，是我国莜麦产区人民的主要食粮。用莜麦制作的风味小吃主要有以下几种。

1. 燕（莜）面揉揉

制作方法：莜麦用开水浆过后，再放在锅里炒至六七成熟，然后磨成细粉。制作时，将磨好的面用开水和成烫面面团，揉匀后分成剂子，放在床子里挤压成细条直接落在笼屉里，然后用旺火蒸熟即成。吃时，可拌入熟韭菜、熟菠菜、蒜苗丝等配料。口感柔韧有筋，现多用于凉菜上桌。

2. 莜面窝窝

制作方法：取莜麦面 500g，加沸开水 600mL，用筷子充分搅和，反复用力将面揉成团；在特制的石板或木板上将揉好的莜面团揪成小剂，搓成高 3.0cm，厚 0.5～1.0mm，直径 1.5cm 左右的筒状小卷，有序地立在蒸笼上；将蒸笼放在开水锅上蒸 5～8min，取出放入准备好的热汤或凉汤即可食用。形似蜂窝，柔和喷香。

3. 莜面面条和莜面饸饹

制作方法：取莜麦面 500g，加开水或凉水 600mL，用筷子充分搅和，反复用力将面揉成团；将揉好的莜面团揪成小剂，用手在面板上或用双手搓成直径 2～3mm 的细条，或者用饸饹床子压成饸饹，均匀地摊在蒸笼上（厚约 1～2mm）；然后放在开水锅上蒸 5～8min，取出放入准备好的热汤或凉汤即可食用。形似团好的面条，柔韧喷香。

4. 莜面锅饼

制作方法：取莜麦面 500g，加开水或凉水 600mL，用筷子充分搅和，反复用力将面揉成团；将揉好的莜面团做成厚 0.5cm，宽 5～10cm 的小饼，然后用力贴在尖底锅中，锅底加上水，加中火 10min，取出即可食用。脆香可口，适口性好。

5. 莜面炒面

制作方法：炒锅加火，将莜麦面放入锅内反复翻炒，炒至土黄色时即成炒面；取炒面 50g 放入碗中，用开水冲成糊状即可食用。方便适用，喷香可口。

6. 莜面馈垒

制作方法：主要有 2 种方法。①蒸窝窝：取莜面1 000g，加水 600mL（边加水边搅拌)，搅拌成直径 1～3mm 的颗粒或粒片，放入蒸笼蒸 10min，即可食用。②打窝窝：取莜麦面 100g，加水 800mL，锅底加水烧开，将莜麦面慢慢撒入沸水中。双手各拿 3 只筷子在撒好的莜麦中反复对插，插至莜麦成直径 3～5mm 的颗粒为止，加盖微火焖 5min，即可食用。制作简单，味美爽口，食后耐饥。

7. 莜面土豆鱼

制作方法：莜麦面 500g，土豆 2 500 g；土豆洗净入锅，加水 500mL，中火将水烧开，停火焖 10min；土豆去皮冷却捣碎，加入莜面拌匀，用手反复用力揉搓成土豆莜面团；将面团揪成小剂，分别搓成小鱼，均匀放在蒸笼里，置开水锅上蒸 5～8min，取出后放入羊肉汤、酸菜汤中即可食用。形似小鱼，柔软爽滑。

8. 莜面土豆烙饼

制作方法：把食盐、葱花拌匀备用，按做莜面土豆鱼的做法做成莜面土豆团，将备用的食盐、葱花均匀地揉在面团中，将面团揪成小剂，每个剂子擀成圆形薄饼，平底锅烧热，薄饼下锅，两面刷油，烙成金黄色即可食用。饼薄柔软，喷香味美。

9. 莜面土豆窝窝

制作方法：莜麦面 500g，土豆 2 000g，葱花 10g，食盐 5g，植物油 50mL；土豆洗净入锅，加水 500mL，中火将水烧开，停火焖 10min；冷却捣碎，加入莜面拌匀；炒锅上火，放入窝窝炒熟备用；炒锅放油烧热，放入葱花、窝窝、食盐、炒 3～5min，即可食用。味美爽口，风味甚佳。

10. 莜麦蒸饺

制作方法：①制馅：将 800g 马铃薯切成薯丁，加上适量的植物油、花椒粉、姜末、葱花、食盐等，搅拌均匀（羊肉或牛羊肉馅更好）；②包饺：莜面 800g，马铃薯淀粉 200g，加开水 1 100～1 200mL，和成面团，揉匀分剂擀皮，包馅成型，上笼蒸 10～15min 即可食用。皮柔馅香、味美可口，营养丰富。

二、莜麦食品及加工技术

1. 莜麦保健面包

（1）原料配方。莜麦粉 2kg、小麦粉 3kg、酵母 100g、白砂糖 250g、食盐 100g、起酥油 200g。

（2）生产工艺流程。原辅料处理—面团调制—面团发酵—分块、搓圆—中间发酵—整形—醒发—烘烤—冷却—包装—成品。

（3）操作要点。①原辅料处理：分别按面包原辅料要求，选用优质小麦粉、莜麦粉及其他辅料，按面包生产的要求处理后，再按配方比例称取原辅料。②面团调制：将经过预处理的糖、食盐等制成溶液倒入调粉机，再加适量水，一起搅拌 3～4min 后，加入小麦粉和莜麦粉及预先活化的酵母液，再搅拌几分钟后，加入起酥油，继续搅拌到面团软硬适度，光滑均匀为止，面团调制时间为 40～50min。③面团发酵：将调制好的面团置于 28～30℃，相对湿度为 75%～85%的条件下，发酵 2～3h，至面团发酵完全成熟时为止。发酵期间适时揿粉 1～2 次，一般情况下，当用手指插入面团再抽出时，面团有微量下降，不向凹处流动，也不立即跳回原状即可进行揿粉。揿粉用手将四周的面团推向中部，上面的面团向下揿，左边的面团向右翻动，右边的面团向左翻动，要求全部面团都能揿到、揿透、揿匀。④分块、搓圆：将发酵成熟后的面团，切成350g左右的小块，用手或机械进行搓圆，然后放置几分钟。⑤中间发酵：将切块、搓圆的面包坯静置3~5min，使其轻微发酵后，便可整形。⑥整形：将经过中间发酵的面团压薄、搓卷，再做成各种特定的形状。⑦醒发：将整形好的面包坯放入预先刷好的烤盘上，将烤盘放在温度为30~32℃、相对湿度为80%~90%的醒发箱中，醒发40~45min，至面团体积增加2倍左右为止。⑧烘烤：将醒发后的面团放入烤箱中，在180~200℃的温度下，烘烤10~15min，即可烘熟出炉。⑨冷却、包装：将烘熟的面包立即出盘冷却，当面包的中心温度降至35~37℃时，即可进行包装，包装时要形态端正，有棱有角，包装纸不翘头、不破损。

（4）成品质量指标。①色泽：表面呈深黄褐色、均匀无斑、略有光泽。②形态：表面清洁光滑、完整、无裂纹、无毛边。③质地：断面气孔细腻均匀，呈海绵状，手压富有弹性。④口感：松软适口，具有燕麦的清香味。

2. 莜麦饼干

（1）原料配方。莜麦粉1 000g、奶油600g、红糖500g、糕点粉1 500g、食盐20g、鸡蛋150g、香兰素2g、焙烤粉60g、碳酸氢钠30g、牛奶60g。

（2）工艺流程。原辅料预处理—面团调制—压模成型—烘烤—冷却—包装—成品。

（3）操作要点。①原辅料预处理：将莜麦粉、糕点粉、焙烤粉、碳酸氢钠分别过筛，按配方比例称出备用。将奶油、红糖和食盐放入浆式搅拌机内，低速搅打15~20min，然后加入鸡蛋、牛奶和香兰素，再低速搅拌至物料完全混合均匀为止，备用。②面团调制：将称好备用的糕点粉、焙烤粉和碳酸氢钠先混合均匀，再加入处理好的莜麦粉，然后加入前面搅拌好的浆液和面，揉成软面团。③辊轧成型：将和好的面团放入饼干成型机，进行辊压成型。面团较软，成型时，在面带表面洒少许植物油，以防面带黏轧辊。④烘烤：将成型好的饼干放入温度为190℃的烤箱，烘烤10~12min，即可烤熟。⑤冷却、检验、包装：经过烘烤后的饼干，挑出残次品。待自然冷却后进行包装。

（4）成品质量指标。①形态：外形整齐规则，厚薄均匀。②口感：香酥可口，不黏牙，具有莜麦特有的风味，无异味。③质地：均匀酥松，内部结构呈细密的多孔性组织，孔隙大小均匀。

3. 莜麦酥饼

（1）原料配方。莜麦粉3kg、小麦粉3kg. 白糖1. 5kg、豆油1. 2kg、食盐150g。

（2）生产工艺流程。调馅—包馅—压扁刷糖—烘烤—冷却—成品。

（3）操作要点。①调馅：先将配方中的全部莜麦粉、白糖、食盐和0. 4kg豆油掺在一起，搅拌均匀，再加水0. 44kg调匀做馅。②调制油酥面团：称取小麦粉1kg、豆油0. 4kg搅拌混合均匀，调成油酥面团。③包馅：将剩余的2kg小麦粉和0. 4kg豆油混合一起，加温水1kg搅拌和成面团。将面团反复揉搓，揉透揉匀，静置几分钟后压片，将油酥面团包在压好的面片内混合均匀，做成20g的剂子，然后每个剂子内放入调好的莜麦粉馅，包好。④压扁、刷糖：将包好馅子的莜麦圆饼，压扁，刷上糖浆。⑤烘烤：将刷好糖浆的生坯置于烤炉中进行烘烤，炉温控制在160~180℃，大约烤15~18min即可。⑥冷却：烤熟后的产品出炉，经过自然冷却至37~40℃即可。

（4）成品质量指标。①形态：扁圆、整齐、无毛边。②色泽：黄褐色、表面有光泽。③组织：疏松，稍有韧性。④口味：松软香甜，有莜麦特有的清香味。

4. 莜麦保健挂面

（1）原料配方。莜麦粉5%、高蛋白面粉（蛋白质含量15%以上，水分含量13.5%）90%、枸杞子、红花、山药适量、微量食盐和碱。

（2）工艺流程。原辅料—混合—和面—熟化—轧片—切条—挂条—烘干—自动切面—计量包装。

（3）操作要点。

①营养液的制备：a.枸杞营养液的制备。按配方用量称取干枸杞子—清洗—浸泡—按1：3加水打浆—过滤除渣—加热杀菌灭酶（80℃、2min）—枸杞提取液—备用。b.红花营养液的制备。按配方用量称取红花—粉碎—按1：5加水—煮沸（15min）—过滤除渣—红花提取液—备用。c.山药营养液的制备。按配方用量称取新鲜山药—清洗—去皮—切碎—打浆—过滤—山药提取液叶备用。

②和面：将面粉加入和面机中，然后将各种营养液和辅料混合均匀后，加入和面机中，加水量控制在25%左右（含营养液）。然后搅拌至物料呈乳黄色为止，时间约15min左右。

③熟化：和好的料坯由和面机卸料，经自流管进入熟化机内，熟化20min。

④压片和轧条：熟化后的料坯经过两对并列的初辊压成两片面片，然后两片面片由一对复合辊轧成一片面片。再经过3~5对压辊逐道压延到规定的厚度，轧片时要求面片的厚薄和色泽一样，平整光滑、不破边、无破洞和气泡，并应有足够的韧性和强度。头道轧出的面片厚度一般为6~8mm，末道压出的面片度为0.8~1.0mm，面片达到规定厚度后，直接导入压条机压成一定规格的湿面条。

⑤烘干：采用隧道式烘干法，将湿面条（含水量28%~30%）送入隧道式烘房进行烘干，烘房长55m，高度为2.2m，宽2.2m，按5个区段进行：a.冷风定条区。空气温度20~25℃，相对湿度85%~95%，时间36min。b.保湿出汗区。空气温度30~35℃，相对湿度80%~90%，时间54min。c.升温蒸发区。空气温度35~40℃，相对湿度55%~65%，时间36min。d.降温蒸发区。空气温度30~35℃，相对湿度60%~70%，时间2min。e.冷却过渡区。空气温度17~20℃，时间34min总烘干时间3h左右。

⑥切断计量、包装：将由烘房出来的干挂面，切成长240mm的成品挂面，计量包装。

（4）产品质量标准。

①感观指标：色泽、气味正常，煮后不糊、不浑汤、口感不黏、柔软爽口，熟断条率不超过5%，不整齐度不超过15%，其中自然断条率不超过10%。②理化指标：水分12.5%~14.5%，盐分一般不超过2%，弯曲断条率＜40%。③微生物指标：细菌总数≤750个/g，大肠菌群≤30个/100g，致病菌不得检出。

5. 莜麦营养乳

（1）原料。莜麦、白糖、蛋白糖、NaOH、单甘酯、蔗糖酯、CMC、乳味香精。

（2）工艺流程。莜麦—烘烤—浸泡—去皮—漂洗—打浆—胶磨—过滤—调配—均质—预热、灌装—高温灭菌—冷却—检验—成品。

（3）操作要点。①烘烤：将莜麦清理干净后，在烤箱中烤脆或在锅中炒香，注意及时翻动，以免烤焦。然后将莜麦在清水中浸泡约 12h。②脱皮漂洗：将泡软的莜麦粒用 1.0%的氢氧化钠水溶液浸泡 5~10min，然后搓洗出莜麦细皮，再用清水冲洗干净。③打浆：按温水与莜麦粒为 1：1 的比例混合后，加入打浆机中打成浆液。④胶磨：用胶体磨将莜麦浆液进行循环胶磨，使其细度达到约 3μm。⑤过滤：使用 200 目左右的滤网将莜麦浆液中的纤维、渣、皮等滤出。⑥调配：按比例加入处理水、白糖、蛋白糖、CMC、单甘酯、蔗糖酯、乳味香精等，混合均匀。⑦均质：为了改善莜麦乳的口感和稳定性，需对其进行高压均质，采用 70℃、70MPa 的条件进行均质。⑧灌装：先将混合料预热至 80℃，以保证产品形成一定的真空度或避免高温灭菌时胀罐。然后根据需要采用玻璃瓶或塑料袋自动灌装机进行灌装，要求封罐严实，并保留一定的顶隙。⑨灭菌：为了保证产品质量和较长的保质期，需采用高温高压灭菌，选用 121℃、2kPa、15~20min 灭菌。⑩检验：抽样对产品的感官指标、理化指标及卫生指标进行检验。

（4）质量指标。①感观指标：色泽：灰白色；气味：口味纯正、柔和，有浓郁的莜麦香味，无异味；组织状态：组织细腻、均匀，允许有少量沉淀，无杂质。②理化指标：蛋白质＞1.0%，总糖＞2.5%，铅（以 Pb 计）≤0.5/kg，砷（以 As 计）≤0.5/kg，铜（以 Cu 计）≤10mg/kg。③微生物指标：细菌总数≤100 个/mL，大肠菌群≤6 个/100mL，致病菌不得检出。

6. 即食莜麦粥

（1）原辅料。莜麦米、粳米、变性淀粉、各种粉末状汤料如葱花型、虾酱型、香菇型及甜味型。

（2）生产工艺流程。

大米—浸渍—蒸汽加热—冷却—膨化；

莜麦—去表皮—粗碎—加热膨化—干燥—冷却—调和—配料—包装—成品。

（3）操作要点。①粳米的处理：将粳米用干净水浸渍 1.5~2h，捞出沥干，15min 后送入蒸汽锅内利用 0.12MPa 的压力加热 7min，取出稍冷却。将温热米粒通过挤压成型，通过高压加热，使米粒淀粉进一步糊化。适宜的高压加热温度 200℃。挤压时间为 85s 左右。通过挤压膨化，米条形成细微的空隙。将膨化米条送入连续切断成型机中，切碎成直径 2mm 左右的颗粒。然后将膨化米粒送入连续式烈风干燥箱中，于 110℃烘干 1h 左右，至含水量小于 6%，出箱冷却后盛装于密封容器中备用。②莜麦的处理：将莜麦（含水量小于 6%）利用碾米机磨去表皮，出糠率控制在 3%~5%；然后将麦粒送入离心旋转式粉碎机中进行粉碎，选择的网筛为 20 目的筛具。制得粗莜麦粉粒，向粗莜麦粒上喷适量的水雾，同时进行搅拌，使其吸水均匀平衡。将粗莜麦粉直接通过挤压成型机，加热膨化，温度控制在 200℃左右，时间 70s，挤出的麦粉条引入连续式切段成型机中，切成米粒大小的颗粒。把膨化莜麦粉粒送入热风干燥箱中，于110℃温度下烘干至含水量5%以下，冷却备用。③调和、配料：按产品销售地区饮食习惯不同，将上述两种颗粒按一定的比例进行混合。一般膨化米粒与麦粒的比例按6∶4混合比较适宜。④包装：混合颗粒利用聚乙烯袋或铝箔复合袋按75~90g不同净重进行密封包装。内配以不同味型的粉末汤料，汤料亦单独小袋密封包装。

（4）食用方法加入4倍开水泡3~7min即可食用。

（5）成品质量指标。①色泽：淡黄色、白色相间。②气味：有莜麦粒烘烤的麦香味，无异味。③质地：口感滑腻，颗粒胀润适度，不散不糊，成半透明状。

7. 莜麦酒

（1）原料莜麦、麦曲、糖化酶、酵母、中草药。

（2）操作要点。①中草药浸出液的制备：选择无霉烂、无异味、无污染、杂质含量小的中草药，利用清水淘洗干净，晾干后碾压破碎，浸泡于稀释后的50%~60%的食用酒精中，3周左右过滤得澄清滤液，即为中草药浸出汁。②原料清洗、浸渍：莜麦原料需多次清洗，然后浸泡于含碳酸钠0.2%~0.3%的水中，水面高出麦层10cm左右。浸麦质量标准：用手碾之即破碎成粉状。③蒸料、淋冷：浸泡好的莜麦用清水冲洗2~3次，放入蒸锅内，加适量的水，先预煮5min左右，再沥干水分，常压蒸50~60min，蒸好的料要求熟而烂，疏松不糊，均匀一致。④拌曲、入缸：以干莜麦计，拌入麦曲0.6%~0.8%，5万单位活力的糖化酶0.1%，搅拌后入缸搭锅，在表面撒少许麦曲，缸口加盖，以保温。⑤糖化、发酵：在30~32℃下糖化22~24h，锅内有淡黄色糖液，闻之有轻微醇香，待糖液占锅体积约1/3时，冲入干麦量1.5倍左右的水，接入0.3%已经活化的活性干酵母，进行发酵。发酵期间主要控制温度，当温度上升至33~34℃时，要开耙降温，以后每隔一定时间开耙一次，控制品温不超过30~31℃。经42~48h，发酵即结束。⑥压榨、调配：将发酵好的酒醪进行压榨，得到原酒，然后调配入蜂蜜，中草药浸汁，浸汁液添加量为3%。⑦均质、包装、杀菌：经过压榨的酒液中还含有少量的淀粉、糊精、蛋白质等大分子物质，在成品贮存过程中亦出现沉淀分层而影响酒的外观质量，可采取二次均质的方法使酒液充分乳化，两次均质的压力均为20~25MPa，均质后立即进行灌装，然后置于85~90℃的热水浴中杀菌30min，杀菌结束后经过冷却即为成品。

（3）成品质量指标。①感官指标：呈淡黄色半透明，质地均一，酸甜适宜，具有独特淡雅的药香蜜香。②理化指标：酒度8%~9%，糖度9%~10%，总酸≤0.5%。③微生物指标：细菌数≤100个/mL，大肠菌数≤3个/100mL，致病菌不得检出。

8. 即食燕麦片

燕麦片是西方很普遍的食品，特别是现代文明病出现后，食用燕麦片及燕麦食品更是流行起来，这是由于燕麦片中含有丰富的特殊的营养成分的原因。燕麦片作为优质保健食品，能有效防治结肠癌、便秘、静脉曲张、静脉炎、痔疮等疾病。

燕麦原粮有两种：一种是带壳燕麦（皮燕麦），另一种是不带壳燕麦（莜麦），因而它们的加工方法也不同。

国外的品种一般为带壳燕麦，其加工工艺一般为：

壳燕麦原粮—清理—脱壳—谷壳分离—壳麦与麦仁粒分离—净脱壳燕麦—热处理—碾皮—切粒—蒸煮—轧片—干燥—成品。

国产燕麦主要为不带壳燕麦，又称裸燕麦或莜麦，是我国特有的古老燕麦品种。下面主要介绍莜麦（裸燕麦）的生产工艺。

（1）生产工艺流程。莜麦—多道清理—碾皮—清洗—甩干—灭酶热处理—切粒—汽蒸—压片—干燥和冷却—包装—成品。

（2）操作要点。①清理：莜麦的清理过程与小麦相似，一般根据颗粒大小和密度的差异，经过多道清理，方能获得干净的莜麦，通常使用的设备有初清机、振动筛、去石机、除铁器、回转筛、比重筛等。在原料清理中，由于杂质和灰尘较多，应配置较完备的集尘系统。②碾皮增白：从保健角度看，莜麦麸皮是莜麦的精华，因为大量的可溶性纤维和脂肪在麸皮层。碾皮的目的是增白和除去表层的灰尘，但不能像大米碾皮增白一样除皮过多。③清洗甩干：国外生产燕麦片通常使用皮燕麦，经脱壳后的净燕麦比较清洁，一般不需要进行清洗。我国使用的莜麦，表皮较脏，即使去皮也必须清洗才能符合卫生要求。④灭酶热处理：这是莜麦加工中特别重要的工序。莜麦中含有多种酶，尤其脂肪氧化酶。若不进行灭酶处理，莜麦中的脂肪就会在加工中被氧化，影响产品的品质和货架期。加热处理既可以灭酶，又使莜麦淀粉糊化和增加烘烤香味。进行热处理的温度不低于90℃，这一工序的专用设备比较庞大，国内无此专用设备，但可用远红外线加热设备取代。一般的滚筒烘烤设备也可使用，但温度较难控制。加热处理后的莜麦必须及时进入后工序加工或及时强制冷却，防止莜麦中的油脂氧化，降低产品质量。⑤切粒：莜麦片有整粒压片和切粒压片。切粒压片是通过转筒切粒机将燕麦粒切成1/2~1/3大小的颗粒。切粒压片的莜麦片其片形整齐一致，并容易压成薄片而不成粉末。专业的切粒机，目前国内没有生产，需要进口。⑥汽蒸：汽蒸的目的有三个：一是使莜麦进一步灭酶和灭菌；二是使淀粉充分糊化达到即食或速煮的要求；三是使莜麦调润变软易于压片。⑦压片：蒸煮调润后的莜麦通过双辊压片机压成薄片，片厚控制在0.5mm左右，厚了煮食时间长，太薄产品亦碎。压片机的辊子直径大些较好，一般要大于200mm。⑧干燥和冷却：经压片后的莜麦片需要干燥将水分降至10%以下，以利于保存。莜麦片较薄，接触面积大，干燥时稍加热风，甚至只鼓冷风就可以达到干燥的目的。燕（莜）麦片干燥之后，包装之前要冷却至常温。⑨包装：为提高燕（莜）麦片的保质期，一般采用气密性能较好的包装材料。如镀铝薄膜、聚丙烯袋、聚酯袋和马口铁罐等。

9. 燕麦营养粉

燕麦营养粉是以高蛋白莜麦为主要原料，辅加大豆、白砂糖、亚麻、芝麻、大麻、小茴香等，通过科学配方、加工精制而成。

（1）原料。莜麦、大豆、白砂糖、亚麻、芝麻、大麻、小茴香。

（2）生产工艺流程。原料精选—去皮—清洗—蒸煮、烘炒—粉碎—磨粉—配料—包装—成品。

（3）操作要点。①去皮、脱茸毛、清洗：以莜麦为主要原料，由于其籽粒上包被茸毛，可采用立式塔型砂碾米机对其进行处理。每小时可处理裸燕麦120~130kg。通过处理可完全脱去燕麦籽粒上的茸毛，并可脱去约5%的皮。将经过上述处理的燕麦粒用清水进行清洗，以去除其他杂质。②蒸煮、烘炒：蒸煮和烘炒是燕麦熟化，即彻底熟化的两个重要步骤，同时也起灭菌的作用。通过两个环节，主、辅料可完全熟化，并能快速杀灭其酶的活性，减少酶分解产物，克服异味。如果有条件可采用膨化机进行膨化代替上述处理，其效果会更好。③磨粉、配料：蒸煮、烘炒后的主、辅料按一定的比例进行调配后，通过磨面机进行磨制，细度要求达到80目以上。④包装：采用软塑料复合包装袋进行包装，将磨制好的燕麦粉分装成250g或400g包装，然后利用封口机封口即为成品。

10. 莜面茶

（1）原料配方。莜面500g、麻油50g、芝麻、杏仁、精盐各少许。

（2）制法。①将芝麻去掉杂质，清洗干净晾干。杏仁泡软去皮。②将炒锅置火上，加入麻油烧热，把莜面、芝麻、杏仁放入锅内，用小铲不断翻炒，待把莜面炒呈微黄色，面香味明显溢出，即成为茶面。③将锅置火上，加入清水5 000 g，再加入适量精盐，把茶面用凉水先搅成稀糊，倒入锅内，用手勺搅匀熬煮片刻即成。

（3）特点。咸香适口，风味独特。

（4）制作关键。炒茶面火候不宜过大，防止炒糊。熬莜面茶，可根据食用情况加水，一般一中碗面茶用茶面50g，配水490g。食盐用量根据食者口味而定。

三、贮藏与保管

1. 莜麦的保管特点和方法

（1）莜麦的保管特点。

莜麦含有丰富的蛋白质和脂肪。籽粒没有果皮保护，皮层很薄，容易损伤。易招致虫、霉的侵蚀，特别是螨类的为害。

莜麦是在收获入库前，在晒场上碾打要得到充分的晾晒，避免雨淋和混入雪块。在保管的过程中，一旦混入雪块混入冰雪，莜麦自身呼吸所产生的水分和热量得不到及时散失而积蓄起来，使混入莜麦内的冰雪融化，会促使莜麦水分剧增，呼吸旺盛，微生物大量繁殖，迅速导致莜麦发热霉变。莜麦发热霉变比一般谷类粮食进行迅速。发热的早期茸毛脱落，粮粒失去光泽。粮温很高，如不及时处理，3～5d内即可导致霉变事故，轻者味苦，营养价值下降，重者全部霉烂，不能食用。莜麦霉烂后呈灰褐色，用手轻碾，即成细灰。

（2）莜麦的保管方法。

利用高寒地区“寒冷、干燥、风大”的特点，对莜麦实行低温密闭保管。首先要求保证入仓莜麦的质量，把好水分、杂质两大关。

莜麦在晾晒的过程中要防止雨淋和冰雪，预防的方法是：在下雨或风雪天要将晒场上的莜麦拢堆覆盖，防止淋湿和冰雪混入粮堆；场上粮堆如有结露现象，应充分摊晾后再装袋，入仓时严加检查，防止混有冰雪的莜麦入仓。

莜麦入仓后应加强管理，充分利用冬季和初春的寒冷季节通风降温，入夏前进行密闭保管，并应对仓房采取一些隔热措施，以保持低温效果。在莜麦保管的整个过程中要加强检查，发现问题，及时处理。

2. 莜麦粉的保管特点及方法

（1）保管特点。莜麦从生产到食用要经过“三熟”，即收获前要在地里充分成熟，加工制粉前要用炒锅炒熟，食用前要用蒸笼蒸熟。莜麦制粉与众不同，要先炒后磨，所以莜麦粉的水分很低，香味很浓。用莜麦粉做出的饭食不仅香气扑鼻，味美可口，而且营养丰富。但是莜麦粉极易吸湿返潮，失去香味，甚至变坏，影响食用品质。

（2）保管方法。莜麦粉不宜大量长期保管，要以销定产，随吃随磨。保管莜麦粉要注意做好防潮工作，采用密闭保管。

（本章内容发表在《荞麦莜麦高产栽培技术》，宁夏人民出版社，2009 年）

中篇

学术论文

第一章　种质资源与遗传育种

莜麦新品种宁莜1号选育及推广

摘要：宁夏回族自治区固原市农业科学研究所通过系统选育而成的莜麦新品种宁莜1号在1994—1997年的区域试验中较当地传统品种增产22.6%~148.1%，该品种含粗蛋白15.88%、粗脂肪5.94%、粗淀粉46.55%，中早熟，生育期96d。2004—2006年累计推广面积3 500hm^2，增产莜麦155万kg，农民净增收300多万元。适宜在年降水量350~550mm、海拔1 248~2 825m的半干旱阴湿区梯田、旱川地、坡地种植

关键词：莜麦；宁莜1号；选育；推广

莜麦（裸燕麦）根系发达，耐旱、耐瘠薄，对土壤要求不严格，适应性强，性喜冷凉，适合日照较长，无霜期较短、气温较低的寒冷地区种植，是我国高寒地区的主要粮食、饲料、工业原料作物，莜麦蛋白质、脂肪、维生素、矿物质、纤维素含量居谷类作物之首，富含8种氨基酸，其中赖氨酸的含量比其他谷物高1.5~3.0倍。具有其他大宗粮食作物所不能比拟的营养价值和药用价值，是典型的高蛋白、低脂肪、低淀粉作物。长期以来宁夏莜麦主产区缺乏优质高产品种，大多数农民种植的当地地方品种熟期偏迟，加之大部分种植在薄地上，造成产量低而不稳。因此，莜麦新品种的选育与推广就显得尤为重要和迫切。

1　品种来源及选育经过

莜麦新品种宁莜1号是宁夏回族自治区固原市农业科学研究所于1992年从内蒙古自治区农业科学院引进，并通过系统选育而成。经过多年的试验和示范，表现出优质、早熟、高产、稳产、抗旱性强、适应性广等特点，1998年通过宁夏回族自治区农作物品种审定委员会审定命名，准予在宁夏南部山区莜麦主产区推广种植。

2 产量表现

宁莜1号1994—1997年参加宁夏回族自治区南部山区莜麦区域试验，1994年区域试验平均产量2 797.5kg/hm^2，比当地对照品种增产34.5%；1995年区域试验平均产量448.5kg/hm^2，比当地对照品种增产148.1%；1996年区域试验平均产量2 025.0kg/hm^2，比当地对照品种增产22.6%；1997年区域试验平均产量1 212.0kg/hm^2，比当地对照品种增产47.9%。一般正常年份宁莜1号产量在2 250.0kg/hm^{2}左右，尤其是在1995年特大干旱年份区域试验中，其他莜麦品种几乎绝产的情况下，该品种表现出极强的抗旱性，在山坡地仍有448.5kg/hm^{2}的产量。经过多年多点试验，该品种对不同区域和不同年份间气候的变化适应性强，是一个丰产、稳产的莜麦优良新品种。

3 特征特性

宁莜1号具有穗多、结实小穗多、单株粒数多、千粒重较高、丰产稳定性好、品质佳等优良特性。幼苗直立、深绿色，叶片上举、株型紧凑直立，粒白色，株高75.0cm，穗长14.8cm，小穗数9.4个，小穗粒数4.1粒，每穗36粒左右，千粒重20.5g，籽粒含粗蛋白15.88%、粗脂肪5.94%、粗淀粉46.55%。中早熟，生育期96d，分蘖力中，成穗率高，长势强，中抗锈病，抗倒伏，抗旱、抗寒性强。

4 栽培技术要点

4.1 整地及施肥

4.1.1 精心整地，蓄水保墒 实行早耕、深耕、耙耱保墒，即在前作收获后及时深耕，充分利用自然降水较多和气温较高的早秋季节，提高土壤含水量，川旱地耕翻深度25cm左右，坡梁地耕深为15~18cm。经过一定时间的暴晒后冬季碾压、春季耙耱保墒。

4.1.2 增施基肥 采用有机肥与无机肥相结合，结合最后1次耕地，收耱时顺犁沟基施农家肥37.5t/hm^2、尿素75.0~112.5kg/hm^2（或碳酸氢铵150.0~225.0kg/hm^2）、过磷酸钙150.0kg/hm^2。播种时施种肥磷酸二铵37.5kg/hm^2。

4.2 适期播种

半干旱黄土丘陵区于4月5日前后播种，阴湿山区于4月10—15日播种。瘠薄旱坡地播量为90~105kg/hm^2，一般旱地播量为105~120kg/hm^2，中等肥力旱地播量120~135kg/hm^2。一般采用畜力牵引耧播和机播两种方式，行距23~25cm，播种深度4~6cm。干旱少雨地区土壤墒情差的年份，早播的应适当深一些，晚播和土壤墒情好的年份适当浅一些。

4.3 田间管理

4.3.1 中耕除草 幼苗4叶期时进行第1次中耕，要做到“浅锄、细锄、不埋苗”，消灭杂草，破除板结，提高地温，促进幼苗生长；分蘖后拔节前进行第2次中耕，松土除草，减少水分蒸发；拔节后封垄前进行第3次中耕，适当培土，以防倒伏。

4.3.2　病虫害防治　莜麦病害主要是坚黑穗病，虫害主要是黏虫。莜麦坚黑穗病可用25%多菌灵可湿性粉剂或70%甲基硫菌灵可湿性粉剂以种子重量0.2%~0.3%的药量拌种防治；黏虫用80%敌敌畏乳油800~1 000倍液，或50%敌百虫乳油500~800倍液，或20%速灭杀丁乳油4 000倍液喷雾防治。

4.4　适时收获

莜麦成熟不完全一致，当穗下部籽粒进入蜡熟期，穗中上部籽粒进入蜡熟末期时即可收获。

5　适种区域

适宜在年降水量350~550mm、海拔1248~2825m的半干旱阴湿区梯田、旱川地、坡地种植，特别适宜宁夏南部山区的彭阳、西吉、原州等县（区）种植。

6　几点体会

为了使宁莜1号尽快应用于生产，转化为现实生产力，我们坚持试验示范与推广相结合的方法，从1998年开始就对宁莜1号在小面积示范推广的同时进行种子扩繁，2002年在西吉县城郊乡集中连片种植33.3hm^2，平均单产达1 500kg/hm^2，较当地品种增产15.0%以上。2003年又以承担自治区发改委“荞麦莜麦优良新品种的引进及种子繁育基地建设”项目为平台，在彭阳县王洼镇建立了宁莜1号良种繁育基地133hm^2，平均产量1 833.0kg/hm^2，比当地品种增产24.2%，繁殖良种24.4万kg。2004—2006年累计推广面积3 500hm^2，增产莜麦155万kg，农民净增收300多万元，取得了可观的社会效益和经济效益。

由于莜麦含有丰富的营养成分和特殊的药用成分，蕴藏着巨大的市场潜力。为此，建议在莜麦新品种宁莜1号推广应用中，应积极争取政府的支持和社会的重视，增加科技投入，做好配套栽培技术的研究工作和良种繁育体系建设；同时应加大力度做好莜麦深加工的研发工作，把莜麦产业做活、做大、做强，为农村经济的发展和农民增收服务。

参考文献（略）

本文发表在《甘肃农业科技》2006（11）。作者：常克勤，马均伊，杜燕萍，穆兰海，张秋燕。

灰色关联度多维综合评估在莜麦品种评价中的应用

提要：采用灰色系统理论中的灰色关联度多维综合评估分析法，对花麦品比中12个品种的8个主要性状进行综合分析。结果表明：蒙H8631、2005和蒙8606三个品种关联度高，综合性状好，适宜在当地大面积推广种植。

关键词：花麦品种；灰色系统；综合评价

应用灰色关联度综合评价农作物新品种（系）在小麦、玉米等作物新品种的评价中应用较多，在莜麦育种领域中应用还少见报道。莜麦常规育种试验中，对选育新品种（系）的评价通常仅对产量进行方差分析，新复极差测验，根据产量差异显著性测验来评判品种的优劣，这种传统的方法具有很大的局限性。事实上，衡量莜麦品种优劣除了产量因素外，还有与产量因素有关的其他经济性状，如株高、穗长等，为了能尽快选育出高产、优质、抗逆性强的莜麦新品种，更好地了解参试品种（系）与对照的差异，提高莜麦品种选择效率，缩短育种年限，笔者认为客观地综合诸因素对莜麦品种（系）进行评估至关重要。

1 材料与方法

1.1 供试材料

选用固原市农业科学研究所2004年莜麦品种比较试验材料，参试品种（系）为2001、2002、2003、2004、2005、2006、高719、蒙8606、蒙H8474、蒙H8631、蒙燕7304和对照宁莜1号12个品种（系）。

1.2 试验设计

试验于2004年在固原市原州区清河镇东红村川旱地进行，前茬春小麦，土质为黑垆土，地势平坦，肥力中等。试验采用随机区组排列，重复3次，小区面积10m^2（5m×2m），行距25cm，区距40cm，重复间距60cm，亩播量按30万有效粒播种，人工开沟条播，播深6~7cm，试验周围设保护行。播前精细整地，结合整地秋耕施农家肥3.0万kg/hm^2，磷酸二铵112.5kg/hm^2。于4月2日播种，4月19日和6月6日中耕除草2次，5月29日随降雨追施尿素112.5kg/hm^2。

1.3 测定项目

成熟后按时收获，小区计产，并取样20株测定株高、主穗长、主穗铃数、主穗粒数、主穗粒重、千粒重各项农艺性状，各个性状数据取平均值分析，结果见表1。

2　分析方法

2.1　方法

2.1.1　构造理想品种　根据莜麦育种目标和生产实际情况确定各性状较理想的值为参考数列 Xo，以各参试品种的各性状指标构成比较数列 X。将参试品种各性状平均值列于表 1。

2.1.2　数据无量纲化处理　对参试品种的主穗长、主穗铃数、主穗粒数、主穗粒重、千粒重、产量、生育期、株高分别进行无量纲化处理，结果见表 2。

表 1　参试品种与理想品种主要性状

品种（系）	产量（kg/hm^2）	生育天数（d）	株高（cm）	主穗长（cm）	主穗铃数（个）	主穗粒数（个）	主穗粒重（g）	千粒重（g）
理想品种	3 520.1	110	111.8	23.4	42.7	93.0	2.1	32.3
2001	2 620.1	110	111.8	23.4	36.8	70.5	1.4	17.9
2002	2 570.0	95	93.8	17.1	25.7	44.5	1.0	24.9
2003	2 230.1	101	106.7	22.4	27.7	66.7	1.5	22.9
2004	1 870.1	107	106.3	21.3	34.4	40.1	1.3	32.3
2005	2 950.1	108	102.3	20.4	38.1	93.0	2.1	23.5
2006	1 420.1	110	106	22.8	34.9	44.9	1.2	29.8
高 719	2 370.0	93	81.1	16.9	27.3	60.2	1.3	23.9
蒙 8606	3 000.0	93	97.9	20.0	32.8	84.1	2.0	24.7
蒙 H8474	2 280.0	99	96.0	20.1	35.0	69.4	1.4	21.1
蒙 H8631	3 520.1	108	106.5	21.5	42.7	90.9	2.0	24.5
蒙燕 7304	3 080.0	93	84.7	20.0	32.7	80.0	2.0	25.6
宁花 1 号（CK）	2 950.1	92	97.5	20.8	31.5	75.5	1.9	26.4

表 2　参试品种各个性状无量纲化

品种（系）	产量（kg/hm^2）	生育天数（d）	株高（cm）	主穗长（cm）	主穗铃数（个）	主穗粒数（个）	主穗粒重（g）	千粒重（g）
2001	0.5384	1.0000	1.0000	1.0000	0.6834	0.5522	0.4723	0.4009
2002	0.5250	0.6862	0.6495	0.5256	0.4283	0.3639	0.3629	0.5656
2003	0.4487	0.7848	0.8674	0.8748	0.4592	0.5133	0.5108	0.5062
2004	0.3889	0.9162	0.8584	0.7688	0.6054	0.344	0.4391	1.0000
2005	0.6482	0.9425	0.7782	0.6994	0.7347	1.0000	1.0000	0.5227

（续表）

品种（系）	产量（kg/hm²）	生育天数（d）	株高（cm）	主穗长（cm）	主穗铃数（个）	主穗粒数（个）	主穗粒重（g）	千粒重（g）
2006	0. 3333	1. 0000	0. 8518	0. 921	0. 6202	0. 3658	0. 4104	0. 794
高 719	0. 4773	0. 6588	0. 5207	0. 5178	0. 4527	0. 4582	0. 4391	0. 5342
蒙 8606	0. 6688	0. 6588	0. 7059	0. 6725	0. 5626	0. 7571	0. 8624	0. 559
蒙 H8474	0. 4585	0. 7489	0. 6786	0. 679	0. 6233	0. 5403	0. 4723	0. 4625
梦 H8631	1. 0000	0. 9425	0. 8629	0. 786	1. 0000	0. 9296	0. 8624	0. 5526
蒙燕	0. 7047	0. 6588	0. 5517	0. 6725	0. 5602	0. 6809	0. 8624	0. 5899
宁花 1 号（CK）	0. 6482	0. 6458	0. 6999	0. 7286	0. 5321	0. 6132	0. 7581	0. 6202
Wj	0. 25	0. 07	0. 05	0. 07	0. 14	0. 15	0. 13	0. 14

2.1.3 各参试品种（系）的关联系数 以理想品种（$i=0$）为参考数列，以参试品种为比较数列，计算出第 i 个品种第 j 项指标与理想品种的关联系数。首先计算性状差序列值和性状两极差，性状差序列值$\triangle i$（k）= | X（k）$-X$；（k） | ，（$i=1$，2，3…12；j==1，2，3…8），最大级差 $M=\max\triangle i$（k），最小极差值 $m=\min\triangle i$（k）。计算可知，m=0，M=0. 5966，取 $p=0.5$，将相应的绝对差值代入各参试品种性状的灰色关联系数公式［5（k）=（$m+p\times M$）/（$\triangle i$（k）$+p\times M$）其中，p 为分辨系数（0＜p＜1），一般取 $p=0.5$］，求得 X。与 X_1各性状的灰色关联系数（表 3）。

表 3 参试品种各个性状的关联系数及权重系数

品种（系）	产量（kg/hm³）	生育天数（d）	株高（cm）	主穗长（cm）	主穗铃数（个）	主穗粒数（个）	主穗粒重（g）	千粒重（g）
理想品种	1	1	1	1	1	1	1	1
2001	0. 7443	1. 0000	1. 0000	1. 0000	0. 8618	0. 7581	0. 6667	0. 5542
2002	0. 7301	0. 8636	0. 839	0. 7308	0. 6019	0. 4785	0. 4762	0. 7709
2003	0. 6335	0. 9182	0. 9544	0. 9573	0. 6487	0. 7172	0. 7143	0. 709
2004	0. 5313	0. 9727	0. 9508	0. 9103	0. 8056	0. 4312	0. 619	1. 0000
2005	0. 8381	0. 9818	0. 915	0. 8718	0. 8923	1. 0000	1. 0000	0. 7276
2006	0. 4034	1. 0000	0. 9481	0. 9744	0. 8173	0. 4828	0. 5714	0. 9226
高 719	0. 6733	0. 8455	0. 7254	0. 7222	0. 6393	0. 6473	0. 619	0. 7399
蒙 8606	0. 8523	0. 8455	0. 8757	0. 8547	0. 7681	0. 9043	0. 9524	0. 7647
蒙 H8474	0. 6477	0. 9	0. 8587	0. 859	0. 8179	0. 7462	0. 6667	0. 6533
策 H8631	1. 0000	0. 9818	0. 9526	0. 9188	1. 0000	0. 9774	0. 9524	0. 7509

（续表）

品种（系）	产量（kg/hm³）	生育天数（d）	株高（cm）	主穗长（cm）	主穗铃数（个）	主穗粒数（个）	主穗粒重（g）	千粒重（g）
蒙燕 7304	0. 875	0. 8455	0. 7576	0. 8547	0. 7658	0. 8602	0. 9524	0. 7926
宁花 1 号（CK）	0. 8381	0. 8364	0. 8721	0. 8889	0. 7377	0. 8118	0. 9048	0. 8173

2. 1. 4　计算各品种综合评估关联度　品种的各个农艺性状的重要程度不同，根据各性状的相对重要程度，再根据当地的生产条件赋予不同的权重系数 wj，各性状的权重系数见表 3。根据综合评估关联度公式 Ri = ZW（i = 1，2…12；j = 1，2…8），据此计算，确定各参试品种的优劣顺序（表 4）。

表 4　参试品种的产量、关联度和位次

品种（系）	产量（kg/hm²）	位次	综合评估关联度	位次
2001	2 620. 1	5	0. 6206	6
2002	2 570. 0	6	0. 4895	12
2003	2 230. 1	9	0. 5503	9
2004	1 870. 1	10	0. 5915	7
2005	2 950. 1	4	0. 7719	2
2006	1 420. 1	11	0. 5666	8
高 719	2 370. 0	7	0. 4917	11
常 8606	3 000. 0	3	0. 6784	3
堂 H8474	2 280. 0	8	0. 5430	10
蒙 H8631	3 520. 1	1	0. 8831	1
蒙燕 7304	3 080. 0	2	0. 6722	4
宁花 1 号（CK）	2 950. 1	4	0. 6451	5

2. 2　结果与分析

2. 2. 1　参试品种（系）的性状表现　参试品种（系）主要性状表现（表 1），以宁莜 1 号为对照，产量表现比较好的有蒙 H8631、蒙 7304 和蒙 8606，分别比对照增产 19. 3%、4. 4%和 1. 7%，2005 与对照平产，而其他品种（系）性状差异较大，应用灰色关联度进行分析。

2. 2. 2　关联度分析及品种（系）综合评价　各参试品种（系）关联度及产量排序见表 4。按关联分析原则，关联度大的数列与参考数列最为接近，蒙 H8631 综合评估关联度为 0. 8831 与理想品种最为接近，理想品种是性状最好的，故蒙 H8631 综合性状较好，另外 2005 产量尽管位居第 4，但关联度位居第 2，说明其综合性状较好，与田间鉴定相吻合，蒙燕 7304 产量居第 2 位，但关联度较低，表现为产量较高综合性状较差，不符合育种目标，由加权关联度序列分析其他参试品种所得结论与上述基本一致。

2.2.3 各参试品种（系）的关联系数 关联系数大小反映品种（系）各性状的优劣，关联系数越大，其对应的性状就越好。从表 3 看出，蒙 H8631 小区产量、主穗龄数关联系数为最大值 1，表现为产量高。2006 除主穗粒数和主穗粒重关联系数低于对照，尽管其他性状关联系数均高于对照，由于晚熟（生育天数关联系数为最大值 1），表现为产量最低。

3 讨论

（1）灰色系统理论认为，关联度越大的品种与理想品种越接近，其综合性状表现就越好。从表 4 可看出，蒙 H8631 各个性状的关联系数除千粒重外均高于对照，综合性状表现最好，而且其产量排名位居第 1，2005 产量虽然位居第 4 但综合性状位居第 2，蒙 8606 综合性状和产量均排名第 3，说明这 3 个品种具有较大的生产潜力，在本地适宜推广种植。

（2）莜麦常规育种仅靠经验直观鉴定比较困难，选择精度不高，应用灰色关联度分析方法综合评价莜麦高代出圃品种（系），简便易行，准确有效。

（3）利用灰色关联度分析方法对莜麦品种（系）鉴定，由于试验条件所限，对各参试品种（系）的抗逆性和品质测定没有考虑，而这些指标的评价无疑对莜麦稳产优质来讲是非常重要的。

参考文献（略）

本文发表在《陕西农业科学》2006（6）。作者：常克勤，杜燕萍，尚继红，穆兰海。

甜荞新品种宁荞1号的特征特性及高产栽培技术

宁荞1号是宁夏固原市农业科学研究所对引进的混选3号进行辐射处理后，从变异单株后代中经过多年系统选育而成。2002年经宁夏回族自治区农作物品种审定委员会审定命名。该品种区域试验平均产量1 282.5kg/hm^2，比对照北海道荞麦增产11.5%，生产示范平均产量1 669.5kg/hm^2，比对照北海道增产19.4%。营养品质和商品性好，籽粒较大，棱角明显，生育期较短，在宁夏南部山区干旱、半干旱及阴湿区正茬播种都能正常成熟，是遇灾后救灾备荒的理想品种。

1 特征特性

1.1 植物学特征

该品种全株绿色，株高90cm左右，主茎节数10个，主茎分枝4个，株型较紧凑，叶椭圆，白花，雄蕊粉红色。籽粒三棱形，棱角突出，籽粒褐色麻纹，千粒重38.0g左右，粗蛋白12.6%，粗脂肪2.5%，水分13.7%。

1.2 生物学特征

该品种生育期80d左右，比混选3号提早成熟10d以上，属中晚熟品种，田间生长势强，生长发育整齐，结实集中，落粒性适中，具有早熟、高产、优质、抗倒、耐旱和适应性强的特性。

2 产量表现与适宜种植区

2.1 产量表现

1998—1999年参加宁南山区荞麦品种区域试验，平均产量1 282.5kg/hm^2，比对照北海道荞麦增产11.5%；2000年生产试验，在固原、彭阳、西吉三点平均产量1 669.5kg/hm^2，比对照北海道荞麦增产19.4%；2001年生产示范66.67hm^2，平均产量1 486.5kg/hm^2。

2.2 适宜种植区域

在宁夏南部山区荞麦主产区种植，均能正常成熟。

3 高产栽培技术

3.1 整地

甜荞是旱地作物，前茬收获后对土壤进行及早深耕（20~25cm）熟化土壤，加厚熟土层以利接纳雨水，提高土壤肥力；结合秋耕进行耢地，以达到破碎坷垃、疏松表土、平隙保墒的作用；第二年早春解冻之前顶凌镇压，播种前结合施底肥精耕细耢使土壤达到松、碎、平整的待播状态。前茬为早秋田的在收获后立即施肥深翻，反复耙耢、整平，做到土碎无坷垃，地净无秸秆，为确保播种质量做好准备。

3.2 合理施肥

3.2.1 施足底肥 以农家肥为主，播种前结合耕作整地深施腐熟农家肥 7 500~11 250kg/hm²，保证其稳健生长。

3.2.2 合理使用种肥 底肥不足时施磷酸二铵 60~75kg/hm²，播种时随种子一起施入沟内，在未施底肥、种肥的情况下选择下雨天追施 45~75kg/hm² 尿素。

3.2.3 根外追肥 盛花期后视长势长相，可用 0.2% KH_2PO_4 溶液 750kg/hm² 喷雾，也可同时加入 7.5kg/hm² 尿素，喷施，效果更好。

3.3 适时播种

播前晒种 1~2d。宁南山区荞麦主产区 6 月下旬播种为宜，冬麦区麦后复种在 7 月 10 日以前，扬黄灌区在 7 月中旬复播。

3.4 播种方式与深度

采用条播或点播的方式进行，行距 30~33cm，播种深度视土壤墒情在 4~6cm。

3.5 播种量及密度

根据土壤肥力、种子发芽率、播种方式和群体密度确定播种量，一般适宜播量 37.5~52.5kg/hm²。

基本苗控制在 90 万~105 万株/hm² 范围内为宜。

3.6 田间管理

3.6.1 保全苗 播后如遇降雨，土壤板结时，应浅中耕一次破除板结，同时根据缺苗断行情况采取及时补苗等措施，保证全苗、壮苗。

3.6.2 中耕除草 当第一片真叶出现后进行第一次中耕，疏松土壤，增加土壤通透性，蓄水保墒，提高地温，促幼苗生长；到分枝期进行第二次中耕，达到除草增肥之效。结合中耕除草进行疏苗和间苗，去掉弱苗和多余苗，减少幼苗拥挤，提高荞麦植株的整齐度和结实率。要确保开花前完成中耕。

3.6.3 辅助授粉 蜜蜂等昆虫能提高甜荞的授粉结实率。在盛花期，即在开花前 2~3d，放置蜜蜂 7~8 箱/hm²，通过蜜蜂传媒辅助授粉，在没有蜜蜂可做传媒的地方，甜荞盛花期 5~7d，每天 9:00—11:00 时，用一条柔软的布条或棉絮绳两人各拉一头在露水干后顺风沿甜荞顶部轻轻拉过，摇动植株，使植株相互接触，相互授粉，一般进行

2~3 次。

3.7　防治病虫害

出苗后如有荞麦钩翅蛾、金龟子、黏虫，应及时防治，可用 90%的敌百虫 1 000~1 200 倍液或 80%敌敌畏 1 000~1 500 倍液喷雾防治。

3.8　适时收获

宁荞 1 号生长整齐，成熟一致，当田间植株 70%籽粒成熟即籽粒变成褐色，呈现本品种固有颜色时为适宜收获期。收获太早或太晚均会影响籽粒产量。收割时轻割轻放，减少落粒损失，收获期掌握在霜前进行。

参考文献（略）

本文发表在《作物杂志》，2006（6）。作者：常克勤，马均伊，杜燕萍，穆兰海，张秋燕。

苦荞新品种宁荞2号特征特性及高产栽培技术

提要：宁荞2号是宁夏固原市农业科学研究所从四川西昌农专“额落乌且”辐射诱变材料额选中经过多年系统选育而成，2005年经宁夏回族自治区农作物品种审定委员会审定命名，该品种经多年多点试验表现植株健壮，生长旺盛，抗旱性、抗倒性强、适应性广、丰产性好等特点，目前已大面积在宁夏南部山区及周边地区推广种植。

关键词：苦荞；宁荞2号；特征特性；栽培技术

苦荞［*Fagopyrum tataricum*（L.）Gaerth］，属蓼科（Polygonaceae）荞麦属（*Fagopyrum Gaerth*），英文名 tartary buckwheat，为非禾本科谷物，籽粒蛋白质、脂肪、维生素和微量元素以及蛋白质中含有人体必需的8种氨基酸，含量都高于小麦、大米和玉米，同时含有禾谷类作物所没有的生物类黄酮如芦丁（维生素P）、槲皮素及叶绿素等，具有扩张冠状血管和降低血管脆性及止咳、平喘、祛痰等防病治病作用。近年来，随着科学研究的深入，苦荞的营养价值和药用价值逐渐引起国内外人们的关注和重视，利用苦荞加工成的各种糕点、快餐食品、保健食品、营养食品等融营养保健于一身的食物受到人们的青睐。其成品已逐渐销往国际市场。在市场需求的带动下，宁南山区苦荞生产面积逐年增加，但由于品种混杂退化严重，大大降低了苦荞的品质和产量，影响农民的生产效益，宁荞1号的选育与推广在解决上述问题的同时，满足市场了需求，促进了宁南山区苦荞生产的发展，为该区域农民增收增效作出了较大的贡献。

1 特征特性

1.1 生物学特性

该品种全株绿色，株高102cm，主茎节数17节，主茎分枝数5.4个，结实率31.3%，株型紧凑，叶椭圆，花色黄绿。籽粒形状桃形，粒色黑色，千粒重18.1g。

1.2 生育特性

生育期90d左右，属中熟品种，具有较强的抗旱、抗倒伏能力，抗落粒、耐瘠薄、分枝能力强。

1.3 品种品质

经宁夏农林科学院分析测试中心化验，籽粒中含粗蛋白15.92%，粗脂肪2.62%，粗淀粉65.59%，赖氨酸0.23%，水分7.4%。

2　适种区域及产量表现

2.1　适种区域

该品种属中熟品种，在宁夏南部山区海拔 1 248～2 852m区域均能种植。

2.2　产量表现

1998—1999 年品种鉴定试验折合产量 1 800kg/hm^2，比对照固原苦荞增产 10.7%；2000—2001 年品种比较试验折合产量 1 843.5kg/hm^2，比对照固原苦荞增产 55.3%；2002—2004 年在固原、西吉、隆德三点 3 年生产试验，平均折合产量 1 513.5kg/hm^2，比对照固原苦荞增产 25.9%，该品种大田生产正常年份产量在 1 500kg/hm^{2}左右，最高产量达 2 910kg/hm^2。

3　栽培技术

3.1　精细播种

3.1.1　播期　宁南山区荞麦主产区播种期以 5 月下旬至 6 月上旬为宜。

3.1.2　播前种子处理　①晒种。晒种能改善种皮的透气性和透水性，提高酶的活力，从而提高种子的发芽势和发芽率。晒种宜选择在播种前 7～10d 的晴朗天气，连续晒种 2～3d。②选种。用清水和泥水选种后能提高种子发芽率、齐苗率和壮苗率。

3.1.3　播种方式　条播和点播的出苗率比撒播高，能提高苦荞产量，其中条播深浅一致，落粒均匀，与撒播相比增产明显，行距 30～35cm。

3.2　合理密植

播种量 60～75kg/hm^2，依据种子发芽率和千粒重，有效苗数控制在 105 万株/hm^{2}左右。

3.3　合理施肥

种植苦荞大多是肥力中、下等的瘠薄旱地，除了生产水平粗放，自然条件、生态环境差外，土壤肥力低下是限制其产量提高的重要因素，宁荞 2 号虽然耐瘠，并不等于不施肥就能获得优质、高产，因此合理施肥，N、P、K 配合施用，是提高产量的关键，坚持以基肥为主，种肥为辅，有机肥与无机肥结合，看苗追肥，增施磷钾肥的原则。

3.3.1　施足底肥　播种前结合耕作整地施入腐熟农家肥 7 500～1 1250kg/hm^2。

3.3.2　适施种肥　种肥的施用能满足苦荞生长初期对养分的需要，对促进苦荞根系发育，提高产量有重要作用，种肥量尿素 75kg/hm^2，过磷酸钙 225kg/hm^2，用尿素作种肥时不能与种子接触，以免烧苗。

3.3.3　看苗追肥　通过适期追肥，弥补苦荞基肥和种肥的不足，满足苦荞正常生长发育的需要，追肥以尿素等速效化肥为主，用量 75kg/hm^2，以苗期追肥效果最好，花期次之。

3.3.4　根外追肥　根外肥以喷施为主，开花期喷施尿素 13.5kg/hm^2 或磷酸二氢钾 4. 5kg/hm^2。

3. 4　中耕除草

中耕一方面可提高土壤温度，另一方面铲除田间杂草和疏苗，在苗高 7~10cm 时进行第一次中耕，第二次中耕除草可结合培土，促进植株不定根的充分发育，第二次中耕除草须在开花前完成。

3. 5　病虫害防治

用 50kg 种子加 0. 5kg、40%的五氯硝基苯粉剂拌种，或在苗期喷洒 1：1：200 波尔多液或 500~600 倍 65%可湿性代森锌溶液防治苦荞轮纹病、褐斑病、白霉病和立枯病等病害；用 40%乐果乳剂 3 000倍液防治 3 龄以前的黏虫幼虫；用 90%敌百虫 800 倍液，2. 5%的溴氰菊酯 4 000倍液喷雾防治 3 龄以前的草地螟幼虫；用 90%敌百虫 1 000~2 000倍液喷雾防治钩刺蛾幼虫。

3. 6　适时收获

当田间植株 70%籽粒成熟，即籽粒变为褐色呈现本品种固有颜色时收获，过早收获大部分籽粒尚未成熟，过晚收获籽粒将大量脱落，从而影响产量。收割后在田间堆放 2~3d，使其后熟增加粒重，再脱粒。同时籽粒要充分晒干，贮藏在通风的地方。

参考文献（略）

本文发表在《陕西农业科学》2007（1）。作者：常克勤，马均伊，杜燕萍，穆兰海，张秋燕。

甜荞引种试验初报

摘要：对引进的7个甜荞品种进行了品比试验，结果表明，平荞2号、美国甜荞、榆荞2号和北海道4个品种增产达极显著水平，折合产量分别为870.0、850.0、830.0、810.0kg/hm^2，比对照品种宁荞1号分别增产38.10%、34.92%、31.75%、28.57%，推荐参加宁夏南部山区区域试验；榆荞-4和六荞1号与对照产量差异不显著，建议继续进行品比试验；日本大粒荞较对照显著减产，建议淘汰。

关键词：甜荞；品种；品比试验

甜荞具有生育期短、适应性强、耐旱耐瘠、食疗同源、营养丰富等特点。随着人们保健意识的增强和膳食结构的改善，甜荞将成为21世纪最受欢迎的食物之一。甜荞在宁夏南部山区种植历史悠久，主要分布在宁夏南部六盘山东西两侧和盐池、同心等半干旱地区，常年播种面积约3.33万hm^2，如遇灾年可达4.67万hm^2，是我国荞麦生产区之一。为了筛选适宜该地种植的甜荞品种，我们对引进的7个甜荞品种进行了川旱地品种比较试验，现将结果报道如下。

1　材料与方法

1.1　供试材料

参试品种为平荞2号（引自甘肃省平凉市农业科学研究所）、榆荞2号（引自陕西省榆林市农业科学研究所）、榆荞-4（引自陕西省榆林农业学校）、六荞1号（引自贵州省六盘水市农业科学研究所）、日本大粒荞（引自内蒙古翁牛旗土肥站）、北海道（引自陕西省延安市种子公司）、美国甜荞（引自山西省农业科学院）、宁荞1号（CK，宁夏固原市农业科学研究所）。

1.2　试验方法

试验设在固原市农业科学研究所头营科研基地川旱地，地势平坦，地力均匀，肥力中等。位于东经106°4′，北纬36°0′，海拔1 550m。土壤为湘黄土，前茬春小麦，秋机耕1次，旋耕1次，春耕耱1次，结合耕地施生物复合肥450kg/hm^2。

试验采用随机区组排列，重复3次，每品种为1小区，小区面积10m^2（2m×5m），每小区种植7行，行距33cm，重复间距50cm，小区间距40cm，保苗90万株/hm^2。6月27日人工开沟条播，播后覆土耱平。生育期间锄草2次。观察记载不同品种的物候期，采收前观察记载经济性状，按小区采收并测产。抗倒伏性分级标准：倒伏植株数在10%以下为抗倒伏性强；倒伏植株在10%~50%为抗倒伏性中；倒伏植株数高于50%

为抗倒伏性弱。抗旱性分级标准：叶片干枯植株少于10%，为抗旱性强；在10%~50%为抗旱性中；超过50%为抗旱性差。

2 结果与分析

2.1 生育期

试验结果（表1）表明，生育期以日本大粒荞最长，为83d，较对照宁荞1号（CK）晚熟1d；平荞2号生育期最短，为80d，较对照宁荞1号（CK）早熟2d；榆荞2号较对照宁荞1号（CK）早熟1d；其余4个品种生育期与对照宁荞1号（CK）相同。

2.2 抗逆性

从表1看出，平荞2号、榆荞2号、北海道和美国甜荞4个品种抗旱性和抗倒伏性均强；六荞1号抗旱性中，抗倒伏性强；榆荞-4抗旱性和抗倒伏性中，日本大粒荞抗旱性差，抗倒伏性中。

2.3 农艺性状表现

从表1可以看出，榆荞2号的株高最高，为61.6cm，较对照宁荞1号高6.2cm；其次是平荞2号和六荞1号，分别较对照高4.7cm和3.7cm；其余4个品种的株高为52.5~55.0cm，均低于对照。株型除榆荞-4、六荞1号、日本大粒荞为松散型外，其余均为紧凑型。主茎分枝数较多的是平荞2号和榆荞2号，分别较对照宁荞1号多0.4个和0.5个；北海道和美国甜荞的主茎分枝数与对照相同，为4.0个；日本大粒荞、榆荞-4和六荞1号主茎分枝数为3.0~3.2个，较对照少0.8~1.0个。主茎节数最多的是榆荞2号，为14.9节，较对照宁荞1号多1.9节；平荞2号、北海道和美国甜荞的主茎节数与对照相同，为13.0节；其余3个品种的主茎节数为9.0~12.1节，均较对照少。单株产量除日本大粒荞和榆荞-4分别较对照宁荞1号低0.3g和0.1g外，其余5个品种的单株产量均高于对照，其中平荞2号的单株产量最高，为3.4g，较对照高1.3g；其次是美国甜荞、榆荞2号、北海道和六荞1号，单株产量分别为3.1g、2.8g、2.6g、2.3g，较对照高0.2~1.3g。千粒重高于对照的品种有平荞2号和美国甜荞，分别较对照宁荞1号高1.3g和0.1g，日本大粒荞千粒重与对照相同，其余4个品种的千粒重均低于对照。

2.4 产量表现

产量结果（表1）表明，参试的7个品种中，平荞2号、美国甜荞、榆荞2号和北海道4个品种分别较对照宁荞1号增产38.10%、34.92%、31.75%和28.57%；榆荞-4与对照产量相同；六荞1号和日本大粒荞分别较对照减产3.17%和17.46%。差异显著性分析（LSR法测验）结果表明，平荞2号、美国甜荞、榆荞2号和北海道较对照增产达极显著水平，榆荞-4和六荞1号与对照差异不显著，日本大粒荞较对照显著减产。

3 小结

引种试验结果表明，在7个参试品种中，平荞2号、美国甜荞、榆荞2号、北海道

4 个品种株型紧凑，生长整齐，丰产性状好，生育期适中，抗逆性强，比当地主栽品种宁荞 1 号增产达极显著水平，建议推荐下年参加宁夏南部山区区域试验；榆荞-4 和六荞 1 号与对照宁荞 1 号产量差异不显著，建议继续进行品比试验；日本大粒荞较对照显著减产，建议淘汰。

表 1　参试甜荞品种的性状

品种名称	株高（cm）	生育期（d）	主茎分枝（个）	主茎节数（节）	单株产量（g）	千粒重（g）	抗旱性	抗倒伏性		折合产量（kg/hm^2）	较对照增产（%）	
平荞 2 号	60.1	80	4.4	13.0	3.4	32.3	紧凑	强	强	870.0aA	38.10	1
榆荞 2 号	61.6	81	4.5	14.9	2.8	30.0	紧凑	强	强	830.0aA	31.75	3
榆荞-4	52.5	82	3.1	12.1	2.0	30.2	松散	中	中	630.0bcB	0.00	5
六荞 1 号	59.1	82	3.2	11.8	2.3	28.4	松散	中	强	610.0bcBC	-3.17	6
日本大粒荞	55.0	83	3.0	9.0	1.8	31.0	松散	差	中	520.0cC	-17.46	7
北海道	54.5	82	4.0	13.0	2.6	30.1	紧凑	强	强	810.0aA	28.57	4
美国甜荞	54.2	82	4.0	13.0	3.1	31.1	紧凑	强	强	850.0a	34.92	2
宁荞 1 号（CK）	55.4	82	4.0	13.0	2.1	31.0	紧凑	强	强	630.0bcB	5	

参考文献（略）

本文发表在《甘肃农业科技》2008（5）。作者：杜燕萍，常克勤，王敏，穆兰海，杨红。

燕麦引种比较试验

摘要：对引进的8个燕麦品种进行了品比试验，结果表明：蒙H-8631、坝莜八号、9418和蒙燕7304这4个品种生育期适中，抗性强，丰产性好，较对照宁莜1号增产显著，白燕2号和定莜2号两个品种较对照宁莜1号减产不显著，农大360和坝莜十号两个品种较对照宁莜1号减产达极显著。

燕麦是宁夏南部山区优势作物和特色产业，具有生育期短、适应性强、耐旱耐瘠、种植面积广泛、多种实用价值的特点。国家实施西部大开发的战略措施，提出了发挥资源优势，发展特色农业，宁夏南部山区把燕麦作为区域优势作物和特色产业，以促进宁夏南部山区农村经济发展。为了筛选适宜种植的高产、优质新品种，我们对引进的8个燕麦品种进行川旱地品种比较试验，结果如下。

1 材料和方法

1.1 供试材料

坝莜八号，引自河北省高寒作物研究所；坝莜十号，引自河北省高寒作物研究所；9418，引自山西省农业科学院高寒作物研究所；农大360，引自内蒙古农业大学；蒙H—8631，引自内蒙古农业科学研究所；蒙燕7304，引自内蒙古农业科学研究所；定莜2号，引自甘肃定西旱农中心；白燕2号，引自吉林省白城市农业科学研究院；宁莜1号（CK），固原市农业科学研究所。

1.2 试验方法

试验设在宁夏固原市农业科学研究所头营科研基地川旱地，地势平坦，地力均匀，肥力中等。位于东经106°44′，北纬36°10′，海拔1 550m，土壤为湘黄土，前茬春小麦，秋耕1次，旋耕1次，春耕耱1次，结合耕地施农家肥3 000kg/hm^2，磷酸二铵150kg/hm^2。

试验采用随机区组排列，重复3次，每品种为1个小区，小区面积10m^2（5m×2m），每小区种植9行，行距25cm，区距40cm，重复间距50cm，播量按450万有效粒/hm^{2}播种，4月2日人工开沟条播，播后覆土耱平。生育期间锄草两次，5月29日随降雨追施尿素102.5kg/hm^2。观察记载不同品种的物候期，收割前2d每小区取1m样段考种，产量按小区收割并计实产。

2　结果与分析

2.1　生育期

试验结果（表1）表明，生育期以品种9418较长，为101d，较宁莜1号（CK）晚熟8d，蒙H-8631和白燕2号，生育期都为103d，较宁莜1号（CK）晚熟10d，定莜2号生育期为95d，较宁莜1号（CK）晚熟2d；其余4个品种生育期与宁莜1号（CK）一样为93d。

2.2　抗逆性

从表1看出，9418、蒙H-8631、蒙燕7304、坝莜八号、白燕2号5个品种抗旱性和抗倒伏性强；农大360和定莜2号两个品种抗旱性中等，抗倒伏性强；坝莜十号抗旱性差，抗倒伏性中等。

表1　参试燕麦各品种的物候期及抗逆性调查

项目	播种期（月/日）	出苗期（月/日）	抽穗期（月/日）	成熟期（月/日）	生育天数（d）	抗旱性	抗倒伏性
9418	4/2	4/17	6/20	7/23	101	强	强
定莜2号	4/2	4/16	6/18	7/21	95	中	强
白燕2号	4/2	4/16	6/26	7/28	103	强	强
农大360	4/2	4/16	6/16	7/18	93	中	强
坝莜八号	4/2	4/16	6/17	7/18	93	强	强
坝莜十号	4/2	4/16	6/21	7/18	93	差	中
蒙H-8631	4/2	4/16	6/28	7/28	103	强	强
蒙燕7304	4/2	4/16	6/17	7/18	93	强	强
宁莜1号（CK）	4/2	4/16	6/17	7/18	93	强	强

2.3　农艺性状表现

从表2可以看出，9418的株高最高，为111.8cm，较宁莜1号（CK）高14.3cm，其次是蒙H-8631、白燕2号和坝莜八号3个品种，分别较宁莜1号（CK）高9.0cm、4.8cm和0.4cm，其余4个品种的株高在81.1~96.0cm，均低于对照。主穗较宁莜1号长的是9418和蒙H-8631，主穗长分别为23.4cm和21.5cm，其余6个品种的主穗长在16.9~20.4cm，均低于宁莜1号（CK）。分蘖力多于宁莜1号（CK）的是蒙H-8631和坝莜八号，分别为3.3个和3.1个，较宁莜1号（CK）多0.3个和0.1个，其余6个品种的分蘖力少于宁莜1号（CK）0.3~1.9个。成穗率较宁莜1号（CK）高的是蒙H-8631、蒙燕7304和坝莜八号，成穗率分别为87.1%、86.2%和86.0%。分别较宁莜1号（CK）高1.7个百分点、0.8个百分点和0.6个百分点，其余5个品种的成穗率在80.2%~83.4%，较宁莜1号（CK）低2.0~5.2个百分点。参试的8个品种的千粒重均低于宁莜1号（CK），在17.9~25.6g，较宁莜1号（CK）低0.8~8.5g。单株产量较宁莜1号（CK）高的是9418、坝莜八号、蒙H-8631和蒙燕7304，分别为2.1g和2.0g，较宁莜1号（CK）高0.2g和0.1g，其余4个品种的单株产量均低于宁莜1号（CK），为1.0~1.4g，较宁莜1号（CK）低0.5~0.9g。

表2　参试燕麦各品种的经济性状

项目	株高（cm）	主穗长（cm）	单株产量（g）	千粒重（g）	分蘖力（个）	成穗率（%）
9418	111.8	23.4	2.1	17.9	2.6	82.1
定莜2号	93.8	17.1	1.0	24.9	1.9	80.2
白燕2号	102.3	20.4	1.4	23.5	1.1	83.4
农大360	81.1	16.9	1.3	23.9	2.5	80.6
坝莜八号	97.9	20.0	2.0	24.7	3.1	86.0
坝莜十号	96.0	20.1	1.4	21.1	2.1	80.3
蒙H-8631	106.5	21.5	2.0	24.5	3.3	87.1
蒙燕7304	84.7	20.0	2.0	25.6	2.7	86.2
宁莜1号（CK）	97.5	20.8	1.9	26.4	3.0	85.4

2.4　产量结果

由表3可以看出，参试的8个品种中，蒙H-8631、坝莜八号、9418和蒙燕7304这4个品种分别较宁莜1号（CK）增产60.00%、57.89%、54.74%和50.53%，白燕2号、定莜2号、农大360和坝莜十号分别较对照减产34.74%、40.0%、61.11%和70.53%。经方差分析结果表明，蒙H-8631和坝莜八号较对照增产达到极显著水平，9418和蒙燕7304较对照增产达到显著水平，白燕2号和定莜2号较对照减产，不显著，农大360和坝莜十号较对照减产达到极显著水平。

表3　参试燕麦各品种的产量结果

项目	小区产量（kg）				产量（kg/hm^2）	比CK增减（%）	位次
	Ⅰ	Ⅱ	Ⅲ	平均			
9418	1.43	1.47	1.51	1.47	1 470	54.74	3
定莜2号	0.80	0.50	0.40	0.57	570	-40.00	7
白燕2号	0.70	0.70	0.45	0.62	620	-34.74	6
农大360	0.60	0.35	0.15	0.37	370	-61.11	8
坝莜八号	1.55	1.45	1.50	1.50	1 500	57.89	2
坝莜十号	0.30	0.30	0.25	0.28	2 800	-70.53	9

（续表）

项目	小区产量（kg）				产量（kg/hm²）	比 CK 增减（%）	位次
	Ⅰ	Ⅱ	Ⅲ	平均			
蒙 H-8631	1.60	1.35	1.60	1.52	1 520	60.00	1
蒙燕 7304	1.40	1.42	1.47	1.43	1 430	50.53	4
宁莜 1 号（CK）	1.20	0.95	0.70	0.95	950		5

3　小结

引种试验结果表明，在 8 个参试品种中，蒙 H-8631、坝莜八号、9418 和蒙燕 7304 这 4 个品种株型紧凑，生长整齐，丰产性状好，生育期适中，抗逆性强，蒙 H-8631 和坝莜八号比对照增产达到极显著水平，9418 和蒙燕 7304 比对照增产达到显著水平，建议推荐下年参加宁夏南部山区区域试验；白燕 2 号和定莜 2 号较对照减产，不显著，建议继续试验；农大 360 和坝莜十号较对照减产达到极显著水平，建议作为种质资源予以保存，不再参加试验。

参考文献（略）

本文发表在《内蒙古农业科技》2010（6）。作者：赵永峰，翟玉明，穆兰海，杜燕萍，常克勤，陈勇。

基于 ITS 和 RLKs 序列的苦荞种质资源遗传多样性分析

摘要：为明确苦荞资源的遗传多样性水平及遗传关系，对 45 份苦荞地方品种的 ITS 和 RLKs 序列进行基因测序和序列比较分析。结果显示，苦荞 ITS 和 RLKs 扩增序列较为保守，基因多态位点数分别占 10.6%和 7.7%。云贵川地区苦荞材料的遗传多样性最丰富，陕西、山西及宁夏地区次之，甘肃及内蒙古地区最低。四川和贵州地区的苦荞品种均能够单独聚为一类，基于 ITS 序列构建的 NJ 树中，陕西地区以北的苦荞品种未形成明显的分支，而云南地区的苦荞穿插在不同的分支中；基于 RLKs 基因构建的 NJ 树中，同一地区的苦荞材料较为明显地形成地域聚类，但自展值均较低。

关键词：苦荞；遗传多样性；ITS；RLKs

荞麦（*Fagopyrum tataricum*）又称乌麦、三角麦、花荞、荞子，属于蓼科（Polygnaceae）荞麦属（*Fagopyrum*），起源于我国西南地区。目前，发现荞麦共有 28 个种、亚种和变种，而荞麦栽培种仅有甜荞和苦荞，其生物学 特征及栽培适宜区域均有所不同。荞麦营养成分均衡，富含赖氨酸及黄酮类化合物，具有降低“三高”、软化血管、保护视力和预防脑溢血的作用，是药食兼用的保健和功能产品。由于荞麦具有抗逆性强、适应性广、耐瘠薄耐粗放等优点，成为生产条件较差的地区大量种植的粮食作物。

过去国内外学者多采用形态学标记、细胞学标记、种子蛋白标记和同工酶标记等方法对荞麦亲缘关系及遗传多样性进行分析，但分子标记技术已成为近年来最主要的种质资源遗传多样性分析手段，国内外广泛使用 RAPD、AFLP、SSR 等分子标记来评价荞麦遗传多样性。胡亚妮等基于 ITS 和 ndhF-rpl32 序列构建的进化树将 71 份荞麦材料分为大粒组和小粒组，而 ndhF-rpl32 序列构建的进化树还能区分栽培甜荞和野生甜荞，具有更好的聚类效果。李敏等利用 PAL 基因将 67 份苦荞地方品种分为 7 个类群，分类与地理类群无关，仅来源于西藏的 5 份材料单独聚为一枝；PAL 基因在苦荞中遗传较稳定，多数材料之间变化差异较小，在西藏部分材料中可能存在突变的热点区。梁成刚等研究表明荞麦属 *MAPK* 基因序列高度保守，通过聚类分析发现野生甜荞与左贡野荞被聚为一类，野生苦荞、毛野荞、大野荞、金荞麦、细柄野荞和硬枝万年荞被聚为一大类。

本研究以 45 份苦荞为试验材料，通过 PCR 直接测序的方法获得 ITS 和 RLKs 基因序列，进行序列差异和聚类分析，阐明苦荞地方品种的遗传多样性水平，旨在揭示我国苦荞种质资源间的遗传关系，为苦荞种质资源的收集、保护、利用提供依据。

1　材料与方法

1.1　试验材料

试验材料为苦荞地方品种，共45份，分别收集自四川、贵州、云南及宁夏等8个省（自治区），供试材料的代码、名称及来源见表1。

表1　供试材料的代码、名称及来源

序号	组别	代码	名称	来源
1	sc	sc1	川荞1号	四川
2	sc	sc2	西荞1号	四川
3	sc	sc3	川荞5号	四川
4	sc	sc4	川荞2号	四川
5	sc	sc5	西荞5号	四川
6	sc	sc6	西荞3号	四川
7	sc	sc7	川荞3号	四川
8	sc	sc8	凉山苦荞	四川
9	sc	sc9	西荞2号	四川
10	sc	sc10	川荞4号	四川
11	gz	gz1	黔苦3号	贵州
12	gz	gz2	六苦4号	贵州
13	gz	gz3	黔苦2号	贵州
14	gz	gz4	六苦2081	贵州
15	gz	gz5	六苦1501	贵州
16	gz	gz6	黔苦6号	贵州
17	gz	gz7	黔苦7号	贵州
18	gz	gz8	威苦2012-1	贵州
19	gz	gz9	黔苦4号	贵州
20	gz	gz10	威黑4-4	贵州
21	gz	gz11	六苦3号	贵州
22	gz	gz12	黔苦5号	贵州
23	nx	nx1	格物	宁夏
24	nx	nx2	宁荞2号	宁夏
25	nx	nx3	固原苦荞	宁夏

（续表）

序号	组别	代码	名称	来源
26	gs	gs1	定苦 1 号	甘肃
27	gs	gs2	平荞 6 号	甘肃
28	gs	gs3	定 98-1	甘肃
29	yn	yn1	昭苦 2 号	云南
30	yn	yn2	云荞 1 号	云南
31	yn	yn3	昭苦 1 号	云南
32	yn	yn4	迪苦 1 号	云南
33	yn	yn5	云荞 3 号	云南
34	shx	shx1	晋荞 2 号	山西
35	shx	shx2	晋荞 5 号	山西
36	shx	shx3	晋荞 4 号	山西
37	shx	shx4	黑丰 1 号	山西
38	shx	shx5	山西苦荞	山西
39	nm	nm1	通荞 2 号	内蒙古
40	nm	nm2	通荞 1 号	内蒙古
41	shax	shax1	西农 9940	陕西
42	shax	shax2	西农 9909	陕西
43	shax	shax3	西农 9943	陕西
44	shax	shax4	西农 9920	陕西
45	shax	shax5	榆 6-21	陕西

1.2 试验方法

1.2.1 DNA 提取 采集供试材料 3~4 片叶龄时的嫩叶 0.5g，利用 Tiangen 公司植物基因组 DNA 提取试剂盒（DP305）提取样本 DNA，用 1%琼脂糖凝胶电泳和分光光度计检测 DNA 的纯度和浓度。

1.2.2 PCR 扩增、测序 用于扩增目的片段 ITS 和 RLKs 的引物序列如下。ITS：F5′-TCCTCCGCTTATTGATATGC-3′，R5′-TCCGTAGGTGAACCTGCGG-3′。RLKs：F5′-GT-GTTGCTCACCAGTTGGATT-3′，R5′-TTC-TATCCAGTGGGGTGACTG-3′。引物序列由北京擎科生物技术有限公司合成。

PCR 反应体积 20μL，包括 2×*Taq* PCR 预混试剂 Ⅱ 2.8μL、10mmol/L 引物各 0.6μL、DNA 模板 1μL、ddH_2O 15μL。PCR 反应程序：95℃ 预变性 3min；94℃ 变性 30s，54℃/56℃（ITS/RLKs）退火 30s，72℃延伸 90s，共 30 个循环；72℃延伸 10min。

PCR 扩增产物经 1%琼脂糖凝胶电泳检测后送至北京擎科生物有限公司进行测序。

1.2.3　数据分析　通过 Chromas1.45 软件获得原始序列数据，用 ClustalX 1.83 程序对测得的 DNA 序列进行比对，并加以人工校对，用 DnaSP 5.1 软件统计多态位点。用 Modeltest 3.06 软件选择 2 个基因片段核苷酸的最佳替换模型，根据最佳替换模型运用 Mega 5.0 软件进行遗传多样性指数、差异位点的统计分析及遗传距离的计算。基于 Jukes-Cantor 距离法，进行 1 000次自展重复检测支持率，构建 Neighbor-Joining（邻接法）系统发育树。

2　结果与分析

2.1　ITS 和 RLKs 序列特征及遗传多样性参数分析

经 PCR 扩增、测序分别获得 43 条 ITS 和 45 条 RLKs 同源序列。经过 DNA 序列比对，切除两端引物序列后，获得 ITS 和 RLKs 同源序列片段长度分别为 539bp 和 815bp。利用 MEGA5.0 和 DnaSP5.1 软件对 ITS、RLKs 序列数据进行分析，在 ITS 序列 539 个位点中，变异位点为 57 个，基因多态位点百分比为 10.6%；在 815bp 的 RLKs 序列矩阵中，变异位点 63 个，基因多态位点百分比为 7.7%。苦荞各地方品种两序列的变异信息及遗传多样性参数见表 2。

不同地区的苦荞品种 ITS 序列的核苷酸多样度 π 的变化范围为 0.0019~0.0105，平均杂合度 θ 的变化范围为 0.0019~0.0151；RLKs 基因的核苷酸多样度 π 的变化范围为 0.0022~0.0090，平均杂合度 θ 的变化范围为 0.0024~0.0122。从 ITS 和 RLKs 序列的 π 值和 θ 值看出，贵州、四川和云南地区苦荞材料的遗传多样性最丰富，陕西、山西及宁夏地区次之，甘肃及内蒙古地区的苦荞材料的遗传多样性最低。

表 2　供试苦荞材料 ITS/RLKs 基因的遗传多样性参数

材料来源	序列数量	多态位点	核苷酸多样度 π	平均杂合度 θ
四川	10/10	20/21	0.0099/0.0068	0.0131/0.0119
贵州	10/12	23/30	0.0105/0.0090	0.0151/0.0122
宁夏	3/3	4/4	0.0050/0.0033	0.0050/0.0033
甘肃	3/3	3/4	0.0037/0.0033	0.0037/0.0033
云南	5/5	9/17	0.0071/0.0068	0.0080/0.0100
山西	5/5	7/4	0.0056/0.0049	0.0062/0.0049
内蒙古	2/2	1/4	0.0019/0.0022	0.0019/0.0024
陕西	5/5	12/5	0.0067/0.0027	0.0077/0.0029
总体	43/45	57/63	0.0112/0.0115	0.0247/0.0205

2.2　基于 ITS 和 RLKs 序列的苦荞组内及组间遗传距离分析

利用 MEGA5.0 软件，基于 Jukes-Cantor 距离模型分析 ITS 和 RLKs 序列数据，将来源相同省（自治区）的苦荞品种进行分组，得到不同地方来源苦荞的组内平均遗传距离（表3）及组间平均遗传距离（表4）。

由表3和表4可知，基于ITS序列的组内遗传距离为0.002~0.011，贵州、四川及陕西苦荞材料组内遗传距离相对较大；内蒙古与云南、四川地区的苦荞材料组间遗传距离较大，陕西与云南地区、内蒙古与贵州地区的苦荞材料组间遗传距离次之。基于RLKs序列组内遗传距离为0.002~0.010，贵州、四川及云南苦荞材料组内遗传距离相对较大；内蒙古与云南地区、四川地区的苦荞材料组间遗传距离较大，陕西与云南地区的苦荞材料组间遗传距离次之。

从结果来看，无论是相同地方的苦荞品种间还是不同地方的苦荞品种间，遗传距离基本处于同一水平。北方产区的苦荞资源变异较小，而南方产区苦荞变异较为丰富，且北方产区苦荞与南方产区苦荞组间遗传距离相对较大。

表3 基于ITS和RLKs序列的苦荞组内的平均遗传距离

基因	甘肃	贵州	内蒙古	宁夏	四川	陕西	山西	云南
ITS	0.004	0.011	0.002	0.005	0.010	0.010	0.006	0.007
RLKs	0.003	0.009	0.005	0.003	0.007	0.003	0.002	0.010

表4 基于ITS和RLKs序列的苦荞组间的平均遗传距离

来源	甘肃	贵州	内蒙古	宁夏	四川	陕西	山西	云南
甘肃		0.011	0.012	0.009	0.013	0.008	0.007	0.015
贵州	0.011		0.016	0.012	0.012	0.013	0.009	0.014
内蒙古	0.012	0.016		0.012	0.018	0.011	0.012	0.019
宁夏	0.009	0.012	0.012		0.014	0.011	0.007	0.016
四川	0.013	0.012	0.018	0.014		0.015	0.011	0.014
陕西	0.008	0.013	0.011	0.011	0.015		0.008	0.017
山西	0.007	0.009	0.012	0.007	0.011	0.008		0.013
云南	0.015	0.014	0.019	0.016	0.014	0.017	0.013	

2.3 基于ITS和RLKs序列的系统发育树分析

利用ITS和RLKs序列数据构建的系统发育树如图1、图2所示。

从图1和图2可以看出，基于ITS和RLKs序列构建的NJ系统发育树中，四川和贵州地区的苦荞品种均能够单独聚为一类，具有明显的地域聚类特点。基于ITS序列构建的发育树中，陕西地区以北的苦荞品种未形成明显的分支，组成较为分散，而云南地区的苦荞穿插在不同的分支中。基于RLKs基因构建的NJ树中，同一地区的苦荞材料较为明显地形成地域聚类，但自展值均较低。

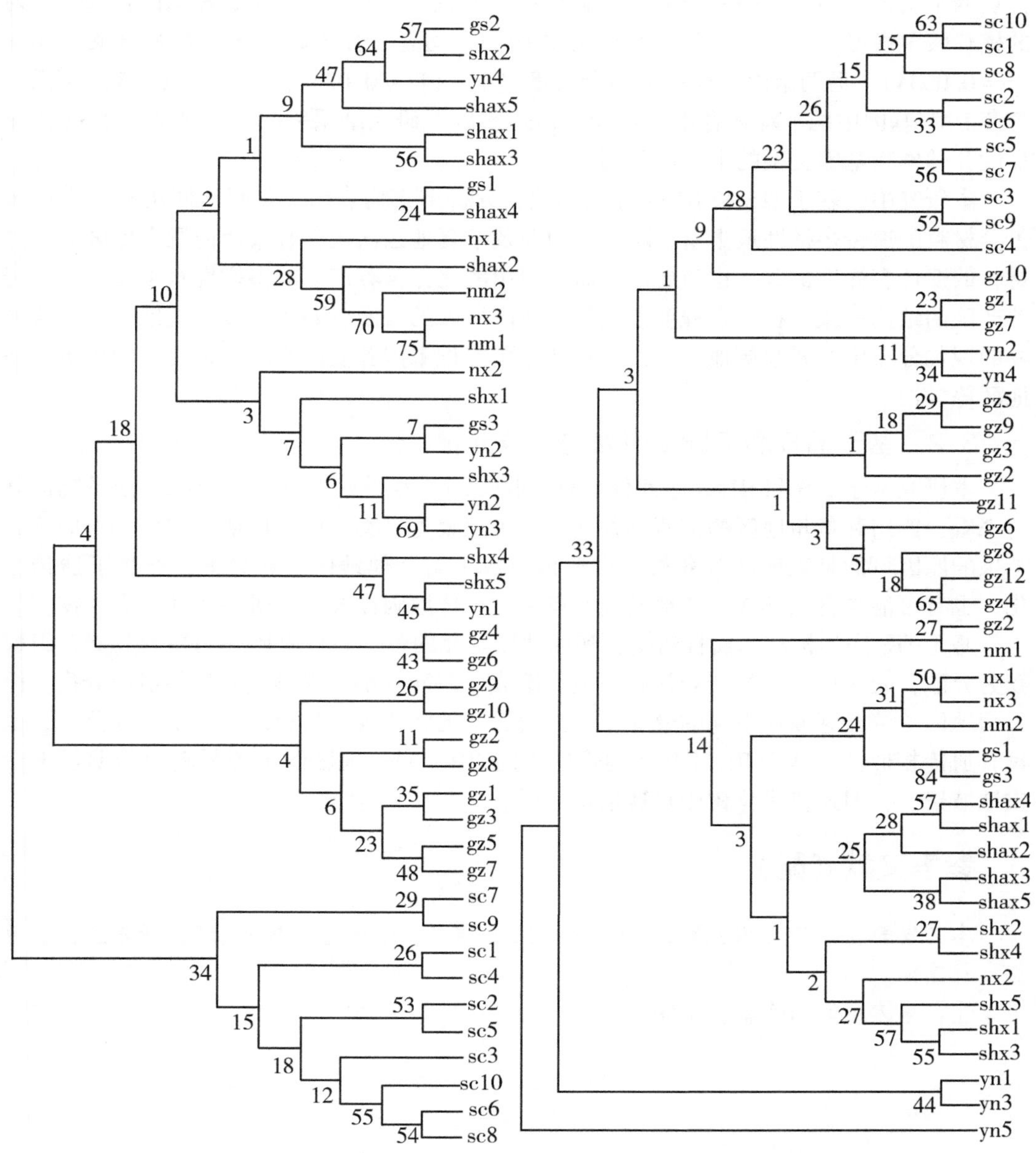

图 1　基于 ITS 序列构建的 NJ 树　　　　**图 2　基于 RLKs 基因构建的 NJ 树**

3　讨论与结论

3.1　基于 ITS 和 RLKs 序列的苦荞遗传多样性

遗传多样性是物种多样性的重要及核心组成部分，代表着生物携带的遗传信息总和，对物种的遗传、进化和变异具有决定性作用。核苷酸多样度（π）是个体间待检测位点的平均多样性，代表一个基因的遗传变异程度。本研究中，ITS 和 RLKs 基因序列的核苷酸多样度（π）分别为 0.0112 和 0.0115，均高于苦荞 PAL 基因的核苷酸多样度（π=0.0034），但两基因序列的平均杂合度（θ）（ITS/0.0247，RLKs/0.0205）均低于苦荞 PAL 基因中的平均杂合度（θ=0.0143）。以上研究结果表明核苷酸多样性的变异程度，随作物基因类型的不同而不同。

本研究中，基于 ITS 和 RLKs 序列的数据分析结果均表明，贵州、四川和云南地区苦荞材料的遗传多样性最丰富，陕西、山西及宁夏地区次之，甘肃及内蒙古地区的苦荞材料的遗传多样性最低，这与屈洋等研究得出的北方苦荞产区的多样性水平低于西南苦荞产区的结论一致，在一定程度上支持了西南地区的云南、四川、贵州地区一带是苦荞麦的现代分布中心和起源地之一，贵州地区更接近中国荞麦次生起源地之一的川中南部地区等学说。

3.2 基于 ITS 和 RLKs 序列的聚类分析

本研究基于 ITS 和 RLKs 序列分别对所收集的苦荞材料进行聚类分析，据系统进化树来看，四川和贵州地区的苦荞品种均能够单独聚为一类，但自展值均较低。形成这一结果的原因可能是该地区苦荞材料在遗传组成上与其他地区差异较大，产生了遗传分化，也有可能与自然环境、产地的气候有关，具体原因需要借助进一步的研究来挖掘。

基于 ITS 序列构建的发育树中，陕西地区以北的苦荞品种未形成明显的分支，组成较为分散，表明该地区的苦荞材料在遗传组成上差异较小，未形成明显的遗传分化。而云南地区的苦荞穿插在不同的分支中，说明云南地区的苦荞材料既产生了遗传分化，也具有遗传相似性。基于 RLKs 基因构建的 NJ 树中，同一地区的苦荞材料较为明显地形成地域聚类，但系统进化树中自展值均较低。

参考文献（略）

本文发表在《南方农业》2020，14（3）。作者：张久盘，常克勤*，杨崇庆，穆兰海，杜燕萍。

注：*表示通信作者，余同。

荞麦种质资源遗传多样性研究进展

摘要：我国是荞麦原产国，也是荞麦生产大国，拥有丰富的荞麦种质资源。随着荞麦的营养价值和药用价值逐渐凸显，荞麦的研究和利用也越来越受到重视，荞麦种质资源的遗传多样性研究也取得较大进展。基于此，从形态学水平、细胞学水平及DNA分子标记水平概述了荞麦种质资源遗传多样性的研究情况，以期为荞麦优良品种选育及相关研究提供参考。

关键词：荞麦；遗传多样性；研究进展

荞麦起源于中国，栽培历史悠久，距今已有2 000多年，我国是世界上荞麦种类最多的国家，种植历史也最为悠久，在陕西省咸阳市杨家湾4号汉墓就发现了已经炭化的荞麦实物。荞麦属大约有23个种、2个亚种和3个变种，分为大粒组（包括甜荞、苦荞、左贡野荞、巨荞、大野荞、毛野荞和金荞共7个生物学种类）和小粒组（包括细柄野荞、硬枝万年荞以及小野荞等16个种）。

荞麦内含丰富的黄酮类、维生素、微量元素、蛋白质和膳食纤维等，其中的黄酮类化合物具有抗肿瘤、抗氧化活性及降低“三高”（高血压、高血脂、高血糖）的药用价值，还可用于防治肝炎、关节炎以及平喘等疾病。我国是荞麦种植大国，种植面积居世界第二位，随着荞麦的营养价值和保健功能被发掘，自20世纪80年代以来荞麦才逐渐为学者和世人重视。随着荞麦科研队伍的壮大和现代分子生物学技术的发展，荞麦在遗传多样性研究、功能基因发掘及功能基因组学分析方面取得了较大进展。

1　遗传多样性及其研究意义

广义的遗传多样性是指整个生物圈涵盖的所有遗传信息，蕴藏在地球上微生物、植物和动物个体的基因中。狭义的遗传多样性是指同一物种不同种群之间或者同一种群不同个体之间所包含的遗传及变异多样性。遗传多样性是物种生物多样性的核心，是全球生物多样性保护的优先内容之一。遗传变异程度越大，进化潜力越大，越有利于保护种质资源的遗传多样性。探索遗传多样性的丰富程度，能够指导核心种质资源的基础筛选、种间杂交及基因改良工作。遗传多样性是作物遗传育种工作的基础，在育种工作中，无论是采用常规手段，还是生物技术辅助手段，都离不开对种质资源遗传多样性进行系统化研究。

2　荞麦遗传多样性的研究历程及进展

荞麦遗传多样性的研究历时不长，但和其他作物一样，也经历了形态标记、细胞学标记和DNA分子标记阶段。

2.1 形态学水平上的遗传多样性研究

普通荞麦群体中存在大量形态变异，在形态水平上对遗传规律的研究多集中在甜荞，而苦荞由于花朵较小且自花授粉，常规方法很难进行有性杂交，形态水平上的研究多集中在农艺性状的调查和分类。到目前为止，关于普通荞麦形态性状的遗传研究仍不系统和深入。

李淑久等对苦荞、甜荞、金荞麦和齿翅野荞麦的生殖器官进行解剖，发现其子叶和真叶形态差异明显，内部结构差异较小，根茎结构基本相同，四种荞麦有较近的亲缘关系。张小燕等采用聚类方法将全球121个荞麦品种分为高产型、中产型、低产型和特矮低产型。李瑞国等利用12个农艺性状因子与聚类分析把苦荞种质资源分成宽粒类、大粒非抗倒类、抗倒类、粮用类和厚壳类五类。高金锋等利用系统聚类分析，将西藏苦荞资源区分为株高较矮大粒型、株高中等小粒型、植株矮小大粒型和植株高大茎秆粗壮型，指出植株矮小大粒型苦荞是理想育种材料。邓蓉等通过不同的农艺性状将金荞麦分为不同的类型。李月等对苦荞地方资源籽实的千粒重、百粒米重、百粒皮壳重和皮壳率等性状进行了遗传变异分析，将171份苦荞地方资源聚为5类，6个性状聚成3类，同时筛选出了籽粒、千粒重及皮壳黄酮量较高的苦荞资源。贾瑞玲等对50份苦荞资源遗传多样性分析，结果表明质量性状中粒色及数量性状中单株粒重的遗传多样性指数最高。李春花等以48份苦荞种质资源为材料研究了6个主要农艺性状和5个品质性状的遗传多样性，结果表明云南省的苦荞资源存在丰富的遗传多样性。

2.2 细胞学水平上的遗传多样性研究

荞麦的染色体属于小染色体类，较难进行细胞学观察，目前开展的荞麦细胞学研究主要是对染色体核型和带型的研究。据已有文献看，荞麦染色体核型和带型的研究多是关于栽培荞麦的，且研究集中在荞麦大粒组。但由于供试材料、研究方法、细胞分裂时期不同及测量误差的存在，得出栽培荞麦的染色体核型特征差异较大。

朱凤绥等首次将栽培荞麦、米荞、金荞及翅荞的染色体进行了对比，结果表明不同荞麦的染色体倍性、随体染色体数和G带带型等均有较大的差异。朱必才等对秋水仙素诱导的四倍体荞麦“混选4号”进行细胞遗传学研究，结果表明荞麦结实率低与减数分裂过程无关，同源四倍体和普通二倍体在结实率上无明显差异。雷波等对5种不同类型荞麦的核型进行研究，结果表明丝粒位置、核型、染色体相对长度都有所不同。王建胜等研究发现荞麦属种内染色体相对长度及其比例、随体染色体数目和形态学方面差异较小，而种间差异较大。王甜等利用染色体核型分析和荧光原位杂交技术对甜荞及其25个三体系列的染色体进行了研究。盛茂银利用去壁低渗透染色体制片法与BSG显带法对甜荞整套三体材料的染色体C带进行细胞学鉴定，结果显示甜荞细胞有丝分裂中期C带丰富，多态性良好。

2.3 DNA分子标记技术的遗传多样性研究

分子标记作为一种准确快速获得遗传信息的技术已被广泛应用在动植物和微生物遗传多样性研究等领域。目前，荞麦属植物遗传多样性研究应用的分子标记技术主要有随机扩增多态性（RAPD）、扩增片断长度多态性（AFLP）、微卫星 DNA（SSR）。

Bojka 和 Sharma 利用 RAPD 分子标记检测出栽培荞麦和野生荞麦等 14 个种群均具有丰富的多态性，同时利用聚类分析将荞麦资源划分成不同的类群。国内外学者利用 RAPD 技术分别对荞麦属不同种间、野生种不同居群及不同品种间的遗传多样性进行分析，结果表明不同荞麦种间、同种不同居群均具有较高的遗传多样性，不同省份的改良品种间存在较高的相似性，云南、贵州及湖北等地的地方品种间遗传差异较显著。侯雅君等和高帆等分别利用 AFLP 标记对不同地理来源的苦荞种质资源进行遗传多样性分析，结果均表明西南青藏高原地区遗传多样性最为丰富，但前者研究结果是西北黄土高原宁甘陕晋地区苦荞遗传多样性高，但后者数据表明陕西、宁夏及青海等地区的苦荞资源遗传多样性较低。张文英等利用 SRAP 分子标记对湖北当地农户自留的苦荞品种进行多样性和聚类分析，结果表明材料间遗传相似系数变幅大，不同地区材料彼此独立又有相互交叉，存在不同程度的种质渗透。黎瑞源以 40 份苦荞资源为扩增对象，评估 EST-SSR 标记的有效性和多态性，证实苦荞转录组 EST 序列开发 SSR 标记可行，另有研究表明甜荞的 SSR 引物可用于苦荞 SSR 标记分析。采用 SSR 分子标记对荞麦种质资源遗传多样性的研究表明栽培荞麦和荞麦野生种均具有一定程度的遗传变异，且大粒组和小粒组、苦荞和甜荞、南方产区和北方产区能够自动聚为一类。杨学乐等利用 SSR 分子标记检测出西北、西南地区苦荞遗传多样性丰富，内蒙古赤峰地区苦荞遗传基础较狭窄。韩瑞霞等利用 SSR 标记检测出云南、四川和西藏地区苦荞遗传多样性不但丰富，而且亲缘关系较近，进一步证实了苦荞起源于中国西南部。

3　结语

随着荞麦营养价值和保健功效的不断凸显，人们对荞麦的认知度和喜爱度逐渐提高，荞麦研究工作也越来越受到关注，种质资源的收集、保存、鉴定和利用等方面也都取得了新的进展，荞麦遗传多样性和亲缘关系的研究也积累了丰富的基础资料。随着荞麦分子育种及基因组学研究的不断深入，筛选出适应性广、高黄酮、高产的优质荞麦种质资源是当前的首要任务。因此，对荞麦遗传多样性和荞麦属亲缘关系进行精确评价和研究，对于开展荞麦遗传育种工作具有重要的意义。

参考文献（略）

本文发表在《农业信息》2019（22）。作者：张久盘，杨崇庆，常克勤*，穆兰海，杜燕萍。

宁南山区不同裸燕麦品种产量与品质比较研究

摘要：选用不同单位提供的9个裸燕麦品种为供试材料，对其产量和品质进行分析比较，旨在筛选出适宜宁南山区种植的裸燕麦品种，为宁南山区燕麦产业的发展提供品种保障。结果表明，坝莜8号的籽实产量最高，但其营养品质差；早熟品种白燕15号，在授粉过程中受固原当地当年高温干旱的影响，导致产量低，但粗蛋白及粗脂肪含量均显著高于其他品种。远杂2号和201215-3-2-2产量稳定，较对照宁莜1号产量高，且差异达显著水平。远杂2号和201215-3-2-2的粗蛋白质、粗脂肪含量均较对照宁莜1号高，营养品质表现较好。综上所述，远杂2号和201215-3-2-2的籽实产量高，营养品质好，适宜在宁南山区推广种植。

关键词：裸燕麦；品种；产量；品质；宁南山区

燕麦（*Avena sativa* L.）隶属于禾本科（Poaceae）燕麦属（*Avena*），为粮草兼用型一年生植物，具有抗寒、耐贫瘠和耐盐碱等特性，被称为盐碱地改良的先锋作物。燕麦因含有丰富的亚油酸，占全部不饱和脂肪酸的30%~40%，可以辅助治疗脂肪肝、糖尿病、浮肿和便秘等，还具有止血和止虚汗等功效，对于中老年人延年益寿、增进体力大有益处。中国的燕麦栽培已有2 500多年历史，主要分布于内蒙古、河北、山西、甘肃及宁夏地区，年种植面积约55万hm^2。目前，对燕麦的研究主要集中在适应性栽培、种质资源遗传分析、产量和品质提高及产品开发等方面。国家实施西部大开发的战略措施，提出了发挥资源优势、发展特色农业，宁夏南部山区把燕麦作为区域优势作物和特色产业，以促进当地农村经济发展。对从东北、华北、西北等燕麦种植区域引进的产量潜力大、抗旱性表现好的9个裸燕麦优良品种，对其产量及品质进行比较，以期为宁南山区燕麦产业的发展提供品种保障。

1 材料与方法

1.1 试验地概况

试验地位于固原市原州区头营镇徐河村宁夏农林科学院固原分院科研基地，地理坐标为东经106°44′，北纬36°16′，海拔1 550m。气候类型属典型的大陆性半干旱气候，年均日照时数2 600h，年均降水量350mm，降水主要集中在5—10月，年平均气温7.6℃，年降水量280~400mm，无霜期142d，日照时数2 000~2 400h。试验地为川旱地，地势平坦，土质黑垆土，pH值8.5，试验地前茬为玉米。

1.2　供试材料

试验裸燕麦品种共 9 个，具体名称及来源见表 1。

表 1　试验材料名称及来源

品种（系）	供种单位
远杂 2 号	河北省农林科学院张家口分院
燕科 2 号	内蒙古农牧业科学院
白燕 13 号	吉林省白城市农业科学院
坝莜 13 号	河北省高寒作物研究所
白燕 15 号	吉林省白城市农业科学院
定莜 9 号	甘肃省定西市农业科学研究院
坝莜 8 号	河北省高寒作物研究所
201215-3-2-2	河北省张家口市农业科学院
宁莜 1 号	宁夏农林科学院固原分院

1.3　试验设计

试验共设 9 个处理，即每个品种为一个处理，其中以宁莜 1 号作对照（CK）。3 次重复，共 27 个小区，采用随机区组设计，小区面积 500m^2（25m×20m）。行距 25cm，试验田四周种植 1m 保护行，小区走道及区组间距均为 50cm。

1.4　试验实施

播前进行耙、耱、打碎土块，施入磷酸二铵（含纯 N16%、$P_2O_5$46%）150kg/hm^2，于 2016 年 4 月 13 日播种，密度 450 万株/hm^2，播深 5～7cm，机械条播，播后覆土耱平。在同一水平、同一条件下统一进行田间管理，分蘖后期人工锄草。

1.5　调查内容与方法

待植株成熟后，分小区收获、脱粒、晾晒、称重。对 2016 年的燕麦籽粒进行品质分析，指标包括蛋白质、脂肪、淀粉和水分。所有品质数据分析均以风干基计。

1.6　统计分析方法

采用 DPSv7.05 和 Excel 2003 软件进行数据统计分析。

2　结果与分析

2.1　不同裸燕麦品种的产量比较

由表 2 可知，2014—2016 年坝莜 8 号小区籽粒产量均最高，分别为 127.30kg、119.89kg、129.67kg，与对照宁莜 1 号（CK）差异达极显著水平。201215-3-2-2 和远杂 2 号在 3 年内产量也均表现较高，与对照宁莜 1 号（CK）差异也达到极显著水平。3

年的小区平均产量结果显示，产量位于前 3 的分别为坝莜 8 号、201215-3-2-2 和远杂 2 号，折合产量分别为 2 512.40kg/hm^2、2 344.20kg/hm^2、2 081.20kg/hm^2，分别较对照宁莜 1 号（CK）增产 33.41%、24.48%和 10.51%。

表 2　2014—2016 年不同裸燕麦品种产量比较

品种	小区产量（kg）				折合产量（kg/hm^2）	较 CK±（%）	位次
	2014 年	2015 年	2016 年	平均			
远杂 2 号	101.85cB	99.79bB	110.54bBC	104.06cBC	2 081.20	10.51	3
燕科 2 号	68.58fD	80.21eDE	70.15eF	72.98dD	1 459.60	−22.49	9
白燕 13 号	70.65efD	72.93fE	76.92eEF	73.50dD	1 470.00	−21.94	8
坝莜 13 号	94.87cdB	77.90efE	100.08cCD	90.95cC	1 819.00	−3.40	6
白燕 15 号	91.32dBC	87.94dCD	99.74cCD	93.00cdC	1 860.00	−1.23	5
定莜 9 号	78.90eCD	96.57bcB	88.41dDE	87.96cCD	1 759.20	−6.58	7
坝莜 8 号	127.30aA	119.89aA	129.67aA	125.62aA	2 512.40	33.41	1
201215-3-2-2	118.17bA	114.00aA	119.46bAB	117.21aAB	2 344.20	24.48	2
宁莜 1 号（CK）	92.67cdB	92.94cdBC	96.87cdCD	94.16bcC	1 883.20	—	4

注：同列不同小写字母表示差异显著（$P<0.05$）；不同大写字母表示差异极显著（$P<0.01$）。

2.2　不同裸燕麦品种的品质比较

2.2.1　不同裸燕麦品种的粗蛋白含量

由图 1 可知，粗蛋白含量最高的裸燕麦品种是白燕 15 号（18.75%），其次为白燕 13 号（18.30%），再次为远杂 2 号（17.85%），最低的是坝莜 13 号（16.47%）。方差分析表明，坝莜 8 号和 201215-3-2-2 之间粗蛋白含量差异不显著，远杂 2 号、燕科 2 号、定莜 9 号和宁莜 1 号（CK）之间粗蛋白含量差异不显著。白燕 15 号、白燕 13 号及坝莜 13 号与其他品种间的粗蛋白含量均达显著水平。

2.2.2　不同裸燕麦品种的粗脂肪含量

由图 2 可知，粗脂肪含量最高的裸燕麦品种是白燕 15 号（8.65%），其次为白燕 13 号（6.75%），再次为 201215-3-2-2（6.40%），最低的是坝莜 13 号（3.65%）。方差分析表明，定莜 9 号和坝莜 8 号之间粗脂肪含量差异不显著，远杂 2 号、燕科 2 号、201215-3-2-2 和宁莜 1 号（CK）之间差异不显著。白燕 15 号、白燕 13 号及坝莜 13 号与其他品种间的粗脂肪含量均达显著水平。

2.2.3　不同裸燕麦品种的粗淀粉含量

由图 3 可知，粗淀粉含量最高的裸燕麦品种是坝莜 8 号（54.85%），其次为坝莜 13 号（54.10%），再次为燕科 2 号（53.75%），最低的是白燕 15 号（50.55%）。方差分析表明，燕科 2 号和坝莜 13 号之间粗淀粉含量差异不显著，定莜 9 号、燕科 2 号和 201215-3-2-2 之间粗淀粉含量差异不显著，远杂 2 号、定莜 9 号和 201215-3-2-2 之

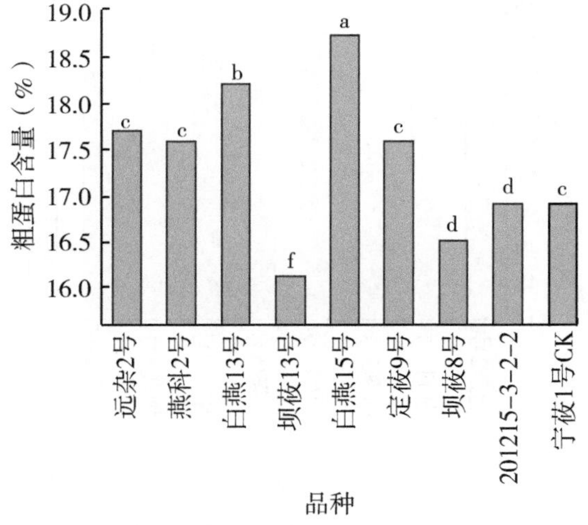

图 1　不同裸燕麦品种的粗蛋白含量

注：柱形图上不同小写字母表示差异显著（$P<0.05$）。下同。

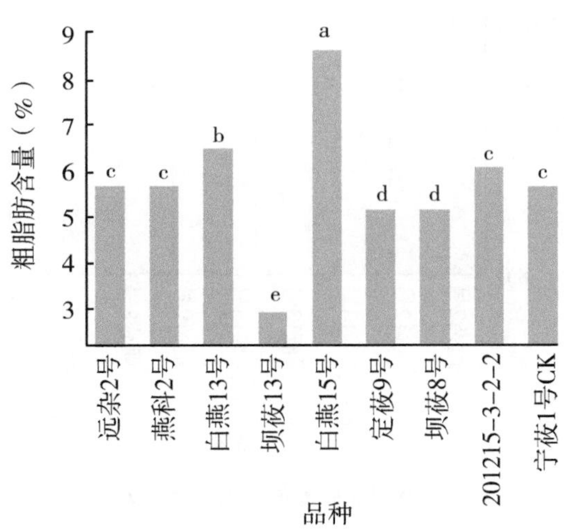

图 2　不同裸燕麦品种的粗脂肪含量

间粗淀粉含量差异不显著，远杂 2 号和宁莜 1 号（CK）之间粗淀粉含量差异不显著。白燕 13 号、白燕 15 号及坝莜 8 号与其他品种间的粗淀粉含量均达显著水平。

2.2.4　不同裸燕麦品种的水分含量

由图 4 可知，水分含量最高的裸燕麦品种是坝莜 8 号（9.95%），其次为远杂 2 号（9.70%），再次为定莜 9 号和 201215－3－2－2（9.60%），最低的是坝莜 13 号（8.87%）。方差分析表明，远杂 2 号、白燕 15 号、定莜 9 号和 201215-3-2-2 之间水分含量差异不显著，白燕 13 号、白燕 15 号、定莜 9 号和 201215-3-2-2 和宁莜 1 号（CK）差异不显著，燕科 2 号、白燕 13 号和宁莜 1 号差异不显著。坝莜 13 号和坝莜 8

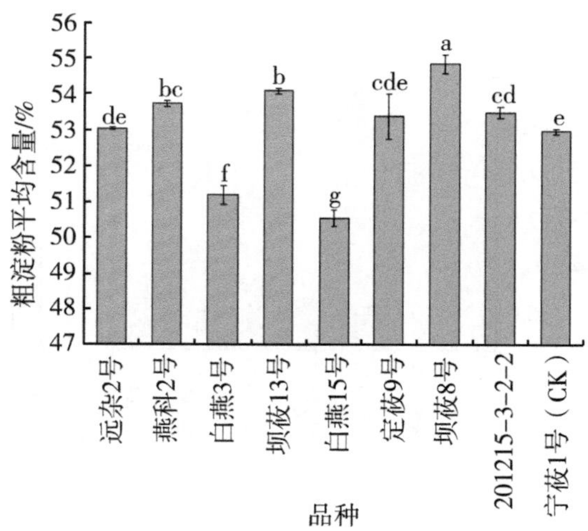

图 3　不同裸燕麦品种的粗淀粉含量

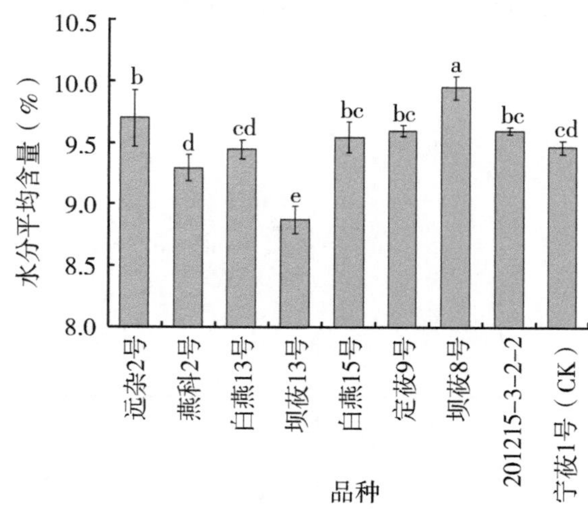

图 4　不同裸燕麦品种的水分含量

号与其他品种之间的水分含量均达显著水平。

3　结论与讨论

燕麦的蛋白质含量可高达 20%，它含有人体所必需的全部氨基酸种类，特别是富含谷物类食品普遍缺乏的赖氨酸，其含量是小麦和大米的 2 倍以上，燕麦蛋白因此被认为是一种更为优质的谷物蛋白。从本研究结果看，燕麦蛋白质平均含量为 17. 55%，高于杨才等的统计值（15. 53%），推测其中原因可能与前人研究收集的样本以及本试验样本量较小有关。不同地区所产燕麦品种的蛋白质含量存在显著差异，吉林白城地区的白燕系列粗蛋白含量较高。

因为燕麦适宜寒性气候，而较低的生长温度可以促进燕麦脂质的合成，所以燕麦与其他谷物相比脂质含量偏高，为2%~12%，分别是大米和小麦的10倍与6倍。本研究结果中，9个裸燕麦品种的粗脂肪含量均在此范围内。

燕麦对土壤和气候状况适应性强，系粮草兼用作物，种植燕麦不仅可以得到粮食，还可以为畜牧业提供大量的饲草。特别是燕麦生育期短，可以用于一季栽培或轮作栽培，对促进传统的二元（粮食与经济作物）生产结构转变为三元（粮食、经济与饲料作物）的种植业结构具有积极的作用。种植燕麦既可改善固原农业区脆弱的生态环境，又可提供优质的饲料，促进畜牧业的持续发展。据国家燕麦荞麦产业技术体系实地调查统计数据，2015 年宁夏燕麦种植面积 1.2 万 hm^2，占全国当年燕麦种植面积（70万 hm^2）的 1.7%，约占宁夏当年农作物总播种面积（77.0 万 hm^2）的 1.56%，约占固原市当年作物播种面积（23.9 万 hm^2）的 5.0%，总产量 1.08 万 t（包括裸燕麦和皮燕麦），占全国燕麦总产量（85 万 t）的 1.27%，占宁夏粮食总产量（372.6 万 t）的 0.3%，占固原市粮食总产量（79.47 万 t）的 1.35%。本试验中，不同燕麦品种之间产量和营养品质差异明显，说明其在当地的适应性存在一定的差异，坝莜 8 号的籽实产量最高，但其粗蛋白及粗脂肪含量均较低，淀粉含量最高，营养品质相对较差；白燕 15 号为早熟品种，在授粉过程中受固原当地当年高温干旱的影响，导致产量不高，籽实产量排在第 6 位，但其营养品质表现较好，粗蛋白及粗脂肪含量均显著高于其他品种，通过播期的调整，产量还有增加的潜力。

宁莜 1 号是宁南山区的主要栽培品种，品种种植年限较长。从产量和品质方面对各参试品种进行比较，远杂 2 号和 201215-3-2-2 综合性状优良，产量与品质均高于当地主栽品种宁莜 1 号，适合作为宁南山区更新的裸燕麦品种进行推广种植。

参考文献（略）

本文发表在《现代农业科技》2018（3）。作者：张久盘，穆兰海，杜燕萍，贾宝光，常克勤*。

荞麦新品种“信农1号”选育及栽培要点

摘要：信农1号系宁夏农林科学院固原分院从日本引进并通过系统选育而成的荞麦新品种，可缓解宁夏南部山区荞麦高产品种不多、广适型品种少、品质参差不齐、类型杂乱等问题。信农1号属于中熟品种，粒饱满，抗旱，抗倒伏，耐瘠薄，适宜在宁夏南部山区、甘肃定西、陕西延安、内蒙古等地区推广种植。简介信农1号的选育经过、品种特征、栽培要点等，分析其产量表现，发现信农1号在2017—2018年第十二轮国家甜荞品种区域试验中的平均产量为1 492.5kg/hm²，在参试的9个品种中排名第4，较对照增产2.01%。

关键词：荞麦；信农1号；选育经过；品种特征；产量表现；栽培要点

荞麦（*Fagopyrum esculentum* Moench.），一年生草本，别名乌麦、三角麦、花荞等。荞麦属于蓼科荞麦属，是蓼科中唯一的粮食作物。我国栽培的荞麦主要有普通荞麦和鞑靼荞麦两种，普通荞麦又称甜荞，鞑靼荞麦又称苦荞。甜荞在全球分布广泛，在亚洲和欧洲一些国家中属于一种重要的粮食作物。荞麦在我国栽培历史悠久，集中种植在华北、西北、西南的一些高纬度、高海拔的高寒、干旱地区及少数民族聚居区。我国荞麦产区主要划分为4个栽培生态区，即北方春荞麦区、北方夏荞麦区、南方秋冬荞麦区和西南高原春秋荞麦区。我国荞麦种植面积在100万 hm² 左右，占世界总种植面积的37.2%，总产量约85万t，占世界荞麦总产量的38.88%。宁夏地区栽培的荞麦主要为甜荞品种，而苦荞作为经济作物，其种植面积有逐年扩大趋势，多分布在宁夏南部干旱半干旱地区。2019年宁夏荞麦播种面积超过6.67万 hm²，约占宁夏南部山区当年作物播种面积的14.3%，占全国甜荞种植面积的6.5%；每公顷产量在1 125~1 500kg，平均产量为1 450kg，与全国平均产量1 469.6kg/hm²基本持平。目前，宁夏地区甜荞生产上优良品种应用率低，品质差，可加工性低，且栽培技术滞后造成大田产量提高困难，其中矛盾最突出的就是高产稳产的优良品种少，高产品种缺乏，广适型品种少，尤其是适宜机械化栽培的品种更少。实际生产中荞麦品种参差不齐，株型混杂，不管是优良品种的数量，还是质量，都严重影响了宁夏荞麦生产的高质量发展。

宁夏农林科学院固原分院从日本引进并通过大田人工提纯选择，选育出高产、优质的甜荞新品种信农1号。通过多点区域试验，考察其在不同生态区的综合表现。本文从信农1号的品种来源、特性、栽培要点等方面进行了系统阐述，以期为信农1号的生产推广应用提供参考。

1　选育经过

信农1号由宁夏农林科学院固原分院从日本引进并通过大田人工提纯而成。自2002年起在宁夏固原市头营试验基地，以抗旱抗逆性强、高产稳产、优质、熟期适中为主要目标开展定向选择。信农1号2002年生产试验平均产量为1 194.0kg/hm^2，比对照北海道地区的产量增产了16.9%；2003年生产试验平均产量981.0kg/hm^2，比对照北海道地区的产量增产16.8%；2004年生产试验平均产量1 517.3kg/hm^2，比对照北海道地区增产9.8%。信农1号3年平均产量为1 230.77kg/hm^2，平均增产14.50%。通过3年大田人工选择，最终选出田间生长势强、生长整齐、结实集中的优良品系。2008年3月4日通过宁夏回族自治区农作物品种审定委员会审定。2017—2018年参加国家第十二轮甜荞品种区域比较试验。

2　品种特征

2.1　植株特征

信农1号幼苗期生长旺盛，叶色深绿，叶心形，株型紧凑，株高在73.7~136.4cm，平均主茎节为9.7个，平均主茎分枝4.5个，平均株粒数73.7个，平均株粒重1.9g。

2.2　花部特征

花序为总状花序，花朵密集成簇，一簇有20~30朵花，花较大，有香味，白色，如图1所示。雄蕊不外伸或稍外露，8枚雄蕊呈二轮排列，内3外5；雌蕊1枚，为三心皮联合组成，柱头、花柱分离。子房三棱形，异花授粉，基部附近有8个突起的黄色蜜腺，呈圆球状，黄色透明，能分泌蜜液，呈油状且有香味。

图1　信农1号花部特征

2.3 籽粒特征

如图 2 所示，信农 1 号的籽粒为三棱卵圆形瘦果，籽粒棱角明显，先端渐尖，果皮革质，表面与边缘光滑，无腹沟，种皮颜色灰褐色，种皮颜色因成熟度不同而稍有差异，成熟好的色泽深，成熟差的色泽浅。千粒重 26.7g，籽粒饱满。经农业农村部谷物及制品质量监督检验测试中心（哈尔滨）测定，信农 1 号籽粒中氨基酸总含量（干基）为 13.10%（其中赖氨酸 0.80%），粗蛋白含量（干基）13.60%，粗脂肪含量（干基）2.63%，粗纤维含量（干基）12.55%，粗淀粉含量（干基）60.0%，灰分含量（干基）2.22%，水分含量 12.1%。

图 2　信农 1 号籽粒特征

2.4 其他特性

信农 1 号的全生育期为 77~99d，属于中熟品种，在抗旱、抗倒伏、耐瘠薄等方面表现突出。田间生长势强，生长整齐，结实集中，落粒性中等，适合机械化栽培和收割，具有较广的生态适应性。

3 产量表现

信农 1 号于 2017—2018 年参加了第十二轮国家甜荞品种区域试验。试验在全国范围内设 14 个试点，以平荞 2 号为对照，采用随机区组排列，重复 3 次，小区面积 $10m^2$。在参试的 9 个品种中，信农 1 号的平均产量为 1 492.5kg/hm^2，位居第 4，较对照增产 2.01%；其在陕西延安和甘肃定西 2 个试点的产量位居第 1。具体产量情况如表 1、表 2 所示。由表 1 可以看出，信农 1 号在内蒙古武川、甘肃定西和陕西延安的产量表现较好，其中在内蒙古武川地区的产量比对照增产高达 62.90%；产量超过对照品种的还有吉林白城、山西大同、山西忻州、陕西榆林等地，其中山西大同和忻州地区分别增产 0.36%和 0.85%，与对照产量相近。信农 1 号在内蒙古赤峰和山西太原地区较对照平荞 2 号分别减产 24.40%和 21.49%，不建议在这两个区域推广；较对照减产的地区还有内蒙古通辽、甘肃平凉、宁夏固原、云南昆明、贵州毕节等地。

由表 2 可以看出，信农 1 号在 2017 年、2018 年各试点的平均千粒重均高于对照平荞 2 号；单株粒重方面，2018 年较对照低。

表 1　第十二轮国家甜荞品种区域试验中信农 1 号产量表现

试点	2017 年产量（kg/hm²）	2018 年产量（kg/hm²）	平均产量（kg/hm²）	对照平荞 2 号产量（kg/hm²）	较对照增产（%）
吉林白城		2 616.7	2 616.7	2 583.3	1.29
内蒙古通辽	1 751.2	1 193.3	1 472.3	1 501.1	- 1.92
内蒙古赤峰	1 145.2	910.0	1 027.6	1 395.2	-24.40
内蒙古武川	534.6	1 036.7	790.2	485.1	62.90
山西大同	985.8	1 998.7	1 492.3	1 487.0	0.36
山西忻州	2 367.9	1 210.0	1 789.0	1 773.9	0.85
山西太原	1 434.1	1 660.0	1 547.1	1 970.5	-21.49
陕西延安	2 067..7	1 728.3	1 898.0	1 624.5	16.84
陕西榆林	2 114.4	900.0	1 507.2	1 428.9	5.48
甘肃平凉	1 800.9	2 206.7	2 003.8	2 193.8	-8.66
甘肃定西	1 747.5	450.0	1 098.8	808.7	35.87
宁夏固原	433.6	1 730.0	1 081.8	1 365.2	-20.76
云南昆明	1 667.5	614.3	1 140.9	1 210.1	-5.72
贵州毕节	1 627.5	1 230.0	1 428.8	1 535.5	-6.95

表 2　信农 1 号的各试点平均单株粒重和千粒重

年份	品种名称	单株粒重（g）	千粒重（g）
2017	信农 1 号	4.7	29.8
	平荞 2 号	4.4	28.5
2018	信农 1 号	3.9	28.7
	平荞 2 号	4.4	28.3

4　品种适应性

本品种抗旱性表现好，适宜在宁夏固原、甘肃定西、陕西延安、内蒙古武川等部分地区及干旱、半干旱地区为主的荞麦主产区进行旱地种植。信农 1 号在内蒙古赤峰和山西太原地区的产量较低，适应性较差，应慎重推广。信农 1 号的抗旱性和抗倒伏性总体上较强，具有较广的适应范围。

5 栽培要点

选地：选地势平坦的川旱地或山旱地种植，以豆茬、马铃薯和小麦茬为宜。宁夏南部山区部分地区的山地种植表现较好。

施肥：重施基肥，配施化肥，以秋施肥为主，一般施腐熟农家肥 1 500~3 000kg/亩，磷酸二铵 10kg/亩。

播种：固原地区荞麦主产区正茬播种以 6 月中下旬为宜。适宜播种量为 3.0~3.5kg/亩，田间留苗（6~7）$\times 10^4$ 株/亩。推荐采用宽窄行种植代替传统的撒播种植，可以提高产量。

管理：苗期及时中耕锄草。盛花期创造条件进行人工辅助授粉，或者推荐每亩采用 1~2 箱蜜蜂进行传粉，提高结实率。

收获：当 70%以上籽粒变为灰褐色时及时收获，避免落粒造成减产。本品种生长整齐，可用机械收获。

参考文献（略）

本文发表在《南方农业》2021，15（31）。作者：李耀栋，常克勤*，杨崇庆，杜燕萍，穆兰海。

燕麦新品种固燕1号选育过程及栽培要点

摘要：固燕1号——宁夏农林科学院固原分院（原固原市农业科学研究所）于2007年从定西市农科院引进高代材料（代号为8709-4，亲本：731-2-2-1-2x品5号）通过系统选育而成。2015—2017年生产试验，折合平均产量1 936.0kg/hm²，较对照品种燕科1号（折合平均产量1 790.0kg/hm²）增产8.2%。该品种生育期平均94d，属中熟品种，抗寒、抗旱性强、耐瘠薄，丰产、稳产性好。适宜在宁夏南部半干旱、二阴山区及同类型生态区域种植。

关键词：裸燕麦，新品种，固燕1号，选育

燕麦（*Avena sative* L.）是禾本科燕麦属一年生草本植物，其易于栽培、产量高、品质好，抗旱、耐寒、对土壤的适应能力强。燕麦分为皮燕麦（*A. sativa* L.）和裸燕麦（*A. nuda* L.），世界各地主要以种植皮燕麦为主，国内燕麦种植主要以裸燕麦为主，占我国燕麦种植面积的90%以上。燕麦有着悠久的栽培历史，中国西北部是世界公认的4个燕麦起源中心之一。燕麦含有丰富的营养元素，还具有保健作用，如：降血糖、降血脂、促进益生菌繁殖、抗氧化以及增强抵抗力等。

1　亲本来源及选育经过

宁夏农林科学院固原分院于2007年从定西市农科院引进高代材料8709-4（亲本：731-2-2-1-2x品5号）经过多年定向系统选育而成。2023年通过宁夏回族自治区科学技术厅审核登记，登记号为9642023Y0235。

2007年从定西市农科院引进高代材料8709-4，2008年对引进的高代材料8709-4进行株系种植，当年收获株系代号8709-4-9；2009年进行株行试验，筛选出优异株系（品系）8709-4-9-32；2010—2011年进行品系鉴定试验；2012—2014年品系比较试验；2015—2017年生产试验；2018—2020年多位点生产示范。

2　产量表现

2.1　品鉴试验

2010—2011年，燕麦新品种（系）引进鉴定试验结果，固燕1号折合平均产量2 053.5kg/hm²，较对照燕科1号（折合平均产量1 625.3kg/hm²）增产26.3%，在参试材料中居第1位（表1）。

表 1　2010—2011 年燕麦品种（系）鉴定试验产量结果

年份	品种（系）编号	小区产量（kg/20m²）	比对照增减产（%）	折公顷产（kg/hm²）	位次
2010	2004R-17	4.85	20.0	2 425.5	2
	8709-4-9-32	5.28	30.7	2 640.0	1
	H44	3.56	-11.9	1 780.5	8
	花晚 6 号	3.67	-9.2	1 834.5	7
	燕 2008	4.40	8.9	2 200.5	3
	XZ04148	4.20	3.9	2 100.0	5
	蒙燕 833-1-1	4.39	8.6	2 194.5	4
	张燕七号	3.51	-13.1	1 755.0	9
	坝莜 10 号	3.37	-16.6	1 684.5	10
	燕科 1 号（CK）	4.04	—	2 020.5	6
2011	2009yd-01	2.5	1.6	1 249.5	8
	2009yd-02	2.52	2.4	1 260.0	7
	2009yd-03	2.68	8.9	1 339.5	2
	2009yd-04	2.6	5.7	1 300.5	5
	2009yd-05	2.32	-5.7	1 159.5	9
	2009yd-06	2.64	7.3	1 320.0	3
	2009yd-07	2.6	5.7	1 300.5	5
	2009yd-08	2.22	-9.7	1 110.0	12
	2009yd-09	2.26	-8.2	1 129.5	11
	2009yd-10	2.56	4.0	1 279.5	5
	2009yd-11	1.7	-31.1	847.5	13
	8709-4-9-32	2.94	19.3	1 467.0	1
	200109-8-3	2.62	6.5	1 309.5	4
	9750-6-1-2-4	2.32	5.7	1 159.5	10
	燕科 1 号（CK）	2.46	—	1 230.0	9

2.2　品比试验

2012—2014 年，试验设在固原市原州区彭堡镇彭堡村，参试品种（系）12 个，采用随机区组排列，三次重复，小区面积 10m²，11 行区，行距 25cm。根据三年品比试验结果，固燕 1 号生育日数 90～99d，平均株高 96.5～104.0cm，穗长 16.8～19.3cm，穗铃 27.6～35.0 个，穗粒数 44.6～85.0 粒，穗粒重 1.0～1.6g，千粒重 13.9～21.8g。折合平均产量 2 004.0kg/hm²，较对照燕科 1 号（折合平均产量 1 643.4kg/hm²）增产 21.9%，在 12 个材料参试材料中居第 1 位。表 2 至表 6 是 2012—2014 年品比试验结果。

表 2　2012—2014 年燕麦（裸）品种比较试验物候期及抗逆性

年份	品种（系）编号	播期（月/日）	出苗期（月/日）	拔节期（月/日）	抽穗期（月/日）	成熟期（月/日）	生育天数（d）	抗旱性	抗倒伏性	抗病虫性
2012	XZ04148	4/13	4/29	5/31	6/20	7/28	90	强	强	强
	9737-33	4/13	4/29	5/29	6/18	7/28	90	强	中	强
	燕 2008	4/13	4/29	5/31	6/22	7/29	91	强	强	强
	9404-13	4/13	4/29	5/29	6/24	7/27	89	强	强	强
	燕科 1 号（CK）	4/13	4/29	5/26	6/26	7/31	93	强	强	强
	2004R-17	4/13	4/29	5/28	6/15	7/26	88	强	强	强
	200138-3-2	4/13	4/29	5/31	6/21	8/4	97	强	强	强
	H44	4/13	4/29	5/31	6/28	8/6	99	强	强	强
	9504-2	4/13	4/29	5/29	6/23	7/28	90	强	强	强
	9612-32	4/13	4/29	5/29	6/22	7/28	90	强	中	强
	9410-2	4/13	4/29	5/28	6/20	7/28	90	强	强	强
	8709-4-9-32	4/13	4/29	5/29	6/24	7/28	90	强	强	强
2013	XZ04148	4/8	4/23	5/31	6/23	8/1	101	强	强	强
	9737-33	4/8	4/23	5/29	6/17	7/29	98	中	强	强
	燕 2008	4/8	4/23	5/29	6/24	7/29	98	中	强	强
	9404-13	4/8	4/23	5/29	6/25	7/29	98	强	强	强
	燕科 1 号（CK）	4/8	4/23	5/31	6/27	7/29	98	中	强	强
	2004R-17	4/8	4/23	5/31	6/16	7/27	96	中	强	强
	200138-3-2	4/8	4/23	5/31	6/23	7/30	99	中	强	强
	H44	4/8	4/23	6/1	6/29	8/2	102	中	强	强
	9504-2	4/8	4/23	5/31	6/24	7/29	98	强	强	强
	9612-32	4/8	4/23	5/31	6/23	7/30	99	中	弱	强
	9410-2	4/8	4/23	5/27	6/23	7/29	98	中	强	强
	8709-4-9-32	4/8	4/23	5/28	6/27	7/30	99	强	强	强

（续表）

年份	品种（系）编号	播期（月/日）	出苗期（月/日）	拔节期（月/日）	抽穗期（月/日）	成熟期（月/日）	生育天数（d）	抗旱性	抗倒伏性	抗病虫性
2014	XZ04148	4/30	5/10	6/29	8/14	8/15	96	强	弱	强
	9737-3-2-11	4/30	5/10	6/30	8/10	8/8	94	强	弱	强
	燕 2008	4/30	5/10	6/27	8/10	8/15	96	强	弱	强
	9404-13	4/30	5/10	7/3	8/12	8/14	95	强	强	强
	燕科 1 号（CK）	4/30	5/10	6/27	8/14	8/15	96	强	强	强
	2004R-17	4/30	5/10	6/28	8/12	8/12	93	强	弱	强
	200138-3-2	4/30	5/10	6/29	8/14	8/17	98	强	强	强
	H44	4/30	5/10	7/8	8/16	8/19	100	强	强	强
	9504-2	4/30	5/10	7/3	8/14	8/13	94	强	弱	强
	9612-32	4/30	5/10	7/1	8/12	8/14	95	强	弱	强
	9410-2	4/30	5/10	7/3	8/14	8/13	94	强	强	强
	8709-4-9-32	4/30	5/10	7/1	8/12	8/14	95	强	强	强

表 3　2012—2014 年燕麦（裸）品种比较试验群体动态

年份	品种（系）编号	苗数（株/m^2）	单株分蘖数（个）	茎数（个/m^2）	穗数（个/m^2）	成穗率（%）	单株穗数（个）
2012	XZ04148	201	2.0	460	281	61.1	1.8
	9737-33	210	2.9	537	382	71.1	2.7
	燕 2008	240	1.9	362	247	68.2	1.6
	9404-13	166	2.5	318	245	77.0	2.2
	燕科 1 号（CK）	226	1.9	544	436	80.1	1.6
	2004R-17	272	2.1	507	340	67.1	2.1
	200138-3-2	257	3.1	558	458	82.1	2.7
	H44	336	2.0	590	452	76.6	1.8
	9504-2	265	2.3	524	428	81.7	2.2
	9612-32	239	1.8	425	337	79.3	1.5
	9410-2	260	2.5	589	405	68.8	2.2
	8709-4-9-32	263	2.8	379	360	95.0	1.5

（续表）

年份	品种（系）编号	苗数（株/m²）	单株分蘖数（个）	茎数（个/m²）	穗数（个/m²）	成穗率（%）	单株穗数（个）
2013	XZ04148	369.9	1.5	465.6	425.7	91.4	1.5
	9737-33	379.5	1.5	449.6	422.4	94.0	1.5
	燕 2008	418.0	1.3	495.0	440.0	88.9	1.3
	9404-13	407.0	1.6	456.5	383.6	84.0	1.5
	燕科 1 号（CK）	398.2	1.1	462.8	396.8	85.7	1.1
	2004R-17	410.6	2.0	496.4	467.5	94.2	1.9
	200138-3-2	389.7	1.5	539.8	497.5	92.2	1.3
	H44	445.5	1.1	524.7	518.9	98.9	1.1
	9504-2	391.9	1.4	463.9	397.4	85.7	1.4
	9612-32	393.5	1.4	489.2	429.8	87.9	1.3
	9410-2	374.3	1.3	435.3	395.7	90.9	1.3
	8709-4-9-32	375.4	1.6	462.8	425.4	91.9	1.4
2014	XZ04148	493.2	0.8	555.6	496.3	88.4	1.1
	9737-3-2-11	536.8	0.9	582.4	537.8	92.5	1.2
	燕 2008	477.2	1.4	511.6	473.1	92.7	1.5
	9404-13	518.6	1.2	575.6	512.7	88.6	1.1
	燕科 1 号（CK）	541.1	0.9	577.0	518.6	85.4	0.9
	2004R-17	516.4	1.0	588.6	527.2	86.4	1.3
	200138-3-2	496.1	0.9	553.4	504.2	88.8	1.1
	H44	507.0	0.7	528.0	483.6	89.2	1.4
	9504-2	487.2	1.5	564.2	461.7	85.4	1.4
	9612-32	489.7	0.9	556.0	515.3	94.1	1.0
	9410-2	498.6	0.8	533.8	488.2	90.1	1.0
	8709-4-9-32	523.6	1.0	5 558.4	551.2	97.6	1.3

表 4　2012—2014 年燕麦（裸）品种比较试验形态特征

年份	品种（系）编号	幼苗习性	叶色	株型	穗型	小穗型	稃色	粒型	粒色
2012	XZ04148	直立	绿色	紧凑	周散	串铃	黄色	纺锤形	黄色
	9737-33	直立	绿色	紧凑	侧散	串铃	黄色	纺锤形	黄色
	燕 2008	直立	深绿色	紧凑	周散	串铃	黄色	纺锤形	黄色

（续表）

年份	品种（系）编号	幼苗习性	叶色	株型	穗型	小穗型	稃色	粒型	粒色
2012	9404-13	直立	深绿色	紧凑	周散	串铃	黄色	长筒形	白色
	燕科 1 号（CK）	直立	深绿色	紧凑	周紧	串铃	黄色	长筒形	白色
	2004R-17	直立	浅绿色	松散	侧散	串铃	白色	长筒形	黄色
	200138-3-2	直立	深绿色	紧凑	周散	纺锤	黄色	椭圆形	黄色
	H44	直立	深绿色	紧凑	周散	串铃	黄色	纺锤形	黄色
	9504-2	直立	深绿色	紧凑	侧散	串铃	黄色	长筒形	黄色
	9612-32	直立	绿色	紧凑	侧散	鞭炮	黄色	长筒形	黄色
	9410-2	直立	绿色	紧凑	侧散	鞭炮	黄色	长筒形	黄色
	8709-4-9-32	直立	深绿色	紧凑	周散	串铃	黄色	长筒形	黄色
2013	XZ04148	直立	绿色	紧凑	侧散	串铃	黄色	长筒形	黄色
	9737-33	直立	绿色	紧凑	侧紧	串铃	黄色	纺锤形	黄色
	燕 2008	直立	深绿色	紧凑	周紧	串铃	黄色	纺锤形	黄色
	9404-13	直立	深绿色	紧凑	周散	串铃	黄色	长筒形	黄色
	燕科 1 号（CK）	直立	深绿色	紧凑	周紧	串铃	黄色	长筒形	黄色
	2004R-17	直立	绿色	松散	侧紧	串铃	黄色	卵形	黄色
	200138-3-2	直立	绿色	紧凑	周散	串铃	黄色	长筒形	黄色
	H44	直立	深绿色	紧凑	周散	串铃	黄色	长筒形	红色
	9504-2	直立	绿色	紧凑	周散	串铃	黄色	长筒形	黄色
	9612-32	直立	绿色	紧凑	侧散	串铃	黄色	长筒形	黄色
	9410-2	直立	深绿色	紧凑	侧散	鞭炮	黄色	长筒形	黄色
	8709-4-9-32	直立	深绿色	紧凑	周散	串铃	黄色	长筒形	黄色
2014	XZ04148	直立	绿色	紧凑	侧散	串铃	黄色	长筒形	黄色
	9737-3-2-11	直立	深绿色	紧凑	侧紧	串铃	黄色	纺锤形	黄色
	燕 2008	直立	绿色	紧凑	周紧	串铃	黄色	纺锤形	黄色
	9404-13	直立	深绿色	紧凑	周散	串铃	黄色	长筒形	黄色
	燕科 1 号（CK）	直立	绿色	紧凑	周紧	串铃	黄色	长筒形	黄色
	2004R-17	直立	绿色	松散	侧紧	串铃	黄色	卵形	黄色
	200138-3-2	直立	绿色	紧凑	周散	串铃	黄色	长筒形	黄色
	H44	直立	绿色	紧凑	周散	串铃	黄色	长筒形	红色
	9504-2	直立	绿色	紧凑	周散	串铃	黄色	长筒形	黄色
	9612-32	直立	绿色	紧凑	侧散	串铃	黄色	长筒形	黄色
	9410-2	直立	深绿色	紧凑	侧散	鞭炮	黄色	长筒形	黄色
	8709-4-9-32	直立	深绿色	紧凑	周散	串铃	黄色	长筒形	黄色

表 5 2012—2014 年燕麦（裸）品种比较试验经济性状

年份	品种（系）编号	株高（cm）	穗长（cm）	小穗数（穗）	单株粒数（粒）	单株粒重（g）	千粒重（g）
2012	XZ04148	89.1	13.6	37.4	68.5	1.7	23.4
	9737-33	101.4	15.1	25.7	62.5	1.6	24.3
	燕 2008	102.2	14.7	30.4	64.8	1.6	22.8
	9404-13	107.0	19.9	43.0	99.2	2.2	22.5
	燕科 1 号（CK）	102.3	16.3	46.6	66.0	1.5	22.2
	2004R-17	95.0	13.2	17.4	50.9	1.4	25.8
	200138-3-2	101.1	12.9	31.2	59.1	1.7	26.5
	H44	107.0	16.0	22.8	47.1	1.2	23.3
	9504-2	98.8	19.5	43.0	93.7	2.1	20.9
	9612-32	118.7	20.6	38.3	51.9	1.3	25.3
	9410-2	110.6	17.2	26.4	74.1	1.8	23.7
	8709-4-9-32	104.0	16.8	35.0	70.1	1.6	20.7
2013	XZ04148	87.3	13.6	22.1	48.6	0.8	13.6
	9737-33	91.8	14.9	19.0	41.8	0.7	16.7
	燕 2008	94.9	14.6	28.1	75.5	1.1	14.0
	9404-13	92.8	17.1	25.0	54.1	0.8	15.5
	燕科 1 号（CK）	88.1	17.3	34.9	74.0	1.0	14.1
	2004R-17	91.9	15.0	18.1	46.2	0.8	16.7
	200138-3-2	82.9	13.0	22.9	46.1	0.8	17.3
	H44	102.1	15.9	26.5	73.4	1.0	14.1
	9504-2	90.1	17.2	29.5	61.7	0.9	14.0
	9612-32	97.5	15.6	22.9	59.4	0.8	13.7
	9410-2	95.8	16.3	20.1	60.8	0.8	13.8
	8709-4-9-32	96.5	18.9	30.2	85.0	1.0	13.9
2014	XZ04148	104.3	18.7	17.0	38.6	0.8	22.6
	9737-3-2-11	97.6	18.2	24.3	43.2	1.1	24.1
	燕 2008	99.3	16.5	14.3	33.4	0.8	22.1
	9404-13	103.2	18.7	15.6	41.3	1.0	23.1
	燕科 1 号（CK）	87.4	13.5	18.6	41.2	0.9	22.6
	2004R-17	85.6	15.4	14.2	25.6	0.7	24.9
	200138-3-2	99.6	17.7	23.2	45.3	1.0	25.8
	H44	88.9	17.9	17.8	36.7	0.7	22.6
	9504-2	98.7	19.5	18.2	43.8	0.9	21.7
	9612-32	93.2	18.6	23.4	38.5	0.7	24.7
	9410-2	103.2	18.6	17.8	33.2	0.9	22.9
	8709-4-9-32	96.8	19.3	27.6	44.6	1.1	21.8

表 6　2012—2014 年品种比较试验产量结果

年份	品种（系）编号	小区产量 (kg/10m²)	比对照增减产 (%)	折公顷产 (kg/hm²)	位次
2012	XZ04148	1.99	-1.0	1 990.1	6
	9737-33	2.22	10.4	2 220.1	4
	燕 2008	2.33	15.9	2 330.1	3
	9404-13	1.99	-1.0	1 990.1	6
	燕科 1 号（CK）	2.01	—	2 010.1	5
	2004R-17	1.96	-2.5	1 960.0	8
	200138-3-2	1.98	-1.5	1 980.0	7
	H44	2.53	25.9	2 530.1	2
	9504-2	2.22	10.4	2 220.1	4
	9612-32	1.62	-19.4	1 620.1	9
	9410-2	2.01	0	2 010.1	5
	8709-4-9-32	2.58	28.4	2 580.0	1
2013	XZ04148	1.07	30.5	1 070.0	2
	9737-33	0.70	-14.6	700.0	8
	燕 2008	0.89	8.5	890.0	4
	9404-13	0.92	12.2	920.0	3
	燕科 1 号（CK）	0.82	—	820.0	5
	2004R-17	0.79	-3.7	790.0	6
	200138-3-2	0.71	-13.4	710.0	7
	H44	0.59	-28.0	590.0	9
	9504-2	1.08	31.6	1 080.0	1
	9612-32	0.50	-39.0	500.0	11
	9410-2	0.58	-29.3	580.0	10
	8709-4-9-32	1.08	31.6	1 080.0	1
2014	XZ04148	2.25	7.1	2 250.0	7
	9737-33	2.36	12.4	2 359.5	1
	燕 2008	2.21	5.2	2 209.5	9
	9404-13	2.29	9.1	2 290.5	4
	燕科 1 号（CK）	2.10	-	2 100.0	11
	2004R-17	2.26	7.6	2 260.5	6
	200138-3-2	2.28	8.6	2 280.0	5
	H44	2.22	5.7	2 220.0	8
	9504-2	2.32	10.5	2 320.5	3
	9612-32	2.09	-0.5	2 089.5	12
	9410-2	2.19	4.3	2 190.0	10
	8709-4-9-32	2.35	12.0	2 352.0	2

2.3 生产试验

2015—2017 年，根据三年生产试验结果，固燕 1 号生育期 90～97d，平均 94d，属中熟品种。株高 85.8～100.4cm，穗长 19.7～21.1cm，主穗铃数 24.3 个，单株粒数 40.6 粒，单株粒重 0.89g，千粒重 20.2g。经济性状优，丰产性好，较稳产，抗旱性强，抗红叶病。通过三年 12 点次结果统计分析，固燕 1 号产量1 605.0～2 124.0kg/hm^2，平均产量1 936.0kg/hm^2，较对照燕科 1 号增产 6.3%～11.2%，平均增产 8.2%。三年 12 点次中，有 9 点次增产，增产幅度为 4.5%～20.8%，其中有 6 点次增产幅度超过 10%，最高产量2 694.0kg/hm^2。表 7 至表 9 所示为 2015—2017 年品种生产试验结果。

表 7　2015—2017 年宁夏燕麦（裸）品种生产试验生育期记载

年份	品种（系）编号	试验点名称	播种期 月/日	出苗期 月/日	抽穗期 月/日	成熟期 月/日	收获期 月/日	生育日数 (d)
2015	8709-4-9-32	固原分院头营基地	4.20	5.6	6.26	8.5	8.7	91
		彭阳南山村	4.11	4.28	7.7	8.2	8.2	96
		西吉芦子沟村	5.5	5.16	7.20	8.19	8.20	93
		海原武塬村	4.19	5.3	7.7	8.1	8.1	90
		平均						92.5
	燕科 1 号	固原分院头营基地	4.20	5.6	6.25	8.3	8.7	89
		彭阳南山村	4.11	4.28	7.6	8.2	8.2	96
		西吉芦子沟村	5.5	5.16	7.15	8.20	8.20	93
		海原武塬村	4.19	5.3	7.5	8.1	8.1	90
		平均						92.5
2016	8709-4-9-32	固原分院头营基地	4.18	5.3	6.29	8.4	8.6	92
		彭阳南山村	4.8	4.23	6.20	8.1	8.1	100
		西吉芦子沟村	4.15	4.30	6.30	8.11	8.13	103
		海原武塬村	4.25	5.12	6.30	8.13	8.16	92
		平均						97
	燕科 1 号	固原分院头营基地	4.18	5.3	6.27	8.2	8.6	90
		彭阳南山村	4.8	4.23	6.22	8.2	8.1	101
		西吉芦子沟村	4.15	4.30	7.2	8.13	8.13	102
		海原武塬村	4.25	5.11	6.29	8.16	8.16	95
		平均						97

（续表）

年份	品种（系）编号	试验点名称	播种期 月/日	出苗期 月/日	抽穗期 月/日	成熟期 月/日	收获期 月/日	生育日数 (d)
2017	8709-4-9-32	固原分院头营基地	5.9	5.19	7.20	8.19	8.21	91
		彭阳南山村	4.16	4.30	6.1	8.9	8.9	101
		西吉芦子沟村	4.12	4.23	6.25	8.3	8.6	102
		海原武塬村	4.18	5.1	6.23	7.29	7.29	89
		平均						96
	燕科1号	固原分院头营基地	5.9	5.19	7.19	8.18	8.21	90
		彭阳南山村	4.16	4.30	6.1	8.9	8.9	101
		西吉芦子沟村	4.12	4.23	6.25	8.6	8.6	105
		海原武塬村	4.18	5.1	6.22	7.25	7.29	86
		平均						96

表8　2015—2017年宁夏燕麦（裸）品种生产试验经济性状

年份	品种（系）编号	试验点名称	株高 (cm)	主穗长 (cm)	穗铃数 (个)	穗粒数 (个)	穗粒重 (g)	千粒重 (g)
2015	8709-4-9-32	固原分院头营基地	79.6	20.6	21.2	44.8	0.97	19.7
		彭阳南山村	71.4	22.6	24.4	42.6	0.92	19.2
		西吉芦子沟村	106.7	21.1	36.1	47.1	1.0	20.4
		海原武塬村	85.4	20.2	20.1	43.0	0.81	20.8
		平均	85.8	21.1	25.5	44.4	0.93	20.0
	燕科1号	固原分院头营基地	74.3	18.9	21.5	42.6	0.91	19.4
		彭阳南山村	75.2	20.1	21.2	40.3	0.79	19.7
		西吉芦子沟村	100.5	19.6	24.0	37.1	0.88	19.5
		海原武塬村	87.1	17.1	20.9	35.2	0.80	18.1
		平均	84.3	18.9	21.9	38.8	0.85	19.1
2016	8709-4-9-32	固原分院头营基地	79.7	20.7	21.2	32.9	0.73	18.7
		彭阳南山村	108.4	19.9	23.3	39.2	1.1	19.5
		西吉芦子沟村	111.6	22.2	26.1	46.1	1.0	21.1
		海原武塬村	101.9	18.6	18.5	40.3	0.9	20.4
		平均	100.4	20.4	22.3	39.6	0.93	19.9

（续表）

年份	品种（系）编号	试验点名称	株高（cm）	主穗长（cm）	穗铃数（个）	穗粒数（个）	穗粒重（g）	千粒重（g）
2016	燕科1号	固原分院头营基地	81.3	19.9	20.8	39.6	0.81	21.0
		彭阳南山村	104.7	20.2	24.6	38.1	0.9	21.4
		西吉芦子沟村	107.2	19.3	23.5	42.8	0.8	19.7
		海原武塬村	97.2	19.9	20.1	38.6	0.7	21.7
		平均	97.6	19.8	22.3	39.8	0.8	21.0
2017	8709-4-9-32	固原分院头营基地	87.6	20.4	14.5	37.3	0.88	22.2
		彭阳南山村	85.3	22.3	33.4	33.9	0.71	20.2
		西吉芦子沟村	116.9	17.2	34.1	41.7	0.83	19.7
		海原武塬村	79.1	18.9	17.8	38.8	0.82	21.1
		平均	92.2	19.7	25.0	37.9	0.81	20.8
	燕科1号	固原分院头营基地	81.3	19.2	21.6	39.9	0.67	19.3
		彭阳南山村	74.1	20.2	26.1	38.5	0.80	20.6
		西吉芦子沟村	94.7	18.5	21.8	41.6	0.73	19.8
		海原武塬村	67.7	18.9	20.6	33.3	0.9	18.2
		平均	79.5	19.2	22.5	38.3	0.78	19.5

表9　2015—2017年宁夏燕麦（裸）品种生产试验抗逆性鉴定与产量结果

年份	品种（系）编号	试验点名称	抗旱性	抗倒性	抗病性	小区产量（kg）	折公顷产（kg/hm^2）	比CK增产（%）
2015	8709-4-9-32	固原分院头营基地	强	强	强	72.2	2 166.0	9.4
		彭阳南山村	强	强	强	71.4	2 142.0	-4.9
		西吉芦子沟村	强	强	中	80.6	2 418.0	15.0
		海原武塬村	强	强	强	58.8	1 764.0	13.9
		平均				70.8	2 124.0	7.8
	燕科1号	固原分院头营基地	强	强	强	66.0	1 980.0	—
		彭阳南山村	强	强	中	75.1	2 253.0	—
		西吉芦子沟村	强	中	强	70.1	2 103.0	—
		海原武塬村	强	强	强	51.6	1 548.0	—
		平均				65.7	1 971.0	—

（续表）

年份	品种（系）编号	试验点名称	抗旱性	抗倒性	抗病性	小区产量（kg）	折公顷产（kg/hm^2）	比CK增产（%）
2016	8709-4-9-32	固原分院头营基地	强	强	强	37.6	1 128.0	-6.0
		彭阳南山村	强	强	中	65.1	1 968.0	14.1
		西吉芦子沟村	强	强	强	57.3	1 719.0	13.0
		海原武塬村	强	强	强	53.9	1 602.0	20.8
		平均				53.5	1 605.0	11.2
	燕科1号	固原分院头营基地	强	强	强	40.0	1 200.0	—
		彭阳南山村	强	强	中	57.5	1 725.0	—
		西吉芦子沟村	强	中	强	50.7	1 521.0	—
		海原武塬村	强	强	强	44.2	1 326.0	—
		平均				48.1	1 443.0	—
2017	8709-4-9-32	固原分院头营基地	强	强	中	41.8	1 254.0	9.1
		彭阳南山村	强	强	强	89.8	2 694.0	4.5
		西吉芦子沟村	强	强	强	85.4	2 562.0	19.0
		海原武塬村	强	强	强	60.0	1 800	-7.4
		平均				69.3	2 079.0	6.3
	燕科1号	固原分院头营基地	强	强	强	38.3	1 149.0	—
		彭阳南山村	强	强	强	85.9	2 577.0	—
		西吉芦子沟村	强	中	强	71.8	2 154.0	—
		海原武塬村	强	强	强	64.8	1 944.0	—
		平均				65.2	1 956.0	—

2.4 多年多位点示范

2018—2020年，在固原市三县一区6个位点进行小面积示范，平均产量1 932.0kg/hm²，较对照燕科1号平均增产9.7%。其中宁夏农林科学院固原分院观庄科研基地种植0.12hm²，平均产量2 199.0kg/hm²，较对照燕科1号增产6.9%；彭阳城阳乡长城塬燕麦新品种示范基地种植0.53hm²，平均亩产1 984.5kg/hm²，较对照燕科1号增产12.0%；彭阳古城镇温堡燕麦新品种示范基地种植0.41hm²，平均产量1 881.0kg/hm²，较对照燕科1号增产9.7%；西吉县吉强镇芦子沟燕麦新品种示范基地种植0.52hm²，平均产量1 695.0kg/hm²，较对照燕科1号增产8.6%；西吉县偏城乡大庄燕麦新品种示范基地种植0.57hm²，平均产量2 085.0kg/hm²，较对照燕科1号增产10.9%；原州区寨科乡中川燕麦新品种示范基地种植0.40hm²，平均产量

1 747.5kg/hm^2，较对照燕科1号增产10.2%。

3　特征特性

3.1　植物学特征

株高85.8~100.4cm，穗长19.7~21.1cm，主穗铃22.3~25.5个，单株粒数37.9~44.4粒，单株粒重0.8~0.9g，千粒重19.9~20.8g。籽粒呈淡黄色，长筒形。分蘖力1.8个，千粒重20.2g。

3.2　生物学特性

幼苗叶色深绿色，呈直立状，出苗率高，根系发达，籽粒落黄成熟好。穗型周散，圆锥花序，内外颖黄色，茎秆粗壮，生育期90~97d，平均94d，属中熟品种。抗寒、抗旱性强、耐瘠薄、中抗锈病。抗旱性强，抗红叶病，抗倒伏，较抗坚黑穗病。经济性状优，丰产、稳产性好。

3.3　品质特性

经农业农村部谷物品质监督检验测试中心检测，固燕1号粗蛋白含量15.63%，粗脂肪含量6.25%，赖氨酸含量0.69%，粗纤维含量1.38%，灰分1.86%。

4　适宜区域

适宜在宁夏南部半干旱、二阴山区及同类型生态区域种植。

5　栽培技术要点

5.1　选地

选中等以上肥力土地种植，前茬以豆科、马铃薯和春小麦茬为宜。

5.2　深耕耙耱

前作收获后应及早进行秋深耕，早春顶凌耙耱。

5.3　施肥

结合秋深耕基施农家肥1 000~2 000kg/亩，磷酸二铵10~15kg/亩，5~6叶期结合降雨追施尿素7.5~10kg/亩。

5.4　播种

精选种子，播前药剂拌种，4月初抢墒播种，播量7~8kg/亩，基本苗25万~30万株/亩，播深4~5cm。

5.5　田间管理

前期早锄、浅锄，保全苗促壮苗；中后期早追肥，深中耕，细管理，防虫治病害，防倒伏，防贪青。

5.6　适时收获

当燕麦穗由绿变黄，上中部籽粒变硬，当70%品种籽粒正常大小和色泽，进入黄熟时及时收获。

参考文献（略）

本文发表在《南方农业》2023（17）。作者：陈一鑫，穆兰海，杨崇庆，杜燕萍，常克勤*。

甜荞抗旱优良新品种固荞1号的选育

摘要：固荞1号是从甜荞品种丰甜1号种植的混合群体中筛选出表现好的单株，后经过多年株系选育而成的抗旱优良新品种。2017—2019年参加宁南山区荞麦品种（系）区域试验，3年6个试验点平均折合产量1 660.01kg/hm^2，较对照信农1号增产10.67%，2020年在隆德县观庄乡、彭阳县城阳镇、西吉县吉强镇、盐池县花马池乡、盐池县大水坑镇、原州区寨科乡6个示范点种植，6个示范点平均折合产量1 683.30kg/hm^2，较对照信农1号增产14.30%。该品种生育期85d，属中熟品种。该品种田间生长势强，生长整齐，抗旱强，落粒性适中，农艺性状和抗逆性表现良好，适宜种植在宁夏南部干旱、半干旱地区及周边省区。

关键词：甜荞；固荞1号；选育

荞麦（*Fagopyum esculentum* Moench）一年生草本植物，又称乌麦、三角麦、花荞等，属于廖科（PoIygnaceac）荞麦属（*Fagopyum*），是廖科中唯一的粮食作物。荞麦在全球分布很广，在亚洲和欧洲一些国家中属于一种重要的粮食作物。我国是世界上荞麦种类最多的种植历史也最为悠久国家，我国栽培的荞麦主要有甜荞和苦荞两种，种植面积居世界第二位。荞麦营养成分丰富，富含赖氨酸及黄酮类化合物，具有降低“三高”、软化血管、预防脑溢血的作用，是药食兼用的保健产品。由于荞麦具有耐寒、耐瘠薄、抗逆性强、适应性广、粗放等优点，是宁夏南部山区较为传统的特色优势农作物和抗旱避灾作物，目前，宁夏地区荞麦优良品种缺乏，广适型品种少，无论是优良品种数量，还是品种质量，都不能满足生产需要。因此，选育荞麦优良新品种是宁夏荞麦生产和产业发展的需要。

1　选育过程

2011年从贵州引进的甜荞品种丰甜1号大田种植的混合群体中人工筛选出表现优异的单株45株并单株脱粒，2012年在隔离条件下，对45个优良单株按株系种植，每个株系种1行，点播，行距33cm，株距3.5cm，隔5行株系种1行亲本，通过室内考种鉴定，在单株后代群体中获得9个优良株系，2013年进行株系筛选，设置小区，每个小区1m^2，以产量、生育期、农艺性状为技术指标，获得综合性状好的3个优良品系出圃，参加2014年甜荞品系鉴定试验，对照为信农1号，以产量为指标进行品系鉴定筛选，其中编号为固TX14-29的株系以株高中等、生长整齐、性状稳定、花色、株型、茎色、粒色、熟性一致的混合收获脱粒。2015—2016年参加甜荞品种（系）比较试验。2017—2019年参加宁南山区荞麦品种（系）区域试验，2020年进行了生产示范。2023年宁夏回族自治区科学技术厅登记成果名为固荞1号。

2 产量表现

2.1 甜荞品种（系）比较试验产量结果

2015—2016 年固荞 1 号在宁夏农林科学院固原分院头营科研基地进行了 2 年甜荞品种（系）比较试验。2 年试验设在宁夏农林科学院固原分院头营科研基地，土壤类型黑垆土，山旱地，前茬燕麦，肥力中等，耕地深度 20cm，整地质量良好，基施磷酸二铵 10kg/亩。试验参试品种（系）9 个（含对照），对照为信农 1 号，随机区组排列，重复三次，小区面积 $10m^2$（2.5m×4m），每小区播量1 050粒，每小区种 9 行，行距 33cm，区距 80cm，重复间距 100cm。生育期末追施其他肥料，生育期间除草 2 次。2015 年固荞 1 号在甜荞品种（系）比较试验中生育日数 84d。株高 51.51cm，主茎分枝 3.82 个，主茎节数 10.20 节，单株粒重 2.00g，千粒重 29.22g。平均单产 980.00kg/hm^2，比对照增产 15.33%，在 9 个参试品种（系）中平均单产居第 1 位。2016 年固荞 1 号在甜荞品种（系）比较试验中生育日数 85d。株高 68.20cm，主茎分枝 4.71 个，主茎节数 11.13 节，单株粒重 4.96g，千粒重 30.13g。平均单产 1 939.01kg/hm^2，比对照信农 1 号（CK）增产 42.61%，在 9 个参试品种（系）中平均单产居第 1 位。固荞 1 号 2 年在甜荞品种（系）比较试验中，田间生长整齐，长势强，丰产性状好，抗逆性强，有效分枝、单株粒数较多，单株产量高，2 年平均折合产量为 1 459.51kg/hm^2，较对照信农 1 号平均增产 28.97%。

2.2 宁南山区荞麦品种（系）区域试验产量结果

2017—2019 年 3 年固荞 1 号参加宁南山区荞麦品种（系）区域试验，3 年试验结果见表 1、表 2。宁南山区荞麦品种（系）区域试验在宁夏设了 6 个试验点，即宁夏农林科学院固原分院头营科研基地、西吉县马建乡台子村、彭阳县白阳镇南山村、海原县贾塘乡黄坪村、同心县豫旺镇南塬村、盐池县花马池镇田记掌村。6 个试验点均为山旱地，肥力中等，耕地深度 20cm，整地质量良好，基施磷酸二铵 10kg/亩。参试品种 5 个（含对照），以信农 1 号为对照，采用随机区组排列，重复 3 次，小区面积 $10m^2$（2.5m×4m），每小区播量1 050粒，每小区种 9 行，行距 33cm，区距 80cm，重复间距 100cm。生育期末追施其他肥料，生育期间除草 2 次。固荞 1 号 3 年 6 个点平均折合产量1 660.01kg/hm^2，较对照品种信农 1 号（3 年 6 个点平均折合产量1 500.01kg/hm^2）增产 10.67%。3 年 6 个点固荞 1 号品种平均位次和试点平均位次均居第 2 位（表 3）。

表 1 宁南山区荞麦品种（系）区域试验生育日数及主要经济性状汇总

生育日数经济性状	年份	固荞 1 号	固原红花荞	定甜荞 3 号	固荞 3 号	信农 1 号（CK）
生育日数（d）	2017	88	85	86	84	83
	2018	85	84	85	85	84
	2019	81	83	81	81	81
	平均	85	84	84	83	83

（续表）

生育日数经济性状	年份	固荞1号	固原红花荞	定甜荞3号	固荞3号	信农1号（CK）
株高（cm）	2017	71.01	77.00	75.84	70.03	65.45
	2018	80.52	83.73	86.51	87.62	77.52
	2019	103.00	94.80	104.40	97.01	90.60
	平均	84.84	85.18	88.92	84.89	77.86
主茎分枝数（个）	2017	5.11	4.93	5.13	5.52	4.41
	2018	4.67	4.46	4.79	4.98	4.51
	2019	5.72	6.02	5.30	5.61	5.10
	平均	5.17	5.14	5.07	5.37	4.67
主茎节数（节）	2017	11.12	11.21	10.97	10.73	10.13
	2018	10.76	10.56	10.29	10.26	10.09
	2019	12.00	12.01	11.21	11.62	11.33
	平均	11.29	11.26	10.82	10.87	10.52
单株粒重（g）	2017	2.30	1.38	2.14	2.21	2.20
	2018	2.12	1.71	2.40	2.41	2.02
	2019	2.24	1.73	2.21	2.21	2.00
	平均	2.22	1.61	2.25	2.28	2.07
千粒重（g）	2017	30.50	27.80	28.70	32.21	31.01
	2018	28.14	24.11	26.22	30.70	25.04
	2019	29.62	26.10	27.31	31.21	29.21
	平均	29.42	26.00	27.41	31.37	28.42

表2 宁南山区荞麦品种（系）区域验试产量结果汇总

品种（系）	试点	小区产量（kg/10m²）			平均	试点位次	品种平均	折合产量		与对照增减产（%）	位次
		2017年	2018年	2019年				（kg/亩）	（kg/hm²）		
固荞1号（NTQ17-02）	原州区	0.49	1.94	2.51	1.65	4	1.66	110.67	1 660.01	10.67	2
	西吉县	1.11	2.35	2.26	1.91	1					
	彭阳县	0.29	1.53	2.12	1.31	6					
	海原县	1.07	2.08	1.97	1.71	3					
	同心县	1.68	1.14	2.08	1.63	5					
	盐池县	0.45	2.27	2.47	1.73	2					

（续表）

品种（系）	试点	小区产量（kg/10m²）			平均	试点位次	品种平均	折合产量		与对照增减产（%）	位次
		2017 年	2018 年	2019 年				（kg/亩）	（kg/hm²）		
固原红花荞（NTQ17-03）	原州区	0.35	2.11	1.58	1.35	2	1.28	85.33	1 280.01	-14.67	5
	西吉县	0.56	1.60	1.66	1.27	4					
	彭阳县	0.27	1.43	1.65	1.12	5					
	海原县	0.56	1.84	1.50	1.30	3					
	同心县	1.24	0.92	1.91	1.36	1					
	盐池县	0.27	1.55	1.98	1.27	4					
定甜荞 3 号（NTQ17-04）	原州区	0.52	2.21	2.60	1.78	2	1.62	108.00	1 620.01	8.00	3
	西吉县	1.30	2.48	2.59	2.12	1					
	彭阳县	0.21	1.45	1.56	1.07	6					
	海原县	0.87	2.16	2.07	1.70	3					
	同心县	1.09	1.34	2.03	1.49	5					
	盐池县	0.43	1.36	2.88	1.56	4					
固荞 3 号（NTQ17-05）	原州区	0.51	2.41	2.52	1.81	4	1.71	114.00	1 710.01	14.00	1
	西吉县	1.11	2.40	2.08	1.86	2					
	彭阳县	0.29	1.53	2.12	1.31	6					
	海原县	0.83	2.84	1.95	1.87	1					
	同心县	1.41	1.25	2.03	1.56	5					
	盐池县	0.57	2.35	2.60	1.84	3					
信农 1 号（CK）（NTQ17-01）	原州区	0.43	2.13	2.21	1.59	2	1.50	100.00	1 500.01		4
	西吉县	0.91	2.04	1.90	1.62	1					
	彭阳县	0.24	1.52	1.95	1.24	6					
	海原县	0.90	1.95	1.65	1.50	4					
	同心县	1.50	1.09	1.86	1.48	5					
	盐池县	0.48	1.99	2.18	1.55	3					

表 3　宁南山区荞麦区域试验品种、试点产量汇总　　（kg/hm²）

试点	固荞 1 号	固原红花荞	定甜荞 3 号	固荞 3 号	信农 1 号（CK）	试点平均	试点位次
原州区	1 650.01	1 340.01	1 780.01	1 810.01	1 590.01	1 634.01	2
西吉县	1 910.01	1 270.01	2 120.01	1 860.01	1 620.01	1 756.01	1

（续表）

试点	固荞1号	固原红花荞	定甜荞3号	固荞3号	信农1号（CK）	试点平均	试点位次
彭阳县	1 310.01	1 120.01	1 070.01	1 310.01	1 230.01	1 208.01	6
海原县	1 710.01	1 300.01	1 700.01	1 870.01	1 500.01	1 616.01	3
同心县	1 630.01	1 360.01	1 480.01	1 560.01	1 490.01	1 504.01	5
盐池县	1 730.01	1 270.01	1 560.01	1 840.01	1 550.01	1 590.01	4
品种平均	1 656.68	1 276.68	1 618.34	1 708.34	1 496.68	1 551.34	
品种位次	2	5	3	1	4		

2.3　示范种植产量结果

2020年，固荞1号在宁夏农林科学院固原分院隆德观庄科研基地种植5.2亩，平均产量1 687.50kg/hm²，较对照信农1号增产13.71%；在彭阳城阳镇长城塬荞麦新品种示范基地种植3.5亩，平均产量1 612.50kg/hm²，较对照信农1号增产12.00%；在西吉县吉强镇芦子沟荞麦新品种示范基地种植6.5亩，平均产量1 038.00kg/hm²，较对照信农1号增产6.24%；在盐池县花马池乡田记掌村荞麦新品种示范基地种植3亩，平均亩产1 902.00kg/hm²，较对照信农1号增产8.72%；在盐池县大水坑镇二道沟荞麦新品种示范基地种植2亩，平均亩产2 475.00kg/hm²，较对照信农1号增产35.50%；在原州区寨科乡中川荞麦新品种示范基地种植5.3亩，平均亩产1 384.50kg/hm²，较对照信农1号增产9.64%；固荞1号在宁南山区五县（区）6个示范点共种植25.5亩，6个示范点均表现增产，6个示范点平均折合产量为1 683.30kg，较对照信农1号增产14.30%（表4）。

表4　2020年固荞1号示范种植产量

示范点	固荞1号（kg/hm²）	信农1号（CK）（kg/hm²）	较对照增产（%）
隆德县观庄乡	1 687.50	1 484.00	13.71
彭阳县城阳乡	1 612.50	1 439.70	12.00
西吉县吉强镇	1 038.00	977.10	6.24
盐池县花马池	1 902.00	1 749.40	8.72
盐池县大水坑镇	2 475.00	1 826.60	35.50
原州区寨科乡	1 384.50	1 262.80	9.64
平均	1 683.30	1 456.60	14.30

3 特征特性

3.1 特征

固荞1号幼苗期生长整齐旺盛，叶心形，叶色绿色，株型半紧凑，茎秆较粗壮，茎色浅绿，花序为总状花序，白花。籽粒饱满，籽粒为三棱形，无腹沟，表面与边缘光滑，种皮颜色黑色，种皮颜色因成熟度不同而稍有差异，成熟好的色泽深，成熟差的色泽浅。田间生长势强，结实集中，具有较强的抗倒伏能力，抗旱性强，较抗病虫害。

3.2 特性

固荞1号参试宁南山区荞麦品种（系）区域试验主要农艺性状结果见表5。3年宁南山区荞麦品种（系）区域试验固荞1号平均株高84.84cm，较对照信农1号增高8.69%，3年平均主茎一级分枝数5.17个，较对照增加10.53%，3年平均主茎节数11.29个，较对照增加7.44%，3年平均单株粒重2.22g，较对照增加3.20%，3年平均千粒重29.42g，较对照增加4.05%，生育期85d，比对照迟熟2d，属中熟品种。

3.3 品质

2022年经西北农林科技大学测试中心检测：粗淀粉含量63.30%，粗蛋白含量12.00g/100g，粗脂肪含量2.00g/100g，水分8.61g/100g，黄酮0.06%。经甘肃省农业科学院农业测试中心检测：总黄酮含量0.40%。

4 适宜种植地区

固荞1号在宁南山区荞麦品种（系）区域试验和6个示范点种植中，田间表现出具有较强的生长势，并且生长整齐，结实集中，落粒性适中，农艺性状和抗逆性表现良好，适宜种植在宁夏南部干旱、半干旱地区及周边省区。

5 主要栽培技术要点

5.1 精细整地

荞麦虽耐瘠薄、适应性广、粗放不选地，但种子顶土力不强，根系较弱，所以播前应精细整地，使表土疏松细碎，保证苗齐苗壮。

5.2 合理施肥

以基肥为主，一般施腐熟农家肥11 250~15 000kg/hm^{2}加磷酸二铵150kg/hm^2，或用尿素150kg/hm^{2}加过磷酸钙172.5kg/hm^2，在播前整地时一次施入田中。

5.3 适时播种

根据宁夏宁南山区气候特点，适宜播期以6月中、下旬抢墒播种，确保出苗。一般适宜播种量为45~52.5kg/hm^2，密度应达到90万~120万株/hm^2，采用播种机条播种植，播种深度3~4cm，行距33cm。

表 5 固荞 1 号参试宁南山区荞麦品种（系）区域试验主要农艺性状

品种	年份	株高（cm）	较对照±（%）	主茎一级分枝数（个）	较对照±（%）	主茎节数（个）	较对照±（%）	单株粒重（g）	较对照±（%）	千粒重（g）	较对照±（%）	生育期（d）	较对照±（d）
固荞 1 号	2017	71.01	8.50	5.11	15.87	11.12	9.77	2.30	4.54	30.50	-1.64	88	+5
	2018	80.52	3.87	4.67	3.55	10.76	6.64	2.12	4.95	28.14	12.38	85	+1
	2019	103.00	13.69	5.72	12.16	12.00	5.91	2.24	0.12	29.62	1.40	81	0
	平均	84.84	8.69	5.17	10.53	11.29	7.44	2.22	3.20	29.42	4.05	85	+2
信农 1 号（CK）	2017	65.45	—	4.41	—	10.13	—	2.20	—	31.01	—	83	—
	2018	77.52	—	4.51	—	10.09	—	2.02	—	25.04	—	84	—
	2019	90.60	—	5.10	—	11.33	—	2.00	—	29.21	—	81	—
	平均	77.86	—	4.67	—	10.52	—	2.07	—	28.42	—	83	—

5.4 田间管理

在荞麦出苗时，若遇不良气候，发生土壤板结，要积极采取破除板结补苗等保苗措施，保证苗数。二是中耕锄草，第一片真叶出现后进行中耕锄草，中耕锄草有疏松土壤，增加土壤通透性，促进幼苗生长的作用。

5.5 适时收获

荞麦全株有70%的籽粒呈现本品种成熟色泽时，应及时收获，避免早霜来临。宜选择早晨收获，避免造成落粒减产。

参考文献（略）

本文拟发表在《宁夏农林科技》（已录用，待刊）。作者：杜燕萍，穆兰海，杨崇庆，陈一鑫，常克勤*。

宁南山区不同气候类型区苦荞品种关联度及稳定性分析

摘要：针对宁夏南部山区不同气候类型区降水量及气温资源，对5个苦荞新品种在5个县（区）进行了多年多点试验，对参试品种进行形态特征观察，测定了田间密度、株高、一级分枝数、主茎节数、单株粒数、单株粒重、千粒重和籽粒产量等。采用灰色关联分析法对主要性状指标进行综合评价。结果表明，产量与主要因子的关联度依次为密度>株高>主茎节数>单株粒数>单株粒重>一级分枝数>千粒重。通过对等权关联度和加权关联度分析，筛选出适合在宁夏南部山区种植的具有丰产性稳定性和生态适应性较好的晋荞2号和黔黑荞5号品种。

关键词：气候类型；苦荞品种；灰色关联度；稳定性分析

荞麦在世界分布广泛，但苦荞为我国独有。苦荞麦（*Fagopyrum tartaricun*）起源于我国，属于蓼科（Polygonaceae）荞麦属（*Fagopyrum* Mill）。主要分布在我国东北、华北、西北以及西南一带的高寒山区，以苦荞四川、云南、贵州等地分布广泛。近年来，随着荞麦杂粮产业和系列保健品深度开发速度加快，荞麦越来越受到消费者的青睐。我国北方陕、甘、宁、青及内蒙古种植面积日趋扩大，生产能力不断提升。荞麦具有耐旱、耐瘠，生育期短、适播期范围广，常被列为重要的抗旱避灾和救灾作物，在当地杂粮产业发展中占有重要地位。据相关研究报道，影响苦荞麦产量的因子较多因子如气候、肥效、栽培密度、株高、主茎节数、主茎分枝数、单株粒数和粒重等。贾瑞玲、杨明君等、杨玉霞等、陈稳良等、徐芦等和杨修仕分别研究了多个性状影响产量的因子有播期、播量、密度、品质等。研究表明，影响产量的主要因子株高、主茎分枝数、主茎节数、单株粒重、单株粒数、千粒重、生育期、有效花序数和密度等相关联。

本研究依托国家荞麦产业体系试验站，围绕宁南山区杂粮优势产业种植区划和高产栽培技术配套关键技术研究，苦荞品种在半干旱区和中部干旱带布设多年多点试验，研究苦荞品种在不同降水年份条件下产量与主要性状指标间的相关性及灰色关联度，为苦荞新品种选育及高产高效节水种植技术提供依据。

1　试验区气候概况

试验点在宁南山区5个县（区）具有代表半干旱区和中部干旱带进行。其年平均降水量、平均气温及苦荞品种生长期降水量和平均气温（表略、图1）。半干旱区试点（原州区、西吉县和彭阳县）和中部干旱带（同心县、盐池县）多年降水量分别为

416.6~450.0mm 和 215.1~255.6mm，气温分别为 5.9~7.2℃和 8.6~8.8℃；苦荞品种生长期降水量分别为 280.9~391.9mm 和 210.6~251.2mm，气温 16.7~19.4℃和 21.3~22.0℃。

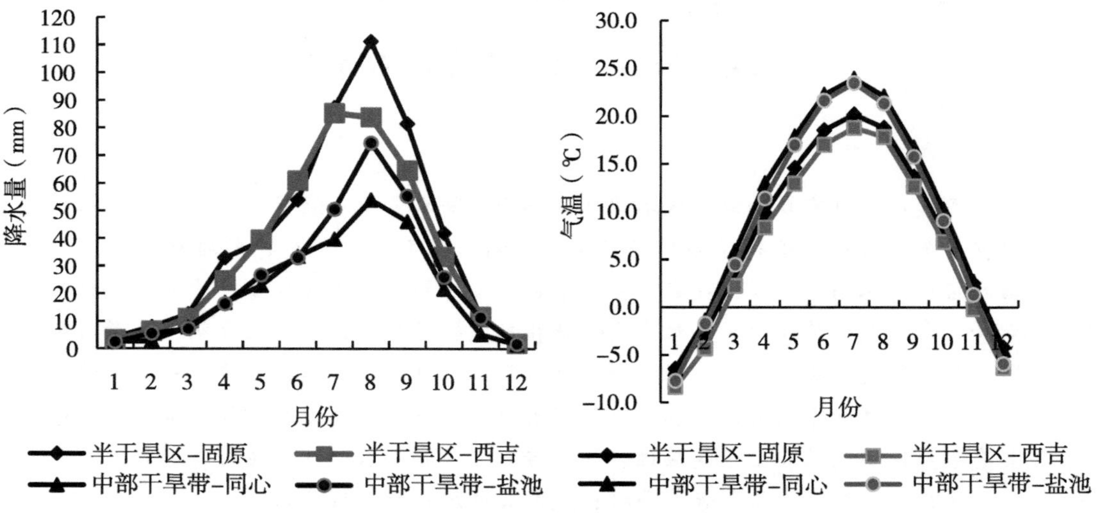

图1　各试验点多年平均降水量与气温变化

2　材料与方法

2.1　供试材料

参试品种及来源：晋苦荞 2（KV1）来源于山西省农业科学院，云荞 2 号（KV2）云南省农业科学院，川荞 3 号（KV3）四川省农业科学院，黔黑荞 5 号（KV4）和固原苦荞（KV5）。2017—2019 年在宁南山区 5 县（区）布设试验点。其中原州区头营、西吉县马建和彭阳县城阳代表半干旱区，同心县预旺和盐池县花马池代表中部干旱带，每个试验点参试品种和田间设计相同。2021—2022 年完成品种生产示范和品种审定。

2.2　试验设计

试验采用随机区组设计，小区面积 10m^2（长 5m×宽 2m），每个小区种植 7 行区，行距 33cm，留苗密度 105 万株/hm^2，试验重复 3 次。收获时每小区取植株均匀的 4m^2 进行脱粒计产，各试验点品种考种样取中间 1m 长单行植株，其中选代表性 15 株进行考种，其剩余植株一并进行脱粒，计算 1m 样段内平均单株株高，主茎分枝、主茎节数、单株粒重、粒数及千粒重等。加强田间管理。播种前整地结合旋耕统一基肥磷酸二铵肥料 150kg/hm^2。6 月下旬播种，7 月中旬定苗，其他田间管理同大田。

2.3　分析方法

用 DPS 9.50 数据处理系统和 Excel 2016 软件分析灰色关联度能反映参试品种的稳定性和优劣性，用关联度表示 ξ_i 。在标准化处理后，设置分辨系数为 0.5 计算关联度，依据关联度排序确定。并计算参考量与比较量的绝对值，找出每个灰色系统的最大和最小绝对值，各农艺性状的关联系数，关联度越大表示品种综合性状好，反之较差。选择目前生产中已经实现的最高产量和最理想经济性状指标构成参考数列，记作 KV_0，参试品种（组合）各性状值比较数列，记作 KV_i（$i=1$，2…，m），其中 m 为参试品种数，各性状用 X 表示（$X=1$，2…，n），其中 n 为性状数。各性状的原始数据列入表 3。灰色关联分析参照进行。

3　结果与分析

3.1　设定参考品种

参考目标品种 X0 主要性状指标取值是当地生产中已实现的理想品种状态值，即参考品种的各主要性状的取值是目前旱地生产潜力比较好的品种主要各性状值，结合试验表现比较好的品种考种出现理想的主要农艺性状值而确定参考品种性状值，其取值应比参试其他品种主要性状值大一些。

3.2　主要经济性状

试验选取考种结果性状指标密度（X1）、株高（X2）、主茎分枝数（X3）、主茎节数（X4）、单株粒重（X5）、单株粒数（X6）、千粒重（X7）和平均产量（X8）等 8 个主要性状数据的平均值进行统计分析。各个品种的性状值见表 1。

表 1　参试苦荞品种（系）主要农艺性状

地区	品种	密度万株（hm^2）（$X1$）	株高（cm）（$X2$）	主茎分枝数（个）（$X3$）	主茎节数（个）（$X4$）	单株粒重（g）（$X5$）	单株粒数（粒）（$X6$）	千粒重（g）（$X7$）	平均产量（kg/hm^2）（$X8$）
半干旱区	KV0	105.0	130.0	12.0	22.0	3.8	200.0	25.0	3 000
	KV1	98.1	118.3	11.6	21.7	3.5	180.3	20.8	2 351
	KV2	99.7	118.8	10.2	20.6	2.8	137.8	21.4	2 055
	KV3	98.4	114.6	10.4	20.2	3.1	170.2	19.4	2 088
	KV4	97.5	134.0	11.4	21.4	3.4	180.3	19.2	2 181
	KV5	98.5	127.2	11.1	20.8	3.1	155.9	20.2	2 020
中部干旱带	KV1	97.3	113.8	6.4	16.6	2.9	135.0	22.9	1 918
	KV2	97.0	112.4	5.2	16.4	2.6	121.8	22.2	1 737
	KV3	100.7	109.1	5.8	14.1	2.7	134.3	21.4	1 876
	KV4	97.4	123.3	6.2	15.2	2.9	156.3	21.6	1 778
	KV5	99.1	113.7	5.8	16.1	2.7	145.3	21.4	1 551

3.3　数据无量纲化处理

因各个性状量纲不一致，需将原始数据标准化，用各品种性状数据分别除以参考品种各性状数据，将原始数据统一量化值在［0，1］范围内（表2）。

表2 数据无量纲化处理

地区	品种	X1	X2	X3	X4	X5	X6	X7	X8
半干旱区	KV1	0.934	0.910	0.966	0.986	0.913	0.902	0.833	0.784
	KV2	0.949	0.914	0.851	0.936	0.737	0.689	0.855	0.685
	KV3	0.937	0.882	0.866	0.916	0.827	0.851	0.775	0.696
	KV4	0.929	0.979	0.952	0.974	0.902	0.901	0.769	0.727
	KV5	0.938	0.978	0.923	0.946	0.805	0.779	0.808	0.673
中部干旱带	KV1	0.927	0.875	0.533	0.753	0.768	0.675	0.917	0.639
	KV2	0.924	0.865	0.436	0.747	0.685	0.609	0.889	0.579
	KV3	0.959	0.839	0.479	0.639	0.708	0.672	0.854	0.625
	KV4	0.927	0.949	0.513	0.692	0.761	0.782	0.862	0.593
	KV5	0.943	0.875	0.486	0.730	0.705	0.727	0.857	0.517

3.4 灰色关联系数和关联度分析

3.4.1 等权关联系数 求得参考数列 KV0 与 5 个参试品种相应性状的绝对差值，计算结果（表3）。

$$\Delta_i(X) = |KV_0(X) - KV_i(X)| \quad i = (1, 2 \cdots 8) \tag{1}$$

表3 各参试品种（组合）与参考品种的绝对差 $|\Delta_i(X)|$

地区	品种	X1	X2	X3	X4	X5	X6	X7	X8
半干旱区	KV1	0.066	0.090	0.034	0.014	0.087	0.098	0.167	0.216
	KV2	0.051	0.086	0.149	0.064	0.263	0.311	0.145	0.315
	KV3	0.063	0.118	0.134	0.008	0.173	0.149	0.225	0.304
	KV4	0.071	0.021	0.048	0.026	0.098	0.099	0.231	0.273
	KV5	0.062	0.022	0.077	0.054	0.195	0.221	0.192	0.327
中部干旱带	KV1	0.073	0.125	0.467	0.247	0.232	0.325	0.083	0.361
	KV2	0.076	0.135	0.564	0.253	0.315	0.391	0.111	0.421
	KV3	0.041	0.161	0.521	0.361	0.292	0.328	0.146	0.375
	KV4	0.073	0.051	0.488	0.308	0.239	0.218	0.138	0.407
	KV5	0.057	0.125	0.514	0.270	0.295	0.273	0.143	0.483

由下列公式计算参试品种（组合）与参考品种之间的关联系数：

$$\xi_i(X)=\frac{min_i\ min_t \mid KV_0(X)-KV_i(X)\mid + P\ man_i\ man_k \mid KV_0(X)-KV_i(X)\mid}{\mid KV_0(X)-KV_i(X)\mid + P\ man_i\ man_k \mid KV_0(X)-KV_i(X)\mid} \quad (2)$$

式中 $\xi_i(X)$ 为 KV_i 对 KV_0 在 X 点的关联度，P 为分辨系数，取值范围在（0~1），一般取 0.5。$min_t \mid KV_0(X)-KV_i(X)\mid$ 和 $man_t \mid KV_0(X)-KV_i(X)\mid$ 分别为第 1 层次最小差和第 1 层次最大差，即在绝对差 $\mid KV_0(X)-KV_i(X)\mid$ 中按不同的 X 值分别挑选其中最小值和最大值；$min_i\ min_t \mid KV_0(X)-KV_i(X)\mid$ 和 $man_i\ man_t \mid KV_0(X)-KV_i(X)\mid$ 分别为第 2 层次最小差和最大差，即在绝对差 $man_i\ man_t \mid KV_0(X)-KV_i(X)\mid$ 中选出最小值和最大值，得出各参试品种等权关联度。将表 5 中 $\mid \Delta_i(X)\mid$ 相应数值代入公式（2）即可得到 KV_0 对 X_i 各性状的关联系数。

根据（表 3）各参试品种与参考品种第 1 层和第 2 层的绝对差 $|\Delta_i(X)|$ 最小值和最大值分别以 0.008 和 0.564，计算得到各参试品种与性状间的等权关联系数（表 4）。

表 4　参试苦荞品种各性状等权关联系数

地区	品种	X1	X2	X3	X4	X5	X6	X7	X8	$\xi_i(X)$
半干旱区	KV1	0.833	0.780	0.918	0.980	0.786	0.762	0.646	0.582	0.786
	KV2	0.872	0.788	0.673	0.837	0.532	0.489	0.679	0.486	0.670
	KV3	0.840	0.724	0.697	1.000	0.638	0.673	0.572	0.495	0.705
	KV4	0.822	0.957	0.878	0.942	0.764	0.762	0.566	0.523	0.777
	KV5	0.843	0.955	0.808	0.863	0.608	0.577	0.612	0.477	0.718
中部干旱带	KV1	0.817	0.713	0.387	0.548	0.564	0.478	0.794	0.451	0.594
	KV2	0.809	0.695	0.343	0.542	0.485	0.431	0.737	0.412	0.557
	KV3	0.899	0.655	0.361	0.451	0.506	0.475	0.678	0.442	0.558
	KV4	0.818	0.870	0.377	0.492	0.557	0.580	0.690	0.421	0.600
	KV5	0.857	0.712	0.364	0.526	0.502	0.522	0.683	0.379	0.568

对数据整理得到各参试品种等权关联度（ $\xi_i(X)$ 。表 4 看出，参试品种等权关联度在半干旱区和中部干旱带以品种 KV1（晋荞 2 号）和品种 KV4（黔黑荞 5 号）的关联度较好。其（ $\xi_i(X)$ 值在半干旱区为 0.786 和 0.777，中部干旱带为 0.594 和 0.600，均高于其他品种。

3.4.2　加权关联度及关联度综合评价　对各农艺性状与产量关联度进行分析，根据关联度排序位次，确定比较数列对产量的影响主次关系，关联系数越大，说明与理想品种各数列关系值越密切。

将参试品种的等权关联系数（ $\xi_i(X)$ ）分别与半干旱区和中部干旱带各品种主要性状指标密度（X1）、株高（X2）、主茎分枝数（X3）、主茎节数（X4）、单株粒重（X5）、单株粒数（X6）、千粒重（X7）和平均产量（y）的数据求取平均值，再按照公式（3）依次计算出各性状指标权重系数赋值为 0.163、0.151、0.108、0.135、

0.114、0.110、0.130、0.090，并依照公式（4）计算得到各参试品种加权关联度（r'_i）。

$$\text{权重系数}\ \omega_i = \frac{r_i}{\sum r_i} \tag{3}$$

$$\text{加权关联度}\ r'_i = \sum_{k=1}^{n} \omega_i(X)\ \xi_{ii}(X) \tag{4}$$

式中 ω_i 为某性状权重系数，由于反映品种优劣的各项性状指标的重要性不同而赋予各性状不同的权重系数。经对参试品种各性状数据整理得到各参试品种等权关联系数（$\xi_i(X)$ 和加权关联系数（r'_i）。通过对不同品种在不同气候类型区参试品种灰色关联分析（表5），结果表明，在半干旱区和中部干旱带灰色关联度以品种 KV1（晋荞2号）0.606~0.790，＞KV4（黔黑荞5号）0.614~0.784＞KV5（固原苦荞）0.582~0.729，KV2（云荞2号）和 KV3（川荞3号）在0.571~0.714。其中品种 KV3 属中晚熟，不宜在半干旱区种植，为了避免早霜造成危害，建议在热量条件较高的地区种植。

表5　参试品种的关联度及综合评价

地区	品种	平均产量 (kg/hm^2)	排序	$\xi_i(X)$	排名	r'_i	排名	综合评价	排序
半干旱区	KV1	2 351	1	0.786	1	0.795	1	0.790	1
	KV2	2 055	2	0.670	5	0.693	5	0.681	5
	KV3	2 088	5	0.705	4	0.722	4	0.714	4
	KV4	2 181	4	0.777	2	0.792	2	0.784	2
	KV5	2 020	3	0.718	3	0.740	3	0.729	3
中部干旱带	KV1	1 918	1	0.594	2	0.617	2	0.606	2
	KV2	1 737	4	0.557	5	0.583	4	0.570	5
	KV3	1 876	2	0.558	4	0.583	5	0.571	4
	KV4	1 778	3	0.600	1	0.627	1	0.614	1
	KV5	1 551	5	0.568	3	0.595	3	0.582	3

3.4.3　关联因子与产量的关联序　对苦荞品种主要农艺性状关联因子与产量的关联序分析（表6）。由表6可看出，对各性状因子与产量的关联度的影响程度，依次为 *X*1（密度）＞*X*2（株高）＞*X*4（主茎节数）＞*X*6（单株粒数）＞*X*5（单株粒重）＞*X*3（一级分枝数）＞*X*7（千粒重）。

表 6　参试品种产量与各关联因子的关联序

因子	X1	X2	X4	X6	X5	X3	X7
关联矩阵	0.841	0.789	0.718	0.666	0.594	0.581	0.575
关联序	1	2	3	4	5	6	7

3.5　苦荞品种在不同生态类型区的增产效应

苦荞品种在不同试点和不同降水年份气候条件下增产效应及适应性明显（表 7）。

表 7　苦荞品种在不同地区平均产量比较

地区	品种	E1（原州区）	E2（西吉）	E3（彭阳）	品种平均	增产
半干旱区	KV1	2 364	2 393	2 295	2 351	16.3
	KV2	2 081	2 117	1 966	2 055	1.7
	KV3	2 150	1 988	2 124	2 088	3.3
	KV4	2 250	2 117	2 176	2 181	8.0
	KV5（CK）	2 042	1 962	2 058	2 020	
	试点平均	2 177	2 115	2 124		
中部干旱带	品种	E5（同心）	E6（盐池）			
	KV1	1 941	1 896		1 918	23.7
	KV2	1 829	1 644		1 737	12.0
	KV3	1 901	1 851		1 876	21.0
	KV4	1 766	1 790		1 778	14.6
	KV5（CK）	1 458	1 644		1 551	
	试点平均	1 779	1 765		1 772	

表 7 说明，品种 KTV1（晋荞 2 号）在半干旱区多年平均产量为 2 351kg/hm^2，较对照品种 KV5（固原苦荞）增产 16.3%，品种 KV4（黔黑荞 5 号）增产 8.0%，因此，生产中应大面积推广种植品种 KV1 和 KV4，其余品种增产不明显。在干旱地区品种 KTV1（晋荞 2 号）、KTV3（川荞 3 号）和 KV4（黔黑荞 5 号）多年平均产量分别为 1 918kg/hm^2、1 876kg/hm^{2}和 1 778kg/hm^2，较对照品种 KV5（固原苦荞）增产 23.7%、21.0%、14.6%。另据统计，苦荞作物品种在不同试点代表干旱年份（2017）、平水年份（2018）和丰水年份（2019），中部干旱带较半干旱区年均降水量和苦荞生长期降水量分别减少 193.2mm 和 92.1mm，可使苦荞作物减产 39.1%～60.4%。

4　结论与建议

在不同气候类型区对参试品种灰色关联分析表明，筛选出适合在半干旱区和中部干旱带种植的品种为晋荞 2 号和黔黑荞 5 号；影响苦荞产量的关联因子的关联序依次为 *X*1（密度）、*X*2（株高）、*X*4（主茎节数）、*X*6（单株粒数）、*X*5（单株粒重）、*X*3（一级分枝数）和 *X*7（千粒重）。

参试品种晋荞 2 号在半干旱区的原州区、西吉县和彭阳县平均产量为 2 351kg/hm^2，较对照品种固原苦荞增产 16. 3。晋荞 2 号、川荞 3 号和黔黑荞 5 号在中部干旱带的同心县、盐池县多年平均产量为 1 918kg/hm^2、1 876kg/hm^{2}和 1 778kg/hm^2，分别较对照品种增产 23. 7%、21. 0%、14. 6%。

参考文献（略）

本文发表在《作物研究》2023，37（6）。作者：杨崇庆，常克勤*，杜燕萍，穆兰海，陈一鑫。

AMMI 模型和 GGE 双标图对宁夏不同气候类型区苦荞品种稳产性适应性分析

摘要：利用 AMMI 模型和 GGE 双标图对 5 个参试品种在宁夏南部山区的半干旱区、半干旱易旱区和干旱区的 6 县（区）多年多点试验数据进行了品种的丰产性、稳产性、适应性和试点代表性分析和综合评价。通过主成分 PCA 与品种的稳定性（Dg）和试点的稳产性（De）分析，筛选出适宜在宁夏南部山区种植的具有丰产性稳定性和适应性好的品种为晋荞 2 号和川荞 3 号，金荞麦 2 号产量为 1 671~2 593kg/hm^2，比对照平均增产 17.3%。川荞麦 3 号的产量为 1 474~2 513kg/hm^2，与对照相比平均增产 7.5%；试点辨别力代表性以半干旱易旱区的海原县，中部干旱带的同心县、及半干旱区的西吉县比较理想；试验经历了干旱年份、正常年份和丰水年份，参试品种在干旱年份较丰水年份产量减产 28.0%~45.3%。

关键词：苦荞品种；AMMI 模型；GGE 双标图；丰产性稳定性；生态适应性

宁南山区 8 县（区）气候类型区由南向北为阴湿区、半干旱区、半干旱易旱区和中部干旱带，适宜苦荞种植，是我国北方重要苦荞种植区，连同甜荞每年种植面积在 5.85 万 hm^2 左右，面积和产量分别占全国的 15.1%和 6.7%。筛选高产、稳产和适应性广的苦荞品种并在生产中推广应用，不断扩大和提升苦荞特色产业快速发展是育种者追求的目标。要对选育或引进苦荞品种（系）进行多年多点试验资料统计分析和综合评价丰产稳产性和生态适应性，并进行品种间差异显著性比较，由于品种（品系）基因型与试点环境间的互作普遍存在，因而对参试品种的丰产稳定性和适应性评价具有重要意义。

近年来，国内外应用 AMMI（additive main effects and multiplicative interaction, AMMI）和 GGE（genotypemain effects and genotype×environment interaction, GGE）等模型来分析多点试验，AMMI 模型较客观地分析基因型（G）与环境（E）的互作效应（G×E），而 GGE 双标图能够同时考虑基因型和环境互作对品种、试点和划分生态区域进行有效评价，是利用多点试验数据进行品种和试验点评价的理想方法。GGE 双标图法已在燕麦、花生、油菜、大豆和马铃薯等作物品种试验中广泛应用。但采用 AMMI 模型和 GGE 双坐标图进行荞麦品种丰产性、稳定性和试点代表性辨别力综合性评价的文献相对较少。

本研究拟利用 R 语言支持下 GGE-Biplo 软件包进行双标图分析与 AMMI 模型评估 5 个苦荞品种在 6 个试点的丰产稳定性、适应性和试点代表性，为科学布设试验点和合理优化品种种植区域，筛选适合各区域大面积推广应用的苦荞品种提供科学依据。

1 材料与方法

1.1 材料

参试品种名称及选育单位见表 1。2017—2019 年在宁南山区 6 县（区）布设试验点。其中原州区头营、西吉县马建和彭阳县城阳代表半干旱区，海原县树台代表半干旱区易旱区，同心县预旺和盐池县花马池代表中部干旱带，每个试点参试品种和田间设计相同。2021—2022 年完成品种生产示范和品种审定。

表 1 参试品种名称及选育单位

品种名称	代号	选育单位
晋苦荞 2 号	KV1	山西省农业科学院
川荞 3 号	KV2	四川省凉山州西昌农业科学研究所
云荞 2 号	KV3	云南省农业科学院
黔黑荞 5 号	KV4	贵州省威宁县农业科学研究所
固原苦荞（CK）	KV5	宁夏农林科学院固原分院

1.2 方法

1.2.1 试验设计 试验采用随机区组设计，6 个试验点统一田间设计方案，小区面积 $10m^2$（长 5m×宽 2m），每个小区种植 7 行区，平均行距 30cm，留苗密度控制在每小区 1 050株左右，试验重复 3 次，随机排列。播种前整地结合旋耕统一基肥磷酸二铵肥料 $150kg/hm^2$。5 月下旬播种，6 月中旬定苗并调查基本苗，其他田间管理同大田。每小区收获全部植株进行脱粒，各试验点品种考种样取中间 1m 行长植株，其中选代表性 15 株进行考种，并计算样段内平均株高，主茎分枝、节间数、单株粒重、粒数及千粒重等。

1.2.2 试验点气候概况 试验点在宁南山区 6 个县（区）具有代表半干旱区、半干旱易旱区和中部干旱带进行。其年平均降水量、平均气温、苦荞作物生长期降水量和平均气温（表 2、图 1）。表 2 可看出，宁南山区半干旱区（原州区、西吉县和彭阳县）、半干旱区易旱区（海原县）和中部干旱带（同心县、盐池县）多年降水量分别为 416. 6~450. 0mm，350. 0mm 和 215. 1~255. 6mm，多年平均气温分别为 6. 4℃，7. 2℃和 8. 6℃；苦荞品种生长期降水量为 280. 9~391. 9mm、350mm 和 210. 6~251. 2mm，生长期平均气温分别为 16. 7~19. 4℃、18. 7℃和 21. 3~22. 0℃。

表2　宁南山区不同气候类型区苦荞作物生长期降水量及平均气温

试验点	代码	降水量（mm）		平均气温（℃）		气候类型区
		年均值	生育期	年均值	生育期	
原州区	E1	450.0	391.9	6.2	18.5	半干旱区
西吉县	E2	416.6	280.9	5.9	16.7	
彭阳县	E3	418.3	297.5	7.2	19.4	
海原县	E4	350.0	345.1	7.1	18.7	半干旱偏旱区
同心县	E5	215.1	210.6	8.6	22.0	中部干旱带
盐池县	E6	255.6	252.2	8.6	21.3	

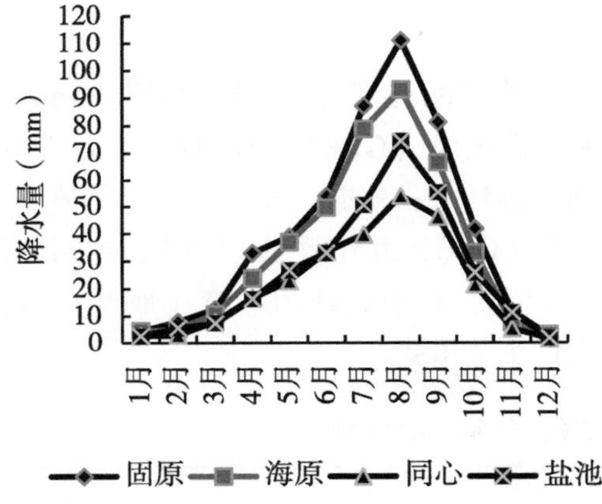

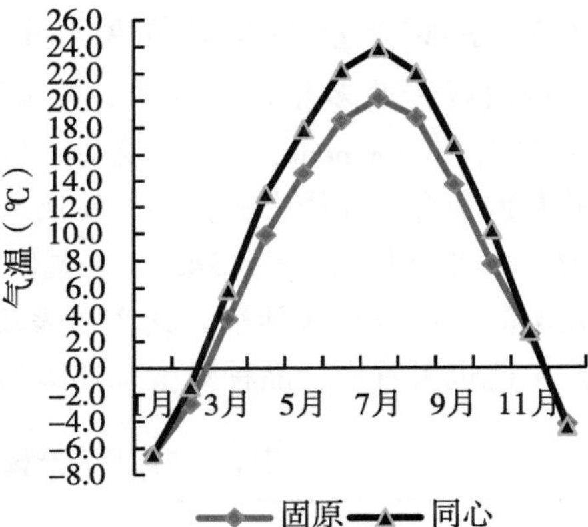

图1　宁南山区各县各月降水量和平均气温变化

1.2.3　方差分析和AMMI模型分析　本研究采用DPS 9.5和Excel 2010软件分析，并利用GGE运用R语言支持下的GGE-Biplo软件包进行双标图分析。利用AMMI模型分析其品种及试验点间的稳定性和丰产性参数及综合评价。利用AMMI模型和R语言软件包GGE作图进行产量数据方差分析和主成分特征值分析，计算品种的丰产性稳定性参数（Dg）和试点稳定性参数（De）。该模型的主要特点是将方差分析和主成分分析有机地结合在一起，具有以下表达形式：

AMMI模型公式：

$$y_{ge} = \mu + \alpha_g + \beta_e + \sum_{i=1}^{n} \lambda_n \gamma_{gn} \delta_{gn} + \theta_{gn} \varepsilon_{ger} \quad (1)$$

式中，y_{ge} 表示在某试点 e 中某一基因型 g 的平均产量；μ 为总体平均值；α_g 为基因型平均偏差（基因型平均值减去总的平均值）；β_e 为环境的平均偏差（各个环境的平均值减去总的平均值）；λ_n 为第 n 个主成分特征值的平方根；γ_{gn} 为第 n 个主成分的环境得分；δ_{gn} 为第 n 个主成分的基因型主成分得分；θ_{ge} 为残差。本试验设有重复，则误差项为

ε_{ger} ，它等于 γ_{gn} 平均值与 r 个重复的单个观察值之间的偏差，并满足可加性。

1.2.4 品种稳定性与适应性分析 采用GGE运用R语言支持下的GGE-Biplo软件包功能进行双标图分析，分别评价各品种的“丰产性和稳产性”、各试点的“区分力与代表性”“品种生态适应性”等。

稳定性参数是品种或试验点的交互效应主成分值（interaction principal component axis，IPCA）在多维空间中图标与原点的欧氏距离，其计算公式为：

$$D_{g(e)} = \sqrt{\sum_{i-1}^{n} (IPCA)^2_{g(e)i}} \tag{2}$$

式中，n 表示达到显著水平的 *IPCA* 个数；*Dg*（*e*）用来度量品种基因型或在环境相对稳定性条件下的参数，即为基因型或环境在 n 个 *IPCA* 上的欧式距离。

2 结果与分析

2.1 品种产量的方差和AMMI模型分析

宁南山区苦荞多年多点品种区域试验中，苦荞品种产量受制于基因（genotype，G）、环境（environment，E）以及基因与环境互作效应（G×E）的影响。由表3可知，环境和基因和交互作用占总变异的比例从小到大排列为：环境（E）占总变异平方和的比例为56.3%＞基因（G）24.0%＞基因与环境（G×E）互作效应19.8%，相同的苦荞品种在不同气候类型区种植，其产量表现差异显著，其中处理和环境（地点）达到极显著。由此也可看出，品种对生态环境的适应性至关重要。

表3 参试品种产量的方差分析和AMMI分析

变异来源	df	SS	MS	F	Prob.	变异占总平方和的百分比（%）
总的	269	65 801 570.1	244 615.5			
处理	29	13 116 416.1	452 290.2	2.06**	0.0018	
基因（G）	4	3 142 772.5	785 693.1	3.58	0.0073	24.0
环境（E）	5	7 379 458.1	1 475 891.6	6.72**	0.0001	56.3
G×E	20	2 594 185.5	129 709.3	0.59	0.917	19.8
PCA1	8	1 528 321.3	191 040.2	512.57**	0.0001	58.9
PCA2	6	658 785.6	109 797.6	294.59**	0.0001	25.4
PCA3	4	406 333.2	101 583.3	272.55**	0.0001	15.7
误差	240	52 685 154.0	219 521.5			

注：**表示在0.001水平下显著，*表示在0.05水平下显著。

AMMI 模型主成分分析中，基因型和环境互作效应可以进一步分解达到显著水平的3个互作效应主成分轴 PCA1（Interaction principle component axis）、PCA2 和 PCA3 的变异平方和分别占互作量的58.9%、25.4%和15.7%，说明此 AMMI 模型可以较好地解释品种和试点互作效应。

2.2 参试品种与试点 GGE 双标图分析

2.2.1 品种的丰产性稳产性 由表4和图2可知，参试某个品种在所有试验点的平均产量依次为 KV1（晋荞2号）2 188kg/hm^2＞KV2（川荞3号）2 004kg/hm^2＞KV4（黔黑荞5号）1 956kg/hm^2＞KV3（云荞2号）1 944kg/hm^2＞KV5（固原当地苦荞）1 865kg/hm^2；根据参试品种的互作效应达到显著的主成分 PCA1、PCA2 和 PCA3 可分别计算出各参试品种的稳产性参数 Dg 值，其 Dg 值越小，表示品种的稳定性越好。其品种的稳定性参数 Dg 值依次为：晋荞2号7.80、云荞2号11.80、川荞3号12.97、固原当地苦荞14.76和黔黑荞5号17.57，品种的丰产性稳定性与品种在多年多点平均产量排名基本一致。因此，依照不同苦荞麦品种在不同气候资源类型和生产条件下对产量的影响程度看，新品种（系）选育应重点考虑既有丰产性又具备稳产性为理想目标。

表4 参试品种主成分 PCA 和稳产性 Dg 值

品种（系）代码	平均产量（kg/hm^2）	互作主成分值			稳产性参数	Dg 位次	产量位次
		PCA1	PCA2	PCA3	Dg 值		
KV1	2 188	3.689	−1.0899	6.7869	7.80	1	1
KV2	2 004	−0.665	7.0754	−10.8485	12.97	3	2
KV4	1 956	−17.0829	−3.7118	1.7834	17.57	5	3
KV3	1 944	5.1088	8.9365	5.7733	11.80	2	4
KV5	1 865	8.9504	−11.2101	−3.4952	14.76	4	5

2.2.2 试点代表性与稳定性 由表5可知，参试地点互作主成分值（PCA）与试点辨别力的稳定性（De），其 De 值越大，表明试点的稳定性较好。苦荞品种的区试点稳定性 De 值依次为：E4（海原县）18.32＞E5（同心县）14.65＞E2（西吉县）11.96＞E3（彭阳县）9.20＞E6（盐池县）8.54＞E1（原州区）6.64。苦荞品种在代表试点 E2（或 E3）、E4 和 E5 的稳定性和代表性比较好。另外，苦荞品种的生产能力在半干旱区试点 E1、E2 和 E3 平均产量为2 139kg/hm^2，半干旱易旱区的试点 E4 平均产量1 987kg/hm^2，中部干旱带 E5 和 E6 平均产量为1 772kg/hm^{2}左右，使中部干旱区分别较半干旱区和半干旱易旱区分别20.7%和12.1%。

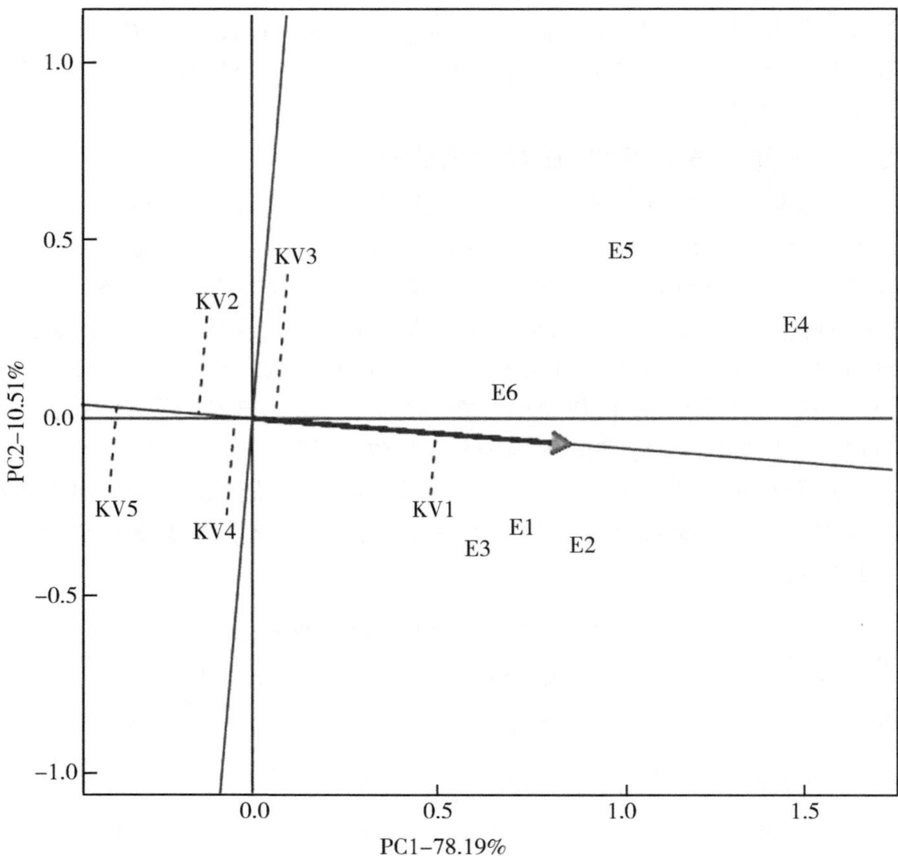

图 2　GGE 双标图的"丰产性与稳产性"功能图

表 5　参试地点主成分 PCA 与稳定性 De 值

区试点代码	平均产量(kg/hm²)	互作主成分			稳定性参数	De 位次	产量位次
		PCA1	PCA2	PCA3	De 值		
E1	2 177	−5. 317	−3. 7111	1. 4387	6. 64	6	1
E2	2 115	−0. 5871	−1. 7286	11. 8246	11. 96	3	2
E3	2 124	−3. 8959	−7. 5946	−3. 4425	9. 20	4	3
E4	1 987	18. 2372	0. 36	−1. 7243	18. 32	1	4
E5	1 779	−4. 4443	13. 9419	−0. 658	14. 65	2	5
E6	1 765	3. 9929	−1. 2676	−7. 4386	8. 54	5	6

2.2.3　试点代表性与辨别力　利用 R 语言的 GGE-Biplot 软件包对参试品种在 6 个试点进行代表性和辨别力 GGE 双坐标图分析（图 3）。图中带箭头的直线是平均环境轴，试点线段和平均环境之间的夹角表示该试点的代表性，角度越小，代表性越强。如果一个试验点和平均环境轴夹角为钝角，则表示该试点不适合作为试验点。各试点线段的长短表示该试点的辨别力显示，宁南山区苦荞品种区域试验点 E1（原州区）、E2（西吉县）和 E3（彭阳县）代表半干旱区，E4（海原县）代表半干旱偏旱区，E5（同心县）和 E6（盐池县）代表宁夏中部干旱带。

由图 3 可知，通过试点代表性和辨别力 GGE 双坐标图分析，试点 E1、E2 和 E3 环境轴线段均同处于半干旱区，为了减少设置试点费用成本，半干旱区的苦荞试点以选择原州区或西吉县比较好，半干旱易旱区的试点选择 E4（海原县），而中部干旱带的 E5（同心县）与 E6（盐池县）虽然处于相同气候环境，但试点 E6 却与平均环境轴的夹角最小，而且试点 E6 亦是宁夏荞麦杂粮作物规模化种植和产业化经营的重要基地。因此中部干旱带苦荞试点选择盐池县荞麦品种试验点比较理想。

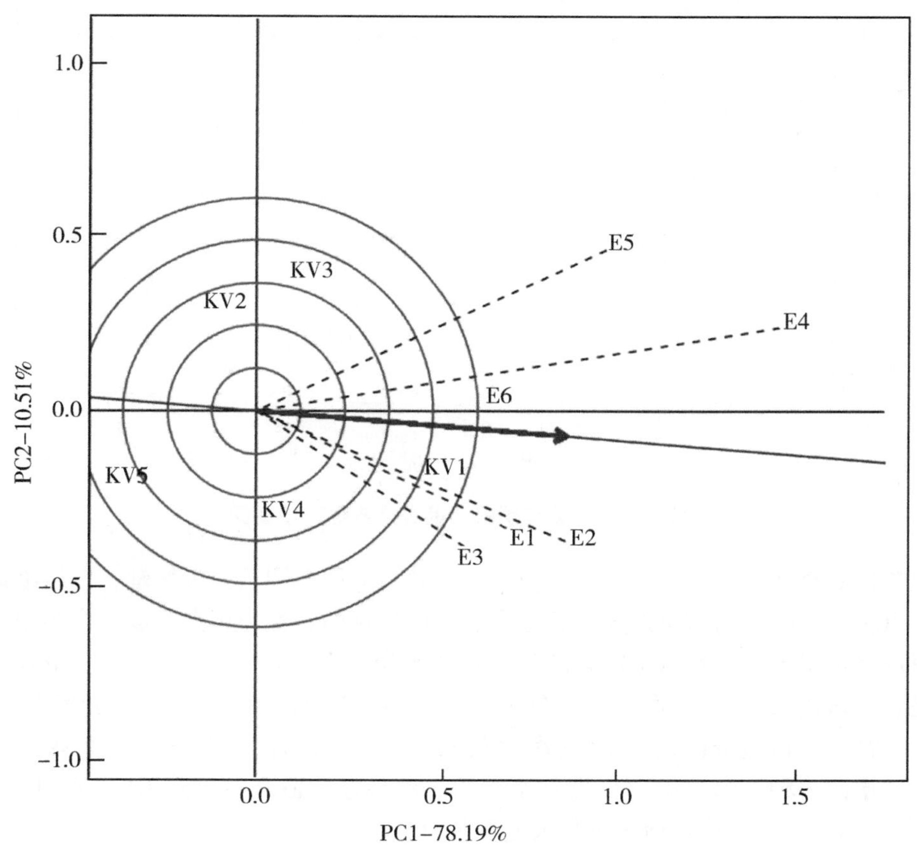

图 3　GGE 双标图的“代表性与辨别力”功能图

2.2.4 参试品种生态适应性 利用 R 语言中的 GGE-Biplot 软件包对 5 个品种在 6 个试点数据进行生态适应性分析（图 4）可以看出，在 GGE 双标图的横坐标品种基因与环境试点的互作成分（PAC1）与纵坐标互作成分（PAC2）可以解释 78.19%和 10.51%，使基因（G）与环境（E）互作变异信息达到 88.7%。

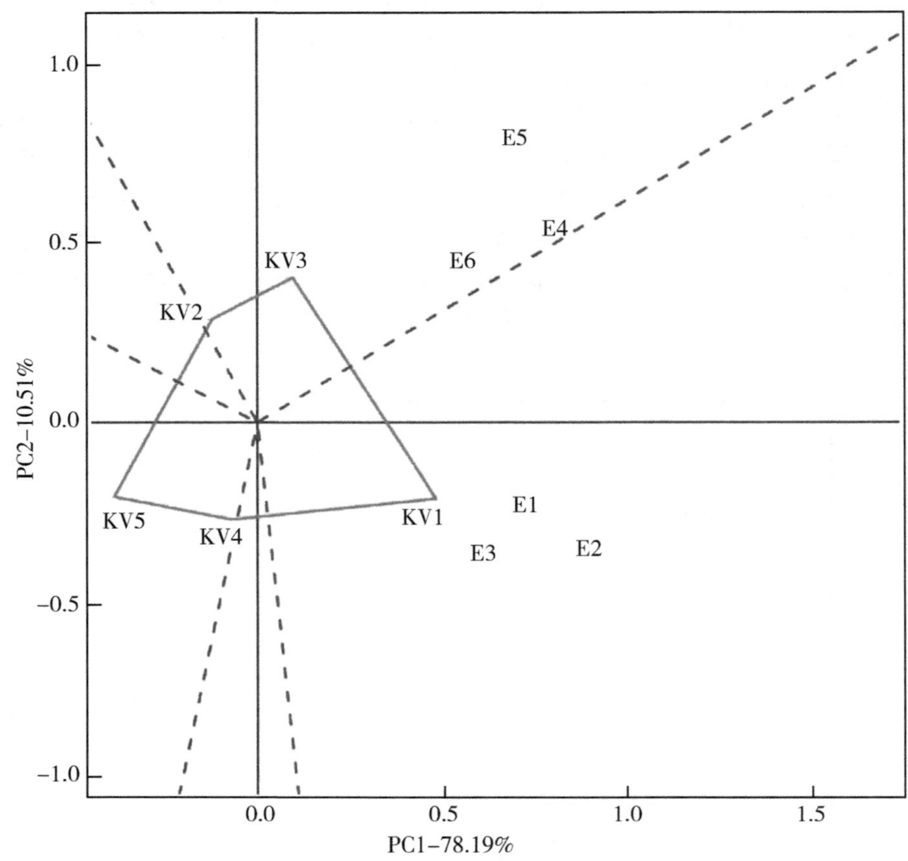

图 4 GGE 双标图的“品种适应性”功能图

从参试品种在不同生态类型区适应性定位看，以中心圆点为坐标轴，围绕纵横坐标距离原点将所有品种与试点形成散状分布点，以最远的品种与试点连成一个多边形，过原点形成多边扇形图，将双标图内的品种和试点分成若干个区域，处于多边形顶端的品种则是各区域内表现最好的品种。图 3 看出，第一扇区为品种 KV3（云荞 2 号）和 KV2（川荞 3 号）适合在试点 E4（海原县）、E5（同心县）和 E6（盐池县）推广种植；第二扇区品种 KV1（晋荞 2 号）生态适应性最好，适合在试点 E1（原州区）、E2（西吉县）、E3（彭阳县）地区进行大面积种植。

2.2.5 不同降水年型苦荞品种产量差异及适应性 苦荞品种在不同试点和不同降水年份条件下的适应性差异明显（表 6），对品种×年份产量交互效应差异及适应性进行了分析。表 6 说明，品种 KV1（晋荞 2 号）在干旱年、正常年和丰水年的产量为

1 671～2 593kg/hm^2，平均产量2 188kg/hm^2，较KV5（CK）品种增产17.3%，其次品种KV2（川荞3号）产量为1 474～2 513kg/hm^2，平均产量2 004kg/hm^2，较对照品种增产7.5%，而品种KV3（云荞2号）和KV4（黔黑荞5号）产量分别为1 465～2 310kg/hm^{2}和1 358～2 483kg/hm^2，较CK品种增产4.2%～4.9%，所有参试品种干旱年份较丰水年份减产28.0%～45.3%。

品种KV1（晋荞2号）和KV2（川荞3号）在正常年份和丰水年份的产量分别达2 299～2 593kg/hm^{2}和2 027～2 513kg/hm^2，说明这2个品种适宜在E1～E6大面积推广种植，KV3（云荞2号）为中晚熟品种，适宜在热量条件较好的E4（海原县）和E6（盐池县）丰水年份种植，KV4（黔黑荞5号）仅适宜在半干旱区E1（原州区）和E3（彭阳县）正常年份种植，干旱年份不宜种植，而KV5（固原苦荞）可选择性在半干旱区种植。

表6　苦荞品种与不同年份产量差异及适应性

品种	产量（kg/hm^2）				增产（%）	排名	适宜种植地区
	干旱年份	正常年份	丰水年份	平均			
KV1	1 671	2 299	2 593	2 188	17.3	1	E1-E6 可大面积种植
KV2	1 474	2 027	2 513	2 004	7.5	2	E1-E6 可大面积种植
KV3	1 465	2 056	2 310	1 944	4.2	4	可在E4、E6 地区丰水年份种植
KV4	1 358	2 026	2 483	1 956	4.9	3	可在E1、E3 地区丰水年份种植
KV5（CK）	1 507	1 993	2 094	1 865		5	
平均	1 495	2 080	2 399				

3　讨论

作物品种的稳产性和适应性是决定其推广应用价值的重要指标，本文基于AMMI模型和GGE双标图分析了宁南山区的半干旱区、半干旱区易旱区和中部干旱区的5个苦荞品种在6个试点环境的丰产稳定性，适应性和试点代表性。试验经受了干旱年份、正常年份和丰水年份，AMMI综合了主成分分析和方差分析的优点是将基因与环境（G×E）效应中选取达到显著的主成分PCA1、PCA2和PCA3互作下的稳定性值（Dg），一定程度提高了品种丰产性和稳定性参数估计精度。根据不同试验区的具体表现差异进行品种筛选和分析，进而筛选出适宜区域和适宜品种。结果显示，晋荞2号和川苦荞3号在半干旱区、半干旱易旱区和干旱区丰产性、稳定性和适应性较好，云荞2号和黔黑荞5号品种的丰产性、稳定性适应性次之。

生产中推广应用的苦荞品种，必需要考虑其品种在某个地区的丰产性、稳产性和适应性。本研究认为，试点环境效应（E）是影响起品种产量变化的主要原因，远高于基因基因（G）及基因与环境（G×E）互作效应，其研究结果与前人研究部分结论基本一致。如 5 个苦荞品种在宁南山区不同试点环境下进行多年试验，其环境效应（E）占总变异平方和 56. 3%＞基因（G）24. 0%＞基因与环境（G×E）互作效应 19. 8%。由此看出，试点环境是影响品种适应性的主要因素。GGE 坐标图能够充分考虑环境对基因型的影响，已被广泛应用于作物多年多点的试验分析中。因此，AMMI 方法能更准确地解释环境和基因的互作，对提高品种丰产性稳定性判断和综合评价将起到积极作用。

需要针对本研究结果就不同试点的表现和不同品种在干旱年份正常年份和丰水年份不同试验区的具体表现差异进行品种筛选和分析，进而筛选出适宜区域和该区域的适宜品种；同时需要补充针对本研究中特定品种产量表现和他人研究中具体产量差异进行分析；本研究就苦荞作物品种在不同气候类型区生长期对气温、光照、降水量，耗水量与生长期水分满足程度及品种的丰产性稳定性的影响有待进一步研究。另外，苦荞品种在同一试点不同年份间也存在较大的差异，为了更准确地反映品种实质，在推广之前要进行多年多点生产性能和适应性试验，然后根据品种的丰产稳定性和适应性，结合当地的生态环境进行品种的综合评价，充分发挥气候资源对生产潜力的贡献，才能实现高产高效。

4 结论

利用 GGE 双坐标图和 AMMI 模型分析了参试品种丰产性稳定性和生态适应性，并分析参试品种主成分 PCA1、PCA2 和 PCA3 互作的稳定性值（Dg）。其 Dg 值越小，表示品种的稳定性越好。代表品种丰产性稳定性 Dg 值依次为：晋荞 2 号 7. 80、云荞 2 号 11. 80、川荞 3 号 12. 97、固原当地苦荞 14. 76 和黔黑荞 5 号 17. 57。品种的丰产性稳定性与品种在多年多点平均产量排名基本一致；对参试地点互作主成分值（PCA）与试点辨别力的稳定性（De）进行了分析，其 De 值越大，表明试点的稳定性较好。代表苦荞品种的区试点稳定性 De 值依次为：E4（海原县）18. 32＞E5（同心县）14. 65＞E2（西吉县）11. 96＞E3（彭阳县）9. 20＞E6（盐池县）8. 54＞E1（原州区）6. 64。

依据苦荞品种的稳定性（Dg）与试点辨别力的稳定性（De）综合判断，筛选出适宜在宁夏南部山区种植的品种为晋荞 2 号和川荞 3 号，其丰产性和稳定性最好。试点辨别力和代表性以半干旱易旱区的海原县，中部干旱带的同心县和半干旱区的西吉县比较好，其次为原州区和盐池县。

参试品种经历了干旱年份、正常年份和丰水年份。利用 AMMI 模型和 R 语言软件中 GGE 双标图对品种的丰产性、稳产性、生态适应性和试点代表性分析及综合评价。不同降水年份对参试品种产量差异及适应性分析结果表明，晋荞 2 号在经历干旱年、正常年和丰水年产量为 1 671～2 593kg/hm^2，平均产量 2 188kg/hm^2，较对照品种增产 17. 3%，其次为川荞 3 号产量为 1 474～2 513kg/hm^2，平均产量 2 004kg/hm^2，较对照品种增产 7. 5%，而品种 KV3（云荞 2 号）和 KV4（黔黑荞 5 号）产量分别为 1 465～

2 310kg/hm^{2}和1 358~2 483kg/hm^2，较 CK 品种增产 4.2%~4.9%，所有参试品种在干旱年份较丰水年份减产 28.0%~45.3%。

参考文献（略）

本文发表在《黑龙江农业科学》2024（2）。作者：穆兰海，常克勤*，杜燕萍，杨崇庆，陈一鑫。

基于灰色关联分析不同气候生态类型区甜荞品种（系）的评价

摘要： 以自主选育和引进的5个甜荞麦品种（系）为材料，在宁南山区6县（区）不同气候类型区进行多年多点试验，对8个主要农艺性状进行了灰色关联度分析，综合评价了品种的优劣性。结果表明，参试品种主要农艺性状对产量的关联度依次为单株粒重>单株粒数>一级分枝数>密度>株高>主茎节数>千粒重；通过对等权关联度和加权关联度分析，结合生长期的抗病性、抗倒伏等抗逆性指标，筛选出适宜在当地种植的品种（系）为固荞麦1号和固荞3号，并建立了大面积生产示范区进行验证，其增产效果明显。

关键词： 甜荞麦；AMMI 模型；GGE-Biplot；稳定性；适应性

前言

荞麦（*Fagopyrum*），属于廖科（Polygonaceae）荞麦属（*Fagopyrum* Mill）的小宗作物，荞麦种植历史悠久，种植区域辽阔，但由于生育期短，抗逆性强，营养丰富，分布范围较广，适应性强等特性，在我国栽培历史悠久。荞麦属栽培品种主要包括甜荞麦（*F. esculentum* Moench）和苦荞麦［*F. tataricum*（Linnaeus）Gaertn］两大类。我国荞麦主要分布在南北两个栽培产业带，即西南地区为荞麦集中产区，包括云南、贵州、山西、四川、重庆、湖南和湖北等省；华北和西北地区主要为甜荞集中产区，包括河北、山西、陕西、甘肃、宁夏、青海、内蒙古等地区。据2019年国家统计局数据显示，中国荞麦种植面积为388.1khm^2，同比增长7.4%，总产量为54.3万t，同比增长12.2%。其中陕西、内蒙古、宁夏、甘肃、四川种植面积分别为85.1khm^2（21.9%）、75khm^2（19.3%）、58.5khm^2（15.1%）、35.0khm^2（8.9%）和30.3khm^2（7.8%）。荞麦产量提升速度较快的是内蒙古地区，年均生产能力为11.2万t。其次是陕西省年均产量为8.7万t；再次是四川6.1万t和宁夏3.6万t。

荞麦具有特殊的食疗保健功能。近年来，国内外市场的需求量逐年增加，销量供不应求。但由于产量低，导致收益低，单株粒重的提高是提高产量的主要途径，影响荞麦的产量性状有单株粒重、单株粒数和千粒重等，受环境因子与遗传等方面的调控，在荞麦的遗传育种研究工作中集中在株高、千粒重、分枝数、单株粒重以及主茎节数等农艺性状方面。通过因子与聚类分析农艺性状的关系，研究发现不同品种在生育期、主茎节数、株高、千粒重和单株粒重等农艺性状中存在着显著性差别，从农艺性状遗传多样性研究获得高产、稳定性、抗旱性品种，实现增产增收。

本文皆通过在不同气候类型区、生态区域和生产条件下对荞麦品种进行多年多点试验，对影响荞麦品种产量的主要性状因子进行关联分析和评价，依照主要性状关联因子筛选出适合在半干旱区和中部干旱带种植的品种（系），并对筛选的品种进行生产示范验证，为新品种（系）引进和选育提供参考依据。

1　材料与方法

1.1　供试材料

试验共参试5个品种，固荞1号（G1）、宁D07-6（G2）、定甜荞3号（G3）、固荞3号（G4）和信农1号（G5）。其中G1、G2、G4和G5为宁夏农林科学院固原分院自主选育品种（系），G3为引进品种。2017—2019年在宁南山区5县（区）分别布设试验点。其中原州区头营、西吉县马建和彭阳县城阳代表半干旱区试点，同心县预旺和盐池县花马池代表中部干旱带试点，每个试验点参试品种和田间设计相同。2021—2022年完成生产示范和品种审定。

1.2　试验设计

试验采用随机区组设计，小区面积10m^2（长×宽=5m×3m），每个小区种植7行，行距33cm，留苗密度为105万株/hm^2，重复3次。试验收获时取4m^{2}进行脱粒计产，各试验点的每个品种考种取中间1m长单行植株，选取代表性15株进行考种，其剩余植株一并脱粒，计算样段内平均单株株高、主茎分枝、主茎节数、单株粒重、单株粒数及千粒重等。

加强田间管理。播种前整地结合旋耕统一基肥磷酸二铵肥料150kg/hm^2。6月下旬播种，7月中旬定苗，其他田间管理同大田。

1.3　试验点气候概况

试参试品种在宁南山区5个县（区）分别代表半干旱区和中部干旱带进行。其年平均降水量和平均气温，荞麦作物生长期降水量和平均气温（表1）。表1说明，宁南山区半干旱区（原州区、西吉县和彭阳县）和中部干旱带（同心县、盐池县）多年降水量分别为416.6~450.0mm和215.1~255.6mm，荞麦生长期降水量分别为279.2~353.0mm和89.8~222.9mm。年均气温分别为5.9~7.2℃和8.6℃。生育期气温分别为16.7~19.4℃和21.3~22.0℃。从图2看出，宁南山区不同气候类型区全年各月降水量由南部半干旱区向北部干旱带呈递减规律，即半干旱区的原州区＞西吉县降水量＞中部干旱带的盐池县＞同心县；而各月平均气温则相反，中部干旱带气温＞南部半干旱区。

表1　宁南山区不同气候类型区甜荞作物生长期降水量及平均气温

试验点	代码	降水量（mm）		平均气温（℃）		气候类型区
		年均值	生育期	年均值	生育期	
原州区	E1	450.0	353.0	6.2	18.5	半干旱区
西吉	E2	416.6	279.2	5.9	16.7	
彭阳	E3	418.3	297.5	7.2	19.4	

（续表）

试验点	代码	降水量（mm）		平均气温（℃）		气候类型区
		年均值	生育期	年均值	生育期	
同心	E5	215.1	189.8	8.6	22.0	中部干旱带
盐池	E6	255.6	222.9	8.6	21.3	

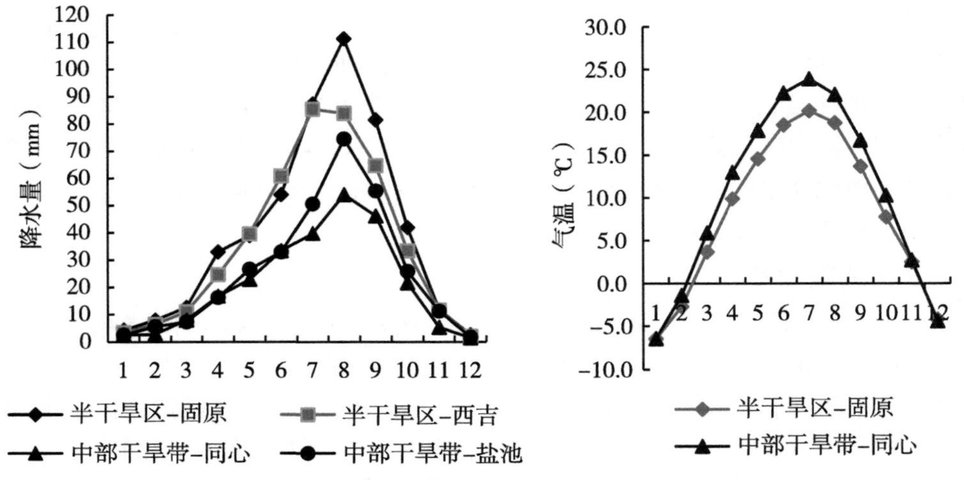

图1　半干旱区和中部干旱带多年逐月降水量与气温变化

1.4　分析方法

用 DPS 9.50 数据处理系统和 Excel 2016 软件进行数据处理，采用灰色系统理论中的灰色关联度进行分析。将产量及主要农艺性状因素视为一个灰色系统，灰色关联度能较为全面地反映参试品种的稳定性和优劣性，用关联度表示 ξ_i 。在标准化处理后，设定分辨系数为 0.5 计算关联度，根据关联度排序位次确定。各农艺性状对产量影响的主次关系，计算参考量与比较量的绝对值，找出每个灰色系统的最大和最小绝对值。各农艺性状的关联度大，则表示品种的综合性状越好。关联度分析选择目前生产中产量高和最理想的主要性状为参考指标，各性状指标构成参考数列，记作目标品种 G0，参试品种（组合）各性状值比较数列，记作在此处键入公式。G_i((($i=1, 2, \cdots, m$)，其中 m 为参试品种数，各农艺经济性状指标以 T 表示（T=1，2，…，n），其中 n 为性状数进行灰色关联分析。

2　结果与分析

2.1　主要经济性状

目标品种 T0 主要性状指标取值是当地生产中已实现的理想品种状态值，即参考品种的各主要性状的取值是目前旱地生产潜力比较好的品种主要各性状值，其取值应比参试其他品种主要性状值大一些。

试验选取主要性状指标密度（T1）、株高（T2）、主茎分枝数（T3）、主茎节数（T4）、单株粒重（T5）、单株粒数（T6）、千粒重（T7）和平均产量（T8）等8个主要性状数据的平均值进行统计分析，各个品种的性状值见表2。

表2　各参试甜荞麦品种（系）主要农艺性状

地区	品种	密度万株（T1）(kg/hm^2)	株高（T2）(cm)	主茎分枝数（T3）（个）	主茎节数（T4）（个）	单株粒重（T5）(g)	单株粒数（T6）（粒）	千粒重（T7）(g)	平均产量（T8）(kg/hm^2)
半干旱区	G0	105	120.0	6.0	12.0	2.4	80.0	30.0	2 250.0
	G1	108	90.1	6.6	12.3	2.1	65.8	27.7	1 846.1
	G2	101	89.9	6.0	12.6	1.6	54.5	26.1	1 309.5
	G3	109	97.5	5.8	12.3	2.1	65.8	26.6	1 843.9
	G4	104	90.7	6.5	12.2	2.1	71.0	32.0	1 783.9
	G5	107	82.6	4.7	12.0	1.7	59.8	29.1	1 605.0
中部干旱带	G1	98	88.4	5.1	11.3	2.1	77.1	28.89	1 575.6
	G2	101	85.4	4.7	9.3	1.6	59.7	27.76	1 065.6
	G3	95	90.6	4.5	9.6	2.0	66.5	28.23	1 412.8
	G4	92	86.6	4.9	9.6	2.4	78.0	30.30	1 535.6
	G5	98	75.9	4.2	10.5	2.0	58.8	27.69	1 286.7

2.2　数据无量纲化处理

因各个性状量纲不一致，需将原始数据标准化，用各品种农艺性状数据分别除以参考品种相应农艺各性状数据，将原始数据统一量化在［0，1］的范围内（表3）。

设参考序列（参考品种）为 $To(t)=\{T0(1),T0(2),\cdots,T0(n)\}$；比较序列（参试品种）为：$Ti(t)=\{Ti(1),Ti(2),\cdots,Ti(n)\},i=1,2,\cdots,m;t=1,2,\cdots,n$。

初值化后的参考序列为 $T0'(t)=T0(t)/T0(t)/T0(1)$，比较序列为 $Ti'(t)=Ti(t)/Ti(1),i=1,2,\cdots,m;;t=1,2,\cdots,n$。

表3　数据无量纲化处理

地区	品种	T1	T2	T3	T4	T5	T6	T7	T8
半干旱区	G1	1.028	0.751	1.094	1.025	0.869	0.823	0.923	0.820
	G2	0.961	0.749	1.000	1.053	0.647	0.681	0.871	0.582
	G3	1.043	0.813	0.972	1.021	0.857	0.823	0.887	0.820
	G4	0.994	0.756	1.075	1.015	0.876	0.888	1.066	0.793
	G5	1.017	0.688	0.783	1.004	0.704	0.748	0.970	0.713

（续表）

地区	品种	T1	T2	T3	T4	T5	T6	T7	T8
中部干旱带	G1	0.932	0.736	0.847	0.940	0.892	0.964	0.963	0.700
	G2	0.958	0.712	0.781	0.771	0.705	0.746	0.925	0.474
	G3	0.904	0.755	0.747	0.797	0.869	0.831	0.941	0.628
	G4	0.872	0.722	0.811	0.801	0.979	0.975	1.010	0.682
	G5	0.931	0.633	0.697	0.872	0.826	0.734	0.923	0.572

2.3 灰色关联系数及关联度分析

2.3.1 等权关联度 求得参考数列G0与5个参试品种相应性状的绝对差值，计算结果（表4）。

$$\Delta_i(T) = |G_0(T) - G_i(T)| \quad i = (1,2,\cdots,8)\cdots \tag{1}$$

表4 参试品种与目标品种性状的绝对差 $|\Delta_i(T)|$

地区	品种	T1	T2	T3	T4	T5	T6	T7	T8
半干旱区	G1	-0.028	0.249	-0.094	-0.025	0.131	0.177	0.077	0.180
	G2	0.039	0.251	0.000	-0.053	0.353	0.319	0.130	0.418
	G3	-0.043	0.188	0.028	-0.021	0.143	0.177	0.113	0.180
	G4	0.006	0.244	-0.075	-0.015	0.124	0.113	-0.066	0.207
	G5	-0.017	0.312	0.218	-0.004	0.296	0.252	0.030	0.287
中部干旱带	G1	0.068	0.264	0.153	0.060	0.108	0.036	0.037	0.300
	G2	0.042	0.288	0.219	0.229	0.295	0.254	0.075	0.526
	G3	0.096	0.245	0.253	0.203	0.131	0.169	0.059	0.372
	G4	0.128	0.278	0.189	0.199	0.021	0.025	-0.010	0.318
	G5	0.069	0.367	0.303	0.128	0.174	0.266	0.077	0.428

由下列公式计算参试品种（组合）与参考品种之间的关联系数：

$$\xi_i(T) = \frac{min_i\, min_t\, |G_0(T) - G_i(T)| + P\, man_i\, man_k\, |G_0(T) - G_i(T)|}{|G_0(T) - G_i(T)| + P\, man_i\, man_k\, |G_0(T) - G_i(T)|} \tag{2}$$

式中 $\xi_i(T)$ 为 G_i 对 G_0 在 T 点的关联系数，P 为分辨系数，取值范围在（0~1），一般取0.5。$min_t|G_0(T) - G_i(T)|$ 和 $man_t|G_0(T) - G_i(T)|$ 分别为第1层次最小差和第1层次最大差，即在绝对差 $|G_0(T) - G_i(T)|$ 中按不同的T值分别挑选其中最小值和最大值；$min_i\, min_t|G_0(T) - G_i(T)|$ 和 $man_i\, man_t|G_0(T) - G_i(T)|$ 分别为第2层次最小差和最大差，即在绝对差 $man_i\, man_t|G_0(T) - G_i(T)|$ 中选出最小值和最大值，得出各参试品种等权关联度。将表4中 $|\Delta_i(T)|$ 相应数值代入公式（2）即可得到 G_0 对 T_i 各性状

的关联系数。根据（表 4）各参试品种与参考品种第 1 层和第 2 层的绝对差 $|\Delta_i(T)|$ 最小值和最大值分别以 0. 000 和 0. 526，计算得到各参试品种与性状间的等权关联系数（表 5）。

表 5　参试甜荞作物品种各性状等权关联系数

地区	品种	T1	T2	T3	T4	T5	T6	T7	T8	$\xi_i(T)$
半干旱区	G1	1. 117	0. 514	1. 560	1. 105	0. 667	0. 598	0. 775	0. 594	0. 866
	G2	0. 872	0. 512	1. 000	1. 251	0. 427	0. 452	0. 670	0. 386	0. 696
	G3	1. 195	0. 584	0. 904	1. 086	0. 648	0. 598	0. 700	0. 593	0. 788
	G4	0. 979	0. 519	1. 399	1. 062	0. 680	0. 700	1. 336	0. 559	0. 904
	G5	1. 067	0. 457	0. 547	1. 014	0. 471	0. 511	0. 898	0. 478	0. 681
中部干旱带	G1	0. 794	0. 499	0. 633	0. 815	0. 710	0. 878	0. 877	0. 467	0. 709
	G2	0. 863	0. 477	0. 545	0. 534	0. 471	0. 509	0. 779	0. 333	0. 564
	G3	0. 732	0. 517	0. 510	0. 565	0. 668	0. 609	0. 817	0. 414	0. 604
	G4	0. 672	0. 486	0. 582	0. 570	0. 927	0. 913	1. 040	0. 453	0. 705
	G5	0. 791	0. 417	0. 465	0. 672	0. 602	0. 498	0. 774	0. 381	0. 575

2. 3. 2　加权关联度　对各农艺性状与产量关联度进行分析，根据关联度排序位次，确定比较数列对产量的影响主次关系，依据关联系数分析原理，关联系数越大，说明与理想品种各数列关系值越密切。

$$\text{权重系数}\ \omega_i = \frac{r_i}{\sum r_i} \tag{3}$$

$$\text{加权关联度}\ r'_i = \sum_{k=1}^{n} \omega_i(T)\,\xi_{ii}(T) \tag{4}$$

利用公式（3）对参试品种等权关联系数（表 5）对应参试品种主要性状指标的密度（T1）、株高（T2）、主茎分枝数（T3）、主茎节数（T4）、单株粒重（T5）、单株粒数（T6）、千粒重（T7）和平均产量（T8）等指标的均值依次计算得到各参试品种性状指标的权重赋值系数（表 6）。

表 6　不同气候类型区参试品种性状指标权重赋值系数

气候区	T1	T2	T3	T4	T5	T6	T7	T8
半干旱区	0. 166	0. 082	0. 172	0. 175	0. 092	0. 091	0. 139	0. 083
中部干旱带	0. 153	0. 095	0. 108	0. 125	0. 134	0. 135	0. 170	0. 081
平均值	0. 159	0. 088	0. 140	0. 150	0. 113	0. 113	0. 154	0. 082

2.3.3 关联因子综合评价 等权关联系数和加权关联度在一定程度上可反映各参试品种之间的优劣性。根据公式（2）计算得到等权关系数（$\xi_i(T)$），再利用公式（3）和权重赋值系数（表6）整理得到加权关联关系数（r_i 值）。经对参试品种各性状数据整理得到各参试品种等权关联系数和加权关联系数（表7）。经对半干旱区和中部干旱带各品种主要性状的加权关联系数 r_i 值以品种 G4（固荞3号）0.772~0.964>G1（固荞1号）0.734~0.918，>G3（定荞3号）0.622~0.828，品种 G2（宁 D07-6）和 G5（信农1号）为0.594~0.745。

根据（表7）分别对等权关联系数（$\xi_i(T)$）和加权关联系数（r_i）排序，并结合参试品种田间生长表现及其他指标记载，并考虑到品种的成熟性和抗病性等抗逆性因素进行关联度评价及排序。结果表明，①半干旱区以品种 G4（固荞3号）0.934>G1（固荞1号）0.892>G3（定荞3号）0.808>G2（宁 D07-6）0.721>G5（信农1号）0.704；②中部干旱带以品种 G1 的 0.721>G4 的 0.713>G3 的 0.613>G5 的 0.589>G2 的 0.579；即半干旱区和中部干旱带以品种 G4 和 G1 的产量和稳定性较好。其次为品种 G3。

表7 参试品种等权关联度 $\xi_i(T)$、加权关联度（r_i 值）及综合评价

地区	品种	平均产量（kg/hm^2）	排序	$\xi_i(T)$ 值	r_i 值	综合评价	排序
半干旱区	G1	1 846.1	1	0.866	0.918	0.892	2
	G2	1 309.4	5	0.696	0.745	0.721	4
	G3	1 843.9	2	0.788	0.828	0.808	3
	G4	1 783.9	3	0.904	0.964	0.934	1
	G5	1 605.0	4	0.681	0.727	0.704	5
中部干旱带	G1	1 575.6	1	0.709	0.734	0.721	1
	G2	1 065.6	5	0.564	0.594	0.579	5
	G3	1 412.8	3	0.604	0.622	0.613	3
	G4	1 535.6	2	0.705	0.722	0.713	2
	G5	1 286.7	4	0.575	0.603	0.589	4

2.3.4 关联因子与产量关联序 对甜荞品种主要农艺性状关联因子与产量进行分析，其关联度明显（表8）。由表8可以看出，对8个因素与产量关联系数的影响程度以 T5（单株粒重）>T6（单株粒数）>T3（一级分枝数）>T1（密度）>T2（株高）>T4（主茎节数）>T7（千粒重）。

表 8　甜荞作物品种各性状指标与产量关联度及关联序

关联因子	单株粒重 T5	单株粒数 T6	一级分枝 T3	密度 T1	株高 T2	主茎节数 T4	千粒重 T7
关联度	0. 6788	0. 3958	0. 3577	0. 3200	0. 1950	0. 1914	0. 1803
关联序	1	2	3	4	5	6	7

2.4　参试品种在不同气候类型区的增产效应

对甜荞品种在不同试点和不同降水年份增产效应进行了分析（表 9）。表 9 说明，宁南山区各试点以品种 G1（固荞 1 号）和 G4（固荞 3 号）表现最好，其次为 G3（定荞 3 号）。在干旱年份所有旱地品种产量为 393～840kg/hm^2、平水年份产量为 1 237～2 104kg/hm^{2}和丰水年份产量为 1 513～2 294kg/hm^2。其中品种 G1（固荞 1 号）、G4（固荞 3 号）和 G3（定甜荞 3 号）分别较 G5（信农 1 号 CK）增产 12. 6%～22. 4%，9. 5%～19. 3%，7. 2%～9. 8%。中部干旱带试验点在干旱年份、平水年份和丰水年份，其生长期平均降水量分别为 229. 0mm、237. 7mm 和 381. 7mm，较半干旱区同期降水量 205. 3mm、212. 1 和 212. 8mm 减少 23. 7～168. 9mm，可使荞麦品种减产 35. 0%～65%。

表 9　不同气候类型生态区甜荞品种增产效应　　（kg/hm^2）

地区	品种（系）	干旱年份	正常年份	丰水年份	平均	增减产（%）	名次
半干旱区	G1	767	1 943	2 294	1 668	12. 6	1
	G2	393	1 712	1 630	1 245	−15. 9	5
	G3	677	2 048	2 038	1 587	7. 2	3
	G4	540	2 104	2 222	1 622	9. 5	2
	G5（CK）	529	1 894	2 021	1 481		4
中部干旱带	G1	748	1 703	2 275	1 576	22. 4	1
	G2	447	1 237	1 513	1 066	−17. 2	5
	G3	758	1 348	2 132	1 413	9. 8	3
	G4	840	1 663	2 103	1 536	19. 3	2
	G5（CK）	740	1 540	1 580	1 287		4

品种多年多点试验的基础上，对筛选出的品种 G1（固荞 1 号）、G4（固荞 3 号）和 G3（定荞 3 号），2020—2022 年在宁南山区 5 县（区）代表阴湿区的隆德县观庄，半干区区的原州区寨科乡、彭阳县城阳乡和西吉县吉强镇，中部干旱带的盐池县花马池镇和大水坑镇等，建立了不同生态区的荞麦大面积核心展示区和生产示范区（表 10）。

表 10 不同气候类型区域品种生产示范成效比较

品种	半干旱区		半干旱区易旱区		中部干旱带	
	产量（kg/hm^2）	增产（%）	产量（kg/hm^2）	增产（%）	产量（kg/hm^2）	增产（%）
固荞 1 号、固荞 3 号	1 687	13.7	1 484	10.0	1 038	8.5
信农 1 号（CK）	1 484		1 349		957	

表 10 看出，固荞 1 号和固荞 3 号在半干旱区的原州区和西吉县生产示范区平均产量位 1 687kg/hm^2，较对照品种信农 1 号增产 13.7%，在半干旱易旱区的海原县平均产量为 1 484kg/hm^2，较对照品种增产 10.0%；在中部干旱带的盐池县平均产量为 1 038kg/hm^2，较对照品种增产 8.5%。另外，在盐池县生育期实施两次滴灌水量为 1 200mm/hm^2情况下，其产量可实现 1 902.0 ~ 2 475.0kg/hm^2，较对照品种增产 8.7%~35.5%。

2019—2022 年固荞 1 号和固荞 3 号品种先后在内蒙古、陕西、甘肃、山西、河北、贵州和云南等省引进示范种植 150hm^2 以上，具有较好的适应性和广阔的推广应用前景，对发展小杂粮荞麦产业化种植，规模化经营和带动产品深加工提供优质供种资源，形成了高效节水种植配套技术，对促进建立大规模的产业化基地起到积极的示范引领作用。

3 讨论与结论

经过对甜荞品种主要影响产量的关联因子进行了灰色关联度分析，在甜荞品种的 7 个主要性状中，在正常生长高度下，以单株粒重、单株粒数、一级分枝数、种植密度这 4 个性状与产量的关联度较高，其关联度值分别为 0.6788、0.3958、0.3577 和 0.3200，主茎节数和千粒重为次之。除此之外，对荞麦品种主要性状与产量的相关性分析，研究表明，密度与株高、一级分枝、主茎节数、单株粒数和粒重呈正相关。这与张清明，吴曹阳和唐链等人研究结果基本一致。但主要性状密度、株高和主茎节数与千粒重则呈负相关。因此在新品种选育和引种过程中，考虑到半干旱区冬春干旱，生长发育期受气影响，应注重选择抗旱性和抗病性强、株高、分枝数和生育期适当的品种。

通过关联分析和综合评价，固荞 3 号和固荞 1 号品种在宁南山区具有丰产性和稳定性及适应性最好，建议在宁南山区半干旱区和干旱区适宜推广种植。其他品种稳定性较差，可根据当地生产和气候立地条件进行因地制宜选择性种植。试验期间同步在宁南山区不同气候类型区组建了荞麦生产示区，累计生产示范面积达到 100hm^2，旱地平均产量 1 683kg/hm^2，较对照品种信农 1 号增产 14.3%，其增产效果明显。

由于影响荞麦产量与主要性状的关联因子比较复杂，不同气候类型、生态环境和当地生产条件很大程度决定了品种生态适应性，进而影响品种生产潜力的开发程度和生产能力进一步提升。在遇到干旱年份下，在荞麦生育期前期和中期的降水量严重影响了营养生长阶段的主要性状为株高，则又限制了一级分枝和主茎节数正常生长发育。研究发现，半干旱区和干旱区气候区域，在荞麦在生长期降水量适中情况下，影响产量的主要性状则以单株粒重、单株粒数、一级分枝数、合理密度关联度较高。对此，影响荞麦生产能力提升与气候类型、生态环境和当地生产条件密切相关，主要性状与产量的关联因子随之合理变化。因此，不断深化研究荞麦品种在不同气候类型区、不同生态环境和立地生产条件下以及在干旱年份、正常年份和干旱年份下主要性状与产量关联因子、生育期阶段降水量与耗水特征、开花期和灌浆期大气温度与结实率和灌浆速度等至关重要。

参考文献（略）

本文发表在《安徽农业科学》2024（12）。作者：穆兰海，常克勤*，杜燕萍，陈一鑫，杨崇庆。

基于 AMMI 模型和 GGE 双标图对荞麦品种稳产性及适应性分析

摘要：【目的】准确评价苦荞新品种的丰产性、稳产性和生态适应性。【方法】采用 AMMI 模型和 R 语言的 GGE-Biplot 软件包相结合的方法，对宁夏南部山区不同气候区甜荞麦品种多年多点试验进行主成分分析，综合评价了品种的丰产性稳定性、适应性、试点代表性和辨别力。【结果】荞麦试点以半干旱区的西吉县或原州区，半干旱区易旱区的海原县，中部干旱带的盐池县代表性较好。通过对 5 个品种（系）在 6 县（区）点试验数据分析，结果表明，固荞 1 号和固荞 3 号新品种的丰产性、稳定性和生态适应性最好；【结论】基于 AMMI 模型和 GGE 双坐标功能图分析的基础上，在不同气候类型区进行品种展示和大面积生产示范，以 AMMI 模型分析与大田生产验证相结合，对品种的稳定性进行综合评价，该方法可行，结果可靠，验证效果良好。

关键词：宁南山区；甜荞麦品种；AMMI 模型；GGE-Biplot；稳定性与适应性

在农作物新品种选育过程中，其品种区域试验是一个重要环节，通过品种在不同生态气候类型区进行多年多点试验，结合主要农艺经济性状和产量进行品种的抗旱性、丰产性、稳产性和生态适应性等多项指标进行综合性评价至关重要。

随着新品种的选育指标综合评价越来越科学，分析的方法在不断的改进。利用 AMMI 模型和 GGE 双标图进行品种稳产性及适应性分析，该方法就是对作物试验数据进行品种主效应与互作效应（Additive main effects and multiplicative interaction）AMMI 模型及基因型主效应及基因型与环境互作（genotype main effect plus genotype - environment interaction）情况下以 GGE 双标图分析系统为主。进而对基因型的稳定性进行较为准确性的评价。AMMI 模型结合方差分析和主成分分析以及与传统基因型-环境互作效应，基因型与环境多角度对参试品种与试点的稳定性参数（Dg）和试点鉴别力参数（De）进行综合评价。

近年来，AMMI 模型已被国内外学者广泛用于马铃薯、油菜、玉米、谷子、大豆、花生、青稞和苦荞等作物品种多点试验、品质、经济性状和产量等方面分析中应用。

本研究采用 AMMI 模型和 GGE 双标图分析方法，对甜荞品种多年多点试验数据进行主成分分析，对参试品种影响产量的主要性状进行的丰产性稳定性、生态适应性和试验点的辨别力进行分析，对筛选出新品种进行生产示范和大面积推广应用验证，为荞麦品种合理区划和育种工作提供科学依据。

1　材料与方法

1.1　参试材料

试验共参试 5 个品种，固荞 1 号（TV1）、宁 D07-6（TV2）、定甜甜荞 3 号（TV3）、固荞 3 号（TV4）及信农 1 号（TV5）。其中 TV1、TV2、TV4 和 TV5 为宁夏农林科学院固原分院自主选育品种（系），TV3 从甘肃省定西市农业科学院引进。2017—2019 年试验在宁南山区 6 县（区）分别布设试验点。其中原州区头营、西吉县马建和彭阳县城阳代表半干旱区，同心县预旺和盐池县花马池均代表中部干旱带，每个试验点参试品种和田间设计相同。2020—2023 年完成品种生产示范及品种审定。

1.2　试验设计

试验采用随机区组设计，小区面积 10m^2，长 5m×宽 2m，每个小区种植 7 行区，行距 33cm，小区留苗1 580株左右，密度为 105 万株/hm^2，重复 3 次。收获时每小区取生长均匀的 4m^2 脱粒计产，各试验点的每个品种考种样取中间 1m 长单行植株，选取代表性 15 株进行考种，对其中剩余植株进行脱粒，计算混合平均单株的株高，主茎分枝、主茎节数、单株粒重、粒数及千粒重等。

田间管理。播种前结合整地进行旋耕，统一基肥磷酸二铵肥料 150kg/hm^2。6 月下旬播种，7 月中旬定苗，其他田间管理同大田。

1.3　试验点气候生态类型

试验点在宁南山区 6 个县（区）具有代表半干旱区、半干旱易旱区和中部干旱带进行。其年平均降水量和平均气温，荞麦作物生长期降水量和平均气温（表 1）。表 1 说明，宁南山区半干旱区（原州区、西吉县和彭阳县）、半干旱区易旱区（海原县）和中部干旱带（同心县、盐池县）多年降水量分别为 416.6～450.0mm，350.0mm 和 215.1～255.6mm，荞麦生长期降水量分别为 279.2～353.0mm、331.8mm 和 189.8～222.9mm。年均气温分别为 5.9～7.2℃、7.1℃和 8.6℃。生育期气温分别为 16.7～19.4℃、18.7℃和 21.3～22.0℃。

表 1　宁南山区不同地区甜荞作物生长期降水量及平均气温

试验点	代号	降水量（mm）		平均气温（℃）		气候类型区
		年均值	生育期	年均值	生育期	
原州	E1	450.0	353.0	6.2	18.5	半干旱区
西吉	E2	416.6	279.2	5.9	16.7	
彭阳	E3	418.3	297.5	7.2	19.4	
海原	E4	350.0	331.8	7.1	18.7	半干旱偏旱区
同心	E5	215.1	189.8	8.6	22.0	干旱带
盐池	E6	255.6	222.9	8.6	21.3	

1.4 数据分析

1.4.1 试验方差及 AMMI 模型分析 本研究利用 DPS 9.5 系统和 Excel 2016 软件，进行 AMMI 模型分析统计分析其品种及试验点间的稳定性和丰产性参数及综合评价。利用 AMMI 模型作图和产量数据的方差分析均主成分特征值分析，计算品种和区试点稳定性（Di）值。并利用 GGE 运用 R 语言支持下的 GGE-Biplo 软件包进行双标图分析。该模型的主要特点是将方差分析和主成分分析有机地结合在一起，具有以下表达形式：

AMMI 模型公式为

$$y_{ge} = \mu + \alpha_g + \beta_e + \sum_{i=1}^{n} \lambda_n \gamma_{gn} \delta_{gn} + \theta_{gn} \varepsilon_{ger} \quad (1)$$

式中，y_{ge} 表示在某试点 e 中某一基因型 g 的平均产量；μ 为总体平均值；α_g 为基因型平均偏差（基因型平均值减去总的平均值）；β_e 为环境的平均偏差（各个环境的平均值减去总的平均值）；λ_n 为第 n 个主成分特征值的平方根；γ_{gn} 为第 n 个主成分的环境得分；δ_{gn} 为第 n 个主成分的基因型主成分得分；θ_{ge} 为残差。本试验设有重复，则误差项为 ε_{ger} ，它等于 γ_{gn} 平均值与 r 个重复的单个观察值之间的偏差，并具有可加性。

1.4.2 R 语言 GGE 双坐标图及稳定性分析 采用 GGE 运用 R 语言支持下的 GGE Biplo 软件包功能进行双标图分析，分别评价“丰产性和稳产性”“区分力与代表性”“品种生态适应性”功能图分析参试品种与环境交互效应主成分值（interaction principal component axis，IPCA）在多维空间中图标与原点的欧氏距离，其计算公式为

$$D_{g(e)} = \sqrt{\sum_{i-1}^{n} (IPCA)^2_{g(e)\ i}} \quad (2)$$

式中，n 表示达到显著水平的 IPCA 个数；$D_{g(e)}$ 用来度量基因型或环境的相对稳定性，为基因型或环境在 n 个 IPCA 上的欧式距离。

2 结果与分析

2.1 AMMI 模型分析

2.1.1 品种产量的方差分析和 AMMI 互作效应 甜荞多年多点品种区域试验中，甜荞产量显著受到基因型（genotype，G）、环境（environment，E）以及基因型与环境互作效应（G×E）的影响（表 2）。表 2 看出，环境和基因和交互作用占总变异的比例从小到大排列为：甜荞品种环境效应占总变异平方和的比例为（46.1%）＞基因（38.1%）＞基因与环境互作作用（15.9%），由此也可看出。品种与环境适应性的选择重要性。AMMI 模型主成分分析中，基因型和环境互作效应可以进一步分解为达到 3 个显著水平的互作效应主成分轴为 IPCA1（Interaction principle component axis）、PCA2 和 PCA3 分别占互作效应的 81.9%、12.0% 和 5.1%，即 IPCA 的交互作用信息占 99.0%。说明 AMMI 模型可以较好地解释品种和试点互作效应。

表 2　参试品种产量的方差分析和 AMMI 分析

变异来源	自由度（df）	平方和（SS）	均方（MS）	F（F）	占总变异比例（SS）
总的	269	146 247 216. 30	543 669. 95		
处理	29	17 397 882. 96	599 927. 00	1. 12	
基因型	4	6 620 101. 48	1 655 025. 37	3. 08	38. 1
环境	5	8 015 794. 07	1 603 158. 81	2. 99	46. 1
基因型×环境	20	2 761 987. 41	138 099. 37	0. 26	15. 9
PCA1	8	2 260 898. 53	282 612. 32	19. 06**	81. 9
PCA2	6	330 476. 19	55 079. 36	3. 71**	12. 0
PCA3	4	140 955. 99	35 239. 00	2. 38*	5. 1
残差	2	29 656. 69	14 828. 35		

注：** 和 * 分别在 0. 01 水平和 0. 05 水平下极显著和显著。

2. 1. 2　AMMI 模型对品种的丰产性稳定性分析　利用 AMMI 模型对参试品种进行丰产性和稳定性分析，丰产性方面：通过品种在 6 个气候类型区试点进行多年多点试验，其 TV4（固荞 3 号）多年平均产量为 1 719. 6kg/hm^2，表现最好，且超过对照品种 TV4（信农 1 号）；稳定性方面：基于 PCA1、PCA2 和 PCA3 的互作主成分计算得到参试品种的稳定性参数 Dg（表 3），其 Dg 值越小，表示品种的稳定性越好。按品种平均产量互作主成分得到稳定参数（Dg）值，品种的稳定性依次以 TV1（固荞 1 号）＞TV4（固荞 3 号）＞TV5（信农 1 号）＞TV3（定甜荞 3 号）＞TV2（宁 D07-6），固荞 1 号品种的稳定性最好。以品种的稳定性参数结合产量综合分析，说明参试品种固荞 1 号和固荞 3 号品种丰产性稳定性比较好，其次为信农 1 号。按照荞麦品种在不同气候类型区和不同生产条件下对生态适应性的影响程度看，新品种选育过程中对品种的客观评价，既要具备丰产性，又能获得稳产性才是评价品种比较理想的目标。

表 3　各品种平均产量、互作主成分值和稳定性参数

品种	平均产量	位次	互作主成分			稳定性参数	位次
			PCA1	PCA2	PCA3		
TV1	1 656. 3	2	−0. 32	0. 53	7. 95	7. 97	1
TV2	1 276. 3	5	−13. 49	−4. 02	−3. 06	14. 41	5
TV3	1 620. 9	3	11. 29	−6. 53	−2. 26	13. 23	4
TV4	1 719. 6	1	3. 80	9. 43	−3. 03	10. 61	2
TV5	1 498. 3	4	−12. 27	−1. 42	−4. 60	13. 19	3

通过 AMMI 模型对各试点平均产量，互作主成分的试点稳定性参数（De）见表 4，

试点稳定性值（De）与品种稳定性值（Dg）相反，其 De 值越大，表明试点代表性与辨别力越强。基于此，试点平均产量在 E2（西吉县）＞E1（原州区）＞E4（海原县）＞E6（盐池县）＞E5（同心县）＞E3（彭阳县）的情况下，试点的稳定性 De 值以 E2（西吉县）最好，其次为 E3（彭阳县）。综合评价荞麦区试代表性与辨别力选择半干旱区的西吉县或彭阳县，半干旱区易旱区的海原县，及中部干旱带的盐池县布设试点比较理想。

表 4　各试点平均产量、互作主成分值和稳定性参数

试点	平均产量	位次	互作主成分			稳定性参数	位次
			PCA1	PCA2	PCA3		
E1	1 634.6	2	2.83	3.99	9.27	10.48	3
E2	1 770.2	1	16.24	4.58	-4.19	17.39	1
E3	1 211.3	6	-12.55	2.29	-0.83	12.79	2
E4	1 616.6	3	5.09	-6.14	1.70	8.15	6
E5	1 504.2	5	-7.65	5.49	-2.55	9.76	5
E6	1 591.9	4	-1.95	9.07	-3.41	9.88	4

2.2　参试品种与试点 GGE 双标图分析

参试荞麦品种的丰产性稳产性（图 1）、试点代表性与鉴别力（图 2）及品种生态适应性 GGE 双坐标功能图（图 3），是 5 个品种在 6 个试点经过多年多点分析和 AMMI 模型分析，其各品种（试点）平均产量、互作主成分及稳定性参数分析（表 3、表 4）基础上，以品种×地点平均产量向量（表略），采用 GGE-Biplot 软件包分别构建品种与试点 GGE 双坐标功能图分析相结合，根据某个品种基因环境互作变异信息量在纵横平均坐标轴的走向和定位，从而更准确评价荞麦参试品种或地点的稳定性、代表性和鉴别力及适应性。

2.2.1　品种丰产性稳产性双坐标图　通过 R 语言中 GGE-Biplot 软件包对品种与试点双坐标图分析（图 1），图 1 看出，GGE 双标图中横坐标（PAC1）可以解释互作信息量为 84.61%，纵坐标（PAC2）可以解释互作信息量为 12.54%，总计 97.15%的环境和基因环境互作的变异信息。从功能图可以看出，所有参试品种的高产性和稳产性以带箭头的直线为环境平均轴，其箭头方向表示品种在所有环境下的近似平均产量的走向。品种与环境平均轴间的垂线越长，表示品种越不稳定。结果表明，品种 TV1（固荞 1 号）和 TV4（固荞 3 号）表现最高，其次为品种 TV3（定荞 3 号）。因此，采用坐标功能图分析与平均产量、互作主成分分析得到的品种丰产性和稳定性（表 3）结果基本一致。

2.2.2　试点代表性与鉴别力 GGE 双坐标图　利用 R 语言的 GGE-Biplot 软件包对 6 个试点代表性和鉴别力分析（图 2），图中带箭头的直线是平均环境轴，试点线段和平均环境轴间的夹角表示该试点的代表性，角度越小，代表性越强，若一个试点与平均

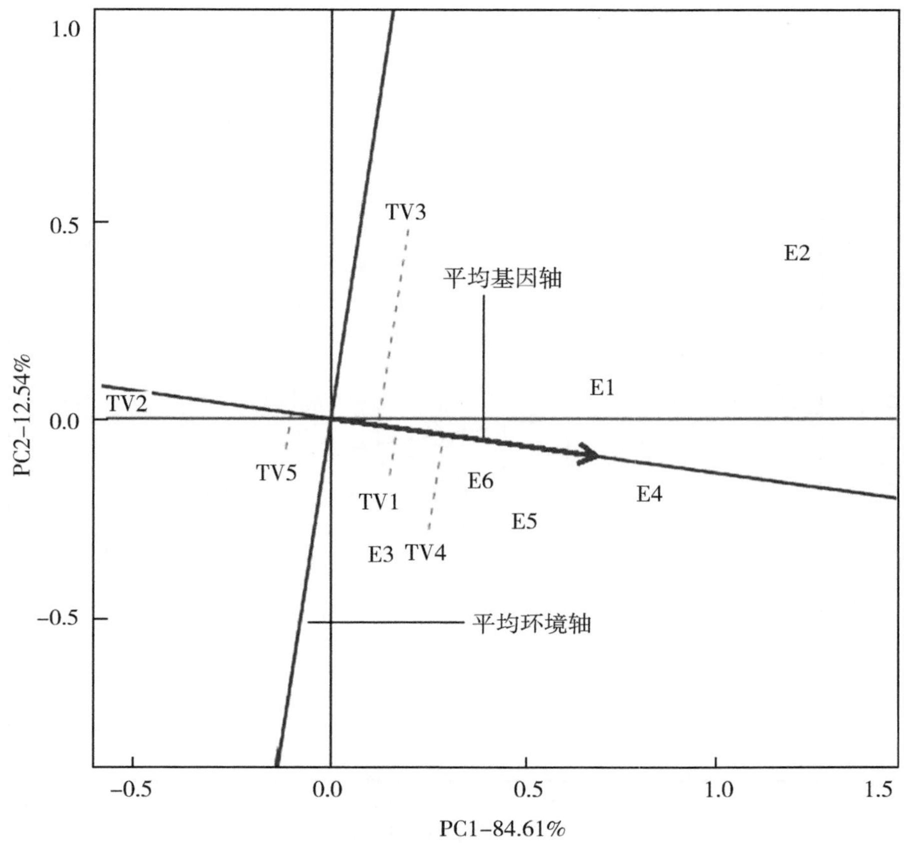

图 1　GGE-Biplot 双标图分析的品种“丰产性与稳产性”功能图

环境轴的夹角为钝角，则表示该试点不适合作为试验点。各试点线段的长短表示该试点的辨别力。(图 2）显示，试点 E1 或 E2（代表半干旱区的原州区或西吉县）均处于同一生态环境范围，E4（代表半干旱偏旱区的海原县），中部干旱带试点 E5（同心县）和 E6（盐池县）处于同一生态环境范围，以选择盐池县试点与平均环境轴的夹角小。综合评价认为，为减少相同气候类型荞麦重复布设试点和降低试验成本，应该选择试点 E1（E2)、E4 和 E6 其代表性和辨别力比较强。

2.2.3　参试荞麦品种生态适应性分析　同一品种在不同种植区域表现不一致，在一定程度也反映出品种对区域种植的生态适应性。GGE 双标图中的“品种生态适应性”功能图（图 3)，将同一方向上距离原点最远的品种连成一个多边形，确保所有品种都落在多边形内，过原点作多边形各边的垂线，双标图被垂线分成若干个区域，处于多边形顶端的品种则是各区域内表现最好的品种。图 3 看出，整个双标图被垂线划分为 4 个扇形区域，位于该扇区多边形的顶角为最适合在该区域种植的品种。第一扇区品种 TV1（固荞 3 号）在试验点 E3、E5 表现比较好；第二扇区品种 TV4（固荞 3 号）在试验点 E1、E2、E4 和 E6 适应范围比较广阔；第三扇区有品种 TV3（定荞 3 号)，第四扇区品

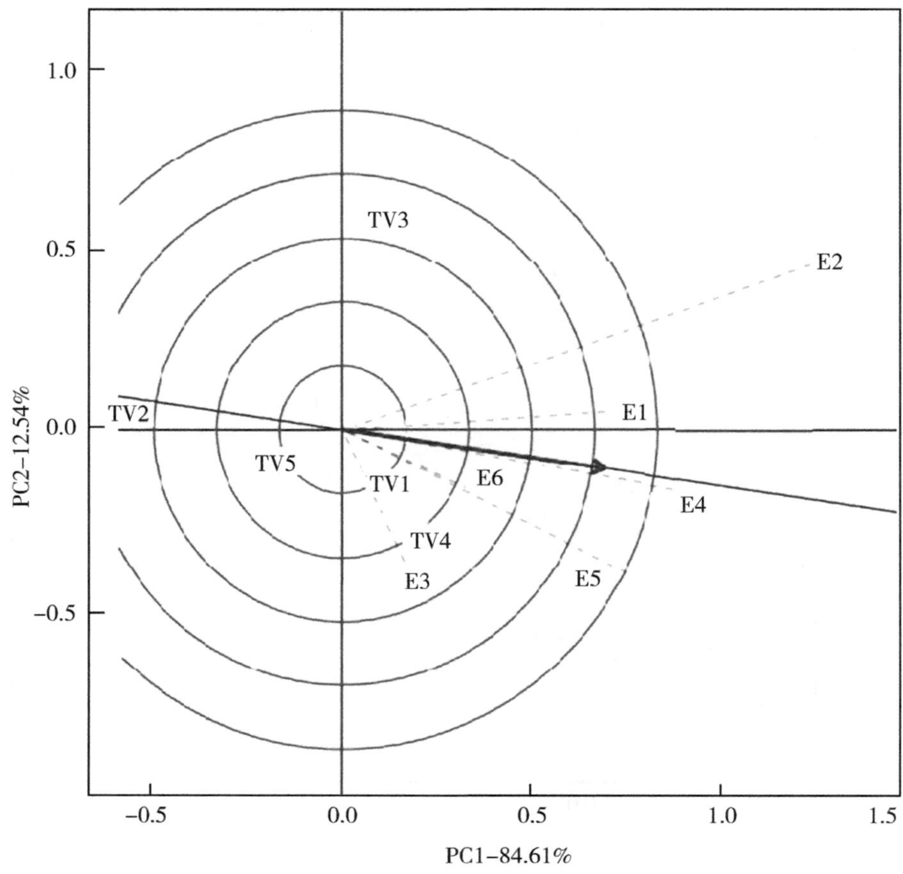

图 2　GGE 双标图分析的试点"代表性与鉴别力"功能图

种丰产性低和适应性较差。

3　参试品种 AMMI 模型生产示范性验证及推广成效

荞麦是宁夏南部山区的重要粮食作物和经济作物，也是该地区的传统优势特色作物。经 AMMI 模型和 GGE 双标图对荞麦品种稳产性及适应性分析，对筛选出的固荞 1 号和固荞 3 号，先后在宁南山区不同气候类型区同步建立科技展示区和大面积生产示范推广，取得显著经济效应，极大地助推了宁南山区荞麦优势特色作物产业化发展和生产能力大幅度提升。

3.1　AMMI 模型分析与大面积生产相结合验证品种的稳定性

2020—2023 年对筛选出的品种固荞 1 号和固荞 3 号在宁南山区 5 县（区）阴湿区的隆德县观庄，半干区的原州区寨科乡、彭阳县城阳乡和西吉县吉强镇，中部干旱带的盐池县花马池及大水坑等地区，建立荞麦大面积科技核心示范区。结合参试品种多年多点试验 AMMI 模型稳产性析，根据固荞 1 号、固荞 3 号在不同气候类型区（半干旱区、

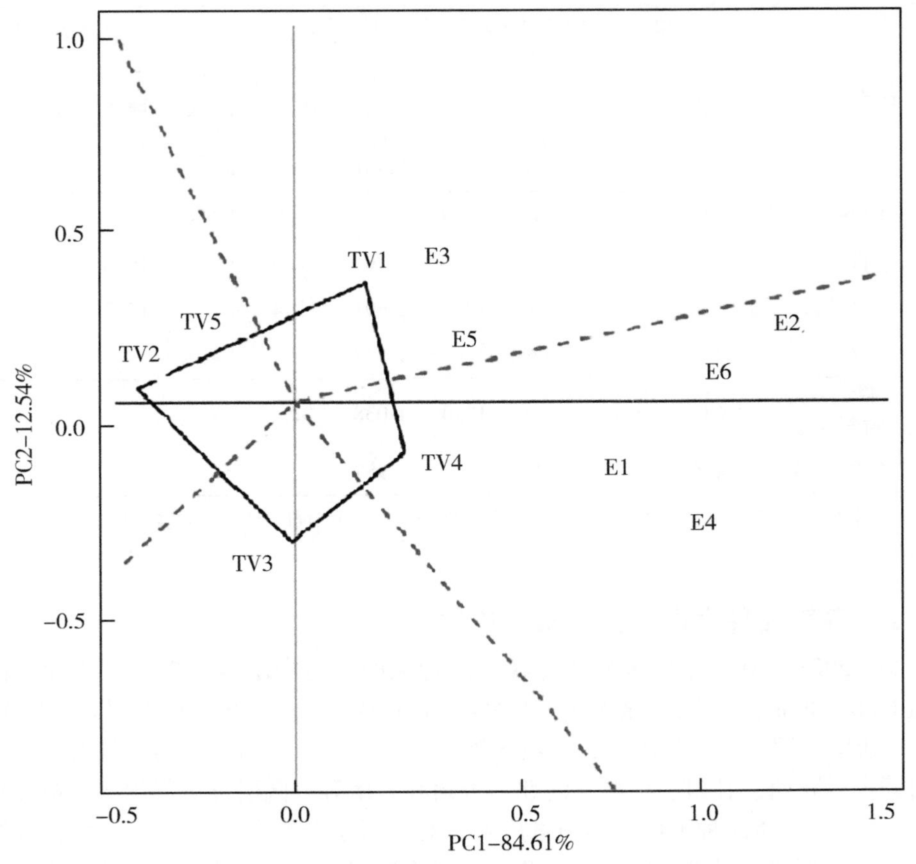

图 3　GGE 双标图分析的品种“生态适应性”功能图

半干旱易旱区和中部干旱带）品种与试点平均产量，以及品种在不同地区生产示范表现情况，形成品种 AMMI 模型分析与生产示范成效比较（表 5）。

经 AMMI 模型分析得到品种与试点平均产量，表 5 表明：固荞 1 号、固荞 3 号在宁山区半干旱区、半干旱区易旱区、中部干旱带及宁南 6 县（区）分别较对照品种信农 1 号增产 11.2%、19.4%和 11.4%%和 12.7%。而在宁南山区不同气候类型区进行多年多点生产示范，其中半干旱区旱地平均产量为 1 687.0kg/hm^2，较对照品种增产 13.7%，半干旱偏旱区旱地平均产量为 1 484.0kg/hm^2，较对照品种增产 10.0%，中部干旱带平均产量为 1 038.0kg/hm^2，较对照品种增产 8.5%。另外，盐池县花马池镇生育期滴灌水量 120mm 条件下，其产量达到 1 902.0 ~ 2 475.0kg/hm^2，较对照品种增产 18.7%~35.5%。

综上所述，通过对参试品种 AMMI 模型和 GGE 双坐标对荞麦品种稳产性及适应性分析，固荞 1 号、固荞 3 号在不同气候类型区生产示范区增产趋势及稳定性与 AMMI 模型分析结果基本一致，该方法能够准确有效的综合评价品种，其方法可行，结果可靠，验证效果良好。

表 5　不同气候类型区域品种 AMMI 模型分析与生产示范成效比较

品种		半干旱区		半干旱区易旱区		中部干旱带		宁南山区 6 县（区）			
		平均产量（kg/hm²）	增产（%）	平均产量（kg/hm²）	增产（%）	平均产量（kg/hm²）	增产（%）	平均产量（kg/hm²）	增产（%）	排名	稳定性排名
AMMI 模型	固荞 1 号	1 623	9.3	1 707	13.9	1 681	10.8	1 656	10.5	2	1
	固荞 3 号	1 681	13.2	1 873	25.0	1 700	12.0	1 720	14.8	1	2
	平均	1 652	11.2	1 790	19.4	1 691	11.4	1 688	12.7		
	信农 1 号	1 485		1 499		1 518		1 498			
生产示范	固荞 1 号、固荞 3 号	1 687	13.7	1 484	10.0	1 038	8.5				
	信农 1 号	1 484		1 349		957					

注：半干旱区（E1、E2、E3）、半干旱区易旱区（E4）和中部干旱带（E5 和 E6）；信农 1 号为对照品种。

3.2　荞麦品种生产示范和推广成效

2020—2023 年在宁南山区 8 县（区）进行大面积生产示范与推广，累计示范推广面积达 1 266.8hm²，旱地产量为 1 300.8～1 583.7kg/hm²，较信农 1 号增产 10.8%～14.4%，新增利润 120 余万元，产生经济效益1 140余万元。固荞 1 号、固荞 3 号品种先后由内蒙古、陕西、甘肃、山西、河北、贵州和云南等省区引进进行生产示范和辐射推广 150hm² 以上，该品种推广应用前景广阔，对发展小杂粮荞麦产业化种植，规模化经营和带动产品深加工提供优质供种资源，其试验配套形成的高效节水种植技术对促进荞麦产业化发展起到示范带动作用。

4　结论与讨论

4.1　筛选出适宜当地种植的具有丰产性稳定性和适应性的品种

结合 AMMI 模型主成分分析和 GGE 双标图对参试甜荞麦品种进行了综合分析。结果表明，其品种的丰产性稳定性以固荞 1 号和固荞 3 号最好，其次为定荞 3 号。试点代表性与辨别力在半干旱区的西吉县和彭阳县，半干旱偏旱区的海原县，中部干旱带的盐池县为比较理想的荞麦试点环境。

4.2　AMMI 模型分析与生产实践相结合验证性良好

经 AMMI 模型和 GGE 双标图对荞麦品种稳产性及适应性分析，对固荞 1 号、固荞 3 号品种在 6 个试点在不同气候类型区（半干旱区、半干旱易旱区和中部干旱带）多年多点丰产性稳定性及适应性分析的基础上，同步布设筛选品种展示区，组建和大面积生产示范区进行品种稳定性分析与生产实践验证相结合，经历了多种气候年份的检验。结果表明，AMMI 和 GGE 双标图分析方法可行，结果可靠，验证性良好，值得创新应用。

4.3　实施大面积生产示范推广成效显著

2020—2023 年对筛选出的品种固荞 1 号和固荞 3 号在宁南山区不同气候类型区建立科技核心展示区、大面积生产示范和推广面积达1 266.8hm^2，新增利润 120 余万元，产生经济效益1 140余万元。对发展小杂粮荞麦产业化种植，规模化经营和带动产品深加工提供优质供种资源，其形成的高效节水种植配套技术对促进荞麦产业化发展起到积极示范带动作用。

4.4　影响荞麦品种生产能力提升的主要因素有待研究

荞麦品种在不同气候类型区种植，其生产能力提升的关键决定于当地生产条件和对水肥资源的满足程度。荞麦品种的丰产性和稳定性以及生产能力不断提升受诸多因素的影响，特别在开花授粉期大气温度、降水量对产量的影响很重要。西北干旱地区 7—8 月正值荞麦开花授粉期，此阶段经常遇到干旱少雨，降水量减少致使不能满足作物需水供水要求，由此导致结实率下降而影响生产能力提升。基于荞麦授粉期大气温度、相对湿度、降水量和土壤蓄水供水能力对产量的影响有待进一步研究。

参考文献（略）

本文拟发表在《新疆农业科学》（已录用，待刊）。作者：常克勤，穆兰海，杜燕萍，杨崇庆，陈一鑫。

宁南山区苦荞新品种主要农艺性状主成分分析及综合评价

摘要：对半干旱区和中部干旱区参试的5个苦荞新品种在5县（区）进行了多点试验分析，旨对参试品种进行综合评价，筛选出适宜在当地种植的品种。对苦荞主要农艺性状进行相关分析、主成分分析和综合评价。影响籽粒产量的相关性状依次为单株粒数、单株粒重、一级分枝数、密度和株高；对8个农艺性状进行主成分，并结合方差分解主成分特征贡献率分析，主成成分PCA1-PCA3特征值累计贡献率达到93.42%~98.71%。其中第一主成分占37.76%~50.34%，主要以单株粒重、单株粒数、株高的特征向量均大于其他农艺性状；第2主成分占30.48%~31.26%，主要以田间密度、株高和一级分枝为群体生长因子为主；第3主成分占17.90%~24.40%。筛选出综合农艺性状表现优异，产量高，适宜在宁南山区半干旱区和中部干旱区种植的品种为晋荞2号和黔黑荞5号，川荞3号为中晚熟品种可选择在热量条件较好的地区种植。

关键词：苦荞；新品种；农艺性状；主成分分析；综合评价

引言

苦荞（*Fagopyrum tartaricun*）起源于中国，属于蓼科（Polygonaceae）荞麦属（*Fagopyrum* Mill）。主要分布在中国东北、华北、西北以及西南一带的高寒山区，以在四川、云南、贵州等地作为主产区分布广泛。近年来，随着荞麦杂粮产业和系列保健品深度开发速度加快，荞麦越来越受到消费者的青睐。我国北方陕、甘、宁、青及内蒙古种植面积日趋扩大，生产能力不断提升。荞麦具有耐旱、耐薄瘠，生育期短、适宜播期范围广，常被列为重要的抗旱避灾救灾作物，在当地杂粮产业发展中占有重要地位。方路斌等对谷子主要农艺性状及主成分进行了分析，贾瑞玲等对苦荞种质资源农艺性状遗传多样性分析与综合评价，吕丹等对苦荞种质资源主要农艺性状进行相关和主成分分析，使单株粒重与单株粒数呈极显著正相关，与百粒重呈显著负相关，对品种进行类群划分和评价，这些研究结果说明对品种进行主成分分析和评价方法科学结果可靠。但在不同气候类型区进行苦荞品种多年定位试验，并通过主成分分析进行干旱和半干旱区不同生态区种植区域品种优化未见报道。因此，在宁夏半干旱区和干旱区分区进行苦荞产量与农艺性状相关性和主成分分析和综合评价，优化品种区域种植，筛选出适宜在不同气候类型区种植的苦荞品种，对促进当地苦荞产业发展具有重要意义。

本研究针对宁南山区经常干旱少雨等气候和种植业结构比较复杂等特点，如何筛选出适宜在不同气候类型区种植的苦荞品种，解决品种乱杂和产量低等热点和难点问题。因此，对5个苦荞品种在半干旱区区和干旱区进行多年多点定位试验，主要对8个主要农艺性状进行主成分分析，旨在对参试材料进行综合评价。拟筛选出适宜在宁南山区不同气候类型区种植的新品种，为促进荞麦产业化发展和不断提升生产能力提供科学依据。

1 试验区气候概况

试验点在宁南山区5个县（区）具有代表半干旱区和中部干旱区进行。其年平均降水量和平均气温及苦荞作物生长期降水量和平均气温（表1、图1）。半干旱区（原州区、西吉县和彭阳县）和中部干旱区（同心县、盐池县）多年降水量分别为416.6~450.0mm和215.1~255.6mm，年均气温分别为6.4℃和8.6℃；苦荞品种生育期降水量分别为297.5.4~391.9mm、210.6~252.2mm。及生育期气温分别为16.7~19.4℃和21.3~22.0℃。

表1 宁南山区不同气候类型区苦荞作物生长期降水量及平均气温

试验点	代码	降水量（mm）		平均气温（℃）		气候类型区
		年均值	生育期	年均值	生育期	
固原	E1	450.0	391.9	6.2	18.5	半干旱区
西吉	E2	416.6	280.9	5.9	16.7	
彭阳	E3	418.3	297.5	7.2	19.4	
同心	E5	215.1	210.6	8.6	22.0	中部干旱区
盐池	E6	255.6	252.2	8.6	21.3	

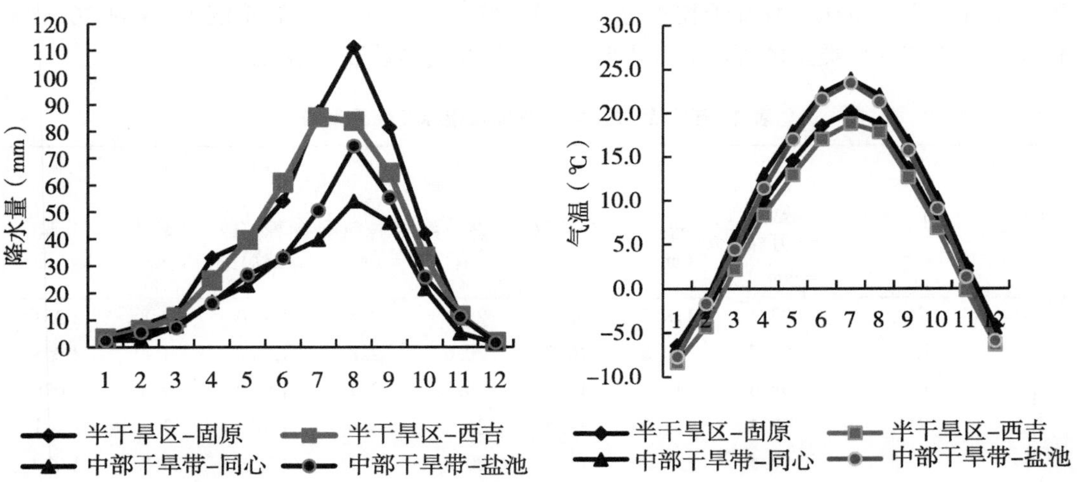

图1 宁南山区不同气候类型区降水量和气温变化情况

2 材料与方法

2.1 试验区气候概况

2.2 供试材料

参试品种及来源：晋苦荞2号（KV1）山西省农业科学院，云荞2号（KV2）云南省农业科学院，川荞3号（KV3）四川省农业科学院，黔黑荞5号（KV4）贵州省威宁县农业科学研究所，固原当地苦荞（KV5）由宁夏农林科学院固原分院提供。2017—2019年在宁南山区5个县（区）布设品种比较试验点。其中原州区头营、西吉县马建和彭阳县城阳代表半干旱区，同心县预旺和盐池县花马池代表中部干旱区，每个试验点参试品种和田间设计相同。2021—2022年完成生产示范和品种审定。

2.3 试验设计

试验采用随机区组设计，5个试验点统一田间设计方案，小区面积10m^2（长5m×宽2m），每个小区种植7行区，平均行距30cm，留苗密度控制在950~1000株/小区左右，试验重复3次。小区收获全部植株进行脱粒，各试验点品种考种样取中间1m行长植株，其中选代表性15株进行考种，其剩余植株一并进行脱粒，计算样段内平均株高，主茎分枝、主茎节数、单株粒重、粒数及千粒重等。加强田间管理。播种前整地结合旋耕统一基肥磷酸二铵肥料150kg/hm^2。5月下旬播种，6月中旬定苗并调查基本苗，其他田间管理同大田。

2.4 数据调查及分析

田间调查品种生育期、叶片和花期颜色，田间长势和整齐度，同时观察后期抗旱性、抗病性和成熟度等。成熟收获脱粒和进行考种，求得单株株高，主茎分枝、主茎节数、单株粒重、单株粒数及千粒重等。采用SPSS 27和DPS 9.50系统及Excel 2016软件完成。不同气候类型区苦荞品种主要农艺性状及变异系数（表2）。

表2 苦荞品种主要农艺性状指标及变异系数

地区	品种（系）	X1 密度（万株/hm^2）	X2 株高（cm）	X3 分枝数（个）	X4 主茎节数（节）	X5 单株粒重（g）	X6 单株粒数（粒）	X7 千粒重（g）	y 产量（kg/hm^2）
半干旱区	KV1	98.1	118.3	11.6	21.7	3.5	180.3	20.8	2 351
	KV2	99.7	118.8	10.2	20.6	2.8	137.8	21.4	2 055
	KV3	98.4	114.6	10.4	20.2	3.1	170.2	19.4	2 088
	KV4	97.5	134.0	11.4	21.4	3.4	180.3	19.2	2 181
	KV5	98.5	127.2	11.1	20.8	3.1	155.9	20.2	2 020
	平均值	98.4	122.6	10.9	20.9	3.2	164.9	20.2	2 139
	标准差	0.71	7.02	0.55	0.56	0.25	16.22	0.82	119
	变异系数（%）	0.80	6.40	5.60	3.00	8.70	11.00	4.56	6.20

（续表）

地区	品种（系）	X1 密度（万株/hm^2）	X2 株高（cm）	X3 分枝数（个）	X4 主茎节数（节）	X5 单株粒重（g）	X6 单株粒数（粒）	X7 千粒重（g）	y 产量（kg/hm^2）
中部干旱区	KV1	97.3	113.8	6.4	16.6	2.9	135.0	22.9	1 918
	KV2	97.0	112.4	5.2	16.4	2.6	121.8	22.2	1 737
	KV3	100.7	109.1	5.8	14.1	2.7	134.3	21.4	1 876
	KV4	97.4	123.3	6.2	15.2	2.9	156.3	21.6	1 778
	KV5	99.1	113.7	5.8	16.1	2.7	145.3	21.4	1 551
	平均值	98.3	114.5	5.9	15.7	2.8	138.6	21.9	1 772
	标准差	1.42	4.74	0.40	0.93	0.13	11.59	0.60	128
	变异系数（%）	1.62	4.63	7.52	6.62	5.07	9.35	3.04	8.09

3 结果与分析

3.1 主要性状标准差及变异系数

对主要农艺性状指标及变异系数分析（表2）可知，5个苦荞品种主要经济性状由于受遗传基因的控制，表现在不同气候资源和生产条件下，其主要经济性状差异明显。半干旱区和中部干旱区苦荞品种主要农艺性状变异系数为0.80%~11.0%，其中变异系数较高的依次为单株粒数（9.35%~11.0%）、产量（6.20%~8.09%）、单株粒重（5.07%~8.70%）、一级分枝数（5.60%~7.52%）、株高（4.63%~6.40%）、主茎节数（3.00%~6.62%）和千粒重（3.04%~4.56%）。

3.2 主要性状相关性

对品种主要性状进行相关分析（表3）。表3看出，密度X1与主要性状均呈负相关，其中X1（密度）与X5（单株粒重）和X6（单株粒数）为负相关系数为$R^2=-0.891$和-0.934，达到显著和极显著，说明随着种植密度的增加使单株粒重和单株粒数在极显著的减少或降低。因此合理密度是提升苦荞作物生产能力的关键。X3（一级分枝）、X4（主茎节数）、X5（单株粒重）X6（单株粒数）与产量呈正相关水平，其$R^2=0.704-0.832$；X5（单株粒重）与X6（单株粒数）呈极显著正相关（$P<0.01$）$R^2=0.939$，及X5与Y（产量）为相关显著（$P<0.05$）$R^2=0.832$。说明苦荞品种在正常生育期和合理密度范围内，不同品种在地力水平和生产条件基本一致的情况下其生产能力相差悬殊，决定品种产量水平的主要性状取决于株高、一级分枝数、主茎节数、单株粒数和单株粒重指标的变化。

表 3　苦荞品种主要性状的相关系数

性状	X1	X2	X3	X4	X5	X6	X7
X2	−0.530						
X3	−0.787	0.531					
X4	−0.562	0.447	0.900*				
X5	−0.891*	0.326	0.914*	0.808*			
X6	−0.934**	0.225	0.739	0.575	0.939**		
X7	0.764	−0.416	−0.228	0.08	−0.408	−0.637	
y	−0.52	−0.06	0.704	0.817*	0.832*	0.725	0.051

注：表中 ** 为 0.01 极显著相关，* 为 0.05 显著相关。

3.3　主成分分析

主成分分析（principal components analysis，PCA）是利用因子的降维思维，以SPSS 软件对因子分析组件进行主成分分析，在损失较少信息的前提下将多个指标集中转化为综合指标的多元方法，其核心就是通过主成分因子分析，提取若干个主分量，并基于主分量的方差贡献率构建权重，从而建立综合评价函数模型。计算得到某个主成分的得分和综合得分，按照得分高低进行排序评价各品种的综合性状指标。

3.3.1　原始数据标准化　原始数据标准化：

$$Zij = \frac{xij - \overline{xij}}{\sigma ij} \tag{1}$$

其中，$\overline{xij}$ 表示 xij 的平均值，σij 表示 xij 的标准偏差，则可得指标数据标准化矩阵（表 4）。

表 4　苦荞品种主要性状指标原始数据标准化

地区	品（系）	ZX1	ZX2	ZX3	ZX4	ZX5	ZX6	ZX7	ZX8
半干旱区	V1	−0.422	−0.544	1.073	1.253	1.153	0.848	0.647	1.597
	V2	1.565	−0.480	−1.204	−0.560	−1.369	−1.493	1.294	−0.633
	V3	−0.050	−1.013	−0.878	−1.220	−0.288	0.292	−0.863	−0.384
	V4	−1.168	1.450	0.748	0.758	0.793	0.848	−1.078	0.316
	V5	0.075	0.587	0.260	−0.231	−0.288	−0.496	0.000	−0.896
中部干旱区	V1	−0.636	−0.125	1.129	0.891	1.044	−0.273	1.543	1.018
	V2	−0.826	−0.389	−1.477	0.697	−1.193	−1.292	0.463	−0.244
	V3	1.526	−1.012	−0.174	−1.530	−0.447	−0.327	−0.772	0.725
	V4	−0.572	1.670	0.695	−0.465	1.044	1.370	−0.463	0.042
	V5	0.509	−0.144	−0.174	0.407	−0.447	0.522	−0.772	−1.541

3.3.2　提取主成分特征值　主成分提取特征值和贡献率。

$$Wi = \frac{\lambda_i}{\sum_{i=1}^{n} \lambda_I} \tag{2}$$

其中：w_i 表示贡献率，λ_i 表示非负特征向量，$i=(1, 2, \cdots, p)$，p 表示非负特征值的根数。由此提取出性状各成分的特征值和因子载荷贡献率和总贡献率。

从半干旱区和中部干旱区苦荞作物品种方差分解主成分提取因子特征值贡献率（表 5）可以看出，根据提取主成分特征值大于 1 的原则，以主成分的方差贡献率 a_k 作为权重。则主成分 PCA1-PCA3 累计方差贡献率达到 93.424%~98.714%，即反映 3 个主成分农艺性状的变异信息，其中第一主成分（PCA1）对苦荞产量贡献最大，贡献率为 37.764%~50.335%，单株粒重、单株粒数、株高的特征向量均大于其他农艺性状，与籽粒产量密切相关，为产量因子；第 2 主成分（PCA2）特征值占总贡献率为 30.478%~31.255%，以田间密度、株高和一级分枝的特征向量大于其他农艺性状，主要反映群体生长性状因子；第 3 主成分（PCA3）特征值占总贡献率的 17.901%~24.404%，以主茎节数和千粒重对籽粒产量的影响程度。

综合主成分和相关分析结果可知，高产苦荞品种选育时应着重考察单株粒重、单株粒数和株高和一级分枝 4 个指标，这些性状指标在一定程度能够反映品种的丰产性、抗旱性和抗逆性。因此，提取的 3 个主成分可以概括不同气候类型区苦荞品种主要经济性状的绝大部分载荷信息。

表 5　苦荞作物品种方差分解主成分提取因子分析

地区	提取主成分	相关矩阵特征值			提取因子载荷平方和		
		特征值	总方差比（%）	累积百分比（%）	特征值	贡献率（%）	累积贡献率（%）
半干旱区	1	5.248	65.600	65.600	4.027	50.335	50.335
	2	1.629	20.369	85.968	2.438	30.478	80.813
	3	1.020	12.746	98.714	1.432	17.901	98.714
中部干旱区	1	3.236	40.446	40.446	3.021	37.764	37.764
	2	2.552	31.900	72.346	2.500	31.255	69.019
	3	1.686	21.078	93.424	1.952	24.404	93.424

注：提取方法为主成分分析法。

3.3.3　初始因子荷载矩阵　主成分初始因子荷载成分矩阵，其中载荷系数可以认为是原始指标与各主成分之间的相关系数。由主成分的碎石图（略），结合特征根曲线的拐点及特征值，分别对半干旱区和中部干旱区苦荞作物品种主要经济性状前 3 个主成分的折线坡度趋势由陡度逐渐趋于平缓变化过程中，提取出苦荞作物品种在不同气候类型区三个主成分载荷矩阵 Z 值，即得初始因子载荷成分矩阵（表 6）。

表 6 苦荞品种旋转前初始因子荷载主成分矩阵

变量	半干旱区			中部干旱区		
	Z1	Z2	Z3	Z1	Z2	Z3
X1（密度）	-0. 928	0. 360	0. 095	-0. 505	0. 698	0. 410
X2（株高）	0. 478	-0. 447	0. 748	0. 781	0. 214	-0. 478
X3（一级分枝）	0. 929	0. 161	0. 245	0. 863	0. 203	0. 331
X4（主茎节数）	0. 820	0. 457	0. 336	0. 197	-0. 810	-0. 448
X5（单株粒重）	0. 985	0. 102	-0. 125	0. 967	0. 114	0. 214
X6（单株粒数）	0. 921	-0. 128	-0. 368	0. 650	0. 691	-0. 304
X7（千粒重）	-0. 472	0. 842	0. 257	0. 365	-0. 887	0. 272
X8（产量）	0. 763	0. 574	-0. 249	0. 313	-0. 214	0. 876

3. 3. 4 主成分各性状标准化特征向量 表 6 为旋转前初始因子载荷主成分矩阵，并不是主成分标准系数向量，需进一步对旋转前初始因子载荷矩阵转换为主成分标准化特征向量矩阵。方法以因子载荷矩阵中各分量的系数为单位特征向量乘以相应的特征值的平方根的结果。其公式为：主成分标准化特征系数向量：

$$t_{ij} = \frac{a_{ij}}{\sqrt{\lambda_i}} \tag{3}$$

其中 a_{ij} 表示单位向量分量。根据表 5 对品种方差分解主成分提取因子分析。半干旱区：λ_i 各成分提取因子特征值依次为 $\lambda_1 = 4.027$，$\lambda_2 = 2.438$，$\lambda_3 = 1.432$； 中部干旱区：各成分提取因子特征值依次 为 $\lambda_1 = 3.021$，$\lambda_2 = 2.500$，$\lambda_3 = 1.952$； 对上述 λ_2 特征值利用因子分析的结果进行主成分分析。

对表 6 数据利用公式（3）分别计算半干旱区和中部干旱区主成分性状特征值对应的得分系数矩阵 t1、t2、t3 值（表 7）。其转换方法：将 Z1、Z2 和 Z3 值输入 SPSS 数据编辑窗口中，打开“转换→计算变量”，3 个变量依次命名为 t1、t2 和 t3，并分别对半干旱区和中部干旱区提取的 3 个主成分因子载荷特征值 λ_i 值再进行转换，计算其变量后主成分特征值对应的主要农艺性状得分系数。

表 7 主成分特征值对应的主要农艺性状得分系数

性状	半干旱区			中部干旱区		
	t1	t2	t3	t1	t2	t3
X1（密度）	-0. 41	0. 28	0. 09	-0. 79	1. 24	0. 89
X2（株高）	0. 21	-0. 35	0. 74	1. 23	0. 38	-1. 04
X3（一级分枝）	0. 41	0. 33	0. 24	0. 86	0. 66	0. 72
X4（主茎节数）	0. 36	0. 36	0. 33	0. 31	-1. 43	-0. 98

（续表）

性状	半干旱区			中部干旱区		
	t1	t2	t3	t1	t2	t3
X5（单株粒重）	0.43	0.08	−0.12	1.52	0.2	0.47
X6（单株粒数）	0.40	−0.1	−0.36	1.02	0.32	−0.66
X7（千粒重）	−0.21	0.46	0.65	0.57	−1.57	0.59
X8（产量）	0.33	0.45	−0.25	0.49	−0.38	0.41

3.3.5　主成分分析及综合评价　根据表 7 提取的主成分经济性状标准化后特征向量得分系数 t，将 t1，t2 和 t3 的得分系数分别与主要性状原始数据标准化矩阵 Zx 值的乘积，可得到半干旱区和中部干旱区苦荞品种 3 个主成分函数。

函数表达式：

$$Y_i = Zx \times t \tag{4}$$

式中：Zx 为经济性状变量标准化后的矩阵（表 4），t 为经济性状标准化后主成分特征值对应的系数矩阵（表 7）。计算出主成分 $Y1$、$Y2$ 和 $Y3$ 得分线性函数（表 8）。

表 8　提取主成分特征向量（t）与主要性状标准化矩阵（Zx）线性模型

地区	主成分组合	主成分得分线性数学模型
半干旱区	主成分 $Y1$	$y1=-0.41x1+0.21x2+0.41x3+0.36x4+0.43x5+0.40x6-0.21x7+0.33x8$
	主成分 $Y2$	$y2=0.28x1-0.35x2+0.33x3+0.36x4+0.08x5-0.10x6+0.46x7+0.45x8$
	主成分 $Y3$	$y3=0.09x1-0.74x2+0.24x3+0.33x4-0.12x5-0.36x6+0.65x7-0.25x8$
中部干旱区	主成分 $Y1$	$y1=-0.79x1+1.23x2+0.86x3+0.31x4+1.52x5+1.02x6+0.57x7+0.49x8$
	主成分 $Y2$	$y2=1.24x1+0.38x2+0.66x3-1.43x4+0.20x5+0.32x6-1.57x7-0.38x8$
	主成分 $Y3$	$y3=0.89x1-1.04x2+0.72x3-0.98x4+0.47x5-0.66x6+0.59x7+0.41x8$

各主成分综合得分公式：

$$Y_{综} = ak1 \times y1 + ak2 \times y2 + ak3 \times y3 \tag{5}$$

式中，$Y_{综}$ 代表品种综合得分，$ak1$、$ak2$、$ak3$ 分别为品种主成分分析提取的 3 个相关矩阵的特征值总方差百分比，$y1$、$y2$ 和 $y3$ 分别表示主成分最终评价得分。

每个品种主成分综合得分可结合品种方差分解提取因子分析（表 5），分别将半干旱区和中部干旱区提取的主成分 1、主成分 2 和主成分 3 的相关矩阵特征值总方差百分比（ak）作为权重，分别与主成分得分 y1、y2 和 y3 的乘积之和，即可得参试品种主成分得分和综合评价及名次（表 9）

同步得到苦荞品种在不同气候类型区综合得分函数模型。

半干旱区：苦荞品种综合函数模型：$Y_{综} = 0.6560y1 + 0.2037y2 + 0.1275y3$

中部干旱区：苦荞品种综合函数模型：$Y_{综} = 0.4045y1 + 0.3190y2 + 0.2108y3$

表 9 参试品种主成分得分和综合评价及名次

品种	半干旱区					中部干旱区				
	$y1$	$y2$	$y3$	Y 综	排名	$y1$	$y2$	$y3$	y 综	排名
V1	2.18	1.90	−0.19	1.79	1	4.85	−4.64	1.50	1.09	2
V2	−3.10	0.36	1.01	−1.83	5	−4.60	−5.15	−1.61	−3.84	5
V3	−0.94	−1.01	−1.90	−1.07	4	−4.26	4.08	3.63	0.34	3
V4	2.37	−0.69	0.22	1.44	2	6.05	3.43	−1.96	3.13	1
V5	−0.50	−0.56	0.86	−0.33	3	−2.03	2.28	−1.56	−0.43	4

根据苦荞品种在不同气候类型区主成分得分和综合评价值大小依次排序。在宁南山区不同气候类型区对 5 个苦荞品种主成分得分 $y1$、$y2$、$y3$ 和 y 综合得分（表 9）。表 9 说明，经过对苦荞品种主要农艺经济性状进行主成分分析和综合评价，筛选出适宜在半干旱区（原州区、西吉县和彭阳县）和中部干旱区（同心县、盐池县）进行生产示范和大面积推广的品种为品种 V1（晋荞 2 号）和品种 V4（黔黑荞 5 号），并且晋荞 2 号和黔黑荞 5 号品种分别综合得分 1.79、1.44 和 1.09、3.13。品种 V3（川荞 3 号）表现为中晚熟，可选择热量条件较好且在生育期适当滴灌补充水量的地区种植。

4 讨论

本研究利用主成分分析法将 5 个苦荞品种 8 个农艺性状转化 3 个主成分因子，不同气候类型区主成分累计贡献率为 93.42%~98.71%。宁南山区不同苦荞品种生态适应性研究及主成分分析集中在第一主成分（PC1）对苦荞产量贡献最大，贡献率为 37.76%~50.33%，单株粒重、单株粒数为产量因子；第 2 主成分特征值占总贡献率为 30.478%~31.255%，以田间密度、株高和一级分枝的特征向量大于其他农艺性状，主要反映群体生长性状因子；第 3 主成分特征值占总贡献率的 17.90%~24.40%，以主茎节数和千粒重对籽粒产量的影响程度。

对荞麦产量与生育期、农艺性状的相关分析和主成分分析表明，千粒质量和主茎粗与植株高度呈正相关。本研究显示，苦荞种植密度与主要性状均呈负相关，说明随着种植密度的增加使一级分支、单株粒重和单株粒数减少或降低。而一级分枝、主茎节数、单株粒重、单株粒数与产量呈正相关水平。因此，影响品种产量的主要性状取决于株高、一级分枝数、单株粒数和单株粒重指标的变化，与上述研究结果基本一致。

作物品种在同一试点不同年份间存在较大的差异，为了更准确地反映品种实质，在开展多年多点试验的基础上，结合当地生态环境选择适宜的品种进行大面积生产示范，为品种布局和区划提供依据，充分发挥气候资源对生产潜力的贡献，实现高产高效；对于苦荞品种在不同气候资源的温度、光照、降水量，作物需水和供水对水分满足程度与产量影响程度有待进一步研究。

5　结论

通过在半干旱区和中部干旱区对5个苦荞品种在5个县（区）进行多点试验主要经济性状主成分分析，并结合方差分解和主成分特征贡献率分析。结果表明，苦荞品种选育时影响产量因子的主要以考察单株粒数、单株粒重、一级分枝数和株高4个性状指标，这些指标在一定程度能够反映品种的丰产性、抗旱性和抗逆性。

经过对品种主要农艺经济性状进行主成分分析和综合评价，筛选出适合宁南山区5县区大面积示范和推广的品种为晋荞2号和黔黑荞5号。川荞3号品种为中晚熟，可选择热量条件较好在生育期适当滴灌补充水量的地区种植。

参考文献（略）

本文拟发表在《黑龙江农业科学》（已录用，待刊）。作者：常克勤，杜燕萍，穆兰海，杨崇庆，陈一鑫。

第二章　栽培生理与生态

宁夏南部山区甜荞丰产栽培技术

荞麦是宁夏区域优势作物和特色产业，具有生育期短、适应性强、耐旱耐瘠、食疗同源、营养丰富等特点。随着人们健康需要和膳食结构的改善，荞麦将成为21世纪最受欢迎的食物。荞麦生产在我国加入世界贸易组织和西部开发中带来了契机，迎来了蓄势待发的大好时机。荞麦在宁夏南部山区种植历史悠久，主要分布在宁夏南部六盘山东西两侧和盐池、同心半干旱地区，常年播种面积3.33万 hm^2 左右，如遇灾年可达4.67万 hm^2 左右，是我国荞麦生产区之一。

1　播前准备

主攻方向是奠定高产基础。

1.1　选地

前茬以豆科、中耕作物及小麦、糜子为好，忌重茬。

1.2　合理施肥

施足底肥，氮磷配合，亩施农家肥750～1 000kg或尿素10kg，加过磷酸钙12.5kg，或碳铵20kg，加过磷酸钙15kg，在播前“倒地”时一次施入田中。

1.3　进行土壤消毒，防治地下害虫

用1605毒谷或呋喃丹每亩1.5～2.5kg，可随播种施入犁沟中。

2　播种至出苗期

主攻方向是确保全苗壮苗。

2.1　选用良种

选高产、稳产，抗逆性的品种，如宁荞1号、宁荞2号、北海道荞麦、美国甜荞等，同时播前要进行种子清水选种或筛选，去掉不饱满籽粒。

2.2　采用条播

行距 27cm，每亩保苗 7 万株（播量 3~5kg）。

2.3　合理施用种肥

底肥不足时，每亩施磷酸二铵 2.5~5.0kg，播种时随种子一起施入沟中。

2.4　破除板结

出苗前遇暴雨，及时耙耱，破除板结，松土时注意防止伤苗。

3　出苗至始花期

主攻方向是增加孕花数。

3.1　防治害虫

出苗后如有荞麦黏虫、金龟子、跳虫甲等虫害，应及时防治，可用 90%的敌百虫 1 000~2 000倍液或 80%敌敌畏1 000~1 500倍液喷雾防治。

3.2　中耕除草二次

三片真叶进行第一次中耕除草，现蕾期进行第二次中耕除草。

4　开花盛期至收获期

主攻方向是防止徒长和早衰，提高结实率和籽粒千粒重。

4.1　在荞麦田边养蜂

每 0.2hm^2 养一箱蜂，或盛花期进行人工辅助授粉 2~3 次，在晴天上午 9—11 点进行，每隔 2~3d1 次。

4.2　除草

拔除异色籽粒植株及杂草，保证品种纯度。

4.3　适时收获

以田间植株籽粒有 70%成熟时收获为宜，收割后应熟一段时间再脱粒，种子晾晒后含水率在 15%以下可入库。

5　体会

荞麦在宁夏南部山区旱地农业和粮食生产及人民生活中占有重要地位，对种植业资源的合理配置有不可缺少的作用，是发展宁夏南部山区经济、改善人民生活、稳定解决群众温饱进而向小康社会迈进的经济增长点。加强荞麦的科研研究，发展荞麦生产，形成特色产业，有利于区域经济和民族经济的发展，事关我区“改革、开放、稳定”的政治大局，事关农业、农村、农民“三农”问题的进一步解决。

参考文献（略）

本文发表在《陕西农业科学》2007（6）。作者：杜燕萍，马均伊，常克勤，穆兰海，王敏。

宁夏南部山区裸燕麦丰产栽培技术

裸燕麦是宁夏区域优势作物和特色产业，具有生育期短、适应性强、耐旱耐瘠、种植面积广泛、多种实用价值的特点。突出表现为：一是土地利用率相对较高，裸燕麦多种在旱薄地、轮荒地上，能充分利用沟台、壕掌、山坡地；二是生态环境适宜，裸燕麦很适合宁南山区日照充足、无霜期较短、气候凉爽、降水量集中的气候特点，裸燕麦的生长发育与当地雨季正好吻合，以“迎水”的方式，提高了自然降水的利用率；三是在其他大宗作物同等条件下，不但能获得高产，而且比大宗作物用工少，投资少，是“低成本高产出”救灾不可取代的作物；四是我区地处黄土高原，境内层峦叠嶂、丘陵起伏、交通机耕不便且干旱少雨、水源空气纯净、工矿企业少、没有污染。耕地使用农业化学品少，裸燕麦是得天独厚的绿色食物资源；五是随着科学技术的发展，人民生活水平的提高，生活质量已经由原来的温饱型向小康型转变，营养、保健、安全、卫生的食品备受青睐，裸燕麦以其丰富的营养价值、特殊的保健作用，独特产品风味等普遍受到国内外生产者、经营者和消费者的青睐和关注。

国家实施西部大开发的战略措施，提出了发挥资源优势，发展特色农业，因地制宜，促进农村经济繁荣。在农业产业结构调整中，宁夏南部山区把裸燕麦作为区域优势作物和特色产业，以促进宁夏南部山区农村经济发展。

1 播前整地

在秋耕收耱的基础上，冬季镇压保墒保土。坡梁旱地土质松散，以耱为主，收耱时，多耱两次效果更好。沟台滩地冬季进行碾压。

2 施肥

2.1 施足底肥

一般每亩施农家肥应在1 500~3 000kg，施肥时间以秋耕深施最好，如果来不及秋施要结合春耕浅层施肥，春耕施肥要早，要在土壤刚解冻时进行春耕，不宜太深。

2.2 增施种肥

在坡深旱地，一般土壤基础养分较低，基肥用量不足或不施基肥，因而要通过施用种肥加以补给。施用化肥每亩施二元复合肥6kg左右最为适宜，三料过磷酸钙2.9~3.3kg，施用农家肥最好采用沟施办法，把肥料集中施于播种行内。

3　合理轮作倒茬

燕麦不宜连作，宜于和小麦、玉米、谷子、马铃薯、亚麻、豆类、糜子等作物轮作倒茬，最好的前茬是豌豆，其次是马铃薯。在宁夏燕麦产区轮作方式应为：①豌豆→燕麦→马铃薯→小麦→亚麻；②马铃薯→胡麻→豌豆→燕麦；③小麦→燕麦→小麦；④小麦→玉米→燕麦。

4　播种技术

4.1　种子处理

4.1.1　选种　清除杂物，选出较大饱满整齐一致的种子，方法用簸箕、筛子清选。

4.1.2　晒种　把精选后的种子，选择晴朗的天气，把种子薄薄地铺在席上，在阳光下晒3~4d即可播种。

4.1.3　拌种　拌种是为了防止燕麦黑穗病，拌种药剂是0.3%的菲醌或拌种双，也可配置二开一凉的温汤浸种。

4.2　适期播种

播种期一般应在春分到清明前后，最迟不宜超过谷雨。

4.3　播种密度

一般旱灌溉地每亩播种量以25万~28万粒（6kg左右），保穗20万个为宜，中等肥力旱地亩播种量以30万~35万粒（8kg左右），保穗30万个左右为宜。

5　选择优良品种

要选用高产、抗倒、抗病、抗衰、早熟和中早熟品种，当前我区选育或引进的燕麦新品种中经过试验适宜种植并在生产中推广应用的品种有宁莜一号、蒙燕7413、蒙H-8631。

6　田间管理

6.1　中耕除草

当幼苗长到4个叶片时进行第一次中耕，深度宜浅，第二次中耕应在分蘖后拔节前进行，第三次中耕应拔节后至封垄前，进行深中耕。

6.2　追肥

旱地燕麦要在分蘖阶段，结合第二次中耕时集中施入效果较好，时间可在雨前或雨后进行，宁可肥等雨，不要雨等肥。每亩追施尿素5kg或氮磷复合肥料10kg。

7　及时收获

燕麦成熟很不一致，当穗下部籽粒进入蜡熟期，即应进行收获，不可有所延误，否则可能丰产不丰收。

8　主要病虫害防治

8.1　燕麦黑穗病

用拌种双、多菌灵、萎锈灵、菲醌等拌种药剂，每千克种子用药 1.5g。

8.2　锈病

除加强综合防治措施外，发病后喷打石硫合剂等。

8.3　地下害虫防治

如金针虫、蛴螬、蝼蛄等用 1‰的辛硫磷配成青土或毒谷在播前或播期耕翻或撒入土壤中。

8.4　地上害虫防治

8.4.1　蚜虫早期燕麦苗发生蚜虫时，每亩喷稀释到 2 000倍液的氧化乐果液体。

8.4.2　黏虫用敌百虫或敌敌畏加水2 000~3 000倍液进行喷洒，还可以人工扑打，挖沟封锁。

参考文献（略）

本文发表在《内蒙古农业科技》2008（1）。作者：杜燕萍，马均伊，常克勤，穆兰海，王敏。

不同栽培密度与N、P、K配比精确施肥对荞麦产量的影响

摘要：试验研究了不同种植密度和施肥水平对信农1号荞麦品种产量和产量结构的影响。结果表明：信农1号荞麦品种以施氮肥60kg/hm^2、磷肥60kg/hm^2、钾肥120kg/hm^2、密度90万苗/hm^{2}的N、P、K配比施肥量和播种密度就可获得粒多、籽粒饱满；以施氮肥120kg/hm^2，钾肥120kg/hm^2，不施P肥，播种密度135万株/hm^{2}可获得较高产量。

关键词：荞麦；密度；施肥；产量；水平

宁夏是我国荞麦主产区之一，主要分布在南部山区，年均种植面积3万~4万hm^2。长期以来，由于受荞麦自身生物学特性和农民长期栽培习俗的影响，主要作为救灾补种、高寒作物对待，多种植在一些气候恶劣、土壤贫瘠、干旱少雨的地区，生产中沿袭着传统的种植方式，耕作粗放，种植密度不合理，田间投入少甚至不投入，导致单产不高，面积不稳。针对上述问题，我们选用当地主栽荞麦品种信农1号，进行不同密度、不同施肥水平对产量影响试验，从中筛选出适合荞麦播种的最佳密度和施肥量，为荞麦高产栽培提供科学依据。

1　材料和方法

试验设在原州区东关镇旱地，属黄壤土，地势平坦，肥力均匀，前茬为休闲地。播前20cm土壤耕层有机质含量为1.40%，全氮0.10%，碱解氮81.77mg/kg，全磷0.20%，速效磷4.14mg/kg，全钾0.12%，速效钾10.47mg/kg。氮肥选用宁夏化工厂生产的尿素（含有效N46%），磷肥选用磷酸二铵（含57%P_2O_5），钾肥选用含33%K_2O的硫酸钾，作底肥在播种前一次施入。供试品种为信农1号。试验采用4因素3水平正交设计，4因素3水平为：A施氮肥（A_1 0kg/hm^2、A_2 60kg/hm^2、A_3 120kg/hm^2），B施磷肥（B_1 0kg/hm^2、B_2 60kg/hm^2、B_3 120kg/hm^2），C施钾肥（C_1 0kg/hm^2、C_2 60kg/hm^2、C_3 120kg/hm^2），D密度（D_1 90万苗/hm^2、D_2 135万苗/hm^2、D_3 180万苗/hm^2）。2次重复，共18个小区，随机排列。小区面积9m×2m。每小区于收获前2d取10株测定单株粒数、单株粒重、千粒重；每小区取1m^{2}样段测产考种，重复3次。其他管理措施同大田。

2 结果与分析

2.1 不同处理对产量结构的影响

由表1可知，在不同处理组合下的3个产量性状中，单株粒数变化幅度最大，最多的是$A_2B_2C_3D_1$处理组合，为110.75粒/株，最少的是$A_1B_1C_1D_1$处理组合，为64.5粒/株，极差为46.25粒；单株粒重最高的是$A_2B_2C_3D_1$处理组合，为2.17g，最低的是$A_1B_1C_1D_1$处理组合，为0.72g，极差为1.45g；千粒重最高的是$A_2B_2C_3D_1$处理组合，为21.85g，最低的是$A_2B_3C_1D_2$处理组合，为16.00g，变化幅度为16.00~21.85g，平均为18.59g，表明不同施肥水平和不同密度对产量结构有较大影响。

表1 不同处理对产量结构的影响

处理组合	单株粒数（粒）	单株粒重（g）	千粒重（g）
$A_1B_1C_1D_1$	64.50	0.72	16.05
$A_1B_2C_2D_2$	81.75	0.85	18.10
$A_1B_3C_3D_3$	87.95	0.98	20.85
$A_2B_1C_2D_3$	104.90	1.99	20.90
$A_2B_2C_3D_1$	110.75	2.17	21.85
$A_2B_3C_1D_2$	74.45	1.05	16.00
$A_3B_1C_3D_2$	106.95	2.11	19.85
$A_3B_2C_1D_3$	86.55	1.81	16.20
$A_3B_3C_2D_1$	80.45	1.72	17.55

2.2 不同处理对产量的影响

由表2可以看出，9个处理组合中产量最高的是$A_3B_1C_3D_2$处理组合，为1 993.89kg/hm^2；其次是$A_2B_2C_3D_1$处理组合，为1 725.00kg/hm^2，最低的是$A_1B_1C_1D_1$处理组合，为947.22kg/hm^2。通过极差R可以直观地看出，对产量影响最大的因素是钾肥，其次是密度因素，各因素对产量影响的主次顺序是钾肥＞密度＞氮肥＞磷肥。

表2 产量结果及直观分析

处理组合	小区产量（kg）			产量（kg/hm^2）
	2008年	2009年	平均	
$A_1B_1C_1D_1$	1.670	1.739	1.705	947.22
$A_1B_2C_2D_2$	2.862	2.776	2.819	1 566.11
$A_1B_3C_3D_3$	2.934	2.999	2.967	1 648.33

（续表）

处理组合	小区产量（kg）			产量（kg/hm^2）
	2008 年	2009 年	平均	
$A_2B_1C_2D_3$	2.718	2.869	2.794	1 552.22
$A_2B_2C_3D_1$	3.110	3.100	3.105	1 725.00
$A_2B_3C_1D_2$	2.945	2.794	2.870	1 594.44
$A_3B_1C_3D_2$	3.535	3.643	3.589	1 993.89
$A_3B_2C_1D_3$	2.484	2.750	2.617	1 453.89
$A_3B_3C_2D_1$	2.596	2.714	2.655	1 475.00

经方差分析，区组间和磷肥间均未达到显著水平，而氮肥间、钾肥间、密度间均达到1%极显著水平，表明钾肥为影响产量的主要因素，密度次之。这一结果与根据极差R直观判断的结果是一致的。

2.3　差异显著性测验

2.3.1　钾肥间、氮肥间、密度间多重比较测验结果表明，K_1、K_2、K_3 的差异达到了1%显著水平，就K肥的平均效应而言，K_3 比较好；N_1、N_2、N_3 间差异达到极显著水平，就N肥的平均效益而言，N3较好；密度1、密度2、密度3间差异达到极显著水平，就密度平均效益而言，密度2较好。

2.3.2　各处理组合间多重比较测验结果表明，$A_3B_1C_3D_2$ 与其他各处理组合间的差异达到了1%显著水平；$A_2B_2C_3D_1$ 与 $A_3B_3C_2D_1$、$A_3B_2C_1D_3$、$A_1B_1C_1D_1$ 间的差异达到1%显著水平，而与 $A_1B_3C_3D_3$、$A_2B_3C_1D_2$、$A_1B_2C_2D_2$、$A_2B_1C_2D_3$ 间达到5%显著水平；$A_3B_3C_2D_1$ 和 $A_3B_2C_1D_3$ 与 $A_1B_1C_1D_1$ 间达到1%显著水平；而 $A_1B_3C_3D_3$、$A_2B_3C_1D_2$、$A_1B_2C_2D_2$、$A_2B_1C_2D_3$ 相互之间以及 $A_3B_3C_2D_1$ 与 $A_3B_2C_1D_3$ 之间差异不显著。

3　小结

分析结果表明，在9个处理组合中，以 $A_3B_1C_3D_2$ 处理组合产量最高，为1 993.89kg/hm^2，$A_2B_2C_3D_1$ 处理组合次之，为1 725.00kg/hm^2，$A_1B_1C_1D_1$ 处理组合最低，为947.22kg/hm^2。因此，选出最佳处理组合为 $A_3B_1C_3D_2$，即：密度控制在135万苗/hm^2，基施氮肥120kg/hm^2，钾肥120kg/hm^2，不施磷肥，就可以获得较为理想的产量结果。

以施氮肥60kg/hm^2、磷肥60kg/hm^2、钾肥120kg/hm^2、密度90万苗/hm^2 的N、P、K配比施肥量和播种密度就可获得粒多、籽粒饱满。

参考文献（略）

本文发表在《内蒙古农业科技》2010（4）。作者：赵永峰，穆兰海，常克勤，杜燕萍，陈勇，马存宝。

分期播种对干旱区燕麦产量的影响

摘要：以燕科1号燕麦品种为材料研究了不同播种期对燕麦产量的影响。结果表明，播种太早或太晚都不利于高产，宁南干旱山区的适宜播种期是3月25—30日，苗期气温较低，日照适中，有利于植株根系生长和壮苗；拔节期强光照和适当高温，有利于建立合理的群体和较强大的光合系统；灌浆期强光照，昼夜温差大，有利于光合产物向籽粒运输，促进穗大粒多，产量高。

关键词：燕麦；播种期；产量

宁南山区十年九旱，自然灾害频繁，年均降水量250~650mm，70%~80%集中在7月、8月、9月3个月（表1）。燕麦作为一种抗旱避灾作物，尤其是燕麦秸秆作为牲畜的优质饲草，在农业生产中发挥着十分重要的作用。长期以来，由于燕麦播种期参差不齐，播种期多由土壤墒情而定，产量差异悬殊。为了探讨本地区燕麦的适宜播种期，2009年我们在固原干旱山区进行燕麦分期播种试验，旨在为干旱山区燕麦大田生产适期播种提供依据。

表1　2008年9月至2009年8月有关气象资料①

指标	年.月										
	2008.11	2008.12	2009.1	2009.2	2009.3	2009.4	2009.5	2009.6	2009.7	2009.8	2009.9
月平均气温（℃）	1.1	-4.4	-6.1	-0.5	3.4	10.7	13.7	20.6	20.5	17.1	13.7
月降水量（mm）	1.8	0.0	1.2	14.4	8.0	12.0	23.3	22.3	68.7	141.7	23.5
月蒸发量（mm）	60.2	67.2	44.5	54.3	110.5	152.8	149.6	190.9	160.4	124.5	92.4
月总日照时数（h）	187.9	226.7	211.0	158.7	216.5	251.7	232.7	282.4	207.9	212.2	156.4

注：①数据为宁夏固原气象台提供。

1　材料和方法

试验材料为本所提供的燕科1号。

试验设计为：Ⅰ期（3月18日播种），Ⅱ期（3月25日播种），Ⅲ（4月1日播种），Ⅳ（4月8日播种），Ⅴ（4月15日播种）。每个播种期按随机区组排列，重复3次，小区面积30m^2（6m×5m），每小区种25行，行距20cm，区距60cm。田间管理同大田。

生育期间对燕麦的生物学特性、物候期等进行调查，收获前2d每小区各取10株进行考种，每小区取1m^{2}样段，重复3次测产，取其平均数折算公顷产量，产量结果采用统计方法进行数据处理并分析。

2　结果与分析

2.1　不同播种期对生长阶段的影响

从表2看出，随着播种期的推迟，播种至出苗时间缩短，出苗至成熟时间则先减后增。从Ⅰ~Ⅴ各播种期来看，播种越早，温度相对较低，播种至出苗天数越长，播种越晚，温度相对较高，播种至出苗天数越短。出苗至成熟阶段，Ⅰ期前期气温偏低，对幼苗造成不同程度的冻害，导致植株生长缓慢，因而生育期最长；Ⅱ期幼苗期处于适宜的气候环境，地上生长与根系生长良好，在后期高温和持续干旱环境中影响较小，植株生长健壮，抗旱能力较强；Ⅲ、Ⅳ、Ⅴ期苗期温度相对较高，引起茎叶徒长，而根系生长不良，植株抗旱能力降低，后期遭遇持续特大干旱和高温，致使茎叶早衰，因此，其生育期较短。

表2　不同播种期对燕麦不同生育阶段的影响

播期	出苗期（月/日）	成熟期（月/日）	播种-出苗（d）	出苗-成熟（d）
Ⅰ	4/5 8/5		18	125
Ⅱ	4/10	8/6	16	118
Ⅲ	4/14	8/10	13	115
Ⅳ	4/19	8/13	11	110
Ⅴ	4/23	8/20	8	110

2.2　不同播种期对生物学性状的影响

由表3可以看出，从Ⅰ期早播至Ⅴ期晚播，千粒重与播前的23g相比，随着播种期的推迟呈下降趋势；株高、穗粒数均表现低—高—低的单峰曲线变化。经方差分析，在5个播种期中，穗粒数间差异达到1%显著水平，千粒重达5%显著差异水平，株高差异不显著。株高随着播种期的推迟而变矮，表明温度高低对茎秆生长的影响较大，在5个播种期中株高最高为Ⅱ播种期，78.21cm，Ⅰ播种期次之，Ⅴ播种期最低，为73.92cm，可见早播低温植株生长较缓慢，晚播前期茎叶徒长，第Ⅱ播种期茎秆较粗壮，茎叶生长适中。究其原因主要为：第Ⅰ期幼苗期因遇低温天气而植株生长缓慢，未能形成强大的光合系统；第Ⅲ播种期以后幼苗期温度相对较高而引起茎叶徒长，至拔节抽穗期又遇持续干旱，削弱植株抗旱能力；第Ⅱ播种期遇适宜气候因子，植株营养生长健壮，光合能力较强。

表 3　不同播种期对生物学性状的影响

播期	株高（cm）	穗粒数（粒）	千粒重（g）
Ⅰ	77.06	59.65	23.41
Ⅱ	78.21	63.05	23.22
Ⅲ	76.11	61.01	23.04
Ⅳ	75.87	56.70	23.00
Ⅴ	73.92	53.15	22.56
F 值	2.1	25.7	5.15

2.3　不同播种期对产量的影响

由表 4 可以看出，产量最高为第Ⅱ播种期 3 963.53kg/hm^2，第Ⅲ播种期次之，为 3 853.53kg/hm^2，第Ⅰ播种期产量居第三位，第Ⅴ播种期产量最低，为 3 503.51kg/hm^2。

表 4　不同播种期对产量的影响

播种期	小区产量（kg）			折合产量（kg/hm^2）
	Ⅰ	Ⅱ	Ⅲ	
Ⅰ	10.27	11.12	10.87	3 583.51
Ⅱ	12.02	11.76	11.89	3 963.53
Ⅲ	11.64	11.11	11.92	3 853.53
Ⅳ	10.36	11.24	10.52	3 570.18
Ⅴ	10.86	10.12	10.55	3 503.51

经方差分析，第Ⅱ与Ⅰ、Ⅳ、Ⅴ播种期之间差异极显著，第Ⅱ与Ⅲ播种期之间差异显著，而第Ⅰ与Ⅳ、Ⅴ播种期之间差异不显著。在不同播种期中，千粒重由高到低的排列顺序依次为：Ⅰ期＞Ⅱ期＞Ⅲ期＞Ⅳ期＞Ⅴ期；穗粒数由高到低的排列顺序依次为：Ⅱ期＞Ⅲ期＞Ⅰ期＞Ⅳ期＞Ⅴ期；而产量由高到低的排列顺序依次为：Ⅱ期＞Ⅰ期＞Ⅲ期＞Ⅳ期＞Ⅴ期；这直观地显示出不同播种期的生长动态，进一步反映出不同播种期的产量变化。

3　结论

通过试验，播种太早或太晚都不利于高产，适宜播种期是 3 月 25—30 日，苗期气温较低，日照适中，有利于植株根系生长和壮苗，拔节期强光照和适当高温，有利于建立合理的群体和较强大的光合系统，灌浆期强光照、昼夜温差大，有利于光合产物向籽粒运输，促进穗大粒多，产量高。

2008年10月至2009年5月，有效降水量与蒸发量的差异十分悬殊，土壤干土层厚度达15cm，且干旱持续时间长达180d。此时，各播种期植株均处于营养生长期，部分植株因土壤缺水茎叶枯死，植株早衰，第Ⅲ播种期由于其苗期遇适宜气候条件，有利于长根、壮苗，植株虽然受干旱影响而生长缓慢，但遇一次有效降雨，植株迅速生长，光合强度增大，后期昼夜温差大，灌浆快，仍取得较高产量；第Ⅴ播种期正处于幼苗期，茎叶生长缓慢，第Ⅱ播种期处于分蘖拔节期，随着气温的升高促使植株形成合理的群体和较大的光合系统，抗旱性增强，后期昼夜温差大，白天气温高，制造养分多，夜间温度低，呼吸强度弱，养分消耗少，有机物积累多，产量高，而此时的第Ⅴ播种期处于出苗期，因而产量低。

参考文献（略）

本文发表在《内蒙古农业科技》2010（5）。作者：赵永峰，穆兰海，常克勤，杜燕萍，马存宝。

不同农艺措施对燕麦生长发育及产量影响试验

摘要：在宁夏南部干旱区进行的燕麦高产优化栽培与土壤肥料长期定位试验，结果表明：影响干旱区燕麦产量的主要因素是品种，其次是灌水，氮肥的影响最小，因素的主次效应顺序为：品种、灌水、磷肥、密度、播期、氮肥。在干旱地区，选用本地品种，在3月中旬播种，施纯氮175kg/hm^2、纯磷75kg/hm^2，密度控制在600万株/hm^{2}左右，在拔节到抽穗期灌1次水的处理是比较理想的高产栽培模式，并能获得3 231.67kg/hm^{2}的理想产量。

宁南山区十年九旱，自然灾害频繁，燕麦作为一种抗旱避灾作物，尤其是燕麦秸秆作为牲畜的优质饲草，在农业生产中发挥着十分重要的作用。长期以来，由于耕作粗放，栽培措施不合理，致使燕麦单产低而不稳。为了解决以良种良法配套为主的燕麦高产栽培技术，进一步挖掘其增产潜力，进行了燕麦高产优化栽培与土壤肥料长期定位试验，旨在探索固原燕麦产区土壤、肥料、密度、灌溉等农艺措施对燕麦生长发育和产量的影响，构建燕麦生产优化栽培模式，为指导当地燕麦大田生产提供科学依据。

1 材料与方法

1.1 试验地概况

试验设在原州区南郊乡旱地，属黄壤土，地势平坦，肥力均匀，前茬为马铃薯。播前20cm土壤耕层有机质含量为1.4048%，全氮0.0986%，碱解氮81.77mg/kg，全磷0.195%，速效磷4.14mg/kg，全钾0.12%，速效钾10.47mg/kg。

1.2 供试材料

白燕7号、白燕2号、燕科1号、9626-6、本德。

1.3 试验设计

试验采用6因素5水平正交试验设计，共计25个处理（表1），6因素5水平为A品种（A_1白燕7号、A_2白燕2号、A_3燕科1号、A_4 9626-6、A_5本德），B播期（B_1 3月29日、B_2 4月5日、B_3 4月12日、B_4 4月19日、B_5 4月26日），C密度（C_1 300万株/hm^2、C_2 375万株/hm^2、C_3 450万株/hm^2、C_4 525万株/hm^2、C_5 600万株/hm^2），D施纯氮（D_1 0kg/hm^2、D_2 75kg/hm^2、D_3 125kg/hm^2、D_4 175kg/hm^2、D_5 225kg/hm^2），E施纯磷（E_1 0kg/hm^2、E_2 37.5kg/hm^2、E_3 75kg/hm^2、E_4 112.5kg/hm^2、E_5 150kg/hm^2），

F 灌水（F_1 不灌水、F_2 在拔节到抽穗期灌 1 次水、F_3 在灌浆期灌 1 次水、F_4 在拔节抽穗期和抽穗灌浆期灌水 2 次，F_5 在两水基础上于乳熟期再灌水 1 次）。2 次重复，共 50 个小区，小区面积 30m^2（6m×5m）。每小区种 25 行，行距 20cm，小区间距 60cm。小区砌成宽 40cm，高 20cm 的小畦，相邻小区的四周挖深 2m，用 0. 12mm 塑料棚膜隔离，以防止水肥串漏。

表 1　正交试验设计表 L_{25}（5^6）

处理	水平					
	A	B	C	D	E	F
1	1	1	1	1	1	1
2	1	2	2	2	2	2
3	1	3	3	3	3	3
4	1	4	4	4	4	4
5	1	5	5	5	5	5
6	2	1	3	3	4	5
7	2	2	4	4	5	1
8	2	3	5	5	1	2
9	2	4	1	1	2	3
10	2	5	2	2	3	4
11	3	1	3	5	2	4
12	3	2	4	1	3	5
13	3	3	5	2	4	1
14	3	4	1	3	5	2
15	3	5	2	4	1	3
16	4	1	4	2	5	3
17	4	2	5	3	1	4
18	4	3	1	4	2	5
19	4	4	2	5	3	1
20	4	5	3	1	4	2
21	5	1	5	4	3	2
22	5	2	1	5	4	3
23	5	3	2	1	5	4
24	5	4	3	2	1	5
25	5	5	4	3	2	1

1.4 试验过程

播量按千粒重、发芽率、85%有效成苗率计算。播深5~7cm，人工开沟条播，播后覆土磨平。氮肥选用宁夏化工厂生产的含N 46%的尿素，40%作基肥，于播种前一次施入，60%作追肥在拔节至灌浆期随第1次灌水施入（不灌水的处理在拔节至灌浆期中耕追施）；磷肥选用含 P_2O_5 12%的过磷酸钙，均作底肥在播种前一次施入；每次每小区灌水量为0.22m^3。其他管理措施略高于大田。

2 结果与分析

2.1 不同农艺措施对产量的影响

对各处理组合产量结果的显著性测验表明（表2），处理21与处理8、处理7、处理16、处理20、处理17、处理18、处理15、处理19之间，处理4、处理21与处理15、处理19之间，差异均达到极显著水平，其中以处理21产量最优，为3 171.83kg/hm^2，比产量最低的处理19（产量1 268.40kg/hm^2）增产1 903.43kg/hm^2。其他处理组合间差异不显著。

表2 不同处理产量比较

处理	小区产量（kg）			差异显著性	
	Ⅰ	Ⅱ	平均	$F_{0.05}$	$F_{0.01}$
1	5.35	7.43	6.390	efgh	CDEFG
2	6.61	5.90	6.255	efghi	CDEFGH
3	7.33	5.11	6.220	efghi	CDEFGH
4	8.68	8.33	8.505	abc	ABC
5	7.45	9.15	8.300	abcd	ABCD
6	6.78	6.12	6.450	efgh	BCDEFG
7	4.93	6.67	5.800	fghi	DEFGH
8	5.13	6.51	5.820	fghi	DEFGH
9	5.18	7.22	6.200	efghi	CDEFGH
10	5.82	7.11	6.465	efgh	BCDEFG
11	7.71	8.01	7.860	bcde	ABCDE
12	7.10	7.00	7.050	cdef	BCDEF
13	6.06	6.20	6.130	efghi	CDEFGH
14	6.43	6.99	6.710	defgh	BCDEFG
15	4.41	4.51	4.460	ij	GH
16	6.40	5.11	5.755	fghi	EFGH

（续表）

处理	小区产量（kg）			差异显著性	
	Ⅰ	Ⅱ	平均	$F_{0.05}$	$F_{0.01}$
17	5.14	5.09	5.115	ghij	FGH
18	5.29	4.61	4.950	hij	FGH
19	3.55	4.06	3.805	j	H
20	5.29	5.76	5.525	fghij	EFGH
21	9.66	9.73	9.695	a	A
22	6.91	7.37	7.140	cdef	BCDEF
23	8.52	9.25	8.885	ab	AB
24	7.32	6.52	6.920	cdefg	BCDEFG
25	6.32	7.61	6.965	cdef	BCDEFG

2.2　极差分析

由表3可知，该试验因素A（品种）的效应最大，因素F（灌水）次之，因素D（氮肥）最小，表明起主要作用的是因素A（品种），因素的主次效应顺序为：A（品种）、F（灌水）、E（磷肥）、C（密度）、B（播期）、D（氮肥）。较优处理组合为处理21。

表3　极差分析结果

因子	极小值	极大值	极差R	调整R′
A	5.030	7.921	2.891	2.5858
B	6.272	7.230	0.958	0.8569
C	5.971	7.088	1.117	0.9991
D	6.292	6.810	0.518	0.4633
E	5.741	7.090	1.349	1.2066
F	5.818	7.366	1.548	1.3846

2.3　方差分析

方差分析结果表明：区组间差异不显著，A因素差异极显著，F因素达到5%显著水平，其他因素均不显著。A_5与A_4、A_2、A_3之间，A_1、A_2、A_3与A_4之间差异达到极显著水平，A_1、A_2、A_3之间差异不显著，以A_5品种为最优；F_4与F_3、F_1之间差异极显著，F_4、F_2、F_5之间，F_3、F_1之间差异不显著。试验结果表明，起主要作用的是A因素（品种），其次是F因素（灌水），因素效益主次顺序和根据极差R的直观判断是一致的。较优处理组合为处理21，即：选用本德品种，密度控制在600万株/hm^2，3月下旬播种，施 175kg/hm^2 氮肥、磷肥 75kg/hm^2，在拔节抽穗期灌水 1 次的农艺措施，可获得理想的产量（表 4、表 5）。

表 4 方差分析

变异来源	平方和	自由度	均方	F 值	*P* 值
区组	1.280	1	1.2800		
A	47.0401	4	11.7600	20.5181	0.0001
B	6.1846	4	1.5462	2.6976	0.0548
C	7.5108	4	1.8777	3.2761	0.0281
D	2.1168	4	0.5292	0.9233	0.4667
E	10.0515	4	2.5129	4.3843	0.0084
F	16.5141	4	4.1285	7.203	20.0006
误差	13.7557	24	0.5732		
总和	104.4536				

表 5 各因子各水平间差异显著性检验

因子	水平	均值	差异显著性	
			$F_{0.05}$	$F_{0.01}$
A	5	7.921	a	A
	1	7.134	b	AB
	3	6.442	bc	B
	2	6.147	c	B
	4	5.030	d	C
B	1	7.230	a	A
	4	6.428	b	A
	3	6.401	b	A
	5	6.343	b	A
	2	6.272	b	A
C	5	7.088	a	A
	4	6.819	ab	AB
	3	6.465	abc	AB
	1	6.331	bc	AB
	2	5.971	b	B

（续表）

因子	水平	均值	差异显著性	
			$F_{0.05}$	$F_{0.01}$
D	1	6.810	a	A
	4	6.682	a	A
	5	6.585	a	A
	2	6.305	a	A
	3	6.292	a	A
E	5	7.090	a	A
	4	6.750	a	AB
	3	6.647	a	AB
	2	6.446	a	AB
	1	5.741	b	B
F	4	7.366	a	A
	2	6.801	a	AB
	5	6.734	a	AB
	3	5.955	b	B
	1	5.818	b	B

3　结论与讨论

（1）影响干旱区燕麦产量的主要因素是品种，其次是灌水，氮肥的影响最小，各因素的主次效应顺序为：品种、灌水、磷肥、密度、播期、氮肥。

（2）选用本德品种，在3月中旬播种，施纯氮175kg/hm^2、纯磷75kg/hm^2，密度控制在600万株/hm^2左右，在拔节到抽穗期灌1次水的处理组合是比较理想的高产栽培模式，小区产量为9.695kg，折合产量可达到3 231.67kg/hm^2，产量较理想，该模式较适宜在当地推广，能够取得较好经济效益。

参考文献（略）

本文发表在《现代农业科技》2010（20）。作者：赵永峰，陆俊武，穆兰海，常克勤，杜燕萍，王效瑜。

不同密度和施肥水平对苦荞麦产量及其结构的影响

摘要：以宁荞2号苦荞麦品种为材料，研究了不同种植密度和施肥水平对苦荞麦产量及产量结构的影响。结果表明：宁荞2号苦荞麦品种基施氮肥60kg/hm^2、磷肥60kg/hm^2、钾肥90kg/hm^2，密度控制在90万苗/hm^2，不仅粒多、籽粒饱满，而且可以获得3 512.96kg/hm^{2}的理想产量。

苦荞麦营养成分丰富，具有极高的营养价值，含有特殊微量元素及药用成分，且研究表明，苦荞麦可以预防和治疗糖尿病及中老年心脑血管疾病。固原市是宁夏苦荞麦主产区之一，大部分分布在南部山区，年均种植面积为1万~3万hm^2。长期以来，苦荞麦受生物学特性和农民栽培习惯的影响，大多在气候恶劣、土壤贫瘠、干旱少雨的地区作救灾补种、高寒作物进行栽植，导致其产量一直不高。因此，笔者以当地主栽苦荞麦品种宁荞2号为原材料，研究不同密度和施肥水平对其产量及产量结构的影响，旨在探索苦荞麦不同密度与氮磷钾最佳配方施肥模式，为苦荞麦高产栽培提供科学依据。

1 材料与方法

1.1 试验概况

供试苦荞麦品种为宁荞2号；供试肥料：氮肥为尿素（含N 46%，宁夏化工厂生产），磷肥为磷酸二铵（含$P_2O_5$57%），钾肥为硫酸钾（含K_2O 33%）。试验地为原州区东关镇的旱地，供试土壤为黄壤土，地势平坦，肥力均匀，前茬为休闲地。播前20cm土壤耕层中有机质含量为14.048g/kg、全氮0.986g/kg、碱解氮81.770mg/kg、全磷1.950g/kg、速效磷4.140mg/kg、全钾1.200g/kg、速效钾10.470mg/kg。

1.2 试验设计

试验实施期为3年，采用4因素3水平的正交设计，4个因素分别为氮肥、磷肥、钾肥、密度，各因素水平设计和正交试验具体设计见表1。随机排列，重复2次，共18个小区。小区面积18m^2（9m×2m）。小区四周挖沟，沟宽40cm，深1m，用0.12mm塑料棚膜隔离，小区四周打埂，埂宽30cm，埂高20cm，上覆棚膜，防止窜肥。小区的四边均设置1m以上的保护行。

表 1　苦荞麦密度和施肥 L_9 (3^4) 正交试验设计

处理	因素（水平）			
	氮肥 (kg/hm^2)	磷肥 (kg/hm^2)	钾肥 (kg/hm^2)	密度 (万苗/hm^2)
1	30（1）	30（1）	30（1）	90（1）
2	30（1）	60（2）	60（2）	135（2）
3	30（1）	90（3）	90（3）	180（3）
4	60（2）	30（1）	60（2）	180（3）
5	60（2）	60（2）	90（3）	90（1）
6	60（2）	90（3）	30（1）	135（2）
7	90（3）	30（1）	90（3）	135（2）
8	90（3）	60（2）	30（1）	180（3）
9	90（3）	90（3）	60（2）	90（1）

1.3　试验实施

肥料按试验设计的用量作底肥在苦荞麦播种前一次性施入，全生育期依靠自然降雨，不灌水，其他管理措施同大田生产。收获前 2d 进行取样，每个小区取 10 株测定单株粒数、单株粒重、千粒重；每小区取 $1m^2$ 样段测产、考种，重复 3 次。

2　结果与分析

2.1　不同处理对苦荞麦产量结构的影响

从表 2 可以看出，单株粒数、单株粒重、千粒重等 3 个产量性状在不同处理中的表现各异，其中以单株粒数变化幅度最大，处理 5 最多，为 119.43 粒，处理 1 最少，为 87.61 粒，极差为 31.82 粒；单株粒重以处理 5 最高，为 4.30g，以处理 1 最低，为 2.90g，极差为 1.40g；千粒重以处理 5 最高，为 22.5g，以处理 1 最低，为 16.9g，极差为 5.6g。由此说明，不同的密度和施肥水平对苦荞麦的产量结构具有一定的影响。

表 2　不同处理对产量结构的影响

处理	单株粒数（粒）	单株粒重（g）	千粒重（g）
1	87.61	2.90	16.9
2	103.31	2.95	19.4
3	110.20	2.99	19.9
4	112.13	3.66	20.9
5	119.43	4.30	22.5

（续表）

处理	单株粒数（粒）	单株粒重（g）	千粒重（g）
6	94.25	3.00	18.9
7	116.20	3.75	21.3
8	108.11	3.33	19.5
9	100.12	3.24	19.3

2.2 不同处理对苦荞麦产量的影响

从表3可以看出，各处理苦荞麦产量以处理5最高，为3 512.96kg/hm²；处理7居第2位，为3 418.52kg/hm²；处理1最低，为2 253.70kg/hm²。通过极差R可以直观地看出，各因素对苦荞麦产量的影响按由主到次的顺序依次为钾肥、密度、氮肥、磷肥，其中钾肥的影响最大，密度次之，氮肥、磷肥的影响相对较小。方差分析结果表明，区组间差异不显著，氮肥、磷肥和密度间在5%水平上均表现为差异显著，而钾肥间在1%水平上均表现为差异极显著（表4）。因此，钾肥对苦荞麦产量的影响最大，密度其次。此结论与上述极差R直观判断的结果相吻合。

表3　不同处理苦荞麦产量结果及直观分析

处理	小区产量（kg）				折合产量（kg/hm²）
	2008年	2009年	2010年	合计	
1	4.23	4.09	3.85	12.17	2 253.70
2	5.40	5.22	5.49	16.11	2 983.33
3	5.40	5.96	6.43	17.79	3 294.44
4	5.67	5.58	6.76	18.01	3 335.19
5	6.05	6.17	6.75	18.97	3 512.96
6	4.90	3.60	5.00	13.50	2 500.00
7	5.60	6.56	6.30	18.46	3 418.52
8	5.49	5.04	5.67	16.20	3 000.00
9	5.13	5.40	5.13	15.66	2 900.00
Ⅰ	5.12	5.41	4.65	5.20	
Ⅱ	5.61	5.70	5.53	5.34	
Ⅲ	5.59	5.22	6.14	5.78	
R	0.49	0.48	1.49	0.58	
R′	0.44	0.43	1.34	0.52	
主次顺序	钾肥	密度	氮肥	磷肥	

注：小区产量计产面积为18m²，下同。

表 4　苦荞麦产量方差分析结果

变异来源	平方和	自由度	均方	F 值	*P* 值
区组	0.9793	2	0.4896		
氮肥	1.3933	2	0.6966	3.9982	0.0391
磷肥	1.0576	2	0.5288	3.0350	0.0763
钾肥	10.0282	2	5.0141	28.7773	0.0001
密度	1.6313	2	0.8156	4.6812	0.0251
误差	2.7878	16	0.1742		
总和	17.8774				

2.3　单因素及多因素分析

2.3.1　单因素分析　从表 5 可以看出，钾肥的 3 个水平在 1%水平上表现为差异极显著，参照其平均效应，以 3 水平即 90kg/hm^2 比较好；氮肥 3 个水平在 5%水平上表现为差异显著，其中 2 水平和 3 水平间差异不显著，参照其平均效应，以 2 水平即 60kg/hm^2 比较好；磷肥 2 水平和 3 水平在 5%水平上表现为差异显著，1 水平与 2 水平、3 水平间差异均不显著，参照其平均效应，以 2 水平即 60kg/hm^2 比较好；密度 3 水平与 2 水平、1 水平在 5%水平上表现为差异显著，2 水平和 1 水平差异不显著，参照其平均效应，以 3 水平即 180 万苗/hm^2 比较好。

表 5　苦荞麦产量单因素分析

因素	水平	小区平均产量（kg）	差异显著性	
			5%	1%
氮肥	2	5.61	a	A
	3	5.59	a	A
	1	5.12	b	A
磷肥	2	5.70	a	A
	1	5.40	ab	A
	3	5.22	b	A
钾肥	3	6.14	a	A
	2	5.53	b	B
	1	4.65	c	C
密度	3	5.78	a	A
	2	5.34	b	A
	1	5.20	b	A

2.3.2 多因素分析 从表6可以看出，处理5与处理7、处理4、处理3间的差异不显著；与处理8、处理2、处理9在5%水平上表现为差异显著，与处理6、处理1在1%水平上表现为差异极显著。

表6 苦荞麦产量多因素分析

处理	小区平均产量（kg）	差异显著性	
		5%	1%
5	6.32	a	A
7	6.15	ab	A
4	6.00	abc	A
3	5.93	abc	A
8	5.40	bc	AB
2	5.37	bc	AB
9	5.22	cd	AB
6	4.50	de	BC
1	4.06	e	C

3 结论与讨论

不同密度和施肥水平对苦荞麦产量及产量结构的影响试验结果表明，在9个处理中，以基施氮肥60kg/hm^2、磷肥60kg/hm^2、钾肥90kg/hm^2，密度为90万苗/hm^{2}的处理产量最高，为3 512.96kg/hm^2；基施氮肥90kg/hm^2、磷肥30kg/hm^2、钾肥90kg/hm^2，密度为135万苗/hm^{2}的处理产量次之，为3 418.52kg/hm^2；基施氮肥30kg/hm^2、磷肥30kg/hm^2、钾肥30kg/hm^2，密度为90万苗/hm^{2}的处理产量最低，为2 253.70kg/hm^2。因此，最佳的处理为：基施氮肥60kg/hm^2、磷肥60kg/hm^2、钾肥90kg/hm^2，密度控制在90万苗/hm^2，该条件下苦荞麦不仅粒多、籽粒饱满，而且产量结果理想。

参考文献（略）

本文发表在《现代农业科技》2012（1）。作者：穆兰海，刘宽江，陈彩锦，常克勤，周皓蕾，杨彩铃。

微生物菌肥对宁夏南部山区燕麦生长的影响

摘要：以当地主栽燕麦品种宁莜1号为材料，研究微生物菌肥对宁夏南部山区燕麦生长的影响。结果表明：微生物菌肥+75%化肥对增加燕麦地上物质生长量、干物质积累，减少燕麦病害及增加产量的效果最好，此结论可对减少当地化肥施用量提供相关的理论依据。

燕麦在国民经济中具有重要的作用，它是我国部分地区的主要粮食作物，也是重要的家畜饲草和饲料。研究表明，燕麦中部分活性成分，具有降低血脂、控制血糖、减肥、美容等功效。尤其在宁夏南部山区旱地农业、粮食生产及人民生活中占有一定地位，是主打粮之一。但由于在种植燕麦的过程中长年施用大量化肥，造成土壤板结、环境污染等严重问题。为此，通过使用微生物菌肥拌种来减少化肥的施用量以及其对燕麦生长的影响，旨在探索出在宁夏南部山区主要种植模式中，对微生物肥源部分替代化肥、抑制燕麦病害及后续推广提供技术支撑。

1 材料与方法

1.1 试验概况

试验地选在宁夏固原市原州区彭堡镇彭堡村，土壤类型为灰钙土，前茬为冬小麦，秋机耕1次，春耙耱2次，地势平坦，茬口一致，土地平整，地力均匀，肥力中等，具有灌溉条件，地力等同于大田生产。参试燕麦品种为当地主栽品种宁莜1号。所用化肥为磷酸二铵（含N 18%，P_2O_5 46%），且以当地施肥量187.5kg/hm^{2}为基准，在此基础上减少化肥施用量，代之以引入的微生物菌肥，研究其代替部分化肥对作物生长和产量的影响以及对燕麦病害的抑制作用。

1.2 试验设计

试验设5个处理，分别为：全量化肥施磷酸二铵187.500kg/hm^2（A）；菌肥拌种+50%化肥，施菌肥磷酸二铵93.750kg/hm^2（B）；菌肥拌种+75%化肥，施磷酸二铵140.625kg/hm^2（C）；菌肥，全部菌肥拌种（D）；以不用菌肥拌种，不施任何肥料作对照（CK）。采用随机区组设计，每处理3个重复，共15个小区，小区面积30m^2（7.5m×4.0m）。燕麦播量及微生物菌肥使用方法：燕麦播种量为150kg/hm^2，化肥以底肥方式于播前一次性施入。微生物菌肥使用方法是将试验小区燕麦播种量的3/5种子用提供的菌肥拌种，播种前再与2/5未拌种的种子混匀播种（表1）。

表 1　各处理小区菌肥拌种量及化肥量　(g)

处理	播种量	拌种量	不拌种量	化肥量
A	449.9	0	449.9	562.5
B	449.9	269.9	180.0	281.3
C	449.9	269.9	180.0	421.9
D	449.9	269.9	180.0	0
CK	449.9	0	449.9	0

注：表中数据为小区 30m² 面积用量。

1.3　调查指标及方法

生育期地上生长量测定：于分蘖期、拔节期、开花期、灌浆期，每个处理取 3 个样方（30cm×30cm），收获样方内燕麦地上部分，密封并立即带回实验室称其鲜重，于 102℃下烘 4h，再于 70℃下烘干至恒重，称其干重。生育期调查病害发生情况。产量测定：收获前 2d，每个处理取有代表性 3 个样方（30cm×30cm），收获样方内燕麦，脱粒、称重，并计算籽粒产量。

2　结果与分析

2.1　不同生育期燕麦地上部分生长量

由表 2 可知，燕麦地上部分的鲜重从分蘖期至灌浆期依次增加，且增加速度不相同，其中处理 C 在分蘖期鲜重居于第 2 位，拔节期、开花期、灌浆期均居第 1 位，CK 在这 4 个时期均为最低。这表明单施化肥、单用菌肥拌种及菌肥拌种+化肥都有助于增加地上物质生长量，但菌肥+75%化肥的效果较其他处理明显。

2.2　不同生育期燕麦干物质积累

由表 2 可知，各处理随着光合面积的增加，干物质不断的积累，从分蘖期之后，由于光合叶面积的增大，植株迅速增长，干物质的平均累计速度也在增大，但累计速度存在快慢区分，其中 CK 在各个生育期的积累量均为最低，在分蘖期累计量最大的是处理 A，为 1 222.5 kg/hm²，处理 C 次之，为 1 111.5kg/hm²。拔节期，积累量最大的是处理 B，其余依次为处理 C＞处理 D＞处理 A＞CK。开花期干物质积累依次为处理 C＞处理 D＞处理 A＞处理 B＞CK，灌浆期依次是处理 C＞处理 A＞处理 D＞处理 B＞CK。以上结果表明：单施化肥、单用菌肥拌种及菌肥拌种+化肥都较对照处理有效地增加干物质积累，其中菌肥+75%化肥处理作用最为突显。在分蘖和拔节期，积累量居第 2 位，在开花和灌浆期，积累量均为第 1 位。

表 2　各处理不同生育期燕麦地上部分生长量　(kg/hm²)

处理	分蘖期		拔节期		开花期		灌浆期	
	鲜重	干重	鲜重	干重	鲜重	干重	鲜重	干重
A	6 111.0	1 222.5	19 078.5	4 000.5	28 779.0	5 523.0	50 080.5	10 633.5

（续表）

处理	分蘖期		拔节期		开花期		灌浆期	
	鲜重	干重	鲜重	干重	鲜重	干重	鲜重	干重
B	5 922.0	1 000.5	19 701.0	5 034.0	25 302.0	5 112.0	41 035.5	9 034.5
C	6 033.0	1 111.5	22 557.0	4 744.5	31 590.0	6 300.0	53 224.5	11 478.0
D	4 812.0	922.5	16 333.5	4 111.5	279 240.	5 634.0	47 413.5	9 589.5
CK	4 512.0	778.5	15 634.5	3 555.0	25 078.5	49 230	39 747.0	8 922.0

2.3　不同生育期病害发生情况

由表 3 可知，燕麦从分蘖至抽穗开花至灌浆期，红叶病的发病率呈上升趋势，其中分蘖期发病率最高为 CK，达 1.5%，至灌浆期发病率也最高，达 19.6%；处理 A 在分蘖期发病率次之，到抽穗开花期上升为最高，至灌浆期位居第 2，其余 3 个处理发病率在整个生育阶段均小于 CK 和处理 A，这说明在燕麦的生长阶段，利用微生物菌肥来拌种，能抑制红叶病的发生。在灌浆后期，黑穗病发病率以处理 A 最高，为 1.6%，处理 D 最低，为 0，其他各处理均由不同程度地发病，但发病率不高。以上结果表明：使用微生物菌肥拌种可以有效预防黑穗病的发生。

表 3　各处理不同生育期燕麦田间病情调查

处理	分蘖期	抽穗至开花期	灌浆期
	病害发病率（%）	病害发病率（%）	病害发病率（%）
A	红叶病 1.4	红叶病 13.4	红叶病 18.6 黑穗病 1.6
B	红叶病 0.9	红叶病 4.3	红叶病 14.2 黑穗病 1.3
C	红叶病 1.1	红叶病 3.0	红叶病 17.9 黑穗病 1.0
D	红叶病 1.1	红叶病 3.9	红叶病 16.3 黑穗病 0
CK	红叶病 1.5	红叶病 7.7	红叶病 19.6 黑穗病 1.4

2.4　产量

经过实地测定，各处理籽粒产量见表 4。由表 4 可知，处理 C 籽粒产量 3 500.0kg/hm^{2}最高，其次是处理 A、处理 D、处理 B，CK 最低，为 2 450.1 kg/hm^2。经方差分析结果表明：各处理、重复间存在显著差异（表 5）。经新复极差法测验，CK 与处理 C、处理 A 之间存在极显著差异，其中处理 D、处理 B 与 CK 之间存在显著差异（表 4）。

表 4　各处理燕麦产量

处理	籽粒产量（kg/m²）				折合产量（kg/hm²）
	Ⅰ	Ⅱ	Ⅲ	平均	
A	0.262	0.293	0.387	0.314abAB	3 140.2
B	0.224	0.282	0.283	0.263bcAB	2 630.1
C	0.288	0.377	0.384	0.350aA	3 500.0
D	0.274	0.259	0.266	0.266bcAB	2 663.1
CK	0.201	0.226	0.308	0.245cB	2 450.1

注：同列不同大、小写字母分别表示 0.05、0.01 水平下差异显著。

表 5　各处理燕麦籽粒产量方差分析

变异来源	平方和	自由度	方差	F 值	$F_{0.05}$	$F_{0.01}$
处理间	0.022	4	0.006	5.239*	3.838	7.006
重复间	0.014	2	0.007	6.761*	4.459	8.649
误差	0.008	8	0.001			
总和	0.045	14				

3　结论

试验结果表明，单施化肥、单用菌肥拌种及菌肥拌种+化肥都有助于增加地上物质生长量和干物质的积累，但菌肥+75%化肥的效果较其他处理明显。微生物菌肥对红叶病、坚黑穗病有一定的抑制作用。菌肥+75%化肥（菌肥+磷酸二铵 93.750kg/hm²）处理能有效提高燕麦籽粒产量。以上结论可为宁夏南部山区燕麦种植中使用微生物菌肥代替部分化肥提供理论依据。

参考文献（略）

本文发表在《现代农业科技》2014（1）。作者：陈彩锦，穆兰海，刘宽江，常克勤，杜艳萍。

宁夏南部山区燕麦肥效研究

摘要：[目的] 为了掌握宁夏南部山区燕麦生长的需肥规律。[方法] 开展了“3414”肥效试验。[结果] 燕麦最大施肥量 N 69.6kg/hm^2、P（P_2O_5）= 72.5kg/hm^2、K（K_2O）213.0kg/hm^2，最大产量2 674.5kg/hm^2。同时，燕麦最佳施肥量 N = 62.1kg/hm^2、P（P_2O_5）= 63.2kg/hm^2、K（K_2O）= 173.7kg/hm^2，最佳产量2 631.0kg/hm^2。[结论] 根据以上数据进行施肥配方，燕麦的生长、产量及经济效益都是最佳。

关键词：燕麦；“3414”试验；肥效

燕麦是禾本科燕麦属作物，在中国已有两千多年的种植历史，且在国民经济中具有重要作用。它是中国部分地区的主要粮食作物，也是重要的家畜饲草和饲料。研究表明，燕麦含有β-葡聚糖等活性成分，具有降低血脂、控制血糖、减肥和美容的功能。为此，这个小宗作物在最近几年受到足够的重视，尤其在宁夏南部山区这个生态环境复杂、气候多风干燥、春旱频繁、气温较低的地区。而燕麦具有抗寒、抗旱能力强以及地域性强等特点，适应宁南山区气候条件和生产力水平，所以燕麦是宁夏南部山区的主打粮之一。但是，当地燕麦产量比较低，其中肥料的施用是一个关键的影响因素。为此，开展“3414”肥效试验，研究宁夏南部山区燕麦对肥料吸收、利用和养分丰缺指标等，以期更好地为当地农民种植燕麦提供施肥技术指导服务。

1　材料与方法

1.1　实施单位及试验地概况

该试验由固原市农业科学研究所燕麦荞麦综合试验站承担实施。试验地在宁夏固原市原州区彭堡镇彭堡村水浇地，地块位于N36°5′，E106°9′，海拔1 660m。土壤类型为灰钙土，碱化灰钙土亚类，土壤质地为黏土，土层厚度＞60cm。土壤特性是易旱、易涝，地势平坦、整齐，肥力均匀。

1.2　试验材料

供试燕麦品种为燕科1号。供试肥料均为单质肥料，氮肥为尿素（含N 46%），磷肥为过磷酸钙（含P_2O_5 12%），钾肥为硫酸钾（含K_2O 50%）。

1.3　试验设计

采用农业农村部推荐的“3414”完全试验设计。试验设氮、磷、钾三个因素，每个因素 4 个水平（0 水平为不施肥，2 水平为最佳施肥量的近似值，1 水平 = 2 水平×0.5，3 水平 = 2 水平×1.5），共 14 个处理。试验具体设计、肥料使用量见表 1。小区面积 30m^2（长 7.5m×宽 4.0m），3 次重复，共 42 个试验小区。行距 25cm，每个小区种 17 行，区距 50cm，小区间距 40cm。小区四周挖沟，沟宽 40cm，深 1m，用 0.12mm 塑料棚膜隔离，小区四周打埂，埂宽 30cm，埂高 20cm，上覆棚膜，防止窜水窜肥。试验小区的四边都设置 1m 以上的保护行，保护行不施任何肥料。

表 1　燕麦“3414”试验设计

处理	组合	养分（kg/hm^2）		
		X_1（N）	X_2（P_2O_5）	X_3（K_2O）
①	N0P0K0	0	0	0
②	N0P2K2	0	41.4	82.50
③	N1P2K2	20.7	41.4	82.50
④	N2P0K2	41.4	0	82.50
⑤	N2P1K2	41.4	20.7	82.50
⑥	N2P2K2	41.4	41.4	82.50
⑦	N2P3K2	41.4	62.1	82.50
⑧	N2P2K0	41.4	41.4	0
⑨	N2P2K1	41.4	41.4	41.25
⑩	N2P2K3	41.4	41.4	123.75
⑪	N3P2K3	62.1	41.4	123.75
⑫	N1P1K2	20.7	20.7	82.50
⑬	N1P2K1	20.7	41.4	41.25
⑭	N2P1K1	41.4	20.7	41.25

1.4　试验方法

氮、磷、钾肥作为基肥，播前整地时一次性基施入土中。2011—2013 年 4 月初采用人工开沟条播，播深 5~7cm，播量为 117kg/hm^2，播后覆土耱平。出苗后，及时清理走道，做好查苗、补苗工作。在燕麦生育期期间，注意防治病虫害，及时清除杂草，并且记载各生育期动态。8 月初所有小区都已成熟，人工按小区收获，并且单独计产。

2　结果与分析

2.1　相对产量

该试验是将 3 次重复产量进行平均，计算出氮磷钾全肥区、缺氮区、缺磷区、缺钾区燕麦的实际产量。按照缺肥区的相对产量 = 缺肥区实际产量/全肥区实际产量×100%，发现缺氮区燕麦相对产量为 84.7%，缺磷区燕麦相对产量为 81.9%，缺钾区燕麦相对产量为 83.5%。依据土壤肥料丰缺指标，氮磷钾缺肥区的相对产量在 70%~90%之内为“中”，表明缺氮、磷、钾肥对燕麦产量的影响是相近的，且缺氮磷钾肥对宁夏南部山区燕麦的影响不是太突出。

2.2 燕麦氮、磷、钾配方

施肥肥料效应方程以燕麦产量为目标函数，根据田间试验结果，运用“3414”试验统计方法，得出纯氮（N）、P_2O_5（P）、K_2O（K）与燕麦产量（Y）之间的回归方程为：$Y = 99.02206 - 12.179N - 0.81293N^2 - 10.9224P - 0.65946P^2 + 18.86157K + 0.441777K^2 + 13.83576NP - 3.32117NK - 3.3056PK$。该方程符合典型三元二次肥料效应方程形式。同时，进行方差分析，做 F 检验来判断回归模型效果，$F = 14.40354 > F_{0.05}$。这说明燕麦产量与 N、P、K 肥之间存在回归关系，3 种肥料对燕麦产量的效应存在显著差异。$R = 0.97 > R_{0.05} = 0.92$，表明 N、P、K 肥与燕麦产量之间的回归相关密切。依据当年度肥料和燕麦的价格，纯 N2.7 元/kg，纯 P（P_2O_5）7.8 元/kg，纯 K（K_2O）4.2 元/kg，燕麦 3.0 元/kg，计算得到燕麦最大施肥量 N 69.6kg/hm²、P（P_2O_5）72.5kg/hm²、K（K_2O）213.0kg/hm²，最大产量为 2 674.5kg。同时，计算得到燕麦每公顷最佳施肥量 N 62.1kg/hm²、P（P_2O_5）63.2kg/hm²、K（K_2O）173.7kg/hm²，最佳产量 2 631.0kg/hm²。

表 2　不同处理产量结果及经济效益

处理	平均产量（kg/hm²）	平均产值（元/hm²）	肥料成本（元/hm²）	产投	经济效益（元/hm²）
①	1 493.4	4 480.5	0	—	4 480.5
②	1 980.2	5 940.0	669.0	8.9	5 271.0
③	2 083.5	6 250.5	727.5	8.6	5 523.0
④	1 913.4	5 740.5	456.0	12.6	5 284.5
⑤	2 023.5	6 070.5	619.5	9.8	5 451.0
⑥	2 336.9	7 011.0	781.5	9.0	6 229.5
⑦	2 250.2	6 750.0	942.0	7.2	5 808.0
⑧	1 950.2	5 850.0	438.0	13.4	5 412.0
⑨	2 030.1	6 090.0	613.5	9.9	5 476.5
⑩	2 446.8	7 341.0	954.0	7.7	6 387.0
⑪	2 206.8	6 621.0	1 012.5	6.5	5 608.5
⑫	2 330.1	6 990.0	565.5	12.4	6 424.5
⑬	1 703.4	5 110.5	559.5	9.1	4 551.0
⑭	1 663.4	4 990.5	451.5	11.1	4 539.0

注：尿素 1.25 元/kg，过磷酸钙 0.94 元/kg，硫酸钾 2.1 元/kg，燕麦 3.0 元/kg。

2.3 不同处理对燕麦经济效益的影响

从表2可以看出，获得平均产值的前3位处理依次为处理⑩、处理⑥、处理⑫，也就是出现在钾含量2、3水平上，而产投比不是最大；产投比前3位的处理是处理⑧、处理④、处理⑫，说明适当的氮磷钾配合能取得最高的投产比；获得经济效益最高的前3位处理是处理⑫、处理⑩、处理⑥，其中处理⑥是设计的最佳施肥配方，其平均产值、经济效益都位于前列，产投比位于中间。由此可知，在宁夏南部山区，钾肥是影响产量的主要因素，氮肥、磷肥的作用效果也很重要。因此，在施肥原则上要求氮、磷、钾肥配合，其中钾肥高于当地最佳施肥量，方能取得高产。

3 结论

（1）依据相对产量试验结果，在宁夏南部山区，依据土壤肥料丰缺指标，氮磷钾缺肥区的相对产量都在70%~90%之内为“中”。这表明缺氮磷钾肥对当地燕麦产量的影响不是非常的突出，但在一定的范围内，根据产投比、最大产值、经济效益，氮磷钾的施肥量对燕麦的增产作用顺序为钾肥＞磷肥＞氮肥。

（2）依据燕麦的实际产量试验结果，在宁夏南部山区，种植燕麦获得最高及最佳产量的建议是：燕麦最大施肥量 N 69.6kg/hm^2、P（P_2O_5）72.5kg/hm^2、K（K_2O）213.0kg/hm^2，最大产量2 674.5kg/hm^2。同时，燕麦最佳施肥量 N62.1kg/hm^2、P（P_2O_5）63.2kg/hm^2、K（K_2O）173.7kg/hm^2，最佳产量2 631.0kg/hm^2。根据以上数据进行施肥配方，燕麦的生长、产量及经济效益都是最佳。该地区土壤氮肥比较充足。这是由于当地农民习惯使用氮肥，而少用磷肥、钾肥造成的。因此，在施肥配方上，一定要根据土壤、作物的需求来进行施肥，以免造成肥料的浪费、环境的污染，同时没有获得最高的经济效益。

参考文献（略）

本文发表在《安徽农业科学》2014，42（32）。作者：陈彩锦，母养秀，刘宽江，穆兰海，杜燕萍，常克勤*。

宁南山区不同甜荞麦品种产量和品质的比较研究

摘要：选用不同单位提供的8个甜荞麦品种为供试材料，在宁南山区对8个甜荞麦品种的产量和品质进行分析比较。结果表明，定96-1产量稳定，较对照（宁荞1号）产量高，且与对照差异显著。其中定96-1的粗蛋白质、粗脂肪、粗淀粉、粗纤维含量均较对照高，且总黄酮与DCI含量与对照无差异。综上所述，定96-1的产量高，品质好，可在宁南山区推广种植。

关键词：宁南山区；甜荞麦；品种比较；产量；品质

荞麦（*Fagopyrum esculentum* Moench.）是蓼科（Polygonaceae）、荞麦属（*Fagopyrum* Mill）的双子叶禾谷类作物。籽粒富含蛋白质、脂肪、淀粉以及丰富的生物类黄酮，尤其是富含D-手性肌醇（DCI）、芦丁等化合物。荞麦具有多种生物学功能，如降血压、降血糖、降血脂、杀菌、抑菌、抗癌和抗氧化等。宁夏是中国荞麦的主产区之一，产区主要分布在南部山区。荞麦在宁夏回族自治区南部山区旱地农业和粮食生产及人民生活中占有一定地位，既是各族人民喜食爱种的粮食作物和蜜源作物，又是救灾备荒作物，也是宁夏传统出口创汇作物，宁夏栽培的荞麦既有甜荞，也有少量面积的苦荞麦，生产中以甜荞麦为主要粮食作物进行种植。甜荞麦主要种植在干旱、半干旱地区的盐池、同心、彭阳、海原、西吉、原州及中宁县南部部分乡镇。荞麦的生产发展对宁南山区的农民增加收入和农业经济发展有着直接影响。在宁南山区筛选优质、高产的荞麦种子，可为宁南山区荞麦产业的发展提供品种保障。

1　材料与方法

1.1　试验地概况

试验地为宁夏固原市原州区彭堡镇彭堡村燕麦荞麦试验基地，地块位于东经106°9′，北纬36°5′，海拔1 660m。土壤类型为灰钙土，地势平坦，肥力均匀。

1.2　供试材料

试验材料名称、类型及来源见表1。

表 1　试验材料名称和来源

品种（系）名称及编号	供种单位
宁荞 1 号（CK）	宁夏农林科学院固原分院
信农 1 号	宁夏农林科学院固原分院
定甜荞 2 号	甘肃定西市旱农中心
定 96-1	甘肃定西市旱农中心
赤甜荞 1 号	内蒙古赤峰市农牧科学研究院
日本大粒荞	内蒙古赤峰市农牧科学研究院
北早生	内蒙古农牧业科学院
平荞 5 号	甘肃平凉市农业科学研究所

1.3　试验设计和种植方法

试验采用随机区组设计，每个品种 3 次重复，共 24 个小区，小区面积为 20m^2（5m×4m），每小区种植 13 行，行间距 33cm，种植密度为 7 万苗/亩。结合播种基施磷酸二铵 10kg/亩，于 2014 年 6 月 25 日机播。在参试品种生育期间人工除草二次，保证各参试品种正常生长发育。

1.4　样本处理和分析

待植株成熟后，分小区收获、脱粒、晾晒、称重。利用 2014 年的甜荞麦籽粒进行品质分析，指标包括粗蛋白质、粗脂肪、粗淀粉、粗纤维、DCI、总黄酮和水分。所有品质数据分析均以风干基计。

1.5　统计分析方法

采用 SPSS 13.0 和 Excel 2003 软件进行数据统计分析。

2　结果与分析

2.1　不同甜荞麦品种的产量比较

由表 2 可知，2012 年小区产量最高的为定 96-1 和赤甜荞 1 号，均为 5.60kg，与对照差异达显著水平。2013 年小区产量最高的为日本大粒荞，其次为平荞 5 号，再次为定 96-1 和北早生，与对照差异均达显著水平。2014 年小区产量最高的为赤甜荞 1 号，其次为定 96-1，与对照差异不显著。3 年的小区平均产量结果显示，产量位于前四位的是定 96-1、赤甜荞 1 号、平荞 5 号和日本大粒荞，折合产量分别为 162.08kg/hm^2、159.08kg/hm^2、148.07kg/hm^2 和 146.74kg/hm^2，分别较对照增产 11.13%、8.99%、1.52%和 0.61%。

表 2　2012—2014 年甜荞品种产量比较

品种	小区产量（kg）				折合产量（kg/亩）	较 CK 增产（%）	位次
	2012 年	2013 年	2014 年	平均			
信农 1 号	3.84±0.01f	4.40±0.02d	3.90±0.20abc	4.05±0.01h	135.07	-7.47	7

（续表）

品种	小区产量（kg）				折合产量（kg/亩）	较 CK 增产（%）	位次
	2012 年	2013 年	2014 年	平均			
定甜荞 2 号	4.68±0.02c	4.40±0.05d	3.24±0.10de	4.11±0.01f	137.07	-6.10	6
赤甜荞 1 号	5.60±0.05a	4.40±0.02d	4.30±0.70a	4.77±0.01b	159.08	8.99	2
北早生	4.00±0.02e	4.80±0.05c	2.90±0.02e	3.90±0.02g	130.07	-10.82	8
定 96-1	5.60±0.10a	4.80±0.02c	4.18±0.02ab	4.86±0.01a	162.08	11.13	1
平荞 5 号	4.12±0.02d	5.40±0.02b	3.80±0.06bc	4.44±0.01c	148.07	1.52	3
日本大粒荞	4.12±0.01d	5.60±0.05a	3.48±0.06cd	4.40±0.02d	146.74	0.61	4
宁荞 1 号（CK）	4.80±0.10b	4.40±0.05d	3.92±0.20abc	4.37±0.005e	145.74	0.00	5

注：同列数据后不同小写字母表示同一土壤上不同品种的产量差异显著（$P<0.05$）。

2.2　不同甜荞麦品种的品质比较

2.2.1　不同甜荞麦品种的粗蛋白质含量　由图 1 可知，粗蛋白质含量最高的为平荞 5 号（13.01%），其次为定甜荞 2 号（12.59%），再次为定 96-1（12.49%）。粗蛋白质含量最低的为赤甜荞 1 号（11.82%）。方差分析表明，除宁荞 1 号和信农 1 号粗蛋白质含量间差异不显著外，其他各品种间粗蛋白质含量差异均达到显著水平。

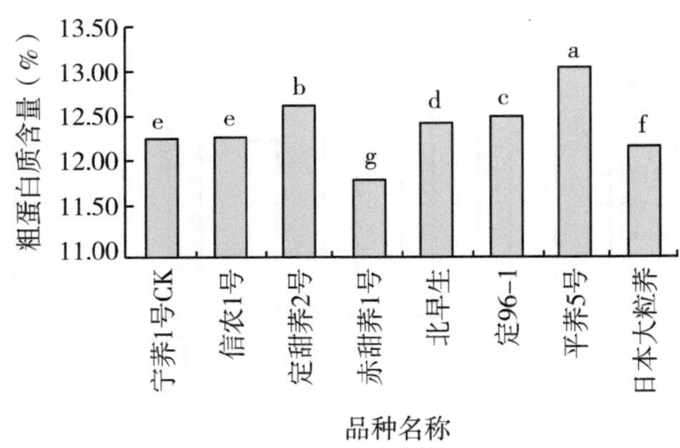

图 1　不同甜荞麦品种的粗蛋白质含量

注：柱形图上不同小写字母表示同一土壤上不同品种的粗蛋白含量差异显著（$P<0.05$）。

2.2.2　不同甜荞麦品种的粗脂肪含量　由图 2 可知，粗脂肪含量最高的为平荞 5 号（3.40%），其次为日本大粒荞（3.35%）。粗脂肪含量最低的为赤甜荞 1 号（2.74%）。定 96-1 的粗脂肪含量显著高于宁荞 1 号。方差分析表明，平荞 5 号与日本大粒荞粗脂肪含量差异不显著，定甜荞 2 号与定 96-1 粗脂肪含量差异不显著，其他各品种之间粗脂肪含量差异均达到显著水平。

2.2.3 不同甜荞麦品种的粗淀粉和总黄酮含量 由图3可知，粗淀粉含量最高的为信农1号（64.69%），粗淀粉含量最低的为北早生（61.89%）。其中赤甜荞1号和定96-1的粗淀粉含量均高于宁荞1号。方差分析表明，各甜荞品种之间籽粒粗淀粉含量均无显著差异。

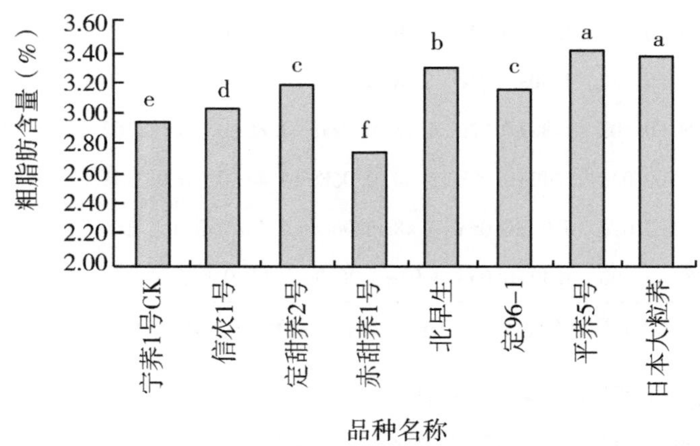

图2 不同甜荞麦品种的粗脂肪含量

注：不同小写字母表示同一土壤上不同品种的粗脂肪含量差异显著（$P<0.05$）。

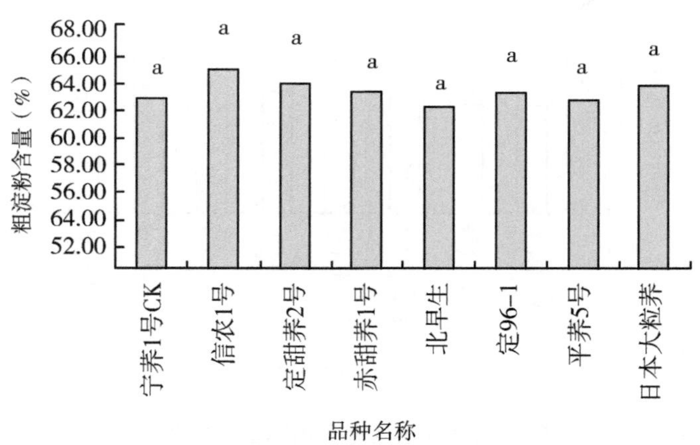

图3 不同甜荞麦品种的粗淀粉含量

注：不同小写字母表示同一土壤上不同品种的粗淀粉含量差异显著（$P<0.05$）。

由图4可知，总黄酮含量最高的为赤甜荞1号（0.55%），其次为定甜荞2号（0.53%），其他6个甜荞品种的总黄酮含量均约为0.52%。方差分析表明，各品种总黄酮含量之间差异均不显著。

2.2.4 不同甜荞麦品种的粗纤维含量 由图5可知，粗纤维含量最高的为北早生

(0.73%)，其次为定甜荞 2 号（0.72%），再次为平荞 5 号（0.70%），方差分析表明，这 3 个品种粗纤维含量间无显著差异。粗纤维含量最低为信农 1 号（0.37%），其次为宁荞 1 号（0.41%）。方差分析表明，宁荞 1 号和信农 1 号粗纤维含量之间差异不显著，赤甜荞 1 号、定 96-1 和日本大粒荞间粗纤维含量差异不显著，日本大粒荞与宁荞 1 号间粗纤维含量差异不显著，定甜荞 2 号和平荞 5 号间粗纤维含量差异不显著。

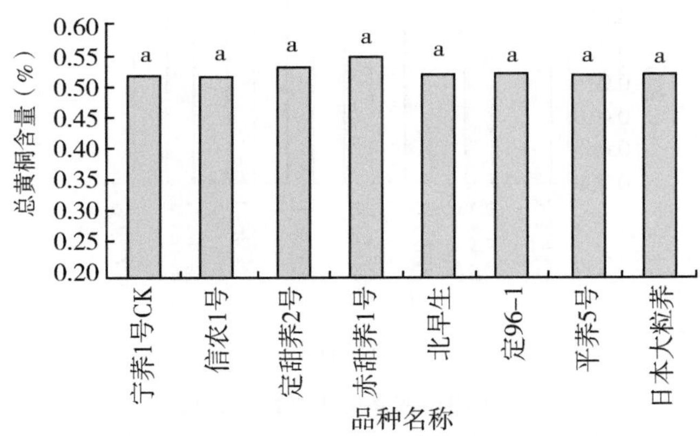

图 4　不同甜荞麦品种的总黄酮含量

注：不同小写字母表示同一土壤上不同品种的总黄酮含量差异显著（$P<0.05$）。

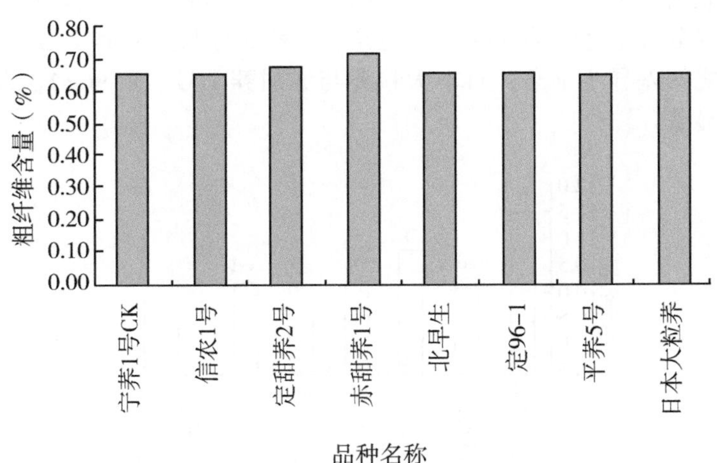

图 5　不同甜荞麦品种的粗纤维含量

注：不同小写字母表示同一土壤上不同品种的粗纤维含量差异显著（$P<0.05$）。

2.2.5　不同甜荞麦品种的 D-手性肌醇（DCI）含量　由图 6 可知，DCI 含量最高的为宁荞 1 号（0.029%），其次是北早生、定 96-1 和平荞 5 号，含量均为 0.028%，然后依次为日本大粒荞（0.026%）、定甜荞 2 号（0.025%）、赤甜荞 1 号（0.024%）、信农 1 号（0.023%）。方差分析表明，宁荞 1 号与北早生、定 96-1、平荞 5 号之间，日本大粒荞与定甜荞 2 号之间，定甜荞 2 号与赤甜荞 1 号之间，赤甜荞 1 号与信农 1 号之间，DCI 含量均无显著差异。

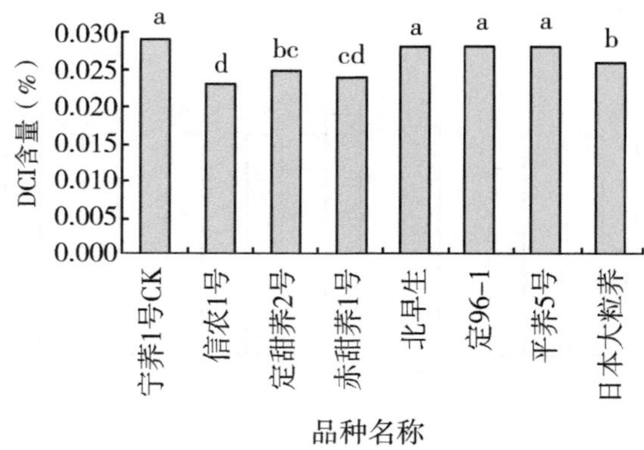

图 6　不同甜荞麦品种的 DCI 含量

注：不同小写字母表示同一土壤上不同品种的 DCI 含量差异显著（$P<0.05$）。

2.2.6　不同甜荞麦品种的水分含量　由图 7 可知，水分含量最高的为宁荞 1 号（11.49%），其次为定甜荞 2 号（10.8%），含量最低的为日本大粒荞（9.89%）。

方差分析表明，宁荞 1 号与其他各品种水分含量之间均存在显著差异，定甜荞 2 号与其他各品种水分含量之间均存在显著差异。平荞 5 号与赤甜荞 1 号、定 96-1、北早生、信农 1 号之间差异不显著，日本大粒荞与赤甜荞 1 号、定 96-1、北早生、信农 1 号之间差异不显著。

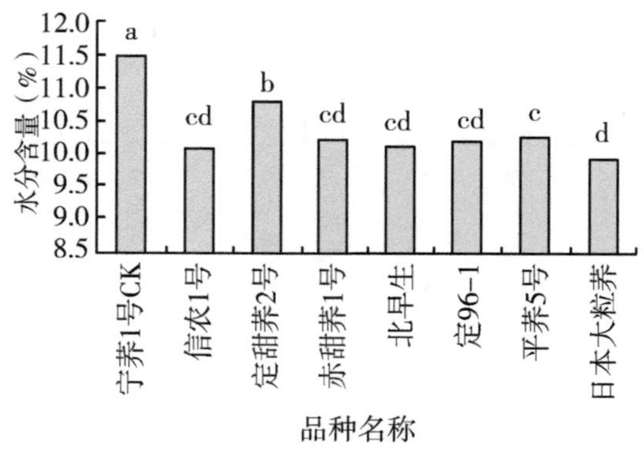

图 7　不同甜荞麦品种的水分含量

注：柱形图上不同小写字母表示同一土壤上不同品种的水分含量差异显著（$P<0.05$）。

3　小结与讨论

荞麦在宁南山区常年播种面积 4.67×10^4hm^2，遇到春旱等自然灾害其播种面积可达到 6.67×10^4hm^2 以上，约占宁夏南部山区作物播种面积的 10%左右，占全国荞麦种植面积的 5%左右，栽培历史悠久，因气候等诸多因素的变化其播种面积和产量年际间变化较大，单产约 600～1 500kg/hm^2，以旱地、薄地、山地、坡地、轮荒地等种植为主，生产比较落后，种植分散，种植品种以宁荞 1 号和信农 1 号为主。据商业部谷物化学研究所（1989 年）对荞麦与小麦、大米、玉米营养成分测试结果表明，荞麦富含蛋白质、脂肪、维生素及矿物质等营养成分，其中 8 种必需氨基酸含量均高于小麦、大米和玉米，赖氨酸是玉米的 3 倍，色氨酸是玉米的 35 倍。荞麦脂肪含量为 2.1%～2.8%，据测定其中含 9 种脂肪酸，油酸和亚油酸含量最多，占总脂肪酸含量的 87.00%，亚麻酸 4.29%，棕榈酸 6.00%。荞麦淀粉含量达 70.0%以上，研究发现甜荞麦的体外消化率较低，约为 46.2%～62.4%。荞麦种子的总膳食纤维中，可溶性膳食纤维占 20.0%～30.0%，这些膳食纤维对防治糖尿病和高血脂具有积极作用。

普通荞麦的产量往往较低且不稳定。荞麦在受精过程中常常受气候条件和传媒昆虫的影响，从而影响其产量。2014 年 8 月上旬，宁南山区降雨偏多，正值甜荞麦盛花期，导致荞麦倒伏严重，影响荞麦生长、开花及结实，致使荞麦产量偏低。宁荞 1 号和信农 1 号是宁南山区的主要栽培品种，品种种植年限较长，从产量和品质方面比较各参试品种，定 96-1 综合性状优良，产量与品质均比当地主栽品种宁荞 1 号高，适合作为宁南山区更新的品种推广种植。通过配套合适的栽培措施，产量还有增加的潜力。

参考文献（略）

本文发表在《湖北农业科学》2015，54（16）。作者：母养秀，陈彩锦，杜燕萍，穆兰海，常克勤*。

分析播期对宁夏南部山区甜荞生长发育及产量的影响

摘要：试验目的：研究播期对宁夏南部山区甜荞2个品种生长发育及产量的影响。结果表明：在6月3—27日之间播种，随着播期的推迟，生育期明显缩短，但不同品种之间没有差异；在6月3—27日之间播种，对出苗率影响不大，但播期推后，随着土壤温度的升高，出苗率较高。在6月3—27日之间播种，农艺性状没有显著差异。在生长发育方面，6月3—15日播种，能有效地积累干物质的量；宁荞1号、信农1号品种不同播期下甜荞籽粒灌浆速率基本一致，均成“S”形曲线，较6月15日播种，适当的提前或推后播种，都能提高灌浆量，但差异不显著。在产量方面，若要获得高产，最佳播期为6月15日左右，也可以提前到6月3日，推后到6月21日。

关键词：播期；甜荞；生长发育；产量

荞麦（*Fagopyrum esculentum* Moench）属蓼科（Polygonaceae）荞麦属（*Fagopyrum*）。为一年生或多年生宿根性植物，具有生长期短、耐冷、抗瘠薄等特性，是较为理想的填闲补种作物，也是一种重要的特用植物资源。荞麦大致可分为甜荞、苦荞与翅荞3大类，其籽粒富含蛋白质、脂肪、淀粉、矿物质和维生素以及丰富的生物类黄酮，甜荞在种植业资源的合理配置中是宁夏南部山区不可或缺的作物，也是灾年不可替代的救灾作物，还是当地的重要经济来源。但是，由于盛花期遇到高温、干热风、干旱，使其生长发育受到影响，进而影响产量。为此，通过调整甜荞的播期，避开各种不利因素，探索分析出播期对甜荞生长发育及产量的影响，为宁夏南部山区荞麦高产提供技术依据。

1 试验地概况及参试材料

试验地选在宁夏固原市原州区彭堡镇彭堡村，土壤类型为灰钙土，前茬为燕麦，秋机耕一次，春耙耱两次，地势平坦茬口一致，土地平整，地力均匀，肥力中等，具有灌溉条件，地力等同于大田生产。

参试材料为当地育成品种宁荞1号，信农1号。

2 试验设计和方法

试验采用2因素裂区设计，主区为品种，副区为播期，3次重复，共30个小区，小区面积为10m^2（2m×5m），行距30cm，每个小区7行，行长5m，区间距60，重复间距 80cm。设主区品种宁荞 1 号为 X1，信农 1 号为 X2，采用随机排列；设副区中当地常规播种时间 6 月 15 日为对照播期，依次向前向后每隔 5d 播种一次。即 6 月 3 日为第 1 播期，设为 Y1；6 月 9 日为第 2 播期，设为 Y2；6 月 15 日为第 3 播期，设为 Y3；6 月 21 日为第 4 播期，设为 Y4；6 月 27 日为第 5 播期，设为 Y5。副区也采用随机区组排列。播种方式为机播，留苗密度为 90 万株/hm^2，小区四周设有保护行，亩基施磷酸二铵 10kg，有机肥 5kg。

3　调查指标及方法

3.1　出苗情况及生育期记载

苗期基本情况调查：出苗数：每个小区取 $1m^2$ 样点，调查苗数，取平均值后换算成亩基本苗数，单位：株；出苗率：出苗数/｛［留苗密度×千粒重］/［发芽率×纯度×1 000］｝

3.2　生育期记载

采用燕麦常规田间调查方法记录各处理的生育期，各处理总的生育天数是从出苗到成熟的天数。

3.3　生长发育动态

干物质积累动态：在开花至成熟期间，每 3d 在田间随机选取 10 株，测定植株全株鲜重，108℃杀青后，80℃下烘干至恒重，计算干物质重量。

灌浆速率：测定前，选择 100 株同一天开花的植株，挂牌定株，注明日期；定株后测定一般是在籽粒形成后，从开始授粉后 7～10d 起，每隔 3d 或 5d 测定 1 次，直到种子成熟为止，每次从挂牌的株茎上取 80～100 粒带回室内，称其鲜重（g），然后放入铝盒，在恒温干燥箱中 60～80℃烘烤直至籽粒重量达到恒重，称其干重（g）。

3.4　植株性状统计及产量

在成熟期，采用常规方法测定植株株高、茎粗、节间长、节数、有效分枝数等；在植物收获时每个小区取 $1m^2$ 样点 2 个，测定产量，换算成亩产量或公顷产量。

3.5　数据统计及分析

试验数据用 Microsoft Excel 2003 和专业版统计分析软件 DPS 3.11 分析处理，采用 LSD 法对处理间差异显著性进行分析比较。

4　结果与分析

4.1　播期对出苗及生育期的影响

由表 1 可以看出，随着播期的推后，甜荞不同品种之间的生育期没有差异，而随着播期的推后，同一品种间生育期缩短，其中第 5 播期明显地较其余播期生育期短，为 76d，与第 1、2、3、4 播期依次相差 12d、8d、8d、7d，其余 4 个播期生育期相差较第 5 播期不显著，最晚播种的第 5 播期较第 1 播期全生育期缩短了 12d，其中出苗至开花时间缩短了 4d，开花至成熟缩短了 7d。可见，甜荞营养生长期变化不大，主要表现在营养生长与生殖生长并进期和生殖生长期的缩短。以上数据表明，在宁夏南部山区荞麦种植中，播种期是影响荞麦生育期长短的关键因素之一，且播种期对甜荞的营养生长影响较小，对甜荞的营养兼生殖生长影响较为突出。同时表 1、图 1 显示出：X1 品种出苗率高于 80%的是第 3、4 播期，X2 品种出苗率高于 80%的处理是第 4、5 播期，而其余剩下的出苗率也均在 70%以上，这表明品种 X1，X2 在 6 月 3—27 日播种，由于土壤温度升高，能够达到作物出苗所需温度，因此出苗率都比较高，其中要保证高出苗率，品种 X1 在 6 月 15—21 日播种，品种 X2 在 6 月 21—27 日播种。

表 1　出苗及生育期记载（月·日）

主区	副区	播种量	出苗数	出苗率（%）	播种期	出苗期	分枝期	现蕾期	开花期	成熟期	生育天数（d）
	Y1	900	663	73.7	6·3	6·12	7·4	7·15	7·18	9·8	88
	Y2	900	684	76.0	6·9	6·18	7·8	7·17	7·22	9·10	84
	Y3	900	831	92.3	6·15	6·22	7·13	7·19	7·24	9·1	84
X1	Y4	900	773	85.9	6·21	6·27	7·18	7·28	8·1	49·1	83
	Y5	900	696	77.3	6·27	7·4	7·27	8·1	8·4	89·1	76
	Y1	900	690	76.7	6·3	6·12	7·4	7·15	7·18	89·8	88
	Y2	900	676	75.1	6·9	6·18	7·8	7·17	7·22	9·10	84
	Y3	900	671	74.6	6·15	6·22	7·13	7·19	7·24	9·14	84
X2	Y4	900	806	89.6	6·21	6·27	7·18	7·28	8·1	9·18	83
	Y5	900	735	81.2	6·27	7·4	7·27	8·1	8·4	9·18	76

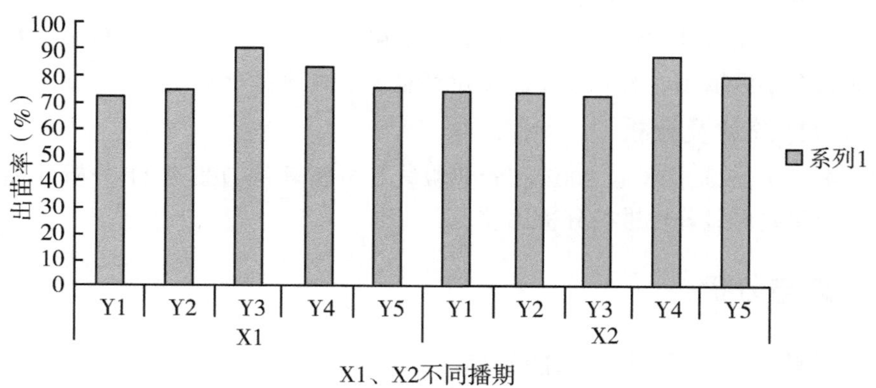

图 1　不同品种不同播期对出苗率的影响

4.2　播期对甜荞生长发育动态的影响

4.2.1　干物质积累　从图 2 可以看出，X1 品种在 Y1、Y2 播期，干物质积累量的峰值都出现在开花后 30d 左右，在 Y3、Y4、Y5 播期干物质积累量峰值在作物开花后 36d、33d、30d 左右，都在作物盛花-乳熟期左右，进入成熟期，群体生长势衰退，所有处理总干物质增长缓慢。其中 Y1 播期从开花到乳熟期干物质积累较其他播期积累量有明显优势，同时对 X1 品种来说，提前播期有助于盛花期-乳熟期干物质量的积累。从图 3 可以看出，从开花到成熟前期，各个播期信农 1 号品种干物质积累都在逐渐递增，其中相比较当地常规 A3 播期，A1、A2 播期干物质积累量明显高，而 A4、A5 播期干物质积累量变化不是很明显。

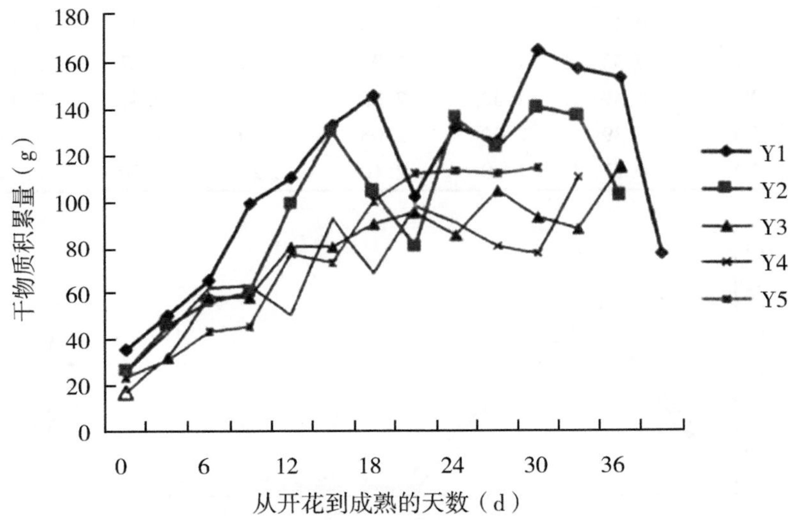

图 2　X1 品种不同播期干物质积累量

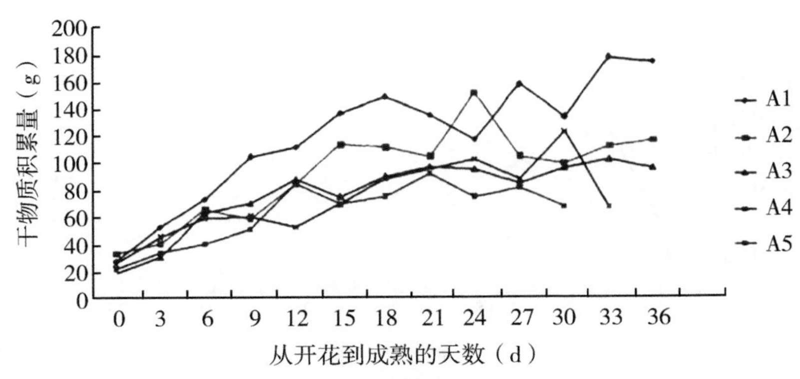

图 3　X2 品种不同播期干物质积累量

因此，据图 2、图 3 显示结果可知：在宁夏南部山区，较当地常规播期适当提前，有助于甜荞干物质的积累。

4.2.2 灌浆速率变化 灌浆速率是反映作物籽粒在单位时间内干物质积累的程度。它的强弱对籽粒的形成和充实程度有很大影响。由表2、图4可以看出，X1、X2品种

表2 甜荞不同品种不同播期灌浆后籽粒干重的变化（g/80粒）

主区	副区	5d	10d	15d	20d	25d	30d	35d
X1	Y1	0.35	1.45	2.35	2.38	2.42	2.55	2.63
	Y2	0.38	1.60	2.23	2.26	2.30	2.41	2.51
	Y3	0.57	1.75	2.22	2.39	2.50	2.51	2.53
	Y4	0.45	1.51	2.21	2.26	2.31	2.34	2.48
	Y5	0.30	1.48	2.22	2.28	2.34	2.50	
X2	Y1	0.27	1.50	2.30	2.39	2.40	2.42	2.52
	Y2	0.33	1.94	1.97	2.04	2.27	2.35	2.55
	Y3	0.49	1.30	2.25	2.35	2.41	2.48	2.50
	Y4	0.39	2.00	2.08	2.10	2.15	2.32	2.50
	Y5	0.27	1.00	2.10	2.25	2.30	2.44	

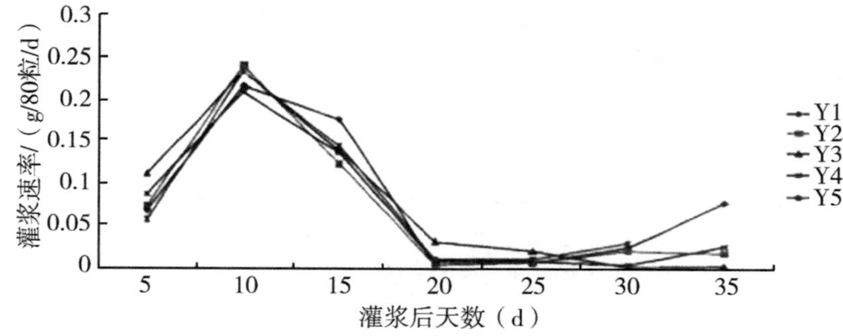

X1品种不同播期灌浆速率

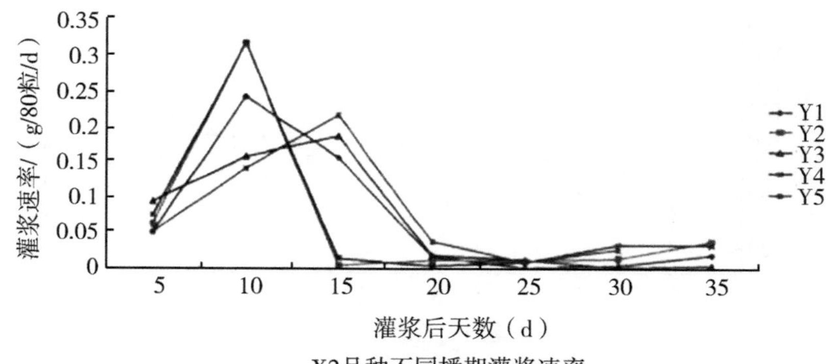

X2品种不同播期灌浆速率

图4 X1、X2品种不同播期灌浆速率

不同播期下甜荞籽粒灌浆速率基本一致，均“S”形曲线，且X1品种不同播期最大灌浆速率均出现在灌浆后10d左右，随后逐渐降低，最后又逐渐上升，且成熟期灌浆量依次是Y1＞Y5＞Y4＞Y2＞Y3。X2品种Y1、Y2、Y4播期最大灌浆速率也出现在灌浆后10d左右，Y3、Y5播期最大灌浆速率出现在灌浆后15d左右，成熟期灌浆量依次是Y2＞Y4＞Y5＞Y1＞Y3。但总体上来说，X1、X2品种适当的提前或推后播种，躲开盛花期干热风，都有助于作物的灌浆。

4.3 播期对甜荞农艺性状的影响

由表3可以看出，X1品种Y3播期株高最高，为89.50cm，其余依次为Y4＞Y5＞Y1＞Y2，X2品种Y1播期株高最高，Y5播期株高最低，其余3个播期介于中间。X1品种茎粗最高为Y1播期，其余依次是Y4＞Y3＞Y5＞Y2，X2品种茎粗从高到低依次是Y1＞Y2＞Y3=Y4＞Y5，甜荞节数、有效分支数X1、X2品种虽说数量不同，但最高的都是Y1播期播种的，X1品种节间长度不同播期依次是Y4＞Y5＞Y3＞Y1＞Y2，X2品种节间长度不同播期依次是Y5＞Y4＞Y3＞Y1＞Y2；经方差分析，X1、X2品种从Y1-Y5播期播种，其株高、茎粗、节数、有效分支数、节间长没有显著差异。这表明，在宁夏南部山区6月3—27日播种，对甜荞农艺形状影响较小。

表3　甜荞X1、X2品种不同播期农艺性状及产量

主处理	副处理	株高（cm）	茎粗（cm）	节数	有效分支数	节间长（cm）	产量（kg/亩）
X1	Y1	84.77	0.45	9.53	3.47	7.77	157.79
	Y2	80.80	0.31	9.30	3.03	6.87	192.01
	Y3	89.50	0.34	9.13	2.87	8.00	193.34
	Y4	88.87	0.35	9.40	3.33	9.57	140.01
	Y5	86.47	0.33	9.20	3.33	9.20	142.23
X2	Y1	94.07	0.48	10.77	3.97	7.57	144.45
	Y2	92.23	0.39	10.07	3.27	7.43	157.79
	Y3	89.53	0.35	9.83	2.97	8.37	164.45
	Y4	91.43	0.35	9.87	3.20	9.13	163.34
	Y5	88.73	0.31	8.80	2.77	9.43	105.56

4.4 播期对产量的影响

由表3可知，产量最高的处理X1Y3，为193.34kg/亩，位于前三位的还有X1Y2，X2Y3，产量最低的是X2Y5，为105.56kg/亩。经方差分析结果表明（表4）：区组间产量差异不显著，主处理（品种）、副处理（播期）及主副因素交互其产量差异也均不显著。

经多重比较分析（LSD法），主处理品种在5%、1%水平上差异均不显著（表5）；

副处理播期经多重比较分析，Y3 与 Y2、Y4、Y1 在 5%及 1%水平上差异均不显著，Y3、Y2 与 Y5 存在极显著差异（表 6）。这表明，在宁夏南部山区，种植 X1、X2 品种对甜荞的产量没有影响，但不同的播种时间对产量有一定的影响。

表 4　方差分析

变异来源	平方和	自由度	均方	F 值	*P* 值
区组	0.0237	2	0.0118		
因素 X	0.0051	1	0.0051	3.0000	0.2254
误差	0.0034	2	0.0017		
因素 Y	0.0261	4	0.0065	4.1660	0.0168
X×Y	0.0075	4	0.0019	1.2060	0.3465
误差	0.0250	16	0.0016		
总和	0.0907	29			

表 5　主处理品种 X1、X2 多重比较

品种	均值	5%显著水平	1%极显著水平
X1	0.2480	a	A
X2	0.2220	a	A

表 6　副处理播期间多重比较

处理	均值	5%显著水平	1%极显著水平
Y3	0.2683	a	A
Y2	0.2633	a	A
Y4	0.2300	ab	AB
Y1	0.2267	ab	AB
Y5	0.1867	b	B

同时对不同品种不同播期进行多重比较分析见（表 7、表 8），对于 X1 品种，Y3、Y2、Y1 播期播种，在 5%、1%水平上没有显著差异，Y3、Y2 与 Y4、Y5 之间存在显著差异，对于 X2 品种，Y3、Y4、Y2、Y1 播期播种，差异不显著，但 Y5 与 Y3、Y4、Y2、Y1 差异显著，尤其与 Y3、Y4、Y2 达到了极显著差异。因此，由以上数据表明：若要获得高产，X1 品种最佳播期为 Y2～Y3，X2 品种最佳播期为 Y2～Y4。

表 7　主处理 X1 品种不同播期的多重比较

处理	均值	5%显著水平	1%极显著水平
Y3	0.2900	a	A

（续表）

处理	均值	5%显著水平	1%极显著水平
Y2	0.2867	a	A
Y1	0.2367	ab	AB
Y4	0.2133	b	AB
Y5	0.2133	b	AB

表 8　主处理 X2 品种不同播期的多重比较

处理	均值	5%显著水平	1%极显著水平
Y3	0.2467	a	A
Y4	0.2467	a	A
Y2	0.2400	a	A
Y1	0.2167	a	AB
Y5	0.1600	b	B

5　结论与讨论

（1）杨海生研究认为：作物能否安全成熟主要取决于其生育期的长短和气候生态条件等影响因素。因此，研究播期对生育期的影响至关重要。不同播期由于生长环境条件存在差异，特别是温度的变化，与生育期呈曲线相关，播期过早，温度较低，幼苗易受低温冻害，不利于生长，出苗时间将延迟，苗后生长缓慢，营养生长期较长；播期延迟，由于温度的升高，生长发育过程随之加快。在笔者研究中，随着甜荞播期的推迟，宁荞 1 号、信农 1 号两个甜荞品种的生育期都由 88d 逐渐减少到 76d，极差 R=12d，但不同播期生育期的差异不显著，这与张强等研究栽培技术对荞麦产量与品质的形成影响试验结果一致。同时，据研究，在宁夏南部山区，宁荞 1 号、信农 1 号均为主栽品种，且这两个品种在不同播期播种，生育期没有差异。张乃安研究认为，小麦播种早晚，温度高低，直接影响种子的发芽和出苗生长，马树庆等学者认为：在玉米出苗下限温度以上，出苗率主要由土壤水分决定，温度影响较小。而刘玉兰研究表明：不同播期对玉米自交系出苗率影响很大。通过本研究的实施，可知宁荞 1 号、信农 1 号品种在 6 月 3—27 日播种，由于温度升高，能够达到甜荞出苗所需温度，因此出苗率都比较高，其中要保证高出苗率（达到 80%以上），宁荞 1 号在 6 月 15—21 日播种，信农 1 号在 6 月 21—27 日播种。

（2）干物质积累量主要来自光合作用，是作物生长发育的重要指标，也是作物产量形成的基础，笔者试验研究知道，宁荞 1 号、信农 1 号两个品种较当地常规种植播期适当提前，可有助于干物质量的积累，这与王欣欣等的研究结果不同，这主要是不同的地理、气候等环境造成的。总之，在宁夏南部山区，6 月 3—15 日播种，能有效的积累干物质的量。灌浆速率是反映作物籽粒在单位时间内干物质积累的程度。它的强弱对籽粒的形成和充实程度有很大影响。同时籽粒灌浆是一个复杂的生理代谢过程，也有复杂的遗传效应。由于籽粒灌浆特性是受多基因控制的数量性状，不同程度上还受环境条件的影响，表现出复杂的动态变化特征。灌浆持续期主要取决于环境因素，干热风是影响灌浆期长短的主要因素。同时栽培管理措施影响灌浆速度和干物质转移。试验可知：宁养1号、信农1号品种不同播期下甜荞籽粒灌浆速率基本一致，均呈“S”形曲线，较当地常规播期，适当的提前或推后播种，在作物灌浆速率最快的阶段（宁荞1号开花后10d左右，信农1号开花后10~15d），躲开高热风对作物的伤害，都能提高灌浆量，增加穗粒重和千粒重，进而增加产量，但差异不显著。

（3）赵萍等研究认为荞麦株高随播期推迟而增高，王欣欣、刘荣厚、陈有清等研究认为，随着播期的推迟，株高，茎粗逐渐降低，单株分支数逐渐减少。而笔者试验的结果与前面有关学者的研究结果不一致，在笔者试验中，宁荞1号品种株高最高的是常规播期播种，信农1号品种株高最高的为Y1播期，且这两个品种茎粗、节数、有效分枝数最高的是Y1播期，节间长度推迟播期的较提前播期较长。因此，相比较常规播期，提前播期有助于提高株高、茎粗、节数、有效分支数，推后播期，有助于增加节间长度。但经方差分析，这两个品种从Y1到Y5播期播种，株高、茎粗、节数、有效分支数、节间长度没有显著差异。这表明，在宁夏南部山区6月3—27日之间播种，对甜荞农艺形状影响较小。

（4）Omidbaigi等发现播期对荞麦产量有极显著的影响，最适的播期有利于荞麦获得高产；Mohammad等研究认为，播期对荞麦总产量和分枝产量具有重要的影响。在试验中，宁荞1号品种产量最高播期Y3，其次为Y2，Y1，而信农1号品种产量最高播期Y3，其次为Y4，Y2，这与高卿等研究一样，早播或晚播均不利于荞麦产量的提高．但经方差分析主处理（品种）、副处理（播期）及主副因素交互其产量差异也均不显著。经多重比较分析（LSD法），主处理品种在5%、1%水平上差异均不显著；副处理播期经多重比较分析，Y3与Y2、Y4、Y1在5%及1%水平上差异均不显著，Y3、Y2与Y5存在极显著差异。这表明，在宁夏南部山区，种植宁荞1号、信农1号品种对甜荞的产量没有影响，但不同的播期对产量有一定的影响，若要获得高产，最佳播期为6月15日左右，也可以提前到6月3日，推后到6月21日，切不可以推迟到6月27日，因为播期过迟，在结实期群体内光照强度不好，促进了群体中下部叶片衰亡，不利于群体光合物质生产和有机物的积累，进而影响株粒重、千粒重及产量；甚至播期过迟，未成熟出现霜冻，导致不能成熟。同时也不能播期过早，过早播种也不利于荞麦生长，早播植株生长过旺，反而使生殖生长减弱，产量降低。以上试验数据均来自田间试验，且甜荞易落粒，对试验结果难免有一定的影响，是否影响到分析结果，值得进一步探讨。

参考文献（略）

本文发表在《陕西农业科学》2015，61（11）。作者：陈彩锦，穆兰海，杜燕萍，母养秀，常克勤*，剡宽江。

播期对荞麦农艺性状和产量的影响及其相互关系

摘要：研究不同播期对荞麦产量的影响，旨在探索当地荞麦种植的最佳播期，为荞麦高产提供科学依据。结果表明：在宁夏南部山区气候环境下，6 月 15 日是当地荞麦播种的最佳时间，推迟或提早播种，均影响产量；就农艺性状对荞麦产量的影响来看，株粒质量、茎秆质量对产量直接作用为正，节间长对产量的直接作用为负；最大干物质积累量、最大干物质积累量出现的时间对产量的贡献远高于开花期叶面积对产量的负向作用。因此，若要提高产量，主要是增加株粒质量、茎秆质量、提高最大干物质积累量，延长最大干物质积累量出现的时间，同时也要限制开花期叶面积的徒长及植株节间长。

关键词：荞麦；播期；农艺性状；产量

荞麦为蓼科荞麦属一年生草本植物，因其子实呈三棱卵圆形，又称三角米，主要有 2 个栽培种，即甜荞、苦荞。荞麦起源于中国，栽培历史悠久，现主要分布在西北、东北、华北、西南的高山地带，其中宁夏南部山区是西北区荞麦的主产区之一。在当地，过去荞麦仅仅作为填闲、救灾作物；但在现在，随着荞麦药用价值及保健功能被发掘，荞麦经济价值一路攀升，已成为该区域重要的粮食和经济作物。然而，由于荞麦是小宗作物，且分布在水资源匮乏、交通不便、管理粗放、生产方式落后的区域，所以产量一直处于较低水平，相应研究一直停在品种选育及引进筛选方面。为此，进行栽培技术的研究是当地荞麦获得高产的另一种形式。

播期是作物栽培技术的重要组成环节，不同的播期造成作物生长的环境因子，尤其是光照时间、光照度、温度、降水、光合面积等的变化，进而影响作物的生长发育及产量。适宜的播期不仅保证作物的安全生长，而且通过作物的生长发育习性与当地环境的优化配合实现优质高产高效。因此，针对荞麦的植物学特征和宁夏南部山区的气候特点，研究不同播期对荞麦产量的影响，旨在探索出当地荞麦种植的最佳播期，为荞麦高产提供科学依据；同时，通过研究农艺性状对产量的贡献大小，确定影响当地荞麦产量的关键因素。

1　材料与方法

1.1　试验地概况

试验地选在宁夏固原市原州区彭堡镇彭堡村，土壤类型为灰钙土，前茬为燕麦，秋机耕 1 次，春耙耱 2 次，地势平坦茬口一致，土地平整，地力均匀，肥力中等，具有灌溉条件，地力等同于大田生产。

1.2 试验材料

参试材料宁荞 1 号为普通荞麦（甜荞），是宁夏农林科学院固原分院对混选 3 号甜荞品种进行辐射处理后，从变异单株后代中经过多年定向系统选育而成的适应性、抗逆性、丰产性都比较好的品种，为当地主栽品种之一。

1.3 试验设计与方法

试验采用随机区组设计，设 5 个处理，3 次重复，共 15 个小区，小区面积为 $10m^2$（2m×5m），行距 33.3cm，每小区 7 行长，行长 5m，区间距 80cm，重复间距 100cm。以 6 月 15 日为中间播期，依次向前、向后每间隔 6d 播种 1 次，即 6 月 1 日为第 1 播期，设为 A1 处理；以 6 月 8 日为第 2 播期，设为 A2 处理；以 6 月 15 日为第 3 播期，设为 A3 处理；以 6 月 22 日为第 4 播期，设为 A4 处理；以 6 月 29 日为第 5 播期，设为 A5 处理。试验采用人工开沟的方式播种，留苗密度为当地常规的 90 万株/hm^2，小区四周设有保护行，基施 150kg/hm^2 磷酸氢二铵、75kg/hm^2 有机肥。

1.4 调查指标及方法

1.4.1 产量及农艺性状的测定 生育期：根据常规方法记载；产量构成因子：在作物成熟期每个小区取 10 株进行考种，测定植株结实率、株粒数、株粒质量、千粒质量，测量节间长、株高、有效分枝数；产量：在收获时每个小区取 $1m^2$ 2 个样点，测定产量，换算成 $1hm^2$ 产量。

1.4.2 叶面积测定 在荞麦分枝期、现蕾期、开花期、成熟期每个小区取 3 株植株，用 WDY-300 型叶面积测定仪测定每株的叶面积，求平均值。

1.4.3 干物质积累动态分析 在荞麦开花期至成熟期，每隔 3d 在田间随机选取 10 株，测定植株全株鲜质量，然后在 108℃下杀青后，在 80℃下烘干至恒质量，计算其干物质量。

1.4.4 灌浆速率测定 定株挂牌：测定前，选择 100 株同一天开花的植株，挂牌定株，注明日期；取样（籽粒）：定株后开始测定的时间一般是在籽粒形成后，即从开始授粉后第 9 天起，每隔 5d 测定 1 次，直到种子成熟为止，每次从挂牌（同一天开花）的株茎上取 80 粒带回室内。测定时，所取的籽粒部位按预定要求摘取，每次固定取植株某部位的籽粒。籽粒称质量：取下籽粒后，数其总粒数，称其鲜质量（g），然后放入铝盒，在恒温干燥箱中于 60～80℃烘烤直至籽粒质量达到恒定值，称其干质量（g）。

1.5 数据统计及分析

试验数据用 Excel 2007 和专业版统计分析软件 DPS3.11 分析处理；采用 LSD 法对处理间差异显著性进行分析比较。

2　结果与分析

2.1　产量分析

2.1.1　不同播期对产量的影响　由表1可以看出，在不同的播期处理下，产量最高为A3处理，为3 100.16kg/hm^2，最低为A4、A5处理，为2 133.44kg/hm^2。A3处理的产量分别比A2、A1处理高3.13%、30.99%，3个处理间没有显著差异；A3处理的产量均比A4、A5处理高45.31%，差异显著；A2处理产量分别比A1、A4、A5处理高27.01%、40.90%、40.90%，但差异不显著；A1处理产量均比A4、A5处理产量高10.94%，差异不显著。由此可知，在宁夏南部山区，A3处理为荞麦种植的最佳播期，推迟或提早播种，均影响荞麦的产量。

表1　不同播期下荞麦农艺性状及产量情况

播期处理	生育期（d）	株高（cm）	茎粗（cm）	节数（个）	有效分枝数（个）	节间长（cm）	结实率（%）	株粒质量（g）	茎秆质量（g）	产量（kg/hm^2）
A1	94	89.5	0.45	9.13	2.9	7.8	21.7	3.5	4.2	2 366.79abA
A2	88	88.9	0.31	9.30	3.0	6.9	23.2	4.3	6.2	3 006.11abA
A3	85	80.8	0.34	9.53	3.5	8.0	31.0	4.6	7.8	3 100.16aA
A4	83	84.8	0.35	9.40	3.3	9.6	21.2	3.7	4.8	2 133.44bA
A5	76	86.5	0.33	9.20	3.3	9.2	22.8	3.7	4.0	2 133.44bA

注：同列数据后标有不同小写字母表示差异显著（$P<0.05$）、不同大写字母表示差异极显著（$P<0.01$）。

2.1.2　影响产量的经济性状分析　对不同播期下荞麦生育期（x_1）、株高（x_2）、茎粗（x_3）、节数（x_4）、有效分枝数（x_5）、节间长（x_6）、结实率（x_7）、株粒质量（x_8）、茎秆质量（x_9）与产量（y）之间进行通径分析，结果得到品种单位面积产量（y）仅与节间长（x_6）、株粒质量（x_8）、茎秆质量（x_9）存在显著的线性关系（$r^2=0.99945$），同时对其可靠程度进行检验，当需要由节间长、株粒质量和茎秆质量预测产量时，可靠程度为99.9%，为此，建立最优回归方程为：

$$y=2\ 310.64-192.66x_6+295.11x_8+123.66x_9 \tag{1}$$

分析表明，株粒质量（x_8）、茎秆质量（x_9）对产量（y）有正向直接作用（$P_{0.8}=0.29$，$P_{0.9}=0.42$），其决定系数分别为0.084、0.18；节间长（x_6）对产量有直接的负向通径作用（$P=-0.45$），其决定系数为0.20。株粒质量x_8、茎秆质量x_9与产量（y）的间接作用均为正向作用，x_6的间接作用为负向作用。综合以上数据结果，就荞麦农艺性状对产量的影响程度占99.9%的指标来说，节间长是影响产量的一个最主要性状，其次为单株茎秆质量，再次为株粒质量。因此，在宁夏南部山区干旱气候条件下，若要提高荞麦的产量，首先应限制荞麦节间长的生长，同时也要保持高的单株茎秆质量以及株粒质量。

2.2 不同播期对荞麦生理特性的影响分析

2.2.1 叶面积 由图1可知，在不同的播期下，荞麦叶面积从分枝期到成熟期总体呈现抛物线趋势：先上升，开花期之后又开始降低，且增长速率和下降速率先慢后快。叶面积最大值出现在开花期，其次为现蕾期，最低的为分枝期。不同播期最大叶面积不一样，其中A3处理最大，为201.1cm^2，A2处理次之，其余3个处理依次为A1＞A5＞A4。表明不同播期处理下荞麦最大叶面积不同，导致作物光合作用不同，进而影响到产量。

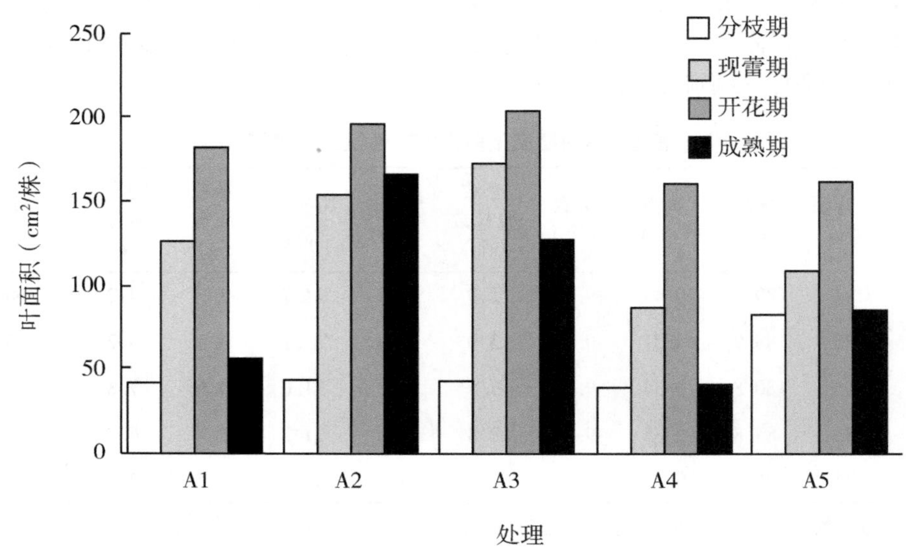

图1 不同播期对荞麦叶面积的影响

2.2.2 干物质 图2显示，A1、A2、A4、A5各处理荞麦最大干物质积累量出现在作物开花以后40d，而A3处理出现在开花以后48d；从作物整个生育期生长发育情况来看，干物质积累量最大是A1处理，为165g，其次是A2处理，为140g，其余排序为：A3（115g）＞A4（114g）＞A5（105g）。由此可知，在A1、A2、A4、A5处理下播种，干物质积累时间缩短，作物表现出早衰现象，影响荞麦的产量；同时，在A1、A2处理播种条件下，荞麦营养器官——茎秆生长过旺，干物质徒增，影响到生殖器官的形成与发育，进而影响产量；在A4、A5处理下播种，由于日照时间缩短，以及霜冻的早至，导致荞麦整个生殖生长时间缩短，进而影响产量，但差异不显著。由以上分析可知，干物质积累达到最大值的时间长短、干物质最大积累量的多少是影响荞麦产量的关键因素。

2.2.3 灌浆速率 灌浆速率是指作物籽粒形成至成熟期间，单位时间籽粒干物质的增长量。为了反映不同播期对荞麦灌浆速率的影响，以荞麦开花后不同灌浆时间和籽粒干质量进行Logistic模型拟合，得到以下方程：

A1：$Y = 2.4636/(1 + 10.4585e^{-0.601758X})$，$r = 0.9856^{**}$；A2：$Y = 2.3502/$（1 +

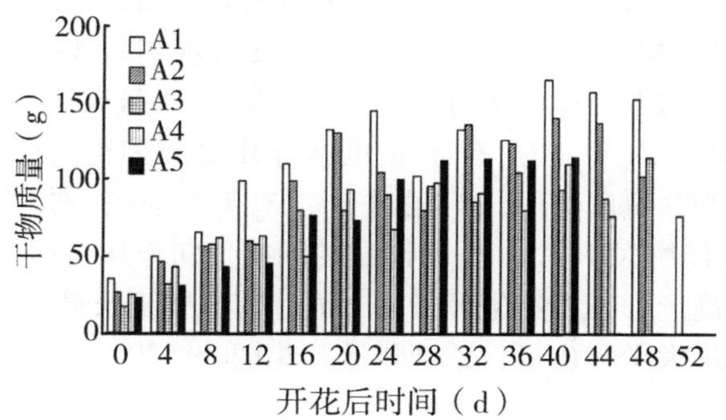

图 2　不同播期荞麦干物质积累量

$5.4955e^{-0.420097X}$)，$r=0.9905^{**}$；A3：$Y=2.4406/(1+4.4427e^{-0.359665X})$，$r=0.9895^{**}$；A4：$Y=2.3363/(1+4.7662e^{-0.361860X})$，$r=0.9920^{**}$；A5：$Y=2.3419/(1+6.2477e^{-0.457524X})$，$r=0.9906^{**}$。式中：$Y$为籽粒干质量，mg；$X$为灌浆时间，d。

由以上方程可知，不同播期下荞麦籽粒灌浆时间与籽粒干质量极显著地符合Logistic 曲线；因此，Logistic 曲线的拐点处，籽粒干质量达到了总质量的 50%，灌浆速率也为最大灌浆速率。根据数据统计结果可知，5 个播期达到最大灌浆速率时间均为开花后 13d 左右，但最大灌浆量存在一定的差异。A1 播期处理最大灌浆速率最高，为 3.85mg/（粒·d）；A3 播期处理其次，为 3.81mg/（粒·d）；其余排序为 A2＞A5＞A4，且这 3 个播期最大灌浆速率相互之间依次仅仅相差 0.01mg/（粒·d），没有显著差异（表 2）。由此可知，在不同的播期最大灌浆速率出现时间相近的情况下，最大灌浆速率也是影响荞麦产量的一个因素。

表 2　不同播期对灌浆速率的影响

播期处理	最大灌浆速率［mg/（粒·d）］	最大灌浆速率达到的时间（d）
A1	3.85	13
A2	3.67	13
A3	3.81	13
A4	3.65	13
A5	3.66	13

2.2.4　影响产量的生理指标分析　对荞麦 5 个处理最大叶面积（Z_1）、最大干物质积累量（Z_2）、最大干物质出现时间（Z_3）、最大灌浆速率（Z_4）与产量（Y）进行回归分析，得到结果：用 Z_1、Z_2、Z_3 线性回归方程来估测（Y），其可靠程度达到 99.99%。为此，建立以下回归方程：

$$Y=2.18-0.0035Z_1+0.0051Z_2+0.0365Z_3 \quad (2)$$

通过分析，最大干物质积累量（Z_2）、最大干物质出现时间（Z_3）对产量（Y）有正向直接作用（$P_{0.2}=1.27$，$P_{0.3}=1.38$），开花期最大叶面积（Z_1）对产量（Y）有负向直接作用，但最大干物质积累量、最大干物质出现时间对产量的正向通径作用（$d_{0.2}=1.605$，$d_{0.3}=1.917$）明显大于最大叶面积对产量的负向通径作用（$d_{0.1}=0.563$），但 Z_1 通过 Z_2、Z_3 对产量（Y）的间接作用之和为正向作用，Z_2 通过 Z_1、X_3 对产量的间接作用之和为负向作用，Z_3 通过 Z_1、Z_2 对产量的间接作用为负向作用，且 Z_1 对产量的间接正向作用大于 Z_2、Z_3 对产量的间接负向作用。综上所述，在宁夏南部山区，若要荞麦获得高产，在植物生理指标方面，首先要延长最大干物质积累量出现的时间，同时也要提高最大干物质量，适当降低开花期叶面积。

3 结论与讨论

李静等研究结果表明，推迟或提早播种会影响荞麦的产量，这与本研究结果相似。在宁夏南部山区气候环境下，种植当地主栽品种宁荞 1 号，6 月 15 日是最佳时间，推迟或提前播种均影响产量。这是因为荞麦是无限花序，推迟播种情况下，由于宁夏南部山区霜冻来得早，导致荞麦部分籽粒未灌浆充分，使单株粒质量降低或空壳率增加，因而影响产量；提前播种，由于开花期降水量、温度都达到了燕麦生长需求，使叶面积、节间长徒长，积累的有机物主要进行了营养器官的生长，导致灌浆速率降低，也影响了荞麦的产量。因此，选择最佳播期，并通过其他栽培措施来限制节间长、开花期叶面积的徒长，同时提高最大干物质积累量，延长最大干物质积累量出现的时间，以及提高籽粒最大灌浆速率，都能使植物合成的有机物由源器官运送到库器官，促进籽粒灌浆，最终达到高产的目的。

在本试验中，茎秆质量对产量直接和间接通径作用均为正，但关于茎秆质量对产量的影响是通过株高、茎粗、茎秆干物质或茎秆内部组织等哪一部分来凸显的，需要进一步进行研究。

参考文献（略）

本文发表在《江苏农业科学》2015，43（12）。作者：陈彩锦，穆兰海，母养秀，撒金东，常克勤*，杜燕萍。

不同苦荞品种营养品质与农艺性状及产量的相关性分析研究

摘要：以不同单位提供的21个苦荞品种为供试材料，分析了材料中粗蛋白、粗脂肪、粗淀粉、粗纤维、DCI、总黄酮和水分7种营养物质的含量以及与农艺性状、产量的相关性。结果表明：不同品种的各营养成分之间存在显著差异，粗蛋白含量与株高呈显著正相关；水分含量与主茎节数呈极显著正相关；粗脂肪含量与主茎分枝数、单株花序数呈显著负相关；粗纤维含量与亩产量呈显著负相关。这为研究苦荞营养品质的遗传规律和开展育种提供了参考依据。

关键词：苦荞；营养品质；农艺性状；相关性

苦荞（*Fagopyrum tataricum*（L.） Gaertn），属于蓼科荞麦属植物。其营养价值和药用价值越来越受到人们的关注和重视，具有广泛的开发利用前景。苦荞富含蛋白质、淀粉、脂肪、D-手性肌醇（DCI）、黄酮类等多种营养物质，具有抗氧化、降血糖、降血压和降血脂等多种保健功能。随着生活水平的提高，人民更加注重膳食平衡和食疗，苦荞茶、苦荞粉等多种苦荞产品已上市。

当前，关于苦荞的农艺性状、品种、和品质等方面已有不少研究和报道。本试验对21份苦荞材料进行了品质和农艺性状及产量的方差分析，并对其进行相关性分析，为筛选出适宜当地种植的苦荞品种和开展新品种选育提供参考依据。

1　材料与方法

1.1　试验材料

共21个苦荞品种，品种名称和来源见表1。

表1　供试苦荞品种名称和来源

编号	品种名称	品种来源
1	川荞1号	四川凉山州西昌农科所高山作物研究站
2	川荞2号	四川凉山州西昌农科所高山作物研究站
3	西荞1号	成都大学
4	西荞2号	四川西昌学院

（续表）

编号	品种名称	品种来源
5	苦荞 04-46	山西省农业科学院高寒区作物研究所
6	晋荞 2 号	山西省农业科学院小杂粮研究中心
7	黔苦 3 号	贵州威宁县农科所
8	黔苦 4 号	贵州威宁县农科所
9	黔苦 5 号	贵州威宁县农科所
10	西农 9940	西北农林科技大学
11	六苦 2081	贵州六盘水职业技术学院
12	定引 1 号	甘肃省定西市旱作农业科研推广中心
13	湖南 7-2	陕西
14	云荞 1 号	云南省农业科学院生物技术与种质资源研究所
15	云荞 2 号	云南省农业科学院生物技术与种质资源研究所
16	川荞 4 号	凉山州西昌农科所高山作物研究站
17	川荞 5 号	凉山州西昌农科所高山作物研究站
18	晋荞 4 号	山西省农业科学院小杂粮研究中心
19	晋荞 5 号	山西省农业科学院高粱研究所
20	平荞 6 号	甘肃省平凉市农业科学研究所
21	黑丰一号	山西

1.2 试验方法

试验于 2014 年 6—9 月在宁夏固原市原州区彭堡镇彭堡村燕麦荞麦试验基地进行，地块位于东经 106°9′，北纬 36°5′，海拔 1 660m。试验采用随机区组设计，每个品种，3 次重复，共 63 个小区，小区面积为 $20m^2$（5m×4m），每小区种植 13 行，行间距 33cm。密度 7 万苗/亩。结合播种基施磷酸二铵 10kg/亩，于 2014 年 5 月 25 日机播。在参试品种生育期间人工除草二次，保证各参试品种正常生长发育。

1.3 品质指标的测定方法

播种后按荞麦种质资源描述规范和数据标准进行记载生育日数。待植株成熟后，每个小区随机取样 10 株，考察株高、主茎分枝、主茎节数、单株花序数、单株粒数、单株粒重、千粒重、粒形、粒色。然后分小区收获，脱粒、晾晒，称重。利用籽实进行品质分析，品质所有分析数据均以风干基计。粗蛋白含量采用凯氏定氮法，粗脂肪含量采用索氏抽提法，粗淀粉含量采用蒽酮比色法，粗纤维含量采用重量法，DCI 含量采用不同溶剂法，总黄酮含量采用比色法水分含量采用干重法测定。

1.4　数据分析

利用 Excel 进行数据统计和营养成分的相关性分析，用 SPSS 进行方差分析。

2　结果与分析

2.1　不同苦荞品种的营养品质分析

由表 2 可以看出，不同苦荞品种的各营养成分之间存在显著差异，不同苦荞品种的粗蛋白含量最高的是晋荞 2 号，为 14.93%，与其余各品种之间差异均达到极显著水平；晋荞 5 号含量最低，为 11.61%，与其余各品种之间差异均达到极显著水平。粗脂肪含量最高的是黑丰一号，为 3.04%，其次是苦荞 04-46，为 2.9%，粗脂肪含量最低的是川荞 4 号，为 1.71%；晋荞 5 号和平荞 6 号差异不显著，其余品种之间均存在显著差异。粗淀粉含量最高的是西荞 2 号，为 65.24%，最低的是川荞 2 号，含量为 60.37%；黔苦 3 号和云荞 2 号，黔苦 4 号和晋荞 5 号，差异不显著，其余品种之间均存在显著差异。粗纤维含量最高的是晋荞 4 号，为 1.38%，含量最低的是晋荞 2 号，为 0.69%，均与其余各品种差异达到极显著水平。DCI 含量最高的是川荞 2 号，为 0.085%，晋荞 5 号的含量最低，为 0.037%，均与其余各品种差异达到极显著水平。总黄酮含量最高的是川荞 2 号，含量为 2.45%，与晋荞 4 号之间差异不显著，含量最低的是西荞 1 号，为 2.11%，均与其余各品种差异达到极显著水平。水分含量最高的是定引 1 号，为 11.43%，含量最低的是六苦 2081，为 9.7%，均与其余各品种差异达到极显著水平。多样性的种质资源为开展苦荞品种育种提供了丰富材料。

表 2　不同苦荞品种的营养品质含量

品种名称	粗蛋白（%）	粗脂肪（%）	粗淀粉（%）	粗纤维（%）	DCI（%）	总黄酮（%）	水分（%）
川荞 1 号	13.15fF	2.55kI	62.33dD	1.2eE	0.065eE	2.13lL	10.4lL
川荞 2 号	13.06iI	2.67hG	60.37sS	1.23cC	0.085aA	2.45aA	10.32nN
西荞 1 号	13.56cC	2.46mK	62.19gG	1.22dD	0.045kK	2.11mM	10.32nN
西荞 2 号	13mM	2.78dD	65.24aA	0.88kK	0.043mM	2.26jJ	10.35mM
苦荞 04-46	13.32dD	2.9bB	61.56lL	1iI	0.077cC	2.32gG	10.11qQ
晋荞 2 号	14.93aA	2.62iH	60.59rR	0.69rR	0.046jJ	2.37cC	9.9rR
黔苦 3 号	13.02lL	2.5lJ	62.26eE	0.83mM	0.046jJ	2.32gG	10.23pP
黔苦 4 号	13.05jJ	2.56jI	61.25nN	0.78nN	0.044lL	2.26jJ	10.24oO

（续表）

品种名称	粗蛋白（%）	粗脂肪（%）	粗淀粉（%）	粗纤维（%）	DCI（%）	总黄酮（%）	水分（%）
黔苦 5 号	13.31eE	2.76fE	61.76jJ	0.73qQ	0.057hH	2.31hH	9.9rR
西农 9940	11.94qQ	2.34pN	62.82cC	0.73qQ	0.04oO	2.26jJ	10.88hH
六苦 2081	13.04kK	2.7gF	62.06iI	0.87lL	0.045kK	2.33fF	9.7sS
定引 1 号	13.98bB	2.77eDE	60.62qQ	1.16fF	0.049iI	2.44bB	11.43aA
湖南 7-2	13.04kK	2.82cC	60.84pP	0.98jJ	0.046jJ	2.34eE	11.4bB
云荞 1 号	13.11hH	2.44nL	62.21fF	0.75pP	0.081bB	2.33fF	10.87iI
云荞 2 号	13mM	2.29qO	62.25eE	0.77oO	0.041nN	2.35dD	10.76jJ
川荞 4 号	12.57nN	1.71tR	63.41bB	1iI	0.06fF	2.16kK	11.23cC
川荞 5 号	12.27pP	1.96sQ	61.34mM	1.02hH	0.058gG	2.26jJ	11.2dD
晋荞 4 号	13mM	2.38oM	62.1hH	1.38aA	0.072dD	2.45aA	10.98fF
晋荞 5 号	11.61rR	2.13rP	61.26nN	1.2eE	0.037pP	2.26jJ	10.97rR
平荞 6 号	13.14gG	2.13rP	61.71kK	1.29bB	0.046jJ	2.16kK	10.65kK
黑丰一号	12.37oO	3.04aA	61.16oO	1.09gG	0.04oO	2.27iI	11.1eE

注：不同大小写字母表示在 0.01 和 0.05 水平上存在差异。

2.2　不同苦荞品种的农艺性状和产量

由表 3 可见，不同苦荞品种的农艺性状的变化幅度分别为 105～109d（生育期）、88.8～120.5cm（株高）、1.1～4.2 个（主茎分枝）、11.7～15.8 节（主茎节数）、9.4～34.6 个（单株花序数）、50.3～178.1 粒（单株粒数）、0.79～2.7g（单株粒重）、14.3～16.8g（千粒重）和 146.67～306.67kg（亩产量）。其中单株粒数和单株粒数各品种之间差异达到极显著水平。产量最高的是晋荞 2 号，与其余各品种之间差异极显著。

2.3　不同苦荞品种营养品质与农艺性状及产量的相关性分析

由表 4 可以看出，营养品质中粗蛋白含量与株高呈显著正相关；水分含量与主茎节数呈极显著正相关；粗脂肪含量与主茎分枝数、单株花序数呈显著负相关；粗纤维含量与亩产量呈显著负相关；DCI 含量与生育期、亩产量分别呈显著和极显著负相关。其余营养成分与农艺性状、产量的相关性均未达到显著水平。此外，主茎节数与株高呈极显著正相关；单株花序数与主茎分枝数呈极显著正相关，与主茎节数呈显著正相关；单株粒数与株高、主茎分枝数呈显著正相关，与主茎节数、单株花序数呈极显著正相关；单株粒重与株高、主茎分枝数呈显著正相关，与主茎节数、单株花序数、单株粒数呈极显著正相关；亩产量与生育期呈显著正相关。各营养成分之间的相关性均未达到显著水平。

3 讨论与结论

荞麦是一种特色杂粮作物，营养品质的好坏直接关系到价值的高低和产品的市场潜力。蛋白质、粗脂肪、粗淀粉、粗纤维、黄酮及 DCI 是荞麦的主要营养指标。其中粗蛋白、粗脂肪、粗淀粉、黄酮及 DCI 的含量越高，品质就越好，开发潜力就越大。

本试验分析了 21 个苦荞品种籽实中的营养成分，其中蛋白质检测结果与万丽英报道的蛋白质含量达 11%～15%基本一致。苦荞中的粗脂肪含量范围为 1.71%～3.04%与万丽英报道的苦荞籽粒中粗脂肪含量在 1%～3%左右基本一致。粗淀粉含量平均值为 61.87%，这与时政等对 35 份苦荞资源测定的总淀粉含量的平均值为 62.8%基本接近。粗纤维的含量范围为 0.69%～1.38%，比时政等对 30 份苦荞资源的粗纤维含量的测定结果范围 3.36%～31.08%低，测定结果存在差异，可能与检测方法不同或材料间存在差异性有关。DCI 的含量平均值为 0.053%，与徐宝才等的测定结果为 0.05%一致。总黄酮含量范围为 2.11%～2.45%，与黄凯丰等对 35 份苦荞资源的黄酮测定含量范围 2.19%～4.02%基本一致。苦荞的单株粒重可以通过选择株高、单株粒数和千粒重来提高，杨玉霞等对苦荞主要农艺性状与单株籽粒产量的相关和通径分析研究发现，主茎节数、主茎分枝数、有效花序数、千粒重是影响单株粒重的主要因素。陈稳良等对苦荞区试品种的产量相关性状进行灰色关联度分析研究表明，与产量灰色关联度大小顺序依次是株高、株粒重、主茎分枝、主茎节数、千粒重。本研究发现单株粒重与株高、主茎分枝数呈显著正相关，与主茎节数、单株花序数、单株粒数呈极显著正相关，与上述已有的研究结果基本一致。

另外，农艺性状、产量、构成因素对苦荞营养品质含量的相关性研究报道较少，本研究经过对营养品质与农艺性状及产量的相关分析，结果表明：株高是影响粗蛋白含量的重要因素，呈显著正相关；粗脂肪含量的重要影响因素是主茎分枝数、单株花序数，呈显著负相关；粗纤维含量与亩产量呈显著负相关；DCI 含量与生育期、亩产量分别呈显著和极显著负相关；水分含量与主茎节数呈极显著正相关。这些相关性对研究苦荞的营养品质的遗传规律和开展品质育种有重要意义。

表 3　不同苦荞品种的生育期、农艺性状和产量

品种	生育期（d）	株高（cm）	主茎分枝（个）	主茎节数（节）	单株花序数（个）	单株粒数（粒）	单株粒重（g）	千粒重（g）	亩产量（kg）	粒形	粒色
川荞 1 号	107dD	105. 7iI	1. 6lL	13. 5mM	16. 4oO	92. 8pP	1. 4oO	14. 8jJ	160mM	长锥	黑
川荞 2 号	105eE	93. 9rR	3. 4cC	11. 8qQ	17. 9nN	91. 9qQ	1. 35qQ	14. 7kK	146. 67nN	心形	灰
西荞 1 号	109aA	100. 3oO	2hH	12. 9oO	9. 4tT	50. 3uU	0. 79uU	15iI	213. 33jJ	心形	黑
西荞 2 号	109aA	102. 4mM	1. 9iI	14. 9eE	15. 3pP	97. 4oO	1. 37pP	14. 4nN	266. 67fF	长锥	灰
苦荞 04-46	107cC	109. 1eE	1. 4mM	13. 6lL	12. 8qQ	99. 6mM	1. 56mM	15. 9cC	213. 33jJ	长锥	灰黑
晋荞 2 号	109aA	120. 5aA	3. 2eE	14. 7gG	21. 4iI	165. 3cC	2. 54bB	15. 7dD	306. 67aA	心形	灰
黔苦 3 号	107cC	100. 3oO	4. 2aA	14jJ	22. 2gG	123. 1hH	1. 91iI	15. 6eE	226. 67iI	短锥	灰
黔苦 4 号	109aA	105. 9hH	3. 1fF	13. 6lL	21. 9hH	118. 7jJ	1. 82jJ	15. 3gG	240hH	心形	灰
黔苦 5 号	109aA	98. 1qQ	1. 8jJ	11. 7rR	11. 5rR	74. 2rR	1. 1rR	15iI	293. 33cC	心形	灰
西农 9940	109aA	101. 7nN	1. 7kK	14. 5hH	23. 8fF	149. 9eE	2. 26eE	14. 5mM	286. 67dD	短锥	黑
六苦 2081	109aA	100. 2pP	1. 2nN	12pP	9. 8sS	60. 3tT	0. 83tT	14. 6lL	246. 67gG	心形	灰
定引 1 号	108bB	114. 1bB	1. 6lL	15. 7bB	20jJ	168. 1bB	2. 44cC	14. 3oO	266. 67fF	短锥	灰
湖南 7-2	107cC	93. 7sS	1. 1oO	13. 4nN	11. 5rR	64. 9sS	0. 89sS	14. 3oO	280eE	心形	黑
云荞 1 号	109aA	104. 5lL	3. 6bB	15. 1dD	34. 6aA	178. 1aA	2. 7aA	15. 3gG	226. 67iI	长锥	黑
云荞 2 号	109aA	108. 3fF	3. 1fF	15. 1fF	24. 4eE	151dD	2. 3dD	15iI	280eE	短锥	灰
川荞 4 号	109aA	105. 2kK	2. 7gG	14. 8aA	25. 3dD	145fF	2. 17fF	15iI	186. 67lL	短锥	灰
川荞 5 号	107cC	112. 5dD	2. 7gG	15. 8kK	18. 5mM	114. 4kK	1. 77kK	15. 4fF	206. 67kK	短锥	灰
晋荞 4 号	109aA	106. 5gG	3. 4cC	13. 9iI	29. 8bB	132. 2gG	2. 07gG	15. 2hH	186. 67lL	三角形	灰
晋荞 5 号	109aA	88. 8tT	2. 7gG	14. 4bB	29. 4cC	119. 9iI	1. 96hH	16. 8aA	300bB	短锥	灰黑
平荞 6 号	109aA	113. 2cC	3. 3dD	15. 7cC	18. 9lL	98. 7nN	1. 52nN	15. 2hH	226. 67iI	长锥	黑
黑丰一号	109aA	105. 3jJ	1. 4mM	15. 5	19. 6kK	101. 6lL	1. 67lL	16. 7bB	286. 67dD	短锥	黑

注：不同大小写字母表示在 0. 01 和 0. 05 水平上存在差异。

表 4　品种营养品质与农艺性状及产量的相关性

	生育期	株高	主茎分枝	主茎节数	单株花序数	单株粒数	单株粒重	千粒重	亩产量	粗蛋白	粗脂肪	粗淀粉	粗纤维	DCI	总黄酮
株高	0.188														
主茎分枝	-0.033	0.144													
主茎节数	0.288	0.573**	0.195												
单株花序数	0.267	0.102	0.643**	0.508*											
单株粒数	0.224	0.485*	0.474*	0.636**	0.816**										
单株粒重	0.241	0.477*	0.503*	0.648**	0.847**	0.993**									
千粒重	0.161	0.006	0.236	0.241	0.337	0.119	0.227								
亩产量	0.534*	-0.001	-0.267	0.226	0.000	0.157	0.160	0.195							
粗蛋白	-0.031	0.545*	0.062	-0.124	-0.278	0.088	0.047	-0.262	0.021						
粗脂肪	-0.187	-0.085	-0.479*	-0.347	-0.478*	-0.319	-0.337	-0.058	0.263	0.388					
粗淀粉	0.375	-0.084	-0.051	0.128	0.043	-0.009	-0.038	-0.278	-0.065	-0.248	-0.223				
粗纤维	-0.263	-0.100	-0.025	0.027	-0.032	-0.284	-0.253	0.096	-0.520*	-0.145	-0.133	-0.190			
DCI	-0.512*	0.022	0.224	-0.268	0.152	0.087	0.077	-0.093	-0.715**	0.145	0.019	-0.123	0.230		
总黄酮	-0.267	0.029	0.175	-0.120	0.207	0.325	0.297	-0.103	0.134	0.266	0.387	-0.414	-0.103	0.296	
水分	-0.012	0.008	-0.046	0.619**	0.427	0.360	0.358	-0.006	0.025	-0.416	-0.339	-0.077	0.345	-0.056	0.033

注：$n=21$，$r_{0.05}=0.433$，“*”表示达显著水平；$r_{0.01}=0.549$，“**”表示达极显著水平。

参考文献（略）

本文发表在《江苏农业科学》2016，44（6）。作者：母养秀，杜燕萍，陈彩锦，穆兰海，常克勤*。

种植密度对荞麦生理指标、农艺性状及产量的影响

摘要：以宁荞（*Fagopyrum esculentum* Moench.）1号为试验材料，研究了不同密度对荞麦生理指标、农艺性状及产量的影响，结果表明，在干旱条件下，高密度加速了荞麦叶片叶绿素的分解和可溶性蛋白质含量的下降，降低了抗氧化酶SOD、POD、CAT的活性及加速了MDA含量的积累。在干旱条件下，低密度处理有利于荞麦单株粒数、单株粒重、千粒重及产量的增加。

关键词：荞麦（*Fagopyrum esculentum* Moench.）；密度；生理指标；农艺性状；产量

荞麦（*Fagopyrum esculentum* Moench.）是廖科（Polygonaceae）荞麦属（*Fag-pyrum*）植物，是宁夏南部山区主要的粮食作物之一。密度是影响荞麦产量的一个重要因素。不同密度对荞麦产量的影响主要通过对与产量形成相关的农艺性状和生理指标的影响体现出来。罗瑶年等研究指出，玉米密度增加，群体内透光性减弱，促使叶片功能期缩短，衰老进程加快。胡萌研究指出玉米随着密度增大，可溶性蛋白含量呈下降趋势，MDA含量升高，SOD、POD活性均先升高后降低。于振文等研究表明，适当减低基本苗数，建立合理的群体结构，能有效地提高小麦开花后植株的生理活性，延长叶片衰老速率缓降期，加强同化物的合成作用，提高粒重。王志和等研究表明，低密度处理有效地减缓了小麦旗叶衰老，提高了千粒重和穗粒数，但密度要结合产量进行适宜组合，张荣萍等进行栽培密度对有色稻抽穗后剑叶一些衰老生理特性的影响研究，结果表明叶绿素含量、可溶性蛋白质含量和SOD酶活性均呈下降趋势，MDA含量呈上升趋势。综上所述，关于密度对作物生理特性及产量的影响研究在玉米、糜子、小麦、水稻等作物上均有研究，但关于密度对荞麦生理指标及相关关系的研究至今还未见报道，本研究把密度、生理指标、农艺性状及产量结合起来，研究荞麦的最佳种植密度，以期为荞麦的高产高效栽培提供理论依据。

1　材料与方法

1.1　供试材料

供试荞麦品种为宁荞1号，由宁夏农林科学院固原分院提供。

1.2　试验方法

试验于2016年6—9月在宁夏固原市原州区彭堡镇彭堡村燕麦荞麦试验基地进行，

地块位于东经 106°9′，北纬 36°5′，海拔 1 660m。试验采用随机区组试验设计，设置 3 个密度梯度，4 万株/亩（每行 40 株，株距 5cm）、6 万株/亩（每行 60 株，株距 3. 33cm）、8 万株/亩（每行 80 株，株距 2. 5cm）、依次记为 T1、T2、T3，每个处理 3 次重复；播种方式为开沟条播，人工间苗定苗。小区面积 10m^2（2. 5m×4. 0m），每个小区 9 短行，行距约 33cm，肥、水、病虫草害的管理按国家荞麦区域试验要求进行。

待植株生长至始花期开始后，每隔 7d 采样 1 次。第 1、第 8、第 15、第 22 天对荞麦植株叶片的叶绿素含量、可溶性蛋白质含量、丙二醛（MDA）含量、超氧化物歧化酶（SOD）、过氧化物酶（POD）、过氧化氢酶（CAT）活性指标进行测定，每项 3 次重复取均值。

待植株成熟后，每个小区随机取样 10 株，考察株高、茎粗、主茎节数、有效分枝数、单株粒数、单株粒重、千粒重。然后分小区收获，脱粒、晾晒，称重。

1.3 测定项目与方法

叶绿素含量按照 80%的丙酮浸提法测定；可溶性蛋白质含量采用考马斯亮兰G-250 法测定；SOD 活性采用氮蓝四唑（NBT）光还原法；POD 活性采用愈创木酚法；CAT 活性采用紫外吸收法；MDA 含量采用硫代巴比妥酸（TBA）显色法测定。

1.4 数据处理

试验数据采用 Excel 2007 进行初步处理，用 SPSS16. 0 软件对不同处理进行 LSD 多重比较。

2 结果与分析

2.1 密度对荞麦生理指标的影响

2. 1. 1 密度对荞麦叶片叶绿素含量的影响 由表 1 可以看出，在不同采样时间，叶绿素含量在不同密度处理间差异显著。在第 1 天，T3 处理的叶绿素含量显著高于 T1 和 T2 处理，分别高出 33. 1%和 5. 3%。随着生育进程的推进，在第 22 天，结果恰好相反，T3 处理的叶绿素含量显著低于 T1 和 T2 处理，分别低了 10. 7%和 5. 6%。说明始花期后，随着生育时间的延长，T3 处理能显著加快叶绿素的分解。

表 1 密度对荞麦叶绿素、可溶性蛋白质含量、对 SOD、POD、CAT 活性及 MDA 含量的影响

生理指标	处理	1d	8d	15d	22d
叶绿素含量（mg/g）	T1	2. 51±0. 12c	3. 69±0. 02a	3. 8±0. 11c	3. 22±0. 03a
	T2	3. 17±0. 06b	3. 18±0. 02c	3. 88±0. 05b	3. 04±0. 03b
	T3	3. 34±0. 06a	3. 47±0. 01b	4. 03±0. 06a	2. 87±0. 04c
可溶性蛋白质含量（mg/g）	T1	0. 45±0. 02a	0. 37±0. 01a	0. 24±0. 05a	0. 21±0. 05a
	T2	0. 38±0. 06b	0. 22±0. 01b	0. 21±0. 02b	0. 2±0. 01a
	T3	0. 370. 01b	0. 24±0. 01b	0. 21±0. 02b	0. 180. 05b

（续表）

生理指标	处理	1d	8d	15d	22d
SOD 活性（U/g）	T1	20. 52±2. 12a	21. 09±1. 23b	24. 76±1. 06a	18. 5±2. 52b
	T2	13. 76±1. 58c	19. 56±2. 32c	22. 87±1. 40b	20. 59±2. 89a
	T3	14. 43±3. 46b	37. 33±4. 20a	19. 02±1. 15c	16. 74±2. 31c
POD 活性［U/（g·min）］	T1	191. 4±5. 77a	194. 2±3. 21a	192. 2±2. 53c	679. 7±11. 55a
	T2	98. 6±2. 31c	134. 4±2. 33c	261. 4±5. 47b	358. 9±7. 23c
	T3	204. 4±2. 31a	191. 7±3. 21b	385. 6±7. 58a	476. 4±5. 20b
CAT 活性［U/（g·min）］	T1	229. 2±6. 93a	208. 8±5. 77c	229±2. 89c	222. 5±3. 55b
	T2	232. 5±5. 88a	227. 5±6. 32a	246. 3±3. 67a	238. 5±4. 22a
	T3	228. 3±3. 65a	219±2. 89b	238. 5±7. 13b	217. 3±2. 56c
MDA 含量（μmol/g）	T1	15. 68±0. 58a	14. 46±0. 58a	15. 22±0. 36a	15. 7±0. 57a
	T2	15. 13±0. 58ab	14. 88±0. 57a	14. 94±1. 15a	15. 87±0. 48a
	T3	14. 02±1. 15b	12. 65±0. 29a	14. 55±1. 02a	15. 88±0. 87a

注：同列数据后不同小写字母表示处理间差异显著（$P<0.05$）。表 2 同。

2.1.2　密度对荞麦叶片可溶性蛋白质含量的影响　由表 1 可以看出，开花初期，T3 处理荞麦叶片可溶性蛋白质含量最低，在第 1 天、第 8 天、第 15 天与 T2 和 T1 处理的可溶性蛋白质含量之间差异不显著，但随着生育时间的延长，在第 22 天 T3 处理的可溶性蛋白质含量显著低于 T1 和 T2 处理。说明 T3 处理能使荞麦叶片蛋白质含量降低，加快荞麦植株的衰老。

2.1.3　密度对荞麦抗氧化酶活性的影响　由表 1 可以看出，在采样期间，不同密度处理条件下，荞麦叶片的 SOD 活性均呈先上升后下降的趋势，不同密度对荞麦叶片的 SOD 活性的影响有显著差异。在第 1 天，T2 处理的 SOD 活性显著低于 T1 和 T3 处理，但随着生育进程的推进，在第 22 天，T2 处理的 SOD 活性显著高于 T1 和 T3 处理，同时 T3 处理的 SOD 活性最低，显著低于 T1 和 T2 处理。在采样期间，不同密度处理条件下，荞麦叶片的 POD 活性之间存在显著差异。但 POD 活性的高峰出现时间与 CAT 活性出现的时间一样，均在第 15 天，随后有不同的表现，POD 活性在第 22 天上升，而 CAT 活性在第 22 天下降。在第 22 天，T3 处理的 POD 活性显著低于 T1 处理，T3 处理的 CAT 活性显著低于 T1 和 T2 处理。说明低密度 T1 处理能有效提高 POD 活性，延缓叶片的衰老。高密度 T3 处理能加速 SOD，CAT 活性的下降，促进植株衰老。

2.1.4　密度对丙二醛含量的影响　由表 1 可知，不同密度处理下，荞麦叶片的 MDA 含量之间差异不显著，但从表 1 可以看出，在第 1 天，T3 处理的 MDA 含量低于 T1 和 T2 处理，但在采样的第 22 天，T3 处理的 MDA 含量却高于 T1 和 T2 处理。说明 T3 处理的 MDA 含量积累速度高于 T1 和 T2 处理。

2.2 密度对荞麦农艺性状及产量的影响

由表 2 可知，T3 处理的荞麦株高显著低于 T1 和 T2 处理；T3 处理的植株茎粗低于 T1 和 T2 处理，且与 T1 处理之间差异显著；T3 处理的植株主茎节数，有效分枝数与 T1 和 T2 处理之间差异不显著；T3 处理的植株单株粒数和单株粒重显著低于 T1 和 T2 处理；T3 处理的植株千粒重低于 T1 和 T2 处理，且与 T1 处理之间差异显著；T3 处理的产量低于 T1 和 T2 处理，三个处理产量之间差异不显著，但其中 T2 处理的产量最高。单株粒数、单株粒重、千粒重和产量均以 T2 最高，但与 T1 处理之间差异均不显著。说明高密度处理不利于单株粒数、单株粒重、千粒重和产量的增高。低密度处理有利于单株粒数、单株粒重、千粒重和产量的增长。

表 2 密度对荞麦农艺性状的影响

处理名称	株高（cm）	茎粗（cm）	主茎节数（个）	有效分枝数（个）	单株粒数（个）	单株粒重（g）	千粒重（g）	小区产量（$kg/10m^2$）
T1	56.8±1.4a	4.69±0.3a	11.1±1.0a	8.7±0.5a	153.2±7.5a	2.98±0.2a	19.6±0.4ab	0.56±0.06a
T2	55.1±2.3a	4.58±0.4ab	11.7±0.3a	9.6±0.2a	163±2.9a	3.24±0.2a	20.7±0.2a	0.58±0.01a
T3	50.5±3.5b	4.27±0.2b	11.5±0.3a	9.6±0.2a	99.8±1.7b	1.88±0.3b	18.4±0.2b	0.48±0.04a

注：同列数据后不同小写字母表示处理间差异显著（$P<0.05$）。

3 小结与讨论

3.1 密度对荞麦生理指标的影响

张永丽等研究表明，随密度增加，小麦旗叶的叶绿素含量，可溶性蛋白质含量不断下降，王德慧研究发现，两种糜子的 SOD、POD 活性随密度增大而下降，MDA 含量随密度增大而上升，密度增大加剧叶片的衰老。胡文河等研究表明，低密度栽培的水稻，可溶性蛋白质含量增加，叶片衰老延缓，千粒重提高。杜长玉等研究表明，随着播种密度的增加，大豆的生理指标和产量性状随之降低。本研究结果表明随着播种密度的增加，荞麦叶片的叶绿素含量、可溶性蛋白质含量下降。同时高密度处理使荞麦叶片的保护酶活性下降，MDA 含量积累加速，这与前人研究结果一致。

3.2 密度对荞麦农艺性状及产量的影响

密度对荞麦农艺性状和产量有较大的影响。荞麦的产量随种植密度的增加呈先升高后降低的趋势，姜涛等的研究表明，密度对荞麦株高、主茎分枝数和主茎节数的影响不显著，但对产量构成因素单株粒重有显著影响。本研究表明密度密度对宁荞 1 号的单株粒数、单株粒重有显著影响，产量随着密度的增加呈先升高后降低的趋势，这与前人研究结果一致，但本研究结果表明密度对荞麦产量没有显著影响，这与王灿等的研究结果不一致，也许是不同地区的气候所致，本研究宁荞 1 号在生育期间一直处于干旱状态。

在干旱条件下低密度处理有利于单株粒数、单株粒重、千粒重和产量的增长。

参考文献（略）

本文发表在《湖北农业科学》2017，56（16）。作者：常耀军，母养秀*，张久盘，穆兰海，杜燕萍，常克勤。

不同皮燕麦品种蛋白质含量与营养指标及农艺性状的相关性分析研究

摘要：以不同单位提供的3个皮燕麦品种为供试材料，测定了材料中蛋白质、脂肪、总淀粉、直链淀粉、灰分、纤维素和葡聚糖7种营养物质的含量，分析了蛋白质含量与其他营养成分、农艺性状及产量的相关性。结果表明：不同品种的蛋白质含量差异显著，不同品种的蛋白质含量与脂肪、纤维素含量呈显著正相关；与株高呈显著正相关，与单株分蘖数、单株穗数呈显著负相关。这为研究皮燕麦蛋白质含量的遗传规律和开展育种提供了参考依据。

关键词：皮燕麦；蛋白质含量；营养品质；农艺性状；相关性

燕麦（*Avena sativa* L.）属禾本科（Gramineae）燕麦属（Avena）一年生饲草料作物，燕麦适应性强，具有耐寒、耐旱、耐贫瘠、耐适度盐碱和营养价值高的优点，是我国冷凉山区重要的粮饲兼用作物。皮燕麦是一种营养丰富的优质牧草，其具有环境适应性强、易栽培管理等优点。在我国西北、西南、东北等地均有种植，在宁夏皮燕麦也是一种优良的畜牧业饲草，麦后复种尤为常见。

燕麦是一种低糖，高能量和高营养的具有很高的营养保健作用的食品，因为燕麦富含蛋白质和膳食纤维，并且β-葡聚糖含量高。能有效降低血液中的血糖含量，从而控制心脏病的发生。此外，燕麦纤维能减缓动物对碳水化合物的吸收速度，从而稳定血液中的糖含量，有助于糖尿病的防治。

随着畜牧业的快速发展，燕麦饲草的高蛋白质营养受到广泛关注。当前，关于燕麦营养品质的研究已有不少报道，但关于燕麦蛋白质含量与其他各指标之间的相关性研究还尚未报道，本研究对3份皮燕麦材料进行了蛋白质和其他各营养指标、农艺性状及产量的方差分析，并对其进行相关性分析，为培育高蛋白质含量且适宜当地种植的皮燕麦新品种提供参考依据。

1 材料与方法

1.1 试验材料

共3个皮燕麦品种，品种名称和来源见表1。

表 1　供试皮燕麦品种名称和来源

编号	品种名称	品种来源
1	定燕 2 号	定西市旱农中心
2	坝燕 6 号	河北省高寒作物研究所
3	冀张燕 4 号	河北省农林科学院张家口分院

1.2　试验方法

试验于 2015 年 4 月—8 月在宁夏固原市原州区彭堡镇彭堡村燕麦荞麦试验基地进行，地块位于东经 106°9′，北纬 36°5′，海拔 1 660m。试验采用随机区组设计，每个品种，3 次重复，共 9 个小区，小区面积为 20m^2（5m×4m）。结合播种基施磷酸二铵 150kg/hm^2 于 2015 年 4 月 15 日机播。在参试品种生育期间人工除草 2 次，保证各参试品种正常生长发育。

1.3　品质指标的测定方法

播种后按燕麦种质资源描述规范和数据标准进行记载生育日数。待植株成熟后，每个小区随机取样 10 株，考察株高（cm）、单株分蘖数（个）、茎数（个/m）、穗数（个/m）、成穗率（%）、单株穗数（个）、穗长（cm）、小穗数（个）、单株粒数（个）、单株粒重（g）、千粒重（g）、带壳率（%）、花梢率（%）。然后分小区收获，脱粒、晾晒，称重。利用籽实进行品质分析，品质所有分析数据均以风干基计。粗蛋白含量测定参照 GB 5009.5—2010《食品安全国家标准　食品中蛋白质的测定》；粗脂肪测定参照 GB/T 14772—2008《食品安全国家标准　食品中粗脂肪的测定》；总淀粉和直链淀粉含量测定参照 GB/T 5009.9—2010《食品安全国家标准　食品中淀粉的测定》；灰分含量测定参照 GB/T 5009.4—2010《食品安全国家标准　食品中灰分的测定》；粗纤维含量测定参照 GB/T 5515—2008《食品安全国家标准　粮食中粗纤维素含量测定》；葡聚糖含量测定采用刚果红法。

1.4　数据分析

利用 Excel 进行数据统计和营养成分的相关性分析，用 SPSS16.0 进行方差分析。

2　结果与分析

2.1　不同皮燕麦品种营养品质分析

由表 2 可以看出，蛋白质含量最高的是品种定燕 2 号，含量为 18.51%，与品种坝燕 6 号、冀张燕 4 号之间差异达到显著水平；脂肪含量最高的是定燕 2 号为 5.63%，与品种坝燕 6 号之间差异不显著，与冀张燕 4 号之间存在显著差异；总淀粉含量最高的定燕 2 号为 58.73%，其次是坝燕 6 号为 62.68%，最后是冀张燕 4 号为 53.32%，三个品种之间差异显著；直链淀粉含量最高的是坝燕 6 号为 17.94%，其次是冀张燕 4 号为 16.45%，最后是定燕 2 号含量为 14.21%，三个品种间差异显著；灰分含量从高到低依次为定燕 2 号（2.71%）、坝燕 6 号（2.58%）、冀张燕 4 号（2.33%），三个品种之间差异水平显著；纤维素含量最高的是定燕 2 号为 1.48%，与其他两个品种之间差异显著，其次是坝燕 6 号含量为 1.37%，与冀张燕 4 号（1.34%）之间差异不显著；葡聚糖含量最高的是坝燕 6 号为 3.74%，其次是冀张燕 4 号为 3.62%，最后是定燕 2 号含量为 2.86%，三个品种间差异显著。皮燕麦资源的多样性可为皮燕麦品种的育种提供丰富的资源。

表 2　不同皮燕麦品种营养品质含量

品种	营养品质含量（%）						
	蛋白质	脂肪	总淀粉	直链淀粉	灰分	纤维素	葡聚糖
定燕 2 号	18.51 ± 1.00a	5.63 ± 0.10a	58.73 ± 0.20b	14.21 ± 0.10c	2.71 ± 0.10a	1.48 ± 0.05a	2.86 ± 0.10c
冀张燕 4 号	14.54 ± 0.20c	4.44 ± 0.27b	53.32 ± 0.30c	16.45 ± 0.10b	2.33 ± 0.00c	1.34 ± 0.04b	3.62 ± 0.02b
坝燕 6	16.02 ± 0.10b	5.17 ± 0.10a	62.68 ± 0.30a	17.94 ± 1.00a	2.58 ± 0.05b	1.37 ± 0.10b	3.74 ± 0.00a

2.2　不同皮燕麦品种的农艺性状和产量

由表 3、表 4 可知，不同皮燕麦品种的农艺性状的变化幅度分别为 91～99d（生育天数）、94.4～135.1cm（株高）、0.7～1.8 个（单注分蘖数）、97～178 个/m（茎数）、69～157 个/m（穗数）、71.1～88.2%（成穗率）、1.7～2.7 个（单株穗数）、17.2～22.9cm（穗长）、38.7～57.1 个（小穗数）、62.3～104.3 个（单株粒数）、1.6～3.6g（单株粒重）、27.7～34.5g（千粒重）、3.8～4.6%（花梢率）、0%（带壳率）和 254.2～261.1kg（亩产量）。其中产量最高的是坝燕 6 号，为 3 916.7kg/hm^2，与其他两个品种之间差异显著。

表 3　不同皮燕麦品种生育期农艺性状

品种	生育天数（d）	株高（cm）	单株分蘖数（个）	茎数（个/m）	穗数（个/m）	成穗率（%）	单株穗数（个）	穗长（cm）	小穗数（个）	单株粒数（个）	单株粒质量（g）	千粒质量（g）	带壳率（%）	花梢率（%）
定燕 2 号	99	135.1	0.7	178	157	88.2	1.7	22.9	50.5	94.1	2.6	27.7	3.8	
冀张燕 4 号	91	116.2	1.1	97	69	71.1	2.1	24.1	57.1	104.3	3.6	34.5	3.9	
坝燕 6	92	94.4	1.8	121	98	81.0	2.7	17.2	38.7	62.3	1.6	29.5	4.6	

表 4　不同皮燕麦品种产量

品种	取样产量（kg /m^2）				折合产量（kg/hm^2）	位次
	Ⅰ	Ⅱ	Ⅲ	平均		
定燕 2 号	0.41	0.32	0.42	0.3833	3 834.92a	2
冀张燕 4 号	0.41	0.29	0.44	0.3800	3 801.90a	3
坝燕 6	0.39	0.36	0.42	0.3900	3 901.95b	1

2.3　不同皮燕麦品种蛋白质含量与营养品质、农艺性状及产量的相关性分析研究

2.3.1　不同皮燕麦品种蛋白质含量与营养品质的相关性分析　由表5可以看出，蛋白质含量与脂肪含量、纤维素含量呈显著正相关，与总淀粉、直链淀粉、灰分以及葡聚糖含量无显著相关性。

表5　不同品种蛋白质含量与其他营养品质的相关性

品质指标	相关系数						
	蛋白质含量	脂肪含量	总淀粉含量	直链淀粉含量	灰分含量	纤维素含量	葡聚糖含量
蛋白质含量	1						
脂肪含量	0.96*	1					
总淀粉含量	0.45	0.68	1				
直链淀粉含量	-0.71	-0.49	0.31	1			
灰分含量	0.95	1.00	0.71	-0.44	1		
纤维素含量	0.99*	0.9	0.29	-0.82	0.88	1	
葡聚糖含量	-0.88	-0.71	0.04	0.96*	-0.67	-0.95	1

注：*、** 分别表示在0.05、0.01水平上差异显著。表6同。

2.3.2　不同皮燕麦品种蛋白质含量与农艺性状及产量的相关性分析　由表6可以看出，蛋白质含量与株高呈显著正相关，与单株分蘖数和单株穗数呈显著负相关。

表6　不同品种蛋白质含量与农艺性状及产量的相关性

相关系数	蛋白质	生育天数	株高	单株分蘖数	茎数	穗数	成穗率	单株穗数	穗长	小穗数	单株粒数	单株粒重	千粒重	带壳率	花梢率	产量
蛋白质	1															
生育天数	0.88	1														
株高	0.98*	0.78	1													
单株分蘖数	-0.95*	-0.7	-0.99**	1												
茎数	0.78	0.98*	0.65	-0.56	1											
穗数	0.76	0.98*	0.63	-0.53	1.00**	1										
成穗率	0.55	0.88	0.38	-0.27	0.95	0.96*	1									
单株穗数	-0.97*	-0.73	-1.00**	1.00**	-0.6	-0.57	-0.31	1								
穗长	0.67	0.24	0.8	-0.86	0.07	0.03	-0.25	-0.84	1							
小穗数	0.51	0.05	0.66	-0.75	-0.13	-0.17	-0.44	-0.72	0.98*	1						
单株粒数	0.62	0.17	0.75	-0.82	0	-0.04	-0.32	-0.8	1.00**	0.99**	1					

（续表）

相关系数	蛋白质	生育天数	株高	单株分蘖数	茎数	穗数	成穗率	单株穗数	穗长	小穗数	单株粒数	单株粒重	千粒重	带壳率	花梢率	产量
单株粒重	0.37	-0.11	0.54	-0.63	-0.29	-0.32	-0.58	-0.6	0.94	0.99*	0.96*	1				
千粒重	-0.39	-0.78	-0.22	0.1	-0.88	-0.9	-0.98*	0.14	0.42	0.59	0.48	0.71	1			
带壳率	0	0	0	0	0	0	0	0	0	0	0	0	0	1		
花梢率	-0.85	-0.5	-0.93	0.97*	-0.34	-0.3	-0.02	0.96*	-0.96*	-0.89	-0.94	-0.8	-0.15	0	1	
产量	-0.72	-0.31	-0.84	0.9	-0.14	-0.1	0.18	0.88	-1.00**	-0.96*	-0.99*	-0.91	-0.35	0	0.98*	1

3 讨论与结论

皮燕麦是高产优质的草料兼用作物，营养价值高，适口性好，且燕麦籽实的蛋白质含量高。从本研究的结果看，皮燕麦品种的平均蛋白质含量为16.36%，高于杨才等的统计值15.53%，高于李笑蕊等对三种皮燕麦进行测定的平均值13.95%，这可能是年间和地域的差别所致。也可能与徐向英等指出不同地区间燕麦样品蛋白质含量存在显著差异，宁夏固原和甘肃定西的样品蛋白质含量相对较高有关。

在相同的栽培条件下，不同品种的蛋白质、脂肪、总淀粉、直链淀粉、灰分、纤维素和葡聚糖含量也不尽相同，这与周海涛的研究一致。对3个不同皮燕麦品种的蛋白质含量进行均值分析，结果表明各品种的蛋白质含量存在显著差异，以定燕2号最高，为18.51%。对不同品种的蛋白质含量与其他营养品质进行相关性分析，结果表明：蛋白质含量与脂肪含量、纤维素含量呈显著正相关。

研究指出株高对皮燕麦籽实蛋白质的含量有显著影响，且呈显著正相关。皮燕麦作为饲料品种，显然是株高越高，蛋白质含量越高越好，但株高对皮燕麦的产量没有影响，这与武俊英等的研究结果一致，所以说在不影响产量的前提条件下，株高选择也要适当，因为株高与植株的抗倒伏性有一定的反比例关系。同时蛋白质含量与单株分蘖数、单株穗数呈显著负相关。

综上所述，皮燕麦的蛋白质含量与脂肪含量和纤维素含量呈显著正相关，燕麦的株高与籽实的蛋白质含量呈显著正相关，蛋白质含量与单株分蘖数和单株穗数呈显著负相关。

参考文献（略）

本文发表在《江苏农业科学》2017，45（22）。作者：穆兰海，母养秀*，常克勤，杜燕萍，陈彩锦。

不同播种密度对荞麦植株叶片衰老及产量的影响

摘要：以宁荞1号为供试材料，研究了荞麦植株播种密度对荞麦植株叶片衰老生理及产量的影响。结果表明：T3处理（8万株/亩）加速叶片的衰老速率，T1（4万株/亩）、T2处理（6万株/亩）有效缓解了叶片的衰老进程；T3处理（8万株/亩）加快叶绿素的降解，可溶性蛋白质含量、SOD、CAT活性的下降，加快MDA含量的积累；T1（4万株/亩）、T2（6万株/亩）处理有效提高植株叶片POD的活性；在干旱条件下，T2处理（6万株/亩）荞麦单株粒数、单株粒重、千粒重及产量最高。

关键词：播种密度；荞麦；叶片衰老；保护酶活性；产量

荞麦（*Fagopyrum esculentum* Moench.）是廖科（Polygonaceae）荞麦属（*Fagopyrum* Mill）一年生的双子叶禾谷类作物，营养丰富，且具有多种生物学功能。在宁夏南部山区的粮食生产中发挥着重要作用。植物叶片的衰老与植物体内的活性酶含量有关，活性酶含量的高低表示植物体本身清除有害物质的能力强弱。许多研究表明，由于叶片早衰在农业生产中造成作物减产，荞麦叶片早衰的快慢和功能期的长短，对荞麦的产量形成有重要作用。

关于播种密度对植株衰老的研究在玉米、小麦、水稻等作物上均有研究，但关于播种密度对荞麦植株衰老的影响研究还尚未见报道。本试验研究了不同播种密度对荞麦植株叶片衰老生理及产量的影响，探索荞麦植株叶片的衰老规律，播种密度与荞麦叶片衰老之间的关系，为今后荞麦的高产高效栽培提供理论依据。

1　材料与方法

1.1　供试材料

试验于2016年6—9月在宁夏固原市原州区彭堡镇彭堡村燕麦荞麦试验基地进行，地块位于东经106°9′，北纬36°5′，海拔1 660m，供试品种为宁荞1号。

1.2　试验方法

试验采用随机区组试验设计，每个处理3次重复，3个密度梯度，4万株/亩（每行40株，株距5cm）、6万株/亩（每行60株，株距3.33cm）、8万株/亩（每行80株，株距2.5cm）、依次记为T1、T2、T3；播种方式为开沟条播，人工间定苗。小区面积$10m_2$（2.5m×4m），每个小区9短行，行距约33cm，肥、水、病虫草害的管理按国家荞麦区域试验要求进行。

待植株生长至始花期开始后，每隔7天采样一次。第1、第8、第15、第22天对荞麦植株叶片的叶绿素含量、可溶性蛋白质含量、丙二醛（MDA）含量、超氧化物歧化酶（SOD）、过氧化物酶（POD）、过氧化氢酶（CAT）活性指标进行测定，每项三次重复取均值。

1.3 测定项目与方法

叶绿素含量测定按照80%的丙酮浸提法测定；可溶性蛋白质含量测定采用考马斯亮蓝G-250法测定；SOD活性、POD活性、CAT活性采用高俊凤主编的《植物生理学实验指导》方法测定；丙二醛含量采用硫代巴比妥酸（TBA）显色法测定。

1.4 数据处理

试验数据采用Excel 2007进行初步处理，用SPSS16.0软件对不同处理进行LSD多重比较。

2 结果与分析

2.1 不同播种密度对荞麦植株叶片生理的影响

2.1.1 不同播种密度对荞麦植株叶片叶绿素含量的影响 叶绿素存在于叶绿体中，叶绿素含量的多少影响着对光能的吸收和转换。从图1可以看出，在不同密度处理下，叶绿素含量随生育期的推进均呈先上升后下降的趋势。叶绿素含量在第1天随密度的增加而升高，第22天随密度的增加而降低，说明低密度处理叶绿素降解较缓，高密度处理叶绿素降解较快。

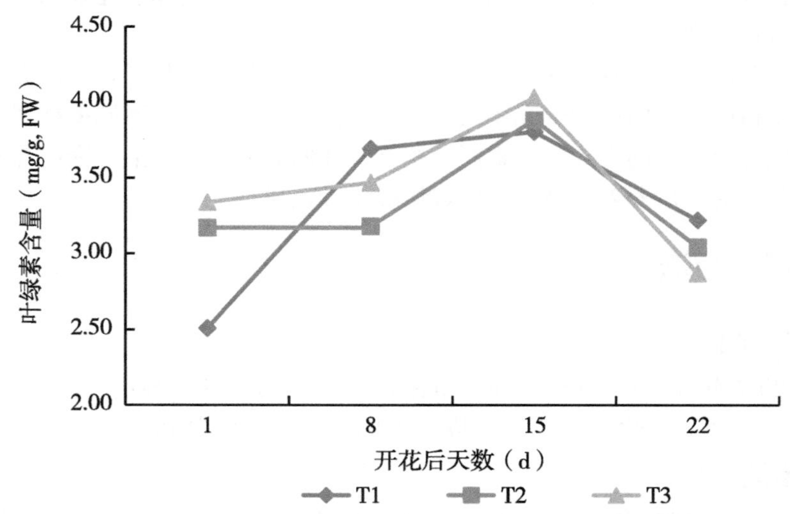

图1 不同播种密度对荞麦植株叶片叶绿素含量的影响

2.1.2 不同播种密度对荞麦植株叶片可溶性蛋白质含量的影响 可溶性蛋白质含量的变化是反应叶片功能及衰老的指标之一。从图2可以看出在不同密度处理条件下，可溶性蛋白质的含量随生育期的推进均呈下降趋势。可溶性蛋白质含量在第一天随密度的增加而降低，T1 处理比 T2、T3 处理分别高出 18.4%和 21.6%。在第 22 天，T1 处理的可溶性蛋白质含量为 0.21mg/g。比 T2、T3 处理分别高出了 5%和 16.7%，但差异不显著。说明低密度处理植株叶片的可溶性蛋白质含量高，能有效延缓叶片的衰老。

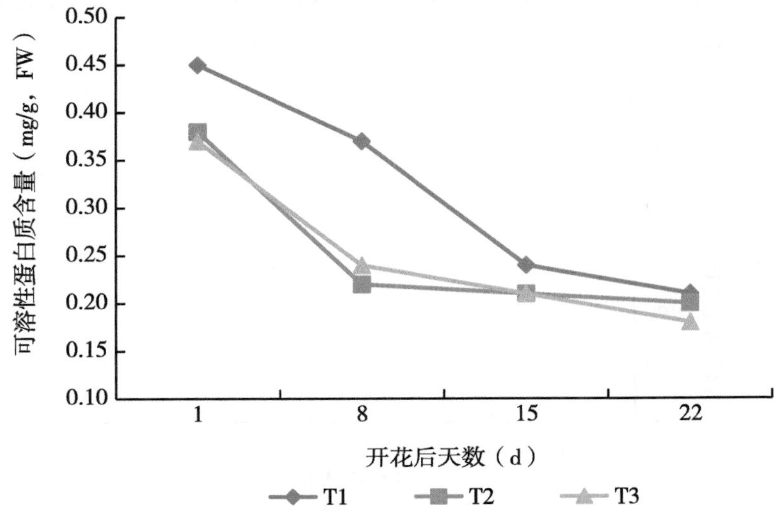

图 2 不同播种密度对荞麦植株叶片可溶性蛋白质含量的影响

2.1.3 不同播种密度对荞麦植株叶片超氧化物歧化酶活性的影响 超氧化物歧化酶（SOD）是细胞内防御系统的关键酶，活性的高低标志着植物细胞自身抗衰老能力的强弱。从图 3 可以看出，在不同播种密度处理条件下，SOD 活性呈先上升后下降的趋势。但是在高密度 T3 处理下，SOD 活性在第 8 天达到最高，在第 22 天 SOD 活性最低，且在第 8 天开始下降，而低密度 T1 和 T2 在第 15 天才开始下降。说明高密度处理 SOD 活性降低速度较快，且加速植株衰老进程。

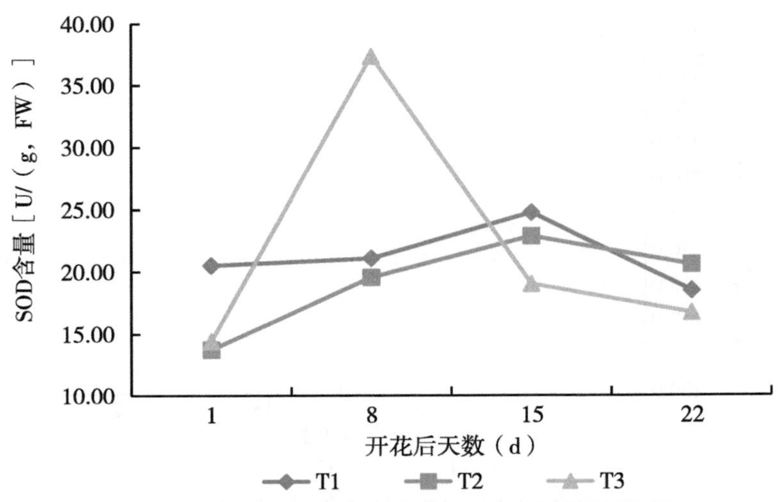

图 3 不同播种密度对荞麦植株叶片 SOD 含量的影响

2.1.4 不同播种密度对荞麦植株叶片过氧化物酶活性的影响 过氧化物酶（POD）是植物保护酶系统另一种重要的酶，可分解细胞内的膜脂过氧化物，减少其积累，对于维持叶片的正常生理功能具有重要作用。从图4可以看出，不同播种密度处理条件下，POD活性呈上升趋势。在第22天，T1处理的POD活性最高，为679.7 U/(g·min)，比T2、T3分别高出89.2%和42.7%。可见低密度处理能有效提高POD活性，延缓叶片衰老。

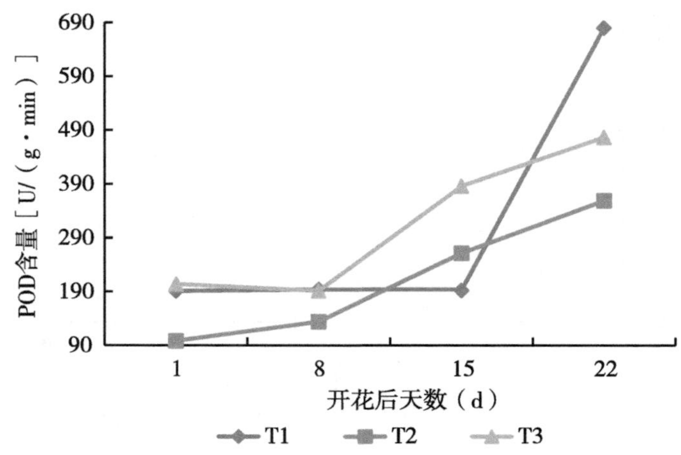

图4 不同播种密度对荞麦植株叶片POD含量的影响

2.1.5 不同播种密度对荞麦植株叶片过氧化氢酶活性的影响 过氧化氢酶（CAT）能清楚植物体内的过氧化氢，是植物酶保护系统的重要酶。从图5可以看出，在各个密度处理条件下，随着生育期的推进CAT活性呈先下降再上升再下降的趋势。在第22天，高密度T3处理，CAT活性最低，为217.3U/(g·min)，比T1和T2分别低2.3%和8.9%。说明高密度处理CAT活性下降速度比低密度快，同时说明高密度处理能加速植株叶片的衰老进程。

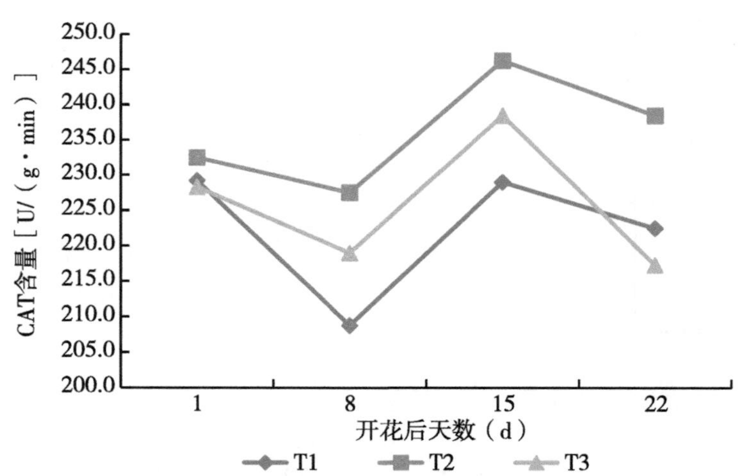

图5 不同播种密度对荞麦植株叶片CAT含量的影响

2.1.6　不同播种密度对荞麦植株叶片丙二醛含量的影响　丙二醛（MDA）含量的高低能表明叶片细胞膜脂的过氧化程度。其含量越低，说明植株的抗逆性越强。从图6可以看出，三个密度处理条件下，丙二醛的含量随生育进程的推进均呈先下降后上升的趋势。在开花后的第1天，随密度的增加，MDA含量降低。在开花后的第22天，随密度的增加，MDA含量增高，但相互之间差异不显著。但足以说明在高密度处理条件下，MDA的积累速度较快，能加速植株的衰老进程。

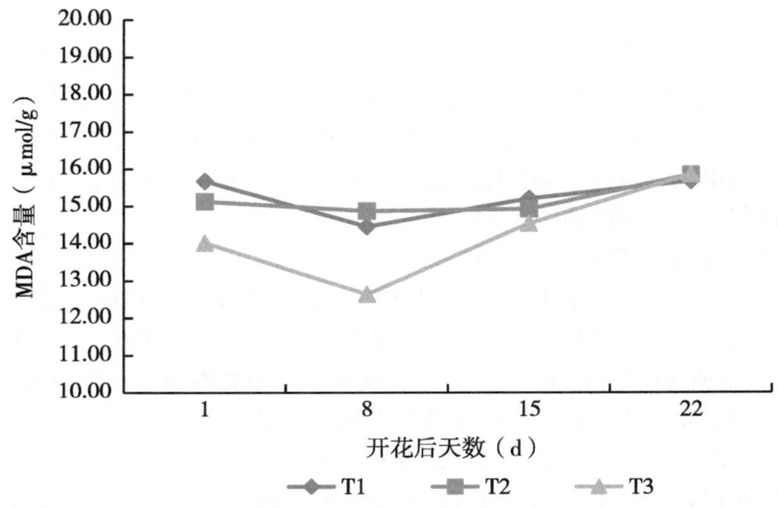

图6　不同播种密度对荞麦植株叶片MDA含量的影响

2.2　不同播种密度对荞麦产量及构成因素的影响

从表1可以看出，高密度T3处理造成单株粒数、单株粒重、千粒重及产量降低。单株粒数较T1、T2处理分别降低了34.9%和38.8%，与T1、T2处理之间差异达到极显著水平。T3处理千粒重较T1、T2处理分别降低了6.1%和11.1%，与T2处理之间差异达到极显著水平。T3处理的单株粒重和小区产量均低T1、T2处理，但三者之间差异不显著。说明在干旱条件下，低密度处理有助于提高荞麦产量。

表1　不同播种密度对荞麦产量及构成因素的影响

播种密度处理	单株粒数（个）	单株粒重（g）	千粒重（g）	小区产量（$kg/10m^2$）
T1	153.2bB±1.7	2.98aA±0.46	19.6abAB±0.52	0.56aA±0.01
T2	163.0aA±0.7	3.24aA±0.58	20.7aA±1.2	0.58aA±0.06
T3	99.8cC±2.2	1.88aA±0.28	18.4bB±0.87	0.48aA±0.04

注：标志的大（小）写字母表示在1%（5%）水平的差异显著性。

3 讨论与结论

叶片衰老的常见指标是叶绿素和蛋白质含量下降，凡是能延缓叶绿素含量和蛋白质含量下降的因素，也即延缓了荞麦植株叶片的衰老。本研究表明高密度处理有效加快叶绿素的分解和蛋白质含量的下降，这与前人研究的密度对叶片叶绿素含量和可溶性蛋白质含量的影响具有负效应的结论一致。在低密度（T1 和 T2）条件下，叶片衰老的速度缓慢。

叶片衰老与活性氧代谢呈正相关，SOD 活性、POD 活性、CAT 活性、丙二醛含量均是衡量叶片衰老的重要指标。植物叶片衰老伴随着活性酶的降低和膜脂过氧化物 MDA 含量的增高。本研究中，高密度处理会降低 SOD、POD、CAT 的活性，不能有效清除细胞内自由基，且降低细胞膜的抗氧化能力，加速叶片衰老，同时加快 MDA 含量的积累，这与张荣萍等的研究结果一致。

荞麦的产量往往受气候条件影响，2016 年 6 月至 10 月，在荞麦生育期内无降水，一直处于干旱状态。本研究表明低密度处理有效地提高了单株粒数、单株粒重和千粒重，这与王志和等的研究结果一致。但密度要结合产量进行适宜组合，本研究表明在干旱条件下，T2 处理（6 万株/667m^2）荞麦单株粒数、单株粒重、千粒重及产量最高。

荞麦是我国重要的小宗粮豆作物和传统的出口商品，但是长期以来，由于从事荞麦研究的科研人员较少，重视程度不够，因此在荞麦栽培生理研究方面十分落后。生产实践中，有效控制或延缓荞麦开花节叶片的衰老进程，延长叶片功能期，对提高荞麦产量有十分重要的作用。

参考文献（略）

本文发表在《江苏农业科学》2018，46（1）。作者：母养秀，张久盘，穆兰海，杜燕萍，常克勤*。

种植密度对荞麦受精结实率及产量的影响

摘要：2014—2016年以宁荞1号为供试品种，研究了不同密度对荞麦（*Fagopyru mesculentum* Moench.）农艺性状、受精结实率及产量的影响。结果表明，在生育期降雨较多的2014年，随密度的增加，株高增高，茎粗变粗，主茎节数增多，单株粒数、单株粒重和千粒重均呈下降趋势，受精结实率呈下降趋势，产量呈增加趋势；在降雨较少的2015年和2016年，随密度的增加，主茎节数、单株粒数、单株粒重及千粒重随着密度增加呈先增加后降低的趋势，受精结实率随着密度的增加呈下降趋势，产量呈先增加后下降的趋势。从增产的角度看，荞麦在宁南山区的适宜播种密度为6万株/亩。

关键词：荞麦（*Fagopyrum esculentum* Moench.）；种植密度；农艺性状；受精结实率；产量

荞麦（*Fagopyrum esculentum* Moench.）是蓼科（Polygonaceae）荞麦属（*Fagopyrum*）异花授粉作物，其营养丰富，富含蛋白质、脂肪、淀粉以及生物类黄酮，D-手性肌醇、芦丁等化合物。宁夏南部山区是中国荞麦的主产区之一。荞麦在宁夏南部山区旱地农业和粮食生产及人民生活中占有重要地位，不仅是大家喜爱的粮食作物和蜜源作物，而且是救灾备荒作物。宁夏南部山区降雨较少，非常适宜种植耐旱的荞麦。荞麦的生产相对粗放，单产较低，制约了荞麦的发展与利用。关于影响荞麦结实率及产量的因素，前人研究过播期、密度、肥料等因素，结果不尽相同，且研究仅限于1年，说服力度相对较弱。宁荞1号是宁夏南部山区的主栽品种。在本试验前期，进行了1年的预试验，设置了5个密度梯度：2万株/亩、4万株/亩、6万株/亩、8万株/亩、10万株/亩，试验结果显示，2万株和10万株/亩种植产量都相对较低，均不适宜在宁南山区种植，于是本试验以宁荞1号为供试品种，研究了宁南山区2014—2016年在大田生产条件下4万株/亩、6万株/亩、8万株/亩种植密度对荞麦农艺性状、结实率及产量的影响，主要是为宁夏南部山区荞麦生产选择最佳的种植密度提供参考意见和进一步研究提供理论基础。

1 材料与方法

1.1 试验材料

供试荞麦品种是宁荞1号，由宁夏农林科学院固原分院选育。

1.2 试验方法

采用随机区组试验设计，3 次重复，3 个种植密度梯度，分别为 4 万株/亩（每行 40 株，株距 5.0cm）、6 万株/亩（每行 60 株，株距 3.3cm）、8 万株/亩（每行 80 株，株距 2.5cm），依次记为 T1、T2、T3；播种方式为开沟条播，人工间定苗。小区面积 $10m^2$（2.5m×4.0m），每个小区 9 短行，肥、水、病虫草害的管理按一般管理水平进行，管理应严格控制，力求所有试验小区一致。试验地气象情况见表 1。

表 1　试验地气象资料

年份	项目	6 月	7 月	8 月	9 月
2014	月平均气温（℃）	18.4	20.1	17.8	14.2
	月总降水量（mm）	94.6	78.3	93	150.2
	月总日照时间（h）	235.3	270.2	248	157.3
2015	月平均气温（℃）	17.4	20.4	19.2	13.6
	月总降水量（mm）	29.5	21.3	50.1	67.3
	月总日照时间（h）	195.1	278.5	259.1	166.3
2016	月平均气温（℃）	19.5	20.9	20.7	14.6
	月总降水量（mm）	66.9	90.9	96.6	43.5
	月总日照时间（h）	283.5	253.2	245.5	201.2

1.3 主要测定指标

播种后按荞麦种质资源描述规范和数据标准记载生育日数。待植株成熟后，每个小区随机取样 10 株，考察株高、茎粗、主茎节数、主茎分枝、单株粒数、单株粒重、千粒重。然后分小区收获，脱粒、晾晒，称重。结实率（考种结实率）= 收获时总饱满籽粒数/植株小花数（含瘪粒数）

1.4 数据分析

试验数据采用 Excel 2007 进行初步处理，用 SPSS16.0 软件对不同处理进行 LSD 多重比较。

2 结果与分析

2.1 密度对荞麦农艺性状的影响

由表 2 可以看出，2014—2016 年，不同密度和同一密度对荞麦农艺性状的影响均不同，2014 年随着播种密度的增加，株高增高，茎粗变粗，主茎节数增多，单株粒数、单株粒重和千粒重均呈下降趋势，说明 T1 处理农艺性状表现好于 T2 和 T3 处理，但多数指标在 T1 和 T2 处理之间差异不显著。2015 年随着播种密度的增加，除单株粒重呈下降趋势外，其他指标均呈先增加后下降的趋势，但从方差分析可以看出，单株粒重

T1 和 T2 处理之间差异不显著，说明 T2 处理在 2015 年各个指标均高于 T1 和 T3 处理。2016 年随着播种密度的增加，株高降低，茎粗变细，有效分枝数变少。主茎节数、单株粒数、单株粒重及千粒重随密度增加呈先增加后降低的趋势，说明 T2 处理农艺性状优于 T1 和 T3 处理，但 T1 和 T2 各个指标之间差异均不显著。由此可以得出 T2 处理的农艺性状优于 T1 和 T3 处理。

表 2　密度对荞麦农艺性状的影响（2014—2016 年）

项目	处理	2014 年	2015 年	2016 年
株高（cm）	T1	93. 65±2. 9a	66. 33±2. 9c	56. 80±1. 4a
	T2	97. 00±2. 3a	76. 87±2. 3a	55. 10±2. 3a
	T3	100. 00±1. 7a	69. 20±2. 1b	50. 50±3. 5b
茎粗（cm）	T1	6. 20±0. 1b	5. 03±0. 1b	4. 69±0. 3a
	T2	6. 13±0. 1b	5. 22±0. 1a	4. 58±0. 4ab
	T3	6. 47±0. 2a	4. 27±0. 1c	4. 27±0. 2b
主茎节数（个）	T1	11. 05±0. 6b	11. 27±0. 6a	11. 10±1. 0a
	T2	11. 00±0. 6b	11. 67±0. 6a	11. 70±0. 3a
	T3	13. 08±0. 6a	10. 60±0. 3b	11. 50±0. 3a
有效分枝数（个）	T1	3. 70±0. 2a	3. 47±0. 3a	8. 70±0. 5a
	T2	3. 87±0. 1a	3. 67±0. 1a	9. 60±0. 2a
	T3	3. 42±0. 1b	2. 93±0. 1b	9. 60±0. 2a
单株粒数（个）	T1	157. 95±2. 3a	75. 33±2. 3b	153. 20±7. 5a
	T2	131. 40±1. 4b	84. 00±1. 7a	163. 00±2. 9a
	T3	75. 75±1. 4c	48. 20±2. 9c	99. 80±1. 7b
单株粒重（g）	T1	4. 30±0. 1a	2. 41±0. 1a	2. 98±0. 2a
	T2	3. 30±0. 0a	2. 37±0. 1a	3. 24±0. 2a
	T3	2. 26±0. 1b	1. 45±0. 1b	1. 88±0. 3b
千粒重（g）	T1	27. 18±0. 6a	31. 60±0. 9a	19. 60±0. 4ab
	T2	27. 86±1. 2a	30. 70±0. 4a	20. 70±0. 2a
	T3	24. 60±1. 5b	30. 20±0. 1a	18. 40±0. 2b

注：同列数据后不同小写字母表示处理间差异显著（$P<0.05$）。表 3、表 4 同。

2. 2　密度对荞麦受精结实率的影响

由表 3 可以看出，种植密度显著影响荞麦的受精结实率。2014 年和 2015 年的荞麦受精结实率随密度的增加呈下降趋势，T1 和 T2 处理间差异不显著，但 2014 年 T1 和 T3 处理之间差异显著，T2 和 T3 处理之间差异不显著，2015 年 T1 和 T2 处理均与 T3 处理之间差异显著。2016 年荞麦受精结实率随密度的增加呈先增加后下降的趋势，且不同密度处理之间差异均显著，其中 T2 的受精结实率最高，为 16.90%。由 3 年数据可以看出，T2 处理的受精结实率 2014 年和 2015 年高于 T3 处理，且与 T1 处理间差异不显著，2016 年显著高于 T1 和 T3 处理。由此可以看出，T1（4 万株/亩）处理的结实率最高，与 T2（6 万株/亩）处理在 2014 年和 2015 年差异不显著。

表 3　密度对荞麦受精结实率的影响（2014—2016 年）

年份	处理	饱满粒数	小花数（含瘪粒数）	结实率（%）
2014	T1	157.95	422.20	37.41±2.7a
	T2	131.40	519.47	25.30±1.7ab
	T3	75.75	334.92	22.62±1.2b
2015	T1	75.33	256.40	25.00±1.2a
	T2	84.00	281.22	23.00±0.6a
	T3	48.20	205.48	19.00±1.2b
2016	T1	153.20	828.85	15.60±0.5b
	T2	163.00	800.10	16.90±0.5a
	T3	99.80	623.39	13.80±0.3c

2.3　密度对荞麦产量的影响

由表 4 可以看出，2014—2016 年的荞麦产量在不同密度处理之间差异均不显著。2014 年随密度增加，产量呈升高趋势，2015 年和 2016 年随密度增加产量呈先增加后下降的趋势，且以 T2 处理产量最高，分别为 84.22kg/亩和 38.67kg/亩，说明 T2 处理的产量较高，是宁南山区适宜种植的密度。

表 4　密度对荞麦产量的影响（2014—2016 年）

年份	处理	小区产量（kg）				折合单产 kg/亩
		Ⅰ	Ⅱ	Ⅲ	平均	
2014	T1	1.29	1.75	1.08	1.37±0.17a	91.38
	T2	1.87	1.40	1.14	1.47±0.21a	97.83
	T3	1.69	1.80	2.25	1.91±0.20a	127.55
2015	T1	0.80	1.03	1.46	1.10±0.02a	73.11
	T2	1.10	1.19	1.50	1.26±0.19a	84.22
	T3	1.10	1.13	1.17	1.13±0.0.12a	75.56

（续表）

年份	处理	小区产量（kg）				折合单产 kg/亩
		Ⅰ	Ⅱ	Ⅲ	平均	
2016	T1	0.63	0.37	0.69	0.56±0.06a	37.33
	T2	0.56	0.60	0.56	0.58±0.01a	38.67
	T3	0.57	0.33	0.53	0.48±0.04a	32.00

3 小结与讨论

荞麦的农艺性状、结实率和产量受气候条件和种植密度的影响，气候条件常常影响荞麦受精结实，从而影响荞麦的产量。2014年在荞麦生育期间降雨偏多，研究结果显示随密度增加，株高增高，茎粗变粗，主茎节数增多，单株粒数、单株粒重和千粒重均呈下降趋势，结实率下降，而产量增高，T3（8万株/亩）处理产量最高为127.55 kg/亩，这与王慧等的研究结果在种植密度为2万~8万株/亩，产量随密度的增加而增加，密度为8万株/亩时产量最高一致，但与向达兵等的研究结果不一致，向达兵等的研究结果显示，6万株/亩处理产量最高，同时本研究与吴冰冰等的研究结果也不一致，这可能是区域和降雨不同的缘故。2015年和2016年，研究结果显示，随种植密度增加，主茎节数、单株粒数、单株粒重及千粒重随密度增加呈先增加后降低的趋势，受精结实率随密度增加呈下降趋势，产量呈先增加后下降的趋势，这与向达兵等的研究结果一致，但与王慧等和吴冰冰等的研究结果不一致，这可能是区域和降雨因素影响所造成的结果不同。

从表1看出，在荞麦生育期，2015年和2016年降雨明显低于2014年，在宁夏南部山区6—9月，根据多年气象资料显示，90%以上年份处于干旱状况。所以根据3年的试验数据研究得出6万株/亩是宁南山区最适宜的种植密度。

参考文献（略）

本文发表在《湖北农业科学》2018，57（2）。作者：母养秀，杨利娟，张久盘，穆兰海，杜燕萍，常克勤*。

7 个燕麦品种在宁南地区的抗旱性评价

摘要：在宁夏南部干旱山区，对引自我国燕麦主产区的7份燕麦品种的抗旱系数（GI）、干旱敏感指数（SSR）、抗旱指数（DI）等指标进行观测，以筛选抗旱品种。结果表明，燕科1号抗旱指数1.77，为1级抗旱（高抗）品种；坝莜8号抗旱指数1.22，为2级抗旱品种；宁莜1号、本德为3级中抗品种；白燕2号为4级弱抗品种；草莜1号为5级不抗品种。

关键词：燕麦；品种；抗旱指数；宁南地区

燕麦（*Avena sativa* Linn.）属于禾本科（Poaceae）燕麦属（*Avena*），为粮草兼用型一年生植物，具有抗寒、耐贫瘠和耐盐碱等特性，被称为盐碱地改良的先锋作物。燕麦含有丰富的亚油酸，占全部不饱和脂肪酸的30%~40%，可辅助治疗脂肪肝、糖尿病、浮肿和便秘等，还具有止血和止虚汗等功效，对于中老年人延年益寿、增进体力大有益处。中国燕麦的栽培已有2500多年历史，主要分布于内蒙古、河北、山西、甘肃及宁夏等地区，年种植面积约55万 hm^2。目前，对燕麦的研究主要集中在适应性栽培、种质资源遗传分析、产量和品质提高及产品开发等方面。国家实施西部大开发的战略措施，提出发挥资源优势，发展特色农业。宁夏南部山区把燕麦作为区域优势作物和特色产业发展，以促进山区农村经济发展。为了筛选适宜种植的高产、抗逆性强、优质高产燕麦新品种，我们对从东北、华北、西北和西南四大燕麦种植区引进的7个燕麦优良品种进行生态适应性鉴定，以确定不同品种与生长环境因子的匹配程度，种植的适应区域，为宁南地区燕麦种植提供科学依据。

1 材料与方法

1.1 供试材料

供试燕麦品种7个，其中裸燕麦品种4个，为草莜1号、坝莜8号、白燕2号及宁莜1号（CK1），依次编号为L1、L2、L3、L4；皮燕麦品种3个，为白燕7号、燕科1号、本德（CK2），依次编号为P1、P2、P3。品种来源见表1。

表1 供试燕麦品种及来源

编号	品种	皮、裸性	品种来源
L1	草莜1号	裸	内蒙古自治区农牧业科学院
L2	坝莜8号	裸	张家口市农业科学院

（续表）

编号	品种	皮、裸性	品种来源
L3	白燕 2 号	裸	吉林省白城市农业科学院
L4	宁莜 1 号（CK1）	裸	宁夏农林科学院固原分院
P1	白燕 7 号	皮	吉林省白城市农业科学院
P2	燕科 1 号	皮	内蒙古自治区农牧业科学院
P3	本德（CK2）	皮	甘肃省定西市农业科学研究院

1.2　试验地概况

试验设在宁夏固原市原州区头营镇徐河村宁夏农林科学院固原分院科研基地。试验地位于东经106°44′、北纬36°16′，海拔1 550m。气候类型属典型的大陆性半干旱气候，年均日照2 600h，年均降水量 350mm，降水主要集中在 5—10 月。年平均气温 7.6℃，无霜期 142d。试验地为川旱地，黑垆土，pH8.5，地势平坦，试验地前茬为玉米。2016 年试验区固原头营镇逐月降水量和温度见图 1。

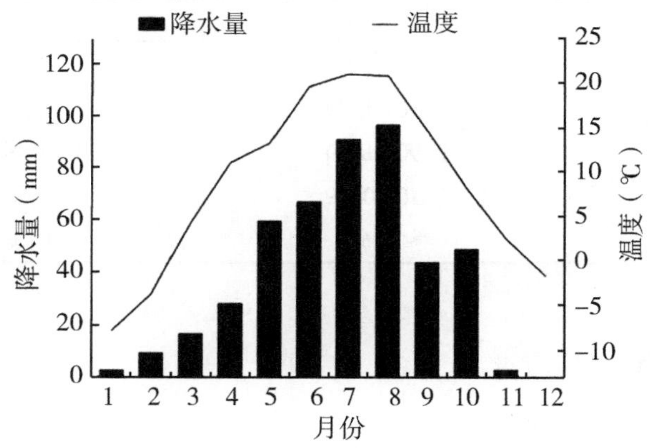

图 1　2016 年固原头营镇逐月降水量和温度

1.3　试验方法

试验设计胁迫与灌水 2 种处理。胁迫处理（标记为 S_1）旱作种植，全生育期除播种前墒情因不足适量浇水保证出苗外，其余时间不再浇水。灌水处理（标记为 S_2）的土壤条件与胁迫处理一致，分别在拔节期、抽穗期及灌浆期予以灌水，使土层 0～5cm 土壤水分含量达到田间持水量的 80%以上。大区面积 260m^2（20m×13m），不设重复，共 14 个大区。试验播种前进行耙耱打碎土块，结合整地施入磷酸二铵（含 N16%，P_2O_5 46%）150kg/hm^2。2016 年 4 月 7 日播种，机械条播，播深 5～7cm，行距 25cm，密度 450 万株/hm^2，播后覆土耱平。各处理四周种植保护行 1m，大区走道及区组间距均为 0.5m。灌溉处理区与相邻胁迫处理区间挖深防渗漏沟 50cm，防止窜水窜肥。所有处理在同一水平、同一条件下统一进行田间管理，分蘖后期进行人工锄草。

1.4 测定指标及方法

产量性状的抗旱性筛选。每品种按不同处理单收单脱，计实产。利用收获后的产量结果计算胁迫和灌溉2种处理下各参试材料的单位面积产量，并计算各品种的抗旱系数 *GI*、干旱敏感指数 *SSR*，抗旱指数 *DI*，计算公式如下。

$$GI=Ya/Ym$$

$$SSR=(1-Ya/Ym)/(1-Ya/Ym)$$

$$DI=(Ya/\bar{Y}ma)\times[(Ya/Ym)/(\bar{Y}ma/\bar{Y}m)]$$

式中，Ya 为某参试品系胁迫处理产量；Ym 为某参试品系灌水处理产量；$\bar{Y}a$ 为所有参试品系胁迫处理平均产量；$\bar{Y}m$ 为所有参试品系灌水处理平均产量；Yma 为所有参试品系的平均产量，包括胁迫处理的和灌水处理的。

根据农作物综合抗旱指数定义，参照兰巨生的农作物抗旱性分级标准（表2），对参试燕麦进行抗旱性比较与分析。试验数据采用 Microsoft Excel 和 DPSv7.05 进行统计分析。

表2　农作物抗旱性分级标准

抗旱性级别	抗旱指数	抗旱性评价
1	≥1.30	极强（HR）
2	1.10~1.29	强（R）
3	0.90~1.09	中等（MR）
4	0.70~0.89	弱（S）
5	≤0.69	极弱（HS）

2 结果与分析

2.1 主要性状

通过表3可以看出，水分胁迫对7个燕麦品种性状影响不大。在 S_1 处理下，燕麦株高均较对照品种有所降低。白燕2号、宁莜1号（CK1）、燕科1号、本德4个品种的 S_1/S_2 均在80%以上，表明燕麦的形态性状受环境影响较小。田间观测发现，白燕7号和草莜1号表现为萎蔫发生较早，持续时间长，恢复也比较慢，初步判定为抗旱性弱；燕科1号及坝莜8号品种表现为萎蔫发生较晚，持续时间短，恢复快，初步判定为其抗旱性强。其余品种的表现介于二者之间，初步判定为其抗旱性较强或较弱。S_1 处理下，燕麦的穗铃数和穗粒数均较 S_2 处理减少。通过对各品种产量构成因素的对比分析，燕科1号、坝莜8号、宁莜1号（CK1）、本德（CK2）4个品种在 S_1 处理下的穗铃数为16.1~21.6个，穗粒数为31.8~57.3粒，在 S_2 处理下，同样有较好的表现，表明这4个品种的产量性状受环境影响较小；白燕7号、草莜1号在 S_2 处理下表现较好，但在 S_1 处理下表现较差，表明这2个品种的产量性状受环境影响较大。

表 3 不同处理燕麦的主要性状

品种	株高			穗粒数			穗铃数		
	S_1（cm）	S_2（cm）	(S_1/S_2)（%）	S_1（个）	S_2（个）	(S_1/S_2)（%）	S_1（个）	S_2（个）	(S_1/S_2)（%）
草莜 1 号	64. 2	93. 1	68. 96	13. 8	16. 6	83. 13	30. 9	41. 8	73. 92
坝莜 8 号	76. 0	104. 0	73. 08	17. 1	22. 5	76. 00	42. 9	50. 2	85. 46
白燕 2 号	79. 9	98. 5	81. 12	12. 1	15. 5	78. 06	28. 6	41. 4	69. 08
宁莜 1 号（CK）	81. 6	87. 8	92. 94	16. 6	18. 7	88. 77	31. 8	44. 6	69. 51
白燕 7 号	81. 3	112. 1	72. 52	11. 7	17. 4	67. 24	19. 0	54. 3	34. 99
燕科 1 号	84. 6	100. 9	83. 85	21. 6	23. 3	92. 70	57. 3	73. 1	78. 39
本德（CK2）	85. 1	97. 3	87. 46	16. 1	16. 7	96. 41	37. 7	42. 6	88. 50

2.2 产量

由表 4 可以看出，S_1 处理下燕科 1 号、坝莜 8 号、宁莜 1 号（CK1）、本德（CK2）4 个品种的产量较高，为 1 399. 5～2 503. 5kg/hm²，在 S_2 处理下，同样有较好的表现，表明这 4 个品种的产量受环境影响较小。白燕 7 号、草莜 1 号在 S_2 处理下产量较高，但在 S_1 处理下表现较差，表明这 2 个品种的产量性状受环境影响较大。

表 4 不同处理燕麦品种的产量

品种	产量		
	S_1（kg/hm^2）	S_2（kg/hm^2）	(S_1/S_2)（%）
草莜 1 号	1 249. 5	2 550. 0	49. 00
坝莜 8 号	2 299. 5	3 550. 5	64. 77
白燕 2 号	1 042. 5	1 461. 0	71. 36
宁莜 1 号（CK1）	1 849. 5	2 899. 5	63. 79
白燕 7 号	1 150. 5	2 350. 5	48. 95
燕科 1 号	2 503. 5	2 899. 5	86. 34
本德（CK2）	1 399. 5	1 549. 5	90. 32

2.3 抗旱性分级

根据作物抗旱性指数评价分级标准及燕麦参试品种抗旱性评价结果（表 5），依据抗旱指数将 7 个燕麦参试品种分为 5 个抗旱类型。燕科 1 号的抗旱指数（DI）为 1. 77，可以判定燕科 1 号对干旱的适应性及本身的稳产性非常强，为抗旱性极强的品种，这与目测法观察筛选结果相吻合。坝莜 8 号品种的抗旱指数为 1. 22，在灌水条件下稳产性较高，在旱地条件下也有较高的产量水平，为抗旱性强的品种。本德（CK2）、宁莜1号（CK1）的抗旱指数分别为1.04、0.97，可以判定在不同种植条件下这2个品种稳产性中等，而且在旱地条件下的产量水平中等，为抗旱性中等的品种。白燕2号的抗旱指数为0.85，可以判定在不同种植条件下这个品种稳产性较低，而且在旱地条件下的产量水平较低，为抗旱性弱的品种。草莜1号、白燕7号的抗旱指数分别为0.50、0.46，表明这2个品种对干旱的适应性极弱，产量受环境变化影响大，稳产性非常弱，在干旱条件下产量低，因旱减产幅度比较大，为抗旱性极弱或不抗旱品种。

表5　不同处理燕麦品种的抗旱性

品种	抗寒系数（GI）	干旱敏感指数（SSR）	抗旱指数（DI）	抗旱等级
草莜1号	0.49	1.82	0.50	5
坝莜8号	0.65	1.26	1.22	2
白燕2号	0.74	0.94	0.85	4
宁莜1号（CK1）	0.64	1.29	0.97	3
白燕7号	0.49	1.82	0.46	5
燕科1号	0.86	0.49	1.77	1
本德（CK2）	0.90	0.35	1.04	3

2.4　不同处理下同一性状相关分析

从S_1与S_2处理间同一性状相关系数来看，7个燕麦品种株高的相关系数$r=0.22$，表明其受环境影响较大；穗铃数的相关系数$r=0.84$，经测验达到极显著水平，表明其受环境影响较小；穗粒数的相关系数$r=0.64$，其受环境影响较大。方差分析得出，各品种的抗旱指数与其在水分胁迫环境下的实际产量呈正相关，相关系数为0.86，达到极显著水平。

3　小结与讨论

以7个燕麦品种的抗旱系数（GI）、干旱敏感指数（SSR）、抗旱指数（DI）为指标，经过形态性状、产量性状的早期筛选，抗旱性分级评价等手段，初步筛选出1级抗旱（高抗）品种燕科1号，2级抗旱品种坝莜8号，3级中抗类型品种宁莜1号（CK1）和本德（CK2），4级弱抗类型品种白燕2号，5级不抗类型品种草莜1号和白燕7号。其中燕科1号、坝莜8号抗旱指数分别为1.77、1.22，均为抗旱性较强的品种，可作为重点关注对象。

植物在其生命周期中不可避免地要经历复杂的环境变化，在这诸多逆境中，干旱胁迫严重地影响着植物的生长，其造成的危害超过了其他非生物胁迫的总和。本研究表明，在2种处理条件下，7份供试材料的产量相关性状都有不同程度的降低，但在相同干旱胁迫下的影响却差异较大，从而体现出各材料的抗旱性不同。

干旱胁迫对燕麦农艺性状的影响与不同燕麦品种对干旱的敏感性有关。抗旱性强的品种农艺性状受干旱胁迫较小，抗旱性弱的品种农艺性状受干旱胁迫较大。供试材料中抗旱性最强的品种是燕科 1 号，在干旱胁迫条件下萎蔫发生较晚，持续时间短，恢复快，单株粒数和籽粒产量等也较稳定，对干旱的适应性以及本身的稳产性非常强，为抗旱性极强的品种。

在育种实践中，为缩短燕麦抗旱型新品种育种年限，在选择方法上，应从品系鉴定圃开始，用株高、穗铃数、穗粒数、籽粒产量 4 个主要性状综合抗旱系数、干旱敏感指数进行筛选，再结合产量用抗旱指数进行分级，可以提高筛选的准确性和可靠性。

参考文献（略）

本文发表在《甘肃农业科技》2018（3）。作者：张久盘，穆兰海，杜燕萍，贾宝光，常克勤*。

第三章　发展战略研究

对宁夏荞麦品种选育工作总结与思考

荞麦具有生育期短，适应性广，耐旱耐瘠，营养丰富，食疗同源等特点。在宁夏南部山区旱地农业和粮食生产及人民生活中有一定地位，既是各族人民喜食爱种的粮食作物和蜜源作物，又是救灾备荒作物，也是宁夏重要的传统出口创汇物资（这是荞麦在宁夏保持较大面积的主要原因）。宁夏种植荞麦历史悠久，在西夏、明、清及民国时期的地方志中均记有荞麦。宁夏栽培荞麦有两种：即甜荞（普通荞麦）、苦荞（鞑靼荞麦），宁夏南部山区种植的主要是作食粮的甜荞，苦荞主要作饲料，只是零星分散种植。主要分布在西海固和盐同地区，常年播种面积 $3.67\times10^4hm^2$ 左右，如遇灾害年份可达 $4.67\times10^4hm^2$，甚至达到 $6.67\times10^4hm^2$，约占宁夏南部山区粮食作物播种面积的10%左右，占全国荞麦种植面积的5%左右，是我国荞麦主产区之一。但是由于历史和自然的原因，荞麦生产长期处于无人问津、待遇低下、耕作粗放、广种薄收、品种原始单一的状况，生产用种都是古老的地方品种。

20 世纪 80 年代开始，农业生产和农民对荞麦新品种的要求十分迫切。固原市农业科学研究所开始征集荞麦品种资源，进而开展荞麦新品种选育。经过 20 年的努力，选育出的荞麦新品种在生产中发挥了积极作用，荞麦的产量有了显著增加（表 1）。

表 1　宁夏荞麦面积与产量

年份	面积（10^4hm^2）	产量（kg/hm^2）
20 世纪 50 年代	3.93～6.33	375
1978	2.92	480
1985	3.09	
1989	2.94	570
1993	3.62	
1995	4.79	825
2000	4.24	1 125

一、荞麦新品种选育成就

（一）育成品种

荞麦新品种选育工作是从1984年开始的，当时开展的项目有引种观察、品种鉴定和品种比较试验。从1986年又开展宁夏南部山区荞麦品种区域试验，目前已进行了6轮，同时还承担完成了5轮国家荞麦良种区域试验。固原市农业科学研究所荞麦新品种选育尽管起步晚，技术力量薄弱，却取得了显著成绩。通过引种鉴定、物理诱变、系统选育等方法，选育推广了一批荞麦新品种，一般比当地荞麦增产10%~50%，在生产中发挥了显著作用。

1. 北海道

通过引种鉴定选育而成。株高100~102cm，白花，粒黑色麻纹，茎秆基部紫红，上部绿色，籽粒三棱形，棱翅明显，千粒重30g，生育期70~80d，属中熟品种，一年春夏能播种两次，耐旱、耐瘠、耐涝、抗倒。1987—1989年区试结果，比当地甜荞平均增产18.4%。1990年宁夏农作物品种审定委员会审定，1992年获宁夏科技进步奖三等奖，1994—1995年被列入宁夏科技兴农重大科技成果推广计划项目。

2. 榆荞2号

通过引种鉴定选育而成。株高90cm，粉红花，棕粒，千粒重30g，红秆绿叶。生育期80~85d，属中晚熟品种。1987—1989年参加宁南山区区域试验，比当地甜荞增产17.2%，1990年宁夏农作物品种审定委员会审定，1992年获宁夏科技进步奖三等奖。

3. 美国甜荞

引种鉴定选育而成。株高60cm左右，白花，粒棕褐色，全株绿色，株型紧凑，籽粒三棱形，棱角突出明显，千粒重26~32g。生育60~66d，属早熟品种，比当地甜荞早熟15d以上，是麦后复种及救灾备荒的理想品种。美国甜荞在不同年份生长发育表现为：随着气温的增高，生育进程加快，生育日数缩短。在宁夏干旱、半干旱及阴湿区正茬播种或复种，在早霜来临之前都能正常成熟，缺点是易落粒，1991—1993年参加宁夏山区品种区域试验，比当地对照品种增产21.5%，1993—1995年参加全国荞麦良种区域试验，先后在全国13个省区设点试验，三年29点次试验结果比对照品种增产11.1%。"美国甜荞具有早熟、高产、适应性广等特点，适宜北方春荞麦区的河北北部，山西北部、内蒙古西部和宁夏南部推广种植"（全国荞麦科研协作组评价）。1995年宁夏农作物品种审定委员会审定，1996年宁夏推荐申报国家科技成果重点推广项目，1998年获宁夏科技进步奖三等奖，1999年被选入中国农学会编辑出版的《高新农业实用技术》一书。

4. 岛根

从日本岛根县引进，经过试验鉴定选育而成。株高70cm，白花，全株绿色，株型紧凑，粒黑，三棱形，棱翅明显，千粒重29g。生育期76d，属中熟品种。田间生长整齐、长势强、抗旱、抗倒伏、结实集中。1995—1997年参加宁南山区荞麦品种区域试验，结果平均比北海道荞麦增产7.7%，1998年宁夏农作物品种审定委员会审定，是宁夏"九五"科研成果之一。

5. 宁荞1号

是混选三号辐射处理后定向系统选育而成。株高90cm，花瓣白色，雄蕊粉红色，籽粒褐色，三棱形，棱角突出，全株绿色，株型较紧凑，千粒重40g左右。生育期80~90d，属中晚熟品种。生长发育整齐、结实集中、抗倒、抗旱、适应性强、宜早播。1998—2000年参加宁南山区荞麦品种区域试验，结果平均比北海道增产11.5%，2001年宁夏农作物品种审定委员会审定。

6. 信浓1号

从日本引进品种，经过试验鉴定选育而成。株高91.2cm，白花，浅黑粒，籽粒三棱形，全株绿色，千粒重30g左右。生育期80d以上，中熟品种，田间生长发育整齐、抗倒伏、结实集中。2001—2003年参加宁南山区荞麦品种区域试验，平均比当地甜荞增产16.8%，目前已完成试验程序，待审定。

7. 固苦1号

从引进的四川苦荞品种资源中采用株系集团混合选择而成。生育期75~80d，株高121.7cm，粒黑色，千粒重20g。2001—2003年参加宁南山区荞麦品种区域试验，平均比当地苦荞增产25.5%，目前已完成试验程序，待审定。

（二）收集整理地方品种资源

1991—1995年在对宁夏荞麦农家品种进行调查的同时，从泾源、隆德、彭阳、固原、西吉、海原、同心、中宁、中卫、吴忠、盐池、灵武、永宁、贺兰、平罗等县共收集到农家品种75份。参加完成"八五"国家科技攻关计划"荞麦种质资源编目、繁种与主要性状鉴定"子专题，宁夏25份荞麦品种资源（其中甜荞16份，苦荞9份）入编《中国荞麦品种资源目录》（第二辑）。

二、育成品种的应用效果

（一）品种类型较全，适应不同生产区的需要

育成的品种基本满足了宁夏南部山区湿润、半干旱、干旱三类地区的正茬播种及麦后复种和遇到灾害年份后抗灾备荒的需要。早熟品种生长发育快，现蕾、开花、成熟亦早，无论正茬播种或麦后复种都容易躲过当地"火南风"对结实的不良影响，有利于开花授粉和籽粒灌浆的正常进行，从而保证高而稳的籽实产量，在湿润区的正茬播种。中早熟品种主要在西海固春夏荞麦过渡区正茬播种和在冬麦区复种。中晚熟品种因其高产、稳产在春荞麦区和其他地区正茬种植更为适应。

（二）改善了商品品质

育成的甜荞品种籽粒较大，三棱形，棱角突出明显，便于加工脱壳。同时籽粒大小，形状，色泽等都符合加工出口标准，既增产又增收。经宁夏农林科学院分析测试中心的品质检测，美国甜荞的蛋白质、脂肪、赖氨酸分别高于地方品种平均值4.0个、0.66个、1.5个百分点，北海道荞麦的赖氨酸含量高出地方品种2.3个百分点，深受国内外客商和厂家欢迎，开发利用前景十分广阔。

（三）增产作用显著

20 世纪 90 年代前期推广应用的北海道、榆荞 2 号等品种比当地甜荞子实增产 17.7%~48.8%，90 年代后期推广应用的美国甜荞、岛根等品种旱地正茬播种比北海道荞麦增产 5.3%~7.7%，水地复种增产 22.2%~43.2%。美国甜荞在全国荞麦良种区域试验中，连续三年产量居参试品种第一位。目前推广种植的宁荞 1 号比北海道品种增产 19.4%，从产量水平来看，新品种大面积生产，单产都在 1 125~1 500kg/hm^2，比当地甜荞增产 600kg/hm^2 以上，产量有了显著的提高。

（四）实现了第一次品种更新换代

北海道品种 1988 年开始已在西海固地区零星种植。为了保持优良品种的纯度和种性，1990 年在采用北海道品种“同心圆向外连续辐射供种”技术，建立了宁夏历史上第一个荞麦良种隔离繁殖基地（面积 467hm^2）。同年盐池县也开始组织榆荞 2 号的繁种工作，以后逐年进行推广。1994 年宁夏科技兴农领导小组将“北海道荞麦新品种及栽培技术”列入科技兴农重大科技成果推广项目，要求三年推广种植 2.0×10^4hm^2，每公顷增收1 200元。1998 年以来，宁夏计委又先后三次立项进行“荞麦新品种种子繁殖基地”建设。目前，宁夏南部山区荞麦基本实现了品种的更新换代（表 2）。

表 2 荞麦新品种在宁夏推广种植情况（10^4hm^2）

北海道荞麦		美国甜荞	
年份	面积	年份	面积
1991	0.33	1995	0.11
1992	0.40	1996	0.17
1993	0.47	1997	0.24
1994	0.66	1998	0.38
1995	0.89	1999	0.76
1996	1.03	2000	0.93

三、几点体会

（一）试验、示范、推广一起抓

为了缩短新品种的选育和应用进程，使科研成果尽快转化为现实生产力，我们采用“以引为主、以育为辅、引育结合”的技术路线，坚持试验、示范与推广应用相结合的原则，取得了一定成效。具体做法：一是参试品种还在区域试验时就开始生产示范和小面积繁种，在进行生产示范时就开始大面积繁殖，提前一年试验示范程序，提早两年进行种子繁殖投入生产与农民见面。二是选择具有种植荞麦传统习惯的生态优势，推广应用科研成果积极性较高的乡村作为示范繁育点。三是加强良种保纯繁育，并结合推广应用荞麦规范化栽培技术，树立样板。四是争取各级领导和有关部门进行指导支持，扩大影响。周围的农民也能向示范繁育点兑换种子，学习技术。经过几年努力，已在彭阳县建立了两个 $0.67\times10^4hm^2$ 新品种种子繁育基地，为宁夏南部山区每年提供良种种子 100 多万千克。为当地种植业结构调整，农业增产，农民增收作出了显著贡献。

（二）良种良法配套

在新品种示范繁种的同时，就开展施肥、密度、播期等小区试验及大面积规范化丰产栽培技术试验。研究总结出品种适宜的播种期，合理的播种方式和密度，科学施肥，适时收获，防虫保苗等栽培要点。尽可能满足优良品种的栽培技术要求，使之相辅相成，做到良种良法配套，提高产量增加效益。

（三）发展荞麦生产优势所在

宁夏南部山区日照充足、无霜期稍短、气候凉爽、降雨集中的气候特点是荞麦的适宜生境。与大宗作物相比荞麦是低成本、高产出“优质高效”作物。况且，荞麦产区地处黄土高原，水源空气纯净，耕地使用农业化学品相对较少，无污染，是得天独厚的纯天然绿色食品资源。

（四）机遇和挑战并存

我国加入 WTO，西部大开发，有利于扩大宁夏荞麦等有特色、有优势农产品的生产规模和出口规模，从而增加效益，促进宁夏农业发展。地方政府也正在积极挖掘当地农产品的营养保健内涵。紧扣市场要求，大力发展绿色产业，将荞麦等小杂粮作为绿色产业的重要开发内容。然而，国际市场对我国农产品的要求是实行生产规范化，产品标准化，对质量检测要求十分严格，加之退耕还林还草政策的实施，荞麦的播种面积必受到较大影响，这些都是需要认真应对的。

四、存在的问题

（一）推广繁育难度大，良种供应困难

实践表明，甜荞品种推广，首先要建立种子繁殖基地，种子数量达到一定生产规模时，才能大面积推广种植。甜荞繁种需要隔离，繁殖系数又低，给新品种推广带来一定困难。在荞麦主产区，生产中地方品种长期种植不更新，种子部门很少或不经营荞麦种子，大多数新品种都是育种单位自繁自推。有的品种尚未大面积推广就已混杂。也由于经费等原因，许多新品种至今没有充分发挥作用。

（二）育种方法单一，手段落后

荞麦新品种选育仅靠引种和选择育种是很难满足生产需求，而包括杂交育种在内的多种常规育种技术都没有得到应用，加之遗传资源贫乏，类型单一，育种工作形不成规模，难以选择出适合各生态区域种植的荞麦新品种。

（三）观念有待更新

重视和支持荞麦生产和科研工作，政府有关部门要用科学的发展观，加大支持力度和必要的舆论。使农民从缺乏信息，不了解市场，基本上自产自销，自发生产的自然经济中进入商品经济市场。

五、今后设想

（一）育种要跟上形势发展的需要

荞麦具有众多的功能因子，诸如生物类黄酮、亚油酸等，是研制营养保健品的优质原料。随着人们膳食结构的调整，荞麦也是城乡人民调节和改善生活不可缺少的食物。荞麦被评为“中国十大健康食品”之一。市场和农民对荞麦品种的质量和数量提出更高的要求，采用优良品种，是宁夏政府实施优质粮食产业工程措施之一。因此，要加强荞麦育种，其主要目标是尽快改善产品质量和提高产量。

（二）复种改制，提高利用率

提高复种指数和单位面积产量，是宁夏政府实施粮食产业工程的又一措施。在生产上扩大麦后复种荞麦大力推广应用中早熟品种的区域和面积，提高土地和自然降水的利用率及引、扬黄灌区的热量和水资源，变一年一熟为两熟，提高单位面积的产量，也为轮作倒茬提供了良好的前茬。

（三）建立优质基地，提高规模效益

扶持发展荞麦繁种基地，建立生产和出口创汇基地，形成产业。选择传统产区，按照适当集中，规模发展的原则，实行集中连片的规模化、标准化生产，确保基地建设高起点、高标准、高效益。

（四）加大开发力度，实现加工增值

要把荞麦的初、深加工同生产紧密联系，立足国内消费，着眼国际市场，因地制宜地开发生产荞麦系列加工食品，实现就地生产、就地加工增值。做到生产、加工、出口一体化。把资源优势变成商品经济优势，进一步提高荞麦的经济效益。

参考文献（略）

本文发表在《作物杂志》（内部刊物）2006. 6。作者：常克勤。

宁夏甜荞产业化发展的思考

摘要： 阐述了宁夏荞麦生产现状、存在问题及产业化发展的优势，提出宁夏甜荞产业化发展的思路和对策。

关键词： 宁夏；甜荞；产业化

甜荞（*Fagopyrum esculentum* Moench）属蓼科（Polygonaceae）荞麦属（*Fagopyrum* Gaerth），一年生草本植物，具备粮、药、饲、蜜等多种用途。由于其生育期短、适应性广、耐旱、耐瘠薄，甜荞在种植业资源的合理配置中是宁夏南部山区不可或缺的作物，也是灾年不可替代的救灾作物，还是当地的重要经济来源。甜荞营养丰富，含有生物类黄酮等，是其他作物不可相比的。甜荞全身是宝，从幼叶、成熟秸秆、茎叶花果、米面皮壳均可利用，从食用到防病治病，从自然资源利用到养地增产，从农业到畜牧业，从食品加工到轻工业生产，从活跃市场到外贸出口，都有一定的作用，是一种值得大力开发的食物源、营养源、保健源、食疗源和经济源。

1 甜荞生产现状及存在的问题

1.1 生产现状

甜荞是宁夏的重要小杂粮作物之一。主要分布在西海固和盐同地区，常年种植面积 4.67 万 hm^2，灾年可达 6.67 万 hm^2 以上，约占宁夏南部山区作物播种面积的 10%左右，占全国甜荞种植面积的 5%左右，是我国荞麦主产区之一。甜荞在宁夏栽培历史悠久，因气候等诸多因素变化的影响，其播种面积和产量很不稳定，单产为 600～1 500kg/hm^2，平均产量 667.4kg/hm^2，高出全国平均单产 600kg/hm^2 的 11.2%。甜荞种植在高海拔山区，以旱地、薄地、山地、坡地、轮荒地为主，主产区无霜期 126～183d，≥10℃积温 1 850～3 310℃，年降水量 270～650.9mm，降水主要集中在甜荞生育期间的 7—9 月，适宜的气候条件为甜荞产业的发展提供了自然资源保障。但生产比较落后，种植分散，技术不规范，生产中多以农家品种为主。

1.1.1 品种老化，良种覆盖率低 宁夏甜荞主产区老品种比重大，新的优良品种比重小。近年来，科研单位通过对本区甜荞资源的研究，在新品种的引进、选育和推广等方面取得了显著的成绩，通过品种的改良创新，筛选出了一批优良品种，如美国甜荞、岛根、北海道和宁荞 1 号等，并在全区大力推广。但由于各方面的因素，新品种推广速度较慢，面积不大，良种覆盖率不到 30%，良种统供率仅有 5%左右。特别是遇到灾年，因无良种储备，往往以粮代种，产量低而不稳。

1.1.2　生产条件差，技术水平低　宁夏的甜荞生产，特别是传统的优质荞麦主产区，大多在偏远、闭塞、交通不便的贫困山区，生产条件差，技术水平低，投入力度小，甜荞生产仍处在低产和低效阶段。种植面积不稳，灾年多种，丰年少种，粗放管理的落后状况尚未从根本上得以改变，更谈不上规模的标准化栽培技术体系。生产、加工与经营还停留在自产自销阶段。

1.1.3　区域间，年际间生产水平差异大　全区同一生态区、同品种甜荞单产差异悬殊。据 1999—2001 年 3 年资料统计，甜荞平均单产 1 500kg/hm^2，高产区 3 375kg/hm^2，低产区 600kg/hm^2。尤其是半干旱区产量不平衡。同时年际间甜荞单产变幅大，如遇春夏干旱、秋涝、干热风发生频率小，危害程度轻的年份，甜荞单产高，反之则低。由于区域间、年际间的差异，严重地制约着全区甜荞整体均衡协调发展。

1.1.4　产业化开发深度和广度不够，知名品牌少　近年来，宁夏甜荞加工业有了长足的进步，市售甜荞制品就有几十种，产品的开发，丰富了人们的膳食种类，有利于人们的健康生活，但就目前来看，应当说甜荞加工的深度和广度还处在初级阶段，许多公认的功能因子尚未开发利用，甜荞的价值还未能充分发挥出来，全区现有甜荞产品除绝大部分自产自销外，少量以初级产品进入市场，主要以简单的荞麦粉，荞麦精米等加工品为主，且加工数量有限，全区荞麦产品加工销售流入市场的份额所占比例较小，无名品，规模小。产品优化升级的能力欠佳，龙头企业带动力不够强，在甜荞主产区还不是主导产业，农民种植甜荞的效益不高。

2　甜荞产业化发展潜力和优势

甜荞蕴藏着极大的营养、保健价值和巨大的市场潜力，是小杂粮中深加工前景较好的优势作物。由于其生育期短，是高寒冷凉山区的主要粮食作物之一，同时也是其他地区救灾保收的重要农作物。随着市场经济的发展和人民生活水平的不断提高，甜荞已日益受到产地农民和加工营销企业的重视。

2.1　生态环境适宜，土地资源丰富

甜荞很适宜宁夏南部山区种植，该地区日照充足、无霜期稍短、气候凉爽、降水量较为集中，光、热、水等资源能满足其生长发育要求，而且在当地以旱作农业为主体的生产条件下，其生长发育与本地区雨季正好吻合，以迎水的方式种植，提高了自然降水的利用率。在当地同等条件下，甜荞与其他大宗作物相比，能获得高产，且用工少，投资少，是低本不低产和高效复种救灾不可取代的作物。宁南山区共有耕地 77.2hm^2，占宁夏耕地的 75%，其中，无灌溉条件的旱地占 94%，主要依靠自然降雨和补充灌溉进行农业生产。人均占有耕地面积较大。主产区的农民可以充分利用沙地、薄地、轮荒地以及沟台、壕掌、山坡地种植甜荞，提高土地的利用率。因此，宁夏适宜的环境和丰富的土地资源为甜荞的种植和发展提供了条件。

2.2　主产区集中，无污染的天然食物资源

甜荞富含各种营养元素，既是传统的食粮，又是食疗保健的珍品，在有机食品、保健食品中占有重要地位。宁夏甜荞生产地都集中在工业不发达的山区和丘陵旱区的贫

瘠、干旱的陡坡地上，除少量地块用传统的农家肥种子混合播种外，大部分田块不施用任何肥料，生产过程中不受农药和化肥等污染，基本上靠休闲轮荒耕作制获得所需要的养分，在整地耕作上依照当地旱作农业的传统耕作方法，收后灭茬，深耕耙耱。播前倒茬灭草，田间不追肥、不用药治病虫，所以无污染。因此，宁夏生产的甜荞是无公害产品。

2.3 具有极高的营养价值和药用价值

甜荞含蛋白质 10.6%~15.5%，脂肪 2.1%~2.8%，淀粉 63%~71.2%，纤维素 10.0%~16.1%。甜荞面粉的蛋白质组成不同于一般粮食作物，很近似豆类的蛋白质组成，既含有水溶性的白蛋白（清朊），又含有盐溶性的球蛋白，两种蛋白的含量占蛋白质总含量的百分比较大。甜荞还含有有益人体健康的各类脂肪酸，氨基酸含量高、种类多，含有矿物元素、微量元素和超微量元素。甜荞含有其他谷物所不含的叶绿素、生物类黄酮，这些功能性因子具有较好的药理作用，有益于人体的生理代谢作用。近代医学研究表明，甜荞中的芦丁有防治毛细血管脆弱性出血引起的脑出血及各类器官的出血性炎症等疾病的作用，甜荞对糖尿病、高血压及青光眼等各类疾病也有较好的疗效。总之，随着人们生活水平的提高和膳食结构的改善，人们开始注意营养的全方位，无公害食品、绿色食品和保健食品的市场需求旺盛，食用荞麦集营养与保健于一体，符合现代健康消费多样化的潮流。将越来越受到人们的青睐。

2.4 甜荞是主要的蜜源和饲料作物

甜荞是我国的三大蜜源作物之一。甜荞花大、花多、花期长，蜜腺发达，泌蜜量大，且具有香味。荞蜜的营养价值极高，比椴树科有花植物的花蜜含有较多的蛋白质，并含有 40%的葡萄糖，这对肺病、肝病、糖尿病及痢疾都有特别疗效。大面积种植甜荞能推动养蜂业的发展，也提高甜荞自身的产量和品质。甜荞的籽粒、皮壳、秸秆和秸秆青贮都是畜禽的优质饲料，荞麦碎粒多用于畜禽业以增加产蛋率、产奶率和固氮脂肪。宁夏畜牧业的大发展，需要各种优质饲料，在大农业的综合开发过程中，对于调整种植业结构，实现甜荞与畜牧业同步发展，增加农民收入都具有十分重要的意义。

2.5 加工出口为甜荞产业化发展提供机遇

宁夏甜荞加工、销售，如宁夏泽发荞麦制品有限公司采用新技术、新工艺对甜荞进行精深加工并开展对外贸易，该公司加工的荞麦产品有：荞麦米、荞麦面、荞麦糁子、荞麦挂面、荞皮枕芯等多个品种，其中荞麦精米的完整率达到 95%，充分保证了其营养的完整性，产品远销海内外，备受消费者青睐。宁夏盐池山逗子杂粮绿色食品有限公司和宁夏盐池对了杂粮食品有限公司生产的荞麦粉、荞麦挂面、荞麦方便面、荞麦桂圆粥等都是具有宁夏特色和市场发展前景的荞麦制品，通过加工后的甜荞制品比一般甜荞原粮平均增值 4.5~6.0 元/kg。

3 宁夏甜荞产业化发展的思路和对策

3.1 政府重视，加大科研投入，提高甜荞生产力

宁夏甜荞主要种植在经济较为落后的宁南山区，生产管理粗放，致使甜荞的产量、

质量有些欠缺。因此，发展甜荞产业化，政府要重视推动农业技术的创新、进步和发展，首先加大科技投入，重点支持甜荞新、优品种的选育与推广，加快品种更新。农业科研单位要采取常规和生物技术相结合、育种与引种相结合的方法，加强甜荞高产、优质品种的选育，尤其对具有发展前景和特殊用途品种的选育工作。要加强无公害、绿色食品标准化生产配套栽培技术研究，加强优质节本高效栽培技术的研究与示范工作。有重点地做好科技含量高的甜荞保健品的研制工作。

3.2 加大宣传，引导消费，带动生产

甜荞具有营养保健双重功效。国际植物遗传资源研究所将甜荞归到未被充分利用的作物，是21世纪人类的主要食品资源。但国人对甜荞的营养价值、药用价值少有认知，政府要增加投入，通过各种渠道和媒体，采取多种形式，广泛宣传甜荞的粮食兼经济作物的特性，即营养含量的全面性、药用和食用防病保健的优越性。扩大甜荞的市场空间，展示宁夏甜荞的整体优势，提高消费者对甜荞的消费需求。同时，要不断提高广大农民市场经济意识和商品生产意识，充分利用当地土壤、气候等自然优势，积极引导农民种植甜荞，并向农民推荐适宜种植的品种、种植及管理要点，生产出更多更好的甜荞及其产品投放市场，满足人们对甜荞消费的需求。

3.3 优化布局，建立标准化甜荞生产基地

优良品质的形成，除优良品种外，更需要特定的自然环境，即特定的气候、土壤等作物生长因子的综合作用。甜荞生产必须因地制宜，实行区域化种植，择优建立优势产区和示范基地。要围绕名、特、优产品建立甜荞生产基地，改变差地种荞麦，旱地种荞麦的生产习惯，以点带面，以乡或县为单位建立上档次、高质量良种试验示范基地示范推广应用新品种、新技术，在此基础上建立标准化甜荞生产基地。保证甜荞品质和生产的稳定性，发展甜荞规模经营，逐步建成优势产品产业带。

3.4 培育龙头企业，推进产业化经营

以培育龙头企业为突破口，积极推进甜荞产业化经营，按照举龙头、建基地、带农户、进市场的思路，坚持因地制宜、分类指导的原则，按不同产品、地域，培育多样化龙头企业组织。重点发展农产品加工企业和农村运销协会等组织，实现甜荞产品加工、流通与基地、农户利益联结。政府要积极引导和扶持荞麦加工与销售企业，大力支持实力雄厚的企业做强做大。在企业税收、贷款等方面实行优惠政策，加大财政投入，把荞麦加工列入自治区重点项目，实行重点扶持，培育发展一批具有地区特色，并有一定生产规模和科技含量的龙头企业，创建品牌公司和品牌产品，如宁夏泽发荞麦制品有限公司等成功的开发范例值得大力推广。进一步完善企业与农民联结的利益机制，加速订单农业的发展，形成公司+基地+协会+农户的紧密经济联合体，带动旱作区农民发展特色农业经济，推动宁夏甜荞持续发展。大力支持甜荞协会、专业合作社等中介组织的发展，积极疏通渠道，注重培育和组建市场，以及销售，信息服务等网络。强化服务宗旨，发挥中介机构沟通政府与行业之间的桥梁、纽带作用，积极争取政府对甜荞行业发展的支持，努力构建甜荞产业新的产业链。

总之，宁夏的甜荞产业化发展应在现有的基础上，加大科技投入，提高科技在甜荞

生产中的贡献率，扶优扶强，抓好甜荞的基地建设和出口贸易，扶持有深加工能力的规模企业，树立品牌意识，培植宁夏甜荞的新品牌、大品牌，实现宁夏资源优势到经济优势的大转变，为宁夏农村经济的发展、农民大幅度增收做出贡献。

参考文献（略）

本文发表在《作物杂志》2007（4）。作者：常克勤。

宁夏小杂粮生产布局及发展建议

摘要：在分析宁夏小杂粮生产布局的基础上，提出宁夏发展小杂粮生产的建议是：抢抓机遇，培育市场，提高小杂粮的市场竞争力；因地制宜，合理布局；采取有效措施，促进小杂粮生产的发展。

关键词：宁夏；小杂粮；生产；现状；优势

宁夏位于我国西北部，黄河上游地区，是西北地区小杂粮主产区之一，小杂粮常年播种面积17.05万 hm^2，占全区粮食作物总面积77.60万 hm^2 的21.98%。其中旱地面积15.86万 hm^2，占93.02%；水地面积0.20万 hm^2，占1.17%；麦后复种和间套种面积0.99万 hm^2，占5.81%。近几年随着农业结构调整和绿色无污染食品、医药工业、饲料工业的深度开发利用，以及人们膳食结构的改变，小杂粮以其富含多种维生素、氨基酸和微量元素等，越来越受到人们的青睐，出口创汇和外销量不断上升，已被宁夏区政府确定成增加当地农民收入的支柱产业之一。为了促进宁夏小杂粮生产的进一步发展，我们对宁夏小杂粮生产布局进行了分析，并提出发展建议。

1　宁夏小杂粮生产布局

宁夏种植的小杂粮种类有糜子、谷子、荞麦、莜麦、豌豆、扁豆、蚕豆和草豌豆等，主要分布在宁南山区的原州、西吉、隆德、彭阳、泾源、海原、同心、中宁、盐池等9个县区，涉及固原、中卫、吴忠3市。其中固原市的原州、西吉、隆德、彭阳、泾源等5个县的种植面积为6.42万 hm^2，占小杂粮总面积的37.65%；中卫市的海原、同心、中宁3个县的种植面积为7.25万 hm^2，占42.52%；吴忠市的盐池县种植面积为3.38万 hm^2，占19.83%。其生产布局如下。

1.1　糜子

年播种面积5.18万 hm^2，产量7.2万t，分别占全区小杂粮种植面积和总产量的30.38%和35.02%。种植区域主要分布在同心县、盐池县、彭阳县等地，以单种和麦后复种两种方式种植。主栽品种有宁糜9号、宁糜10号和宁糜13号。

1.2　荞麦

荞麦是宁夏主要的出口产品，品质优良，籽粒大，具有出粉率高，香味浓，无污染等特点，在国内外市场上具有较强的竞争力。年播种面积和产量分别为4.67万 hm^2 和3.1万t，分别占小杂粮播种面积和总产量的27.39%和15.04%，主要分布在干旱、半干旱地区的盐池县、同心县、彭阳县、海原县等地，主要种植品种有美国甜荞、北海道、宁荞 1 号和固原红花荞等。

1.3 豌豆

年播种面积和产量分别为 3.47 万 hm^2 和 4.9 万 t，分别占小杂粮播种面积和总产量的 20.35%和 23.83%，主要分布在西吉县西北部和海原县中南部以及同心县的半干旱区。主栽品种有宁豌 2 号、固原白豌豆、宁豌 4 号、中豌 4 号和定豌 2 号等。

1.4 谷子

年播种面积和总产量分别为 1.33 万 hm^2 和 1.50 万 t，占小杂粮面积和总产量的 7.81%和 7.30%，主要分布在同心县、盐池县等干旱区。主栽品种有晋谷 9 号、大同 14 号等。

1.5 蚕豆

年播种面积和总产量分别为 0.87 万 hm^2 和 1.60 万 t，占小杂粮种植面积和总产量的 5.10%和 7.78%，主要分布在阴湿区的泾源县和隆德县的部分乡镇。主栽品种有临蚕 2 号、青海 9 号和本地蚕豆等。

1.6 扁豆

年播种面积和总产量分别为 0.57 万 hm^2 和 0.70 万 t，占小杂粮播种面积的 3.34%和 3.19%，主要分布在西吉县的西北部和海原县的中南部以及同心县的南部等干旱区。主要种植品种有固原扁豆、宁扁 1 号和定选 1 号等。

1.7 莜麦

年播种面积和产量分别为 0.53 万 hm^2 和 0.65 万 t，分别占小杂粮种植面积和总产量的 3.11%和 3.12%，主要种植区域分布西吉县、彭阳县北部和原州区南部半阴湿区。主栽品种有地方品种和宁莜 1 号等。

1.8 草豌豆

年播种面积和总产分别为 0.43 万 hm^2 和 0.98 万 t，分别占小杂粮种植面积和总产量的 2.52%和 4.77%，主要分布在彭阳县北部。种植品种以地方品种为主。

2 存在的问题

2.1 种植方式落后

长期以来，各级农业主管部门主要强调大作物的发展，小杂粮仅作为填闲救荒作物，被认为可有可无，实用技术得不到及时推广应用，种植方式落后、产量低的问题十分普遍。

2.2 品种单一、退化混杂现象严重

由于宁夏小杂粮科研工作起步晚，手段比较落后，生产中缺乏优质、功能性、专用性品种，多数品种生产种植时间较长，退化严重，加之新品种、新技术推广速度缓慢，当地农民有自己留种的习惯，相互串换，使品种退化、混杂。

2.3　种植分散、规模小，产量低而不稳

宁夏小杂粮大多种植在干旱、半干旱地区或山坡丘陵等贫瘠的零星土地，种植分散、生产规模小，其产量受气候、土壤因素制约，低而不稳。

2.4　加工手段落后，产品附加值低

宁夏绝大多数加工企业是传统的手工和半机械化作坊，缺少新技术支撑，技术含量低，食品市场占有份额少，附加值低，效益差，产品档次和质量不高，产销脱节。

3　小杂粮生产发展建议

3.1　抢抓机遇，培育市场，提高小杂粮的市场竞争力

充分利用国家西部大开发战略和退耕还林（草）的有利时机，围绕新农村经济结构战略性调整和增加农民收入的中心任务，以市场为导向，以资源优势为依托，以科技为手段，顺应自然，打造绿色品牌，构建优势产业群体。立足宁夏农业生产实际和产业优势，着眼于国内、国际两个市场需求，遵循“特色+规模+质量=效益”的市场规律，按照“一村一品”的发展路子，建设原料生产基地，形成独具竞争优势的特色品牌，占领市场；以培育龙头加工企业为重点，带动生产基地建设，逐步形成有特色的区域化布局，专业化生产，产业化经营，社会化服务，产、加、销一条龙，农、工、贸一体化的产业格局，将小杂粮发展成为特色优势产业和特色农业经济，提高小杂粮在区内外的竞争力，变资源优势为经济优势。

3.2　因地制宜，合理布局

宁夏小杂粮种植面积应稳定在4 125万 hm^2 左右，并着力于提高单产和品质，使总产量在现有水平上提高20%~30%。要因地制宜，突出重点，规划小杂粮生产布局。

干旱区包括盐池、同心、海原和中宁大战场乡三县一乡，以糜子、谷子、荞麦和扁豆为主，豌豆为辅，到2008年总种植面积达到2 460万 hm^2，增加75万 hm^2；以提高扁豆面积为主，单产由现在的976.5kg/hm^2 增产50%，达到1 465.5kg/hm^2，总产由10.4万t增加到16.0万t。

半干旱区包括西吉、彭阳和原州区两县一区，以荞麦、糜子、豌豆为主，草豌豆、莜麦为辅。到2008年，半阴湿区包括隆德、泾源两县，以蚕豆、豌豆为主，莜麦和荞麦为辅。到2008年总面积达到1 335万 hm^2，增加168万 hm^2，平均产量由现在的1 560kg/hm^2增产20%，达到1 872kg/hm^2，总产由8.2万t增加到11.1万t。

半阴湿区包括隆德、泾源两县，以蚕豆、豌豆为主，莜麦和荞麦为辅。到2008年总面积达到330万 hm^2，增加52.5万 hm^2，平均产量由现在的1 602kg/hm^2增产20%，达到1 923kg/hm^2，总产由2.0万t增加到2.8万t。

3.3　采取有效措施，促进小杂粮生产的发展

各级农业主管部门要在农业结构调整中重视小杂粮生产的地位，制定有利于小杂粮发展的政策措施，改变目前广种薄收、粗放经营的状况；更新观念，树立发展小杂粮的战略思想，走产业化发展的路子；在保持宁夏小杂粮传统特色的同时，重点抓好小杂粮

新优品种的引进、选育、推广、提纯复壮，提高原料的质量和商品率；根据市场需求，抓好优质小杂粮适度规模化生产和品种改良，建成绿色食品生产基地；重点扶持加工龙头企业，提高加工能力，开展深加工，树立品牌意识，培育特色优势产业，健全市场经营体系，形成小杂粮产业化生产经营格局。

参考文献（略）

本文发表在《甘肃农业科技》2007（8）。作者：常克勤，宋刚。

宁夏小杂粮生产存在的问题与发展对策

摘要：阐述了宁夏小杂粮的生产概况及长期以来小杂粮生产中存在的问题，并对今后小杂粮产业化发展提出建议和对策。

关键词：宁夏；小杂粮产业；存在问题；发展对策

小杂粮泛指生育期短，种植面积小，地域性强，种植方法独特，有多种食用方法和用途的各种粮豆。在宁夏主要指糜子、谷子、荞麦、莜麦、豌豆、蚕豆、扁豆等。小杂粮营养丰富，既是传统食品又是现代保健珍品，如荞麦富含生物类黄酮、酚类、亚油酸及钙、镁、铜、锌、硒和维生素 P（芦丁）等，具有降血压、血糖，软化血管等功效。随着人民生活水平的提高和膳食结构的改变，人们对保健食品需求越来越旺盛，小杂粮以它独特的营养价值和医食同源的特点，在绿色保健食品中占有重要地位，越来越受到人们的青睐。小杂粮食品已成为 21 世纪的健康时尚，发展小杂粮生产将有力促进特色农业经济的发展，使贫困地区农民增加收益，而对小杂粮进行深加工，提高小杂粮的附加值，实现小杂粮增值是当前中国小杂粮市场发展的一个重要趋势。

1　宁夏小杂粮生产概况

宁夏深居内陆，处于黄土高原，跨内蒙古和青藏高原的交汇地带，大陆性气候十分典型，作为宁夏的半壁河山，宁南山区各县具有显著差异的不同小气候，特别是雨热同季和相对冷凉的气候条件，决定了小杂粮在宁夏农作物种植中的重要地位，也形成了小杂粮生产得天独厚的自然资源优势条件。

从区域布局看，小杂粮在宁夏全区均有种植，主要分布在宁南山区的原州区、西吉、隆德、彭阳、泾源、海原、同心、中宁、盐池 8 县 1 区。由于宁南山区农民传统的种植习惯和特殊的地理气候条件，使宁夏小杂粮生产相对稳定，种植面积基本维持在 250 万~300 万亩，构成了一定的种植规模。小杂粮生长带与生长区基本上是根据其生长习性和气候特点决定的，人为调整的余地很小，而且小杂粮 7 类作物已构成一种合理轮作倒茬的独立生产体系，属于无公害有机、旱作栽培农业类型。第一，它与畜牧业发展相辅相成，谷草豆秸、荞麦依草是冬季喂养牲畜和猪的良好饲料来源。第二，结合退耕还林（草），荞麦、蚕豆与经济林、草地大面积间、套栽培种植，既是集约化生产，又有利于生态环境的建设。彭阳、盐池的荞麦，西吉的莜麦，同心的糜子、谷子，隆德、西吉的豌豆、蚕豆等都有很强的地区代表性，区位优势明显，具有增加农民收入，壮大农村经济和维持社会稳定的重要作用，在小杂粮主产区，没有其他作物可以替代。特别是 2004—2006 年连续 3 年严重干旱，小杂粮以它突出的优点成为宁南山区抗旱救灾的主要作物。

2 宁夏小杂粮生产存在的问题

2.1 重视不够，传统种植，科技含量低

长期以来，小杂粮生产一直处于从属地位，各级政府没有进行过系统规划和布局，多以农民自由种植为主，各级农业主管部门主要强调大作物的发展，而忽视了小杂粮的生产，仅作为填闲救荒作物。加之传统习惯和思想观念的束缚，农民商品经济意识差，小杂粮生产始终处于自发、自流和广种薄收状态，仍然停留在自给自足的基础上。实用技术得不到及时推广应用，产量低，科技含量不高的问题十分普遍。

2.2 品种单一、退化混杂严重

宁夏小杂粮生产中优质品种、高科技含量品种比较匮乏，大多数农民种植的还是当地传统品种，新品种、新技术推广速度缓慢，加之当地农民有自己留种的习惯，相互串换，使得品种退化混杂，甚至失去其主要的特征特性，影响了商品质量，致使优质率和商品率低下，严重阻碍着小杂粮产业的发展。

同时，也成为宁夏“两高一优”和“出口创汇”农业新的经济增长点，发展绿色小杂粮产业势在必行。

2.3 种植分散、规模小，产量低而不稳

宁夏小杂粮大多种植在干旱、半干旱地区或山坡丘陵等贫瘠的零星土地上，较少集中连片，种植分散、生产规模小。这种没有规模经营的传统低效益生产方式，农民无利可图，无力也不愿意投入扩大再生产资金，制约了生产积极性。由于形不成规模经营，大多数没有定单，农民只是根据以往销售性情况及当年气候来决定种植面积，因受气候、土壤因素制约，产量低而不稳，年际间波动较大，总产量也处于不稳定状态。

2.4 栽培管理粗放，增产效益差

宁夏小杂粮科研工作起步较晚，如荞麦、豌豆等从 20 世纪 80 年代初开始进行品种的征集、鉴定、评价、保存，到 80 年代后期开始新品种选育及丰产栽培技术研究。科研手段比较落后，品质育种工作滞后，功能性、专用性品种缺少，加之小杂粮主产区农民的经济基础不高，知识水平相差较大，导致生产力水平参差不齐，又缺少完善的社会化服务体系，新品种、新技术得不到广泛应用和推广，覆盖面小，虽然付出了艰苦努力，也涌现出了高产地块，但产量水平仍然相对较低，增产效果不明显。

2.5 盲目生产，市场混乱，销售渠道不畅

目前，宁夏小杂粮生产、销售处于无序状态，农民只能根据上年的市场行情决定种什么、种多少，根据当年收成情况和市场价格决定是否销售。丰年价跌，欠年价涨，没有储备销售的合同订单，很难形成“企业+基地+农户”的产业链，在很大程度上，生产者的利益被经营者控制。

2.6 规模化深加工能力差，产销脱节

宁夏小杂粮产品的开发由于资金有限，加工企业设备简陋，加工工艺落后，绝大多

数是传统的手工和半机械化作坊，缺少新技术支撑，技术含量低，食品市场占有份额少，附加值低，效益差，产品档次不高，质量差，龙头企业在数量上、规模上都十分有限。因此，形成原粮销售比例较大，多数停留在初级加工上，主要以直接食用和制作传统风味食品、淀粉制品和糕点佐料（醋、酱、酒）等为主，深加工、精加工不足，附加值较低。缺乏综合利用的研究，难以实现大规模乃至集约化生产，小杂粮产业化进程十分缓慢，加之小杂粮产业属新兴产业，市场体系尚不健全，农户还没有紧密地结合起来成为稳定的利益共同体，还没有真正形成“育、繁、推”“产、加、销”一体化局面。

3　对宁夏小杂粮产业化发展的建议和对策

由于小杂粮独特的营养价值和保健功能，已从过去节日品尝式的食用方式，转为日常餐桌上的常备食品。随着我国经济的进一步发展，以杂粮为原料的食品、医药、酿造、饲料等加工业会有更大的发展，国内外市场对小杂粮产品的需求将不断增加，小杂粮在我国长期受冷落的局面必将大有改观，因此，小杂粮极具产业化开发潜力，蕴藏着巨大的经济效益。

3.1　更新观念，树立发展小杂粮的战略思想

宁夏小杂粮在生产上有相当潜力，有广阔的销售市场，现在需要着力解决的是更新观念，树立小杂粮发展的战略思想。一是各级政府要在农业结构调整中重视小杂粮，制定有利于小杂粮发展的政策措施，增加资金和技术投入，尽快实现适度发展、规模生产。二是提高农民对小杂粮的商品生产意识，引导农民摒弃传统农业的生产模式，正确处理质与量的关系，逐步改变“种什么吃什么，有什么种什么”的传统观念，克服自给自足的小农经济思想，种植科技含量高、经济效益好的小杂粮品种。三是充分发挥区位优势，优化种植结构，生产优质、高品位的小杂粮。四是通过市场调控形成有效的价格机制，使小杂粮生产走上良性循环的发展轨道。

3.2　加强科技力量，培育优良品种，提高小杂粮的品质和产量

持续农业是科技依附型的技术形态，农业生产的可持续发展必须优先发展农业科技。针对宁夏小杂粮科研力量薄弱的现状，着眼于小杂粮可持续发展战略，应在小杂粮高产、优质、新品种繁育、高效配套栽培技术研究，小杂粮加工产品开发上下功夫。加强对国内外优良品种资源的引进、筛选和示范工作，建立良种基地加速良种繁育，以便将新品种尽快用于生产。同时，加大自有品种改良力度培育优质小杂粮品种。在品种选育上坚持高产、优质并重。

3.3　强化高效栽培技术研究，提高土地产出率

宁夏小杂粮主产区光、热资源丰富，但由于水资源缺乏，致使光温能积累的物质量远未实现。据研究，“八五”末，我国北方旱区荞麦、糜子、莜麦的降水生产潜力分别为2 486kg/hm^2、4 326kg/hm^{2}和1 776kg/hm^2，这也仅代表了当时这些作物应予实现的最大生产力。与生产实际相比，增产潜力很大。高效栽培技术方面，重点研究以持续增进降水生产潜力为中心的旱地农业综合技术措施，应以有机肥为主，无机肥为辅培肥地

力，通过培肥地力、秸秆覆盖，集雨补灌，化学抗旱剂等新技术、新材料的推广应用，强化光、热、水、气、矿质营养等植物生活要素的调控力度，降低对不可再生资源的消耗建设，小杂粮降水生产潜力必将得以持续增进，为其可持续发展奠定坚实的基础。

3.4 优化区域布局，建立优质小杂粮生产基地

小杂粮品质除与优良品种有关外，更是特定的气候、土壤等作物生长因子综合作用的结果，因此，实行小杂粮区域化种植，发挥地区资源优势，建立优质小杂粮生产基地，必须按照小杂粮生产的自然规律和经济规律，通过严格的科学论证、设计和规划，按照适当集中、规模发展的原则，以高新技术为支持和先导，使基地建立在高技术含量的高起点之上。对于有显著地域特色和市场需求的小杂粮产品，按照绿色农业、有机农业的标准，建立小杂粮生产基地，通过基地的示范、辐射效应，引导农民，促进小杂粮生产的全面发展。

3.5 发展订单生产，促进产业结构调整

小杂粮生产正处在发展的培育阶段，应制定相关配套政策使其发展壮大，形成一定规模和影响。实施特色农业工程，增加农民收入是重点。目前，农业发展主要是靠市场机制进行调控，但是农民还很难对市场变化做出超前判断。相关部门需扎扎实实做好产前、产中、产后服务，为农民进入市场架起“金桥”，通过实行“订单农业”“基地农业”的有效形式，尽快推进小杂粮种植结构的调整，逐步引导小杂粮生产向优质高效、高附加值、高科技含量的方向发展。

3.6 扶持产业化龙头企业，带动规模经济发展

龙头企业的发展程度决定农业产业化的水准。发展小杂粮战略急需组建和发展一批符合现代企业制度要求、管理科学、市场竞争力强的龙头企业。必须以加工为切入点发展小杂粮初加工、深加工，把原粮加工成成品、半成品，提高附加值。充分发挥宁南山区小杂粮的独特优势，大力发展与小杂粮相配套的现代化的农产品加工企业。把小杂粮的加工列入重点项目，实行重点扶持和专项推进，培育发展一批既有地方特色，又有一定生产规模和科技含量的龙头企业，逐步推出名优品种、品牌，使宁夏小杂粮出口由单一原料型逐步向方便、营养、保健多元化深加工产品方向发展，努力将优质小杂粮产品变成各种各样集方便、营养、保健于一体的优质食品，以进一步满足市场需求，提高小杂粮的经济效益、生态效益和社会效益。

参考文献（略）

本文发表在《宁夏农林科技》2007（5）。作者：常克勤，宋刚，杜燕萍，穆兰海，赵永峰，杨红。

宁夏南部山区发展荞麦生产的探讨

荞麦富含蛋白质、脂肪、维生素、芦丁、叶绿素、无机盐和微量元素，被誉为“美容、健身、防病”的食品加工原料，是当今理想的营养、保健、食疗佳品。近几年来，荞麦产品已加工成面、粉、糊、酒、醋等产品，使市场对原料的需求呈上升趋势，形成了供不应求的局面。

宁夏南部山区在宁夏回族自治区，区位偏僻、交通欠发达、信息不通、经济水平落后，是全国典型的贫困地区之一。土壤瘠薄，肥力低下，粮食生产广种薄收。在农业产业结构调整中，宁夏南部山区把荞麦作为特色产品，而发展荞麦生产能否促进南部山区经济发展是值得探讨的。

1　宁夏南部山区的气候特征

宁夏南部山区地处西北黄土高原丘陵沟壑区，海拔在 1 295～2 955m，云量少，日照充足，辐射强，昼夜温差大，有利于作物的光合作用和干物质的积累，尤宜喜凉作物的种植，降水量少且集中在 7—9 月。气象灾害主要有干旱、低温冻害，而且出现的概率高、影响大。

2　宁夏南部山区荞麦种植特点

荞麦具有生育期短、耐旱、耐瘠、喜冷、适应性强等特点，发芽所需的最低温度是 8℃，在 15～20℃发芽迅速，幼苗生长快，现蕾至开花结实期间，要求凉爽温差较大的气候，以利于积累营养。

宁夏南部山区荞麦播种期一般在 6 月下旬至 7 月上旬，此时的地温、气温均有利于荞麦的生长发育，9 月下旬左右早霜来临前，荞麦已经成熟。因此荞麦的整个生育期恰好处在当地气候雨热同步时期。另外当地的黄绵土土层深厚，土壤疏松，使水分渗入蒸发快，无渍水现象。这些条件满足了荞麦开花结实对温度、湿度的要求，再加上这期间光照条件充足、昼夜温差大，有利于荞麦的光合作用和干物质积累，促进籽粒发育，便于形成整齐、饱满、千粒重高的荞麦籽粒。由于宁夏南部山区工业少，大气污染轻，农业生产中以施农家肥为主或不施肥，所以荞麦产品受化肥、农药污染轻。

3　宁夏南部山区发展荞麦生产的措施

宁夏南部山区种植的主要是食粮用的甜荞，苦荞主要作药用和饲料，只是零星分散种植。主要分布在西海彭和盐同地区，常年播种面积 3. 67 万 hm^2 左右，约占粮食作物播种面积的10%，占全国荞麦种植面积的5%左右，是我国荞麦主产区之一。但是由于历史和自然的原因，种植荞麦仅为救灾措施的习惯认识，荞麦生产长期处于无人问津、耕作粗放、广种薄收、品种原始单一的状况，种植效益低。

3.1 选育优良品种

目前宁夏南部山区所使用的荞麦品种是20世纪80年代从国外引进的日本北海道荞麦和美国甜荞。但是由于宁南山区缺乏严格的种子繁殖条件，造成了荞麦品种严重混杂退化，从而导致了当地荞麦产量低下。

宁夏南部山区荞麦品种更新是当前急需解决的问题。固原市农业科学研究所从20世纪80年代末开始收集荞麦品种资源，开展新品种选育，进行引种观察、品种鉴定、品种比较以及甜荞和苦荞的品种生产试验，目前已承担了8轮国家荞麦（甜荞和苦荞）品种区域试验，6轮甜荞和苦荞的品种生产试验。通过引种鉴定、物理诱变、系统选育等方法，经过10多年的努力，选育出了宁荞1号（甜荞）、宁荞2号（苦荞）、信浓1号（甜荞）、威果4-4（苦荞）、榆荞2号（甜荞）、固苦1号（苦荞）6个农艺性状好、适应性强的品种。

3.2 栽培措施的规范化

精细整地荞麦种子顶土力不强，根系较弱，所以播前应精细整地，使表土疏松细碎，保证苗齐苗壮。正茬荞麦地秋季深耕，蓄水保墒，春季浅耕，耙耱收墒；回茬荞麦地要抢时浅耙细耱，创造有利于全苗的条件。施足底肥荞麦是低需求作物，适应性广，在薄瘠地上种植也能获得一定产量，但要想获得较高产量，也需供给充足的肥料。宁夏南部山区的土壤氮磷俱缺，要求每亩施磷酸二铵2.5~5.0kg、尿素5.0kg。适期播种播前用清水选种或筛选，选粒大、饱满的种子。荞麦生长既喜温凉环境，又怕霜冻，根据多年栽培实践，宁夏南部山区荞麦正茬播种以6月下旬为宜，麦后复种应在7月10日左右。播种量每公顷45~75kg，可保苗105万株。荞麦生长期如有荞麦黏虫、金龟子、跳虫甲等虫害，应及时防治。及时收获荞麦属于无限开花习性，籽粒成熟度极不一致，很容易落粒，通常在整个植株有70%籽粒成熟时开始收获。

参考文献（略）

本文发表在《中国种业》2007（6）。作者：杜燕萍，常克勤，穆兰海，王敏。

宁夏荞麦良种应用现状及对策

摘要：从宁夏南部山区荞麦良种应用现状分析入手，总结了荞麦良种应用存在的主要问题及原因，提出了发展荞麦良种应用的措施和建议。

关键词：荞麦；良种；应用

根据自然经济特点，沿麻黄山北缘—青龙山、罗山南麓到干盐池一线，又可把宁夏划分为“宁夏平原”和“宁南山区”两个自然地带。宁南山区包括盐池、同心、海原、原州区、西吉、隆德、泾源和彭阳7县1区，该区为温带草原、干草原黑垆土地带，生态环境复杂，气候特点是春暖迟、夏热短、秋凉早、冬寒长、自然灾害频繁，特别是雨热同季和相对冷凉的气候环境，而荞麦具有生育期短、抗寒、抗旱能力强、地域性强等特点，适应宁南山区气候条件和生产力水平，在宁南山区旱地农业和粮食生产及人民生活中占有一定地位，常年播种面积 $3.67\times10^4hm^2$ 左右，如遇灾害年份可达 $4.67\times10^4hm^2$，甚至达到 $6.67\times10^4hm^2$，约占宁南山区粮食作物播种面积的10%左右，占全国荞麦面积的5%左右，是我国荞麦生产区之一。

1 荞麦良种应用现状

20世纪80年代，固原市农业科学研究所开始征集荞麦品种资源，进而开展荞麦引进、选育、示范和栽培技术为主要内容的试验研究。经过科技人员20多年的艰苦努力，选育出北海道（甜荞）、榆荞2号（甜荞）、美国甜荞（甜荞）、岛根（甜荞）、宁荞1号（甜荞）、宁荞2号（苦荞）、信浓1号（甜荞）、固苦1号（苦荞）等荞麦新品种。固原市农业科学研究所在总结传统种植方法的基础上，提出了配套栽培技术，在强化品种引进、选育和资源收集、筛选、利用的同时，在育种方法上坚持引进与选育相结合，常规育种与特色种选育相结合，现实性与前瞻性相结合，开展了荞麦生长、开花习性和产量性状关系观察，品种抗寒、抗旱、抗病性和病虫危害以及防治研究，可为荞麦产业发展提供技术支撑，为解决制约荞麦发展的品种和技术两大难题做出了贡献。宁南山区荞麦种子基本得到更新、更换。但生产上品种混杂和老化的问题依然严峻，经宁夏回族自治区农作物品种审定委员会审定推广的6个荞麦新品种中，农户种植的除了北海道和美国甜荞面积较大外，其余品种种植的面积较小，甚至在荞麦主产区群众根本就不知道有这些新品种的存在，良种应用远远不能适应生产需要，已成为阻碍当地农业生产和经济发展的突出问题之一。

2 造成荞麦良种应用规模小的主要原因

2.1 体制不顺

在计划经济时期建立的品种选育、繁殖、推广体系，是由育种单位育成品种后，由种子公司繁殖经营，再由推广部门推广到农户。经历时间长，中间环节多，推广速度慢。在市场经济条件下，这种体制不但不能相互配合，有时甚至相互制约、相互排挤，除了政府决定或领导强调，基本上是“各唱各的调，各吹各的号”，与当前农业和农村经济发展需要的距离逐渐拉大。

2.2 研究与应用相脱节

研究部门只注重于品种的培育与筛选，而不注重市场开发、推广应用和产业化，从而造成科技成果商业化率低，研究与应用相脱节，选育出的优良农作物品种难以应用到生产上。

2.3 选育的品种优异性状不突出

针对宁南山区生态条件复杂、干旱少雨、盐碱地较多、病虫害多的特点，培育优质、高产、抗旱节水、抗病、抗虫、耐低温、耐盐碱等优异性状的新品种是宁南山区育种的重要目标。但是科研生产长期存在抗旱机理研究薄弱、品种抗旱性差的问题，到目前为止还没有对主要农作物品种的抗旱多样性进行鉴定评价，是造成选育的品种推广应用面积小的主要原因之一。

2.4 种子部门工作难度大

一是大多数种子公司没有固定的良种繁育基地，使品种繁育质量和数量受到影响。二是与农户预约繁殖，由于经济利益的驱动，少数农户的掺杂、使假，使种子质量下降，给种子部门的信誉造成严重影响，既使繁殖的是合格种子，群众也不敢用。三是不合理引种，使当地育成的品种推广严重受阻。四是对生产中发挥着重要作用的当地育成品种，有关部门向农户和社会宣传力度不够。

3 发展对策

就宁南山区而言，影响农业发展的品种问题，对农业育种单位来说，既是困难又是机遇：困难是如果继续靠原来的老制度、老办法、老渠道，育成的品种很难得到推广，“庭院”式研究与生产实际的距离必然会越走越远，成果转化难度越来越大，道路越走越窄，但同时也提供了机遇，新修订的《中华人民共和国种子法》规定育种单位可以繁育、推广和经销新品种，而且是大力提倡和支持的主要内容之一。农业研究育种单位可以充分利用法律规定，组织力量，从当地实际需要出发，在选育荞麦优良新品种的同时，开展品种繁育、推广、经销等成果转化工作，使三者有机结合，减少环节，把品种直接推广到农户。种子繁育和推广部门可依自己的有效资源，提高信誉和种子繁殖质量，抢占市场，并以市场为纽带，与品种选育单位结合，为促进地方经济发展和新农村建设作贡献。具体措施有：①兼顾科学研究的学术水平与成果的实用性，在科研选题方面，注重考虑实际的需要，选育出商业应用价值较高的新品种。②政府要根据生产准确、及时的信息。③建立荞麦良种繁育基地，将典型示范、科技培训、辐射推广有机结合起来，不断提高农民的科学种田能力，使农民增收、农业发展，加快农业科技成果的推广速度。④良种推广与项目相结合，在生产常规种的同时，结合项目繁殖救灾、复播品种，为抗灾、救灾和当地粮食安全提供保障。⑤科研育种单位可建立良种销售点，作为与外界的联系点和宣传窗口，提高品种生产应用的知名度和辐射范围，并与种子部门形成合理竞争，促进发展。⑥预约与直销相结合，把品种直接销售到农户。在直销过程中，组织人员到生产第一线，进行栽培技术指导和种子质量回访，及时解决问题。

4 展望

荞麦具有众多的功能因子，诸如生物类黄铜、亚油酸等，是研制营养保健品的优质原料。随着人们膳食结构的调整，荞麦也是城乡人民调剂和改善生活不可缺少的食物。采用优良品种，是宁夏政府实施优质粮食产业工程措施之一。因此，我们要加强荞麦育种，快速开展荞麦良种繁育、推广、经销等成果转化工作，促进宁夏农业发展。

参考文献（略）

本文发表在《中国种业》2008（5）。作者：杜燕萍，王敏，常克勤，穆兰海。

宁夏丘陵地区发展荞麦生产的探讨

宁夏丘陵地区在宁夏回族自治区属于区位偏僻、交通欠发达、信息不灵、经济水平落后的地区，是全国典型的贫困地区之一。其地貌沟壑纵横，地形支离破碎，85%以上的土地为坡地，海拔偏高，光照充足，植被覆盖度小，蒸发量大，降雨偏少，雨量集中，冲刷力强，土壤结构松散，造成水土流失严重，土壤瘠薄，肥力低下，粮食生产广种薄收。国家实施西部大开发的战略措施，提出了发挥资源优势，发展特色农业，因地制宜促进农村经济繁荣，在农业产业结构调整中，宁夏丘陵地区把荞麦作为特色产品，而发展荞麦生产能否促进南部山区经济发展是值得探究的。

1　宁夏丘陵地区的气候特征

宁夏丘陵地区地处西北黄土高原丘陵沟壑区，海拔在1 295~2 955m，云量少，日照充足，辐射强，昼夜温差大，有利于作物的光合作用和干物质的积累，尤宜喜凉作物的种植，降水量少且集中在7—9月，气象灾害主要有干旱、低温、冻害，且出现的概率高，影响大。

2　荞麦生长的特点

荞麦具有生育期短、耐旱、耐瘠、喜冷、适应性强等特点，发芽所需的最低温度是8℃，在15~20℃发芽迅速，幼苗生长快，现蕾至开花结实期间，要求凉爽温差较大的气候，以利于积累营养。

3　宁夏丘陵地区荞麦种植特点

宁夏丘陵地区荞麦播种期一般在6月下旬至7月上旬，此时的地温、气温均有利于荞麦的生长发育，9月下旬左右在早霜来临前，荞麦已经成熟。因此荞麦的整个生育期恰好处在当地气候雨热同步时期。另外当地的黄绵土土层深厚，土壤疏松，使水分入渗蒸发快，无溃水现象。这些条件满足了荞麦开花、结实对温度、湿度的要求，再加上这期间光照条件充足、昼夜温差大，有利于荞麦的光合作用和干物质积累，促进籽粒发育，便于形成整齐、饱满、千粒重高的荞麦籽粒。还由于宁夏丘陵地区贫穷落后，经济欠发达，工业少，大气污染轻，且农业生产中以施农家肥为主或不施肥，所以荞麦产品受化肥、农药污染轻。

4　发展荞麦生产的必要性

随着改革开放的深入，东西方饮食文化的交流，科学技术的进步，人民生活水平的提高，生活质量已经由原来的温饱向小康型转变，追求营养、保健、药膳意识兴起，而荞麦富含蛋白质、脂肪、维生素、芦丁、叶绿素、无机盐和微量元素，被誉为“美容、健身、防病”浑身是宝的食品加工原料，是当今理想的营养、保健、食疗佳品。尤其是近几年来，随着食品加工业的发展，荞麦产品已加工成面、粉、糊、酒、醋等产品，使市场对原料的需求呈上升趋势，形成了供不应求的局面。

5　宁夏丘陵地区发展荞麦生产的措施

宁夏丘陵地区主要种植的是作食粮的甜荞，苦荞主要作药用和饲料，只是零星分散种植。主要分布在西海彭和盐同地区，常年播种面积 $3.67\times10^4hm^2$ 左右，如遇灾害年份可达 $4.67\times10^4hm^2$，甚至达到 $6.67\times10^4hm^2$，约占宁夏丘陵地区粮食作物播种面积的10%左右，占全国荞麦种植面积的5%左右，是我国荞麦主产区之一。但是由于历史和自然的原因，种植荞麦仅为救灾措施的习惯认识，荞麦生产长期处于无人问津，待遇低下，耕作粗放，广种薄收，品种原始单一的状况，种植效益低。据分析，品种和栽培措施不当是影响荞麦产量的原因。

5.1　品种

目前宁夏丘陵地区所使用的荞麦品种是 20 世纪 80 年代从国外引进的日本北海道荞麦和美国甜荞。该品种在当时确实对当地荞麦生产做出了贡献，但是由于荞麦是天然异花授粉作物，纯种繁殖时应严格隔离，而缺乏严格的种子繁殖条件造成了荞麦品种的严重混杂退化，从而导致了当地荞麦产量的低下。

宁夏丘陵地区荞麦品种更新是当前急需解决的问题。固原市农业科学研究所从 20 世纪 80 年代末开始征集荞麦品种资源，进而开展荞麦新品种选育，开展的项目有引种观察、品种鉴定、品种比较以及宁夏丘陵地区荞麦（甜荞和苦荞）品种生产试验，目前已承担了 8 轮国家荞麦（甜荞和苦荞）品种区域试验，6 轮国家荞麦（甜荞和苦荞）品种生产试验，通过引种鉴定、物理诱变、系统选育等方法，经过 10 多年的努力，选育出了宁荞 1 号（甜荞）、宁荞 2 号（苦荞）、信浓 1 号（甜荞）、威果 4-4（苦荞）、榆荞 2 号（甜荞）、固苦 1 号（苦荞）6 个农艺性状好、适应性强的品种。

5.2　栽培措施的规范化

5.2.1　精选种子　由于优良品种种子个体之间存在着差异，为做到母壮儿肥，播前应清水选种或筛选，选粒大、饱满的种子为苗齐、苗壮打下良好的基础。

5.2.2　精细整地　荞麦虽不择地，但种子顶土力不强，根系较弱，所以播前应精细整地，使表土疏松细碎，保证苗齐、苗壮。正茬荞麦地秋季深耕，蓄水保墒，春季浅耕，耙耱收墒；回茬荞麦地要抢时浅耙细耱，创造有利于全苗的条件。

5.2.3　施足化肥　荞麦是低需求作物，适应性广，在薄瘠地上种植也能获得一定产量，但产量低，要想获得较高产量，也需供给荞麦充足的肥料。宁夏丘陵地区的土壤氮、磷皆缺，要求亩施磷酸二铵 2.5~5.0kg，尿素 5.0kg。

5.2.4　适期播种　荞麦“早播三天不结籽，迟播三天霜打死”。荞麦生长既喜温凉环境，又怕霜冻，根据多年栽培实践认为：立秋早，白露迟，处暑播种正当时。宁夏丘陵地区荞麦正茬播种以 6 月下旬为宜，麦后复种应在 7 月 10 日左右。

5.2.5　适量播种　合理的种植密度是高产的基础。播量偏低，群体上不去，影响产量；播量过高，植株生长过密，不利于通风透光，也导致产量降低。根据多年来种植密度研究结果：播种量在 45~75kg/hm^2，保苗 90 万株/hm^2。

5.2.6　防治害虫　荞麦生长期如有荞麦黏虫、金龟子、跳虫甲等虫害，应及时防治，可用 90%的敌百虫 1 000~2 000倍液或 80%敌敌畏 1 000~1 500倍液喷雾防治。

5.2.7　及时收获　荞麦属于无限开花习性，籽粒成熟度极不一致，很容易落粒，通常在整个植株有 70%籽粒成熟时应开始收获。宁夏丘陵地区的荞麦生产，只要选用优良品种，栽培管理措施得当，政府有关部门大力支持，建立、健全良种繁殖体系和种子生产基地，扶持龙头企业，积极发展产品加工业，加强科技和资金投入，提高产业化水平，就很有发展潜力。

参考文献（略）

本文发表在《内蒙古农业科技》2008（3）。作者：杜燕萍，常克勤，穆兰海，王敏。

构建抗旱节水技术体系　促进宁南山区特色杂粮可持续发展

摘要：本文阐述了宁南山区所处的地理位置、生态环境和气候条件，通过分析该区域内特色杂粮产业发展现状和在生产中的作用，在指出制约特色杂粮产业发展主要问题的同时，提出了构建抗旱节水技术体系，促进宁南山区特色杂粮产业可持续发展的主要技术措施。

宁南山区位于西北黄土高原边缘，地处宁夏南部干旱半干旱丘陵地区，境区跨越十县（西吉、海原、原州、彭阳、泾源、隆德、同心、盐池、中卫及灵武部分山区），该地区属典型的大陆性气候，自然灾害频繁，生态环境脆弱，境内气候条件多样，生态类型复杂，干旱少雨。绝大部分地区属雨养旱作农业区，旱作农田旱灾的持续性非常强，有季节连旱和年际连旱等特点。境内降水具有明显的地域性、季节性和不稳定性三大特点，年降水量270~650mm，近一半左右地区在400mm以下，且季节分配不均，60%~70%的降水集中在7—9月。年内3—5月降水76.2mm，占全年降水量的17.8%，6—8月降水231.9mm，占全年降水量的54.2%，9—11月降水110.8mm，占全年降水量的25.9%。年均气温为5.2~8.4℃，≥10℃的有效积温1 925~3 149.2℃，无霜期仅120~150d。这样的自然生态环境、气候特点和光、热、水等资源条件非常适宜发展特色杂粮生产，特别是宁南山区降水规律的分布与杂粮的需水特点一致，特色杂粮作物中荞麦、燕麦、糜子、谷子等作物对水分的需求与降水的吻合程度高。

1　特色杂粮生产现状、地位及作用

1.1　现状

荞麦、燕麦、糜子、谷子、豌豆、蚕豆、扁豆等特色杂粮作物，是宁夏南部山区传统优势作物。年播种面积260万亩左右，占全区粮食总面积1 164万亩的22%，其中旱地面积238.23万亩，占93.13%，水地面积3.0万亩，占1.17%，麦后复播和间套种面积14.82万亩，占5.83%，排在小麦（420万亩）、玉米（210万亩）、马铃薯（183万亩）、水稻（95万亩）五大作物中的第二位，主要分布在宁南山区十县种植。近年来，由于种植业结构的调整和受市场需求的推动，特色杂粮在宁南山区的发展受到了自治区各级政府的重视，广大农户种植积极性空前高涨。种植面积不断扩大，加工企业的数量和发展规模逐年加快。杂粮生产逐步出现产业化、区域化、规模化、优质化的发展势头，特色杂粮生产基地开始由零星分散转向连片种植。

1.2 地位及作用

宁南山区3/4的耕地位于降水量300~450mm的旱区，由于生态类型区位明显，作物布局和种植结构形成明显的地带性，生产中种植的粮食、油料、经济和饲草作物有20多种，其中具有广泛生态适应性和稳定生产力的荞麦、燕麦、糜子、谷子以及豆类（豌豆、蚕豆和扁豆）等杂粮特色作物，是黄土高原品种最多、种植面积最大的地区之一，是全国特色杂粮绿色生产基地。由于其生育期短、抗旱、耐瘠薄、抗逆性强等特点，在当地农业生产中发挥着重要作用。一是避灾、救灾，保证粮食生产的稳定性。风调雨顺年份面积下降，灾年面积大幅度增加，以自身面积的不稳定，保证了当地粮食生产的稳定性。二是耕作制度合理调配的特色作物。除了单播、间套种，还可复播，轮作倒茬，恢复地力，在耕作制度调配上有不可替代的作用。三是粮、饲兼用和副食品加工的主要原料。作为粮食，现在仍占总产量的15%左右，而且由于其特殊的营养保健功能，倍受人们的重视；饲用量，占小杂粮总产量的15%左右。在宁夏以杂粮为原料加工的副食品有30种之多，用量约占总产量的20%，转化率居粮食作物之首。四是宁南山区主要经济作物之一。生产成本比每吨小麦低44元，而销售价每吨比小麦高200~1 200元，农户年产量的70%左右向市场销售，主产区农民人均纯收入的30%左右直接或间接来源于特色杂粮。

2 特色杂粮生产存在的主要问题

2.1 主产区旱灾发生频率逐渐加快，波及范围广

据统计，宁南山区6县区（西吉、海原、原州区、彭阳、隆德、泾源）从1950—2007年，农作物受灾面积达800万 hm^2 以上，平均每年受灾面积在15万 hm^2 左右，因旱灾减产粮食总量达240万t，年均减产5.4万t，在农作物总受灾面积中，旱灾所占比例为50%左右，据宁夏旱涝史料记载，自1470—1979年，发生旱灾的年份共190年，占37.3%，平均2.7年一遇；而宁南山区旱情更为严重，素有“十年九旱”之称，从70年代以来的旱情分析表明：春旱、夏旱、秋旱的平均发生频率分别为68%、55%和35%；春夏连旱、夏秋连旱和三季连旱的平均发生频率分别为55%、27%和18%。干旱分布由春旱发展到春夏连旱和春夏秋三季连旱，农业受灾范围广，成灾面积大，旱灾损失严重。

2.2 农业生产的脆弱和不稳定性十分明显

由于降水少、水分短缺的气候特点，及经济基础薄弱，农民对土地投入较少，土地瘠薄，限制了光热条件的充分发挥，影响和削弱了抗旱抗灾的能力，进一步增加了该地区特色杂粮生产的风险和不可持续性。

2.3 品种缺乏，技术落后，效益低下

在生产技术方面，由于新品种缺乏，良种应用率低，产量不高，品质较差；加之栽培技术研究和推广不够，耕作和管理粗放，水肥利用率不高，单产面积产量低，经济效益差。

2.4　区域间差异悬殊，年际间变幅大

即使同一生态类型区、同一品种杂粮作物单产差异悬殊，据统计，荞麦平均单产1 500kg/hm^2，高产区3 375kg/hm^2，低产区600kg/hm^2；豌豆平均单产1 200kg/hm^2，高产区3 000kg/hm^2，低产区750kg/hm^2。这样的生产水平，严重地制约着当地特色杂粮整体均衡协调发展；特别是贫瘠的地力及传统落后的栽培方式对有限降水资源利用不充分是特色杂粮生产力低下的根本症结所在，是制约宁夏南部山区特色杂粮生产可持续发展的技术“瓶颈”。

3　特色杂粮可持续发展技术体系构建

随着市场经济的发展，特色杂粮在人们膳食结构中的比重越来越大，在宁夏南部山区干旱、少雨的自然条件下，特色杂粮作为抗灾作物在调整作物布局中具有明显的区位优势和比较优势，在旱作农业生产中的地位也将越来越重要。面对日益严重的干旱形势，加强特色杂粮技术攻关，构建抗旱节水技术体系，显得尤为重要。

3.1　建立高产稳产基本农田，改善土壤结构，增加土壤的蓄水保水能力

宁南旱区脆弱的生态环境是制约该地区农业生产发展的重要因素，发挥地域资源优势，开发特色产业，必须加强农田基本建设、改善农业生产条件，才能更好地开发和利用该地区丰富的农业自然资源。因此宁南山区发展优势特色杂粮产业的根本出路要在退耕还林还草、保护和重建良性生态环境的同时，要统一规划、合理布局，强化基本农田建设，大力修建水平梯田，实现山、水、田、林、草、路综合治理，山坡地梯田化、壕掌地洪漫化、塬地条田化。建立深松土为主体的机械化耕作体系，改连年平翻为翻、松、耙（旋、碎茬）相结合的耕作体系，改单机多次进地为复式作业，改多耕为科学合理的少耕。生产实践证明，梯田比坡耕地降水利用率平均提高1.5~6.7kg/（mm·hm^2），土壤含水量提高6%~11%，增产2~3倍，经济效益提高3~4倍，尤其推行以小流域为单元的综合治理，更能发挥较大的生态、经济效益。

3.2　加快新品种选育推广速度，提高良种覆盖率

多年试验示范证明，相同作物不同品种的抗旱耐旱能力差异极为显著。一般年份，抗旱、耐旱品种较常规品种增产10%~15%，干旱年份增产20%以上，科研单位可通过全国特色杂粮育成品种展示、苗头品种异地鉴定等短平快的方式，快速选育出适宜当地种植、抗旱增产的特色杂粮优良品种，特别对国际市场走俏的专用品种，积极组织多点试验示范，加快繁育速度，建立良种繁育基地和供种体系，逐步实行品种标准化和规范化生产，提高良种的贡献率。

3.3　加快抗旱避灾节水技术科技攻关，为特色杂粮可持续发展提供科技支撑

要围绕降水高效利用，重点研究和建立以持续增进降水生产潜力为中心的旱地特色杂粮农业生产综合配套技术。用现代技术提升传统产业。一是立足宁南山区旱地特色杂粮作物生产现状，完善并建立适应不同降水条件的主要杂粮作物，优化、组合、集成先

进、实用、可操作性强的高产栽培技术模式；二是研究良种良法综合配套栽培措施，在改善品质的同时，大幅度提高单位面积产量；三是以高效利用天然降水和提高养分利用率为突破口，深入研究旱地特色杂粮产业可持续发展的途径，确定在提高杂粮作物吸水和保水、调节代谢过程的生理机制，探讨旱地杂粮作物节水节肥新途径，建立水分、养分高产模型，为充分提高旱地水分、养分利用效率，防止环境污染，实现杂粮稳定高产和可持续发展提供理论依据和有效措施；四是采用先进的高新科技成果与传统的农艺精华有机结合，积极发展无公害绿色农产品生产技术，突显宁夏南部山区优质杂粮产品的天然无污染特性；五是开展优质特色杂粮产品加工增值相关的基础研究和应用技术研究及新功能食品开发研究，制定特色杂粮优质产品生产质量标准，为杂粮的持续稳定发展提供技术支撑。

3.4 集成应用成熟的旱作农业技术，为特色杂粮可持续发展奠定坚实的基础

一是推广应用机械覆膜穴播、机械覆膜种植、丰产沟地膜覆盖种植、垄沟种植膜上沟灌技术等组成的地膜覆盖栽培技术。通过地膜覆盖以“节流”的形式在土壤与大气之间设置一个隔离层，可以有效的降低地表物理蒸发，使之化为植物的有效蒸腾，起到增温、保墒作用，促进植株营养生长；二是推广应用适墒耕作为核心的“五墒耕作法”(即早耕深耕多蓄墒，过伏合口保底墒，雨后耙耱少跑墒，冬季打碾防跑墒，适时早播用冻墒）及保护性耕作技术等，充分发挥土壤作为水库的作用，吸纳降水，减少蒸发，适墒耕作，保证特色杂粮正常生长的需水量；三是推广应用坡地秋开沟秋施肥蓄墒聚肥耕作法，可使土壤降水保墒率提高 21.7%，0~40cm 土层蓄水量增加 33%，作物用水效果提高 74.7%，增产 34%~157%，蓄水覆盖丰产沟耕作法可使耕层土壤含水量提高 3.94 个百分点，容重降低 0.23g/cm^3，作物增产 139.4%。

3.5 培肥地力，开发农田水分生产潜力，增强特色杂粮抗旱应灾能力

一是调整作物布局，扩大豆类种植面积，建立良好的农田生态系统。据试验种豌豆后显著改善了土壤营养状况，土壤肥力明显提高，有机质含量比连作区提高 0.08%，全氮增加 0.006%，碱解氮增加 5.4mg/100g；二是实行草田轮作。在西部大开发的背景下，结合当前宁南山区大力发展退耕还草产业的形势，积极提倡发展苜蓿、草木樨及绿肥作物，带种绿肥应提倡当年翻压，是解决目前农村肥料投入不足，实现农田用养结合、改土培肥的有效措施；三是有机肥和无机肥相结合，以无机促有机，可极大地提高水分利用效率。据试验，在亩施农家肥 2 000kg 的基础上，配合施化肥效果极为明显，比单施农家肥增产 29.8%，经济效益也明显提高，此外要注意改进施肥方法，包括改春施肥为秋施肥，农家肥、化肥秋底肥与化肥种施相结合，集中施肥，连年培肥等。

3.6 应用高效补充灌溉技术，降低水分亏缺等不利因素的影响

宁南旱区水资源十分紧缺，但通过打窖、修建径流集水场发展节水高效补充灌溉技术可以提高水分利用率。据试验，应用集雨节灌技术后，谷子、糜子、荞麦、燕麦、豌豆的产量水平分别提高到 7 800kg/hm^2、4 650kg/hm^2、2 250kg/hm^2、4 500kg/hm^2 和 3 000kg/hm^2，其与大宗作物产量基本相当。目前宁南山区高效利用降水主要途径是通

过窑窖集水、蓄水、保水等工程措施。对有限的降水在局部实施集、蓄、再分配，增加降水资源人工可调控比重，并通过对作物的补充灌溉，以“开源”的形式增加了土壤水分蓄存量，可以缓解干旱季节的水分胁迫；解决旱地作物水分亏缺等不利因素的影响。

3.7　建立抗旱节水种植示范区，加快产业化综合技术示范推广

在特色杂粮主产区建立不同类型对杂粮产业发展具有较强示范带动作用的农业科技示范区，作为产业化技术组装集成的载体、科技信息的辐射源、人才培育和技术培训的基地，以科技示范、辐射和推广为主要内容，以促进杂粮产业化发展为目标，实现杂粮产业化技术的组装集成，解决一批影响杂粮产业化发展的重大科技问题，转化和推广一批最新科技成果，培育一批优秀的乡土人才，建立杂粮新品种、栽培技术、加工、销售等信息服务体系，通过示范区的引导，促进特色杂粮产业科技水平的提高和产业的健康持续发展。

为了发挥各种水资源高效利用技术的整体效应，应因地制宜将各种单一技术优化集成为具有区域特色的降水高效利用技术体系，以最大限度地提高降水利用率。这是水资源匮缺严重的宁南旱区发展农业生产的唯一出路，也是半干旱或半湿润易旱地区发展特色杂粮产业的一条有效途径。

参考文献（略）

本文发表在《第二届海峡两岸杂粮健康产业峰会论文集》2010.10。作者：常克勤，穆兰海，赵永峰，杜燕萍。

提升宁夏荞麦生产能力的主要途径与对策

摘要：宁夏是全国荞麦主产区之一，荞麦生产对宁夏南部山区粮食安全和经济发展有着举足轻重的作用。本文分析了宁夏荞麦生产中存在的主要问题，阐明了种植结构调整、品种与栽培技术创新、生产潜力研发、生产方式转变、机械化应用、产业政策保障等与荞麦生产能力提升的辩证关系，提出了稳定持续提升荞麦生产能力的主要途径及对策。

关键词：荞麦；生产能力提升；途径；对策

荞麦属蓼科（Polygonaceae）荞麦属（*Fagopyrum*）作物。生产上荞麦种植主要分为甜荞和苦荞，均为一年生草本双子叶植物，其植物学特征、生物学特性与种植适宜区域均有一定的差异。此外，在我国西南地区还有丰富的金荞麦（多年生）［*F. cymosum*（Trev.）Meisn］等野生荞麦资源。

1　荞麦产业的发展概况及特点

1.1　世界荞麦生产概况

荞麦在世界粮食作物中虽属小宗作物，而在亚洲和欧洲的一些国家是一种重要作物。世界上包括中国在内的 23 个国家分布种植。2017 年世界荞麦种植面积约 246 万 hm^2，总产量约 303.3 万 t。比上年度增加约 3.7%，其中俄罗斯（140 万 t）、中国（95 万 t）、哈萨克斯坦（25.4 万 t）、乌克兰（15.6 万 t）、法国（14.9 万 t）和波兰（10.5 万 t）等国家作为主产国荞麦生产排名世界前 6 位。

1.2　中国荞麦的生产水平

荞麦在我国栽培历史悠久，栽培地域广阔，东南西北都有种植，可主产区相对集中，主要集中在华北、西北、西南一些高纬度、高海拔的高寒、干旱地区及少数民族聚居区。根据各地自然气候、生态条件、作物熟期、耕作制度等，把我国荞麦产区划分为四个栽培生态区，即北方春荞麦区、北方夏荞麦区、南方秋冬荞麦区和西南高原春秋荞麦区。正常年份种植面积约为 100 万 hm^2，占世界总种植面积的 37.2%，总产量约为 85 万 t，占世界荞麦总产量的 38.88%，2018 年企业总加工能力约 60 万 t，总产值约 60 亿元。

1.3　宁夏荞麦产业特点

宁夏荞麦作为粮食作物种植以甜荞栽培为主，苦荞作为经济作物种植面积有逐年扩大的趋势，主要分布在宁夏南部干旱半干旱地区的盐池、同心、海原、彭阳、海原、西吉、原州及中宁县南部部分乡镇，旱作种植，雨养农业，常年播种面积 4.67 万 hm^2，受市场经济的拉动和人民生活的需要，2019 年播种面积超过 6.67 万 hm^2，约占宁夏南部山区当年作物播种面积的 14.3%，占全国甜荞种植面积的 6.5%。单产 1 125～1 500kg/hm^2，平均产量 1 450kg/hm^2，与全国平均单产 1 469.6kg/hm^2 基本持平。因气候等诸多因素的变化其播种面积和产量年际间变化较大；种植品种以信农 1 号为主，兼有少量当地红花品种；宁夏南部山区气候冷凉、降水集中，降水规律的分布与甜荞的需水特点基本一致，甜荞对水分的需求与降水的吻合程度高。

2　影响宁夏荞麦生产能力提升的主要问题

2.1　高产优质、适应性强的品种少，科技支撑不够

相比其他主要粮食作物，宁夏荞麦的育种工作相对滞后，科研单位已经选育出一批优良的新品种，包括现在生产上主推和大面积应用的信农 1 号等，但仍然存在一些问题，2015 年 11 月国家新修订的《中华人民共和国种子法》制定以来，包括荞麦在内的小宗作物未列入国务院农业主管部门非主要农作物登记目录，“十三五”期间科研单位选育的新品种（系）得不到及时认定，造成生产上新品种接续不上，良种应用率低，产量不高，品质较差；特别突出是优质品种缺乏，高产品种不多，广适型品种少，生产上品种参差不齐，类型杂乱，无论是品种数量，还是品种质量，都难以满足生产的需求，加工后的荞麦产品优质产品比率低、优质产品产出率低的矛盾日益突出。

2.2　生产水平低，面积产量年际间变幅大

甜荞是异花授粉作物，结实率对花期气候条件非常敏感，开花期受小气候的影响，即使同一生态类型区、同一品种的荞麦单产差异较大，据国家燕麦荞麦产业技术体系多年调研数据，宁夏荞麦平均单产 1 500kg/hm^2，高产区 3 375kg/hm^2，低产区 600kg/hm^2，年季间变化幅度大主要表现在：一是灾年面积扩大，正常年份减小；二是当某种作物种植面积扩大时，首当其冲的是减少荞麦的面积；三是荞麦主要种植在梁坡岭地，土壤瘠薄，生境脆弱，粗放经营，科技含量低，投入不足，严重影响了荞麦优势的发挥。这样的生产水平，严重地制约着宁夏荞麦生产整体均衡协调发展；特别是贫瘠的地力及传统落后的栽培方式对有限降水资源利用不充分，是荞麦生产力低下的根本症结所在，是制约宁夏南部山区荞麦生产可持续发展的技术“瓶颈”。

2.3　种植方式落后，服务体系尚不健全

宁夏荞麦产区的生产方式大多数采用传统的耕作方式，由于种植户的生产条件、文化水平等因素的限制，生产管理方面目前仍是耕作粗放，科学种植水平不高，手段落后，荞麦仍然处于分散、无序、落后的小规模生产状态，未能形成区域化、规模化、标准化生产，集约化程度较低，专业服务体系尚不健全。这样导致生产的荞麦商品化程度不高，效益低下。

2.4　小型专用机械缺乏，机械化普及率低

宁夏荞麦目前生产管理上是一家一户的耕种方式，是联产承包责任制的基本模式，

其特点是种植面积小，且多种作物插花种植在一起，机械化程度相对比较低，其原因：一是受地形地貌限制，缺乏适宜山区坡地和机修田用的中小型农机具；二是当地的经济条件制约着机械化普及与发展；三是现有的播种机、收割机、脱粒机等款式单一，而且并非为荞麦专门研制，专业性不强、不好使用，效率偏低，且价格昂贵，机械化普及率得不到快速提高。

3 荞麦综合生产能力提升的思考与举措

3.1 种植结构调整与生产能力提升

3.1.1 种植结构调整的市场趋向 对于宁夏荞麦主产区来说，种植业结构调整，不是荞麦单一内容的变动，而是一次从数量到质量、从结构到布局、从种植技术到政策目标的全方位的调整。具体包括：一是目标调整。变增总量的单一目标为保供、提质、增效、增收、保护环境和资源的复合目标。二是布局调整。从全局利益出发，以比较优势的原则，合理布局，既要发挥规模效益，形成规模，搞出特色，又要防止畸形发展。三是技术调整。在推广增产技术、常规技术、单项技术的同时，大力推广提质技术，增值、降耗、增效技术，节地、节水、节物、节能、节劳技术，高新技术和配套集成技术，这种发展趋向就可推进种植业向现代化发展。四是政策调整。主要是刺激生产，调动农民积极性，同时注意刺激流通、转化、加工的发展，调动农民、科技人员、流通、营销、加工等方面的积极性。

3.1.2 新品种选育与种植结构调整 在市场经济条件下，荞麦加工产品要满足市场需求，实现其自身价值，必须要“优质”，“优质”是高效的基础和前提。种子是农业之本，种植业结构调整首先要从品种、品质改良抓起，大力开发推广优质品种，优化品种品质结构。一粒种子可以改变世界，一个高优品种能激活一个产业。全面优化荞麦品种，努力提高其产品质量，是调整宁南山区种植业结构，走高质量发展之路，确保农民增产增收的切入点。所以，只要我们选育出既有良好丰产性、抗逆性，又有良好品质及开发市场前景的荞麦新品种，就能够大幅度提高大田单位面积产量，促进荞麦产品质量的更新换代，加快种植业结构的调整，提高荞麦生产能力。

3.1.3 先进适用技术推广与种植结构调整 在宁南山区对于荞麦产业来说，种植业结构调整不能光看调了多少面积，更要看调高了多少科技含量。面积的调整是适应性调整，科技含量的提高才是战略性调整。因此，先进适用技术的推广是该区域种植业结构调整的主动力。

3.1.4 加工企业发展与种植结构调整 宁夏农业从制度创新到技术创新为加快荞麦等特色作物的发展提供了空间，只要主产区政府根据市场需求和企业的加工能力，与区内外大中型农产品收购或加工企业签订优质荞麦产品联合协议，搞综合开发。合理安排各种农作物种植比例，比如，不同作物之间的搭配，同一作物不同类型用途的搭配，同一用途不同熟期的搭配等，就可以为荞麦产品健康有序地走入市场铺平道路。

3.2 品种改良和技术创新与生产力能力提升

3.2.1 新品种选育及栽培技术研究 品种是提升农作物生产能力最有效、最快捷、最明显的途径，宁夏荞麦产业研究基础薄弱，技术力量不足，品种创新、改良工作远远滞后于产业发展需要。荞麦新品种选育工作要借鉴大宗作物的研究成果，在杂种优势利用、杂交育种、分子标记辅助育种、基因克隆、功能因子提取等研究领域开展探索，促进荞麦优良品种的创制、普及和品种更新。另外，从品种选用和合理搭配、从种子的精选、浸种方法、种衣剂使用技术、实行精量、半精量播种技术，荞麦籽粒蛋白质含量和生物类黄酮含量高的品种及相应的栽培技术体系，有害生物防治收获储藏等生产各个环节仍有创新较大的空间，蕴含着较大的生产能力储备。

3.2.2　荞麦栽培技术创新与应用

3.2.2.1　推广以传统种植技术为中心的旱作农业耕作技术　宁夏荞麦种植是典型的旱田作物，靠天然降水获取产量。科技工作者在总结农民传统耕作方式的基础上，开展了旱作农业耕作技术的研究，经过研究和总结提出了“适期播种，施好种肥、选用良种、保证全苗”的旱地荞麦综合丰产栽培技术和荞麦1 200kg/hm^{2}规范化栽培技术，是目前宁夏荞麦农作技术的主推技术，也是荞麦生产力提升的关键技术。

3.2.2.2　推广宽窄行（大垄双行）栽培技术　宁夏农林科学院固原分院引进赤峰市农牧科学研究院研发的大垄双行播种机，结合宁夏实际通过调整行距，设定宽窄行栽培模式，即宽行距0.45~50cm，窄行间距8~10cm。该技术是一项轻简化、全程机械化栽培技术，非常适宜宁夏中部干旱带平原或缓坡地种植，在栽培上窄行增加密度，增加抗倒伏能力，宽行有利于机械操作，方便于耕培土和追肥，节省人工，从而在根本上改变了多年沿用的粗放种植的管理模式，在实际生产应用中明显增加荞麦产量。

3.2.2.3　推广应用新技术　根据荞麦作为保健食品的要求，在推广应用传统技术的同时，创新合理轮作制度，应用控矮化增产技术、富硒肥、保水剂以及种衣剂使用技术，抗倒栽培管理技术、改粗放耕种为精耕细作，改撒播为条播、穴播技术等。

3.3　生产方式转变与生产能力提升

3.3.1　建立专业合作社　在农民自愿的基础上建立以家庭联产承包责任制为基础的专业合作社，有利于规模生产，达到连片种植，便于实行机械化。

3.3.2　培植专业大户　采取土地入股，收益分红等多种方法，引导组织农民流转土地承包经营权，将闲着荒芜的土地整合利用起来，建立家庭农场，形成规模化生产，机械化作业。

3.3.3　创建公司与农户的共同利益体　荞麦不仅是粮食作物，更是功能性保健作物；不再是只有产区自己食用的短腿作物，而要成为全国及世界消费者共同食用的长腿作物。目前已被做成降糖、降脂的功能性保健食品走向全国、走向世界。加工厂家不断增加，加工量攀升，市场需求量上升。创建加工企业与农户、加工企业与专业合作社结合的利益共同体有利于荞麦燕麦产业的发展壮大。

3.3.4　组建农机服务队　各级政府利用各种渠道的支农款项，扶持农机大户，组建有偿服务的社会化乡村农机服务队，既可以改善基础设施，又可以提高农机的利用率，提高机械化作业水平。

3.4　机械化普及与生产能力提升

3.4.1　完善适宜种植大户和平原地区作业用的全程相配套的农业机械　目前种植

大户和平原区基本用的是小麦田的机械，实现了耕翻、播种、收获、脱粒的机械化，但缺乏与荞麦相配套的中耕锄草用机械。因此，在采用小麦用的机械基础上，根据荞麦的特点进行改进完善，并研发与其相配套的中耕锄草机，形成真正意义上的全程机械化。

3.4.2 研发适宜山区和一家一户种植的小型农业机械 目前很少有适宜山区和一家一户使用的中小型农机，所以此类地区和一家一户的荞麦燕麦种植户仍采用传统耕作方法，应加强研发适宜这类地区和一家一户使用的耕翻、耙磨、播种、填压、收割用的小型农机具，实现荞麦燕麦产区的全部机械化。

3.4.3 研发耕翻、耙耱、播种、镇压一体机 当前使用的机械为耕翻、耙耱、播种、镇压分离的单机，没有“四位一体”的一次性作业用机械，形成多次作业，费时费工，成本高，土壤失墒严重。采用免秋耕晚播耕作技术后，可研究开发适宜耕翻、耙耱、播种镇压的一次性作业用机械，可减少作业次数，保墒、节劳、降低作业成本。

3.5 产业政策与生产能力提升

3.5.1 农业生产政策 建议荞麦主产县（区）政府把荞麦作为本地农民增收与农业增效的主导产业进行扶持，与扶贫项目、生态治理项目及民族区域发展项目等有机结合起来，将荞麦纳入农业补贴范畴，通过农业补贴促进农民种植荞麦的积极性。通过制定优惠政策扶持一批荞麦加工企业，带动一批荞麦种植的专业合作组织，构建一个以荞麦为主导的县域经济发展模式。

3.5.2 产品加工政策

3.5.2.1 扶持龙头企业 针对加工方面，政府部门应制定适当的优惠政策，鼓励产业化龙头企业建立高标准的原料生产基地，开展优质原材料生产；鼓励龙头企业建立研发基地，进行新产品研发；鼓励龙头企业建立市场营销体系，进行产品营销策划；鼓励龙头企业因地制宜地开发荞麦系列加工食品，提高荞麦的经济效益和社会效益。

3.5.2.2 促使产学研结合 宁夏荞麦科研、生产、加工、出口等分割于不同行业，长期以来缺少联合与协作，严重影响了荞麦全产业链发展。因此，在荞麦产业发展中，应尽快建立由育种专家、食品加工专家、管理专家、外贸专家等多单位、多行业代表参加的荞麦协作组织，围绕增强荞麦产业开发创新能力，支持和引导荞麦食品加工、外贸等企业与科研单位、高等院校的技术交流与合作，促进宁夏荞麦高质量发展。

3.5.3 人才培养政策 打造荞麦完整产业链条，急需科研、生产、加工、市场营销、企业管理及各类技术人才。针对主产区的实际情况，还需要大量在基层一线进行推广农技人员。与其他大宗作物相比，荞麦生产区域无论是自然条件还是人文条件都较差。为了吸引更多的人才从事荞麦产业，建议自治区政府制定相关政策，在人员与资金方面给予倾斜，吸引更多的人员参与荞麦产业建设。

3.5.4 品牌培养政策 荞麦产业发展的根本出路在附加值的提升，实施“三品一标”促进产业升级，以市场为导向，站在大农业的高度，利用当地环境优势，创建知名品牌，实施品牌战略，把荞麦生产、大宗作物生产、畜牧生产和农产品加工业通盘考虑、科学规划；增加科技投入，引进优良品种，改善栽培技术，确保基地生产科技含量的整体提高，以此确保基地建设的高起点、高标准、高效益。开发具有地域特色的荞麦产品，并严格加强质量检测，保证产品安全、优质，从而促进荞麦产业的全面快速升级。

综上所述，我们相信，通过加强战略研究，完善产业政策制定，荞麦产业一定会进入新的发展阶段，为宁夏农业和群众健康作出更大贡献。

参考文献（略）

本文发表在《宁夏农林科技》2020，61（4）。作者：常克勤，穆兰海，杨崇庆，杜燕萍，张久盘，李耀栋。

荞麦品种改良与产业发展现状及趋势分析

摘要：本文根据国内外荞麦生产现状及存在的问题，对未来荞麦产业发展、品种改良方向及品种选育技术发展的趋势进行了讨论。近年来，世界范围内荞麦种植面积稳中有升；荞麦消费量呈增加趋势；荞麦生产中普遍存在生产条件差、产量低、品种改良难、不适宜机械化生产等问题，广适、高效、优质和高产等特性是荞麦品种改良的目标，传统杂交技术与分子育种技术的结合是未来荞麦品种改良的主要手段。

关键词：荞麦；生产；育种技术；产业；趋势

荞麦原产于我国，目前在世界范围内都有广泛种植，是偏远地区一种重要的经济作物。随着人们生活水平的提高和科学膳食观念的普及，荞麦的需求量持续上升。目前国内外荞麦生产普遍存在着生产条件差、管理粗放、机械化程度地、品种改良难和改良手段落后等问题。面对机械化、经简化栽培的发展趋势和优质、多样化的市场需求，对荞麦品种的要求越来越高，而荞麦品种的选育起步较晚，显著落后于其他作物，在高产、优质、抗逆、高效和机械化生产等方面有大量的工作要做。荞麦育种手段主要以系选和集团选育为主，杂交等育种手段在部分国家较多应用，荞麦育种手段的落后有自身特性的原因，但更多的是由于基础研究的薄弱。加强基础研究，在较好基础研究的基础上通过借鉴主粮作物成熟的育种手段并引入日益成熟的生物技术育种方法，能够加快荞麦品种的选育，也为荞麦产业持续健康、有力的发展提供动力和保障。

1 世界荞麦生产、贸易现状及趋势

1.1 世界荞麦生产

由图 1-A 可以看出，荞麦种植面积较大的国家主要包括中国、俄罗斯、乌克兰、哈萨克斯坦、美国、波兰、日本、法国和立陶宛等国家，主要分布于欧洲、亚洲以及引入较晚的部分美洲国家。中国和俄罗斯种植面积最大。2015 年以来，中国荞麦种植面积迅速扩大，近年维持在 120 万 hm^2 以上。2010 年，俄罗斯荞麦种植面积也逐渐增加，年均 100 万 hm^2 左右。

荞麦种植大国同时也是产量大国，各国荞麦产量及变化趋势基本与种植面积相一致（图 1-B），但单产水平差异明显（图 1-C）。中国荞麦近年单产维持在 850kg/hm^2

左右，略低于俄罗斯（950kg/hm²），仅约是法国的 1/4、捷克和吉尔吉斯斯坦的1/3、不丹的 1/2。捷克、吉尔吉斯斯坦、不丹、巴西、波兰、乌克兰、斯洛伐克和尼泊尔等单产较高的国家，荞麦单产稳步提高，而中国和俄罗斯仅分别增加了约 7%和 5%。

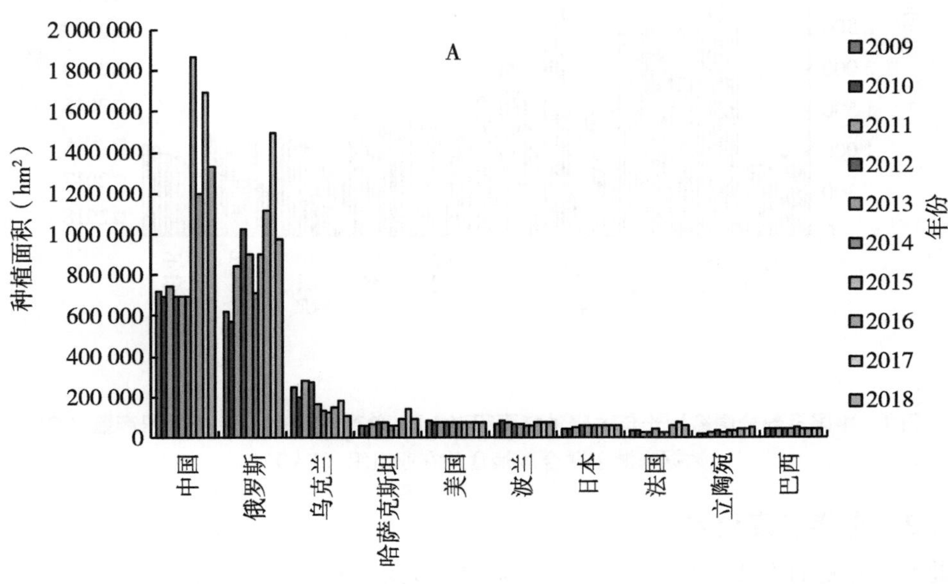

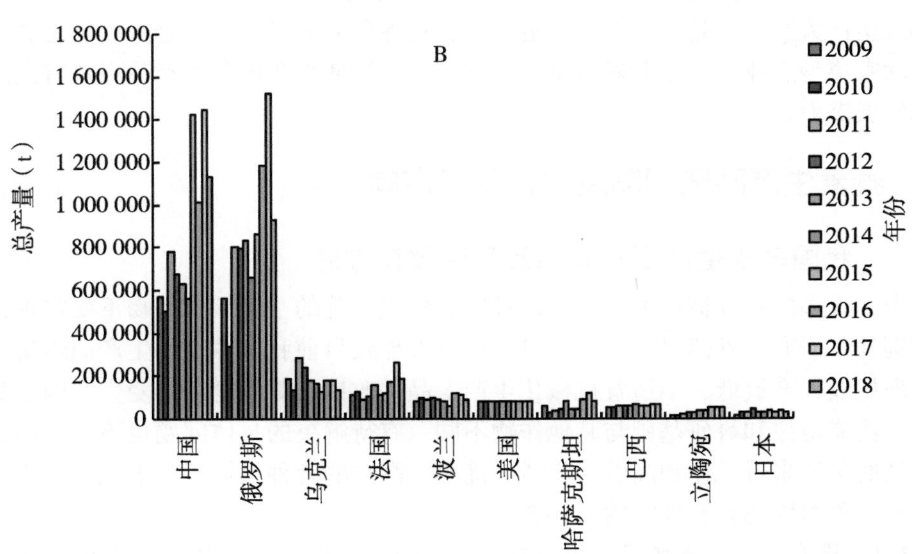

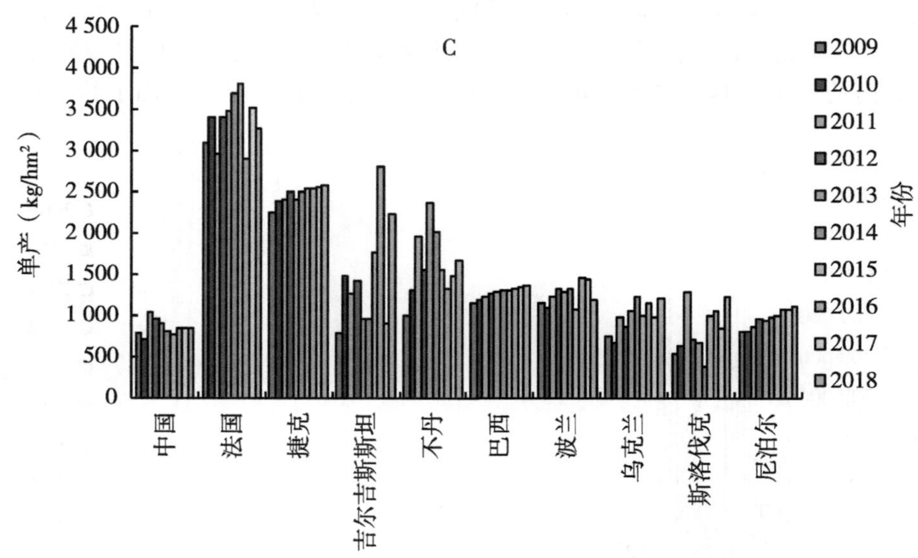

图 1　中国及部分国家近十年荞麦种植面积（A）、总产量（B）、单位面积产量（C）

［数据来源于联合国粮食及农业组织（FAO）］

1.2　世界荞麦贸易

世界上荞麦的主要进口国家包括日本、巴布亚新几内亚、西班牙、立陶宛、意大利、波兰、法国、美国及荷兰等国家（图 2-A）。出口国家主要包括中国、俄罗斯、美国、立陶宛、波兰、拉脱维亚、加拿大、哈萨克斯坦、印度和坦桑尼亚（图 2-B）。我国是荞麦生产大国，也是出口大国，近年来，世界荞麦需求呈上升趋势，加之荞麦产业属于劳动密集型产业，国际荞麦价格远高于国内，这使得我国荞麦产品更具有国际竞争优势和发展潜力。

2　荞麦生产面临问题及品种改良方向

2.1　我国荞麦生产面临问题及品种改良方向

荞麦在许多国家都被视为一种填闲补缺、救灾备荒的小宗粮食作物不受重视，在我国也不例外。研究基础薄弱和荞麦自身生产特性导致目前我国荞麦的生产面临生产条件差、管理粗放、产量低、不适宜机械化生产、品种改良难等问题。荞麦生产因自身的生产特性、功能定位和科研基础与其他作物不同，有待解决的具体问题也不尽相同，但从品种改良的角度来看，作物高效、广适、优质、高产的育种目标对荞麦无论是当前还是未来很长一段时期都具有现实的指导意义。

2.1.1　选育广适、高效品种以应对复杂多变的生产条件　由图 3-A 可以看出，在建国初期荞麦的种植面积在 250 万 hm^2 左右，随着生产能力以及主粮种植效益的提升，到 2014 年荞麦种植面积下降至 70 万 hm^2 左右，近几年效益提升种植面积才有所恢复。我国荞麦目前主要分布在内蒙古、陕西、山西、甘肃、宁夏、四川、云南、贵州、西藏

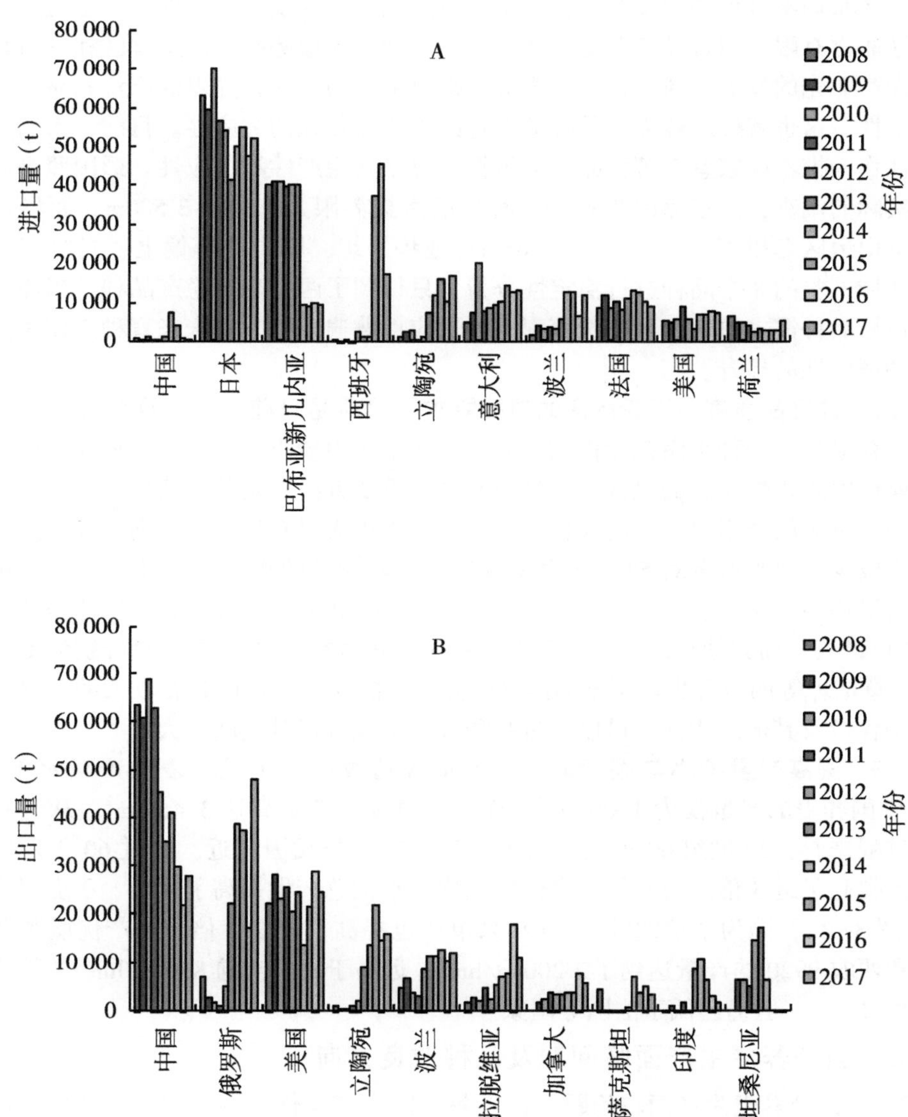

图 2 中国及部分国家近十年荞麦进口量（A）、出口量（B）

（数据来源于 FAO）

等西部边远贫困、土壤贫瘠、生产条件较差的高山丘陵地区，根据我国的粮食生产政策及荞麦自身的生产特性，今后荞麦的生产可能仍旧分布在这些区域。因此，高效既是当前农业发展的方向和当前主粮品种选育的主导目标，也是荞麦面对严酷的生产条件和功能性产品开发的出路，在未来品种改良中的必然选择和迫切需求。

我国荞麦主要分布于西部的高寒山区或丘陵地区，地缘辽阔、地形复杂，地势高低悬殊。荞麦产量在区域、年际之间波动很大，严重制约荞麦产业的持续健康的发展，这其中有生产布局不合理的因素存在，但鉴于目前我国荞麦生产的条件，完全适宜荞麦生产的地区非常有限，而且随着荞麦产业的发展，种植区域势必向次适宜区和不适宜区扩展。荞麦产业化的发展、新品种的推广应用都要求在同一地区荞麦的产量和品质具有较高的稳定性，这也就要求荞麦新品种的选育必须要有很强的适应性。目前，人们常用品种丰产性作为推荐国家鉴定苦荞品种的依据而忽略其稳产性和适应性。彭国照等通过区域生产实际的调查，发现凉山州春苦荞种植的海拔界限为1 500~3 500m，而华劲松等通过在凉山地区海拔高度为1 798~2 565m且地势平坦、肥力中等偏上、光照充足的试验点对区域试验的8个品种进行稳定性分析，只得到了两个高产稳产品种。当前荞麦生产对广适性品种需求迫切，而所选荞麦品种适应性普遍较差，在未来育种工作中要更加重视品种适应性的提升。

2.1.2 改良品质满足不断提高的消费需求 优质是目前所有作物育种的最主要目标之一，荞麦作为一种小宗粮食作物所肩负的产量压力较小，而作为一种药用的食物资源其功能性物质黄酮含量的提升是其品质改良的重要方向也是其价值所在。目前的研究主要集中于黄酮的药用保健功能和提取工艺，而真正通过育种技术提高荞麦黄酮生产能力的报道较少。史兴海等对52份苦荞资源进行黄酮含量的测定，结果表明：52份苦荞黄酮含量平均为1.98%，变幅0.96%~3.05%，已审定的苦荞品种中九江苦荞黄酮含量（2.55%）最高，而其他高产优质苦荞如西荞3号和西农9920黄酮含量分别为1.56%和1.33%，章洁琼等的研究也表明不同品种的荞麦功能性成分含量具有较大的差异，因此荞麦黄酮含量及其他品质性状可以通过品种改良实现且提升空间很大。

2.1.3 提高产量缩小与国际差距、增加种植效益 中国荞麦的产量水平较低，2010年中国荞麦的产量仅为1.0t/hm²，而法国荞麦的产量高达3.4t/hm²。从近几十年的发展过程来看，20世纪60年代初法国荞麦的单产与我国相近，经过60年发展法国荞麦单产提高了近3倍。与其他粮食作物相比，水稻总产量提高了4倍、小麦提高了近10倍（图3-B），同为杂粮的谷子60年来单产也提高了近2.5倍。高产优质苦荞如西荞3号和西农9920的产量达到了2 200kg/hm²，远高于我国当前850kg/hm²的平均生产水平（图3-C），但仍远低于法国等国家。

2.2 国外荞麦生产面临问题及品种改良方向

2.2.1 国外荞麦生产面临问题 世界各国因生产条件、科研水平、消费习惯、经济发展水平等差异，其在荞麦生产中面临的问题也不同，未来发展的侧重点也存在差异。过去几十年（1960s—2000s）来，全球荞麦种植和生产的面积有所减少或停滞，与主要谷物相比荞麦面积和产量的持续下降（图3和图4），可能主要归因于缺乏精细的栽培管理和有力的品种改良。目前，大部分荞麦生产国荞麦种植的区域都是生产条件较差的高山丘陵地区，这些地区经济不发达，生产投入的能力较小或者文化差异而不受重视，导致荞麦生产过程中的粗放管理、生产能力低。例如在尼泊尔，荞麦较多的分布在边远的山区，农民则普遍喜欢低投入高产、耐逆、少需照料、适应性强、养分平衡、市场价格好的作物品种；在印度荞麦主要分布于山区生态系统的偏远地区，是小规模和边际农民主要的生计作物；在乌克兰荞麦则被视为贫民食品。在重视程度较高的国家，荞麦的生产得到了较好的发展，例如加拿大，荞麦种植历史较短且起步晚，然而近年来已

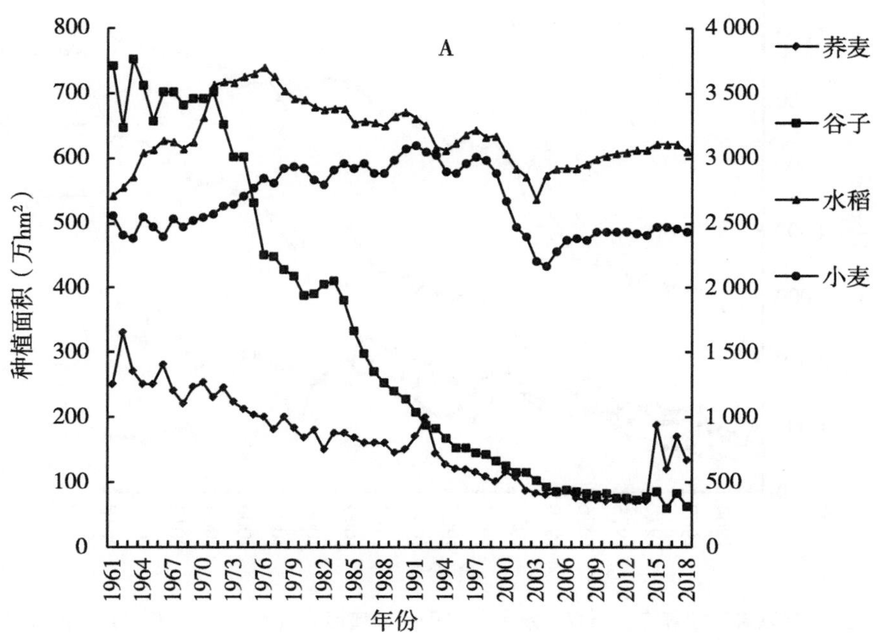
A
种植面积（万hm²）
年份
荞麦
谷子
水稻
小麦

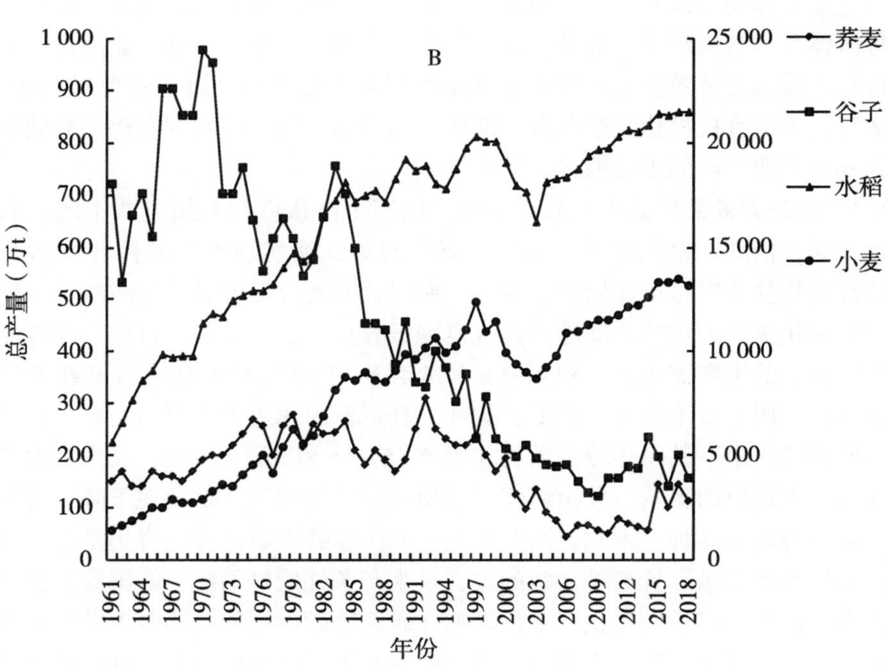
B
总产量（万t）
年份
荞麦
谷子
水稻
小麦

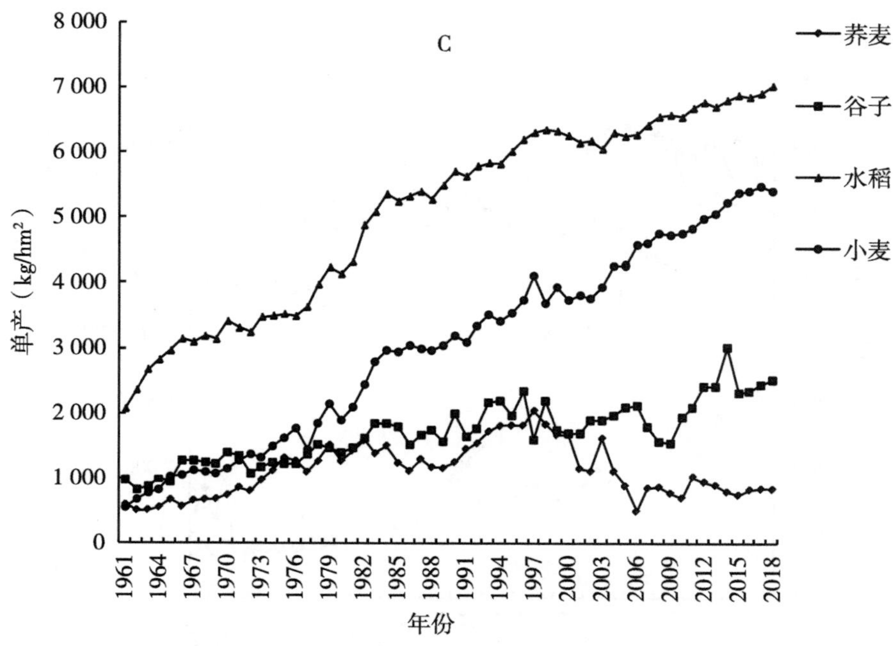

图3　1960年以来我国荞麦、小麦、水稻及谷子的种植面积（A）、总产量（B）和单产（C）

（数据来源于FAO；图3-A中水稻、小麦种植面积和图3-B中水稻、小麦总产量参考次坐标轴）

经成为最主要的荞麦出口国之一，而荞麦在加拿大的快速发展得益于完善的基础设施及完整的科研体系和管理制度。另外，荞麦品种改良落后于主要作物不能满足当前生产的需要，籽粒产量低经济效益差导致荞麦种植面积被主粮压缩，适应性差对霜冻、高温、干旱等敏感，不适宜机械化收获落粒、倒伏、熟期不一致等问题没有得到有效解决都是限制世界荞麦产业发展的重要因素。

2.2.2　国外荞麦品种改良方向　不同的国家生产条件和利用方式不同，品种改良的方向也不同，例如加拿大地势平坦生产条件较好，能实现单一品种的大面积推广应用，纬度较高易受冻害且产品以出口为主，所以其荞麦改良的目标是耐冷性、熟期和株型等适宜机械化生产的性状，此外重点改良种子容重、淀粉功能、口感口味等品质性状以满足不同国家的消费需求。由图4-A-Ⅰ和4-B-Ⅰ可以看出欧美国家荞麦单产稳步增加，而亚洲各国止步不前甚至降低，例如，日本作为荞麦的主要消费和生产国当前荞麦产量不能满足需求，其每年分别消耗和生产15万t和3万t荞麦，受主粮生产、经济发展和外国荞麦进口的影响，种植面积迅速增加但单位面积产量却在下降，而用来提高产量的却较多是地方品种，因此，高产对亚、非国家荞麦新品种选育仍是首要指标。总体来看，品质和低过敏、抗冻等性状的改良是生产条件较好的欧美等国家荞麦品种选育的主要方向，高产、广适则是生产条件较差、研究基础薄弱的亚非等国荞麦品种选育的主要指标，适于机械化、轻简化栽培、对化肥农药依赖度低的高效品种的选育是所有国家荞麦品种改良的共同目标。

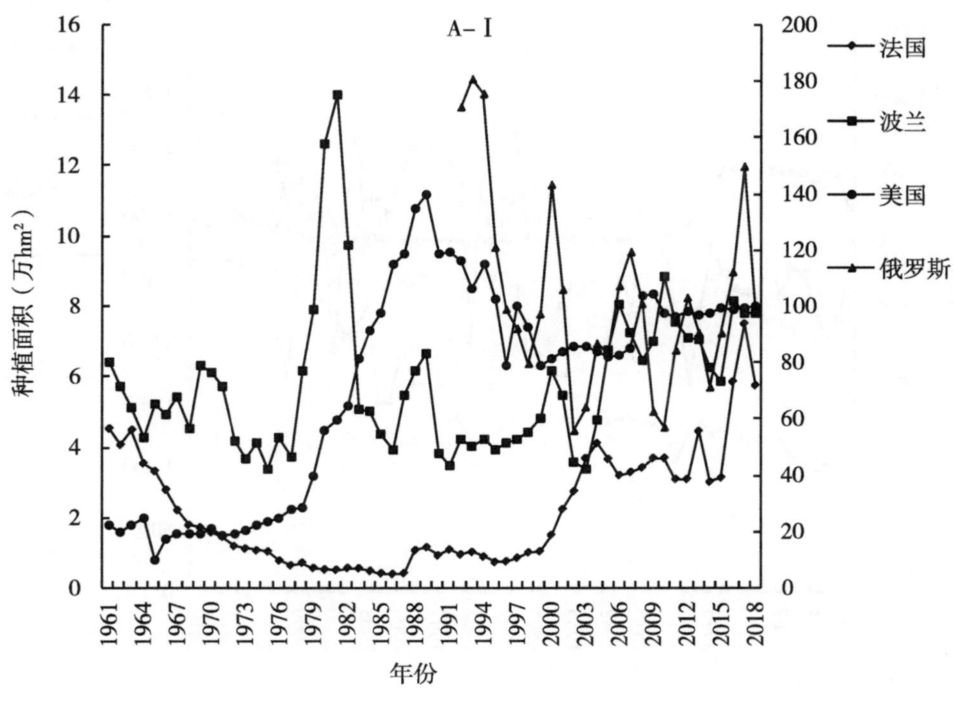

A-Ⅰ
种植面积（万hm²）
年份
法国
波兰
美国
俄罗斯

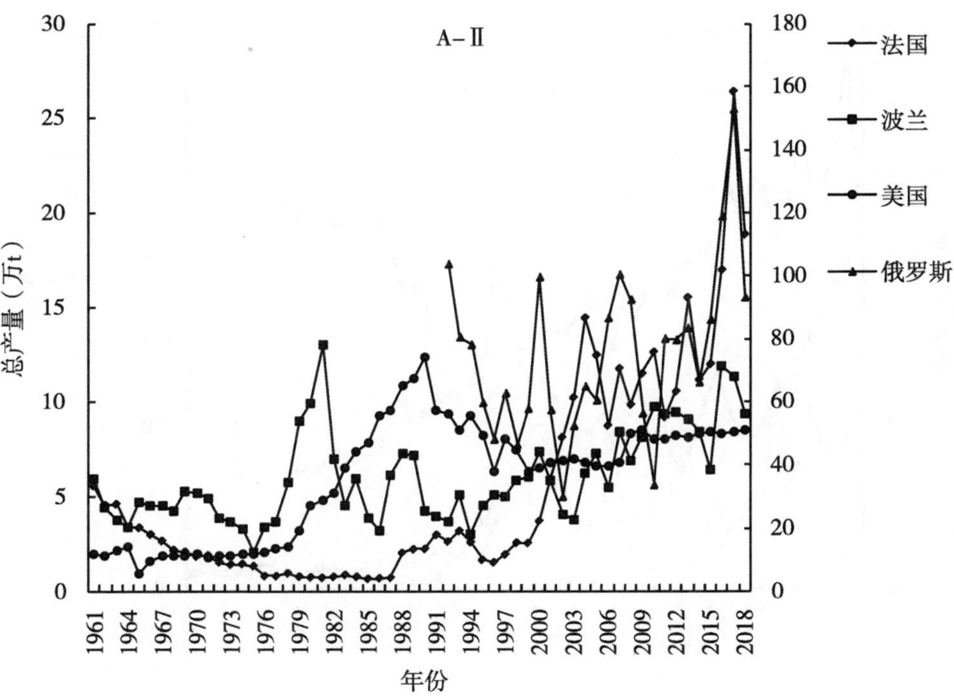

A-Ⅱ
总产量（万t）
年份
法国
波兰
美国
俄罗斯

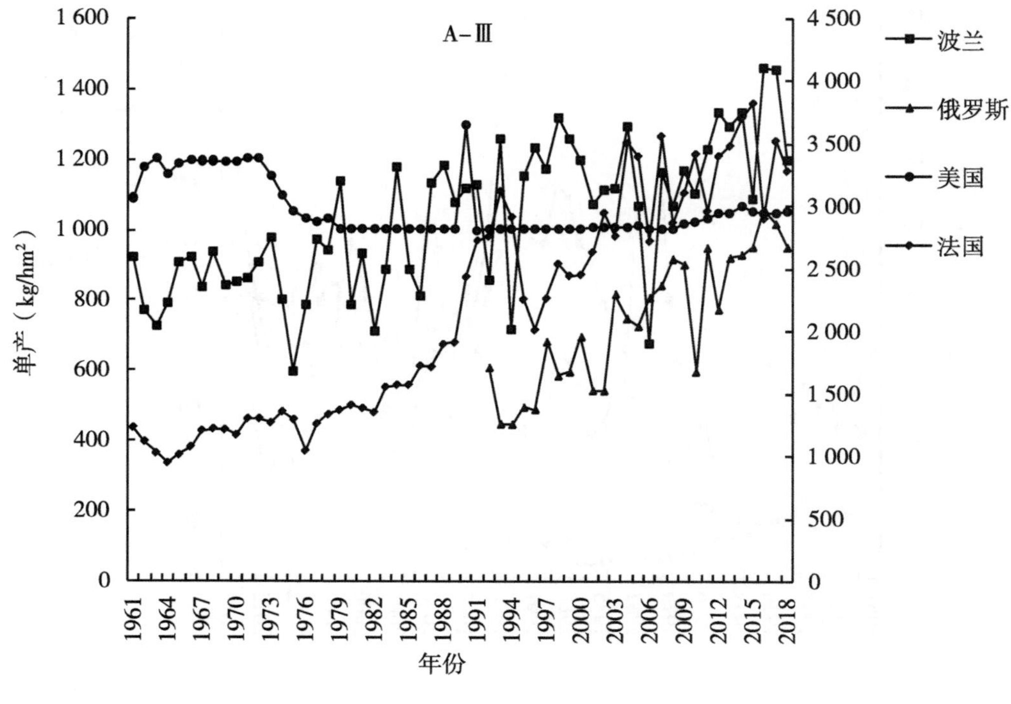

A-Ⅲ
单产（kg/hm²）
年份
波兰
俄罗斯
美国
法国

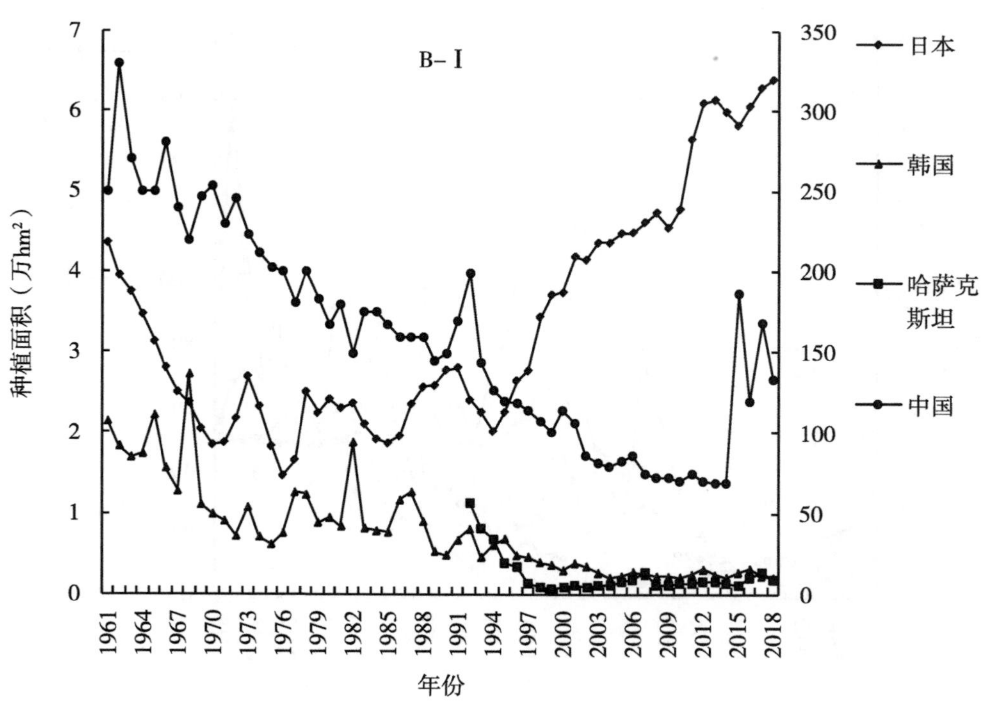

B-Ⅰ
种植面积（万hm²）
年份
日本
韩国
哈萨克斯坦
中国

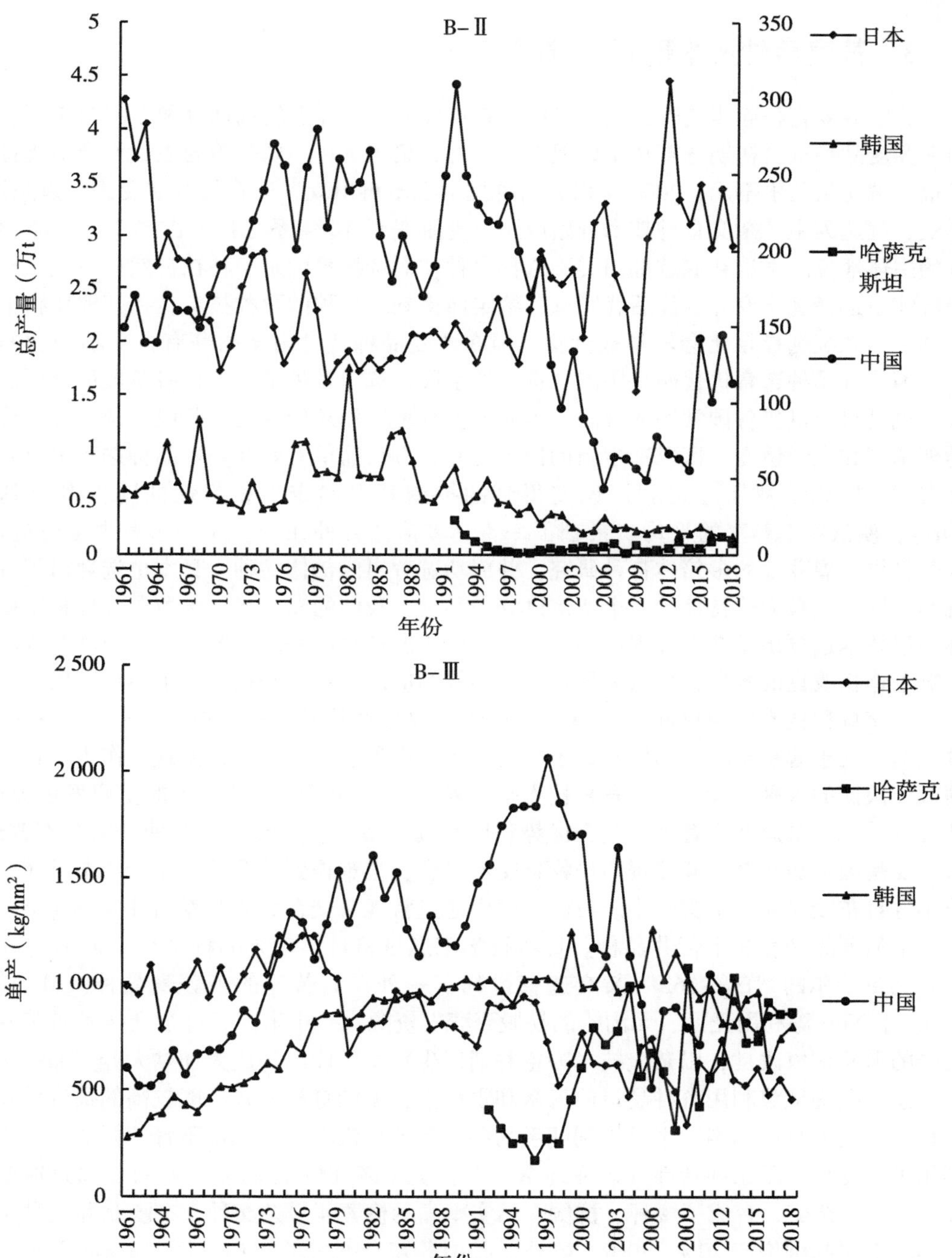

图 4　欧美（A）及亚洲（B）荞麦主要生产国近 60 年荞麦种植面积（Ⅰ）、总产量（Ⅱ）和单面积产量（Ⅲ）

（数据来源于 FAO；图 4-A-Ⅰ和图 4-A-Ⅱ中的俄罗斯、图 4-B-Ⅰ和图 4-B-Ⅱ中的中国和哈萨克斯坦及图 4-A-Ⅲ中的法国参考次坐标轴）

3　荞麦育种技术现状及发展方向

我国荞麦育种起步较晚，从20世纪80年代才开始荞麦的选择育种，由图5可以看出在荞麦品种选育初期选育技术以混选、引种、集团选育、诱变等为主，而集团选育技术很快被淘汰几乎不用，2000年以后引种技术也不再出现，选育技术演变为了以系选、诱变、混选为主，杂交育种技术开始应用，特别是近10年系选技术占据了荞麦品种选育的主体地位。系选和混选都归类于选择育种，而选择育种是一种在自然群体或天然异交群体中选择优良变异，经后代筛选、鉴定而得到新品种的育种技术，在其他作物中混合选育与系统选择相比会较早被淘汰，但在荞麦品种选育由于甜荞有自交不亲和的特性，因此其品种选育仍普遍采用混合选择的手段，选择育种是育种初级阶段最常用的方法，也是目前世界各国常用的方法，表明荞麦育种工作还处在初级阶段。诱变育种分为物理诱变和化学诱变，可以产生新的遗传变异，方法简单有效在荞麦品种选育中也有较多有用，例如俄罗斯通过利用诱变得到的控制荞麦确定生长习性的隐性等位基因（*det*），使俄罗斯荞麦的平均产量翻了一番。多倍体育种在荞麦品种选育中也曾应用，苏联最早开展荞麦的多倍体育种研究，并成功选育出四倍体品种，日本也选育出了具有抗倒伏性、籽粒大等特性的2个四倍体荞麦品种，我国的郑王尧、杨敬东等也利用染色体加倍技术选育出了数个荞麦新品种，但是由于所选育品种结实率低、皮壳增厚等问题影响了作物改良的效果，所选品种未得到很好的应用，近年来该技术也不再利用。

杂交育种技术作为目前主要粮食作物的主要育种技术，开始应用于荞麦品种的选育，但尚处于起步阶段，然而相比于当前选择、引种、诱变的育种方式，作为一种更为高效、快捷的育种手段，杂交育种技术是荞麦未来一段时间育种技术的重要发展方向。杂交育种分为常规杂交育种、杂交优势利用和远缘杂交。常规杂交育种应用并不普遍，这主要是因为甜荞属于异花授粉作物自交不亲和，很难得到纯系品种作为亲本，而苦荞花小且自花授粉人工杂交困难。目前，国内通过常规杂交育成的荞麦品种仅有5个，包括2个甜荞品种和3个苦荞品种。日本科学家通过将日本领先品种“Hokkai T8”（父本）与尼泊尔的“f3g-162”杂交选育得到了一种没有苦味的苦荞麦品种‘Manten-Kirari’，Yuji等利用壳薄、无沟槽的易脱壳荞麦资源——小米荞通过杂交技术对苦荞难脱壳的形状加以改良，以杂交技术为主并辅以生物学手段已经成为加拿大荞麦品种选育的常态。杂交优势利用育种是目前玉米和水稻上常见的育种方式，能较高的提升作物的产量，但甜荞自交不亲和很难得到纯系品种且目前还没有发现雄性不育的报道。高立荣利用了荞麦自交不亲和特性（矮变纯系）及自交不亲和恢复资源（恢3），通过矮变系和“恢3”杂交，育成了矮秆、抗倒、结实率高的榆荞4号杂交种，在陕北荞麦种植区比当地对照品种增产20%~30%，填补了我国荞麦杂交种的空白，而Mukasa等则利用荞麦的自交亲和基因（*Sh*），通过纯系杂交产生单交杂种（Shs），F1产量提高了10%~15%。荞麦的野生种中具有一些在普通荞麦很少的优良变异性状，例如高产、自交亲和、抗霜冻、芦丁含量高等具有较高经济价值的性状，因此荞麦与野生荞麦的远缘杂交也将是最具前景品种选育技术之一，Krotov通过苦荞和金荞之间的远缘杂交，得到了新型异源四倍体荞麦——巨荞（*F. giganteum*），陈庆富将四倍体苦荞“大苦1号”与多年生金荞麦“红心金荞”进行杂交，获得了自交可育、结实正常、抗性强、植株特征介于双亲之间的荞麦新品种。自交不亲和机理的深入研究和自交亲和（*Sh*）基因的应用，对于荞麦育种中杂交及其他育种技术的更好利用发挥着决定性作用。

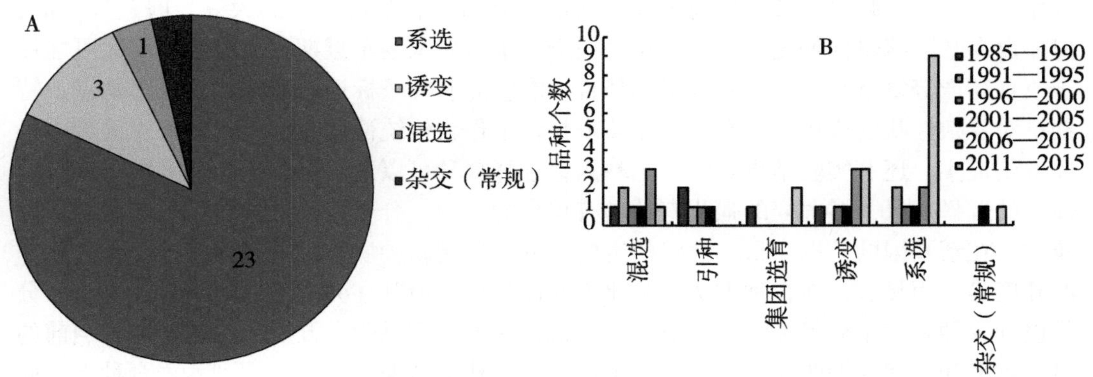

图5　2000—2015国家（A）及1985—2015省（区）（B）审（鉴、认）定荞麦品种选育方式

选择育种、杂交育种等传统育种技术更多依赖于育种家们的经验，选育过程有很大的不确定性而且育种周期长，难以满足对品种日益提高的要求。生物技术的快速发展会加快荞麦育种技术的更替，例如，Joshi等基于荞麦基因组学并结合现代生物技术绘制了荞麦育种技术路线图（图6）。目前，国内外都已获得荞麦转基因植株，但都属于试验性质而未有新荞麦品种育成。在未来育种工作中转基因技术可以作为辅助手段，配合

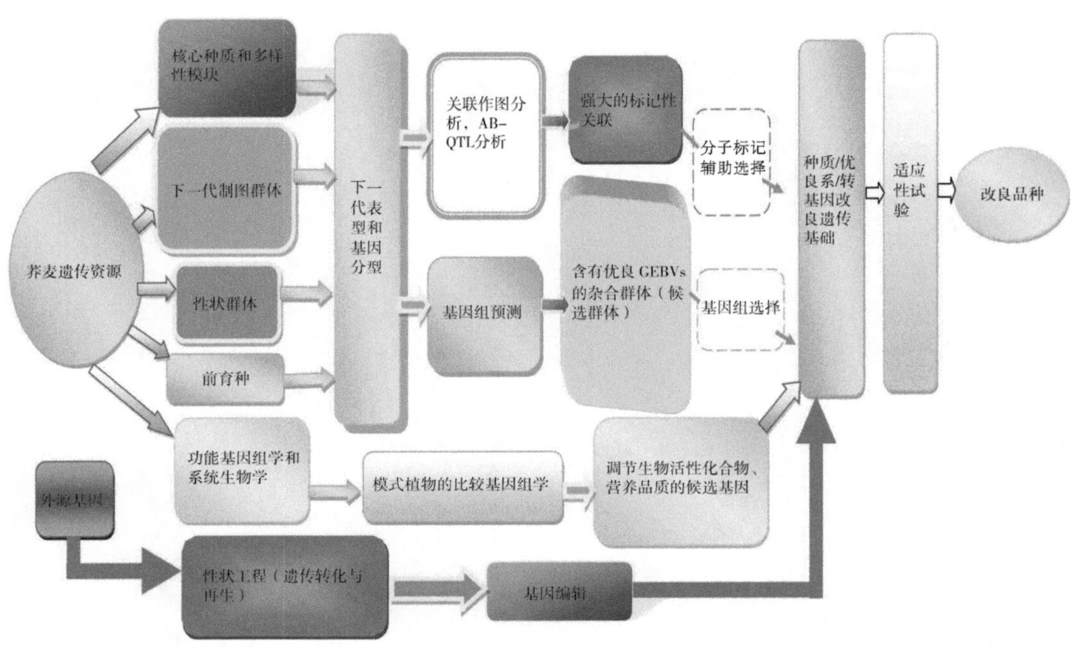

图6　基于基因组学的荞麦品种选育技术路线

其他技术加快对荞麦性状的改良，已经开发出了 AFLP 和 SSR 等多种标记。基因编辑技术是通过对目标基因进行定点“编辑”从而快速实现相关性状改良的一种技术，例如 CRISPR-Cas9 等基因编辑技术无须借助外源遗传物质，即可更加快捷、更加精准地培育作物新性状且缺少监管，目前美国和加拿大等国已有基因编辑的大豆、蘑菇等产品，但还没有基因编辑在荞麦上应用的相关报道，也有专家表示近期内基因编辑不太可能用于改良高产等复杂性状。全基因组选择育种能够克服分子标记辅助选择的许多缺点，特别是对复杂性状的改良十分有效，在荞麦育种中作为传统群体选择手段的补充的潜力已经得到证实，还有实验结果表明，全基因组选择育种可以通过早期选择，大大提高营养性状的选择效果，对荞麦的强化育种具有很大的潜力。分子设计育种作为最新兴的育种技术，在新基因的挖掘、目标性状的定向改良、创制新种质、缩短育种年限、提高选择准确度等方面具有其他育种方法不可比拟的优越性，但其在荞麦上的应用未见报道，分子设计育种是基于对目标性状形成的分子机理深入研究基础上开展的，基于荞麦当前的研究水平和技术开展所需的平台，分子设计育种技术短期内很难应用到荞麦育种上，而作为先进的育种技术其在荞麦上的应用也是必然趋势。

参考文献（略）

本文发表在《作物杂志》2021（2）。作者：杨崇庆，常克勤*，穆兰海，杜燕萍，张久盘，李耀栋，张晓娟。

燕麦生产及品种选育技术研究进展

摘要：目前，燕麦生产发展潜力巨大，但育种技术较为落后，现代的新型育种方式应用不够成熟。因此，高度重视种质资源的创新和专用型新品种的选育已成为中国今后燕麦育种工作中的重中之重。本文从国内外燕麦生产、贸易情况及发展潜力方面进行研究总结，并对中国燕麦品种选育技术及育种发展方向的相关进展进行综述，以期为中国燕麦产业的发展及新品种的培育提供参考。

关键词：燕麦；生产；贸易；品种选育；育种方法

燕麦（*Avena sativa* L.）为禾本科（*Gramineae*）燕麦属（*Avena* L.）一年生草本植物，又名雀麦、野麦，一般按种子带壳与否，可分为皮燕麦（带稃型）和裸燕麦（裸粒型）。其种植面积和产量仅次于水稻、小麦、玉米、高粱和大麦，位居全世界禾本科作物第六位。燕麦为世界性栽培作物，广泛分布于全世界五大洲 42 个国家，主要在北纬 40 度以北的亚、欧、北美地区集中种植，世界各国栽培的燕麦以皮燕麦为主，绝大多数用于家禽及家畜的饲料。中国是裸燕麦的发源地，栽培历史悠久且面积广泛，主要分布于我国华北、西北、西南以及东北地区。此外，我国华北地区的山西、河北、内蒙古等地区燕麦播种面积约占全国总播种面积的 80%，是我国的燕麦主要分布地，同时内蒙古自治区历年种植燕麦面积约占全国总面积的 35%以上，居全国之首。

燕麦适应性广，具有耐寒、耐旱、耐盐碱等优良特性，且茎叶鲜嫩多汁、适口性好、营养价值高（籽粒富含粗纤维、蛋白质及维生素等），是我国干旱半干旱山区一种特色优势饲料饲草作物，也是重要的粮食作物兼功能性食品原料。近年来，随着人们对燕麦营养保健功能认知的提高和畜牧业发展的需求以及燕麦高效栽培模式及新品种选育的不断推广，燕麦产业的发展对燕麦产区脱贫致富、农民增收增效、农牧结构调整以及在盐碱地、旱地、沙地改良、农业生态环境改善等方面都有着重要意义。

1　燕麦生产和贸易现状

1.1　世界燕麦生产

从图 1 可以看出，近年来世界燕麦生产起伏不定，发展基本平衡。从种植面积来看，世界燕麦种植面积总体呈现下降趋势。目前，燕麦种植面积较大的国家主要包括澳大利亚、加拿大、德国、波兰、美国、中国等，以澳大利亚和加拿大种植面积最大。根据 FAO 组织 1962—2019 年世界各燕麦主产国种植面积统计数据显示（图 1A），自 1962 年以来，加拿大燕麦种植面积较 2019 年降低了 72.6%，美国燕麦种植面积从 905.60

万 hm^2 下降到 33.43 万 hm^2，累计减少 872.17 万 hm^2，下降 96.3%，而中国燕麦种植面积也从 1962 年的 170 万 hm^2 减少到 2019 年的 13.46 万 hm^2，减少了 92%。

各国燕麦总产量变化趋势与种植面积表现基本一致（图 1C），但燕麦单位面积产量总体上呈上升的趋势。2019 年德国、加拿大和中国单位面积产量每公顷分别达到 4 111.6kg、3 618.2kg、3 681.4kg，较 1962 年分别增加了 103.7%、421.5%、43.1%。其余各国燕麦单产基本维持在 10 000~ 20 000kg。

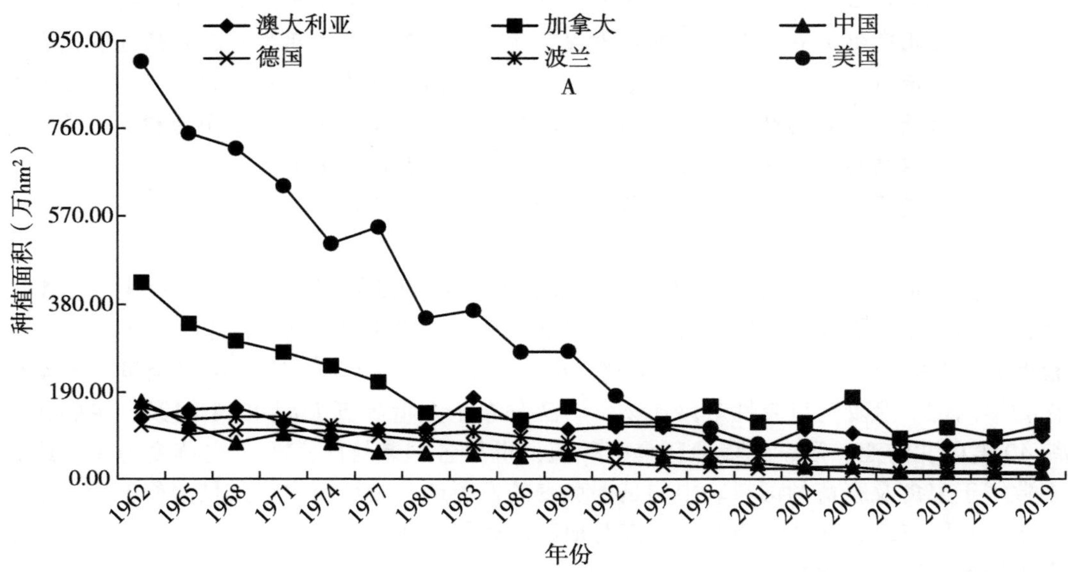

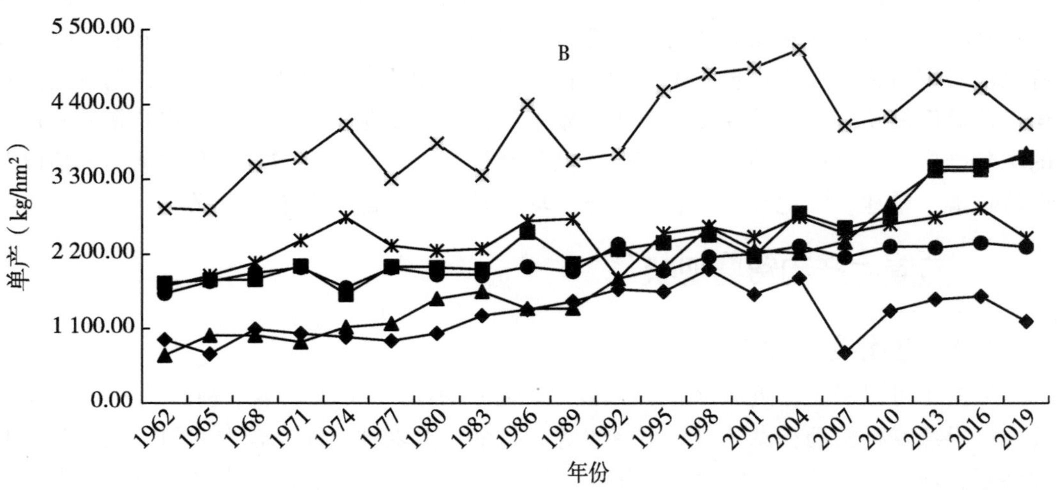

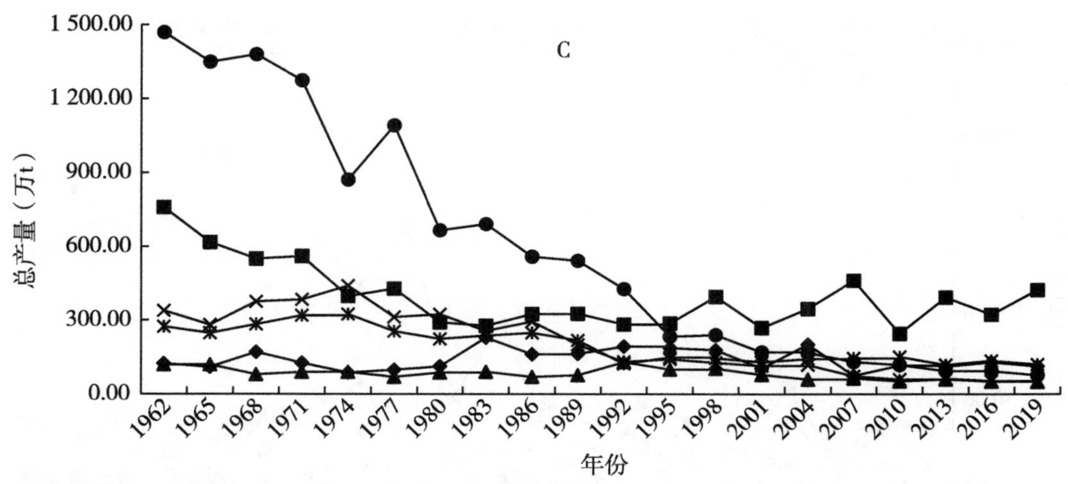

图1　1962—2019 年中国及世界部分国家燕麦种植面积（A）、单位面积产量（B）及总产量（C）

注：数据来源于联合国粮食及农业组织（FAO），数据整理及图形绘制使用 WPS 软件，下同。图 1 仅列出种植面积达 50 万 hm^2 以上的国家。

1.2　世界燕麦贸易

世界燕麦主要出口国包括阿根廷、澳大利亚、加拿大、芬兰、瑞典等（图 2），燕麦主要进口国包括美国、德国、中国、荷兰、西班牙等（图 3）。目前加拿大是世界上最大的燕麦出口国，1962—2019 年燕麦出口量处于持续上升的状态，年平均出口量达 84.6 万 t，主要出口到美国，其余出口到日本、欧盟、韩国等国家和地区。芬兰是欧盟国家主要的燕麦出口国，年平均出口量为 20.01 万 t，主要出口市场是德国和荷兰。美国是世界上最大的燕麦进口国，年平均进口量达到 89.55 万 t。美国生产的燕麦主要作为饲草使用，且种植的燕麦 60%不收获籽粒。从而导致农场主更偏向种植玉米、马铃薯等经济效益好的农作物。同时由于美国国内对燕麦食品的消费持续走高，使其从加拿大、欧盟各国的燕麦进口量明显增加。第二大燕麦进口是德国，年平均进口量为 27.18 万 t，进口量远低于美国。而中国燕麦仅有较少部分出口，出口量较小且波动较大，2019 年出口量仅为 0.01 万 t。相对于出口而言，中国燕麦进口量呈逐年上升趋势，特别是 2010 年以来燕麦进口量上升速度较快，到 2019 年燕麦进口量达到 22.08 万 t。这与近年来国家“粮改饲”“草牧业”等农业供给侧结构性改革政策的实施以及人们膳食结构的调整，致使燕麦消费需求量增加及燕麦加工企业的增多有着很大关联。

2　燕麦生产的发展潜力

目前，在有关政府政策的支持下，世界各国对燕麦作为重要的营养谷物做了健康声明及大量研究，中国也建立了燕麦、荞麦产业技术体系，并随着对燕麦栽培、育种、病虫害防治及加工技术等研究的重视，燕麦产业显现出巨大的发展潜力。

首先，燕麦属于劳动密集型农产品，产品附加值较高。近年来由于世界种植燕麦的

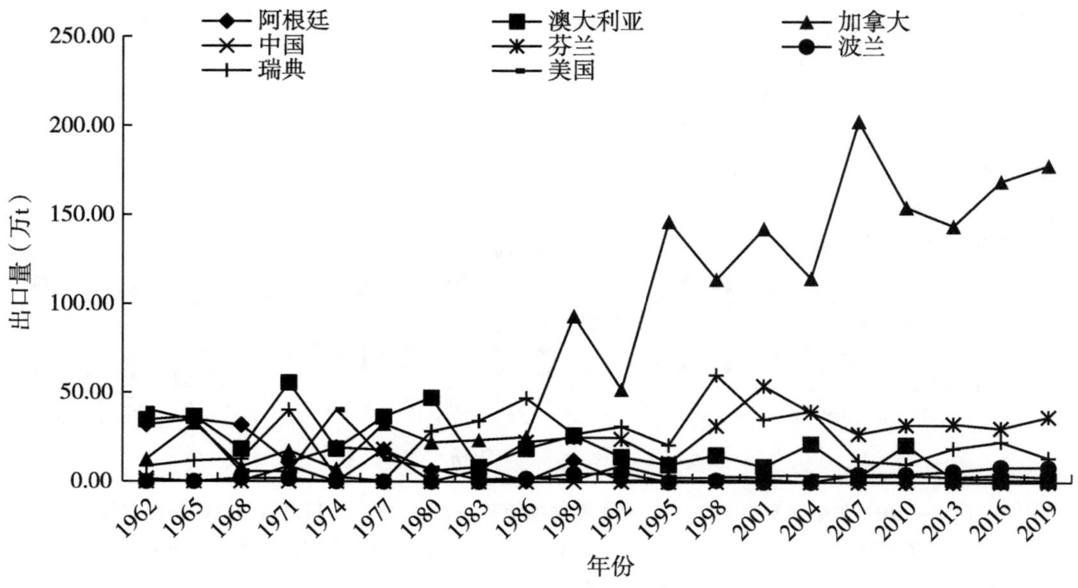

图 2　1962—2019 年中国及世界部分国家燕麦出口量（万 t）

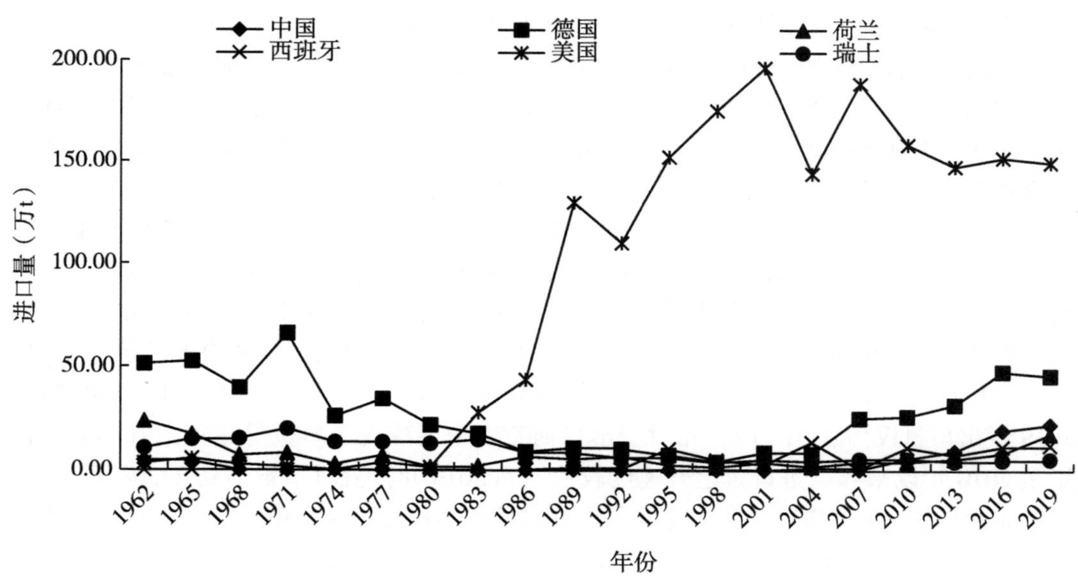

图 3　1962—2019 年中国及世界部分国家燕麦进口量（万 t）

面积逐年下降，市场出现了供不应求，价格不断上涨。其次，营养与保健已成为人们的膳食需求，而燕麦这一特殊的食疗产品备受人们喜爱。营养学家称燕麦为“全价营养食品”，因其不仅富含蛋白质、膳食纤维等常见营养物质，还具有其他谷物少有的皂苷和生物碱成分。我国在 2016 年发布的《中国居民膳食指南（2016）》中提出全谷物概念并推荐“食物多样，谷物为主”的平衡模式。可见燕麦作为药、食双重功效兼备的重要食品资源在人们健康饮食中扮演着重要的角色。同时，随着燕麦备受食品界和消费者的青睐，国内外大中型企业投资燕麦产业的热情高涨，纷纷发展起农产品加工、保健食品等，这将使燕麦具有十分广阔的市场前景和产业发展空间。另外，燕麦对种植业结构调整起着重要意义。燕麦生育期短，适应性强，耐旱耐瘠，即可作为填闲、救灾作物，又可种植在生产条件差的高寒、冷凉、丘陵山地以及生活相对贫困的地区，还可以与其他作物实现套作、混作，以提高土地利用率。在生长适宜地区发展燕麦产业对调整农业产品结构、解决地区生态环境问题以及燕麦产区脱贫致富奔小康都有着重要的现实意义。

3　中国燕麦育种现状及发展方向

3.1　中国燕麦育种现状

我国燕麦育种工作开始于 20 世纪 50 年代，起初以地方品种选育为主，60 年代初我国才开始从国外（苏联、加拿大、欧美等国）引进大批燕麦品种资源进行引种选育工作。此后，选择育种、集团混合、诱变育种和杂交育种（品种间杂交、皮裸燕麦种间杂交）技术开始应用。选择育种是选育新品种的重要手段之一，在改良现有品种和创造新品种的工作中具有极为重要的意义。目前，利用选择育种手段育成了一系列燕麦新品种（银燕 1 号、青海甜、青海 444 等）。刘红欣等也利用集团混合法，培育出生育期短、抗倒伏能力强的新燕麦品种‘吉燕 3 号’。我国 70 年代初开展了燕麦诱变育种研究，但由于燕麦变异性状不稳定，未能选出理想品种。相比于引种、选择育种，杂交育种作为高效快捷的育种技术，是人工选育优良品种和进行种质资源创新的重要途径。我国燕麦杂交育种最初为裸燕麦品种间杂交，后发展为皮、裸燕麦种间杂交。目前皮、裸燕麦种间杂交已占据我国燕麦育种的主导地位。燕麦为自花授粉植物，品种内遗传物质纯合，品种间杂交有较高优势。利用杂交育种技术育成了定莜 6 号、定莜 8 号、青燕 1 号、晋燕 18 号等燕麦新品种。然而，系统选育和杂交育种等常规育种方法多依赖于现有遗传资源的收集和筛选以及育种家的经验，且育种周期长、优异基因无法有效结合、育成品种带壳率高，在品种改良上难以有较大的突破和创新。因此，为解决这一问题，近年来燕麦育种新技术新方法逐渐发展起来。科研人员经过多年潜心研究，利用单倍体育种、核不育育种、四倍体×六倍体种间杂交育种法分别育成了花中 21 号、品燕 2 号、冀张燕 1 号及远杂一号等燕麦新品种。随着现代生物技术和分子生物学的快速发展，以分子标记和基因工程为主要手段的分子育种技术将成为未来燕麦育种研究的必然趋势。分子标记辅助育种技术已广泛应用到各类作物育种中，不仅具有高效性和针对性，同时还能缩短育种周期，是现代分子育种技术的重要组成部分。1995 年，O'Donoughue 等利用 Kanota×Ogle 的杂交后代构建了首张六倍体栽培种燕麦连锁图谱，为燕麦遗传育种研究提供了有力工具。徐微等利用 AFLP 标记以元莜麦×555 的杂交后代为材料，构建了首张大粒裸燕麦遗传连锁图，图谱全长 1 544. 8cm。此外，吴斌等首次利用 SSR 分子标记构建了国内大粒裸燕麦连锁群图谱，该图谱总长度为1 869. 7cm。Song 等继续基于 SSR 标记，将国内裸燕麦遗传连锁图谱扩展至2 070. 5cm。自第一张燕麦连锁图构建之后，有关燕麦 QTL 定位及相关标记的开发研究则层出不穷。相怀军等利用 QTL 定位对燕麦黑穗病进行了研究，共检测到 2 个与燕麦坚黑穗病抗性相关的主效 QTL 位点。宋高原利用六倍体裸燕麦 578×三分三杂交后代，对籽粒的长度、宽度和千粒重进行 QTL 定位研究，共检测到 47 个标记与籽粒性状连锁。吴斌等对燕麦的 β-葡聚糖进行定位，并发现与其相关的 QTLs。

3.2 中国燕麦育种发展方向

目前，国外应用分子标记技术，在燕麦图谱构建、QTL 定位及相关标记的开发研究上开展了大量工作并取得了实质性进展，而我国相关研究相对滞后。以图谱构建为例，与国外相比，我国燕麦遗传图谱仅是一个框架图，遗传图谱密度低，研究差距较大。且燕麦基因组大、重复序列、插入序列多、结构复杂，与水稻、玉米等主要作物相比研究投入有限。因此，未来我国燕麦育种工作应加强以下方面：①加强种质资源创新研究。种质资源是品种选育的基础。要做好国内外燕麦种质资源的搜集、引进、鉴评和利用工作，更大程度地拓宽现有燕麦资源的遗传背景，为适应不同生长环境的燕麦新品种选育提供材料基础。②加强育种新技术新方法的应用。育种方法是实现育种目标的途径，在做好常规育种基础之上，结合现代生物学方法和技术手段，尽快开展倍性育种、核不育育种、分子育种技术等多元化育种方法，使我国燕麦育种在短时间内，以最快的速度赶超我国大宗作物育种水平；同时要联合基因组学、工程学、大数据等手段，增进国际合作交流，促进燕麦种质资源交换与共享，充分借鉴与利用国外研究成果，以推动我国燕麦育种研究的发展。③加强不同用途燕麦新品种的选育。随着燕麦产业进入提升阶段，对燕麦新产品会有更高、更多元的需求。因此，燕麦新品种选育也应依据不同用途，制定不同育种目标，开展优质专用型燕麦品种选育，为燕麦新产品创制和规模化生产提供保障，从而满足多元化市场的需要。

参考文献（略）

本文发表在《麦类作物学报》2022，42（5）。作者：杨崇庆，常耀军，杨娇，李耀栋，王湛，常克勤*，穆兰海，杜燕萍，张久盘。

乡村振兴“组团式”帮扶战略背景下推动西吉县重点特色产业发展的思考

摘要： 小杂粮、马铃薯、蔬菜和肉牛是贯穿西吉县经济发展的基础，本文以西吉县重点特色产业为突破点，通过新品种新技术基地建设和科技服务体系建设作为实施乡村振兴战略的重要接入点，提出通过“组团式”帮扶做好西吉县脱贫攻坚与乡村振兴有机衔接的发展思路，为西吉县乡村振兴提供更为坚实的基础支撑。

关键词： 乡村振兴；“组团式”帮扶；特色产业；西吉县

2018 年 1 月 2 日中共中央、国务院发布了《关于实施乡村振兴战略的意见》文件，作为新时期背景下具有指导“三农”工作重要意义的中央一号文件，对我国当前所实施的乡村振兴战略进行了全方位的部署。2022 年 3 月，中央组织部牵头，农业农村部、科技部等部门配合，启动了向 160 个重点县选派科技特派团工作，国家乡村振兴重点帮扶县西吉县科技特派团按照“组团式”帮扶工作的基本要求，联合区内外高校、科研院所、科技型企业，开展多学科、产学研协同创新和全产业链技术攻关，重点围绕产业技术指导服务、品种技术引进推广、技术瓶颈集中攻关、本土人才培养帮带、农业产业功能拓展等方面，开展全产业链技术服务，引进了一批适宜当地种植生产的新品种，攻克一批制约当地农业产业发展的关键技术，精准开展科技服务和人才培养帮带，取得了阶段性成果。当前，处在成长期的西吉县小杂粮、马铃薯、冷凉蔬菜和肉牛等重点产业，其发展过程中所存在的问题逐渐突显出来，稳固并发展西吉县重点产业，推动乡村振兴仍有很长的路要走。基于此，提出西吉县重点特色产业发展思路、技术支撑体系建设思路以及所采取的保障措施，对于深入落实“组团式”帮扶乡村振兴战略，促进西吉县社会经济发展具有极为重要的意义。

1　西吉县农牧业发展现状

1.1　产业现状

西吉县位于宁夏南部，六盘山西麓，总面积 3 130km^2，其中耕地 210.08 万亩，现辖 4 镇 15 乡，295 个行政村，总人口 47.4 万人，其中农业人口 40.4 万人，是宁夏人口第一大县，少数民族聚居县，国家乡村振兴重点帮扶县。近年来，西吉县立足资源禀赋，发挥自然优势，大力培育杂粮、马铃薯、蔬菜和肉牛四大重点特色优势产业，初步形成了生产、加工、销售一体化的全产业链发展模式，推动了农业农村高质量发展。2022 年，完成粮食播种面积 133.7 万亩，粮食总产 32.88 万 t，其中完成种植杂粮（油料）39.4 万亩，总产 3.5 万 t，总产值达 2.8 亿元，提供农村居民可支配收入 320 元。马铃薯 53.5 万亩、总产 90 万 t。连同加工实现总产值达 12.8 亿元，提供农村居民可支配收入1 800 元。完成蔬菜种植 15 万亩，总产 68 万 t，总产值达 11.5 亿元，提供农村居民可支配收入1 150元。全县肉牛饲养量达到 50.1 万头，总产值达 25 亿元，提供农村居民可支配收入3 000元。

1.2 问题与挑战

1.2.1 产业规模偏小，总体成本较高 种植和养殖业大多还是以分散的小规模家庭经营方式为主，农业基础设施仍然薄弱，农业规模化、集约化、机械化水平不高，设施农业发展较为滞后，农业生产总体成本偏高。

1.2.2 产业化发展水平偏低，组织带动力不强 产业化龙头企业总体发展水平不高，农产品精深加工企业和系列产品较少，特别是规模化的牛羊定点屠宰场，畜禽屠宰、加工、分割、冷藏等环节发展滞后，全产业链尚未全面打通，产业集聚效应发挥不足。

1.2.3 农民科技文化素质低 在家务农的劳动力年龄普遍偏大，接受新技术、新知识能力较低，整体素质不高，懂技术、善经营、会管理的综合型人才不多。

1.2.4 农产品品牌效应不明显 农业标准化生产水平较低，优质化、专用化、品牌化的农产品较少，产业大而不强、产品多而不优，缺乏核心品牌，区域自主品牌的市场占有份额较低，品牌效应发挥得不明显。

2 重点特色产业发展思路

2.1 杂粮产业

2.1.1 发展思路 充分发挥杂粮营养丰富、品质优良等“小而特”的优势，按照“栽培技术标准化，基地建设规模化，市场营销网络化，产品加工精深化”的发展思路，依托宁夏兴鲜杂粮等杂粮加工企业，大力发展“企业（合作社）+基地+农户”的订单种植模式，坚持示范引领、大户带动、农户参与的方式，并向适宜乡镇、村延伸，由点状、散状向带状、块状聚集，形成特色产业，打造杂粮产业集群，推进优质杂粮产业提质增效。

2.1.2 科技支撑 与宁夏农林科学院紧密合作，发挥宁夏小杂粮创新团队和国家谷子高粱、燕麦荞麦产业技术体系技术优势，培育壮大龙头企业、农民合作社等新型经营主体，引导其重点发展杂粮产品生产、加工流通、电子商务和农业社会化服务等领域，并通过直接投资、入股经营、签订长期合同等方式，使龙头企业与农户、专合社建立稳定购销关系，实现利益共享。

2.2 马铃薯产业

2.2.1 发展思路 西吉县是全国最适宜种植马铃薯和最具发展潜力的地区之一，当地降水集中期与马铃薯需水高峰期高度同步，光照充足，气候冷凉、病毒传媒少、天然隔离条件好，具有马铃薯种薯繁育得天独厚的自然条件。按照“稳面积、提单产、促加工、扩营销”的发展思路，集中打造马铃薯产业集群，积极推进“种薯繁育、鲜薯外销、淀粉生产、主食开发”四薯并进，持续强化马铃薯三级种薯繁育体系建设，大力实施国家区域性马铃薯良种繁育基地建设，持续完善三级脱毒种薯繁育体系，打造马铃薯产业集群，推动马铃薯产业提档增值。

2.2.2　科技支撑　与宁夏农林科学院、河南农业大学、厦门大学等单位紧密合作，充分发挥“中国马铃薯之乡”、国家马铃薯区域性良种繁育基地、全国马铃薯种植大县、全国马铃薯标准化生产示范县等品牌效应，重点扶持一批经营规模大、带动能力强、管理水平好的马铃薯种植加工企业，调整品种内部结构，引选适合南方市场需求的鲜食菜用型、淀粉加工型、食品加工型、全粉加工型各类品种，加快推进马铃薯产加销全产业链发展。

2.3　冷凉蔬菜产业

2.3.1　发展思路　西吉县年降水量较少，光照充足，无霜期短，降水和温度变率大，气候冷凉，而且土壤、水源无污染，生产的蔬菜属于绿色、无公害农产品。良好的自然环境具备无公害冷凉蔬菜生产基地的独特条件，“西吉芹菜”享誉全国，按照“调结构、转方式、促融合”的发展思路，坚持以市场需求为导向，扶持培育一批本地蔬菜专业合作社和种植大户。打造冷凉蔬菜产业集群，推进蔬菜产业优化升级。

2.3.2　科技支撑　与宁夏农林科学院紧密合作，依托国家大宗蔬菜产业技术体系技术优势，通过标准化蔬菜种植基地建设，开展技术研发和技术集成，有效解决重茬导致蔬菜病害连年加重、商品性降低、根腐病造成芹菜死苗减产和机械化生产程度低等技术问题。支持龙头企业大力发展速冻、脱水等干菜精深加工，通过新建蔬菜冷藏保鲜库加强冷链体系建设，通过建设蔬菜集配中心和蔬菜销售市场，建立、健全无公害农作物安全生产监督、监测机构，加强“农商超”对接，积极拓宽销售渠道，构建蔬菜产销一体化体系。

2.4　肉牛产业

2.4.1　发展思路　肉牛产业是西吉县最具优势和潜力的支柱产业，也是农民增收的主导产业。按照“家家种草、户户养牛、自繁自育、适度规模”的发展思路，积极打造肉牛产品加工增值链、资源循环利用链、质量全程控制链有机融合的肉牛产业集群，推进肉牛产业延链增值。同时全力抓好饲草基地建设，大力推广饲草调制技术，组建“龙头企业+合作社+家庭农场”肉牛产业联合体，形成了一户带多户、多户带一村、一村带多村、多村成基地的区域化、规模化发展格局。

2.4.2　技术支撑　与宁夏农林科学院、四川农业大学等单位紧密合作，充分利用国家肉牛产业技术体系的技术优势和团队技术服务的能力，引进国内优良肉牛品种，开展杂交改良，对接家庭农场、养殖大户、养殖专业合作社等新型经营主体，重点集成攻关示范优质肉牛品种选育与利用、粗饲料资源开发利用、母牛高效繁育技术、高效育肥、肉牛常见疾病诊断诊疗技术示范、养殖粪污处理与利用等关键技术，推进西吉县肉牛产业快速稳步发展。

3 技术支撑体系建设思路

3.1 引进筛选一批农作物和冷凉蔬菜优良新品种，加大肉牛良种基础母牛扩繁和品种改良，推广养殖新技术和新模式，使西吉县重点特色产业良种覆盖率和农业科技进步贡献率高于全区平均水平，基本满足西吉县乡村振兴和农业农村现代化对新品种、新产品、新技术的需求。

3.2 对接服务种养大户、农民专业合作社及农业企业等新型经营主体，攻关产业技术难题，集成西吉县重点产业关键新技术和新模式，促进西吉县重点农业产业科技创新支撑能力不断增强。

3.3 完善种养经营体系。通过技术服务积极推进西吉县小杂粮、马铃薯、冷凉蔬菜和肉牛等产品加工增值链和质量全程控制链有机融合，延伸农业产业链，提升农产品加工率和产品附加值，促进农民增收，农业全要素生产率显著提高，农业主导产业基础更加稳固。

3.4 加强技能培训，发挥示范带动作用。把家庭农场主、农民合作社带头人、农牧业龙头企业骨干、回乡务农创业大学生、青壮年农民工和退役军人等作为产业发展的带头人，培育一批“土专家”“田秀才”“乡创客”，建立一支精准服务产业需求，解决生产技术难题的专业化农技服务队伍，实现本土科技人才专业能力和农民科学文化素质明显提升，促进当地科技人员能力素质不断增强。

3.5 加强农产品品牌建。积极争取资金，建立健全农产品质量安全检测监管体系，综合利用条码识别、二维码、移动互联网等多种现代技术手段，进行农产品生产档案（产地环境、生产过程）管理、生产流通信息管理、质量追溯管理，实现种养、生产加工、销售、消费等各个环节可追溯，打造“土字号”“乡字号”产品品牌。

3.6 拓宽重要农产品销售渠道。重点扶持在西吉县建设专业批发市场，引导营销企业与周边地区和国内市场联系接轨，建立联销、代理网点。建立健全农产品信息服务网络，完善信息发布、物流配送设施及功能，为营销企业和群众提供快速便捷的市场信息服务。

4 保障机制

4.1 健全工作机制，强化组织领导。要树立 现代农牧业产业发展“一盘棋”的思想，推动重点产业向重点区域发展，促进重点项目向重点产业聚集，整合涉农资金向重点项目倾斜。成立以县委分管领导任组长，科技特派团顾问、团长、县委组织部、农业农村和科技部门分管同志任副组长的国家乡村振兴重点帮扶县“组团式”帮扶西吉科技特派团工作领导小组，领导小组在农业农村局下设办公室，配合科技特派团负责各项工作落实。

4.2 整合各类资金，强化投入保障。统筹整合各类专项资金，充分发挥乡村振兴、农业产业化和科技研发与成果转化资金的使用效益；要构建多元投入引导机制，政府部门应制定适当的优惠政策，鼓励产业化龙头企业建立高标准的原料基地，开展优质原料生产。鼓励种专业合作社、种养大户和加工企业广泛参与，努力把科研创新和成果转化基地建成重点特色产业发展的示范基地，带动和促进乡村振兴快速发展。

4.3　统筹技术团队，强化智力支撑。充分利用科技特派团成员和本县技术服务专家等技术帮扶力量，以高产高效和农民增收为核心目标，以培养的本土技术专家为支撑，坚持以种养规模化、加工集群化、科技集成化、营销品牌化的全产业链开发为基本要求，突出“生产+加工+科技”发展内涵，延伸产业链、提升价值链、打造供应链，进一步促进农业生产、加工、物流、研发、示范、服务等融合发展，为科技成果的大面积推广奠定基础，实现科技赋能传统产业提质增效，促进乡村全面振兴。

5　结语

尽管“组团式”帮扶乡村振兴工作开展的时间不长，且在发展过程中仍然存在待解决的问题，但取得的成效是有目共睹的，这一切都取决于产业扶持下的相关政策、有关部门的大力支持、团队成员的共同努力和村民的思想意识等诸多方面的因素。乡村振兴是村民走向致富的开局之战，在取得阶段性成果的同时也面临着更大的挑战，如何做好脱贫攻坚和乡村振兴的有效衔接是接下来国家重点帮扶县农村产业发展的新要求和新方向。

参考文献（略）

本文发表在《宁夏农林科技》2023 年专刊（已录用，待刊）。作者：常克勤，任强，陈一鑫，赵芳成。

下篇

科技成果

第一章　技术标准与规程

陕甘宁地区
绿色食品　甜荞生产操作规程

前　言

本规程由中国绿色食品发展中心提出并归口。

本规程起草单位：甘肃省农业科学院农业质量标准与检测技术研究所、甘肃省绿色食品办公室、定西市农业科学院、甘肃省环县农业技术推广中心、宁夏农林科学院固原分院、陕西省农产品质量安全中心、宁夏农产品质量安全中心、陕西省榆林市定边县塞雪粮油工贸有限责任公司。

1　范围

本规程规定了陕甘宁地区绿色食品甜荞的产地环境、品种选择、整地播种、田间管理、收获、生产废弃物处理、包装储藏运输和生产档案管理。

本规程适用于陕西、甘肃、宁夏等地区绿色食品甜荞的生产。

2　规范性引用文件

下列文件对于本文件的应用是必不可少的。凡是注日期的引用文件，仅注日期的版本适用于本文件。凡是不注日期的引用文件，其最新版本（包括所有的修改单）适用于本文件。

GB/T 4404.3 粮食作物种子　第3部分：荞麦

NY/T 391 绿色食品　产地环境质量

NY/T 393 绿色食品　农药使用准则

NY/T 394 绿色食品　肥料使用准则

NY/T 658 绿色食品　包装通用准则

NY/T 1056 绿色食品　储藏运输准则

3　产地环境

产地环境应符合 NY/T 391 的规定。选择生态环境良好、周围无环境污染源、土层深厚、土壤疏松、有机质含量高、排水良好的壤土或沙壤土。正茬甜荞以豆类、薯类茬口为宜，糜谷、小麦、燕麦、油菜、绿肥、胡麻茬口次之；复种甜荞以小麦、油菜茬口或休闲茬口为宜，忌连作。生育期≥10℃有效积温 1 000℃以上，年降水量 200～600mm，海拔 1 200～2 300m 的气候阴凉地区。

4　品种选择

4.1　选择原则

选择高产优质、抗逆性和抗倒伏能力强、株型结构紧凑、结实率高、商品性好、适合于本地积温条件的优良甜荞品种。种子质量符合 GB/T 4404.3 的要求。

4.2　品种选用

根据种植区域、生长特点和市场需求，选用西农 9976、西农 9978、延甜荞 1 号、定边红花荞、榆荞 4 号、定甜荞 1 号、定甜荞 2 号、平荞 7 号、庆红荞 1 号、宁荞 1 号、信农 1 号和固荞 1 号等品种。

4.3　种子处理

播种前 1 周，选择无风晴天摊晒种子 2～3d，剔除碎粒、秕粒、杂质等。

5　整地、播种

5.1　整地施基肥

正茬甜荞：前茬作物收获后及时深翻，耕深 20～25cm，灭茬晒垡，熟化土壤。播前结合施肥翻耕，耕深 15～20cm，耕后及时耙耱镇压，破碎土块，平整地表。施入优质腐熟有机肥 1 500～2 000kg/亩（1 亩≈667m^2）或商品有机肥 150kg/亩，施尿素 5～10kg/亩、磷酸二铵 10～15kg/亩、硫酸钾 5～8kg/亩。复种甜荞：前茬作物收获后及时浅耕灭茬，根据前茬作物生长情况施基肥，抢墒播种。肥料的使用符合 NY/T 394 的规定。

5.2　播种

5.2.1　播种期

正茬甜荞 5 月上旬至 7 月上旬播种，复种甜荞 8 月上旬播种结束。

5.2.2　播量与密度

一般机播播量 2.5～3.0kg/亩，撒播播量 3.5～4.0kg/亩。保苗 5 万～7 万株/亩。

5.2.3　播种方式

采用机械条播或撒播。条播行距 30～35cm。

5.2.4　播种深度

播深3~5cm，根据土壤墒情调整播种深度，沙质土和干旱区宜深播。

6　田间管理

6.1　耙耱镇压、查苗补苗

播后及时耙耱；出苗前如遇降雨造成土壤板结应及时破除。缺苗断垄比较严重的地块采用催芽补种，保证全苗。

6.2　中耕除草

中耕除草次数和时间根据苗情及杂草多少而定。一般第1次在苗高6~10cm时，结合间苗、匀苗进行中耕；第2次在开花封垄时，结合培土进行中耕除草。

6.3　灌溉

苗高7~10cm时，若无降雨，适量灌水促进分枝，开花灌浆期若遇旱情，要及时灌溉，保证荞麦生育关键期水分供应需求。

6.4　追肥

显蕾期叶面喷施0.2%磷酸二氢钾水溶液40~50kg/亩。始花期至盛花期，叶片尖端出现黄斑，可在100kg的磷酸二氢钾溶液中加入1kg尿素混合后在早晨或傍晚喷施，每隔7~10d喷施1次，连续喷施2~3次，防止生育后期脱肥、早衰。

6.5　辅助授粉

6.5.1　蜜蜂辅助授粉

在荞麦田放蜂提高结实率。一般在甜荞开花前2~3d，距荞麦地500m处放养蜜蜂，每10亩放置1~2箱。

6.5.2　人工辅助授粉

在没有放蜂条件的地方采用人工辅助授粉。在甜荞盛花期无露水的晴天上午9:00—11:00，用绳索在植株上层来回轻轻接拖，进行2~3次，间隔3~5d再进行一次人工辅助授粉。露水大或清晨雄蕊未开放前不宜进行辅助授粉。

6.6　病虫害防治

6.6.1　防治原则

坚持“预防为主，综合防治”的植保方针，加强病虫害预测预报，以农业防治、物理防治、生物防治为主，辅助使用化学防治措施。

6.6.2　主要病虫害

主要病害有白粉病等；主要虫害有谷叶甲、钩翅蛾等。

6.6.3　防治措施

6.6.3.1　农业防治

选用抗病、抗逆性强的品种，合理轮作倒茬，平衡施肥，增施有机肥，加强栽培管理。成熟后及时收获脱粒，防止钩刺蛾蛀食籽粒；及时铲除田边、地埂杂草；收获后，立即深耕20cm左右，将土壤中的虫蛹翻出地面，人工捡拾、机械杀灭或暴晒杀灭；发现中心病株或害虫零星危害株，应及时拔除进行无害化处理。

6.6.3.2　物理防治

播前进行种子处理；推广应用频振式或太阳能杀虫灯，相邻 2 个杀虫灯之间间隔 150m，诱杀钩翅蛾等害虫的成虫；在钩翅蛾幼虫发生期可利用其假死性进行人工捕杀。

6.6.3.3　生物防治

尽可能减少农药使用量和使用次数，保护和利用天敌防控害虫。并创造有利于天敌生存的环境条件，充分发挥天敌控制害虫的作用。

7　收获

7.1　收获时间

当大田中 2/3 荞麦籽粒成熟即籽粒变为褐灰色或黑色时收获。

7.2　收获方法

在无露水的上午或阴天，采用机械或人工收获。机械收割的荞麦株高宜为 70～120cm，留茬高度 8～15cm。

7.3　收获后处理

收获入场后及时晾晒、脱粒。脱粒后进行清选、晾晒，籽粒含水量降至 13.5%以下入库。

8　生产废弃物的处理

8.1　秸秆资源化处理

收获后荞麦秸秆可用做饲料添加料，也可作为食用菌栽培基料循环利用。

8.2　无害化处理

农业投入品的包装废弃物应回收，交由有资质的部门或网点集中处理，不得随意弃置、掩埋或者焚烧。

9　包装、储藏、运输

9.1　包装

符合 NY/T 658 的要求。

9.2　储藏

符合 NY/T 1056 的要求。产品应离地、离墙储藏于清洁、阴凉、通风、干燥、无异味的库房内，不得与有毒、有害、有异味、发霉及其他污染物混存混放，并且配备有防鸟、防鼠、防虫、防火、防潮、防霉烂等设施及措施。

9.3　运输

符合 NY/T 1056 的要求。运输工具必须保持清洁、卫生、干燥、有防尘、防雨设施，严禁与有毒、有害、有腐蚀性、易挥发或有异味的物品混运；运输过程应防暴晒、雨淋、受潮等。

10 生产档案管理

建立绿色食品甜荞生产档案。记录产地环境条件、生产技术、肥水管理、病虫害的发生和防治、采收及采后处理等情况，以及田间管理操作措施及其他相关质量追溯等记录；所有记录应真实、准确、规范，并具有可追溯性；生产档案应有专人保管，至少保存三年以上。

主要起草人：于安芬，李瑞琴，满润，贾瑞玲，范荣，常克勤，焦洁，王珏，郭鹏，李曦，陶彩虹，许文艳，赵小琴。

（本规程已通过评审，待发布）

宁南山区无公害甜荞麦生产技术规程

标准号：DB64/T 1238—2016
发布日期：2016 年 12 月 28 日　　　　实施日期：2017 年 3 月 28 日
发布单位：宁夏回族自治区质量技术监督局

1　范围

本标准规定了宁南山区甜荞麦的有关定义和甜荞麦播前准备、播种技术、田间管理、病虫害防治、适期收获等标准化生产技术以及贮藏要求。

本标准适用于宁南山区甜荞麦生产区。

2　规范性引用文件

下列文件对于本文件的应用是必不可少的。凡是注日期的引用文件，仅所注日期的版本适用于本文件。凡是不注日期的引用文件，其最新版本（包括所有的修改单）适用于本文件。

GB 4285—1989　农药安全使用标准

NY/T 394—2013　绿色食品肥料使用准则

NY/T 496—2010　肥料合理使用准则通则

NY/T 1276—2007　农药安全使用规范总则

3　术语和定义

下列术语和定义适用于本标准。

3.1　甜荞麦

甜荞麦拉丁名：*Fagoprrum esculentum*，属蓼科荞麦属，一年生草本双子叶植物，又名乔麦、乌麦、花麦、三角麦、荞子，为非禾本科谷物。异花授粉，瘦果较大，籽粒三棱形，棱角锐，皮黑褐色或灰褐色，表面与边缘平滑，花是很好的蜜源。

4　生产技术

4.1　播前准备

4.1.1　选地

宜选梯田、塬地、沟台地、15°以下缓坡地种植，选择土层深厚、土质疏松、肥沃、透气性好的沙壤土为宜，不宜在较黏重的土壤和重盐碱地种植。

4.1.2 茬口选择

豆类、马铃薯等茬最好，玉米、小麦、糜子、谷子和蔬菜茬次之，胡麻茬最差。

4.2 整地

4.2.1 深耕

前作收获后及时耕翻灭茬，深耕 20~25cm。

4.2.2 耙耱

黏土地耕翻后要耙，沙壤土耕后要耱。

4.3 施肥

4.3.1 施肥原则

以“基肥为主、种肥为辅、追肥为补”，基肥以“有机肥为主、化肥为辅”，肥料选择须符合 NY/T 394—2013 标准规定。

4.3.2 基肥

每亩施有机肥 750~1 000kg 或尿素 10kg 加过磷酸钙 11.5kg；或碳铵 20kg 加过磷酸钙 15kg。播前结合翻耕一次性施入田中。

4.3.3 种肥

每亩施种肥磷酸二铵 10kg，肥料与种子分开，以防烧籽烧苗。采用分层播种、侧位施肥，即种肥在种子侧下方 4~6cm 最好。

4.4 播种

4.4.1 播种期

6 月中下旬适时抢墒播种，时间需根据降雨和土壤墒情确定。

4.4.2 品种

选用经审定或备案的优质高产、抗逆性强的甜荞优良品种，种子须选用符合种子质量要求的大粒甜荞品种，不使用自留种。

4.4.3 种子处理

4.4.3.1 晒种

播种前 7~10d 选择晴天，在向阳干燥的地上或席上摊薄晒种，气温较高时晒 1d 即可。

4.4.3.2 选种

采用风选、水选、机选等方式剔除空粒、秕粒、破粒、草籽和杂质。

4.4.3.3 浸种

用 35℃温水浸种 10~15min，可提高种子发芽率，促进甜荞麦幼苗生长，提高产量；也可先在冷水中浸 4~5h，再在 50℃温水中浸泡 5min，预防轮纹病。

4.4.3.4 药剂拌种

100kg 种子可用 200g 的 40%辛硫磷乳油或吡虫啉拌种，拌种后堆放 3~4h，再摊开晾干，预防蝼蛄、小地老虎、蛴螬、金针虫等地下害虫和飞禽危害；或用 500g 的 50%的多菌灵可湿性粉剂拌种预防立枯病；或用 300~500g 的 50%退菌特拌种预防褐斑病。

4.4.4 播种方法

采用机械条播保墒抢种，可将施肥、耕翻、播种、覆土耱平多项作业一次完成，节省农时，保墒抗旱，提高出苗率。适宜播深 3~5cm。行距 30cm。

4.4.5 播种量及密度

每亩播种 3.5~4kg，留苗 6 万~7 万株为宜。

4.5 田间管理

4.5.1 保全苗

出苗前板结可采用微型农机拖带直径 20cm，长 80cm 原木自制的刺磁（钢针排间距 3cm）破除；发现缺苗缺断垄现象比较严重的地块，要催芽补种，保证全苗壮苗。

4.5.2 中耕除草

于甜荞 3 片真叶和 1~2 个分枝时中耕除草 1~2 次，深度 2~3cm。

4.5.3 追肥

弱苗或地力差、施肥不足的田块，应早追肥，出苗后 20~25d，封垄前追肥；壮苗可不追或少追肥。追肥宜用尿素等速效氮肥，每亩施 2.3~3.7kg 纯氮。

4.5.4 蜜蜂辅助授粉

在开花 2~3d 后进行。提前 2d 把蜜蜂运到场地，4 个 15 框蜂的蜂群可保证 4 000~6 000m^2 面积授粉。蜂群摆放应遵循：面积小于 50hm^2 时，蜂群可布置在田边任何一侧；面积大于 50hm^2 或地块长度2 000m 以上，则蜂群可布置在地块中间以减少蜜蜂飞行距离。蜂群一般以 10~20 群为一组，分组摆放，并使相邻的蜜蜂采集范围相互重叠。

4.6 病虫害防治

4.6.1 防治原则

预防为主，综合防治。农药选用须符合 GB 4285—1989 的要求，农药施用应符合 NY/T 1276—2007 的要求。

4.6.2 病害防治

4.6.2.1 农业防治

清除前茬作物病原体并及时耕翻，预防荞麦立枯病、叶斑病和褐斑病。

4.6.2.2 喷药防治

4.6.2.2.1 立枯病

甜荞麦出苗 20d 左右发病，可用 20%甲基立枯磷乳油（利克菌）1 200 倍液或 5%井冈霉素水剂 1 000 倍液喷雾防治。

4.6.2.2.2 叶斑病

甜荞麦开花期用 40%百菌清悬浮剂 600 倍液，或 50%多菌灵可湿性粉剂 800 倍液喷雾防治。

4.6.2.2.3 褐斑病

甜荞开花期用 36%甲基硫菌灵悬浮剂 600 倍液，或 50%多菌灵可湿性粉剂 800 倍液，或 50%速克灵可湿性粉剂 1 000 倍液喷雾防治。

4.6.3　虫害防治

4.6.3.1　物理防治

秋季深翻灭卵，田间搜集、烧埋枯心苗、枯黄叶，及时铲除田边、地埂杂草，把成虫消灭在产卵以前，把卵消灭在孵化以前，把幼虫消灭在3龄以前。幼虫发生密度大时，利用黏虫和钩刺蛾的趋光性，从成虫羽化初期开始，在甜荞集中成片地块架设黑光灯诱杀。

4.6.3.2　药剂防治

4.6.3.2.1　黏虫

幼虫三龄之前可用50%辛硫磷乳油1 500倍液或25%氧乐氰乳油2 000倍液喷雾防治。

4.6.3.2.2　二纹柱萤叶甲

7月中下旬，发生严重时可喷施50%辛硫磷乳油1 500倍液防治；干旱地区可每亩施用2kg 27%巴丹粉剂，收获前7d停止用药。

4.6.3.2.3　钩刺蛾

8月中下旬，危害时可选用Bt杀虫剂防治，聚集暴发时，选用阿维菌素等杀虫剂防治，以减轻对蜜源昆虫危害和农药残留。

4.7　收获

4.7.1　收获

70%籽粒呈现本品种固有色泽时为最佳收获期，可采用自走式履带谷物收割机收获。宜在阴天或露水未干的上午10h前进行，霜前完成收获。

4.7.2　晾晒脱粒

收获后将甜荞麦上部紧靠在一起，茎基部向四周分开，形成锥形竖立田间，待风干5~6d后脱粒，脱粒前尽可能减少倒运，防止落粒；晴天脱粒后，应晾晒3~5d，待籽粒干燥后入库。

4.7.3　运输

运输工具要清洁、干燥、有防雨设施。严禁有毒、有害、有腐蚀性、有异味的物品混运。

5　贮藏

应在清洁、避光、干燥、通风、无污染、无虫害、无鼠害且有防潮设施的仓库中贮藏。

主要起草人：常克勤，穆兰海，母养秀，陈彩锦，姜雪琴，杜燕萍，张久盘，李玉莲。

甜荞麦良种繁育技术规程

标准号：DB64/T 1886—2023
发布日期：2023 年 3 月 24 日　　实施日期：2023 年 6 月 24 日
发布单位：宁夏回族自治区市场监督管理厅

1　范围

本文件规定了宁夏甜荞麦良种繁育的有关定义、生产条件及其繁育技术、晾晒、包装和运输等标准化生产技术以及贮藏要求。

本文件适用于宁夏甜荞麦生产区。

2　规范性引用文件

下列文件中的内容通过文中的规范性引用而构成本文件必不可少的条款。其中，注日期的引用文件，仅该日期对应的版本适用于本文件；不注日期的引用文件，其最新版本（包括所有的修改单）适用于本文件。

GB/T 4401. 1 粮食作物种子　第 1 部分：禾谷类

GB/T 4401. 1—2010 粮食作物种子　第 3 部分：荞麦

GB 10458 荞麦

GB 8321. 9 农药合理使用准则（九）

GB/T 4122. 1—1996 包装材料、包装辅助材料及辅助物术语

NY 1276 农药安全使用规范总则

NYP 496—2010 肥料合理使用准则

NY/T 394—2013 绿色食品、肥料施用原则

3　术语和定义

下列术语和定义适用于本文件。

3. 1　甜荞麦 common buckwheat

甜荞麦属蓼科（Polygonaceae）荞麦属（*Fagypyrum*），一年生草本双子叶植物，又名乔麦、乌麦、花麦、三角麦、荞子，为非禾本科谷物。异花授粉，瘦果较大，籽粒三棱形，棱角锐，皮黑褐色或灰褐色，表面与边缘平滑，花是很好的蜜源。

3. 2　良种繁育 improved seed breeding

对通过审定的作物优良品种按一定程序进行繁殖，使生产的种子能够保持优良种性

及纯度，以满足生产用种的需要，是品种选育的继续和品种推广的基础。

4　繁育条件

4.1　温度

海拔1 200~1 900m，年平均气温6~8℃，无霜期115~140d，6—9月10℃以上积温1 800~2 100℃。

4.2　降水

年降水量300~600mm。

4.3　隔离条件

利用山体、树林等自然障碍物进行空间隔离是最经济最有效的隔离方法，大面积良种繁育要与其他甜荞麦品种隔离距离在10km以上。

5　繁育技术

5.1　选地

选择没有种植其他荞麦的梯田、塬地、沟台地及15°以下缓坡地，以土质疏松，透气性良好的沙壤土为宜，土层深厚、土壤肥沃、不含残毒和物理性状良好的地块。不宜在较黏重的土壤和重盐碱地种植。

5.2　茬口

以豆类、马铃薯茬最好，玉米、小麦和糜谷茬次之，胡麻茬、葵花茬较差，忌连作。

5.3　轮作

建立三年以上轮作田，防止上季甜荞麦与本季栽培甜荞麦发生大田混杂和生物学混杂。

5.4　整地与施肥

5.4.1　深耕与耙耱

秋天前作收获后，及时浅耕灭茬，然后深耕20~25cm，黏土地耕翻后要耙，沙壤土耕后要耱，耙平耱细，次年5月下旬旋耕灭草后备用。

5.4.2　施肥

5.4.2.1　施肥原则

以“基肥为主、种肥为辅、追肥为补”“有机肥为主、无机肥为辅”的施肥原则。按照NY/T 394—2013规定选择施用肥料的种类。

5.4.2.2　基肥

每亩施腐熟农家肥1 000~1 500kg或碳酸氢铵20kg加过磷酸钙15kg，或尿素10kg加过磷酸钙11.5kg，结合耕翻一次性施入田中。

5.4.2.3 种肥

施肥量以 P_2O_5 计每亩施 10.4kg 磷酸二铵为高产的主要技术指标。如果以磷酸二铵作种肥，不能与种子直接接触，要与种子分层播种，侧位施肥以肥料施于种子侧方 4~6cm 为宜。

5.4.2.4 追肥

肥力正常一般不需要追肥，个别地力差，基肥和种肥不足的地块，出苗后 20~25d，封垄前进行追肥；每亩追施尿素 5kg 左右。选择雨天进行，冒雨追施，雨停则停。

5.5 播种

5.5.1 品种选择

选用信农 1 号等通过国家、省或自治区审（认）定的优质、高产、抗逆性强并在当地示范成功的甜荞麦优良品种的原种，不建议自留种。

5.5.2 种子处理

5.5.2.1 精选种子

剔除破碎粒、未熟粒、虫蚀粒、病斑粒、霉变粒、草籽和其他杂质，选用饱满、整齐一致的种子。

5.5.2.2 温汤浸种

为提高种子发芽力，促进甜荞麦幼苗的生长和产量的提高，用 35℃ 温水浸种 10~15min 后捞出晾晒备用。

5.5.2.3 药物浸种

播种前用氰烯菌酯 4 000 倍液浸种 6h 捞出凉干备用。

5.5.2.4 晒种

播前 7~10d 选择晴朗天气，将种子摊在向阳干燥的地上，在 10—16 时连续晒 1~2d。

5.5.3 播种时间

6 月 10 日—7 月 1 日适时抢墒早播，具体根据自然降雨和土壤墒情而定。

5.5.4 播种量与密度

每亩播种量 3.5~4kg，密度以每亩 6 万~7 万株为宜。

5.5.5 播种方法与深度

采用机械条播，播种和施肥一次完成，行距 30cm。播种深度 4~6cm，根据土壤墒情适当浅播。

5.5.6 耱平镇压

播后及时覆土镇压，耱平保墒，保证出苗。

5.6 田间管理

5.6.1 中耕除草

一般人工锄草 1~2 次，第一次在 3 片真叶时结合间苗进行中耕锄草；第二次结合定苗进行中耕，中耕深度 2~3cm，封垄前必须完成。

5.6.2 间苗定苗

第 3 片真叶完全展开后及时进行间苗，封垄前定苗。

5.6.3 辅助授粉

5.6.3.1 蜜蜂辅助授粉

在荞麦盛花期，每100亩甜荞麦制种基地，一般放养40箱蜂群为宜，蜂群摆放应遵循如下原则：如果甜荞麦面积不大，蜂群可布置在田间任何一边；如果面积在50hm^{2}以上或地块长度达2 000m以上，则应将蜂群布置在地块中央，减少蜜蜂飞行半径，并使相邻的蜜蜂采集范围相互重叠。

5.6.3.2 人工授粉

在荞麦盛花期，选择晴朗天气，每2~3d，上午9—11时露水干后，用一根长绳系一条宽15~25cm的绵软布条，两人各执绳子一端，按顺风方向把布条从荞麦顶端轻轻拉过，使布条轻触荞麦花促使其摇晃抖动，人工辅助授粉2~3次即可。同时，辅助授粉要避免损坏荞麦花器，在清晨或有露水雄蕊尚未开放前不宜进行人工辅助授粉。

5.6.4 田间去杂

在甜荞麦的苗期、花期、成熟期根据品种典型性严格拔除杂株、劣株、病株，每个时期拉网式去杂2~3次，收获前依据植株高低、穗形、落粒性等再严格去杂1次。

5.7 病虫害防治

5.7.1 防治原则

坚持“预防为主，综合防治”的原则，优先采用农业防治、物理防治和生物防治措施。化学防治要正确、合理使用高效、低毒、低残留农药，农药施用应符合GB/T 8321.9农药合理使用准则（九）和NY/T 1276的要求。

5.7.2 病害防治

5.7.2.1 农业防治

秋收后及时清除病残体并进行深耕，可将土壤表面的病菌埋入深土层内，减少病菌侵染，可防治立枯病、叶斑病和褐斑病。

5.7.2.2 化学防治

防治立枯病、叶斑病、褐斑病、轮纹病等病害，使用药剂和方法参见附录A.1。

5.7.3 虫害防治

5.7.3.1 物理防治

及时铲除田边、地埂杂草，秋季深翻灭卵，或在田间搜集、烧埋枯心苗、枯黄叶，把成虫消灭在产卵以前，把卵消灭在孵化以前，把幼虫消灭在3龄以前。幼虫发生密度大时，利用黏虫和钩刺蛾的趋光性，从成虫羽化初期开始，在甜荞麦集中成片地区架设黑光灯诱杀成虫或诱卵灭卵。

5.7.3.2 化学防治

防治蚜虫、黏虫、二纹柱萤叶甲、钩刺蛾等虫害使用药剂和方法参见附录A.1。

5.8 收获

大田植株70%~80%籽粒呈现本品种固有色泽时为最佳收获期，采用自走履带式谷物收割机收获效果较好，宜在阴天或露水未干的上午10时前进行，在霜前完成收获。

5.9 晾晒

收获前将晒场、机器内部清理干净，不得留有荞麦和杂草种子，避免机械混杂。收获后及时晾晒，使含水量降至13%以下。

6 包装、运输、储存

6.1 包装

种子精选后装袋，荞麦种子包装应符合GB/T 4122.1—1996的有关规定，所有包装材料均应清洁、卫生、干燥、无毒、无异味，袋内外各附标签，标明品种名称、产地、生产日期及编号。

6.2 运输

种子运输工具、车辆必须清洁、卫生、干燥，无其他污染物。种子运输过程中，必须遮盖，防雨防晒，严禁与有毒有害和有异味的物品混运。

6.3 储存

种子不得露天堆放，在干净、整洁、避光、干燥、通风、无污染、无虫害、无鼠害和有防潮设施的仓库中贮藏。种子不得与有毒有害、腐败变质、有不良气味或潮湿的物品同仓库存放。

附录 A

（资料性）

荞麦病虫害防治方案

A.1 荞麦病虫害防治方案

见表A.1。

表A.1 荞麦病虫害防治方案

防治对象	农药名称和剂型	常用药量或稀释倍数	施药方法	备注
立枯病	50%可湿性粉剂多菌灵	250g	拌种	50kg种子
	20%甲基立枯磷乳油（利克菌）	1 200倍液	喷雾	
	5%井冈霉素水剂	1 000倍液	喷雾	
叶斑病	40%百菌清悬浮剂	600倍液	喷雾	
	50%可湿性粉剂多菌灵	800倍液	喷雾	
褐斑病	50%可湿性粉剂退菌特	按照种子量的0.3%~0.5%	拌种	
	36%悬浮剂甲基硫菌灵	600倍液	喷雾	
	50%可湿性粉剂多菌灵	800倍液	喷雾	
	50%可湿性粉剂速克灵	1 000倍液	喷雾	
轮纹病	40%胶悬剂多菌灵	500~800倍液	喷洒	发病初期

（续表）

防治对象	农药名称和剂型	常用药量或稀释倍数	施药方法	备注
蚜虫	2.5%溴氰菊酯乳油	3 300倍液	喷雾	
	10%吡虫啉可湿性粉剂	1 500倍液	喷雾	
	50%抗蚜威可湿性粉剂	2 500倍液	喷雾	
黏虫	50%辛硫磷乳油	1 500倍液	喷雾	幼虫3龄之前
	25%氧乐氰乳油	2 000倍液	喷雾	
二纹柱萤叶甲	50%辛硫磷乳油	1 500倍液	喷雾	幼虫3龄之前
钩刺蛾	2.5%溴氰菊酯乳油	4 000倍液	喷雾	

主要起草人：常克勤，邹亮，杨崇庆，向达兵，穆兰海，杜燕萍，李耀栋，陈一鑫。

宁南山区荞麦亩产75千克栽培技术规程

1 范围

本标准规定了宁南山区荞麦栽培过程中的选地、整地与施肥、品种选择与播种、田间管理和收获。适用于宁夏南部山区荞麦主产区，包括盐池、同心、海原、原州、西吉和彭阳等县（区）。

本规范化栽培技术是宁夏固原市农业科学研究所根据多年栽培技术研究和相应的产量结果综合拟定的，甜荞产量指标为每亩75kg。

2 选地

选择排水、通气良好的沙壤土，实行2~3年轮作制，前茬以豆科、中耕作物以及小麦、糜子为好，忌重茬。

3 整地与施肥

3.1 整地

前茬作物收获后，适墒进行深秋耕，耕深20~25cm，耕后及时收耱，翌年解冻后再次耱地打碾保墒。达到地平、土松、保墒、灭草的目的。

3.2 施足底肥

结合秋季最后一次耕地进行施基肥，亩施腐熟农家肥1 000~2 000kg；或施尿素10kg加过磷酸钙11.5kg；或施碳铵20kg加过磷酸钙15kg，在播前“倒地”时一次施入田中。

3.3 合理施用种肥

底肥不足时，每亩施磷酸二铵2.5~5.0kg，播种时随种子一起施入沟中。

3.4 土壤施药

为防治地下害虫，每亩用1605毒谷或呋喃丹1.5~2.5kg，随播种施入犁沟中。

4 选择品种与播种

4.1 品种选择与种子处理

选用高产、稳产、抗逆性强的优良新品种，如：宁荞1号、信农1号和榆荞4号等，同时播前要进行种子清水选种或筛选，去掉不饱满籽粒。

4.2　播种期

播种期一般为5月中旬—6月中下旬，依据当时气候条件和土壤墒情适时播种。

4.3　播种方式与密度

采用三条腿或四条腿蓄力播种机条播，一般行距27~33cm；株行距及密度因地制宜，每亩保苗5万~7万株。

5　田间管理

5.1　破除板结

出苗前遇暴雨，及时破除板结，松土时注意防止伤苗。

5.2　防止害虫

出苗后如有荞麦钩翅蛾、金龟子、跳虫甲、黏虫等。应及时防治。可用90%的敌百虫1 000~2 000倍液或80%敌敌畏1 000~1 500倍液喷雾防治。

5.3　中耕除草

三片真叶进行第一次中耕除草，现蕾期进行第二次中耕除草。

5.4　追肥

在底肥、种肥不能满足荞麦生长的情况下，雨前每亩追施3~5kg尿素。

5.5　辅助授粉

在荞麦田边养蜂，每亩养一箱蜂。或盛花期进行人工辅助授粉2~3次，在晴天上午9—11时进行，每隔2~3d一次。

5.6　拔杂

拔出异色籽粒植株、苦荞及杂草，保证品种纯度。

6　收获

以田间植株籽粒有70%成熟时收获为宜，收割后应后熟一段时间再脱离，种子晾晒后含水率在15%以下方可入库。

主要起草人：常克勤，杜燕萍，穆兰海，尚继红。

（本规程未发布）

荞麦新品种——信农1号亩产100千克高产创建技术规范模式

<table>
<tr><td rowspan="2">月份</td><td colspan="3">3</td><td colspan="3">4</td><td colspan="3">5</td><td colspan="3">6</td><td colspan="3">7</td><td colspan="3">8</td><td colspan="3">9</td><td colspan="3">10</td><td colspan="3">11</td></tr>
<tr><td>上</td><td>中</td><td>下</td><td>上</td><td>中</td><td>下</td><td>上</td><td>中</td><td>下</td><td>上</td><td>中</td><td>下</td><td>上</td><td>中</td><td>下</td><td>上</td><td>中</td><td>下</td><td>上</td><td>中</td><td>下</td><td>上</td><td>中</td><td>下</td><td>上</td><td>中</td><td>下</td></tr>
<tr><td>节气</td><td>惊蛰</td><td></td><td>春分</td><td>清明</td><td></td><td>谷雨</td><td>立夏</td><td></td><td>小满</td><td>芒种</td><td></td><td>夏至</td><td>小暑</td><td></td><td>大暑</td><td>立秋</td><td></td><td>处暑</td><td>白露</td><td></td><td>秋分</td><td>寒露</td><td></td><td>霜降</td><td>立冬</td><td></td><td>小雪</td></tr>
<tr><td>品种构成</td><td colspan="27">品种类型及产量构成
主要品种：甜荞——信农1号，产量构成：甜荞每亩6万~8万株，每株70粒，千粒重30克，单株粒重2.1g左右</td></tr>
<tr><td></td><td>夏播</td><td colspan="26">6月20日播种7~10d→6月30日出苗→（30d）7月30日初花→7~10d（8月10日前后）盛花期→（45~50d）（9月底或10月5日前→初霜前）收获</td></tr>
<tr><td rowspan="4">播前准备</td><td>选地</td><td colspan="26">选择土层深厚、土壤物理性状好的地块，忌连作，以豆类、马铃薯等茬口最好，其次是玉米、小麦、菜地茬口</td></tr>
<tr><td>整地</td><td colspan="26">前作收获后及时浅耕灭茬，然后深耕。深耕熟化土壤，改善土壤中的水、肥、气、热状况，有利于蓄水保墒和防止土壤水分蒸发，对于荞麦发芽、出苗、根系生长和生长发育以及减轻病虫草害作用重大。深耕一般以20~25cm为宜</td></tr>
<tr><td>精选种子</td><td colspan="26">播前精选种子，确保种子纯度≥98%，发芽率≥95%，发芽势强，籽粒饱满均匀，无破损粒和病粒</td></tr>
<tr><td>种子处理</td><td colspan="26">播前进行晒种、温汤浸种、药剂拌种、沼液浸种或种子包衣，增强种子活力，以控制苗期疫病、凋萎病和灰腐病及蝼蛄、蛴螬、金针虫等地下害虫</td></tr>
<tr><td>精细播种</td><td colspan="27">具体适宜播期应根据品种的熟性（生育期）、当地的无霜期及>10℃的有效积温数，使荞麦的盛花期避开当地的高温（>26℃）期，同时保证霜前成熟为基本原则。采用点播、散播或条播等播种方式，播种不宜过深，一般以3~4cm为宜，在沙质土和干旱区可以稍微深些，但不要超过6cm。苦荞性喜冷凉稍湿润的气候。北方适宜的播种期为5月中下旬（比甜荞提前30d）。根据品种特性、留苗密度及种子质量等因素综合确定适宜播种量，甜荞每亩播种量4~5kg，苦荞每亩播种量3~4kg为宜</td></tr>
<tr><td>合理密植</td><td colspan="27">为了充分有效地利用光、水、气、热和养分，协调群体与个体之间的矛盾，根据地力、品种、播种期确立适宜的播种量，保证荞麦有一个合理群体结构。留苗以6万~8万株/亩为宜</td></tr>
<tr><td>科学施肥</td><td colspan="27">①施肥原则：以“基肥为主、种肥为辅、追肥为补”“有机肥为主、无机肥为辅”
②施肥量：每生产100kg荞麦籽粒，需要从土壤中吸收纯氮4.01~4.06kg，磷1.66~2.22kg，钾5.21~8.18kg，吸收比例为1∶0.41~0.45∶1.3~2.02
③施肥时期：分基肥、种肥、追肥3次施用。基肥：基肥一般以有机肥为主，也可配合施用无机肥。通常是施用农家肥1 000~2 000 kg/亩，配合过磷酸钙15~30kg/亩、尿素5~10kg/亩在播种前深耕时施入。种肥：磷酸二铵作种肥，要与种子分离施用，每亩施30kg磷肥作种肥为荞麦高产的主要技术指标措施
追肥：地力差，基肥和种肥不足的，出苗后20~25d，封垄前以垄沟深施方式施入，追肥一般宜用尿素等速效氮肥，用量不宜过多，每亩5~8kg为宜</td></tr>
</table>

模式制定人：常克勤，杜燕萍，穆兰海，尚继红。

（本模式未发布）

信农 1 号品种标准

1　范围

本标准规定了信农 1 号的主要特征、特性，适应性和栽培技术要点。

标准适应于本区各科研、教学、良种生产、种子经营和推广部门对本品种进行繁殖、播种、检验、收购及鉴定。

2　品种来源

信农 1 号是固原市农业科学研究所从日本引进品种信农 1 号的群体中选择出优良的自然变异单株，经多年鉴定培育而成。

3　品种特征

3.1　植株特征

全株绿色，株高 73.7~136.4cm，主茎节数 9.0~10.4 个，主茎分枝数 4.3~5.0 个，株型紧凑，叶片颜色深绿，三角形，下部叶片较大且叶柄较长，上部叶片较小且叶柄较短。

3.2　花部特征

花序为总状花序，花朵密集成族，一族有 20~30 朵花，花较大有香味，白色。雄蕊不外伸或稍外露，8 枚雄蕊呈二轮排列，内 3 外 5；雌蕊 1 枚为三心皮联合组成，柱头、花柱分离。子房三棱形；异花授粉，基部附近有 8 个突起的黄色蜜腺，呈圆球状，黄色透明，能分泌蜜液，呈油状且有香味。

3.3　籽粒特征

信农 1 号籽粒为三棱卵圆形瘦果，棱角明显，先端渐尖，果皮革质，表面与边缘光滑，无腹沟，种皮颜色灰褐色，种皮颜色因成熟度不同而稍有差异，成熟好的色泽深，成熟差的色泽浅。株粒数 44.0~95.9 个，株粒重 1.2~2.4g，千粒重 26.7g，籽粒饱满，经农业农村部谷物及制品质量监督检验测试中心（哈尔滨）测定，籽粒含氨基酸总量（干基）13.10%（其中赖氨酸 0.80%），含粗蛋白（干基）13.60%，粗脂肪（干基）2.63%，粗纤维（干基）12.55%，粗淀粉（干基）60.0%，灰分（干基）2.22%，水分 12.1%。

4 品种特性

本品种为旱地中熟性品种，生育期 77～99d，抗旱、耐瘠薄，抗倒伏，适应性广，宁南山区荞麦主产区 6 月上旬至 6 月下旬均可播种，无病害，籽粒饱满，产量高，落粒适中。

5 产量表现

品种比较试验：1999 年品比试验种子产量 1 579. 50 kg/hm^2（105. 3kg/亩），居参试材料之首，比对照宁荞 1 号增产 48. 94%；2000 年品比试验种质产量 1 339. 50 kg/hm^2（89. 3kg/亩），比对照宁荞 1 号增产 22. 94%；2001 年品比试验种子产量 1 140. 00 kg/hm^2（76. 0kg），比对照宁荞 1 号增产 14. 0%。

生产试验结果：2002 年宁南荞麦生产试验各点种子产量 940. 50～1 584. 00 kg/hm^2（62. 7～105. 6kg/亩），平均单产 1 194. 00kg/hm^2（79. 6kg/亩），参试三点均比对照增产，增幅为 15. 79%～18. 70%，平均照增产 16. 86%；2003 年各试点种子亩产 729. 00～1 291. 50kg/hm^2（48. 6～86. 1kg/亩），平均单产 981. 00kg/hm^2（65. 4kg/亩），三点均比对照增产，增幅为 15. 2%～17. 6%，平均增产 16. 8%；2004 年各试点种子产量 1 299. 90～1 839. 00 kg/hm^2（86. 66～122. 60kg/亩），平均 1 517. 25 kg/hm^2（101. 15 kg/亩），均比对照增产，增幅为 3. 88%～17. 21%，平均增产 9. 79%。

生产示范结果：2006 年在固原头营、西吉红太和隆德沙塘三县三点生产示范，种子亩产量 789. 00～2 343. 00kg/hm^2（52. 6～156. 2kg/亩），平均 1 441. 5kg/hm^2（96. 1kg/亩），比对照宁荞 1 号平均增产 9. 3%，其中固原、隆德两点增产，增幅 8. 7%～36. 1%，西吉红泰点减产 17. 0%；2007 年在固原、西吉、彭阳三县设点示范，三点种子产量 1 197. 00～1 650. 00kg/hm^2（79. 8～110. 0kg/亩），平均单产 1 446. 00kg/hm^2（96. 4kg/亩），三点均比对照增产，增幅 19. 8%～41. 0%。

6 品种适应性

本品种适应在宁南山区干旱、半干旱地区荞麦主产区旱地种植。

7 栽培技术要点

7. 1 选地

选用地势平坦的川旱地或山旱地种植，以豆茬、马铃薯和小麦茬为宜。

7. 2 施肥

重施基肥，配施化肥，以秋施肥为主，一般施腐熟农家肥 22 500～45 000kg/hm^2（1 500～3 000kg/亩），磷酸二铵 150kg/hm^2（10kg/亩）。

7. 3 播种

固原地区荞麦主产区正茬播种以 6 月中、下旬为宜。适宜播量为 45～52. 5kg/hm^2

（3.0~3.5kg/亩），留苗90万~105万株/hm^2（6万~7万株/亩）为宜。

7.4　管理

苗期及早中耕锄草，盛花期创造条件人工辅助授粉。

7.5　收获

当70%以上籽粒变为灰褐色时及时收获。

主要起草人：常克勤，杜燕萍，穆兰海，尚继红。

（本规程提供品种审定，未公开发布）

固荞1号品种标准

1 品种来源

固荞1号由宁夏农林科学院固原分院从贵州师范大学引进丰甜1号高代材料种植的混合群体中筛选出表现优异的单株经系统选育而成。

2 特征特性

2.1 品种特征

生育天数85d，全株绿色，株高84.8cm，主茎节数11.3个，主茎分枝数5.1个，单株粒重2.0g，籽粒饱满，千粒重27.4g。经西北农林科技大学测试中心检测：粗淀粉含量63.3%，粗蛋白含量12.0g/100g，粗脂肪含量2.0g/100g，水分8.61g/100g，黄酮0.06%。经甘肃省农业科学院农业测试中心检测：总黄酮含量0.4%。

2.2 品种特性

该品种株型半紧凑，茎色浅绿，叶色绿色，心形，白花，籽粒三棱形，种子黑色、籽粒表面光滑、粒型较大，茎秆较粗壮，具有较强的抗倒伏能力，抗旱性强，较抗病虫害。

3 产量表现

品种（系）鉴定试验中固荞1号折合亩产140.00kg，比对照信农1号（CK）增产38.16%；品比试验中固荞1号比对照增产20.0%~42.6%，宁南区试试验中，3年试验固荞1号折合亩产110.7kg/亩。较对照信农1号平均增产10.7%，3年18个点次中较对照增产15点次，增产幅度1.09%~41.88%，增产明显。

4 栽培技术要点

4.1 选地

选用地势平坦的川旱地或山旱地种植，以豆茬、马铃薯和小麦茬为宜。

4.2 施肥

重施基肥，配施化肥，以秋施肥为主，一般施腐熟农家肥22 500~45 000kg/hm^2（1 500~3 000kg/亩），磷酸二铵150kg/hm^2（10kg/亩）。

4.3 播种

宁南山区荞麦主产区正茬播种以6月中、下旬为宜。适宜播量为52.5~60kg/hm^2（3.5~4.0kg/亩），留苗90万~105万株/hm^2（6万~7万株/亩）为宜。

4.4 管理

苗期及早中耕锄草，盛花期创造条件人工辅助授粉。

4.5 收获

当70%以上籽粒变为灰褐色时及时收获。

5 适宜种植地区

本品种适应在宁南山区干旱、半干旱地区荞麦主产区旱地种植。

主要起草人：常克勤，杨崇庆，杜燕萍，穆兰海，母养秀，陈彩锦，张久盘，李耀栋，陈一鑫。

（本规程提供品种认证和成果登记，未公开发布）

固荞3号品种标准

1 主题内容与适用范围

本标准规定了荞麦品种固荞3号的特征特性及栽培技术要求。本标准适用于各级种子公司、原（良）种场、科研单位、农业院校对该品种进行繁殖、检验、收购、鉴定。

2 品种来源

固荞3号系宁夏农林科学院固原分院2010年从榆林农校引进的荞麦杂交后代混合群体中筛选变异单株，采用系统选育的方法于2022年选育而成。

3 品种特征

全株绿色，株型紧凑，株高84.9cm，主茎节数10.8个，主茎分枝数5.3个，单株粒重2.3g，籽粒饱满，千粒重31.4g。叶色绿色，叶型心形，花色白色，经中国农业科学院作物科学研究所农业农村部谷物品质监督检验测试中心检测：粗淀粉（干基）74.31%，粗蛋白（干基）13.83%，粗脂肪（干基）3.15%，总黄酮（干基）0.05%。

4 品种特性

生育天数83d，该品种株型紧凑，茎色浅绿，叶色绿色，心形，白花，籽粒三棱形，种子黑色、籽粒表面光滑、粒型较大，茎秆较粗壮，适应性广，生长势强，具有较强的抗倒伏能力，抗旱性强，较抗病虫害。

5 产量

该品种籽粒产量一般为1 500kg/hm^2，最高产量1 900kg/hm^2。

6 栽培技术要点

6.1 选地

选用地势平坦的川旱地或山旱地种植，以豆茬、马铃薯和小麦茬为宜。

6.2 施肥

重施基肥，配施化肥，以秋施肥为主，一般施腐熟农家肥22 500～45 000kg/hm^2

（1 500～3 000kg/亩），磷酸二铵 150kg/hm^2（10kg/亩）。

6.3 播种

宁南山区荞麦主产区正茬播种以 6 月中、下旬为宜。适宜播量为 52.5～60kg/hm^2（3.5～4.0kg/亩），留苗 90 万～105 万株/hm^2（6 万～7 万株/亩）为宜。

6.4 管理

苗期及早中耕锄草，盛花期创造条件人工辅助授粉。

6.5 收获

当 70%以上籽粒变为灰褐色时及时收获。

7 适宜种植地区

本品种适应在宁南山区干旱、半干旱地区以及周边同类地区荞麦主产区旱地种植。

主要起草人：常克勤，杜燕萍，杨崇庆，穆兰海，母养秀，陈彩锦，张久盘，李耀栋，陈一鑫。

（本规程提供品种认证和成果登记，未公开发布）

黔黑荞1号品种标准

1 主题内容与适用范围

本标准规定了黔黑荞1号（品系名：蒙H8631）的主要特征、特性，适应性和栽培技术要点。

标准适用于本区各科研、教学、良种生产、种子经营和推广部门对本品种进行繁殖、播种、检验、收购及鉴定。

2 品种来源

系固原市农业科学研究所从贵州省威宁县农科所引进宁夏。

3 特征特性

幼苗生长旺盛，叶色深绿，叶三角形，株型紧凑，株高79.2~107.0cm，主茎节15.3个，主茎分枝9.0个，花黄绿色，无味，自花授粉，籽粒黑色。株粒数223.8个，株粒重3.8g，千粒重18.0g。经农业农村部谷物及制品质量监督检验测试中心（哈尔滨）测定：籽粒含氨基酸14.87%，粗蛋白14.05%，粗脂肪2.60%，粗纤维19.27%，灰分2.16%，水分9.27%。

生育期93~98d，中熟品种。抗旱，抗倒伏，耐瘠薄，田间生长势强，生长整齐，结实集中，适应性广。

4 适应地区

适应宁南山区干旱、半干旱地区荞麦主产区种植。

5 产量水平

2005年生产试验平均亩产159.6kg（3点2增1减），比对照宁荞2号增产7.06%；2006年生产试验平均亩产138.2kg（4点均增产），比宁荞2号增产28.6%；2007年生产示范平均亩产158.1kg（三点均增产）3年平均亩产152.0kg，比对照平均增产19.1%。

6　栽培技术要点

6.1　选地

选用地势平坦的川旱地或山旱地种植，以豆茬、马铃薯和小麦茬为宜。

6.2　施肥

重施基肥，一般施腐熟农家肥 1 500~3 000 kg/亩，磷酸二铵 10kg/亩。看苗追肥，苗期随降雨追施尿素 5kg/亩，开花期每亩喷施尿素 0.9kg，磷酸二氢钾 0.3kg。

6.3　播种

固原地区荞麦主产区播种以 6 月初为宜。适宜播量为 2.0~2.5kg/亩，留苗 6 万~7 万株/亩为宜。

6.4　管理

第一片真叶出现后及时进行中耕锄草，除草 1~2 次。

6.5　收获

当 70%以上籽粒变为黑色时及时收获。

主要起草人：常克勤，杜燕萍，穆兰海，尚继红。
（本规程提供品种审定，未公开发布）

陕甘宁等地区
绿色食品　燕麦生产操作规程

前　言

本规程由中国绿色食品发展中心提出并归口。

本规程起草单位：甘肃省农业科学院畜草与绿色农业研究所（甘肃省农业科学院农业质量标准与检测技术研究所）、甘肃省绿色食品办公室、甘肃省定西市农业科学院、宁夏农林科学院固原分院、青海省畜牧兽医科学院、甘肃农业大学草业学院、甘肃省环县农业技术推广中心、陕西省农产品质量安全中心、宁夏农产品质量安全中心、青海省绿色有机农产品推广服务中心、青海绿青新农牧科技有限公司。

1　范围

本规程规定了陕甘宁等地区绿色食品燕麦的产地环境、品种选择、整地播种、田间管理、收获、生产废弃物处理、包装储藏运输和生产档案管理。

本规程适用于陕西、甘肃、宁夏、青海地区绿色食品燕麦的生产。

2　规范性引用文件

下列文件对于本文件的应用是必不可少的。凡是注日期的引用文件，仅注日期的版本适用于本文件。凡是不注日期的引用文件，其最新版本（包括所有的修改单）适用于本文件。

GB/T 4404.4 粮食作物种子　第4部分：燕麦

NY/T 391 绿色食品　产地环境质量

NY/T 393 绿色食品　农药使用准则

NY/T 394 绿色食品　肥料使用准则

NY/T 658 绿色食品　包装通用准则

NY/T 892 绿色食品　燕麦及燕麦粉

NY/T 1056 绿色食品　储藏运输准则

3　产地环境

产地环境应符合 NY/T 391 的规定。选择生态环境良好、周围无环境污染源，地势平坦、土层深厚、土壤疏松、有机质含量高、排水良好的田块。前茬以豆类最好，马铃薯、胡麻、谷子、小麦、玉米次之，不宜重茬。生育期≥10℃有效积温 1200℃以上。

4　品种选择

4.1　选择原则

选择适宜当地种植条件的抗病、抗倒伏、结实集中、耐旱性强、适应性广的优质、高产、稳产燕麦品种。种子质量符合 GB/T 4404.4 的要求。

4.2　品种选用

根据种植区域、生长特点和市场需求，选用经生产实践认可的优良品种。推荐使用：白燕 2 号、白燕 7 号、晋燕 4 号、晋燕 8 号、蒙燕 2 号、宁莜 1 号、固燕 1 号、定莜 3 号、定莜 8 号、定莜 9 号、燕科 1 号、坝莜 1 号、坝莜 8 号、青莜 3 号、青引 1 号、青海 444、高燕 16 号、加燕 2 号、林纳等裸燕麦和粮用皮燕麦品种。

4.3　种子处理

选用饱满、整齐、纯度高的种子，剔除碎粒、秕粒、杂质等。播种前 1 周，选择无风晴天摊开晾晒 2~3d，温汤浸种，提高种子发芽率、杀灭种子表面的病原菌。

5　整地播种

5.1　整地施肥

前茬作物收获后及时深耕灭茬，耕深 20~30cm，遇雨耙耱。冬春期间进行封冻镇压和顶凌镇压。早春播前适时浅翻浅耕，同时施入腐熟有机肥 1 000~3 000kg/亩，磷酸二铵 10~15kg/亩，过磷酸钙 35~50kg/亩。肥料的使用符合 NY/T 394 的规定。

5.2　播种

5.2.1　播种期

耕作层地温稳定在 5℃以上时即可播种。适宜播期 3 月中旬至 5 月上旬。

5.2.2　播种量与密度

裸燕麦：干旱地播种量 6~8.0kg/亩，保苗 15 万~18 万株/亩；二阴地播种量 8~10kg/亩，保苗 18 万~22 万株/亩。粮用皮燕麦：干旱地播种量 10.0~12.5kg/亩，保苗 21 万~25 万株/亩；二阴地播种量 12~15kg/亩，保苗 25 万~30 万株/亩。

5.3　播种方式

5.3.1　条播

采用机械条播。抢墒播种，播种深度 5~6cm，早播和墒情不好的适当深播，特别干旱时可适当深播至湿土层，深耕浅埋，留沟不耱。晚播和墒情好的适当浅播。

5.3.2　穴播

采用全膜覆土机械穴播，播种深度 3~5cm，行距 15~20cm，穴距 12cm，每穴 6~8 粒。保苗 30 万~35 万株/亩。

6 田间管理

6.1 苗期管理

播后及时耙耱。出苗前如遇雨雪地面发生板结时，及时耙松破除。

6.2 中耕除草

苗期根据墒情中耕，除草、松土。2~3 叶期进行第一次中耕除草，达到中耕灭草不埋苗；4~5 叶期进行第二次中耕除草，耕深 3~5cm。

6.3 追肥

分蘖或拔节期，结合降雨或灌溉追施尿素 5~8kg/亩。抽穗期叶面喷施 0.2%的磷酸二氢钾水溶液 40~50kg/亩。

6.4 病虫害防治

6.4.1 防治原则

坚持“预防为主，综合防治”的植保方针，加强病虫害预测预报，以农业防治、物理防治、生物防治为主，辅助使用化学防治。

6.4.2 常见病虫害

主要病害：坚黑穗病、红叶病、锈病、白粉病等；主要虫害：蚜虫、黏虫等。

6.4.3 防治措施

6.4.3.1 农业防治

选用抗病品种，采用无病留种田防控燕麦坚黑穗病；合理布局，轮作倒茬；适期播种，增施有机肥；培育壮苗，加强田间管理；清除杂草，减少害虫在田间产卵；及时拔除田间中心病株或害虫零星危害株。做到早发现、早防除。

6.4.3.2 物理防治

种子处理，采用温汤浸种或羊粪碾碎成粉状拌种防治燕麦坚黑穗病；利用害虫的趋光性及害虫对色泽的趋性进行诱杀。选用频振式杀虫灯诱杀黏虫等害虫的成虫，相邻 2 个杀虫灯之间间隔 150m。

6.4.3.3 生物防治

尽可能减少农药使用量和使用次数，保护和利用七星瓢虫、寄生蜂、草蛉、食蚜蝇等自然天敌防控蚜虫，燕麦红叶病通过使用生物农药防蚜治病；创造有利于天敌生存的环境条件，充分发挥天敌控制害虫的作用。

6.4.3.4 化学防治

化学防治用药符合 NY/T 393 的规定。选用已登记农药，严格控制用药量及安全间隔期，注意交替用药，合理混用。推荐使用的农药品种、使用时间、使用量、使用方法和安全间隔期等见附录 A。

7 收获

7.1 收获时间

当燕麦秸秆变黄，整株叶片褪绿，上中部籽粒变硬，表现出品种籽粒正常大小和色泽，进入黄熟时进行收获。

7.2 收获方法

选择无露水、晴朗天气，采用机械或人工方式收获。收获过程中，做到防杂保纯。

7.3 收获后处理

收获后及时晾晒、脱粒。脱粒后进行清选、晾晒，籽粒含水量降至13%以下入库。产品质量应符合 NY/T 892 的要求。

8 生产废弃物处理

8.1 资源化处理

机械收割的麦衣就地还田，秸秆用作饲草。

8.2 无害化处理

农业投入品的包装废弃物应回收，交由有资质的部门或网点集中处理，不得随意弃置、掩埋或者焚烧。

9 包装、储藏、运输

9.1 包装

符合 NY/T 658 的要求。

9.2 储藏

符合 NY/T 1056 的要求。产品应离地、离墙储存于清洁、阴凉、通风、干燥、无异味的库房内，不得与有毒有害、有异味、发霉以及其他污染物混存混放，并且配备有防鸟、防鼠、防虫、防潮、防火、防霉烂等设施及措施。

9.3 运输

符合 NY/T 1056 的要求。运输工具必须保持清洁、卫生、干燥、有防尘、防雨设施，严禁与有毒、有害、有腐蚀性、易挥发或有异味的物品混运；运输过程应防暴晒、雨淋、受潮等。

10 生产档案管理

建立绿色食品燕麦生产档案。记录产地环境条件、生产技术、肥水管理、病虫害的发生和防治、采收及采后处理等情况，以及田间管理操作措施及其他相关质量追溯等记录；所有记录应真实、准确、规范，并具有可追溯性；生产档案应有专人保管，至少保存3年以上。

附录 A
（资料性附录）
陕甘宁地区　绿色食品燕麦生产主要病虫害防治推荐农药使用方案

防治对象	防治时期	农药名称	使用量	使用方法	安全间隔期（天）
锈病	发病初期	80%代森锌可湿性粉剂	80～120g/亩	喷雾	21
白粉病	发病初期	29%石硫合剂水剂	35 倍液	喷雾	—

注：农药使用应以最新版本 NY/T393 的规定为准。

农药登记证号：PD84116-8
登记证持有人：四川润尔科技有限公司
农药名称：代森锌
剂型：可湿性粉剂
毒性及其标识：

有效成分及其含量：
代森锌 80%
使用范围和使用方法：

作物/场所	防治对象	用药量（制剂量/亩）	施用方式
梨树	多种病害	500～700 倍液	喷雾
油菜	多种病害	80～100g/亩	喷雾
烟草	炭疽病	80～100g/亩	喷雾
烟草	立枯病	80～100g/亩	喷雾
花生	叶斑病	62.5～80g/亩	喷雾
苹果树	多种病害	500～700 倍液	喷雾
茶树	炭疽病	500～700 倍液	喷雾
蔬菜	多种病害	80～100g/亩	喷雾
观赏植物	叶斑病	500～700 倍液	喷雾
观赏植物	炭疽病	500～700 倍液	喷雾
观赏植物	锈病	500～700 倍液	喷雾
马铃薯	早疫病	80～100g/亩	喷雾

（续表）

作物/场所	防治对象	用药量（制剂量/亩）	施用方式
马铃薯	晚疫病	80~100g/亩	喷雾
麦类	锈病	80~120g/亩	喷雾

使用技术要求：

先用少量水将本品调成糊状后，再兑水稀释至所需浓度，一般要连喷 2~3 次，每次用药间隔 10~15d。

产品性能：

本品是一种叶面喷洒使用的保护剂，对许多病菌如霜霉病菌、晚疫病菌及炭疽病菌等有较强触杀作用。有效成分化学性质较活泼，在水中易被氧化成异硫氰化合物，对病原菌体内含有-SH 基的酶有较强的抑制作用，并能直接杀死病菌孢子，抑制孢子的发芽，阻止病菌侵入植物体内，但对已侵入植物体内的病原菌丝体的杀伤作用较小。

注意事项：

①本品安全间隔期为：苹果收获前 28d，梨 28d，马铃薯 21d，花生 30d，麦类 21d，叶菜 7d，黄瓜 3d，番茄 5d，烟草 15d。②本品不能与铜制剂及碱性药剂混用。在喷过铜制剂、汞碱性药剂后要间隔一周后才能喷此药。③使用本品时应穿戴防护服和手套，避免吸入药液。施药期间不可吃东西和饮水；工作完毕用肥皂洗净手和脸及裸露部位，皮肤着药部分随时洗净。④高温、干旱期、大棚内及敏感品种应适当增加兑水量。⑤使用后的包装袋应妥善处理，避免对环境产生不良影响。⑥孕妇及哺乳期妇女禁止接触本品。

中毒急救措施：

中毒症状：恶心、呕吐、腹痛、腹泻，重者为头痛、头晕、心率呼吸加快，血压下降，抽搐、循环衰竭，甚至出现呼吸中枢麻痹而死。急救措施：误食者立即催吐、洗胃、导泻，对症治疗。忌油类食物，禁酒。误入眼，请用清水冲洗至少 15min，如持续异状，请及时就医。

储存和运输方法：

①本品应贮存在干燥、阴凉通风处，防止吸潮分解。本品易燃，应远离火源。②贮存时应远离儿童，并加锁；不与食品、粮食、种子及饲料等同贮同运。

质量保证期：2 年

备注：

核准日期：××

重新核准日期：××

农药登记证号：PD88112-6

登记证持有人：河北双吉化工有限公司

农药名称：石硫合剂

剂型：水剂

毒性及其标识：

有效成分及其含量：

石硫合剂 29%

使用范围和使用方法：

作物/场所	防治对象	用药量（制剂量/亩）	施用方式
柑橘树	白粉病	35 倍液	喷雾
柑橘树	红蜘蛛	35 倍液	喷雾
核桃树	白粉病	35 倍液	喷雾
苹果树	白粉病	70 倍液	喷雾
茶树	红蜘蛛	35~70 倍液	喷雾
葡萄	白粉病	7~12 倍液	喷雾
观赏植物	介壳虫	70 倍液	喷雾
观赏植物	白粉病	70 倍液	喷雾
麦类	白粉病	35 倍液	喷雾

使用技术要求：

使用方法：无须配制母液，直接兑水喷施。南方果树冬春两季休眠期清园，北方果树花前防治，其他作物在发病初期使用。

产品性能：

本品具有杀灭菌、虫、蚧、螨作用，是冬春两季果树清园剂。能达到一次用药，多种效果，降低后期用药成本的目的。一次用药，同时防治菌、虫、蚧、螨；成本低、效果好。

注意事项：

①稀释用水温应低于 30℃，热水会降低药效。②不得与波尔多液等铜制剂、机械乳油及在碱性条件下易分解的农药混合使用。③气温达到 32℃以上时慎用，稀释倍数应提高至 1 000 倍以上；38℃以上禁用。④已经用水配制好的药液，夏天要在 3d 内用完，冬季 7d 内用完。⑤用过的容器应妥善处理，不可作他用，也不可随意丢弃。⑥避免孕妇及哺乳期妇女接触。

中毒急救措施：

误食中毒后，在医师指导下，可采用弱碱洗胃方法解救，并立即注射可拉明、山梗菜碱强心剂和静脉注射 50%葡萄糖 40~60mL 及维生素 C 500mL。

储存和运输方法：

①已经开封使用的，尽量要在短期内用完，剩余部分应密封保存，以免与空气接

触。②本品应贮存在干燥、阴凉、通风、防雨处，远离火源或热源。置于儿童接触不到之处，并加锁。勿与食品、饮料、饲料等其他商品同贮同运。

质量保证期：2年

主要起草人：李瑞琴，满润，杨富海，于安芬，刘彦明，常克勤，赵桂琴，贾志峰，范荣，郭鹏，王珏，蒋晨阳，许文艳，焦洁，韩明梅，陶彩虹。

(本规程已通过评审，待发布)

旱地裸燕麦无公害栽培技术规程

标准号：DB64/T 1360—2019

发布日期：2019 年 2 月 12 日　　　　　　　　实施日期：2019 年 5 月 12 日

发布单位：宁夏回族自治区市场监督管理厅

1　范围

本标准规定了旱地裸燕麦无公害栽培技术的规范性引用文件、术语定义、整地施肥、种子处理、田间管理、病虫害防治和收获贮藏。

本标准适用于年降水量 400mm 左右的半干旱半湿润偏（易）旱地区。

2　规范性引用文件

下列文件对于本文件的应用是必不可少的。凡是注由期的引用文件，仅所注日期的版本适用于本文件。凡是不注日期的引用文件，其最新版本（包括所有的修改单）适用于本文件。

GB 3095—2012 环境空气质量标准

GB 4285—1989 农药安全使用标准

GB 4404. 4—2010 粮食作物种子　第四部分：燕麦

GB/T 8321 农药合理使用准则（部分）

GB 15618—1995 土壤环境质量标准

NY/T 496—2010 肥料合理使用准则通则

NY/T 1276—2007 农药安全使用规范

3　术语定义

下列术语和定义适用于本标准。

3. 1　坡耕地

是指坡度小于 15 度种植农作物的土地。

3. 2　二阴地

指固原地区降水量在 400mm 以上的六盘山北麓东西两侧半湿润阴湿高寒冷凉地区。

4　整地施肥

4.1　选地

4.1.1　产区环境

选择生态环境好、周围无环境污染源、符合无公害农业生产条件的地块，即距离高速公路、国道≥900m，地方主干道≥500m，医院、生活污染源≥2 000m，工矿企业≥1 000m，产地环境空气质量和产地土壤环境质量应符合 GB 3095—2012 和 GB 15618—1995 的规定。

4.1.2　茬口

前茬为豌豆、马铃薯或小麦茬，切忌重茬，避免迎茬。

4.2　整地施肥

前茬作物收获后，将优质腐熟的农家肥以每亩施 2 500~3 500kg 的施肥量均匀撒施地表，深耕（15~25cm）晒垡，熟化土壤，接纳降水，早春顶凌耙耱，四月上旬镇压收墒，做到深、细、平、净。

4.3　种肥

播种时每亩施种肥磷酸二铵 10~12.5kg，用种、肥分离播种机使种子与肥料分离播种，种子和肥料距离调至 8~10cm。

5　种子处理

5.1　品种选择

选择燕科 1 号，白燕 2 号，坝莜 8 号等适宜品种，种子纯度达到 96%以上、净度达到 97%以上，符合 GB 4404.4—2010 的规定。

5.2　播种

5.2.1　播种时间

在土壤质量含水量达 10%以上，地温稳定通过 5℃时即可播种。坡耕地适宜播种日期为 4 月 4—10 日，二阴地适宜播种日期为 4 月 15—20 日播种。

5.2.2　播种量

一般旱坡地播量每亩为 6~7.5kg，水平梯田播量每亩为 7.5~8kg，二阴地每亩为 8~10kg。每亩保苗 23 万~26 万株。

5.2.3　播种深度

播种深度为 4~6cm。

5.2.4　播种方法

采用机械播种，定好播种深度，要求不断行。

6 田间管理

6.1 中耕除草

燕麦 2~3 叶期进行第一次中耕，要求浅除细除，达到灭草不埋苗；4~5 叶期进行第二次中耕，要求进行深耕（3~5cm）。

6.2 化学除草

药剂除草时，要严格控制剂量，防止药害，使用药剂详见附录 A。

6.3 追肥

追肥在分蘖或拔节期进行，结合降雨用人工撒施的方法每亩追施尿素 10~12.5kg，以雨停追肥停为原则。

7 病虫害防治

7.1 防治原则

病虫害防治应贯彻“预防为主、综合防治”的种保方针，做到农业防治与化学防治相结合，农药使用应符合 GB 4285—1989 和 GB/T 8321 的规定。

7.2 病害防治

防治燕麦坚黑穗病、散黑穗病、红叶病、叶斑病等病害，使用药剂详见附录 A。

7.3 虫害防治

7.3.1 蚜虫

在燕麦抽穗到灌浆期，每 100 穗燕麦的蚜量达到 500 头时，及时进行药剂防治，使用药剂详见附录 A。

7.3.2 黏虫

在黏虫二龄期前，每平方米达到 15~20 头时进行药剂防治，使用药剂详见附录 A。

8 收获贮藏

8.1 收货时期

当裸燕麦麦穗由绿变黄，上中部籽粒变硬，表现出籽粒正常的大小和色泽时进行收获。

8.2 收获方式

采用机械或人工收割的方式进行收获。

8.3 贮藏

晴天脱粒后，籽粒应晾晒充分，干燥后贮藏于清洁、避光、干燥、通风、无污染和有防潮设施的地方，以保证种子安全可用。入库籽粒的含水量以不超过 13%为宜。

附录 A
(资料性附录)
燕麦主要病虫草害防治方案

A.1 燕麦主要病虫草害防治方案

表 A.1 燕麦主要病虫草害防治方案

防治对象	农药	剂型	常用药量或稀释倍数	施药方法	备注
坚黑穗病	抗菌剂	80%402 水剂	5 000 倍液	浸种	浸种 24h 后晾干播种
	三唑醇	25%可湿性粉剂	种子量的 0.2%~0.3%	拌种	
散黑穗病	福美双	50%可湿性粉剂	种子量的 0.5%	拌种	闷种 5h 后马上播种
	三唑醇	15%可湿性粉剂	2 000 倍液	喷雾	
	百菌清	75%可湿性粉剂	800~1 000 倍液	喷雾	
	甲基硫菌灵	70%可湿性粉剂	1 000 倍液	喷雾	
叶斑病	福美双	50%可湿性粉剂	种子量的 0.5%	拌种	闷种 5h 后马上播种
	甲基硫菌灵	70%可湿性粉剂	1 000 倍液	喷雾	
	多菌灵	50%可湿性粉剂	50g	喷雾	
蚜虫	溴氰菊酯	2.5%乳油	3 300 倍液	喷雾	
	吡虫啉	10%可湿性粉剂	1 000 倍液	喷雾	
	抗蚜威	50%可湿性粉剂	10~16g	喷雾	
	乐果	40%乳油	种子量的 0.3%	拌种	
	噻虫嗪	25%水分散粒剂	8~10g	喷雾	
黏虫	溴氰菊酯	5%乳油	4 000 倍液	喷雾	
	乙敌粉	2.5%可湿性粉剂	1~2kg	喷粉	清晨有露水时使用
蛴螬	乐果	40%乳油	种子量的 0.3%	拌种	
阔叶杂草	氯氟吡氧乙酸异辛酯乳油	乳油	50~66.5mL/亩	喷雾	阔叶杂草 2~4 叶时期喷雾

主要起草人：常克勤，穆兰海，张久盘，母养秀，杜燕萍，陈彩锦，冯艳。

旱地裸燕麦覆膜穴播栽培技术规程

标准号：DB64/T 1716—2020
发布日期：2020 年 5 月 18 日　　实施日期：2020 年 8 月 18 日
发布单位：宁夏回族自治区市场监督管理厅

1 范围

本规程规定了宁夏旱作农业区裸燕麦秋季覆膜春季穴播栽培技术要点、方法、术语定义、适合区域、栽培技术要求和适种品种。

本规程适用于年降水量 300~500mm 的半干旱、半湿润偏（易）旱地区。

2 规范性引用文件

下列文件中的条款通过本规程引用而成为本规程条款，其最新版本适用于本规程。

GB/T 8321 农药合理使用准则（部分）

GB 4404.4—2010 粮食作物种子　第四部分：燕麦

NY/T 1276—2007 农药安全使用规范

NY/T 496—2010 肥料合理使用准则通则

3 术语和定义

下列术语和定义仅适用于本规程。

3.1 裸燕麦 naked oat

裸燕麦又称莜麦，一年生草本植物，是禾本科燕麦属的一个种，脱粒时内外颖与果实分离，呈颗粒状。

3.2 秋季覆膜覆土

前茬作物收获后，对深耕灭茬晒垡熟化后的地块于当年 9 月下旬至 10 月上旬用机引覆膜覆土一体机实行旋耕、镇压、覆膜、覆土一体化作业。

3.3 春季穴播

4 月上旬用机引穴播机或半机械化人力推拉播种机进行膜上穴播。

4　整地施肥

4.1　选地

在适宜区域内选择地块平坦、土层深厚、土质疏松、肥力中等以上的旱川地、梯田地和台塬地，适合覆膜穴播机械作业，要求土壤耕性良好，有较强的保水保肥能力，墒情良好。前茬以豌豆、马铃薯为佳。

4.2　整地

前茬作物收获后应及时早耕、深耕土地 25~30cm，纳雨蓄墒，平整地面，达到地平、土碎、墒好、上虚下实无根茬的覆膜要求。

4.3　施肥

结合整地，重施有机肥和施足化肥。推荐施用商品有机肥 100kg/亩，以 200kg/亩目标产量计算，基施 N 6kg/亩，P_2O_5 2kg/亩，K_2O 5kg/亩，结合最后整地深翻做基肥（符合 NY/T 496—2010 的要求）。

4.4　土壤处理

地下害虫危害严重的地块，用 50%辛硫磷乳油或者 48%毒死蜱乳油 7.5kg/hm^2加水 10 倍，喷拌细砂土 750kg 制成毒土撒施后浅耕。

5　覆膜

5.1　地膜选择

选用宽 120cm、厚 0.01mm 地膜，用量 6kg/亩左右。

5.2　覆膜时间

覆膜时间以 9 月下旬至 10 月上、中旬土壤封冻之前最为适宜。

5.3　覆膜覆土方法

机械旋耕覆膜覆土一体机以中小型拖拉机作牵引动力，实行旋耕、覆膜、覆土一体化作业，秋覆膜采用平垄，膜间距 20cm。膜面要平，前后左右拉紧，使地膜紧贴地面，不留空隙，两边用土压紧压实。地膜覆土 1cm 左右，以基本上看不见地膜为宜，膜上覆土要均匀，薄厚要一致，覆土不留空白，地膜不能外露。

6　播种

6.1　品种选择

选用裸燕麦中熟品种燕科 1 号，种子选择符合 GB 4404.4—2010（粮食作物种子　第四部分：燕麦）。

6.2　机械选择

选择适合山区机修田、坡度小于 15°川旱地种植的中小型拖拉机牵引或半机械化人力穴播机，其中人力穴播机有单行和双行之分。下籽量随机型不同而大小不同。播种前应由专业技术人员指导调试。

6.3 播种时间

春季土壤解冻、平均气温稳定通过5℃、5cm土层地温达到5~9℃时为播种适期，宁南山区最佳播期为4月上旬，比露地裸燕麦早种3~5d。

6.4 播种密度

一般播种量7.5~8.5kg/亩，保苗28万~32万株/亩。

6.5 播种方法

用中小型拖拉机牵引中小型穴播机或用半机械化人力推拉播种机进行膜上穴播。每膜穴播6行，行距20cm，穴距11~12cm，播种深度4~6cm，亩穴数2.8万~3.0万穴，穴粒数11~13粒。同一幅膜上同一方向播种，人工推拉穴播先播两边，由外向里播种，可控制地膜不移动，利于出苗，又便于控制每幅行数，在播种过程中，要精细检查下籽孔，杜绝“空穴”和“浮籽”。

7 田间管理

7.1 保护地膜

秋覆膜技术由于覆膜时间较春覆膜提前4个多月，所以要做好休闲期地膜的管护工作，严禁牲畜践踏，使地膜在休闲期有效蓄水保墒，减少土壤水分蒸发损失。如有地膜被毁坏，要及时补压、封严膜上的破洞。

7.2 适时追肥

裸燕麦在地上部15cm以上时，进入拔节期，拔节期是裸燕麦需肥的关键期，要随时关注天气预报进行追肥，如遇自然降雨，土壤适度好，随降雨追施尿素7.5~10kg/亩以增加养分，促壮苗增分蘖。

7.3 喷施叶肥

在抽穗期至灌浆期用0.2%的磷酸二氢钾溶液喷洒，每亩用水量50.0kg，确保籽粒饱满，千粒重增加。

7.4 拔除杂草

从膜孔钻出的杂草和膜间杂草，要进行人工拔除或压土灭草。同时要防止穴口大风揭膜，造成保温、保墒、保肥三保失调而减产。

8 病虫害防治

8.1 防治原则

病虫害防治应贯彻“预防为主、综合防治”的植保方针，做到农业防治与化学防治相结合，播种期防治与生长期防治相结合，播种前或收获后，清除田间及四周杂草，深翻地灭茬、晒土，促使病残体分解，控制寄主，减少病源和虫源。协调应用各项措施，促进幼苗生长健壮，增强抗病能力，控制病虫发生基数，创造有利于裸燕麦生长而不利于病虫发生的农田环境。农药使用应符合 GB/T 8321 农药合理使用准则的规定。

8.2 病虫害防治

8.2.1 病害

防治燕麦坚黑穗病、散黑穗病、红叶病、叶斑病等病害，使用药剂详见附录。

8.2.2 虫害

防治蚜虫、黏虫、草地螟及蛴螬等虫害施用药剂详见附录。

9 收获与脱粒

裸燕麦穗部有四分之三小穗成熟时进行收获为宜，收获后以 10 捆为单元码成小码进行风干晾晒，晒干后及时脱粒。

10 安全贮藏

燕麦的籽粒在一定的水分和温度下进行呼吸作用。水分越大，温度越高，呼吸作用越强烈，物质消耗越多，产生的热量越高，发霉变质的危险性越高。因此，燕麦脱粒后水分含量一定要晾晒到 13%以下，在燕麦贮藏期间，要严格控制燕麦籽粒的含水量和贮藏室温度，一般贮藏室温度控制在 15℃以下。

附录　燕麦病虫害防治方案

防治对象	农药	剂型	常用药量或稀释倍数	施药方法	备注
坚黑穗病	抗菌剂	80%402 水剂	5 000 倍液	浸种	浸种 24h 后晾干播种
	三唑醇	25%可湿性粉剂	种子量的 0.2%~0.3%	拌种	
散黑穗病	福美双	50%可湿性粉剂	种子量的 0.5%	拌种	闷种 5h 后马上播种
	三唑醇	15%可湿性粉剂	2 000 倍液	喷雾	
	百菌清	75%可湿性粉剂	800~1 000 倍液	喷雾	
	甲基硫菌灵	70%可湿性粉剂	1 000 倍液	喷雾	
叶斑病	福美双	50%可湿性粉剂	种子量的 0.5%	拌种	闷种 5h 后马上播种
	甲基硫菌灵	70%可湿性粉剂	1 000 倍液	喷雾	
	多菌灵	50%可湿性粉剂	50g	喷雾	
白粉病	三唑酮	15%可湿性粉剂	种子量的 0.12%	拌种	
	三唑酮	20%乳油	1 000 倍	喷雾	

（续表）

防治对象	农药	剂型	常用药量 或稀释倍数	施药 方法	备注
蚜虫	溴氰菊酯	2.5%乳油	3 300 倍液	喷雾	
	吡虫啉	10%可湿性粉剂	1 000 倍液	喷雾	
	抗蚜威	50%可湿性粉剂	10~16g	喷雾	
	乐果	40%乳油	种子量的 0.3%	拌种	
	噻虫嗪	25%水分散粒剂	8~10g	喷雾	
黏虫	溴氰菊酯	2.5%乳油	4 000 倍液	喷雾	
	乙敌粉剂	2.5 可湿性粉剂	1~2kg	喷粉	清晨有露 水时使用
蛴螬	乐果	40%乳油	种子量的 0.3%	拌种	
草地螟	溴氰菊酯	2.5%乳油	4 000 倍液	喷雾	3 龄前幼 虫防治
	保得乳油	2.5%乳油	2 000 倍液	喷雾	
	辛硫磷	50%乳油	1 000~2 000 倍液	喷雾	

主要起草人：常克勤，张久盘，穆兰海，杜燕萍，母养秀，陈彩锦，厚俊，马玉鹏。

旱地裸燕麦膜侧沟播栽培技术规程

1　范围

本标准规定了旱地裸燕麦膜侧沟播栽培技术。
本标准适用于宁南山区年降水量300~500mm的半干旱、半湿润易旱区。

2　规范性引用文件

下列文件中的条款通过本规程引用而成为本规程条款，其最新版本适用于本规程。
GB/T 8321 农药合理使用准则（部分）
GB 4404.4—2010 粮食作物种子　第四部分：燕麦
NY/T 1276—2007 农药安全使用规范
NY/T 496—2010 肥料合理使用准则通则

3　术语和定义

下列术语和定义仅适用于本规程。

3.1　裸燕麦 naked oat

裸燕麦又称莜麦，一年生草本植物，是禾本科燕麦属的一个种，脱粒时内外颖与果实分离，呈颗粒状。

3.2　膜侧沟播

是地膜覆盖栽培与传统垄沟种植有机结合的一项抗旱增产技术，主要采用单垄全膜覆盖，集覆盖抑蒸、膜面集雨、垄沟种植、通风透光于一体，最大限度集雨、保墒、增温、增光、通风，是旱作农业中增产效果十分显著的一项技术措施。

4　整地施肥

4.1　选地

在适宜区域内选择地块平坦、土层深厚、土质疏松、肥力中等以上的旱川地、梯田地和台塬地，适合起垄覆膜沟播机械作业，要求土壤耕性良好，有较强的保水保肥能力，墒情良好。前茬以豌豆、马铃薯为佳，忌连茬。

4.2　整地

前茬作物收获后，及时深耕土地25~30cm，熟化土壤，接纳雨水，耙耱收墒，做到耕作层深、细、平、净，以利于起垄覆膜播种。对于玉米茬口的最好先深耕后再采用旋耕机旋耕，并进行镇压。这样既可以打破犁底层，又可破玉米根茬，以利于播种出苗。

4.3 施肥

结合整地，重施有机肥和施足化肥。推荐施用商品有机肥 100kg/亩，以 200kg/亩目标产量计算，基施 N 6kg/亩，P_2O_5 2kg/亩，K_2O 5kg/亩，结合最后整地深翻做基肥(符合 NY/T 496—2010 的要求)。

4.4 土壤处理

地下害虫危害严重的地块，用 50%辛硫磷乳油或者 48%毒死蜱乳油 7.5kg/hm^{2}加水 10 倍，喷拌细沙土 750kg 制成毒土撒施后浅耕。

5 起垄覆膜

5.1 地膜选择

选用幅宽 80cm、厚度 0.01mm 抗老化耐候地膜，起垄覆膜，垄沟种植。

5.2 起垄时间

春季土壤解冻，平均气温通过 5℃，5cm 土层地温达到 5~9℃时起垄覆膜为宜，最佳起垄覆膜时期为 4 月上旬，抢墒起垄覆膜最为关键。

5.3 起垄方式

按 50~60cm 宽起垄，高度 10~15cm，垄沟宽 50cm，起成脊背形。

5.4 覆膜压土

膜面要平，前后左右拉紧，使地膜紧贴地面，不留空隙，两边用土压紧压实，地膜不能外露。膜上每隔 2~3m 用细绵土均匀压上土带，防止大风揭膜，起垄好后整平垄沟，为播种做准备。

6 播种

6.1 品种选择

选用裸燕麦中熟品种燕科 1 号，种子选择符合 GB 4404.4—2010（粮食作物种子 第四部分：燕麦)。

6.2 机械选择

选择适合山区机修田、坡度小于 15°川旱地种植的小型拖拉机牵引 4 行播种机，下籽量随机型不同而大小不同，播种前应由专业技术人员指导调试。

6.3 播种时间

宁南山区最佳播期为 4 月上旬，起垄覆膜后随即进行播种。

6.4　播种密度

一般播种量7.5~8.5kg/亩，保苗28万~32万株/亩。

6.5　播种方法

选用小型拖拉机牵引4行播种机进行播种，垄间沟内播种4行，行距15cm，播种深度5~7cm，在播种过程中，要精细检查下籽孔，杜绝“断行”和“浮籽”。

7　田间管理

7.1　保护地膜

出苗前要做好地膜的管护工作，严禁牲畜践踏，使地膜燕麦的整个生育期有效蓄水保墒，减少土壤水分蒸发损失。如有垄上地膜被毁坏，要及时补压、封严膜上的破洞。

7.2　中耕除草

三叶一心期进行第一次中耕除草，要求浅除、细除，达到灭草不埋苗。4叶到5叶期，进行第二次中耕，做到深除拔大草。

7.3　适时追肥

裸燕麦在地上部15cm以上时，进入拔节期，拔节期是裸燕麦需肥的关键期，要随时关注天气预报进行追肥，如遇自然降雨，土壤适度好，随降雨追施尿素7.5~10kg/亩以增加养分，促壮苗增分蘖。

7.4　喷施叶肥

在抽穗期至灌浆期用0.2%的磷酸二氢钾溶液喷洒，每亩用水量50.0kg，确保籽粒饱满，千粒重增加。

8　病虫害防治

8.1　防治原则

病虫害防治应贯彻“预防为主、综合防治”的植保方针，做到农业防治与化学防治相结合，播种期防治与生长期防治相结合，播种前或收获后，清除田间及四周杂草，深翻地灭茬、晒土，促使病残体分解，控制寄主，减少病源和虫源。协调应用各项措施，促进幼苗生长健壮，增强抗病能力，控制病虫发生基数，创造有利于裸燕麦生长而不利于病虫发生的农田环境。农药使用应符合GB/T 8321农药合理使用准则的规定。

8.2　病虫害防治

8.2.1　病害

防治燕麦坚黑穗病、散黑穗病、红叶病、叶斑病等病害，使用药剂详见附录。

8.2.2　虫害

防治蚜虫、黏虫、草地螟及蛴螬等虫害施用药剂详见附录。

9 收获与脱粒

裸燕麦穗部有四分之三小穗成熟，表现出籽粒正常大小和色泽时及时收获，收获后以 10 捆为单元码成小码进行风干晾晒，晒干后及时脱粒。

10 安全贮藏

燕麦的籽粒在一定的水分和温度下进行呼吸作用。水分越大，温度越高，呼吸作用越强烈，物质消耗越多，产生的热量越高，发霉变质的危险性越高。因此，燕麦脱粒后水分含量一定要晾晒到 13%以下，在燕麦贮藏期间，要严格控制燕麦籽粒的含水量和贮藏室温度，一般贮藏室温度控制在 15℃以下。

附录　燕麦病虫害防治方案

防治对象	农药	剂型	常用药量或稀释倍数	施药方法	备注
坚黑穗病	抗菌剂	80%402 水剂	5 000 倍液	浸种	浸种 24h 后晾干播种
	三唑醇	25%可湿性粉剂	种子量的 0.2%~0.3%	拌种	
散黑穗病	福美双	50%可湿性粉剂	种子量的 0.5%	拌种	闷种 5h 后马上播种
	三唑醇	15%可湿性粉剂	2 000 倍液	喷雾	
	百菌清	75%可湿性粉剂	800~1 000 倍液	喷雾	
	甲基硫菌灵	70%可湿性粉剂	1 000 倍液	喷雾	
叶斑病	福美双	50%可湿性粉剂	种子量的 0.5%	拌种	闷种 5h 后马上播种
	甲基硫菌灵	70%可湿性粉剂	1 000 倍液	喷雾	
	多菌灵	50%可湿性粉剂	50g	喷雾	
白粉病	三唑酮	15%可湿性粉剂	种子量的 0.12%	拌种	
	三唑酮	20%乳油	1 000 倍	喷雾	
蚜虫	溴氰菊酯	2.5%乳油	3 300 倍液	喷雾	
	吡虫啉	10%可湿性粉剂	1 000 倍液	喷雾	
	抗蚜威	50%可湿性粉剂	10~16g	喷雾	
	乐果	40%乳油	种子量的 0.3%	拌种	
	噻虫嗪	25%水分散粒剂	8~10g	喷雾	
黏虫	溴氰菊酯	2.5%乳油	4 000 倍液	喷雾	
	乙敌粉剂	2.5%可湿性粉剂	1~2kg	喷粉	清晨有露水时使用
蛴螬	乐果	40%乳油	种子量的 0.3%	拌种	

（续表）

<table>
<tr><th>防治对象</th><th>农药</th><th>剂型</th><th>常用药量或
稀释倍数</th><th>施药方法</th><th>备注</th></tr>
<tr><td rowspan="3">草地螟</td><td>溴氰菊酯</td><td>2.5%乳油</td><td>4 000 倍液</td><td>喷雾</td><td rowspan="3">3 龄前幼
虫防治</td></tr>
<tr><td>保得乳油</td><td>2.5%乳油</td><td>2 000 倍液</td><td>喷雾</td></tr>
<tr><td>辛硫磷</td><td>50%乳油</td><td>1 000~2 000 倍液</td><td>喷雾</td></tr>
</table>

主要起草人：常克勤，穆兰海，杜燕萍，张久盘。

（本规程已申报评审，未公开发布）

莜麦“燕科1号”品种标准

1　主题内容与适用范围

本标准规定了燕科1号（品系名：蒙H8631）的主要特征、特性，适应性和栽培技术要点。

标准适应于本区各科研、教学、良种生产、种子经营和推广部门对本品种进行繁殖、播种、检验、收购及鉴定。

2　品种来源

系内蒙古农业科学研究院以8115-1-2/鉴17选育而成，固原市农业科学研究所1997年引入宁夏。

3　品种特征

3.1　植株特征

幼苗直立，苗色深绿，叶片上举，生长势强，株型紧凑，分蘖力强，成穗率高，群体结构好，株高71.4～132.1cm，穗型侧散形，穗长20.2cm，穗铃数30.8个，主穗76.8粒，穗粒重1.4g。

3.2　花部特征

每个小穗有2～5朵小花，由内外稃和雌雄蕊组成。内外稃为膜质，内由雄蕊3枚，雌蕊1枚，单子房，柱头二裂呈羽状。

3.3　籽粒特征

籽粒为颖果，与内外稃分离，瘦长有腹沟，表面有茸毛，粒形椭圆形，颜色浅黄色，千粒重19.3g，属大粒型品种；经农业农村部谷物及制品质量监督检验测试中心（哈尔滨）检测，籽粒含粗蛋白21.13%，粗脂肪6.65%，粗淀粉54.35%，粗纤维2.55%，灰粉2.22%，水分10.1%。氨基酸总量21.18%（其中赖氨酸0.94%）。

4　品种特性

生育期97～104d，中晚熟品种。根系发达，抗寒、抗旱性强，耐瘠薄，茎秆粗壮坚硬，抗倒4伏，成熟落黄好，中抗锈病，生长势强，生长整齐，口紧不落粒，适应性广。

5　产量表现

2002—2004 年参加品种比较试验，2002 年种子产量 1 654.20kg/hm^2（110.28kg/亩），比对照宁莜 1 号增产 10.0%，比农家主栽品种增产 43.8%；2003 年种子折合产量 1 039.5kg/hm^2（69.3kg/亩），比对照宁莜 1 号增产 136.5%；2004 年 3 520.05 kg/hm^2（234.67kg/亩），比对照宁莜 1 号增产 19.32%。

2006 年生产试验平均亩产 118.1kg（3 增 1 减），比对照宁莜 1 号增产 7.6%；2007 年生产试验平均亩产 158.8kg（3 点均增产），平均增产 31.57%；两年平均亩产 138.45kg，平均增产 19.59%。

6　品种适应性

本品种适应在宁南山区干旱、半干旱莜麦主产区旱地种植。

7　栽培技术要点

7.1　选地

选中等以上肥力土地种植，前茬以豆科，马铃薯和春小麦茬为宜。

7.2　深耕耙耱

前作收获后应及早进行秋深耕，早春顶凌耙耱。

7.3　施肥

结合秋深耕基施农家肥 1 000~2 000kg/亩，磷酸二铵 10~15kg/亩，5~6 叶期结合降雨追施尿素 7.5~10kg/亩。

7.4　播种

精选种子，播前药剂拌种，3 月底至 4 月初播种，播量 7~8kg/亩，基本苗 25 万~30 万株/亩，播深 4~5cm。

7.5　田间管理

前期早锄、浅锄，保全苗促壮苗；中后期早追肥，深中耕，细管理，防虫治病害，防倒伏，防贪青。

7.6　适时收获

当麦穗由绿变黄，上中部籽粒变硬，表现出品种籽粒正常大小和色泽，进入黄熟时及时收获。

主要起草人：常克勤，杜燕萍，穆兰海，尚继红。

（本规程提供品种审定，未公开发布）

固燕1号品种标准

本标准规定了固燕1号的主要特征、特性，适应性和栽培技术要点。

标准适应于本区各科研、教学、良种生产、种子经营和推广部门对本品种进行繁殖、播种、检验、收购及鉴定。

1 品种来源

宁夏农林科学院固原分院于2007年从定西市农业科学院引进高代材料8709-4（亲本：731-2-2-1-2 x 品5号）经过多年定向系统选育而成。

2 产量水平

生产试验2015年试验四点平均亩产141.6kg，比对照燕科1号增产7.8%；2016年试验四点平均亩产107.0kg，比对照燕科1号增产11.2%；2017年试验四点平均亩产138.6kg，比对照燕科1号增产6.3%。三年12点次亩产107.0~141.6kg，平均亩产129.1kg，较对照燕科1号增产6.3%~11.2%，平均增产8.4%。

3 品种特征

株高85.8~100.4cm，穗长19.7~21.1cm，主穗铃22.3~25.5个，单株粒数37.9~44.4粒，单株粒重0.81~0.93g，千粒重19.9~20.8g。籽粒呈淡黄色，长筒形。分蘖力1.8个，千粒重20.2，生育期90~97d，平均94d，属中熟品种。粗蛋白含量15.63%，粗脂肪含量6.25%，赖氨酸含量0.69%，粗纤维含量1.38%，灰分1.86%。

4 品种特性

幼苗叶色深绿色，呈直立状，出苗率高，根系发达，籽粒落黄成熟好。穗型周散，圆锥花序，内外颖黄色，茎秆粗壮，抗寒、抗旱性强、耐瘠薄、中抗锈病，抗倒伏，经济性状优，丰产、稳产性好。

5 适宜区域

适宜于宁夏南部山区半干旱、二阴山区及同类型生态区种植。

6　栽培技术要点

6.1　选地

选中等以上肥力土地种植，前茬以豆科，马铃薯和春小麦茬为宜。

6.2　深耕耙耱

前作收获后应及早进行秋深耕，早春顶凌耙耱。

6.3　施肥

结合秋深耕基施农家肥 1 000～2 000kg/亩，磷酸二铵 10～15kg/亩，5～6 叶期结合降雨追施尿素 7.5～10kg/亩。

6.4　播种

精选种子，播前药剂拌种，4 月初抢墒播种，播量 7～8kg/亩，基本苗 25 万～30 万株/亩，播深 4～5cm。

6.5　田间管理

前期早锄、浅锄，保全苗促壮苗；中后期早追肥，深中耕，细管理，防虫治病害，防倒伏，防贪青。

6.6　适时收获

当燕麦穗由绿变黄，上中部籽粒变硬，当 70%品种籽粒正常大小和色泽，进入黄熟时及时收获。

主要起草人：常克勤，刘彦明，杨崇庆，穆兰海，杜燕萍，陈彩锦，母养秀，张久盘，李耀栋，陈一鑫。

（本规程提供品种认证和成果登记，未公开发布）

固燕 2 号品种标准

1　主题内容与适用范围

本标准规定了燕麦品种固燕 2 号的特征特性及栽培技术要求。本标准适用于各级种子公司、原（良）种场、科研单位、农业院校对该品种进行繁殖、检验、收购、鉴定。

2　品种来源

系宁夏农林科学院固原分院（原固原市农业科学研究所）2009 年从定西市农业科学院引进的高代材料 9504-22 用系谱法选育，于 2022 年选育而成。

3　品种特征

幼苗绿色直立，叶片较宽上举，株高 85.3cm，穗长 19.3cm，周散型穗，穗铃数 27.1 个，穗粒数 38.3 粒，穗粒重 0.83g，千粒重 19.76g。籽粒呈淡黄色，长筒型。千粒重。粗蛋白（干基）15.24%，粗脂肪（干基）6.09%，粗淀粉（干基）59.20%，灰分 2.1%，氨基酸总量（干基）15.22%，其中赖氨酸含量 0.68%。

4　品种特性

生育期 91~99d，平均 95d，属中熟品种。出苗整齐生长较快，抗寒、抗旱性强、耐瘠薄、中抗锈病。抗旱性强，抗红叶病，抗倒伏。成熟整齐，籽粒落黄成熟好，经济性状优，丰产、稳产性好。

5　产量

该品种籽粒产量一般为 2 025 kg/hm^2，特定条件下最高产量水平在 3 600 kg/hm^2 以上。

6　品种适应性

适宜在年降水量 350~500mm，海拔 1 200~2 600m 的干旱及半干旱二阴地区种植，特别适宜于海拔较高、降水量较大的宁夏固原、彭阳、西吉、隆德和甘肃定西及周边同类地区燕麦主产区推广种植。

7　栽培技术要点

7.1　选地

选择土地平整、土层深厚、中等以上肥力土地种植，作物秋收后及时深翻。前茬以豆科、马铃薯和冬小麦茬为宜切忌连作。

7.2　深耕耙耱

前作收获后应及早进行秋深耕，晒垡、蓄水保墒、清除杂草，早春顶凌耙耱。

7.3　施肥

结合秋深耕基施农家肥 1 000~2 000kg/亩，磷酸二铵 10~15kg/亩，5~6 叶期结合降雨追施尿素 7.5~10kg/亩。

7.4　播种

精选种子，播前药剂拌种，4 月上旬播种，播量 7~8kg/亩，基本苗 25 万~30 万株/亩，播深 4~5cm。

7.5　田间管理

前期早锄、浅锄，保全苗促壮苗；中后期早追肥，深中耕，细管理，防虫治病害，防倒伏，防贪青。

7.6　适时收获

当麦穗由绿变黄，上中部籽粒变硬，表现出品种籽粒正常大小和色泽，进入黄熟时及时收获。

主要起草人：常克勤，穆兰海，黄凯，杨崇庆，杜燕萍，陈彩锦，母养秀，张久盘，李耀栋，陈一鑫。

（本规程提供品种认证和成果登记，未公开发布）

第二章　发明与实用新型专利

荞麦播种器

专利名称：荞麦播种器

专利号：ZL 2021 3 0852390. 6

摘要：1. 本外观设计产品的名称：荞麦播种器 。2. 本外观设计产品的用途：用于荞麦播种。3. 本外观设计产品的设计要点：在于产品的形状。4. 最能表明本外观设计要点的图片或照片：立体图 1。

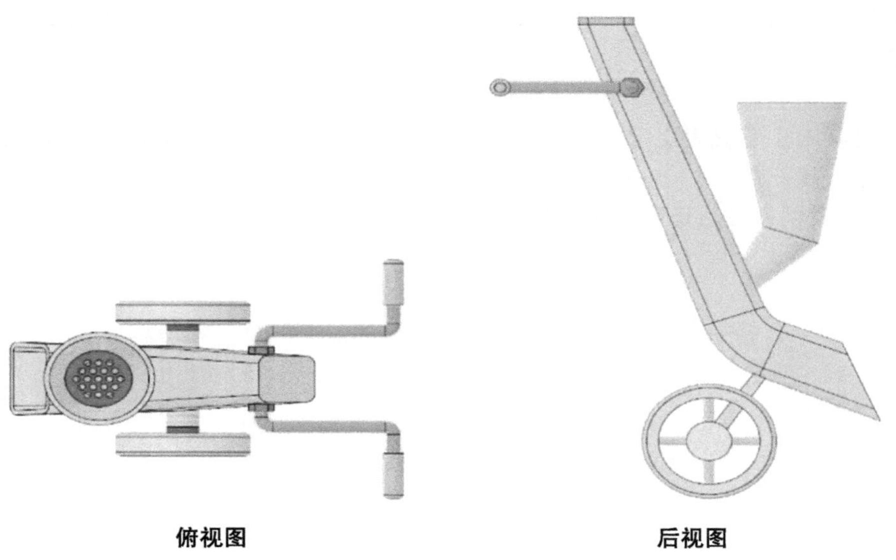

俯视图　　　　后视图

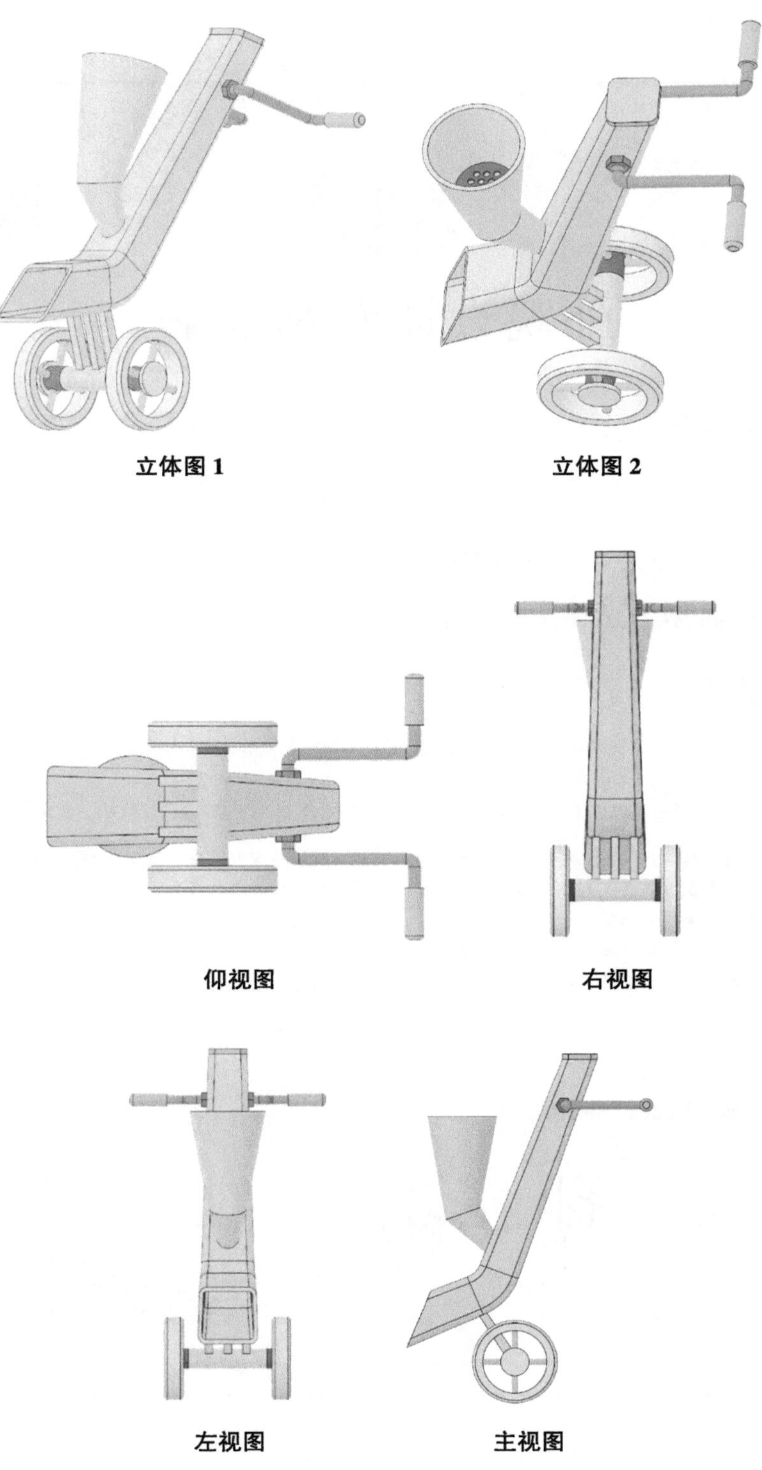

立体图 1　　立体图 2

仰视图　　右视图

左视图　　主视图

证书号第7244253号

外观设计专利证书

外观设计名称：荞麦播种器

设　计　人：常克勤；穆兰海；杨崇庆；李耀栋；杜燕萍

专　利　号：ZL 2021 3 0852390.6

专利申请日：2021年12月23日

专 利 权 人：宁夏农林科学院固原分院

地　　址：756000 宁夏回族自治区固原市经济技术开发区农资城创客汇创客公寓

授权公告日：2022年04月01日　　　授权公告号：CN 307224140 S

国家知识产权局依照中华人民共和国专利法经过初步审查，决定授予专利权，颁发外观设计专利证书并在专利登记簿上予以登记。专利权自授权公告之日起生效。专利权期限为十五年，自申请日起算。

专利证书记载专利权登记时的法律状况。专利权的转移、质押、无效、终止、恢复和专利权人的姓名或名称、国籍、地址变更等事项记载在专利登记簿上。

局长
申长雨

2022年04月01日

第1页（共2页）

其他事项参见续页

一种宽窄行荞麦专用抗旱播种机

专利名称：一种宽窄行荞麦专用抗旱播种机

专利号：ZL 2021 2 0715556.4

说明书

一种宽窄行荞麦专用抗旱播种机

技术领域

本实用新型涉及荞麦播种技术领域，具体为一种宽窄行荞麦专用抗旱播种机。

背景技术

荞麦别名：乌麦、三角麦，属蓼科荞麦属，成熟期75d，北方可两季，一年生草本植物，茎直立，高30~90cm，上部分枝，绿色或红色，具纵棱，无毛或于一侧沿纵棱具乳头状突起，叶三角形或卵状三角形，长2.5~7cm，宽2~5cm，顶端渐尖，基部心形，两面沿叶脉具乳头状突起。

荞麦在播种时需要使用到播种机，但现有的播种机在使用时，无法根据开沟的距离调整荞麦种子的播种范围，在播种结束后还需要人力进行一定的调整，使用非常不便，故而提出一种宽窄行荞麦专用抗旱播种机来解决上述所提出的问题。

实用新型内容

（一）解决的技术问题

针对现有技术的不足，本实用新型提供了一种宽窄行荞麦专用抗旱播种机，具备播种行距范围可调的优点，解决了现有的播种机在使用时，无法根据开沟的距离调整荞麦种子的播种范围，在播种结束后还需要人力进行一定的调整，使用非常不便的问题。

（二）技术方案

为实现上述播种范围可调的目的，本实用新型提供如下技术方案：一种宽窄行荞麦专用抗旱播种机，包括机架、连接件、开沟器、连接架、避震器、行走结构、传动组件、安装侧板、料斗、施肥组件和播种组件，机架的右侧设置有连接件，机架的内侧设置有开沟器，连接架的数量为两个且分别设置机架底部前后两侧，连接架的底部设置有行走结构，连接架的顶部设置有与机架连接的避震器，机架的顶部前后两侧均设置有安装侧板，料斗设置在两个安装侧板之间，料斗的底部从右至左依次设置有施肥组件和播种组件，前侧所述安装侧板的前侧设置有一端与行走结构连接的传动组件，后侧所述安装侧板的背面活动安装有一端贯穿并延伸至前侧所述安装侧板前侧的转动轴杆，转动轴杆与传动组件连接，机架的内壁左右两侧之间设置有安装横杆，安装横杆的底部设置有连接杆，连接杆的底部设置有 U 形架，U 形架的内侧通过连接轴连接有数量为两个的播种轮，U 形架的内侧设置有与播种轮贴合的复位组件，连接轴的外侧设置有与播种轮贴合的锁紧组件。

优选的，所述行走结构由安装轴承、转动连杆和行走轮组成，安装轴承的数量为两个且分别设置在两个连接架的底部，前侧所述安装轴承的前侧转动连接有一端贯穿并延伸至后侧所述安装轴承背面的转动连杆，转动连杆的外侧设置有行走轮，行走轮的数量为三个且呈等距离分布在两个安装轴承之间。

优选的，所述施肥组件包括肥料斗和施肥管，料斗的底部连通有肥料斗，肥料斗的底部连通有施肥管，料斗和开沟器的数量均为三个且均呈前后等距离分布，施肥管位于开沟器和播种轮之间。

优选的，所述播种组件包括播种斗和播种管，播种斗连通于料斗的底部并套在转动轴杆的外部，播种斗的底部连通有播种管，播种管位于安装横杆的前侧，转动轴杆的外侧设置有位于播种斗内部的拨片。

优选的，所述传动组件包括第一传导轮、第二传导轮、第三传导轮、第四传导轮和传动链条，第一传导轮设置在前侧所述安装侧板的前侧，第二传导轮和第三传导轮均套在转动轴杆的外部，第二传导轮位于第三传导轮的后侧且二者均位于前侧所述安装轴承的前侧，第四传导轮套在转动连杆的外部，第一传导轮和第二传导轮之间传动连接有传动链条，第三传导轮和第四传导轮之间传动连接有传动链条。

优选的，所述复位组件由复位弹簧、金属贴片和安装槽，播种轮远离锁紧组件的一侧开设有安装槽，U 形架的内壁设置装有复位弹簧，复位弹簧靠近播种轮的一侧设置有与安装槽槽内侧壁贴合的金属贴片。

优选的，所述锁紧组件为锁紧螺母，锁紧螺母螺纹连接在连接轴的外侧，连接轴的外侧设置有与锁紧螺母相适配的外螺纹。

（三）有益效果

与现有技术相比，本实用新型提供了一种宽窄行荞麦专用抗旱播种机，具备以下有益效果：

该宽窄行荞麦专用抗旱播种机，通过设置复位弹簧和金属贴片，播种机在进行播种时，荞麦种子顺着播种斗和播种管落下，进入到 U 形架内部并从两个播种轮之间落下，令锁紧螺母在连接轴上左右移动，使同一个连接轴上两个锁紧螺母相互靠近或者远离，进而令同一个连接轴上两个播种轮相互靠近或者远离，通过改变两个播种轮之间的距离来改变播种管上落下的荞麦种子的播种面积，可以灵活根据开沟距离进行改变，无须人力调整，使用起来更加方便，在播种轮移动的同时复位弹簧随之压缩或弹开并同时通过金属贴片与安装槽贴合对播种轮进行支撑，在达到了改变播种范围的同时不会阻碍播种轮的转动。

附图说明

图 1 为本实用新型结构示意图；

图 2 为本实用新型左视图；

图 3 为本实用新型播种斗与播种连接结构左视剖视图；

图 4 为本实用新型图 3 中 A 处放大图。

图中：1. 机架；2. 连接件；3. 开沟器；4. 连接架；5. 避震器；6. 安装轴承；7. 转动连杆；8. 第四传导轮；9. 转动轴杆；10. 第二传导轮；11. 第三传导轮；12. 第一传导轮；13. 传动链条；14. 锁紧螺母；15. 行走轮；16. 料斗；17. 肥料斗；18. 施肥管；19. 播种斗；20. 安装横杆；21. 连接杆；22. U 形架；23. 连接轴；24. 播种轮；25. 播种管；26. 安装侧板；27. 拨片；28. 安装槽；29. 复位弹簧；30. 金属贴片。

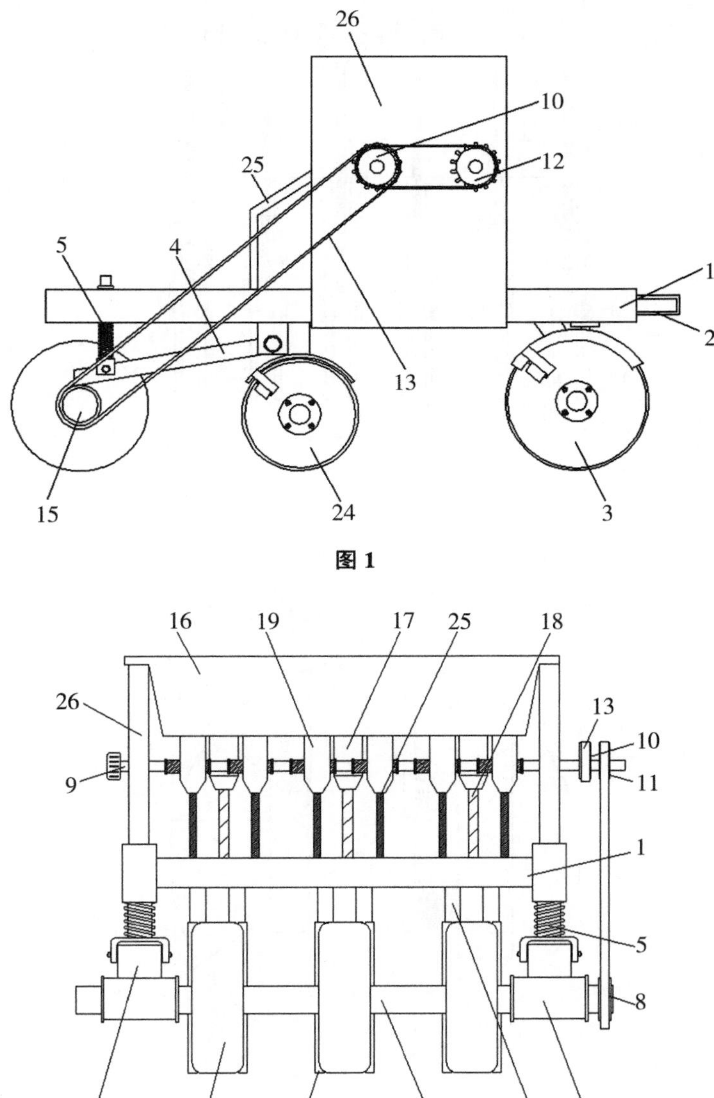

图 1

图 2

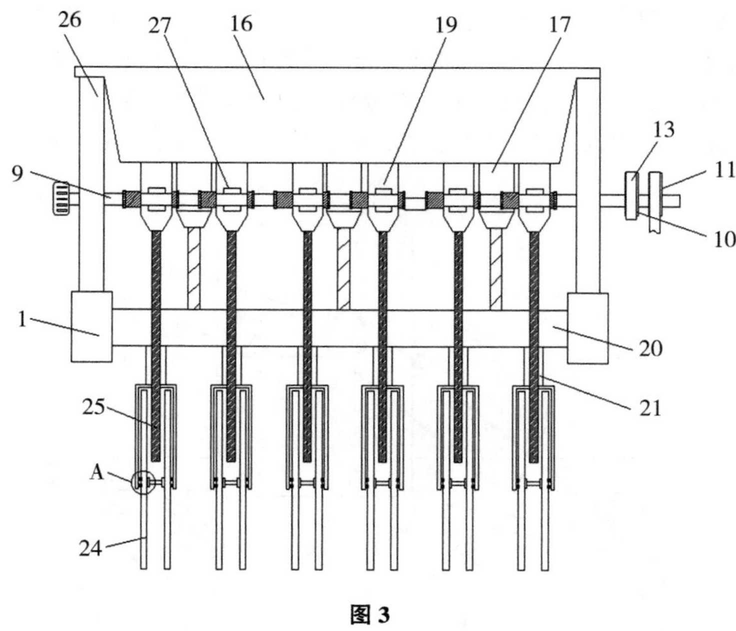

图 3

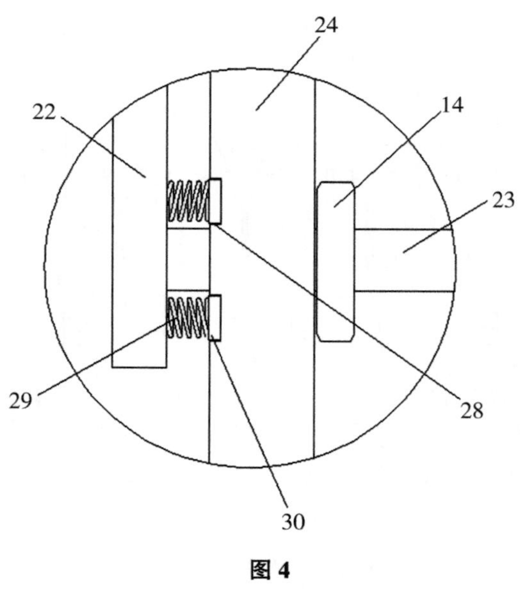

图 4

证书号第14995022号

实用新型专利证书

实用新型名称：一种宽窄行荞麦专用抗旱播种机

发 明 人：常克勤；穆兰海；杨崇庆；杜燕萍；李耀栋

专 利 号：ZL 2021 2 0715556.4

专利申请日：2021年04月08日

专 利 权 人：宁夏农林科学院固原分院

地 址：756000 宁夏回族自治区固原市经济技术开发区农资城创客公寓

授权公告日：2021年12月03日　　授权公告号：CN 214961019 U

国家知识产权局依照中华人民共和国专利法经过初步审查，决定授予专利权，颁发实用新型专利证书并在专利登记簿上予以登记。专利权自授权公告之日起生效。专利权期限为十年，自申请日起算。

专利证书记载专利权登记时的法律状况。专利权的转移、质押、无效、终止、恢复和专利权人的姓名或名称、国籍、地址变更等事项记载在专利登记簿上。

局长
申长雨

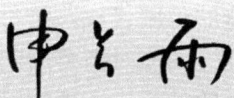

2021年12月03日

第1页（共2页）

其他事项参见续页

一种旱地农作物种植用智能型施药施肥装置

专利名称：一种旱地农作物种植用智能型施药施肥装置

专利号：ZL 2021 2 0609230. 3

本实用新型公开了一种旱地农作物种植用智能型施药施肥装置，包括底座，底座的上端设有施药施肥筒，施药施肥筒的左侧设有储水箱，储水箱的左侧设有横板，本实用新型通过设置搅拌组件，在施肥时使肥料混合得更加均匀，且能够有效避免结块，增加施肥效果，在施药时，能将各种药物进行均匀的搅拌，增加施药效果；本实用新型通过设置了橡胶刀片，能够对残留在施药施肥筒内壁上的结块的肥料或药物进行清理，防止结块的肥料或药物腐蚀筒壁，延长了装置的使用寿命；本实用新型通过设置松土组件，能够对土壤进行松土，减少肥料的挥发，增加装置的施肥效率，灵活方便。

说明书

一种旱地农作物种植用智能型施药施肥装置

技术领域

本实用新型涉及农业机械设备技术领域，具体是一种旱地农作物种植用智能型施药施肥装置。

背景技术

农作物是农业上栽培的各种植物。包括粮食作物、经济作物（油料作物、蔬菜作物、花、草、树木）两大类。“人以食为天”表达了人与食物的关系，合理的膳食搭配才能给人类带来健康。农作物的生长，离不开科学的科技生产技术，以及新型工业制造出来的能辅助农业生产的机械设备。

在农作物种植时需要先施肥，在农作物生长的过程中还需要对其进行施药，让农作物生长得更好，而现有的施肥施药装置不能够将肥料或药物打散混合，不能对残留在施药施肥筒内壁上结块的肥料或药物进行清理，不能对需要施肥的土地进行松土，不能检测土地的酸碱度来调节肥料的多少以及肥料的种类，还不能对松土后的松土轮以及检测后的检测探头进行清洗，比较不方便，因此，我们设计了一种旱地农作物种植用智能型施药施肥装置。

实用新型内容

本实用新型的目的在于提供一种旱地农作物种植用智能型施药施肥装置，以解决上述背景技术中提出的问题。

为实现上述目的，本实用新型提供如下技术方案：

一种旱地农作物种植用智能型施药施肥装置，包括底座，所述底座的上端设有施药施肥筒，所述施药施肥筒的左侧设有储水箱，所述储水箱的左侧设有横板，所述施药施肥筒的内部设有用来打散搅拌肥料或药物的搅拌组件，所述施药施肥筒的下端设有施药施肥组件，所述横杆的下端设有用来松土的松土组件，所述松土组件的右侧设有用来检测土壤酸碱度的检测组件，所述储水箱的左侧设有对松土轮和检测探头进行清洗的清洗组件，所述搅拌组件包括设置在施药施肥筒上端的转动电机，所述转动电机的右侧设有基板，所述转动电机的输出端设有转动杆，所述转动电机的输出端穿过施药施肥筒的上端内壁，所述转动杆设置在施药施肥筒的内部，所述转动杆的左右两侧设有旋转叶片，所述旋转叶片在远离旋转杆的一端设有橡胶刀片，所述橡胶刀片接触施药施肥筒的内壁。

作为本实用新型进一步的方案：所述施药施肥组件包括设置在施药施肥筒下端的输料管，所述输料管穿过底座，所述输料管的下端设有分料管，所述输料管上设有第一控制阀门，所述分料管的下端设有多个施药施肥喷头。

作为本实用新型进一步的方案：所述松土组件包括设置在横板左侧下端的两组第一伸缩杆，两组所述第一伸缩杆的下端设有安装块，右侧所述安装块的右侧设有底板，所述底板的上端设有伺服电机，所述伺服电机的输出端设有滚轴，所述滚轴穿过右侧安装块，所述滚轴与左侧安装块转动连接，所述滚轴上套设有松土轮。

作为本实用新型进一步的方案：所述检测组件包括设置在横板下端的第二伸缩杆，所述第二伸缩杆的下端设有连接杆，所述连接杆的下端设有检测探头。

作为本实用新型进一步的方案：所述清洗组件包括设置在储水箱左侧的输水管，所述输水管的左侧设有喷头，所述输水管上设有第二控制阀门。

作为本实用新型进一步的方案：所述底座的下端设有支撑腿，所述支撑腿的下端设有万向轮，所述支撑腿和万向轮分别设有四组。

作为本实用新型再进一步的方案：所述储水箱的上端设有注水口，所述施药施肥筒的左右两侧上端分别设有进料口。

与现有技术相比，本实用新型的有益效果是：

该旱地农作物种植用智能型施药施肥装置，通过设置了由转动电机、转动杆和旋转叶片组成的搅拌组件，在施肥时，能够使肥料混合得更加均匀，且能够有效避免结块，增加施肥效果，在施药时，能将各种药物进行均匀的搅拌，增加施药效果；通过设置了橡胶刀片，能够对残留在施药施肥筒内壁上的结块的肥料或药物进行清理，防止结块的肥料或药物腐蚀筒壁，延长了装置的使用寿命。

该旱地农作物种植用智能型施药施肥装置，通过设置了由第二伸缩杆、连接杆和检测探头组成的检测组件，能够对土壤的酸碱度进行检测，施肥者可以根据检测的结果，对土壤施加对应的肥料，让土壤保持一个酸碱度平衡的状态，有利于农作物的健康成长，增加了施肥施药装置的实用性；通过设置了松土组件，能够对土壤进行松土，减少肥料的挥发，提高装置的施肥效率，灵活方便。

该旱地农作物种植用智能型施药施肥装置，通过设置了由储水箱、输水管、第二控制阀门和喷头组成的清洗组件，能够对检测过后的检测探头进行清洗，有利于检测探头对各处土壤进行酸碱度的检测，还能够对松土后的松土轮进行清理，便于装置以后对土壤进行松土，结构简单，操作比较方便，有利于普及和推广。

附图说明

图 1 为本实用新型的结构示意图。

图 2 为本实用新型中松土组件的结构示意图。

图 3 为本实用新型中施药施肥组件的结构示意图。

图 4 为本使用新型中喷头的结构示意图。

其中：1. 底座；2. 施药施肥筒；3. 转动电机；4. 基板；5. 进料口；6. 转动杆；7. 旋转叶片；8. 橡胶刀片；9. 输料管；10. 第一控制阀门；11. 分料管；12. 施药施肥喷头；13. 储水箱；14. 横板；15. 第一伸缩杆；16. 安装块；17. 伺服电机；18. 滚轴；19. 松土轮；20. 第二伸缩杆；21. 连接杆；22. 检测探头；23. 输水管；24. 第二控制阀门；25. 喷头；26. 支撑腿；27. 万向轮；28. 注水口；29. 底板。

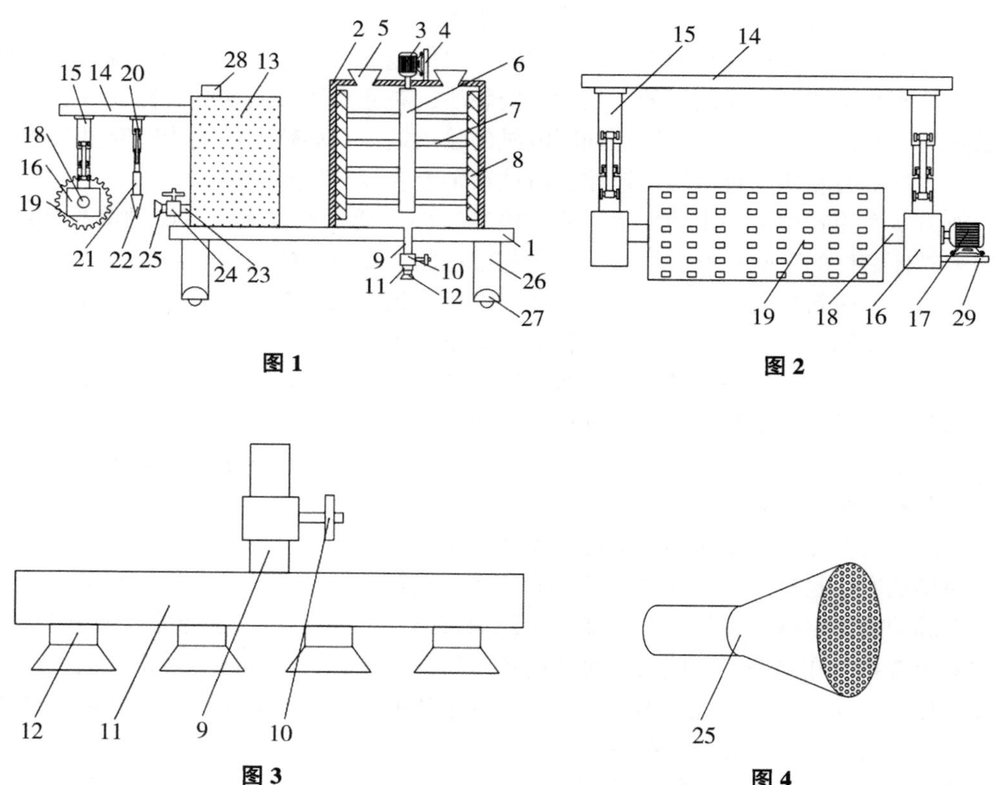

图 1　图 2

图 3　图 4

证书号第14524564号

实用新型专利证书

实用新型名称：一种旱地农作物种植用智能型施药施肥装置

发　明　人：杨崇庆；常克勤；穆兰海；李耀栋；牛永岐；杨娇；杜燕萍
曾燕霞

专　利　号：ZL 2021 2 0609230.3

专利申请日：2021年03月25日

专 利 权 人：宁夏农林科学院固原分院

地　　　址：756000 宁夏回族自治区固原市原州区大南寺巷137号

授权公告日：2021年10月29日　　　　授权公告号：CN 214507837 U

国家知识产权局依照中华人民共和国专利法经过初步审查，决定授予专利权，颁发实用新型专利证书并在专利登记簿上予以登记。专利权自授权公告之日起生效。专利权期限为十年，自申请日起算。

专利证书记载专利权登记时的法律状况。专利权的转移、质押、无效、终止、恢复和专利权人的姓名或名称、国籍、地址变更等事项记载在专利登记簿上。

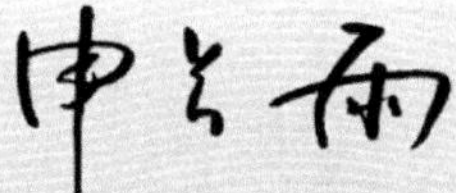

局长
申长雨

2021年10月29日

第1页（共2页）

其他事项参见续页

一种荞麦抗旱播种机的进料机构

专利名称：一种荞麦抗旱播种机的进料机构

专利号：ZL 2021 2 0715590. 1

本实用新型公开了一种抗旱播种机用进料机构，包括播种机本体，所述播种机本体外侧安装有外电机，所述水平轴末端固定安装有凸轮，且凸轮与降阻滑轮贴合，并且降阻滑轮旋转安装在侧安装架底部，所述侧安装架顶部与进料箱侧壁连接固定，且进料箱设置在播种机本体顶部开口，所述进料箱内壁顶部固定安装有上滤网，且上滤网底端与引导板顶端连接固定，并且引导板贯穿排杂窗，所述排杂窗开设在进料箱另一侧，且进料箱底部安装有下滤网。该抗旱播种机用进料机构，采用新型的结构设计，能够对种子中含有的杂草、泥土和小石块等杂质进行分离排出，避免杂草、泥土和小石块等杂质在播种机内积累，从而保证播种机能长时间稳定工作。

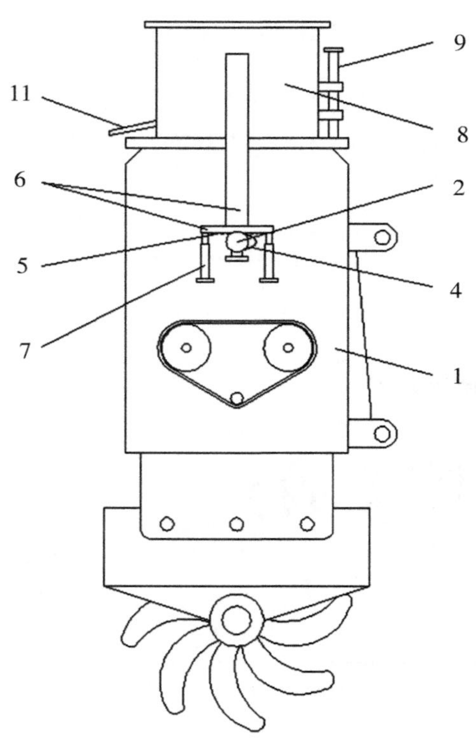

证书号第14978811号

实用新型专利证书

实用新型名称：一种荞麦用抗旱播种机的进料机构

发　明　人：常克勤；杨崇庆；穆兰海；杜燕萍；李耀栋

专　利　号：ZL 2021 2 0715590.1

专利申请日：2021年04月08日

专利权人：宁夏农林科学院固原分院

地　　址：756000 宁夏回族自治区固原市经济技术开发区农资城创客汇创客公寓

授权公告日：2021年12月03日　　授权公告号：CN 214961004 U

国家知识产权局依照中华人民共和国专利法经过初步审查，决定授予专利权，颁发实用新型专利证书并在专利登记簿上予以登记。专利权自授权公告之日起生效。专利权期限为十年，自申请日起算。

专利证书记载专利权登记时的法律状况。专利权的转移、质押、无效、终止、恢复和专利权人的姓名或名称、国籍、地址变更等事项记载在专利登记簿上。

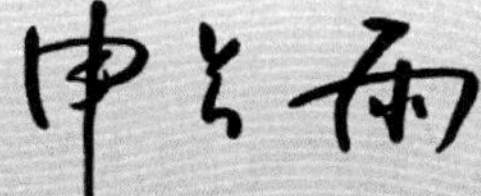

局长
申长雨

2021年12月03日

第1页（共2页）

其他事项参见续页

一种可调式荞麦燕麦播种机

专利名称：一种可调式荞麦燕麦播种机

专利号：ZL 2021 2 0264989.2

说明书

一种可调式荞麦燕麦播种机

技术领域

[0001] 本实用新型涉及农业生产技术领域，具体是一种可调式荞麦燕麦播种机。

背景技术

[0002] 播种机以作物种子为播种对象的种植机械。用于某类或某种作物的播种机，常冠以作物种类名称，如谷物条播机、玉米穴播机、棉花播种机、牧草撒播机等。荞麦和燕麦的营养价值都很高，含有丰富的蛋白质，在种植过程中需要使用播种机进行播种。

[0003] 现有装置在使用时不方便根据实际情况对播种的行间距进行调节，影响实用性，且在使用过程中不方便对下种的流量进行调节，即播种时不方便对荞麦燕麦的稀疏程度进行控制。

[0004] 针对上述问题，现在设计一种改进的可调式荞麦燕麦播种机。

实用新型内容

[0005] 本实用新型的目的在于提供一种可调式荞麦燕麦播种机，以解决上述背景技术中提出的问题。

[0006] 为实现上述目的，本实用新型提供如下技术方案：一种可调式荞麦燕麦播种机，包括底座和播种箱，所述底座上设置有传动轴，所述传动轴两端均设置有滚轮，所述播种箱底部设置有与其连通的分流箱，所述分流箱两端通过支撑杆与底座固定连接，所述分流箱内部顶端设置有支撑板，所述支撑板底部均匀连通有多个接料管，所述接料管底部设置有出料管，所述出料管远离接料管的一端延伸至分流箱外部并开设有出料口，所述分流箱一侧设置有调节箱，所述调节箱内部设置有用于对出料管之间的距离进行调节的移动机构，所述接料管内部设置有用于对荞麦燕麦的下种速度进行调节的调节机构；所述移动机构包括设置在调节箱内部的滑杆，所述滑杆上通过滑块滑动设置有折叠架，所述折叠架交叉点处靠近分流箱的一侧设置有连接块，所述连接块远离折叠架的一端延伸至调节箱外部并与出料管固定连接，所述折叠架远离调节块的一侧中间交叉处设置有推板，所述推板远离折叠架的一侧设置有推杆，所述推杆远离推板的一端延伸

至调节箱外部并设置有调节块。

[0007] 优选的，所述调节机构包括设置在接料管内部并与其内切的挡板，所述分流箱内壁上转动设置有拉杆，所述拉杆一端延伸至接料管内部并与挡板固定连接，所述拉杆远离挡板的一端延伸至分流箱外侧并设置有限位块。

[0008] 优选的，所述拉杆靠近限位块的一端固定设置有限位板，所述限位板外周均匀开设有多个卡槽。

[0009] 优选的，所述分流箱外侧位于限位板下方的位置转动设置有挂钩，所述挂钩远离分流箱的一端与卡槽相匹配。

[0010] 优选的，所述出料口处设置有铧式开沟器。

[0011] 优选的，所述底座顶部远离播种箱的一端设置有便于与拖拉机连接的固定套。

[0012] 优选的，所述支撑杆为伸缩杆结构。

[0013] 与现有技术相比，本实用新型的有益效果是：

[0014] 1. 本实用新型装置中设置有移动机构，通过推动调节块能够带动推杆移动，能够推动推板，能够对折叠架产生作用力，在滑块的作用下折叠架能够在滑杆上伸缩，能够通过连接块带动出料管移动，能够对多个出料管之间的距离进行调节，便于根据实际情况对播种间距进行调节，实用性强。

[0015] 2. 本实用新型装置中设置有调节机构，播种箱内部的种子能够通过挡板分流并进入出料管内并由出料口处播出，通过转动限位块能够带动拉杆转动，能够带动挡板在接料管内转动，通过调节挡板的角度能够对荞麦燕麦种子的下种量和下种速度进行调节，能够根据实际情况对播种量和播种的稀疏程度进行调节，使用方便。

[0016] 3. 本实用新型装置中设置有限位板和挂钩，当挡板的角度调节完成将挂钩远离分流箱的一端向靠近拉杆的方向转动，直至挂钩远离分流箱的一端移动至限位板上的卡槽内，能够对限位板进行固定，能够防止在种子重力的作用下挡板的角度发生改变影响种子的流速，有利于提高挡板的稳固性，实用性强。

附图说明

[0017] 图 1 为一种可调式荞麦燕麦播种机的结构示意图。

[0018] 图 2 为一种可调式荞麦燕麦播种机中播种箱内部的结构示意图。

[0019] 图 3 为一种可调式荞麦燕麦播种机中调节箱内部的俯视图。

[0020] 图 4 为一种可调式荞麦燕麦播种机中播种箱内部的侧视图。

[0021] 其中，1. 底座；2. 滚轮；3. 播种箱；4. 分流箱；5. 支撑杆；6. 支撑板；7. 接料管；8. 出料管；9. 开沟器；10. 调节箱；11. 滑杆；12. 折叠架；13. 滑块；14. 推板；15. 推杆；16. 调节块；17. 挡板；18. 拉杆；19. 限位块；20. 限位板；21. 挂钩；22. 固定套。

具体实施方式

[0022] 下面将结合本实用新型实施例中的附图，对本实用新型实施例中的技术方案进行清楚、完整地描述，显然，所描述的实施例仅是本实用新型一部分实施例，而不

是全部的实施例。基于本实用新型中的实施例，本领域普通技术人员在没有做出创造性劳动前提下所获得的所有其他实施例，都属于本实用新型保护的范围。

[0023] 请参阅图 1-4，本实用新型实施例中，一种可调式荞麦燕麦播种机，包括底座 1 和播种箱 3，所述底座 1 上设置有传动轴，所述传动轴两端均设置有滚轮 2，所述播种箱 3 底部设置有与其连通的分流箱 4，所述分流箱 4 两端通过支撑杆 5 与底座 1 固定连接，所述分流箱 4 内部顶端设置有支撑板 6，所述支撑板 6 底部均匀连通有多个接料管 7，所述接料管 7 底部设置有出料管 8，所述出料管 8 远离接料管 7 的一端延伸至分流箱 4 外部并开设有出料口，所述分流箱 4 一侧设置有调节箱 10，所述调节箱 10 内部设置有用于对出料管 8 之间的距离进行调节的移动机构，所述接料管 7 内部设置有用于对荞麦燕麦的下种速度进行调节的调节机构。

[0024] 所述移动机构包括设置在调节箱 10 内部的滑杆 11，所述滑杆 11 上通过滑块 13 滑动设置有折叠架 12，所述折叠架 12 交叉点处靠近分流箱 4 的一侧设置有连接块，所述连接块远离折叠架 12 的一端延伸至调节箱 10 外部并与出料管 8 固定连接，所述折叠架 12 远离调节块的一侧中间交叉处设置有推板 14，所述推板 14 远离折叠架 12 的一侧设置有推杆 15，所述推杆 15 远离推板 14 的一端延伸至调节箱 10 外部并设置有调节块 16，通过推动调节块能够带动推杆移动，能够推动推板，能够对折叠架产生作用力，在滑块的作用下折叠架能够在滑杆上伸缩，能够通过连接块带动出料管移动，能够对多个出料管之间的距离进行调节，便于根据实际情况对播种间距进行调节，行距能够在 20~35cm 之间调节，有利于提高装置的实用性。

[0025] 所述调节机构包括设置在接料管 7 内部并与其内切的挡板 17，所述分流箱 4 内壁上转动设置有拉杆 18，所述拉杆 18 一端延伸至接料管 7 内部并与挡板 17 固定连接，所述拉杆 18 远离挡板 17 的一端延伸至分流箱 4 外侧并设置有限位块 19，通过转动限位块能够带动拉杆转动，能够带动挡板在接料管内转动，通过调节挡板的角度能够对荞麦燕麦种子的下种量和下种速度进行调节，能够根据实际情况对播种量和播种的稀疏程度进行调节，具体的播种量可在 1 . 5~25kg 之间调节，实用性强。

[0026] 所述拉杆 18 靠近限位块 19 的一端固定设置有限位板 20，所述限位板 20 外周均匀开设有多个卡槽，所述分流箱 4 外侧位于限位板 20 下方的位置转动设置有挂钩 21，所述挂钩 21 远离分流箱 4 的一端与卡槽相匹配，当挡板的角度调节完成将挂钩远离分流箱的一端向靠近拉杆的方向转动，直至挂钩远离分流箱的一端移动至限位板上的卡槽内，能够对限位板进行固定，能够防止在种子重力的作用下挡板的角度发生改变影响种子的流速，有利于提高挡板的稳固性。

[0027] 所述出料口处设置有铧式开沟器 9，在使用时能够先对土地开沟的同时进行播种，使用方便。

[0028] 所述底座 1 顶部远离播种箱 3 的一端设置有便于与拖拉机连接的固定套 22，所述支撑杆 5 为伸缩杆结构，能够对支撑杆的高度进行调节，能够对播种箱和出料管的高度进行调节，能够对播种深度调节 3~10cm，实用性强。

[0029] 本实用新型的工作原理是：使用时通过推动调节块能够带动推杆移动，能够推动推板，能够对折叠架产生作用力，在滑块的作用下折叠架能够在滑杆上伸缩，能

够通过连接块带动出料管移动，能够对多个出料管之间的距离进行调节，便于根据实际情况对播种间距进行调节，播种箱内部的种子能够通过挡板分流并进入出料管内并由出料口处播出，通过转动限位块能够带动拉杆转动，能够带动挡板在接料管内转动，通过调节挡板的角能够对荞麦燕麦种子的下种量和下种速度进行调节，能够根据实际情况对播种量和播种的稀疏程度进行调节，当挡板的角度调节完成将挂钩远离分流箱的一端向靠近拉杆的方向转动，直至挂钩远离分流箱的一端移动至限位板上的卡槽内，能够对限位板进行固定，能够防止在种子重力的作用下挡板的角度发生改变影响种子的流速，结构简单，操作方便，实用性强。

［0030］对于本领域技术人员而言，显然本实用新型不限于上述示范性实施例的细节，而且在不背离本实用新型的精神或基本特征的情况下，能够以其他的具体形式实现本实用新型。因此，无论从哪一点来看，均应将实施例看作是示范性的，而且是非限制性的，本实用新型的范围由所附权利要求而不是上述说明限定，因此旨在将落在权利要求的等同要件的含义和范围内的所有变化囊括在本实用新型内。不应将权利要求中的任何附图标记视为限制所涉及的权利要求。

［0031］此外，应当理解，虽然本说明书按照实施方式加以描述，但并非每个实施方式仅包含一个独立的技术方案，说明书的这种叙述方式仅仅是为清楚起见，本领域技术人员应当将说明书作为一个整体，各实施例中的技术方案也可以经适当组合，形成本领域技术人员可以理解的其他实施方式。

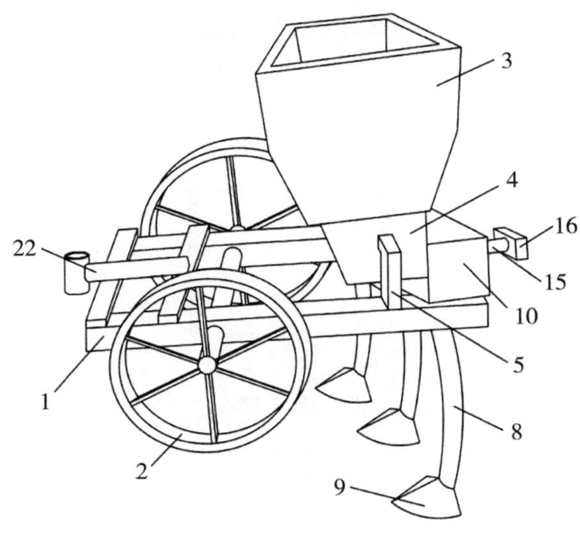

图 1

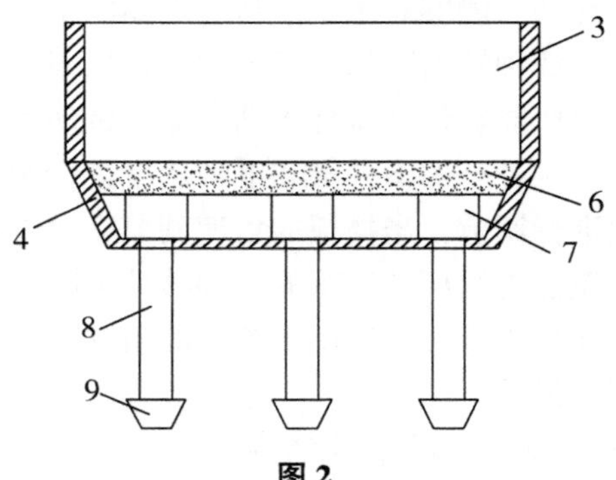

图 2

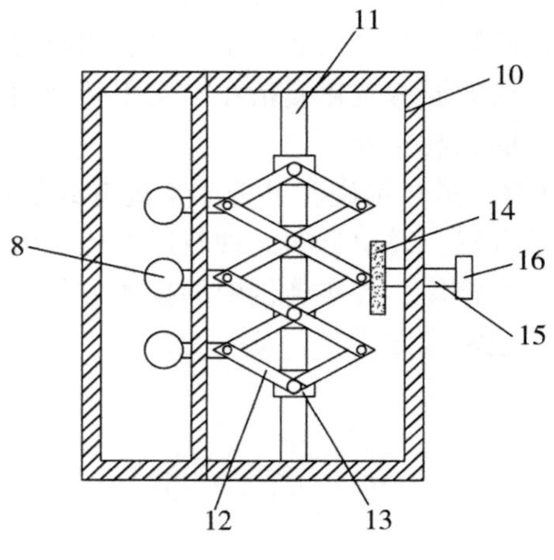

图 3

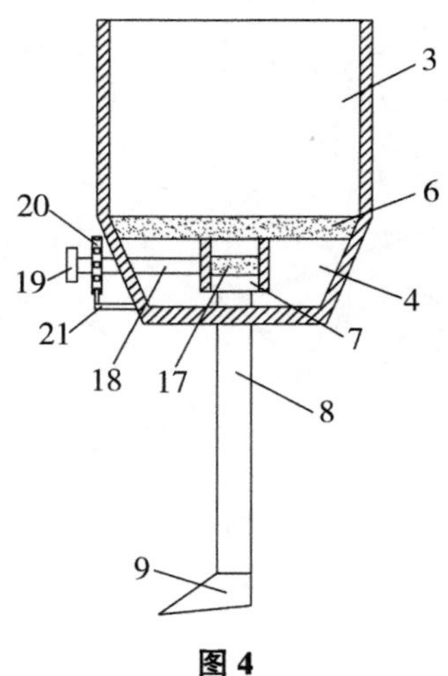

图 4

证书号第14250901号

实用新型专利证书

实用新型名称：一种可调式荞麦燕麦播种机

发　明　人：常克勤；杨崇庆；穆兰海；杜燕萍；张久盘；李耀栋；马玉鹏

专　利　号：ZL 2021 2 0264989.2

专利申请日：2021年01月30日

专 利 权 人：宁夏农林科学院固原分院

地　　　址：756000 宁夏回族自治区固原市原州区农资城创客公寓4楼

授权公告日：2021年09月24日　　　授权公告号：CN 214257129 U

国家知识产权局依照中华人民共和国专利法经过初步审查，决定授予专利权，颁发实用新型专利证书并在专利登记簿上予以登记。专利权自授权公告之日起生效。专利权期限为十年，自申请日起算。

专利证书记载专利权登记时的法律状况。专利权的转移、质押、无效、终止、恢复和专利权人的姓名或名称、国籍、地址变更等事项记载在专利登记簿上。

局长
申长雨

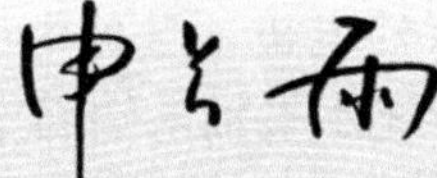

2021年09月24日

第1页（共2页）

其他事项参见续页

一种抗旱播种机用进料机构

专利名称：一种抗旱播种机用进料机构

专利号：ZL 2023 2 0093870. 2

说明书
一种抗旱播种机用进料机构

技术领域

本实用新型涉及播种机技术领域，具体为一种抗旱播种机用进料机构。

背景技术

播种机是以作物种子为播种对象的种植机械，是最常见的农用机械，用于某类或某种作物的播种机，常冠以作物种类名称，如谷物条播机、玉米穴播机、棉花播种机、牧草撒播机等。

由于成袋种子中含有收割时混入的杂草、泥土和小石块等杂质，而现有的播种机均是直接将种子从顶部开口倒入，没有设置分离除杂结构，会导致杂草、泥土和小石块等在播种机内大量积累，阻塞排出结构，影响播种机构正常工作。所以需要针对上述问题设计一种抗旱播种机用进料机构。

实用新型内容

本实用新型的目的在于提供一种抗旱播种机用进料机构，以解决上述背景技术中提出而现有的播种机均是直接将种子从顶部开口倒入，没有设置分离除杂结构，会导致种子中混有的杂草、泥土和小石块等在播种机内大量积累，阻塞排出结构，影响播种机构正常工作的问题。

为实现上述目的，本实用新型提供如下技术方案：一种抗旱播种机用进料机构，包括播种机本体，所述播种机本体外侧安装有外电机，且外电机的输出端安装有水平轴，并且水平轴旋转安装在播种机本体中部，所述水平轴末端固定安装有凸轮，且凸轮与降阻滑轮贴合，并且降阻滑轮旋转安装在侧安装架底部，所述侧安装架顶部与进料箱侧壁连接固定，且进料箱设置在播种机本体顶部开口，所述进料箱内壁顶部固定安装有上滤网，且上滤网底端与引导板顶端连接固定，并且引导板贯穿排杂窗，所述排杂窗开设在进料箱另一侧，且进料箱底部安装有下滤网。

优选的，所述侧安装架的侧视形状为“⊥”字形，且侧安装架底端两侧对称安装有弹簧伸缩杆，并且弹簧伸缩杆底端固定安装在播种机本体外壁上。

优选的，所述进料箱外壁一侧设置有稳定机构，且稳定机构安装在播种机本体顶部，所述稳定机构包括水平板和垂直杆，且水平板固定安装在进料箱外壁一侧，并且水平板上开设的孔洞内贯穿安装有垂直杆，同时垂直杆底端固定安装在播种机本体顶部。

优选的，所述水平轴中部固定安装有中进料筒，且中进料筒上开设有进料槽，所述中进料筒设置在中窗内，且中窗开设在集料板中部，并且集料板固定安装在播种机本体内壁顶部。

优选的，所述凸轮、降阻滑轮和侧安装架均关于进料箱对称分布，且降阻滑轮为水平等间距设置。

优选的，所述上滤网和引导板均为倾斜设置，且上滤网和引导板的倾斜方向相反，并且上滤网和下滤网均为细密不锈钢丝网，同时上滤网的网孔直径小于下滤网的网孔直径。

与现有技术相比，本实用新型的有益效果是：该抗旱播种机用进料机构，采用新型的结构设计，能够对种子中含有的杂草、泥土和小石块等杂质进行分离排出，避免杂草、泥土和小石块等杂质在播种机内积累，从而保证播种机能长时间稳定工作。

1. 通过凸轮、降阻滑轮、侧安装架、弹簧伸缩杆、进料箱、稳定机构、上滤网、引导板、排杂窗和下滤网相互配合工作，能够对种子中含有的杂质进行振动筛分并及时排出，避免杂草、泥土和小石块等杂质进入播种机内。

2. 通过中进料筒、进料槽、中窗和集料板相互配合工作，实现种子的间歇性下排，避免种子一次性大量落下导致播种机底部播种结构阻塞，也避免了大量种子挤压损坏。

附图说明

图 1 为本实用新型正视结构示意图；

图 2 为本实用新型进料箱和中进料筒正视剖面结构示意图；

图 3 为本实用新型进料箱和中进料筒侧视剖面结构示意图；

图 4 为本实用新型降阻滑轮和侧安装架正视剖面结构示意图。

图中：1. 播种机本体；2. 外电机；3. 水平轴；4. 凸轮；5. 降阻滑轮；6. 侧安装架；7. 弹簧伸缩杆；8. 进料箱；9. 稳定机构；901. 水平板；902. 垂直杆；10. 上滤网；11. 引导板；12. 排杂窗；13. 下滤网；14. 中进料筒；15. 进料槽；16. 中窗；17. 集料板。

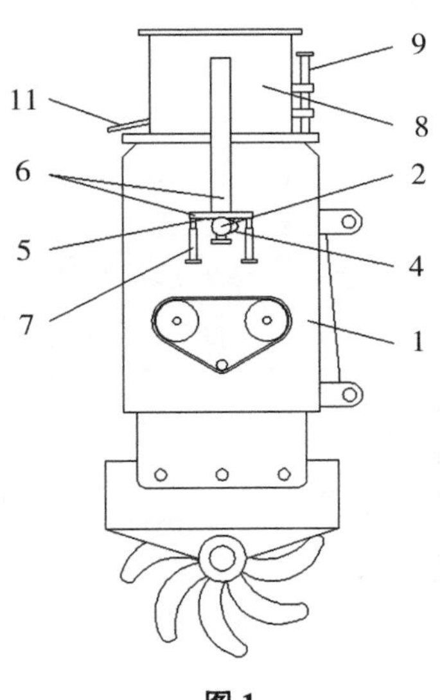

图 1

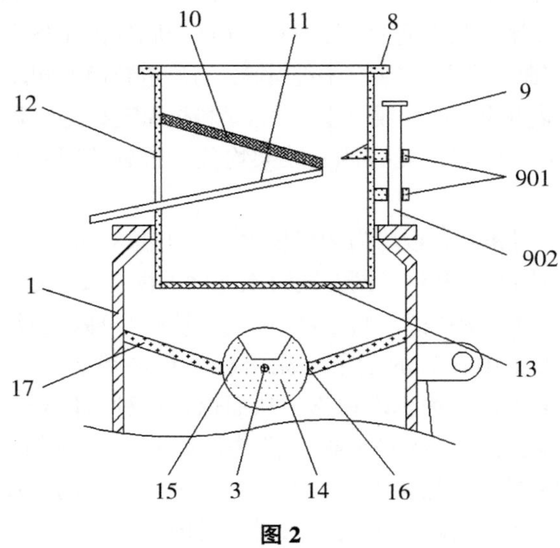
10
11
8
12
9
901
902
1
13
17
15
3
14
16

图 2

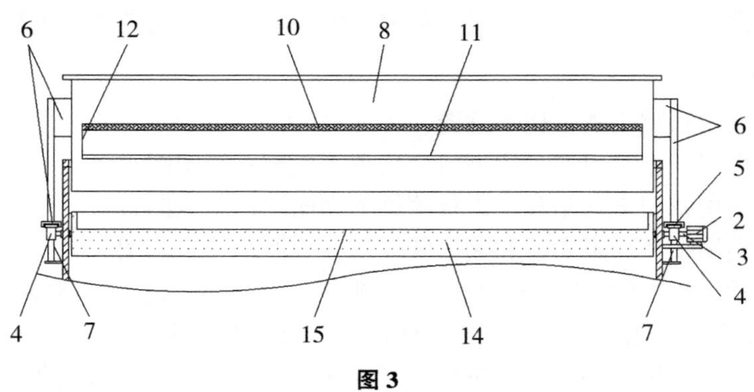
6
12
10
8
11
6
5
2
3
4
4
7
15
14
7

图 3

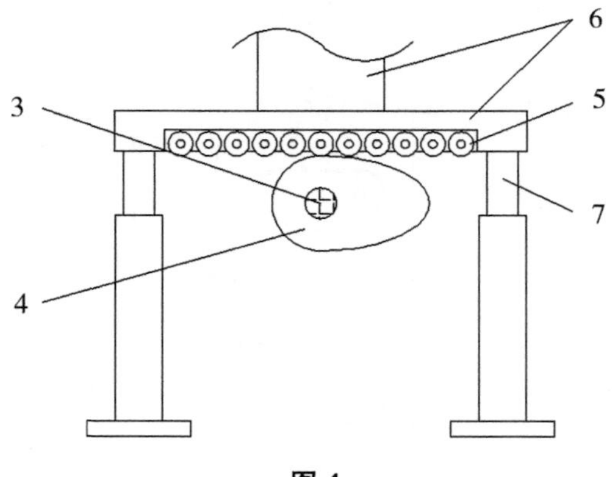
6
3
5
7
4

图 4

证书号第14978811号

实用新型专利证书

实用新型名称：一种荞麦用抗旱播种机的进料机构

发　明　人：常克勤；杨崇庆；穆兰海；杜燕萍；李耀栋

专　利　号：ZL 2021 2 0715590.1

专利申请日：2021年04月08日

专利权人：宁夏农林科学院固原分院

地　　址：756000 宁夏回族自治区固原市经济技术开发区农资城创客汇创客公寓

授权公告日：2021年12月03日　　　授权公告号：CN 214961004 U

国家知识产权局依照中华人民共和国专利法经过初步审查，决定授予专利权，颁发实用新型专利证书并在专利登记簿上予以登记。专利权自授权公告之日起生效。专利权期限为十年，自申请日起算。

专利证书记载专利权登记时的法律状况。专利权的转移、质押、无效、终止、恢复和专利权人的姓名或名称、国籍、地址变更等事项记载在专利登记簿上。

局长
申长雨

第1页（共2页）

一种可调式旋耕穴播一体机

专利名称：一种可调式旋耕穴播一体机

发明人：常克勤，穆兰海，杨崇庆，陈一鑫，杜燕萍

专利号：2023105211968

专利权人：宁夏农林科学院固原分院

技术领域

本发明涉及播种设备领域，具体涉及一种可调式旋耕穴播一体机。

背景技术

在种子播种作用过程中，一般需要先将地耕匀，通常是采用旋耕机进行旋耕，而后在旋耕后的土内进行播种。现有经济型设备中，每次播种量通常是恒定的，主要根据装种子的料仓的前移速度确定的，前移越快，特定穴长内下落种子的时间越短，种子落下的量越小，前移越慢，下落的种子就越多。

但是，在实际作业中，不大可能采用改变机器行驶速度来调节播种量，这就导致一些播种机每次播种的量，或者每穴播种量是一定的。而现有的一些智能化播种设备，可以方便地调节播种量，它是在料仓的落料孔处安装的自动化控制阀门，以此灵活而直接地改变每次播种的量，但是这种设备造价较高，而且对种子外形具有限制。此外，其实对于一般农业播种而言，并不要求诸如流体计量等场合的精确调控，其对播种量的调节也只是宏观调节的一种需求而已，因此，采用诸如自动阀门等自动化元件来控制播种量其实并不适用。

发明内容

本发明要解决的问题是针对现有技术中所存在的上述不足而提供一种可调式旋耕穴播一体机，解决了在播种过程中播种量的灵活调控度和经济实用性难以兼顾的问题，适用于对播种量调节精度要求不高的一般作业场合。

为实现上述目的，本发明提供了以下技术方案：本发明提供一种可调式旋耕穴播一体机，包括前后设置的旋耕部件和播种部件，旋耕部件包括内部装有种子的旋转料仓，旋转料仓上环形阵列有若干出料管，出料管与旋转料仓内部连通，并在旋转料仓转动时，种子能滚入所述出料管内。

在所述出料管的一侧还通过弹性阻尼铰接结构铰接有开关件，所述开关件包括均为板状的封闭段和驱动段，所述弹性阻尼铰接结构使得在常态下，开关件的封闭段覆盖在出料管的管口处，且封闭段和驱动段之间的夹角大小能够调节，或/和驱动段的长度能够调节，所述旋转料仓转动时，所述驱动段的自由端与地面挤压接触的过程中，能够令

开关件朝前转动，从而令所述封闭段暂时脱离出料管的管口。

开关件通过扭簧和铰接轴弹性阻尼铰接在出料管的外壁上。驱动段上固接有圆柱弹簧的一端，所述圆柱弹簧的另一端朝所述旋转料仓，且不与旋转料仓连接。

封闭段靠驱动段的一端处通过铰接柱铰接在出料管的外壁上，且所述驱动段上还连接有承压弹簧的一端，所述承压弹簧另一端连接在所述旋转料仓的外壁上。

承压弹簧另一端与旋转料仓的外壁铰接。本发明中，驱动段为长方形的条板结构，条板结构的自由端逐步缩小并在尖端处倒圆角处理。

具体地，封闭段和驱动段彼此连接的一端均具有一个通孔，两通孔内贯穿安装有一根螺柱，螺柱两端拧有锁紧螺母。

进一步地，驱动段为长度能调的伸缩结构，包括内插板和承插板，内插板滑动插接挨着承插板内，并通过锁紧螺钉紧固在一起。

进一步地，旋耕部件包括轴向排布的若干旋切刀组，每个旋切刀组上具有环形阵列的若干把铰刀，旋切刀组的后侧安装有挡泥板，挡泥板上固接有一排犁头，犁头的排布路径与旋切刀组轴向平行，且每把犁头位于相邻两旋切刀组之间。

进一步地，旋转料仓在轴向上也设有若干个，所有旋转料仓同轴安装在转动轴上，转动轴转动安装在一个门架的后侧，所述门架的前侧安装有所述旋切刀组和挡泥板，在所述挡泥板的内壁以及所述门架的后侧尾端均设有一排耙爪，所有耙爪竖直设置。在最后侧的耙爪之后还竖直地设有覆泥板，以使门架前移时，覆泥板推动泥土覆盖在落在地里的种子上。

相比于现有技术，本发明具有如下有益效果：本可调式旋耕穴播一体机，结构相对简约巧妙，利用旋转的一个环形的旋转料仓来装种子，并环形阵列若干出料管，随着旋转料仓的转动，对应的出料管的管口靠拢泥土并可以插入泥土内，而且配合弹性阻尼铰接安装的开关件，在接触泥土时就开始逐步打开出料管，可以做到，在管口插入泥土时，彻底释放种子而令种子落入泥土中，不需要任何精密控制元件，制造成本低廉，适应性也较好。

此外，本领域技术人员对于出料管的长度和开关件的尺寸适应性选择，可以使得本设备成为一般播种和穴播的通用设备使用，值得大力推广。

附图说明

为了更清楚地说明本发明实施例或现有技术中的技术方案，下面将对实施例或现有技术描述中所需要使用的附图作简单的介绍，显而易见地，下面描述中的附图仅是本发明的一些实施例，对于本领域普通技术人员来讲，在不付出创造性劳动的前提下，还可以根据这些附图获得其他的附图。

图 1 是本发明的一种结构示意图；

图 2-4 是本发明中与地面接触时的出料管处的三种放大结构图；

图 5-6 是本发明中的驱动段的两种结构示意图。

附图标记说明如下：1. 旋转料仓；2. 出料管；3. 开关件；301. 封闭段；302. 驱动段；3021. 内插板；3022. 锁紧螺钉；3023. 承插板；4. 承压弹簧；5. 旋切刀组；6. 铰刀；7. 犁头；8. 耙爪；9. 挡泥板；10. 门架；11. 转动轴；12. 覆泥板；13. 铰接

柱；14. 锁紧螺母。

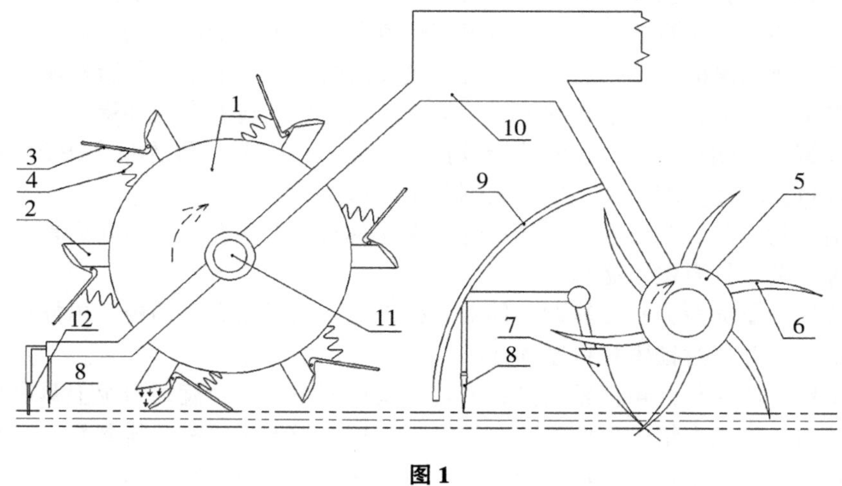

图 1

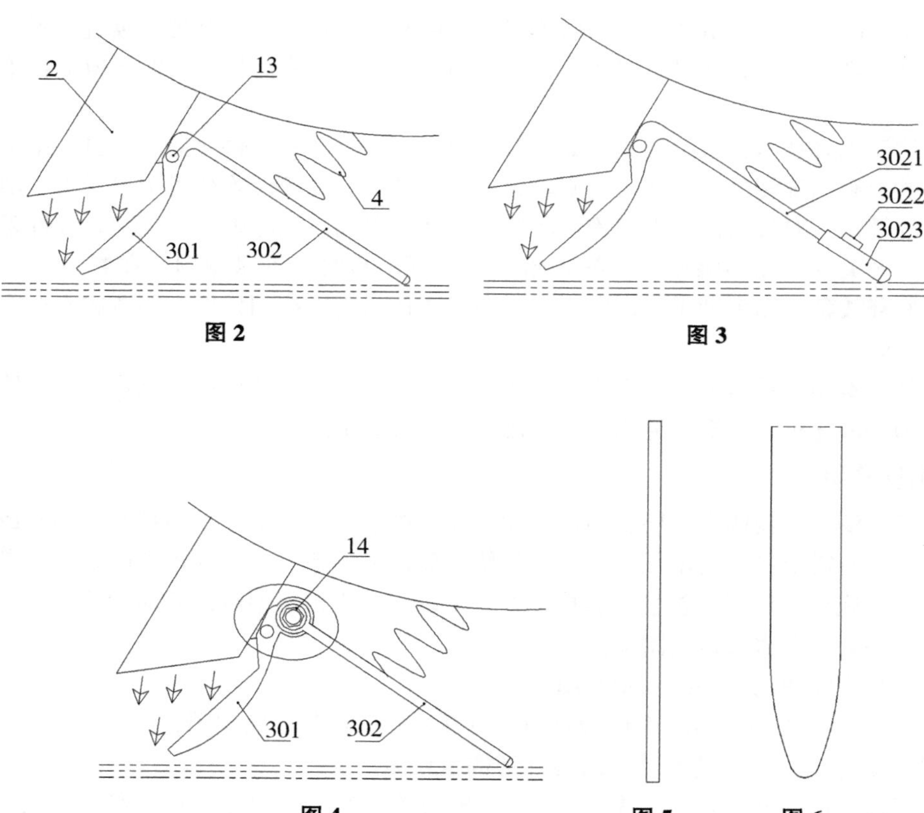

图 2

图 3

图 4

图 5

图 6

一种裸燕麦宽窄行垄沟种植播种机

专利名称：一种裸燕麦宽窄行垄沟种植播种机
发明人：常克勤，穆兰海，杨崇庆，陈一鑫，杜燕萍
专利号：2024102247040
专利人：宁夏农林科学院固原分院

技术领域

本发明涉及播种机技术领域，具体为裸燕麦宽窄行垄沟种植播种机。

背景技术

裸燕麦，又名莜麦，是裸粒型燕麦的简称，属禾本科一年生草本植物，相对于传统燕麦而言，缺少表面的一层类似外壳的结构，含粗蛋白 15.6%、脂肪 8.5%，并富含水溶性膳食纤维、多种维生素等多种营养成分及人体必需的 8 种氨基酸，是粮、药、饲兼用作物。

裸燕麦属于一种比较喜欢在寒冷的环境下生存的作物，主要的特征是抗旱，一般会分布在华北北部或者是西北地区，考虑到地域特征需要，对于裸燕麦的种植，在满足条件的情况下，普遍采用宽窄行垄沟种植，因为其通风好、透光性高，边际效应明显，苗带平作，轮换休闲，可以与根茬还田相结合，既能防止风包地和雨水侵蚀，又能有效地保护土壤的有机质。

但是宽窄行播种有一个问题，顾名思义，就是各垄宽度是不一致的，因此，在播种时，要么采用多种规格的播种机进行播种，或者替换播种部件，这些播种机一次性播种宽度阈值均不一样，这几乎不实用；要么直接采用大型号播种机播种，在播种窄垄时，很多放料阀必须关闭，造成设备浪费，播种效率极低，而且就目前的播种机而言，一方面，由于裸燕麦相对燕麦而言，本身无壳，彼此摩擦较小，相对更容易受重力而自由下落，直接在与注入种子的排料管连接的存料仓中部堆积，或者中部的几个放料阀放料量极大，这种高流速也间接使得进入存料仓内的裸燕麦种子不能很好地朝两端水平流动，难以很好地分散开来，导致大部分堆积在中央。另一方面，大规格的播种机，由于放料阀数量更多，本身长度尺寸就较大，当排料管注入种子时，种子本身也确实不能很及时地被输送到靠两端的放料阀中去，造成种子堆积，这其实不仅对于裸燕麦，对于大多数种子都有这个问题，最终造成的结果是播种效率低下，播种不均匀度高。

发明内容

（一）解决的技术问题

针对现有技术的不足，本发明提供了一种裸燕麦宽窄行垄沟种植播种机，本裸燕麦宽窄行垄沟种植播种机具有数量更多的放料阀，可以一次性宽窄行同时播种，播种效率

更高，且容易疏散种子，使各个放料阀的播种量一致性更高。

（二）技术方案

为实现上述目的，本发明提供如下技术方案：一种裸燕麦宽窄行垄沟种植播种机，包括用于暂存种子的存料仓，以及安装在存料仓上的若干个出料阀，在所述存料仓的底部沿水平方向间隔地设有一排所述出料阀。

所述存料仓内水平地安装有一根转轴，转轴能绕自身轴线转动，转轴轴向上的左右两段各自缠绕有一段螺旋输送叶，且两段螺旋输送叶的旋向相反；所述存料仓的中部上方连接有投料管，投料管道朝存料仓落下的种子在所述螺旋输送叶的转动作用下，逐步朝存料仓的两端移动，以使存料仓内各个出料阀处均填充有待释放的种子。

进一步地，存料仓内的底部设有若干个上大下小的锥形仓，每个锥形仓的底端连接有所述放料阀，所述螺旋叶片设置在所述锥形仓的顶端上方，以使螺旋叶片转动时，种子能落入各个锥形仓内。

进一步地，相邻两个锥形仓之间的隔板顶部还竖直地固定有支撑板，所有支撑板的顶端均用于固定连接一块布料板的底部，所述布料板的横截面为弧形，布料板上设置有供种子落下的放料孔，所述螺旋叶片搁置在布料板上，并与之光滑接触。

进一步地，布料板从中间朝其两端的布料孔逐步变密，和/或逐步增大。

进一步地，在所述存料仓的两端各自设有一个用于接住从转轴两端输出的种子的接料机构，所述接料机构将接住的种子朝上提升到存料仓之外后，通过一个滑梯输入所述投料管道内。

进一步地，接料机构为链板式传输带，所述转轴的端部位于链板式传输带的内侧，当种子从转轴端部落下到链板上时，被链板朝上输送，继而在链板转动至既定高度时，种子从倾斜的链板上朝下滑落至所述滑梯的输入端。

进一步地，在存料仓的端部转动安装有轴线位于转轴之上，且轴线与之平行的环形外啮合齿轮，环形外啮合齿轮转动安装在存料仓上，其一侧位于存料仓的仓底，其另一侧朝上露出存料仓之外，环形外啮合齿轮的内侧壁环形阵列有若干接料板，所有接料板朝环形外啮合齿轮的径向布置；环形外啮合齿轮与一个转动安装在所述投料管一侧的中间齿轮啮合，所述中间齿轮上同轴固定有一个加速齿轮，所述加速齿轮与固定在所述转轴伸出存料仓端部之外的一端上的盘形齿轮啮合，加速齿轮的齿数小于盘形齿轮但大于所述中间齿轮。

进一步地，存料仓用于安装环形外啮合齿轮的仓内空间部分大于其用于安装螺旋输送叶的仓内空间部分。

在所述环形外啮合齿轮的两端口处各同轴地固定有一个挡环，所述挡环能够避免落入环形外啮合齿轮内的种子抛撒出去。

进一步地，还包括一个固定在所述排料管外壁的连杆，连杆固定有一个弧形支架，所述弧形支架同轴配合地插入所述环形外啮合齿轮端部的环形的插槽中，以供环形外啮合齿轮转动安装。

进一步地，在所述存料仓端部侧壁内固定有一个支承壳，所述支承壳光滑接触地贴在环形外啮合齿轮一端的台阶侧面上，以对环形外啮合齿轮起到支承作用。

（三）有益效果

本发明提供了一种裸燕麦宽窄行垄沟种植播种机，具备以下有益效果：本发明采用螺旋叶片的轴向水平输送，配合接料机构的循环输送，可以满足较长存料仓的设计需要，继而具有更多的放料阀来播种，不会产生局部放料阀缺种，而中部放料阀或存料仓中央被拥堵的现象发生，非常巧妙，可以一次性实现一组或者多组宽窄行垄沟的同步播种，效率极高，间接地提高了各个放料阀落种量的一致性。

附图说明

图 1 为本发明的一种结构示意图简图；

图 2 为图 1 中左端的放大结构图；

图 3 为布料板的横截面示意图；

图 4 为环形外啮合齿轮的一个横截面示意图；

图 5 为弧形支架的端面示意图；

图 6 为支承壳的端面示意图。

图中：1. 存料仓；2. 转轴；3. 螺旋输送叶；4. 放料阀；5. 排料管；6. 接料机构；7. 环形外啮合齿轮 601、接料板 602、台阶侧面 603、挡环 604、滑梯；8. 中间齿轮；9. 加速齿轮；10. 盘形齿轮；11. 布料板；12. 弧形支架；13. 支承壳；14. 连杆。

具体实施方式

下面将结合本发明实施例中的附图，对本发明实施例中的技术方案进行清楚、完整的描述，显然，所描述的实施例仅是本发明一部分实施例，而不是全部的实施例。基于本发明中的实施例，本领域普通技术人员在没有做出创造性劳动前提下所获得的所有其他实施例，都属于本发明保护的范围。

如图 1 所示的一种裸燕麦宽窄行垄沟种植播种机，主体结构包括用于暂存种子的存料仓 1，以及安装在存料仓 1 上的若干个出料阀，这些出料阀可以手动，也可以自动开闭，以实现播种或停止播种，特别之处在于，本存料仓 1 的底部沿水平方向间隔地设有一排出料阀，这些出料阀排成一排，间隔距离可以适应性设计，通常可以设计为等间距，因为裸燕麦的宽窄行播种，虽然各垄宽度不一致，但是每一垄上的各行裸燕麦苗却是等间距的。与此同时，本实施例中，如图 1 所示，其存料仓 1 内水平地安装有一根转轴 2，这根转轴 2 能绕自身轴线转动，具体驱动方式可以适应性设计，例如在转动端部加装驱动电机（图中未示出），挂件之一在于，转轴 2 轴向上的左右两段各自缠绕有一段螺旋输送叶 3，这两段螺旋输送叶 3 延伸缠绕整根转轴 2，二者左右相对布置，中部连接处呈图 1 所示的倒 V 形结构，以便分流种子，使种子朝两端逐步输送，所以，就必须要求这两段螺旋输送叶 3 的旋向相反。此外，还在存料仓 1 的中部上方连接有投料管，投料管与能移动的播种机上安装的一个种子存储仓（图中未示出）连通，投料管道朝存料仓 1 落下的种子在螺旋输送叶 3 的转动作用下，逐步朝存料仓 1 的两端移动，避免种子集中堆积在存料仓 1 的中央，以使存料仓 1 内各个出料阀处均填充有待释放的种子；因为针对宽窄行垄沟的裸燕麦种植，相邻垄宽度不一致，无法统一一个既定长度的存料仓 1，或者说无法像传统等垄沟种植那样，很通用地统一一个最合适的固定的放料阀 4 布置路径长度，而考虑到播种的高效性，本实施例中的上述裸燕麦播种机特地设置为极长存料仓 1（即用于连接放料阀 4 的前段种子存放或输送空间），以便布置更多的放料阀 4，从而在播种时，可以横跨一组甚至多组宽窄相间的垄沟进行同时播种，而由于螺旋输送叶 3 的存在，可以确保在较长的存料仓 1 内，各处都能较为均匀或者较为充分地输送到种子，以便从对应的放料阀 4 排出，进行播种。

作为具体实施结构之一，如图 1、图 2 所示，在存料仓 1 内的底部设有若干个上大下小的锥形仓，以便拢料聚种，每个锥形仓的底端连接有放料阀 4，螺旋叶片设置在锥形仓的顶端上方，以使螺旋叶片转动时，种子能落入各个锥形仓内，继而进入放料阀 4。

如图 1 所示，相邻两个锥形仓之间的隔板顶部还竖直地固定有支撑板（图中未示出标号），所有支撑板的顶端均用于固定连接一块布料板 11 的底部，这块布料板 11 的横截面如图 3 所示，其横截面为弧形，以便与螺旋输送叶 3 配合；同时还在布料板 11 上设置有供种子落下的放料孔，螺旋叶片搁置在布料板 11 上，并与之光滑接触，从而在种子进入存料仓 1 后，不会直接落入各个锥形仓或者放料阀 4，而是先在布料板 11 上随着螺旋输送叶 3 推移，在推移中逐步通过放料孔落入对应的放料阀 4，这样也可以很好地避免种子从排料管 5 集中涌入后堆积在存料仓 1 的中央段，避免两端的放料阀 4 无种子可播出。考虑到居住输入的特性，本布料板 11 从中间朝其两端的布料孔逐步变密，和/或逐步增大，以使越是靠两端处的放料阀 4，越具有较多的种子输入。

作为一个非常重要的结构设计，如图 1 所示，在存料仓 1 的两端各自设有一个用于接住从转轴 2 两端输出的种子的接料机构 6，接料机构 6 将接住的种子朝上提升到存料仓 1 之外后，通过一个滑梯 7 输入投料管道内，这样主要是保持存料仓 1 内具有足够多的种子，即内部种子呈固定量的动态输送，从而可以保证存料仓 1 内始终具有足够多的种子可以分散到各个放料阀 4 内，类似一个正常输送过程中的注满水的水管，水管各处的支管路都可以满水运行。

作为一个具体结构，本接料机构 6 为链板式传输带（图中未示出），这种链板市面可以直接购得，转轴 2 的端部位于链板式传输带的内侧，当种子从转轴 2 端部落下到链板上时，被链板朝上输送，继而在链板转动至既定高度时，种子从倾斜的链板上朝下滑落至滑梯 7 的输入端。采用这种链板传输，对于安装而言较为麻烦，而且关键是链条传动可能意外卡滞，偶尔会压坏部分种子。

作为一个最优的制作结构，如图 1、图 2 以及图 4 所示，在存料仓 1 的端部转动安装有轴线位于转轴 2 之上，且轴线与之平行的环形外啮合齿轮 601，这个环形外啮合齿轮 601 转动安装在存料仓 1 上，其一侧位于存料仓 1 的仓底，以便接住落下的裸燕麦种子，其另一侧朝上露出存料仓 1 之外。如图 4，在环形外啮合齿轮 601 的内侧壁环形阵列有若干接料板 602，所有接料板 602 朝环形外啮合齿轮 601 的径向布置，继续参阅图 1-2，在环形外啮合齿轮 601 与一个转动安装在投料管一侧的中间齿轮 8 啮合，中间齿轮 8 上同轴固定有一个加速齿轮 9，加速齿轮 9 与固定在转轴 2 伸出存料仓 1 端部之外的一端上的盘形齿轮 10 啮合，加速齿轮 9 的齿数小于盘形齿轮 10 但大于中间齿轮 8，从而可以实现环形外啮合齿轮 601 相对转轴 2 而言的高速运转，因为实际上环形外啮合齿轮 601 转动一圈，并不能保证接料板 602 运动至高位后，倾落的种子可以全部落在滑梯 7 内，这样需要设计太大尺寸的滑梯 7 以及环形外啮合齿轮 601，不实用，因此，将环形外啮合齿轮 601 设计为相对于转轴 2 的高速转动，可以弥补这个缺陷，使从转轴 2 端部落下的种子，及时而充分地被重新输入到投料管内，循环放料，非常巧妙。

为了紧凑结构设计，本存料仓 1 用于安装环形外啮合齿轮 601 的仓内空间部分，要大于其用于安装螺旋输送叶 3 的仓内空间部分，以便安装较大的环形外啮合齿轮 601。如图 4 所示，在环形外啮合齿轮 601 的两端口处各同轴地固定有一个挡环 604，挡环 604 能够避免落入环形外啮合齿轮 601 内的种子抛撒出去。对于环形外啮合齿轮 601 的安装，如图 1-2，采用一个固定在排料管 5 外壁的连杆 14，连杆 14 固定有一个如图 5 所示的弧形支架 12，这个弧形支架 12 同轴配合地插入环形外啮合齿轮 601 端部的环形的插槽中，以供环形外啮合齿轮 601 转动安装。并且，还可以在存料仓 1 端部侧壁内固定有一个如图 6 所示的支承壳 13，这个支承壳 13 光滑接触地贴在环形外啮合齿轮 601 一端的台阶侧面 603 上，以对环形外啮合齿轮 601 起到支承作用，配合上述弧形支架 12，起到对环形外啮合齿轮 601 下撑上挂的转动安装，当然，还可以采用轴承进行安装，只是轴承的安装结构需要较为复杂的适应性配套设计。

此外，以上实施结构中，若有需要，还可以通过例如直接在加速齿轮 9 等处安装电机（图中未示出）进行驱动，通过对该电机的电动控制，调节转速，以达到改变存料仓 1 内种子流动速度的目的，从而可以影响放料阀 4 入口处的种子拥挤程度，继而影响放料阀 4 的播种速度。在时间中，可以设置专门控制电机转速的电控按钮，自动灵活地实现播种量的电控式调节。

需要说明的是，在本文中，诸如第一和第二等之类的关系术语仅仅用来将一个实体或者操作与另一个实体或操作区分开来，而不一定要求或者暗示这些实体或操作之间存在任何这种实际的关系或者顺序。而且，术语“包括”“包含”或者其任何其他变体意在涵盖非排他性的包含，从而使包括一系列要素的过程、方法、物品或者设备不仅包括那些要素，而且还包括没有明确列出的其他要素，或者是还包括为这种过程、方法、物品或者设备所固有的要素。

尽管已经示出和描述了本发明的实施例，对于本领域的普通技术人员而言，可以理解在不脱离本发明的原理和精神的情况下可以对这些实施例进行多种变化、修改、替换和变型，本发明的范围由所附权利要求及其等同物限定。

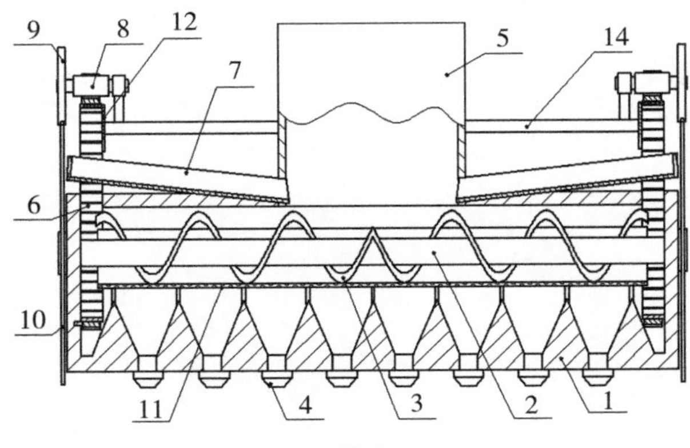

图 1

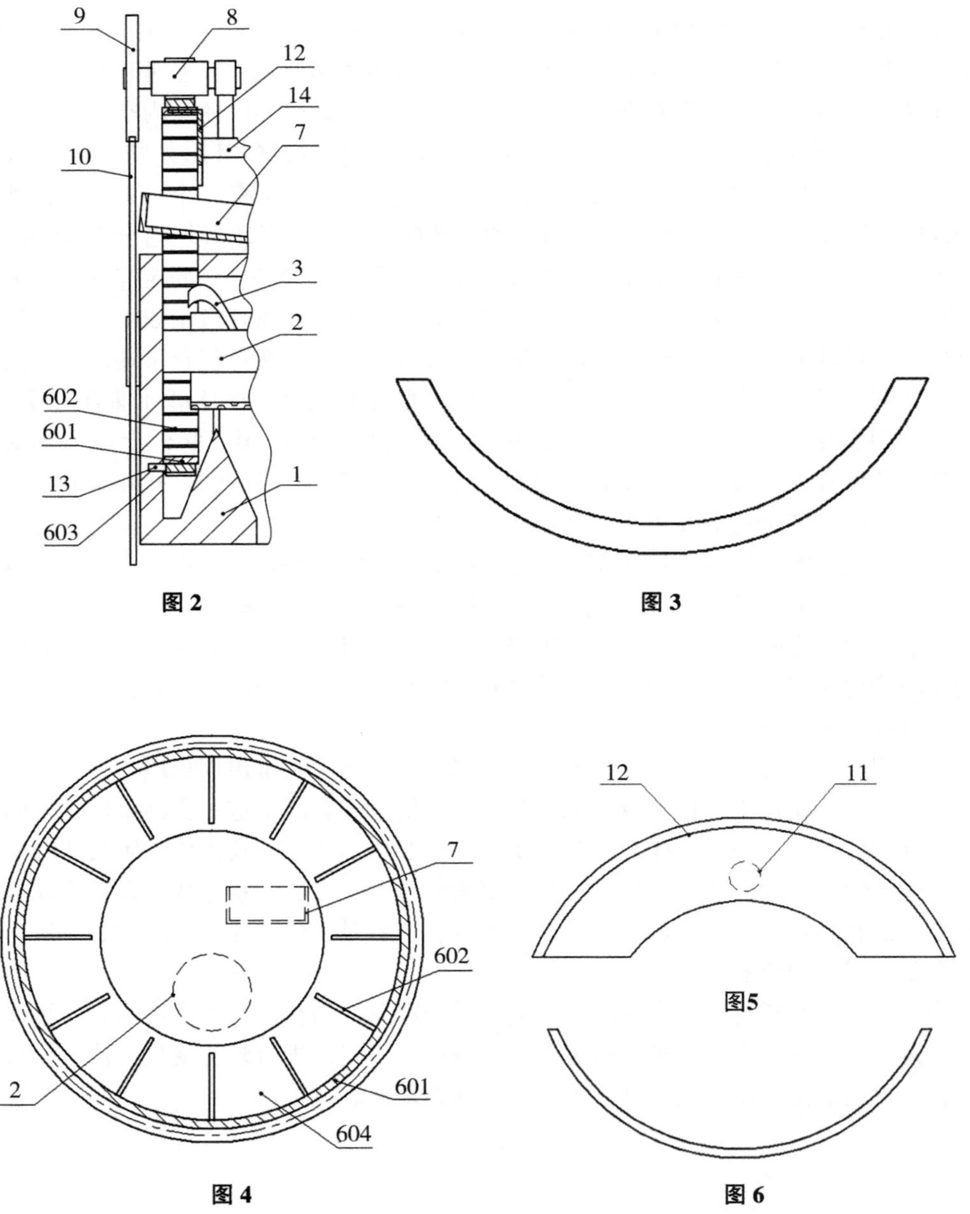

图 2

图 3

图 4

图5

图 6

中华人民共和国国家版权局

计算机软件著作权登记证书

（副本）　　证书号：　软著登字第8320162号

软 件 名 称：　养麦种质资源库管理系统
[简称：养麦种质资源管理系统]
V1.0

著 作 权 人：　宁夏亿亿软件有限公司；宁夏农林科学院固原分院；杨崇庆；杜燕萍；常克勤

开发完成日期：　2021年05月10日

首次发表日期：　未发表

权利取得方式：　原始取得

权 利 范 围：　全部权利

登　记　号：　2021SR1597536

根据《计算机软件保护条例》和《计算机软件著作权登记办法》的规定，经中国版权保护中心审核，对以上事项予以登记。

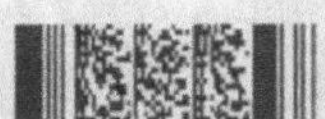

No. 09154194　　　　2021年10月29日

第三章 调研报告

关于六盘山区燕麦荞麦产业提质增效生产关键技术研发与示范立项的建议

一、六盘山区燕麦荞麦物种生产现状与发展

六盘山片区覆盖陕西桥山西部地区、甘肃中东部地区及青海海东地区和宁夏西海固地区 61 个县、15.27 万 hm^2、2 031.8万人、乡村人口 1 837.7 万人，甘肃有 40 个县区列入，陕西、青海、宁夏分别有 7 个县区列入。

1. 燕麦生产现状与发展

燕麦在甘肃境内主要分布在定西、白银、平凉、庆阳、武威、临夏、兰州等市(州)，在青海省境内主要分布在西宁市和海东地区，在宁夏境内主要分布在固原、中卫和吴忠 3 个市及上述两省的广大山区，以山坡地种植为主。甘肃临夏州、青海西宁和海东地区为农牧交错地区，以皮燕麦种植为主，其余各地市种植皮、裸燕麦各半。近年来由于甘肃、青海和宁夏各省区发展马铃薯产业、畜牧养殖业，在作物的结构布局方面燕麦作为饲草种植面积有所增长，其中甘肃贫困片区内 33 个县区燕麦年播种面积 8.0 万 hm^2，种植面积占全省总耕地面积的 1.7%，年总产量 12.0 万 t，占全省粮食总产量的 1.3 %。宁夏贫困片区 6 县区燕麦年种植面积 1.2 万 hm^2，占宁夏全区粮食面积的 1.45%总产量 1.08 万 t，占宁夏全区粮食总产量的 0.29%，甘肃和宁夏燕麦种植皮、裸各占一半，主推品种为定莜系列品种、白燕 2 号、本德燕麦、宁莜 1 号等。在优良品种推广种植区，产量得到大幅度提高，比当地老品种亩增产 30%以上。青海贫困片区 7 县区年燕麦种植面积 10 万 hm^2以上，主要种植品种为青引 1 号燕麦、青引 2 号燕麦、青引 3 号莜麦、青海 444、青海甜燕麦、林纳燕麦、加燕 2 号、白燕 7 号。推广的栽培技术主要有燕麦饲草高产栽培、燕麦饲草加工、裸燕麦栽培等配套技术。

2. 荞麦生产现状与发展

六盘山区是中国甜荞三大主产区之一，属陕甘宁甜荞产区，根据生态条件和种植制度属于西北黄土高原沟壑区北方春荞麦区中心地带。该区荞麦物种资源比较丰富，以甜荞为主，占 80%以上，苦荞以零星种质为主，甘肃贫困片区年荞麦种植面积 15 万 hm^2 以上，宁夏贫困片区 6 县区年种植荞麦 2.7 万 hm^2，合计 17.7 万 hm^2，六盘山贫困片区甜荞种植面积约占全国荞麦种植面积（2000—2010 年平均播种面积为 84.57 万

hm^2）的21%，总产量合计26.6万t，占全国荞麦总产量（2000—2010年平均总产量为91.4万t）的29.1%，平均产量1 500~2 250kg/ hm^2，面积较大，产量较低。主要集中在甘肃省的庆阳市、平凉市、白银市和宁夏区的固原市、中卫市和吴忠市。该区年平均出口荞麦原粮2万t以上，出口荞麦米系列产品500t。荞麦加工企业数量较多，目前有荞麦加工企业近30多家，年加工转化近1 000t以上，产业优势逐步显现。单产为600~1 500kg/hm^2，总产达4.90万t，其中食用约占5%，原粮出售约占90%，自留种子用约占5%。

二、六盘山区燕麦荞麦产业发展现状、趋势、效益比较与减贫分析

燕麦荞麦种植在六盘山区一直沿袭广种薄收的传统习惯。99%为旱地种植，是典型的旱田作物，靠自然降水获取产量。主要种植在机修梯田或山坡地，没有灌溉设备，完全是粗放栽培的雨养农业，对自然降水相当依赖。土层较浅而且瘠薄。遇大雨则易发生水土流失，少雨季节又易发生干旱。受此影响，年度之间产量波动大。燕麦和荞麦育种在六盘山区都还是处于一个常规品种的选育阶段。育种手段上也还是传统技术，现代生物技术育种还处于探索阶段。另外种质资源收集和利用上也还不够充分、育种基础受各种制约因素研究不足。栽培管理技术研究肤浅，也缺乏系统性。生产上燕麦现在定西和固原地区主要推广“燕麦全膜覆盖土穴播技术”“燕麦膜侧沟播技术”，有效解决旱地燕麦生育期间缺水及产量低而不稳的问题，在青海主要推广“燕麦饲草栽培技术”，面积逐年增大，2008—2015年种植面积累计达74.3万hm^2，其中种子12.4万hm^2，饲草61.9万hm^2。燕麦种植面积由2008年的6万hm^2增加到2015年的12.3万hm^2，有效地缓解了青海省冷季饲草不足、草畜矛盾突出的问题，对青海省高寒草地畜牧业健康、稳定发展起到了重要的支撑作用。荞麦生产上推广的主要是大垄双行机械化栽培技术，经试验可获得高产，产量可达3 000~3 750 kg/hm^2。

近两年，随着燕麦荞麦的营养和健康知识的普及和人们生活水平的提高，燕麦荞麦食品受到了前所未有的重视。燕麦加工食品种类和生产企业数量大幅增加，但加工仍以初加工为主，主要有传统的面粉、燕麦片、荞麦米，深加工产品相对较少。其中传统的燕麦粉加工占燕麦加工总量的70%左右，燕麦片荞麦米占到加工总量的15%~20%、燕麦深加工占5%~10%。

在政策支持方面，相关产业政策力度不足，对燕麦荞麦产业发展推动力仍显微弱，覆盖范围有限，实施效果不突出。从国家层面到各产区地方政府还缺乏对燕麦荞麦产业政策的认识和把握，进一步说明燕麦荞麦产业政策研究的必要性与紧迫性。今后一段时间，建议把燕麦荞麦产业研究从生产性技术拓展到政策研究领域，使各级政府部门有理有据地制定燕麦荞麦产业政策，从更高水平、更高程度促进产业全面发展。

针对上述燕麦荞麦产业发展趋势和效益比较，通过扶贫立项，发挥燕麦荞麦学科优势，以产业发展为重点，为集中连片特困地区提供科技支撑，更进一步地开展帮扶、带动工作，实现特困连片区的科技发展与共同致富。

三、六盘山区燕麦荞麦产业发展的限制因素与技术需求分析

1. 限制因素

通过调研发发现，当地社会面临的突出问题主要有：一是干旱缺水严重，整村贫困的局面仍然存在；二是农业生产基础设施落后，土地瘠薄肥力低，生产力水平低下，生产生活条件差；三是社会事业发展滞后，人才支撑不足；四是燕麦荞麦良种繁育体系不健全，品种混杂退化严重，优良品种得不到及时提纯复壮，特别是荞麦品种间混杂严重，商品率低；五是燕麦荞麦新品种推广速度慢，生产上新品种更新换代周期长，品种结构和布局不尽合理，单产水平还不理想，种植面积仍显偏小；六是农民商品意识差，许多实用技术得不到应用，优良品种得不到推广，单一优良品种及配套高产、优质栽培措施形不成规模、集约化种植，生产处于无序状态。

2. 技术需求

（1）适宜该地区种植的抗旱、耐贫瘠粮饲兼用皮、裸燕麦品种和甜荞品种少，机械化程度低。建议以试验站为技术依托，以示范县农业技术推广部门为帮扶主体，做好农技农机推广服务工作，夯实燕麦荞麦种植技术基础，实现燕麦荞麦种植生态、经济和社会效益的全面提升。

（2）当地的农民文化素质偏低，需要加强技术培训。该区域地处偏远、交通不便、信息闭塞，农牧民文化水平较低，在以后的工作中，需要开展品种特征、特性、用途、抢墒种植、田间管理、适时收获、加工利用等方面的技术培训，培育燕麦荞麦种植明白人。

（3）贫困村扶贫经费来源渠道狭窄，经费少。建议积极争取项目经费扶持。该区农民生产生活条件较差，家底薄，对燕麦荞麦种植的投入不足。需要积极争取项目向该区域的倾斜，帮扶农民开展燕麦荞麦种植生产工作。

（4）新的经济合作组织少，带动能力差。建议积极鼓励成立新的经济合作组织，鼓励现有企业和合作社在该区域开展订单农业。该区域地处交通不便，生产的燕麦荞麦种子和饲草运输不便，鼓励有实力的企业和合作社在该区域实行订单农业，确保收获的种子和饲草有畅通的销售渠道。鼓励新成立合作社集中力量开展燕麦荞麦生产活动。由于一家一户地块少，经济实力弱，鼓励成立燕麦荞麦种植合作社，集聚大家的力量，开展燕麦荞麦种植和生产。

（5）需要加强燕麦荞麦种子和饲草高产栽培、加工调制等技术试验与示范。

（6）在贫困村建议由选择性地开展示范带动。选择几户进行示范种植，通过几户带动一村，示范一村，带动一镇的示范模式。

四、六盘山区燕麦荞麦产业发展政策需求与减贫分析

1. 规模种植与政府扶持

（1）建立和扩大优质燕麦荞麦生产基地，形成燕麦荞麦种植规模，逐步实现区域化布局、规模化生产、产业化经营。

（2）建议由政府主管部门、科研单位和企业共同参与，建立良种繁殖基地，特别生育期短、抗逆性强、高产、稳产的燕麦荞麦品种，生产基地实行统一技术方案，统一供种，统一标准，实行标准化生产。

（3）建议政府扶持弱小产业，对燕麦荞麦种植也实行种粮补贴政策。

（4）建立原料基地。采取“公司+农民专业合作社+基地”的方式，各部门协同配合，积极申报国家级绿色或有机食品原料生产基地，规范产业标准。出台相关生产技术规程和产品生产标准。有机食品原料基地建设由公司、各县政府、农业部门、科研院所、各有关乡镇政府、农民专业合作社、农民种植户共同组建。

2. 科学研究与技术推广

引种是利用现有品种资源解决品种问题的简易而快捷的途径。根据六盘山贫困片区实际，建议在强化品种引进、选育和资源收集、筛选、利用的同时，在燕麦荞麦育种方法上坚持引进与选育相结合，常规育种与特色选育相结合，现实性与前瞻性相结合。开展燕麦荞麦生长、开花习性和产量性状关系观察、新品种配套栽培技术和病虫草害技术研究，并建立示范基地进行技术推广，为燕麦荞麦产业体系发展提供科技支撑。

五、燕麦荞麦产业国外发展现状与趋势分析

燕麦在全世界五大洲 42 个国家栽培，其主产区是北半球的温带地区。在世界八大粮食作物中，燕麦总产量居第五位，已经成为人们生活水平明显提高后不可或缺的营养保健粮食。目前，全世界燕麦种植面积约 1 300 万 hm^2，主要燕麦生产国和地区有欧盟、俄罗斯、加拿大、美国、中国、澳大利亚、乌克兰及白俄罗斯等。

近十年来，世界燕麦平均年产量 2 580 万 t。欧洲是世界上最大的燕麦产地，每年产量 800 万~900 万 t，占世界总产量的 1/3。其中芬兰、波兰、瑞典、西班牙和德国则占欧洲总产量的 2/3。俄罗斯燕麦种植面积占世界 22%，年平均产量 530 万 t。加拿大燕麦总产量占全世界的 14%，每年产量 360 万 t。在 20 世纪 70 年代美国的燕麦产量占世界总产量的 1/4，但近年来其燕麦产量缩减到每年不足 200 万 t，仅占世界总产量的 7%。澳大利亚的燕麦产量略低于美国，占世界总产量的 5%，为每年 130 万 t。

荞麦作为一种传统作物在全世界广泛种植，但在粮食作物中的比重很小。在世界粮食作物中虽属小宗作物，而在亚洲和欧洲的一些国家是一种重要作物。据联合国粮农组织 2006 年的资料，全世界 22 个国家荞麦总产量为 253 万 t，而产量最大的 5 个国家（中国、俄罗斯、乌克兰、法国和美国）的总产量为 227.5 万 t，占 89.93%。中国的荞麦产量为 130 万 t，占全世界荞麦总产量的 51.4%。

据 FAO 统计资料，2010 年世界荞麦种植面积约 188 万 hm^2，总产量约 151 万 t，在世界谷物产量排名第 8 位，是小宗作物之一。20 世纪 60—70 年代，世界荞麦最大种植面积曾达到过 461.3 万 hm^2，总产量 248 万 t。荞麦在全世界多个国家都有广泛的种植。世界荞麦种植主要分布在亚洲、欧洲和北美洲。其中甜荞麦广泛分布于亚洲、欧洲和北美洲的山区，2008 年欧洲、亚洲、美洲及非洲荞麦产量占世界总产量的比例分布为 62.68%、31%、6.43%和 0.28%。2008 年世界十大荞麦生产国有：俄罗斯、中国、乌克兰、法国、美国、波兰、巴西、日本、法国、白俄罗斯。2008 年荞麦收获面积排名

前十位的国家有：俄罗斯、中国、乌克兰、美国、波兰、哈萨克斯坦、巴西、日本、法国、立陶宛。2008年荞麦单位面积产量排名前十位的国家有：法国、克罗地亚、捷克、不丹、巴西、白俄罗斯、韩国、吉尔吉斯斯坦、波兰、格鲁吉亚及美国。

六、现有基础

六盘山贫困片区是我国燕麦荞麦主要产区之一，自然条件适宜燕麦荞麦的生长，农民有种植燕麦荞麦的习惯和经验，各省区在当地都要专门从事燕麦荞麦科研和技术推广的科研单位、主管部门和技术推广机构，片区内从事燕麦荞麦科研工作的主要有陕西师范大学食品工程学院、甘肃农业大学草业学院、定西市农科院、陇东学院农林科技学院、平凉市农科院、白银市农科院、青海大学畜牧兽医学院和宁夏农林科学院固原分院的科研团队，团队成员50人以上，从事荞麦科研工作大多已有30多年的时间，研究团队基本稳定形成，研究目标与方向逐步明确，并取得了一系列研究成果。在作物育种、栽培技术、生产加工等方面形成了明显优势，上述科研单位的技术团队先后育成燕麦荞麦新品种合计80多个，制定地方标准20多个，集成并推广栽培技术10多项，在国家长期资源库保存六盘山片区燕麦种质资源50余份，荞麦种质资源206份，其中甜荞112份，苦荞94份；长期保存195份，其中甜荞104份，苦荞91份。发表学术论文300余篇，具备开展作物生理、土壤农化、农作物质量检测、产品开发等分析研究与技术开发的基本条件。新品种在六盘山贫困片区的覆盖率达75%以上。几十年来，在燕麦荞麦新品种选育、品种提纯复壮和配套技术集成、加工转化等方面发挥着主导性作用，可以说，如果没有这些科研单位的技术支撑，就没有稳步发展的六盘山片区的燕麦荞麦产业。

七、六盘山区甘肃省燕麦荞麦产业发展的科技任务（项目）

1. 研究目标

通过项目实施，基本解决长期困扰六盘山区贫困片区燕麦荞麦产业发展的品种杂乱、混杂、无布局，机械化水平低，用工量大，商品率低等问题，提升该区域燕麦荞麦的产业水平；建设燕麦荞麦标准化生产基地，开展燕麦、荞麦新品种新技术示范推广，使六盘山区贫困片区燕麦、荞麦平均单产提高10%~15%，使贫困村农民通过种植燕麦荞麦增加经济收入，缓解农业和畜牧业之间的矛盾，促使当地农业和畜牧业可持续发展。

2. 示范与研究内容

（1）贫困村建设燕麦荞麦标准化生产示范基地

①以陇东学院为牵头开展荞麦新品种选育，力争5年内选育荞麦新品种3个。引进荞麦品种15个，筛选优良品种5个，在区域内进行推广。在庆阳环县（1 000亩）、华池县（1 000亩），平凉崆峒区（500亩）、崇信县（500亩）、白银市会宁县（1 000亩）、定西市安定区（500亩）、通渭9 500亩）建立7个荞麦良种繁育基地，基地总规模5 000亩。

②贫困村建立荞麦标准化生产示范基地9个，甘肃庆阳市2个（5 000亩）、平凉市1个（3 000亩）、定西市1个（2 000亩），白银市1个（1 000亩），青海西宁市1个（3 000亩），海东地区1个（3 000亩），宁夏固原市1个（2 000亩），吴忠市1个（1 000亩），基地总规模20 000亩。

③贫困村建立燕麦标准化生产示范基地10个，甘肃庆阳市1个（1 000亩）、平凉市1个（1 000亩）、定西市通渭县、安定区、岷县共3个（13 000亩）、白银市会宁县1个（1 000亩），兰州市榆中1个（1 000亩），青海西宁市1个（1 000亩），海东地区1个（1 000亩），宁夏固原市1个（1 000亩），基地总规模20 000亩。

④开展燕麦、荞麦新技术示范推广。5年内使六盘山区甘肃片区燕麦、荞麦生产规模稳定在20万hm^2，平均单产提高10%~15%。

（2）高产燕麦、荞麦品种选育、引种筛选：主要开展优质燕麦、荞麦品种在六盘山贫困区的引种选育种植，筛选产量高、抗逆强、品质优的燕麦、荞麦品种。

（3）燕麦裹包鲜草、青干草生产关键技术试验与示范：主要试验和示范播种时期、播量、行距、施肥、晾晒等技术措施与青干草产量和品质的关系。

（4）燕麦、荞麦种子生产关键技术试验与示范：主要试验示范播种时期、播量、施肥量等与种子产量和质量的关系。

（5）燕麦、荞麦病虫害防治技术试验与示范：主要试验示范燕麦、荞麦主要病虫害的防治技术。

（6）燕麦饲草加工调制试验与示范：主要试验示范燕麦鲜草青贮关键技术、燕麦干草调制关键技术。

（7）燕麦、荞麦保健食品开发中试：主要研究燕麦米、荞麦米、燕麦片、燕麦饮品，苦荞茶等。

（8）适宜燕麦荞麦山地耕作的机械化示范研究：研究适合于山坡梯田地燕麦荞麦轻简机械化技术研究与示范。

3. 经济指标

通过项目实施，筛选高产优质燕麦、荞麦品种4~6个；种子增产10%以上，燕麦饲草生产增产20%以上；形成适宜该区燕麦、荞麦种植技术1套，病虫害防控技术1套，机械化耕作技术等；燕麦饲草加工率提高30%以上。燕麦、荞麦保健产品加工提高到40%以上。

4. 技术路线

现状调查→交流研讨→提出方案→分析论证→完善方案→组织实施→总结提炼→成效评估→固化推广。

5. 任务分解

（1）陕西师范大学技术团队重点开展燕麦荞麦产品开发与加工转化，延长燕麦荞麦产业链，增加燕麦荞麦附加值，实现农业增产、企业增效、农民增收。

（2）甘肃农业大学技术团队重点开展燕麦病虫草害防控技术研发、示范与推广。

（3）定西市农科院科院技术团队主要开展适宜定西地区产业发展的燕麦新品种引进、选育和病虫害综合防治等技术的研究，为该区域燕麦大面积推广良种奠定基础。

（4）陇东学院技术团队开展适宜陇中陇东地区荞麦产业发展的荞麦新品种引进与选育和荞麦病虫害综合防治等，为荞麦大面积推广良种奠定基础。

（5）青海省畜牧兽医科学院技术团队重点筛选适宜青藏高原地区种植的优良牧草种质材料，研究高产栽培关键技术，通过关键技术集成，建立优良牧草良种繁育基地和辐射推广饲草基地建设，进行良种和配套栽培技术推广及饲草产品加工技术示范，提高区域燕麦生产水平。

（6）宁夏农林科学院固原分院技术团队主要开展适宜宁夏固原燕麦荞麦新品种引进与选育和荞麦病虫害综合防治等，为该区域燕麦荞麦大面积推广良种奠定基础。

6. 创新性分析

通过“企业+科研+合作社+农户”的产业发展模式，打造甘肃燕麦荞麦特色产业，形成西部最大的以燕麦荞麦生产加工基地。

7. 年度安排及实施进度分析

2016 年 5 月—2016 年 12 月，燕麦、荞麦品种的引进、筛选；

2017 年 1 月—2017 年 12 月，燕麦、荞麦种子和饲草生产关键技术试验，燕麦、荞麦病虫害防控技术试验；

2018 年 1 月—2018 年 12 月，燕麦、荞麦保健食品、饲草加工调制技术试验与示范；

2019 年 1 月—2019 年 12 月，燕麦、荞麦种子和饲草生产关键技术、燕麦饲草加工调制技术、病虫害防控技术示范；

2020 年 1 月—2020 年 12 月，全面总结，进行效益评价，完成项目总体内容。

8. 实施地点

甘肃庆阳市环县、平凉市崇信县、崆峒区，白银市会宁县，定西市安定区、通渭、岷县、陇西，兰州市榆中县，永登县，青海西宁市湟中县，海东地区民和县，宁夏固原市原州区及相关区域的重点企业、专业合作社。共 13 个县区、30 个企业、500 个专业合作社。

9. 实施团队

序号	姓名	性别	职称	所属体系	岗位或站	依托单位	专业
1	任长忠	男	研究员	燕麦荞麦	首席科学家	吉林白城农科院	农学
2	常克勤	男	研究员	燕麦荞麦	固原试验站	宁夏农林科学院固原分院	农学
3	穆兰海	男	农艺师	燕麦荞麦	固原试验站	宁夏农林科学院固原分院	农学
4	杜燕萍	女	研究院	燕麦荞麦	固原试验站	宁夏农林科学院固原分院	农学
5	张久盘	女	助研	燕麦荞麦	固原试验站	宁夏农林科学院固原分院	动物科学
6	胡新中	男	教授	燕麦荞麦	岗位科学家	陕西师范大学	食品
7	赵桂琴	女	教授	燕麦荞麦	岗位科学家	甘肃农业大学	牧草

（续表）

序号	姓名	性别	职称	所属体系	岗位或站	依托单位	专业
8	刘彦明	男	研究员	燕麦荞麦	定西试验站	定西市农科院	农学
9	任生兰	女	副研	燕麦荞麦	定西试验站	定西市农科院	农学
10	马宁	男	研究员	燕麦荞麦	定西试验站	定西市农科院	农学
11	陈富	男	助研	燕麦荞麦	定西试验站	定西市农科院	土壤
12	南铭	男	助研	燕麦荞麦	定西试验站	定西市农科院	农学
13	贾瑞玲	女	助研	燕麦荞麦	定西试验站	定西市农科院	农学
14	赵小琴	女	研究生	燕麦荞麦	定西试验站	定西市农科院	农学
15	魏立萍	女	农艺师	燕麦荞麦	定西试验站	定西市农科所	农学
16	边芳	女	农艺师	燕麦荞麦	定西试验站	定西市农科院	农学
17	张克厚	男	研究员	燕麦荞麦	白银市农科院	白银市农科院	农学
18	王百姓	男	教授	燕麦荞麦	陇东学院	陇东学院	食品工程
19	马生发	男	教授	燕麦荞麦	陇东学院	陇东学院	农学
20	陈红	女	副教授	燕麦荞麦	陇东学院	陇东学院	农学
21	盖琼辉	女	讲师	燕麦荞麦	陇东学院	陇东学院	植物学
22	王应强	男	副教授	燕麦荞麦	陇东学院	陇东学院	食品工程
23	鲍国军	男	高级农艺师	燕麦荞麦	平凉市农科院	平凉市农科院	农学
24	雷生春	男	研究员	燕麦荞麦	海东试验站	青海省畜牧兽医科学院	草业科学
25	贾志锋	男	副研	燕麦荞麦	海东试验站	青海省畜牧兽医科学院	草业科学
26	马祥	男	助研	燕麦荞麦	海东试验站	青海省畜牧兽医科学院	草业科学

10. 经费预算

每年在 19 个贫困村建设 19 个燕麦荞麦标准化生产示范基地合计 4 万亩，每亩补贴种子、化肥等农业生产资料 100 元，合计 400 万元，每个研发团队科研费每年 20 万元，6 个研发团队合计 120 万元，按照 5 年实施合计需要经费 2 600 万元。

11. 组织实施机制

为保证项目的顺利实施，在农业农村部的指导和协调下，由三个体系相关人员成立了项目课题组，组建五个研发团队。联合六盘山贫困区所属的县开展项目相关试验和示范工作。该项目由牵头首席科学家负责总体设计、组织协调、项目论证及检查验收。研发团队负责燕麦、荞麦品种引种筛选、标准化生产基地建设以及相关技术内容的试验和示范，并为项目其他单位人员提供协助。

项目实施过程中实行项目牵头人负责制，明确分工，制定详细的任务目标、经费使用计划。项目承担单位按照项目任务内容开展试验和示范工作，每年度汇报工作进展。

严格执行国家的有关财务管理办法，加强项目资金管理和财务纪律，做到专款专用，按计划列支。

注：根据农业农村部《“十三五”特困连片地区农业产业链科技支撑方案》，本文为2016年2月为国家特困连片地区——六盘山区（陕西、甘肃、青海、宁夏）争取项目支持提交的调研报告

撰稿人：常克勤，刘彦明。

关于宁夏燕麦产业发展状况的报告与建议

中国是裸燕麦（莜麦）的发源地，是世界燕麦主要生产国之一，2015年种植面积约70万 hm^2，总产量85万t，主要分布在我国华北北部、西北和西南海拔较高的地区近210个县，随着国内经济的发展，燕麦市场面临着巨大的机遇和挑战，宁夏燕麦产业通过全国市场大发展的带动，依靠科技进步，优化资源配置，拓宽发展渠道，燕麦产品竞争力不断增强，市场占有率不断提升，企业增效和农民增收日渐凸显，燕麦产业发展进入了快速健康的发展态势。

一、燕麦产业发展现状

1. 燕麦分布

宁夏燕麦种植主要分布在六盘山北麓东西两侧的半干旱地区和阴湿地区的高寒冷凉山区。属北方春性燕麦区，北方中晚熟燕麦亚区。主要集中在固原市所属的原州、彭阳、泾源、隆德、西吉五个县（区）和中卫市海原县的部分乡镇，但主产区相对比较集中，从地理分布特点看，主要分布在黄土丘陵、沟壑和土石山区。从生态环境特点看，主要分布在生态条件较差的地区，即干旱半干旱和高寒阴湿地区，主要种植在旱川地、山坡地。按行政区划看，主要种植在半阴湿区的原州区南部乡镇、西吉县西南部、隆德县北部、泾源县北部、彭阳县大部及海原县北部部分乡镇。

2. 燕麦种植

20世纪60—70年代燕麦是宁南山区农民的主粮之一，80年代是主要备荒作物，90年代初由于产量低而不稳，种植面积大幅度下降，进入21世纪特别是近几年，包括燕麦在内的小杂粮在自治区各级政府的重视下，通过加工企业等新型经营主体的参与和科研单位的技术支撑，采取有效措施抓生产扩面积，现在已发展成为当地主要优势特色作物之一，据国家燕麦荞麦产业技术体系实地调查统计数据，2015年宁夏燕麦种植面积1.2万 hm^2，占全国当年燕麦种植面积（70万 hm^2）的1.7%，约占宁夏当年农作物总播种面积（77.0万 hm^2）的1.56%，约占固原市当年作物播种面积（23.9hm^2）的5.0%，总产量1.08万t（包括裸燕麦和皮燕麦），占全国燕麦总产量（85万t）的1.27%，占宁夏粮食总产量（372.6万t）的0.3%，占固原市粮食总产量（79.47万t）的1.35%。在燕麦集中种植的固原市各县（区）将原来的山坡地改为机修田后，燕麦种植区域不断扩大，面积逐年增加，产量水平稳定。近年来，由于采用了新品种、新技术，单位面积产量大幅度提高，一般亩产可达到100~150kg，风调雨顺时，肥力较高的二阴地亩产可达200kg以上，除20%的当地农民食用和用作牲畜、家禽的饲料外，其他全部用作商品外销。

3. 燕麦加工

宁夏燕麦主要以加工面粉和风味小吃为主；固原燕麦风味小吃如燕面揉揉、莜面窝窝 、莜面面条等在大小宾馆、酒（饭）店是招待客人必不可少的上等佳肴，燕麦甜醅和燕麦醪糟是固原及周边地区人民最为喜欢的传统燕麦食品，近几年来，随着人民生活的改善和燕麦保健知识的普及，燕麦产品的开发研究和市场销售有了很大的发展，昔日传统燕麦面制食品一统天下的局面开始扭转，符合现代人需求、兼具时尚、美味和健康特色的燕麦产品，包括休闲食品、早餐食品、燕麦米、燕麦八宝粥 、燕麦方便面、燕麦营养与膳食补充剂、燕麦饮品等市场上纷纷展现，带动了我区燕麦产业的发展。

二、燕麦产业化生产在宁夏农业经济发展中的地位和作用

1. 燕麦在种植结构调整中的作用

燕麦对土壤和气候状况适应性强，系粮草兼用作物，种植燕麦不仅可以得到粮食，还可以为畜牧业提供大量的饲草，燕麦秸秆含有丰富的营养物质，适口性好，牲畜爱吃，是饲养牛、羊最好的饲草之一。

特别是燕麦生育期短，可以用于一季栽培或轮作栽培，对促进传统的二元（粮食与经济作物）生产结构转变为三元（粮食、经济与饲料作物）的种植业结构具有积极的作用，燕麦产业成为农业合理布局与牧业发展的桥梁。种植燕麦既可改善固原农业区脆弱的生态环境，又可提供优质的饲料，促进畜牧业的持续发展，从而实现农牧业生产和生态环境改善的和谐统一。另外，种植燕麦既可以解决目前固原地区马铃薯重茬问题，还可以作为“镰刀弯”地区（宁夏区域）玉米结构调整的替代作物之一，在宁南山区生产效益及种植结构调整方面具有较大的潜力和可行性，是宁南山区走出一条资源节约、生态友好的农业可持续发展的必经之路。

2. 燕麦对盐碱地土壤有较好的适应能力

燕麦对土壤反应不敏感，它能在 pH 值为 5. 5~6. 5 的土壤上生长，对盐碱化土壤也有较好的适应能力。最新研究表明，在轻度盐碱化地区，燕麦籽粒产量可达 1 500 kg/hm^2，在中度盐碱化地区燕麦的平均籽粒产量约 200kg/hm^2。裸燕麦比皮燕麦对盐碱化环境更为敏感。在盐碱化环境中，不同的种植方法和播种深度也会影响燕麦的生长和产量，研究表明，与浅层播种（3cm）相比，深层（7cm）能大大提高燕麦生物产量，与苜蓿混作也能提高盐碱地上种植燕麦的产量。吉林省白城市农科院与加拿大农业部连续十年开展了燕麦研究的合作，培育出可直接在 pH9. 5、含盐度 1. 0%的盐碱地上种植的新品种，单季籽实每公顷产量超过 1 500kg，干草产量 1t/hm^2，而且在东北地区能种植两季，盐碱地连续种植三年之后，就可以改造成正常耕地。

3. 燕麦生产对沙化土壤生产力的正面影响

我国西部地区风化、沙化、盐碱、草原和耕地退化是造成我国农业生态和环境弱化的主要原因。水资源和降水量减少，以及弃耕地的荒漠化使我区生态环境不容乐观。种植燕麦，宜粮宜草，对农业生态有很好的促进作用。燕麦用水量少于其他作物，减少了水的消耗，一年两季种植燕麦，拉长了农田的植被覆盖，加上燕麦收割留茬，使冬春季节减少扬尘，有效地保护了肥力土层。要治理荒漠化环境，就必须退耕还林还草，但又

会影响粮食保障，而燕麦是粮饲兼用作物，具有耐瘠、抗旱、耐寒和耐适度盐碱等特点，是治理荒漠地的“先锋作物”，最近一些研究表明，在我国北方干旱的沙化土地上，在年降水量约 350mm 的情况下，仅需一次浇灌，皮燕麦的籽粒产量就可以达到 1 400 kg/hm^2，生物量可达到 3 200 kg/hm^2，同时研究表明，燕麦可以在土壤表面形成非常有效的植被覆盖层，从而减少风对土壤侵蚀。同时，燕麦收获后，其根系仍然存留在土壤中，可以改善土壤结构。

4. 燕麦是区域性强的特色作物

燕麦是北方高海拔、冷凉地区特有的作物，固原地区是我国燕麦种植面积比较集中的地区之一，如果全部使用优良品种并实行规模化标准化生产，可以形成较大的商品量。同时，特殊的自然气候条件，造就了燕麦的特殊品质以及无公害、绿色食品的特性，燕麦种植区均无污染区，农民种植中基本不施化肥和农药，燕麦产品属理想的绿色食品，因此，固原地区也是进行燕麦食品深加工的最可靠的原料供应地。

5. 燕麦可改善城市人口健康和膳食结构

时代的发展，需要农业提供更多的功能保健食品。当前，城市人口面临三高疾病，心血管疾病发病率增高，食物中膳食纤维素的缺乏是造成此问题的主要因素之一。传统的稻米、小麦不能提供人们饮食所需要的膳食纤维。燕麦富含蛋白质、脂肪、维生素、矿物质元素和纤维素，是世界公认的营养和医疗保健价值最高的谷类作物之一，是社会认识度较高且具有特殊食疗食补作用的天然绿色食品，备受食品界和消费者的青睐。燕麦的蛋白质含量在粮食作物中居首位，其中有益于增进智力和骨骼发育的赖氨酸含量很高，是小麦粉的两倍左右；燕麦油脂中富含亚油酸可维持人体正常的新陈代谢，控制心脏平滑肌；富含可溶性膳食纤维（β-葡聚糖），被认定其具有调节血糖、血脂的功能，降低轻、中度高血压患者的血压，具有防止心血管疾病、降低胆固醇的作用。近年来，燕麦在加工中改善了燕麦的适口性，也改善了肠胃消化的适应性，研发出燕麦米、面等一系列适合主粮消费的功能食品以及燕麦深加工产品，这样就把粮食生产、环境生态、农牧业结构调整和农业持续性发展与城市人口健康和膳食结构改善的问题和谐结合起来，形成了农村城市协调发展的产业格局。

6. 燕麦在一定程度上解决贫困地区和少数民族地区的发展问题

固原是少数民族聚居区，是六盘山贫困片区的主要组成部分，燕麦是该地区传统的种植作物，随着人们对燕麦的认识，它的耐贫瘠、耐寒、耐旱等特点不但适宜在该地区种植，而且巨大的经济价值必将有利于该地区的经济发展，为这一地区农民脱贫致富和少数民族地区发展也将发挥更大的作用。

三、燕麦产业发展趋势分析

1. 燕麦加工企业不断壮大

经过发展，宁夏的燕麦产业不再是以前的那种填闲补种、救灾备荒、轮作倒茬、解决温饱、“小打小闹”的个体商贩购销经营，已发展到以宁夏五朵梅食品有限公司、宁夏瑞春燕麦股份有限公司、宁百晟工贸有限公司、西吉县震湖鹏强燕麦种植专业合作社、彭阳三泰科技实业股份有限公司等一批大中型企业为代表的规模企业引领市场，其产品不但在国内畅销，而且出口国外。为整合全市优势资源，切实发挥市场引领作用，解决宁夏燕麦产业发展中的突出问题，形成发展合力，做大做精我区燕麦产业，宁夏农林科学院固原分院联合上述企业以地方燕麦品种选育、基地建设、精深加工、品牌包装、流通销售为主，开展六盘山燕麦品牌宣传推介，打造“六盘山燕麦”知名品牌，促进产业发展，服务农民增收。

2. 以企业为主导，专业合作社及个体经营者共同发展

除了传统的经营方式外，已形成“订单种植”“公司+基地”“公司+基地+农户”等多种经营模式。一部分企业通过订单方式直接向农户收购，一部分企业直接由公司技术人员负责基地的种植收购，一部分企业通过基地雇佣农户，向农户提供种子和技术指导，由农户种植，从源头上保证了原料的供给和安全。部分燕麦加工企业已成为集特色种植、加工、销售、科研于一体的产业发展企业。目前，宁夏燕麦已初步形成了以品牌闯市场、市场带龙头、龙头带基地、基地联农户的产业发展格局。

3. 不断创新经营方式

大部分企业在采用传统的经营模式，即通过超市、粮油店、经销商渠道，将产品销往区内外同时，积极探索新的营销方式。“五朵梅”利用电商销售，通过京东、淘宝、阿里等第三方平台进行线上运营，年利润均达百万元以上，今年将尝试微商直销平台。

4. 市场发展前景看好

随着我国粮食生产结构性调整，燕麦的消费随着人们健康需要和膳食结构的改善，需求数量将越来越大。尤其是包括燕麦在内的“固原六盘品牌”系列小杂粮亮相商场超市，深受市民的欢迎。2017 年中央一号文件提出“按照稳粮、优经、扩饲的要求，加快构建粮经饲协调发展的三元种植结构。粮食作物要稳定水稻、小麦生产，确保口粮绝对安全，重点发展优质稻米和强筋弱筋小麦，继续调减非优势区籽粒玉米，增加优质食用大豆、薯类、杂粮杂豆等”。因此，发展发展小杂粮产业尤其是优质特色燕麦是适应新形势的需要，前景看好。

四、燕麦产业发展存在的主要问题

1. 燕麦生产土地瘠薄肥力低，品种混杂退化严重

居土壤普查统计，我区燕麦主产区土壤有机质含量平均为 14. 33g/kg，全氮含量平均为 0. 06g/kg，碱解氮含量平均为 55. 14mg/kg，有效磷含量平均为 18. 41mg/kg 以下，速效钾含量平均为 206. 11mg/kg 以上。除速效钾含量较为丰富外，其他处于较低水平。再加上种燕麦施肥少或不施肥，土壤肥料严重下降，影响着燕麦产量和品质的提高。我区目前生产上种植的燕麦品种有两种类型，一类是地方农家品种，另一类就是近年来通过皮、裸燕麦种间杂交和裸燕麦品种间杂交培育而成的品种，由于这些品种生产上利用多年和良种繁育体系不健全，造成品种间混杂严重，特别是通过皮、裸燕麦种间杂交育成的品种，籽粒带皮率明显增加，商品率降低。

2. 作为饲草和盐碱地改良的研究还未起步

燕麦是一种很好的饲草饲、饲料作物，自古就是固原地区一种传统的饲料饲草作物，但是由于缺乏研究，现仍采用的是原始粗糙的饲喂方法，吸收利用率低，得不到很

好的开发利用；燕麦在耐盐碱和荒漠化治理方面具有特殊的作用，但就宁夏而言，至今尚未开展这方面的研究，没有拿来可借鉴的科学数据。

3. 燕麦生产规模小，发展潜力尚未完全挖掘

相对国外和国内其他市场而言，宁夏燕麦的生产和市场状况不容乐观，虽然燕麦市场潜力巨大，但目前宁夏燕麦种植分散，生产规模小，影响了燕麦产业的快速发展；而且燕麦品种、质量也亟待改良改善，随着人们生活水平的不断提高，“回归自然，返璞归真”真正成为一种新的时尚，在未来，燕麦产品将会在很多领域有广泛应用，这些领域包括利用燕麦的治疗功效研发功能性食品和食品级产品，以β-葡聚糖为主的燕麦分离产品、药品和化妆品等。

4. 燕麦良种繁育体系不健全，运行机制不完善

企业没有直接参与良种繁育和基地建设，良种繁育体系缺乏市场化、有活力的运行机制。

五、促进燕麦产业发展的政策建议

1. 强化国际合作，引进和丰富资源材料

发展燕麦不但要充分利用燕麦的社会、环境效益，也要注重优良品种的培育和栽培技术研究，加强燕麦育种和资源的基础科学研究以及生理生态学、遗传学基础研究非常重要，国内外联合开发是新的发展趋势，建议宁夏构建燕麦产学研密切结合的有效机制，建立合作关系，加强与加拿大等国内外研究机构开展广泛交流，主要目的是引进和丰富燕麦资源材料，筛选出适合宁夏种植的皮、裸燕麦品种，同时为宁夏燕麦耐盐碱鉴定、耐盐育种和耐盐机理等研究提供理论依据，对今后宁夏发展燕麦产业将有着重要意义。

2. 建立燕麦主产区规模化优质原料生产基地

宁夏燕麦主产区工业不发达，环境无污染；种燕麦靠天然降水，水源无污染；气候冷凉，种燕麦病虫害少，不用施农药，无农药污染；地广人少，养牛养羊优势明显，有机肥多，种燕麦可以实行草田轮作，种燕麦不施化肥，施农家肥，无化肥污染，是天然的无公害燕麦生产基地，也是建设和生产有机燕麦的最好基地。建议自治区政府在政策上大力支持燕麦“绿色、有机和无公害”食品的认证和生产基地示范推广的基础上，在不适宜种主粮的燕麦产区，调整现行粮食种植计划，制定燕麦生产发展规划，因地制宜大力发展燕麦种植，并加强在优势产区的基础设施建设，要积极支持燕麦加工企业参与原料基地建设，并给予一系列的配套政策，如良种补贴、收购价补贴、化肥农药补贴及机械购置补贴等，以调动农民生产的积极性，促进燕麦主产区向燕麦产业化优质专业原料生产基地转变，大力提高燕麦的商品化率。

3. 引进抗盐品种，开展燕麦耐盐技术研究

建议在银北地区建设一定面积的试验示范基地，开展燕麦耐盐品种的引进筛选、盐碱地燕麦栽培技术及燕麦改良盐碱地方法的试验研究，寻找出燕麦降盐机理和燕麦修复盐碱地的试验数据，为将来大面积进行盐碱地综合治理提供科学依据。

4. 发展燕麦产业，急需各方支持

燕麦产业的发展须得到政府和有关部门的大力支持。一是政府制定优惠政策，让更多的农民愿意种燕麦；二是种子部门可通过提供优良品种、对生产人员进行培训等方式来引导和扶持农民种植优质燕麦品种，支持燕麦生产发展；三是有关龙头企业对需要的燕麦品种实行订单生产，给予种子、地膜、化肥等有偿支持和奖励；四是要保护燕麦知名品牌，科研部门拟定地方标准并组织实施，指导燕麦标准化规范化生产，提高其经济效益。

5. 实施燕麦发展战略，促进燕麦产业上水平

随着经济的发展和人民生活水平的改善，燕麦的营养保健功效的宣传普及，现在燕麦不仅是当地居民经常消费的粮食，更是城市居住的人们追求改善营养、实行科学饮食的一个不可或缺的重要食物，近几年燕麦作为平衡膳食、保健的消费需求增长迅猛，另外，考虑到燕麦耐旱耐瘠的生长特点，发展燕麦不与其他主要粮食争地。宁夏燕麦主产区地处偏远地区，经济贫困，农业生产条件差，生态环境脆弱，不适宜三大粮食作物的种植，也不利于生态环境的恢复和改善，建议调整燕麦主产区的种植计划，大力鼓励发展当地优势作物燕麦等杂粮的生产，向扶持马铃薯那样通过生产补贴和价格补偿等措施鼓励燕麦种植，通过项目带动，扶持燕麦加工企业参与优质原料基地建设，提高燕麦产品的商品化程度，加快燕麦产品市场开发。

注：本文为2014年12月为自治区党委督察室编写的调研报告，时任宁夏回族自治区党委副书记崔波做了批示，宁夏回族自治区农业农村厅因此立项给予支持。

撰稿人：常克勤。

宁夏荞麦燕麦产业发展现状与对策建议调研报告

一、产业发展现状（以2018年情况为主，调研范围为宁南山区）

（一）生产情况

1. 种植区域

荞麦是宁夏的重要小杂粮作物之一，主要分布在宁南山区八县，包括吴忠市的盐池、同心、中卫市的海原县及中宁县部分山区乡镇，固原市的原州区、彭阳县、泾源县、隆德县和西吉县，属北方春荞麦区，以旱地、薄地、山地、坡地、轮荒地等种植为主。燕麦种植主要分布在六盘山北麓东西两侧的半干旱地区和阴湿地区的高寒冷凉山区。主要集中在固原市所属的原州、彭阳、泾源、隆德、西吉五个县（区）和中卫市海原县的部分乡镇，近几年，受市场需求的影响，皮燕麦作为麦后复种在黄河灌溉区、作为饲草作物在银北地区和吴忠市的盐池县均由一定面积种植。

2. 种植面积

甜荞种植除了单播，还可在气温较高的河谷川道区麦后复播。2018年荞麦种植面积约80万亩，占宁夏粮食作物总播种面积（1 104万亩）的7.2%。占全国荞麦种植面积（1 275万亩）的6.3%左右，其中甜荞种植面积约75万亩，占全国甜荞种植面积（750万亩）的10%，苦荞种植面积约5万亩，占全国苦荞种植面积（525万亩）的0.95%，燕麦种植区面积约20万亩，其中燕麦草种植面积增加较快，约8万亩，其中籽粒燕麦种植面积约12万亩，约占全国籽粒燕麦种植面积（799.5万亩）的1.5%，占宁夏粮食作物播种面积（1 104万亩）的1.1%。受市场需求的拉动，燕麦种植区域不断扩大，面积逐年增加，产量水平稳定。

3. 产量情况

2018年荞麦总产量5.55万t，占全国荞麦总产量（95万t）的5.8%。其中甜荞总产达5.1万t，占全国甜荞总产量（48万t）的10.6%，占宁夏粮食总产量（393万t）的1.29%，苦荞0.45万t，占全国苦荞总产量（47万t）的9.6%。籽粒燕麦总产量1.4万t（包括裸荞麦燕麦和皮荞麦燕麦），约占全国籽粒燕麦总产量（90万t）的1.6%，商品燕麦草产量20万t。占全国燕麦商品草产量（120万t）的16.7%。

4. 主推品种

荞麦种植品种有当地红花荞、宁荞1号和信农1号，从加工口感角度来说，红花荞麦加工的产品较受国内市场的欢迎，从出口角度看，白花荞麦更受外商欢迎。裸燕麦燕科1号为主栽品种，生产上还有小面积的宁莜1号，皮燕麦品种主要是固燕4号为主。

同时搭配白燕系列等品种。

5. 主推技术

荞麦的主推技术是荞麦大垄双行栽培技术，燕麦主要是覆膜穴播栽培技术。

（二）加工情况

荞麦加工企业有宁夏盐池山逗子杂粮食品有限公司、宁夏瑞春粮油工贸有限责任公司、宁夏家道杂粮食品有限公司、盐池山野香苦荞麦食品有限公司、宁夏旭丰杂粮食品有限公司和彭阳荞麦加工有限公司等荞麦燕麦加工专营企业，加工的荞麦产品主要有：荞麦米，荞麦糁，荞麦淀粉，荞麦面，荞麦挂面，荞麦皮枕芯等品种。开发的荞麦有枸杞营养麦片、荞麦枸杞营养粉、荞麦快餐面、荞麦饸饹面、荞麦原麦片、荞麦精米、荞麦精粉等。燕麦主要以加工荞麦燕麦米、面粉和风味小吃为主，如燕面揉揉、莜面窝窝、莜面面条、燕麦甜醅和燕麦醪糟等，近几年，燕麦片等产品在宁夏市场上销量明显递增，带动了本地燕麦产业的发展。

（三）销售情况

荞麦市场营销60%是以原粮销售后经加工成面粉的方式进行出售，荞麦是宁夏主要出口作物之一，在国际市场上享有很高声誉，我国每年大约出口日本、韩国、欧洲等国家10万t。宁夏外贸出口约占10 %，宁夏通过宁夏新野食品有限公司每年出口荞麦原粮和加工产品数量达1万t，裸燕麦以原粮出售后加工成面粉供当地餐饮业作为食品销售，皮燕麦无论是籽粒还是饲草主要销售到养殖企业作为饲料饲草使用。荞麦燕麦种子经营均以宁夏盐池嘉丰种业有限公司和固原金穗有限公司经营作为主渠道。

二、存在问题剖析

（一）自然灾害问题

该地区地处黄土高原暖温半干旱气候区，是典型的大陆性气候，荞麦生育期降水与其需水盛期吻合度较高，主要存在盛花期高温造成花粉枯死和后期早霜籽粒灌浆受到影响等自然灾害问题。燕麦主产区主要是春季干旱、少雨、多风等自然灾害对燕麦营养生长影响较大。

（二）生产主要问题

（1）生产条件差，技术不规范。宁夏的荞麦燕麦大多在种植在高海拔山区，以旱地、薄地、山地、坡地、轮荒地等种植为主，生产比较落后，种植分散，技术不规范，生产品种多以农家品种为主，生产条件差，整体生产水不高，投入力度小。

（2）良种覆盖率低，品种结构不合理。生产用种主要以农民自繁自留为主，品种纯度难以保证，品种混杂退化严重。同时，品种更新换代慢，优质品种、专用品种、名牌品种难以及时推广。

（3）规模效益不显著，机械化程度不高。种植分散，投入不足、管理粗放，生产规模小，产量水平低，难以形成规模效益，荞麦燕麦专用机械少，集约化栽培技术落后，标准化种植不高，比较效益低。

（4）产业化水平低。宁夏围绕荞麦燕麦转化建立了一些加工企业，但真正形成规模、创出品牌、在产业化发展过程中起龙头带动作用的企业较少。

（三）技术需求问题

（1）品种老化，良种覆盖率低。由于各方面的因素，宁夏荞麦燕麦主产区老品种比重大，新品种推广速度慢，新的优良品种比重小，面积不大，生产上良种覆盖率低，以粮代种、种粮不分，产量低而不稳。

（2）良繁体系不健全。由于良种繁殖体系不健全，良种繁殖和推广步履艰难。

（3）集约化栽培技术落后。随着人口流动和农民外出务工人数增加，荞麦燕麦作为劳动密集型产业受到较大影响。研究适宜于荞麦燕麦轻简栽培的品种、管理措施、技术模式迫在眉睫。

（四）产业政策问题

（1）将荞麦燕麦作为自治区优势特色产业纳入“十四五”规划，设立荞麦燕麦育种专项和综合研究项目，围绕产业发展中急需解决的问题，研究先进的栽培技术，实现节水、节肥、节药，提高单位面积生产效率和水分利用效率，减少生产投入，促进荞麦燕麦产业做优做强。

（2）制定政策，将荞麦燕麦种植纳入良种和粮食补贴范围。

（3）对荞麦燕麦农机研发进行适当补贴，鼓励引导农机科研、生产部门和相关企业，研发、制造或改造方便实用的荞麦燕麦生产机械，降低劳动强度，减少劳动力投入。

（4）建立良种繁殖储藏供应体系，可由育种家牵头，建立稳定的良种生产与繁殖基地，将良种贮藏于农户家，也可培育荞麦燕麦良种繁殖收购企业，统一繁殖、收购、保存、供应。

（5）加大对荞麦燕麦粗加工和深加工龙头企业和专业合作社的扶持力度，打造“荞麦燕麦有机食品”品牌。

三、重大项目方案

项目名称：荞麦燕麦育成新品种及新技术集成示范与繁育基地建设

执行年限：5 年

实施区域：盐池县，原州区

（一）研究目标

（1）品种鉴定与技术研发。依托宁夏农林科学院固原分院头营科研试验基地，重点对引进和选育的荞麦燕麦品种进行产量、品质和适应性鉴定，开展轻简化栽培技术研究和农机农艺配套技术研究。建立原种和原种繁育基地，为良种繁育基地建设提供品种保障和技术支撑。

（2）良种繁育。繁育品质优良、高产、适销对路品种，加强质量控制。每年在吴忠市盐池县麻黄山乡建设荞麦良种生产基地 600 亩，繁殖荞麦新品种信农 1 号（甜荞）原种 400 亩、黔黑荞 1 号（苦荞）200 亩，目标产量 150kg/亩，总产量 90t。每年为种子公司可提供 2 万亩繁殖用种。在固原市原州区张易乡建设燕麦良种生产基地 500

亩，其中繁殖燕麦新品种燕科1号原种200亩，固燕4号原种300亩。目标产量150kg/亩，总产量75t。每年为种子公司可提供0.8万~1.0万亩燕麦繁殖用种。

（二）主要任务

（1）建设荞麦燕麦新品种、新技术示范基地，开展荞麦新品种的展示、示范与推广。

（2）开展荞麦燕麦轻简栽培技术研究。每年安排专题，对荞麦燕麦无公害安全生产技术、抗旱高产栽培、生物农药平衡施肥、耕作播种机械等技术在不同生态区域进行单项和组装集成研究，提高单位面积荞麦燕麦产量和品质。

（3）通过引进筛选改进的方法，示范推广荞麦燕麦专用机械在荞麦和燕麦生产上的应用，促进农机农艺融合发展。

（4）加快并指导《荞麦无公害栽培技术规程》在荞麦大面积生产上的应用，实现优良品种合理布局与规模化、标准化生产。

（5）建设荞麦燕麦良种繁育技术与示范基地。开展良种繁育技术、种子提纯技术、种子保藏技术研究，提出荞麦燕麦良种繁育技术方案。

（6）搭建技术平台，开展集中培训和现场指导等技术服务。

（7）建立荞麦燕麦产业技术联盟。市场本身会对技术提出要求，我们将选育的优质专用型荞麦燕麦新品种及其配套栽培新技术以原料基地建设的方式为企业提供技术上的支撑，通过项目实施与技术创新改变荞麦燕麦产业链条上的各个环节，与企业开展切实而富有成效的合作，以科技助推加工生产企业的转型升级，以此实现我区荞麦燕麦加工产品增值。

（三）预期成果

（1）通过项目实施，基本解决长期困扰宁夏荞麦燕麦产业发展的品种杂乱、混杂和机械化水平低，用工量大，商品率低等问题，为提升宁夏荞麦燕麦产业水平，实现标准化规模化种植，更有实力参与市场竞争提供技术支撑和保障。

（2）项目执行5年后，建成以盐池县为中心的荞麦种子良繁基地和以原州区为中心的燕麦良种繁育基地各1个，使宁南山区荞麦种植面积稳定在80万亩左右，燕麦面积稳定在20万亩左右，荞麦亩产达到100kg/亩；籽粒燕麦亩产达到120kg/亩以上，饲草燕麦鲜草达到2 500kg/亩，示范区良种覆盖率达到100%，商品率达到80%以上，加工转化率达到80%以上。

（3）完成荞麦燕麦种质创新平台和技术服务平台的建立，初步构建以产业为主导、企业为主体、基地为依托、科研与生产相结合、加工与销售一体化的产业发展格局，促进宁夏荞麦燕麦产业快速健康和可持续发展，实现科研成果与实际生产力的联动发展。

（四）经费概算

该项目执行期限为2020—2024年，共5年。共需项目经费300万元，年均经费预算60万元。

注：本文为2019年向国家燕麦荞麦产业技术体系研发中心提供的调研报告。

撰稿人：常克勤。

宁夏小杂粮产业发展调研报告

（旱作农业工作组）

小杂粮是我国具有极大开发潜力的作物，也是未来农业可持续发展不可或缺的重要组成部分。中国农业科学院在《2022年中国食物与营养发展报告》提出“打造第三口粮”的战略建议，旨在通过加大全谷物食品开发力度，优化小杂粮区域布局，推动小杂粮产业提质增效，引导增加全谷物和小杂粮消费，打造第三口粮，提升主食多样性，确保国家粮食安全。小杂粮在宁夏主要指糜子、谷子、荞麦、燕麦、豌豆、蚕豆、扁豆等，具有较强的抗旱能力，耐瘠薄，需水肥较少，产量也比较稳定的特性，对南部山区和中部干旱带气候干旱、土壤瘠薄的生态条件有很强的适应性。作为宁夏传统优势作物，小杂粮在增加宁夏南部山区农民收入、实现区域粮食平衡、提升乡村振兴和改善生态环境等多方面的地位十分突出，已成为宁夏南部山区新的经济支撑点，是其他作物难以替代的。为了破解小杂粮产业发展的结构性矛盾，我们通过一系列座谈、调研和咨询取得了翔实的第一手资料，现将调研情况报告如下。

一、产业发展现状及需求情况

（一）生产现状

小杂粮生育期短，种植面积小，区域性强，品种多，总量大，在我国小杂粮常年种植面积1 000万 hm^2左右，占全国粮食作物播种面积的9%，产量约1 000万t，占全国粮食作物总产量的4%左右。宁夏耕地面积127.5万 hm^2，旱作耕地占总耕地面积的63.9%，2022年我区粮食作物种植面积692万 hm^2，小杂粮种植面积为18.7万 hm^2，占全区粮食作物面积的26.8%，粮食总产量375万t，小杂粮总产量19.76万t，占粮食总产量的5.2%，占宁南山区粮食总产量的15%以上。宁夏干旱半干旱地区生态环境复杂，自然灾害频发。小杂粮适应性广，抗逆性强，耐旱、耐瘠，播种期长，生长迅速，且与降水季节吻合。从3月种植燕麦开始，到4月种植豌、扁豆、谷子，5、6月中下旬种植糜子、荞麦，播种时间历时近4个月。当自然灾害发生时，小杂粮更成为宁夏干旱半干旱地区抗灾补种的首选作物，面积大幅度增加，以其自身面积的不稳定，保证了当地粮食生产的稳定。发展小杂粮生产对促进宁夏特色农业经济发展，增加贫困地区农民收入，实现乡村振兴具有十分重要的意义。

（二）需求情况

1. 粮食安全需要重视小杂粮科技支撑

随着宁夏黄河配水量的减少，扩大水稻种植面积的空间已十分有限，稳定和扩大小麦面积的压力增大；随着马铃薯作为第四大主粮越来越受到重视，马铃薯连作障碍问题日益突出。由于近年来小杂粮市场价格不断上涨，麦后复种谷子、糜子、豆类成为可能；为克服马铃薯连作障碍，利用小杂粮耐冷凉、耐瘠薄的特性来进行轮作倒茬、培肥地力也有很重要的意义。加大研究力度，不仅对提高小杂粮产量有着重要意义，也对应对黄河配水量减少，稳定和增加宁夏小麦面积，促进马铃薯产业健康发展，保持宁夏粮食总量持续增长，进而保证宁夏粮食安全意义重大。

2. 农民增收需要扩大小杂粮种植

近年来，随着小杂粮新品种的应用和种植技术改进，加上国内外市场小杂粮价格攀升，种植小杂粮的效益有了很大提高，小杂粮种植已由过去传统的粮食作物向经济作物转化，具有增加宁夏干旱半干旱地区农民收入，壮大农村经济和维持社会安定的重要作用。

（1）地域优势：宁夏干旱半干旱地区是我国小杂粮主产区，是世界公认的最适合小杂粮种植的阳光区域之一。

（2）品质优势：优越的自然条件，促进了宁夏小杂粮所含蛋白质、脂肪、膳食纤维等营养成分，不仅高于大宗农作物，而且属于无污染、无公害的天然绿色食品，其优良的品质成为国内外驰名的地域品牌。

（3）外销优势：品种多、品质好、营养丰富，口感好，历来为国内外客商所青睐。例如，本区种植的糜子经加工成黄米，盐池生产的荞麦在俄罗斯、日本等国际市场上均有很强的竞争力。

（4）比较效益：生产成本低，产品销售价格高，比较效益明显。如谷子糜子价格稳定在 3 元/kg 左右，最高年份达到 5. 6 元/kg；荞麦价格稳定在由 4 元/kg 左右，2020 年最高上升到 7. 6 元/kg；即便如此，由于品种混杂、栽培技术落后等因素影响，销售价格与全国其他地区相比仍有很大差距。

3. 健康需要为发展小杂粮生产提供了巨大空间

小杂粮营养价值丰富，其蛋白质、脂肪、碳水化合物、维生素、矿物质、纤维素等营养成分是人体摄入的最合理的比例，长期食入小杂粮对糖尿病、高血脂、心血管病都有很好的预防作用。荞麦等小杂粮的社会定位也从“填闲补种”的救灾作物、地方风味食品原料，悄然转变为有机绿色食品、功能保健食品原料，成为珍贵的特色谷物资源，已从“粗糙、廉价”的风味地方小吃消费向“健康、高档”的现代健康生活、科学饮食消费转变。人们对绿色、有机食品和保健食品越来越青睐，膳食结构也随之发生变化，这为小杂粮产业发展提供了巨大的潜在市场，为小杂粮生产发展提供了更加广阔的发展空间。小杂粮产业有大市场、大作为，其用途多元化，不仅关系着人民的大健康，又体现着国家的需要，符合经济、政治和以人为本的发展理念。

4. 小杂粮是实现国家战略和黄河流域高质量发展的重要替代作物

根据农业农村部关于“镰刀湾”地区玉米结构调整的指导意见，重点调减西北风沙干旱区（含宁夏）等非优势区的玉米，改种生育期短、耐旱性强的小杂粮是“镰刀湾”地区六个重点调整的目标任务之一。为了积极响应国家战略，综合考虑自然生态条件，农业结构现状，生产发展水平，小杂粮作为“镰刀湾”地区（宁夏区域）玉米结构调整的替代作物，在宁南山区生产效益及种植结构调整方面具有较大的潜力和可行性，同时也是宁夏走出一条资源节约、黄河流域生态保护和高质量发展农业可持续发展的必经之路。

5. 小杂粮产业发展需要增加科研投入，加大研发力度

就宁夏而言，小杂粮不论是种植还是食品加工，品种与高效栽培技术是制约小杂粮产业发展的主要因素之一。开展小杂粮新品种选育、种质资源收集发掘与利用及与新品种相配套的高效栽培技术研究，为宁夏小杂粮产业发展提供品种保障和技术支撑就显得尤为重要。此外，配套的轻简高效栽培技术、农机农艺结合技术、节水抗旱环保栽培技术、产品深加工技术等，也是制约小杂粮产业发展的重要因素。认真研究并加以解决，对解决制约宁夏干旱半干旱地区小杂粮和油料产业发展中急需的品种和技术问题，支撑引领宁夏特色农业优势产业发展具有十分重要的意义。

二、存在问题

（一）技术层面

1. 高产优质、适应性强的品种少，科技支撑不够

相比其他主要粮食作物，宁夏小杂粮的育种工作相对滞后，科研单位已经选育出一批优良的新品种，包括现在生产上主推和大面积应用的宁糜系列糜子品种、固荞系列荞麦品种以及引进的张杂谷谷子系列品种，但仍然存在一些问题，2015 年 11 月国家新修订的《中华人民共和国种子法》制定以来，包括糜子、荞麦、燕麦等在内的小宗作物未列入国务院农业主管部门非主要农作物登记目录，“十三五”期间科研单位选育的新品种（系）未能得到及时认定，造成生产上新品种接续不上，良种应用率低，产量不高，品质较差；特别突出的是优质品种缺乏，高产品种不多，广适型品种少，生产上品种参差不齐，类型杂乱，无论是品种数量，还是品种质量，都难以满足生产的需求，加工后的小杂粮优质产品比率低、优质产品产出率低的矛盾日益突出。

2. 生产水平低，面积产量年际间变幅大

年季间变化幅度大，主要表现在：一是灾年面积扩大，正常年份减小；二是当某种作物种植面积扩大时，首当其冲的是减少小杂粮的面积；三是小杂粮主要种植在梁坡岭地，土壤瘠薄，生境脆弱，粗放经营，科技含量低，投入不足，严重影响了小杂粮优势的发挥。这样的生产水平，严重地制约着宁夏小杂粮生产整体均衡协调发展；特别是贫瘠的地力及传统落后的栽培方式对有限降水资源利用不充分，是小杂粮生产力低下的根本症结所在，是制约宁夏南部山区小杂粮生产可持续发展的技术“瓶颈”。

3. 种植方式落后，服务体系尚不健全

宁夏小杂粮产区的生产方式大多数采用传统的耕作方式，由于种植户的生产条件、文化水平等因素的限制，生产管理方面目前仍是耕作粗放，科学种植水平不高，手段落后，小杂粮仍然处于分散、无序、落后的小规模生产状态，未能形成区域化、规模化、标准化生产，集约化程度较低，专业服务体系尚不健全。这样导致生产的小杂粮商品化程度不高，效益低下。

4. 小型专用机械缺乏，机械化普及率低

宁夏小杂粮目前生产管理上是一家一户的耕种方式，是联产承包责任制的基本模式，其特点是种植面积小，且多种作物插花种植在一起，机械化程度相对比较低，其原因：一是受地形地貌限制，缺乏适宜山区坡地和机修田用的中小型农机具；二是当地的经济条件制约着机械化普及与发展；三是现有的播种机、收割机、脱粒机等款式单一，而且并非为小杂粮专门研制，专业性不强、不好使用，效率偏低，且价格昂贵，机械化普及率得不到快速提高。

（二）产业协同层面

1. 产学研各环节衔接不够

目前宁夏小杂粮科研育种、农户生产、收储流通、面粉加工、食品加工和市场消费等环节相互脱节，各自为战，缺乏协调，优质小杂粮种植面积、产量、质量、规格、技术、价格等市场变动大而不稳定，在小杂粮整个产业链条中，科研滞后于生产，生产滞后于流通和加工，面粉加工又滞后于食品加工业，业内人士称为恶性循环的产业经济特征。

2. 产供销相互脱节

产前、产中、产后互不了解需求，小杂粮生产与龙头企业间缺乏有效链接。尽管近几年宁夏小杂粮加工、流通企业发展迅速，但小杂粮产业化整体水平不高，产前、产中、产后各个环节的衔接仍需加强。特别是企业的经营机制、市场发育、服务水平还较低，在信息、品种、技术、组织和产销方面缺乏具体的实体支持，产供加销有所脱节，限制了优质专用小杂粮区域化布局、标准化生产、产业化经营、市场化运作的发展。小杂粮流通大多沿袭传统混收混储的物流体制，不能满足加工企业对小杂粮品质的要求。

3. 加工产品同质化严重，缺乏特色

小杂粮收购、储存、流通过程中不考虑专用品种和内在品质，混收混储，加之未能形成有效的优质优价机制，质量好坏一个样，加剧了商品小杂粮质量不稳定，难以满足面粉、食品等终端企业需求。宁夏虽引进一批先进的小杂粮加工技术和生产工艺，但并未发挥一流设备的效能。高品质的专用面粉研究和开发不足，同质化严重，缺乏特色产品，缺乏品牌意识，附加值不高，竞争力不强。难以形成小杂粮生产、加工、消费等领域协调沟通的研发团队。

三、主要对策

1. 种植结构调整

（1）种植结构调整的市场趋向。对于宁夏小杂粮主产区来说，种植业结构调整，不是小杂粮单一内容的变动，而是一次从数量到质量、从结构到布局、从种植技术到政策目标的全方位的调整。具体包括：一是目标调整。变增总量的单一目标为保供、提质、增效、增收、保护环境和资源的复合目标。二是布局调整。从全局利益出发，以比较优势的原则，合理布局，既要发挥规模效益，形成规模，搞出特色，又要防止畸形发展。三是技术调整。在推广增产技术、常规技术、单项技术的同时，大力推广提质技术，增值、降耗、增效技术，节地、节水、节物、节能、节劳技术，高新技术和配套集成技术，这种发展趋向就可推进种植业向现代化发展。四是政策调整。主要是刺激生产，调动农民积极性，同时注意刺激流通、转化、加工的发展，调动农民、科技人员、流通、营销、加工等方面的积极性。

（2）新品种选育与种植结构调整。在市场经济条件下，小杂粮加工产品要满足市场需求，实现其自身价值，必须“优质”，“优质”是高效的基础和前提。种子是农业之本，种植业结构调整首先要从品种、品质改良抓起，大力开发推广优质品种，优化品种品质结构。一粒种子可以改变世界，一个高优品种能激活一个产业。全面优化小杂粮品种，努力提高其产品质量，是调整宁南山区种植业结构，走高质量发展之路，确保农民增产增收的切入点。所以，只要我们选育出既有良好丰产性、抗逆性，又有良好品质及开发市场前景的小杂粮新品种，就能够大幅度提高大田单位面积产量，促进小杂粮产品质量的更新换代，加快种植业结构的调整，提高小杂粮生产能力。

（3）先进适用技术推广与种植结构调整。在宁南山区对于小杂粮产业来说，种植业结构调整不能光看调了多少面积，更要看调高了多少科技含量。面积的调整是适应性调整，科技含量的提高才是战略性调整。因此，先进适用技术的推广是该区域种植业结构调整的主动力。

（4）加工企业发展与种植结构调整。宁夏农业从制度创新到技术创新为加快小杂粮等特色作物的发展提供了空间，只要主产区政府根据市场需求和企业的加工能力，与区内外大中型农产品收购或加工企业签订优质小杂粮产品联合协议，搞综合开发。合理安排各种农作物种植比例，比如，不同作物之间的搭配，同一作物不同类型用途的搭配，同一用途不同熟期的搭配等，就可以为小杂粮产品健康有序地走入市场铺平道路。

2. 品种改良和技术创新

（1）新品种选育及栽培技术研究。品种是提升农作物生产能力最有效、最快捷、最明显的途径，宁夏小杂粮产业研究基础薄弱，技术力量不足，品种创新、改良工作远远滞后于产业发展需要。小杂粮新品种选育工作要借鉴大宗作物的研究成果，在杂种优势利用、杂交育种、分子标记辅助育种、基因克隆、功能因子提取等研究领域开展探索，促进小杂粮优良品种的创制、普及和品种更新。另外，从品种选用和合理搭配、从种子的精选、浸种方法、种衣剂使用技术、实行精量、半精量播种技术，小杂粮籽粒蛋白质含量和生物类黄酮含量高的品种及相应的栽培技术体系，有害生物防治收获储藏等生产各个环节仍有创新较大的空间，蕴含着较大的生产能力储备。

（2）小杂粮栽培技术创新与应用。以荞麦栽培技术创新为例：一是推广以传统种植技术为中心的旱作农业耕作技术，宁夏荞麦种植是典型的旱田作物，靠天然降水获取产量。科技工作者在总结农民传统耕作方式的基础上，开展了旱作农业耕作技术的研究，经过研究和总结提出了“适期播种，施好种肥、选用良种、保证全苗”的旱地荞麦综合丰产栽培技术和荞麦 1 200 kg/hm^2 规范化栽培技术，是目前宁夏荞麦农作技术的主推技术，也是荞麦生产力提升的关键技术。二是推广宽窄行栽培技术，宁夏农林科学院固原分院经过多年试验研究和梳理总结，结合宁夏实际通过调整行距，设定宽窄行栽培模式，即宽行距 0. 45～50cm，窄行间距 8～10cm。该技术是一项轻简化、全程机械化栽培技术，非常适宜宁夏中部干旱带平原或缓坡地种植，在栽培上窄行增加密度，增加抗倒伏能力，宽行有利于机械操作，方便于耕培土和追肥，节省人工，从而在根本上改变了多年沿用的粗放种植的管理模式，在实际生产应用中明显增加荞麦产量。三是推广应用新技术 根据荞麦作为保健食品的要求，在推广应用传统技术的同时，创新合理轮作制度，应用控矮化增产技术、富硒肥、保水剂以及种衣剂使用技术，抗倒栽培管理技术、改粗放耕种为精耕细作，改撒播为条播、穴播技术等。

3. 生产方式转变

（1）建立专业合作社。在农民自愿的基础上建立以家庭联产承包责任制为基础的专业合作社，有利于规模生产，达到连片种植，便于实行机械化。

（2）培植专业大户。采取土地入股，收益分红等多种方法，引导组织农民流转土地承包经营权，将闲着荒芜的土地整合利用起来，建立家庭农场，形成规模化生产，机械化作业。

（3）创建公司与农户的共同利益体。小杂粮不仅是粮食作物，更是功能性保健作物；不再是只有产区自己食用的短腿作物，而要成为全国及世界消费者共同食用的长腿作物。目前已被做成降糖、降脂的功能性保健食品走向全国、走向世界。加工厂家不断增加，加工量攀升，市场需求量上升。创建加工企业与农户、加工企业与专业合作社结合的利益共同体有利于小杂粮燕麦产业的发展壮大。

（4）组建农机服务队。各级政府利用各种渠道的支农款项，扶持农机大户，组建有偿服务的社会化乡村农机服务队，既可以改善基础设施，又可以提高农机的利用率，提高机械化作业水平。

4. 机械化普及

（1）完善适宜种植大户和平原地区作业用的全程相配套的农业机械。目前种植大户和平原区基本用的是小麦田的机械，实现了耕翻、播种、收获、脱粒的机械化，但缺乏与小杂粮相配套的中耕锄草用机械。因此，在采用小麦用的机械基础上，根据小杂粮的特点进行改进完善，并研发与其相配套的中耕锄草机，形成真正意义上的全程机械化。

（2）研发适宜山区和一家一户种植的小型农业机械。目前很少有适宜山区和一家一户使用的中小型农机，所以此类地区和一家一户的小杂粮种植户仍采用传统耕作方法，应加强研发适宜这类地区和一家一户使用的耕翻、耙耱、播种、镇压、收割用的小型农机具，实现小杂粮产区的全部机械化。

（3）研发耕翻、耙耱、播种、镇压一体机。当前使用的机械为耕翻、耙耱、播种、镇压分离的单机，没有“四位一体”的一次性作业用机械，形成多次作业，费时费工，成本高，土壤失墒严重。采用免秋耕晚播耕作技术后，可研究开发适宜耕翻、耙耱、播种镇压的一次性作业用机械，可减少作业次数，保墒、节劳、降低作业成本。

5. 产业政策

（1）农业生产政策。建议小杂粮主产县（区）政府把小杂粮作为本地农民增收与农业增效的主导产业进行扶持，与扶贫项目、生态治理项目及民族区域发展项目等有机结合起来，将小杂粮纳入农业补贴范畴，通过农业补贴促进农民种植小杂粮的积极性。

通过制定优惠政策扶持一批小杂粮加工企业，带动一批小杂粮种植的专业合作组织，构建一个以小杂粮为主导的县域经济发展模式。

（2）产品加工政策。一是扶持龙头企业，针对加工方面，政府部门应制定适当的优惠政策，鼓励产业化龙头企业建立高标准的原料生产基地，开展优质原材料生产；鼓励龙头企业建立研发基地，进行新产品研发；鼓励龙头企业建立市场营销体系，进行产品营销策划；鼓励龙头企业因地制宜地开发小杂粮系列加工食品，提高小杂粮的经济效益和社会效益。二是促使产学研结合，宁夏小杂粮科研、生产、加工、出口等分割于不同行业，长期以来缺少联合与协作，严重影响了小杂粮全产业链发展。因此，在小杂粮产业发展中，应尽快建立由育种专家、食品加工专家、管理专家、外贸专家等多单位、多行业代表参加的小杂粮协作组织，围绕增强小杂粮产业开发创新能力，支持和引导小杂粮食品加工、外贸等企业与科研单位、高等院校的技术交流与合作，促进宁夏小杂粮高质量发展。三是人才培养政策打造小杂粮完整产业链条，急需科研、生产、加工、市场营销、企业管理及各类技术人才。针对主产区的实际情况，还需要大量在基层一线进行推广农技人员。与其他大宗作物相比，小杂粮生产区域无论是自然条件还是人文条件都较差。为了吸引更多的人才从事小杂粮产业，建议自治区政府制定相关政策，在人员与资金方面给予倾斜，吸引更多的人员参与小杂粮产业建设。四是品牌培养政策，小杂粮产业发展的根本出路在附加值的提升，实施“三品一标”促进产业升级，以市场为导向，站在大农业的高度，利用当地环境优势，创建知名品牌，实施品牌战略，把小杂粮生产、大宗作物生产、畜牧生产和农产品加工业通盘考虑、科学规划；增加科技投入，引进优良品种，改善栽培技术，确保基地生产科技含量的整体提高，以此确保基地建设的高起点、高标准、高效益。开发具有地域特色的小杂粮产品，并严格加强质量检测，保证产品安全、优质，从而促进小杂粮产业的全面快速升级。

综上所述，我们相信，通过加强战略研究，完善产业政策制订，小杂粮产业一定会进入新的发展阶段，为宁夏农业和群众健康做出更大贡献。

注：本文是“旱作农业工作组”为“宁夏农林科学院农业科技创新发展战略研究智库”领导小组提交的调研报告。

撰写人：常克勤。

第四章　区域规划

宁夏小杂粮优势区域布局规划

宁夏深居内陆，根据自然条件可划分为“宁夏平原”和“宁南山区”两个自然地带。宁南山区位于黄土高原西北部，面积 3.66 万 km^2，占宁夏总面积的 72.6%。海拔高度1 240~2 950 m，年平均气温 5.3~9.2℃，≥10℃有效积温1 850~3 300℃，无霜期126~183d，平均降水量 280~650mm，生态环境复杂，春暖迟，夏热短，秋凉早，冬寒长。自然灾害频繁，工业落后，空气洁净，特别是雨热同季和相对冷凉的气候，为小杂粮生长发育提供了条件。主要自然灾害为干旱、低温和冰雹。特别是春、夏连旱，对农业生产造成很大的影响。

一、小杂粮在宁南山区粮食生产中的地位

（一）小杂粮是重要的抗灾、避灾作物

宁南山区自然灾害频繁，特别是干旱。从 1980—2000 年的 21 年中，不同程度的干旱有 14 年，发生频率 63.6%。小杂粮抗旱能力强，适应性广，适播时间长，从莜麦开始，到豌豆、扁豆、蚕豆、谷子、糜子、荞麦，播种时间从 3 月一直延续到 7 月中旬，历时将近 4 个月。播期长使小杂粮成为宁南山区旱地抗旱播种的首选作物，面积一直稳定在一定的水平上，干旱年份还会大幅度上升，以其自身年际间面积的不稳定保证了宁南山区粮食产量的相对稳定，为当地人民生活、农业生产和经济发展作出了巨大贡献。

（二）耕作制度合理调配的特色作物

小杂粮耐瘠薄，不但自身生长消耗养分少，还可有效改善土壤团粒结构，提高通透性，恢复地力，抑制病虫害的发生，为下茬作物创造一个良好的土壤环境。所以长期以来人们有以小杂粮为主体轮作倒茬的好习惯，并形成了相应模式。同时粮、草兼用，在山区耕作制度调配上有不可代替的作用。

随着人口增长和耕地面积的减少，为了充分发挥旱作农业优势，增加产量，在马铃薯与豌豆、蚕豆套种的基础上，近年来豆类与地膜玉米、向日葵等作物及枸杞、桑树等其他未封行的幼龄果树间、套种迅速发展。糜子、荞麦和早熟豌豆除了单种，还可在气温较高的河谷川道区麦后复种。

（三）粮、饲兼用和副食品加工的主要原料

由于小杂粮特殊的营养保健功能，城乡人民、特别是城镇人口的食用量不断增加。糜子、谷子秸秆和小杂豆的籽粒、秕碎粒、荚壳、茎叶茎秆对解决干旱、半干旱地区饲料缺乏问题有十分重要的作用。同时我区以小杂粮为原料的副食品加工迅速扩大，以豆类为原料的有：豆秧、豆苗、粉面、粉丝、油炸大豆、五香豆和豆瓣酱以及各种炒食等；以荞麦为原料的有：荞麦米、荞麦面、荞麦片、荞麦挂面和粉皮凉粉以及荞麦壳等；以糜子为原料的有：酿酒、制醋等，小杂粮副食品加工用量约占总产量的20%，转化率居粮食作物前列。

（四）小杂粮是贫困地区的主要经济来源之一

小杂粮主要种植在干旱、半干旱地区，地域偏远，少数民族聚居。主产区农户已将小杂粮作为经济作物看待，年产量的65%~70%向市场出售，农民人均纯收入的30%左右直接或间接来源于小杂粮。发展小杂粮生产，形成小杂粮产业，有利于提高老、少、边、穷地区人民的生活水平，有利于老、少、边、贫地区人民脱贫致富，减轻国家粮食区域平衡的压力，促进民族团结、社会安定和经济腾飞。

（五）小杂粮是传统的出口产品

据不完全统计，宁夏全区从事小杂粮收购和销售的公司有4家，个人有26家；创汇率居宁夏粮食作物之首。灵武泽发荞麦制品有限公司，以荞麦为原料生产荞麦米、淀粉、挂面等多种产品，远销日本、荷兰、德国、美国、俄罗斯等12个国家和地区；宁夏新野贸易公司年收购销售各类杂粮3 500余t，大部分产品销往日本、韩国。

二、宁夏小杂粮现状

（一）生产现状

1. 面积下降，单产上升

调查结果，2005年全区小杂粮播种面积255.42万亩，占全区粮食作物总面积（1 164万亩）的21.94%，排在小麦之后，位于第2位。面积比1980年348.1万亩减少了92.65万亩，下降了26.6%，下降幅度最大的是莜麦、谷子、扁豆和糜子，分别减少了80.33%、56.35%、42.62%和42.42%。

随着生产条件改善，化肥投入和新品种、新技术的推广，小杂粮的产量上升，平均亩产由1980年的41.91kg增加到2005年的80.33kg，增产91.67%，总产20.16万t，占粮食总产量（299.81万t）的6.72%，对稳定粮食总产量起到了重要的作用。

2. 种植区域相对集中

小杂粮在全区均有种植，但主要分布在宁南山区的原州、西吉、隆德、彭阳、泾源、海原、同心、盐池7县1区，涉及固原、中卫、吴忠三市。其中固原市的原州、西吉、隆德、彭阳、泾源96.3288万亩，占37.71%，中卫市的海原、同心108.4157万亩，占42.44%，吴忠市的盐池50.6731万亩，占19.84%。随着气候变暖及移民政策的影响，豌豆在保持原产区的基础上向六盘山、南华山等阴湿区扩展；扁豆也已在中宁大

战场开始种植。

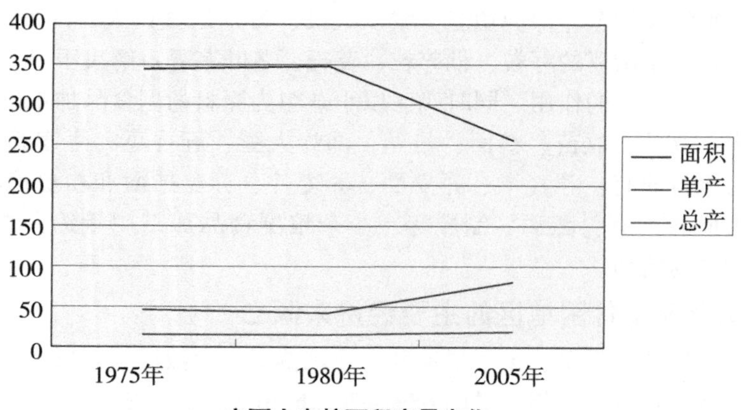

宁夏小杂粮面积产量变化

2005 年宁夏小杂粮种植情况统计

品种		盐池	同心	海原	原州	西吉	隆德	泾源	彭阳	合计
豌豆	面积（亩）	55 810	85 330	109 500	53 107	158 385	20 822	7 232	27 710	517 896
	单产（kg）	37.1	89.5	98.2	127.2	105	81	93.6	96.8	94.4
	总产（万 kg）	207.055	763.704	1 075.29	675.521	1 663.043	169.144	67.692	268.233	4 889.682
扁豆	面积（亩）		21 800	27 000	7 646	12 915	4 102		10 317	83 780
	单产（kg）		82.3	86.2	40.4	56.6	75.1		87.2	76.0
	总产（万 kg）		179.414	232.74	30.89	73.099	30.806		89.964	636.913
蚕豆	面积（亩）				3 017		97 477	25 016		125 510
	单产（kg）				177.5		130.9	89.6		123.8
	总产（万 kg）				53.552		1 275.974	224.143		1 553.642
糜子	面积（亩）	108 400	202 340	300 000	27 882	49 290	5 600	2 454	83 008	778 974
	单产（kg）	33.6	110.2	84.3	149.2	147.5	70.8	108.3	106.8	92.7
	总产（万 kg）	364.224	2 229.787	2 529.0	415.999	727.028	39.648	26.577	886.525	7 218.788

（续表）

品种		盐池	同心	海原	原州	西吉	隆德	泾源	彭阳	合计
谷子	面积（亩）	27 221	107 845	30 000	14 523	12 210			5647	197 746
	单产（kg）	38.7	66.3	98.2	132.1	123.5			92.0	76.3
	总产（万 kg）	105.345	715.012	294.6	191.849	150.794			51.952	1 509.552
荞麦	面积（亩）	315 300	125 260	75 082	29 500	40 735	6 200	4 584	97 041	693 702
	单产（kg）	39.1	75.5	78.9	103.1	86.3	54.3	84.4	72.2	44.5
	总产（万 kg）	123.282	945.713	592.397	304.145	351.543	33.666	38.689	700.636	3 090.071
莜麦	面积（亩）				8 815	37 645	2 730	8 619	21 519	79 328
	单产（kg）				97.2	86.2	43.0	65.4	75.3	80.7
	总产（万 kg）				85.682	324.5	11.739	56.368	162.038	640.327
草豌豆	面积（亩）								77 540	77 540
	单产（kg）								126.5	126.5
	总产（万 kg）								980.881	980.881
总计		面积：2 554 176 亩，总产：20 519.86 万 kg=20.16 万 t，单产：80.33kg								

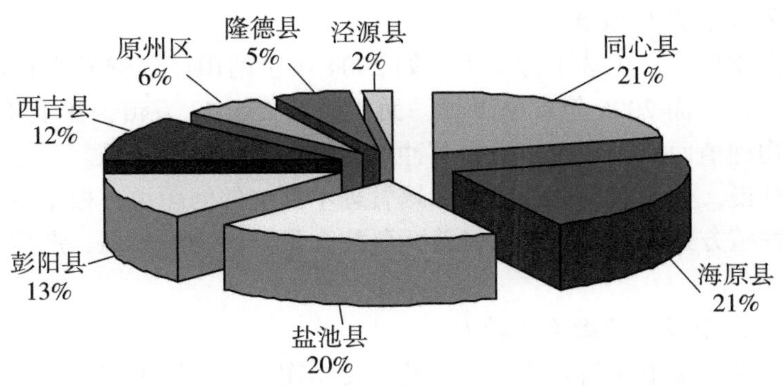

宁夏不同县区小杂粮种植分布情况占比

糜子、谷子主要种植在同心、海原、盐池县以及原州区和彭阳县的北部山区；

豌豆、扁豆主要种植在西吉西北部和海原中南部以及同心的南部的半干旱区；

蚕豆主要种植在阴湿区的泾源全县及隆德部分乡镇；

荞麦主要种植在干旱、半干旱地区的盐池、同心、彭阳、海原、西吉县、原州区；

莜麦主要种植在西吉、彭阳北部和原州区南部半阴湿区；

草豌豆主要种植在彭阳北部和原州区东部山区。

（二）科研状况

1. 小杂粮研究历史较长

宁夏回族自治区以新品种选育和栽培技术为主要内容的小杂粮试验研究已有 50 年多年的历史。1950 年，由自治区立项，宁夏作物所开始对糜子进行研究。1970 年起，糜子研究任务转由固原农科所承担并增加了谷子。以后又相继增加了荞、莜麦和豌、扁、蚕豆。先后从事小杂粮试验研究的约 50 多人，程懋、王玉祥、刘玉灿、王玉玺是老一辈知名专家。

2. 小杂粮研究取得了一批科研成果

在各级政府和科技、农业、种子等部门的大力支持下，经过科技人员的艰苦努力，取得了一批科研成果，先后引、育并推广了糜子新品种 8 个，谷子 3 个，荞麦 2 个，莜麦 1 个，豌豆 2 个，扁豆 2 个，蚕豆 1 个；获省部级科技进步奖二等奖 1 项，三等奖 4 项，科技成果 11 项。在总结传统种植方法的基础上，提出了配套栽培技术，为解决制约小杂粮发展的品种和技术两大难题，做出了贡献。在强化品种引进、选育和资源收集、筛选、利用的同时，在育种方法上坚持引进与选育相结合，常规品种与特色品种选育相结合，现实性与前瞻性相结合，开展了小杂粮生长、开花习性和产量性状关系研究，品种抗寒、抗旱、抗病性和病虫害防治研究，为小杂粮产业发展提供了技术支撑。

（三）存在的主要问题

1. 种植条件差

小杂粮主要种植在山旱地，山旱地种植占总面积的 93.30%以上，有灌溉条件的只有 15.2 万亩，占 5.95%，而且主要是间复套种。

2. 面积不稳定，产量偏低

一是灾年面积扩大，正常年份减小，如 2004 年宁南山区气候基本正常，小杂粮面积只有约 200 万亩，而 2005 年春季干旱，面积达到 255.42 万亩，比上年增长了 28%。二是当某种作物种植面积扩大时，首当其冲的是减少小杂粮的面积。三是新品种和新技术推广应用速度慢，生产上良种缺乏和栽培管理不到位的问题没有根本改变。四是多年来形成的传统种植方式，习惯于粗放经营，科技含量低，投入不足，严重影响了优势的发挥。

3. 政策对小杂粮发展的影响比较大

豌豆、糜子等小杂粮在固原地区一度是主要作物，为当地生产、人民生活和经济发展做出了巨大贡献。随着扬黄灌溉面积的扩大和退耕还林（草）战略的实施，杂粮的面积和产量都有了较大的滑坡。表现在技术上缺乏对小杂粮深入系统的研究、开发与攻关，品种上忽视了新品种的推广应用，种植上管理粗放，布局不合理，分散、规模小，资金上没有把小杂粮作为一个产业给予真正的扶持，更没有将其作为一个优势资源来开发。

4. 品种选育难度大

全国从事小杂粮品种选育单位较少，其中扁豆、莜麦、草豌豆、荞麦和糜子更少。小杂粮作物或植株小、花器小，或异交率高，杂交、选育难度大。

5. 龙头企业少，带动能力差

近年来围绕小杂粮转化建立了几个加工企业，也有贸易企业的介入，但由于加工能力差，工艺水平较低，信息渠道不畅，市场风险大，销售体系不健全等，龙头企业的带动能力差。

三、市场前景与竞争力分析

（一）竞争力分析

1. 宁夏南部山区小杂粮生产有明显的区域优势

全区小杂粮主产区耕地面积 1 204.2 万亩，人均 5.1 亩，土地资源丰富。地域偏僻，工矿企业少，劳动力充足，高寒冷凉气候条件与小杂粮的生长发育习性相吻合，在无污染环境中种植的小杂粮，是真正的绿色食品。

2. 育种力量雄厚，育成品种的适应性强

先后育成豌豆、扁豆、蚕豆，糜子、谷子、荞麦、莜麦新品种 19 个，而且地方品种资源丰富，特别是荞麦、豌豆、蚕豆等由于品质好，深受外商欢迎。如宁糜 9 号是唯一被列入国家科技成果重点推广计划的糜子品种，在陕、甘、宁、内蒙古、晋等省推广，宁豌 4 号被农业部列入“科技进户工程”进行重点推广。糜子不论基础研究还是品种选育，处于全国领先地位，扁豆跨入全国主要研究单位行列。

3. 小杂粮生产已经引起地方政府的重视

从 2003 年开始，宁夏地方政府加大了对小杂粮研究推广的支持力度。增加了对小杂粮品种试验、良种繁育投入，建立了良种繁育基地。2006 年，宁夏回族自治区政府与西北农林科技大学携手，就小杂粮良种基地建设、产品产业开发等签署了合作协议，在原州区建立了国家小杂粮展示园区。在此基础上，划拨专门经费，开展了全区小杂粮生产现状调查。以县为调查单位，每县抽查 3 个乡（镇），每个乡（镇）又抽查 3 个行政村，每个行政村抽查 5 户农户进行了自 1980 年以来普查式的调查，掌握了第一手的基础资料。为宁夏小杂粮优势种植区划和今后小杂粮产业发展奠定了基础。

4. 宁夏小杂粮有较强的市场竞争力

2004 年全国豌豆、扁豆、蚕豆、荞麦、谷子、莜麦等 6 种作物出口量 23.746 万 t，宁夏小杂粮销售量 34 326 t，销路畅通，价格明显低于国际市场，竞争力强。

（二）竞争潜力分析

1. 小杂粮面积、单产提高空间大

随着小杂粮产业开发和间、复、套种面积的扩大，小杂粮面积还有 40 万~50 万亩的增长空间。由于生产条件、优良品种和栽培技术的限制，目前小杂粮的亩产水平较低。到“十五”末，宁夏引进和选育的一批小杂粮优良新品种，大面积试验、示范平均亩产150多kg，与目前大面积生产平均亩产量80.33kg相比还有很大增长空间。差距预示着潜力，通过改良品种，提高品种纯度，改善生产条件，提高单产，增加总产的潜力很大。

2. 市场前景看好，销量还可扩大

小杂粮营养丰富，是食物构成中的重要组成部分，中国长期食物发展战略研究表明，在国人膳食结构中，豆类应占2%，粗粮占35%。与我国相邻的日本、韩国，每年小杂粮消费量的82%靠进口；俄罗斯、美国等国家和地区同样有较大需求量。宁夏小杂粮种类多，生育期短，种植于高海拔、无污染的山区，是人类“回归大自然”中颇受青睐的天然食品。利用国家粮食宏观调控政策，在稳定面积，提高产量的基础上，加大研究、推广力度，发挥保护收购价的引导作用，使每个农户都严格按照经销者的要求种植，最大限度地降低营销风险，外销还可进一步扩大。

3. 加工利用可进一步发展

随着人们生活水平的提高、膳食结构的改变和对健康的追求，人们开始注重营养的全方位，洁净的自然食物已成为追逐的时尚。小杂粮是医、食同源的新型食品资源，依托宁夏回族自治区区域优势，开发小杂粮清真食品，开拓中东及其他伊斯兰地区市场前景广阔。同时，从宁夏各城镇以小杂粮为主的副食品供应现状看，无论是品种还是数量只能达到需求量的70%左右，而且随着城乡人的口增加，需求量还会大大增加，所以加工利用前景广阔。

（三）结论

宁夏小杂粮不论从区域、分布、种类、面积还是品质上看，在全国都有一定的竞争能力，国内、外市场看好。要充分利用国家对小杂粮产业重视，扶持农业与粮食生产等有利因素，抓住粮食产品售价略有增长的市场机会，通过良种和技术推广，稳定面积、提高产量，做大、做强小杂粮产业。

四、优势区域布局

（一）指导思想

以市场为导向，以提高小杂粮产业总体效益和农民收入为目的，以稳定面积，优化结构和品种为重点，主要突出市场销路好，国际贸易需求旺盛的荞麦及小杂豆等作物种植，加强基础设施建设，发展订单生产，实现小杂粮区域化布区，规模化生产，产业化经营，加快形成具有国内外市场竞争力的小杂粮优势产区。

（二）发展思路

（1）区域发展保品质。坚持“有所为，有所不为”的原则，根据不同小杂粮对地域和气候条件的适应能力，划分优势区域，扶持龙头企业，统筹规划安排，分区重点发展。

（2）稳定面积抓良种。在单种基础上，发展间、复、套种，保证小杂粮面积稳定在300万亩，单位面积产量提高30%左右，总产达31万t。同时，加快品牌品种，间、复、套种品种的引进、选育、推广，完善配套栽培技术，提高单位面积产量。

（3）保证销路促经营。依托龙头企业带动，发展定单农业。严格按照市场和经营者的要求种植、管理，与开发商一起保销路，求生存。发挥保护价收购的引导作用，缓解产量波动和销售矛盾。

（4）加工增值求发展。稳定粗加工，发展深加工，开发特色加工，增加小杂粮的附加值。

（三）优势区域布局原则

（1）生态适宜原则。优势区域生态条件基本符合小杂粮生长要求。

（2）市场导向原则。着眼于国内、国际两个市场需求，加速发展市场占有率高、前景广阔的优势产品，建设原料基地，进行产品加工研发。

（3）龙头牵引原则。以培育龙头加工企业为重点，带动生产基地建设，形成“科技+公司+农户”的产业化结构模式。

（4）品牌带动原则。加大品牌品种和产品的开发力度，尽快形成独具竞争优势的特色品牌，占领国内外市场。走产地品牌和龙头企业品牌的路子。

（5）比较优势原则。一是生产布局相对集中，种植面积大，单产水平高。二是交通方便，销路广，副食品加工和外销能力强，转化率高。三是土地宽广，劳动力资源充足，有一定的发展后劲。

（四）优势区域界定依据

根据气候状况、种植现状和产业基础进行界定。

1. 气候状况

宁夏小杂粮主产县（区）气候状况与适宜小杂粮种类

县区	年平均温度（℃）	年降水量（mm）	≥10℃积温	无霜期（d）	海拔（m）	适宜小杂粮
原州区	6.0	478	1 980~2 690	135	1 450~2 825	豌豆、扁豆、莜麦
西吉县	5.3	420	1 850~2 320	129	1 688~2 633	豌豆、扁豆
隆德县	5.6	435	1 883~2 280	126	1 720~2 932	蚕豆、豌豆
泾源县	5.7	650.9	1 890~2 350	132.	1 608~2 942	蚕豆、莜麦
彭阳县	7.4~8.4	350~550	2 500~2 800	160	1 248~2 416	荞麦、糜子、草豌豆
海原县	5.3~8.6	400	2 630~2 950	110~146	1 300~2 920	糜子、豌豆、扁豆
同心县	8.4	270	2 970~3 160	183	1 260~2 625	糜谷、荞麦、豌豆
盐池县	9.2	280	3 120~3 310	168	1 300~1 900	荞麦、糜子

2. 小杂粮在粮食作物中的比重

宁南山区小杂粮占粮食作物总面积的32.3%，其中，93.3%的小杂粮种植在旱地。

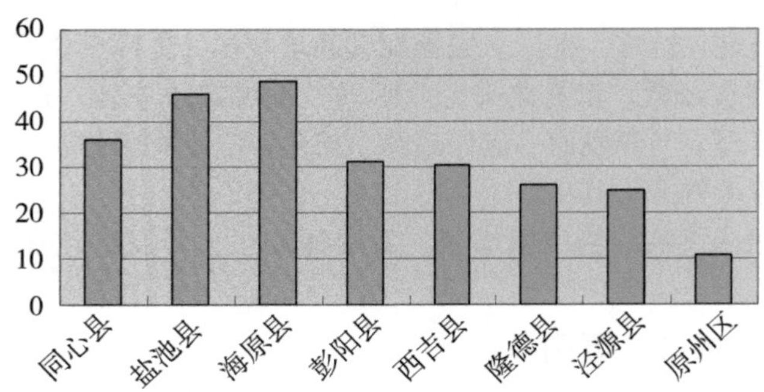

小杂粮在主产县粮食作物中的比重

水地种植小杂粮只有隆德的蚕豆，年播种2.588万亩，占1.01%；小杂粮播种面积占粮食播种面积的比例分别为：同心县36.2%、盐池县46.1%、海原县48.9%，彭阳县31.1%、西吉县30.6%、隆德县25.9%、泾源县24.8%、原州区10.9%。

2005年小杂粮种植面积统计

县区	粮食面积（万亩）	杂粮面积（万亩）	占粮食（%）	杂粮水、旱地种植面积				间、套种面积		复播面积	
				旱地（万亩）	占杂粮（%）	水地（亩）	占杂粮（%）	面积（亩）	占杂粮（%）	面积（亩）	占杂粮（%）
合计	791.7	255.42	32.3	238.232	93.3	25 880	1.01	22 200	0.9	126 000	4.93
原州区	143.2	14.45	10.9	14.45	100			1 200	0.8		
西吉县	101.6	31.12	30.6	31.12	100						
隆德县	52.9	13.69	25.9	11.102	81.1	25 880	18.9	1 000	0.7		
泾源县	19.3	4.79	24.8	4.79	100						
彭阳县	103.9	32.28	31.1	21.0	67.5					101 000	31.3
海原县	110.8	54.16	48.9	54.16	100						
同心县	150	54.26	36.2	49.76	91.7			20 000	3.7	25 000	4.61
盐池县	110	50.67	46.1	50.67	100						

注：由于小杂粮未列入统计年报，所以，上表中小杂粮面积为实际调查的2005年数据，调查方法在正文中有描述。粮食面积为宁夏统计局统计数据。

3. 宁南山区小杂粮种植结构与产量水平

糜子77.89万亩，占杂粮面积30.5%，平均亩产92.7kg；

荞麦69.38万亩，占杂粮面积27.16%，平均亩产44.5kg；

豌豆51.79万亩，占杂粮面积20.28%，平均亩产94.4kg；

谷子19.78万亩，占杂粮面积7.74%，平均亩产76.3kg；

蚕豆12.55万亩，占杂粮面积4.91%，平均亩产123.8kg；

扁豆8.38万亩，占杂粮面积3.28%，平均亩产76.0kg；

莜麦 7. 93 万亩，占杂粮面积 3. 11%，平均亩产 80. 7kg；

草豌豆 7. 75 万亩，占杂粮面积 3. 03%，平均亩产 126. 5kg。

2005 年宁夏小杂粮种植结构

杂粮面积（万亩）		原州区	西吉县	隆德县	泾源县	彭阳县	海原县	同心县	盐池县	合计	位次
		14. 45	31. 12	13. 69	4. 79	32. 28	54. 16	54. 26	50. 67	255. 42	—
糜子	面积（万亩）	2. 788	4. 929	0. 560	0. 245	8. 301	30. 00	20. 334	10. 84	77. 89	1
	杂粮（%）	19. 29	15. 84	4. 09	5. 12	25. 72	55. 39	37. 48	21. 39	30. 50	
荞麦	面积（万亩）	2. 95	4. 074	0. 620	0. 459	9. 704	7. 508	12. 526	31. 53	69. 38	2
	杂粮（%）	20. 42	13. 09	4. 53	9. 58	30. 06	13. 86	23. 09	62. 23	27. 16	
豌豆	面积（万亩）	5. 311	15. 839	2. 082	0. 723	2. 771	10. 95	8. 533	5. 581	51. 79	3
	杂粮（%）	36. 75	50. 90	15. 21	15. 09	8. 58	20. 22	15. 72	11. 02	20. 28	
谷子	面积（万亩）	1. 452	1. 221			0. 565	3. 00	10. 785	2. 722	19. 78	4
	杂粮（%）	10. 05	3. 92			1. 75	5. 54	19. 88	5. 37	7. 74	
蚕豆	面积（万亩）	0. 302		9. 748	2. 502					12. 55	5
	杂粮（%）	2. 09		71. 21	52. 23					4. 91	
扁豆	面积（万亩）	0. 765	1. 292	0. 411		1. 032	2. 700	2. 180		8. 38	6
	杂粮（%）	5. 29	4. 15	3. 00		3. 20	4. 99	4. 02		3. 28	
莜麦	面积（亩万）	0. 882	3. 765	0. 273	0. 862	2. 152				7. 93	7
	杂粮（%）	6. 10	12. 10	1. 99	18. 00	6. 67				3. 11	
草豌豆	面积（万亩）					7. 754				7. 75	8
	杂粮（%）					24. 02				3. 03	

注：由于统计年报中未列小杂粮，上表中为实际调查的 2005 年小杂粮生产数据。

4. 宁夏小杂粮产业基础

加工企业：包括银川厚生记公司，原州区杨郎糜子酒厂、明泽荞麦制品厂，灵武县泽发荞麦制品厂等有一定规模的小杂粮加工企业 8 家；豆芽、粉面、粉丝、凉粉和豌豆炒食以及油炸蚕豆等经营的全区有 108 家。

贸易企业：银川绿苗公司和新野贸易公司，主要从事豌、蚕豆种植、收购、加工和小杂粮出口贸易。其他小杂粮收购公司和个人 26 家。其中固原 5 家，西吉 4 家，隆德 3 家，泾源 2 家，彭阳 3 家，海原 3 家，同心 4 家，盐池 2 家。

（五）优势区域划分

按照界定依据和生产现状，确定宁南山区的盐池县、同心县、海原县、西吉县、原州区、彭阳县、隆德县、泾源县 7 县 1 区为宁夏小杂粮优势区域。根据气候条件可分为干旱区、半干旱区和半阴湿区。重点发展荞麦、豌豆、糜子、蚕豆、扁豆、草豌豆、莜麦、谷子等优势小杂粮。

（六）优势区域发展目标

干旱区：包括盐池县、同心县、海原县，现有小杂粮以为主，面积 159.09 万亩，占全区杂粮总面积的 62.28 %，发展目标是：以糜子、荞麦、豌豆、扁豆为主，积极探索发展芸豆生产。到 2010 年小杂粮总面积达到 180 万亩，增加 21 万亩。稳定糜子面积，增加荞麦、豌豆面积。

半干旱区：含西吉县、彭阳县和原州区 2 县 1 区，现有杂粮是荞麦、豌豆、草豌豆、扁豆、莜麦、糜子、谷子、蚕豆，面积 77.85 万亩，占全区杂粮总面积的 30.48%。发展目标是：以豌豆、荞麦、草豌豆为主，积极探索发展芸豆生产。到 2010 年小杂粮总面积达到 100 万亩，增加 22.2 万亩，总产由 8.19 万 t 增加到 12.25 万 t。

半阴湿区：包括隆德县和泾源县，现有杂粮为蚕豆、豌豆、扁豆、荞麦、莜麦和糜子，面积 18.48 万亩，占全区杂粮总面积 7.24%。发展目标是：到 2010 年蚕豆总面积由 12.25 万亩增加到 15 万亩，增加 2.75 万亩，总产由 1.5 万 t 增加到 2.1 万 t。

荞麦优势种植区域：盐池县、同心县、彭阳县、海原县、西吉县、原州区。发展目标：种植面积 85 万亩，亩产 60，总产量达到 5.1t。

豌豆优势种植区域：同心县、海原县、西吉县。发展目标：种植面积 60 万亩，亩产 110kg，总产量 6.6 万 t。

糜子优势种植区域：同心县、海原县、盐池县、彭阳县。发展目标：种植面积 70 万亩，亩产 110kg，总产量 7.7t。

区蚕豆优势种植区域：泾源县、隆德县。发展目标：种植面积 15 万亩，亩产 140kg，总产量 2.1 万 t。

扁豆优势种植区域：同心县、海原县、西吉县。发展目标：种植面积 15 万亩，亩产 90，总产量 1.35 万 t。

草豌豆优势种植区域：彭阳县、原州区。发展目标：种植面积 15 万亩，亩产 150kg，总产量 2.25 万 t。

莜麦优势种植区域：西吉县、彭阳县、原州区。发展目标：种植面积 10 万亩，亩产 100kg，总产量 1 万 t。

谷子优势种植区域：同心县、西吉县。发展目标：种植面积 30 万亩，亩产 170kg，总产量 5.1 万 t。

优势区域发展目标

项目	面积（万亩）				总产（万 t）	亩产（kg/亩）
	干旱区	半干旱区	阴湿区	合计		
总面积	180	100	20	300	31.2	104
荞麦	65	20		85	5.1	60
豌豆	25	30	5	60	6.6	110
糜子	60	10		70	7.7	110
蚕豆			15	15	2.1	140

（续表）

项目	面积（万亩）				总产（万 t）	亩产（kg/亩）
	干旱区	半干旱区	阴湿区	合计		
扁豆	10	5		15	1.35	90
草豌豆		15		15	2.25	150
莜麦		10		10	1	100
谷子	20	10		30	5.1	170

（七）促进宁夏小杂粮产业发展的主要措施

为了保证宁夏小杂粮优势种植区域规划的落实，促进小杂粮产业发展，以小杂粮产业带动当地农民增收致富，重点应抓好以下工作。

1. 新品种引进选育及示范园建设

借助国家重视小杂粮，加大科技投入的有利时机，在自治区科技厅、农牧厅长期支持小杂粮科研、开发以及固原市农科所多年对小杂粮研究的基础上，在宁夏固原市农科所建立国家小杂粮品种改良分中心 1 个，加强新品种引进选育和栽培技术研究。按不同生态类型、生产区域在原州区、盐池县、隆德县建设引育种试验园 3 处，选育适合宁南山区不同类型生态区域种植的各类小杂粮新品种。抓好位于原州区的国家小杂粮新品种展示园区建设，使其真正起到“品种的擂台、科研的舞台、龙头企业的展台、信息交流的平台”的作用。

2. 建设小杂粮种子质量检测中心和产品质量标准认证体系

认真实施好固原市种子管理站承担的“国家种子质量检测中心固原分中心”项目，发挥其在小杂粮种子和产品生产中的监督检测作用。对小杂粮不同品种、产品进行绿色产品的产地认定、产品认证，质量检测，制定行业和地方生产、加工标准和技术规程，对当地名、优、特品种、品牌进行注册、保护和利用。

3. 良种繁育及优质原料生产基地建设

到 2010 年，宁南山区小杂粮规划总面积达到 300 万亩，其中建设优质原料生产基地 150 万亩，包括荞麦 50 万亩、豌豆 40 万亩、糜子 30 万亩、蚕豆 15 万亩、草豌豆 9 万亩、扁豆 3 万亩、莜麦 3 万亩。原料生产基地实行统一技术方案，统一供种，统一标准，禁止使用农药，严格化肥使用量标准，生产的新产品必须符合国家绿色产品产地认定和产品质量认证标准，打造出山区小杂粮无公害绿色产品品牌，占领国内市场，打入国际市场。

建立良种繁殖基地，特别是生育期短、抗逆性强、高产、稳产的避灾、救灾、复播品种，加大新品种的繁殖与储存力度，有效解决救灾、复播和小杂粮产业发展对种子的需要。

4. 扶持重点龙头企业，带动基地发展

宁夏泽发荞麦制品有限公司、宁夏厚生记食品有限公司、宁夏扬郎金糜子酒业集团、宁夏新野贸易有限公司是以宁南山区小杂粮为原料的农产品加工和外贸企业。宁夏泽发荞麦制品有限公司目前主要生产荞麦米、挂面等系列产品，年生产能力 4 万 t；宁夏厚生记食品有限公司的厚生记牌乡村豆（蚕豆）和香瓜子（食用葵），年加工能力 5 000 t；宁夏扬郎金糜子酒业集团年生产糜子白酒 5 000 t，需要糜子 1.5 万 t；宁夏新野贸易有限公司年出口各类杂粮原粮 5 000t；通过对以上企业的支持，带动小杂粮产业的发展，对实现小杂粮优势布局调整十分重要。同时，对宁南山区明泽荞麦米加工厂等现有小杂粮加工企业进行技术改造和新产品研制开发，增加产品类型，提高产品质量。

5. 建立研究、推广一体化新型推广体系

由政府牵头，依靠科研、推广部门，把品种选育、繁殖与推广紧密地结合起来，加大宁夏良种和技术推广、应用速度。

6. 加大宣传力度和政府支持力度，促进小杂粮产业的发展

首先，各级政府要把小杂粮作为县域经济的组成部分重视和支持，充分利用国家粮食最低收购价的引导作用，减缓小杂粮产、销上的波动与起伏。其次，要抓住国家重视农产品加工的机遇，以招商、引资等多种形式，引进国内外先进技术、设备，促进小杂粮加工有一个大发展，开拓新市场，为城乡居民生活服务。要充分利用税收、科特派等优惠政策，在小杂粮营销行业，鼓励、支持公司和个人介入，大力支持科研、公司和农户相结合，逐步建立“科技+公司+农户”的“订单农业”运作模式和长效机制。

五、社会经济效益分析

（1）促进小杂粮生产、科研、加工和销售等全面发展，能提高当地小杂粮的市场竞争力，把资源优势转变成产品优势。

（2）促进种植业结构和种植制度的合理调配，发展立体复合种植，能提高自然资源利用率，增强躲避和抵御自然灾害的能力。

（3）通过区域规划，集中种植，提升小杂粮产品质量，可以促进小杂粮产业化发展，使规划区内 233 万人有较稳定的收入来源，增加经济收入近 1 亿元，有利于提高老、少、边、穷地区人民的生活水平，有利于老、少、边、穷地区人民脱贫致富，减轻国家粮食区域平衡压力，促进民族团结、社会安定和经济腾飞。对提高老少边贫地区粮食自给水平，减少调入，防止脱贫人口再次返贫，减轻粮食总量和区域平衡压力意义重大。

（4）促进县域经济和养殖业发展，增加农民收入，调动农民学科学、用科学的积极性，对建设社会主义新农村和构建和谐社会有十分重要的意义。

（5）规模化种植和集约化生产，能够带动收购、加工、运输、种子科研、生产等相关行业发展，解决劳动力就业，加快农村剩余劳动力的转化，加快小城镇的建设步伐。

注：本文为“中国小杂粮产业发展大会”提供的会议资料。

撰稿人：宋刚，程炳文，常克勤。

专家传略

常克勤（1965—），男，中共党员，宁夏回族自治区固原市原州区三营镇甘沟村人，宁夏农林科学院固原分院研究员，主要从事荞麦、燕麦、种质资源引进鉴定、新品种选育工作，积极参与国家脱贫攻坚和乡村振兴及产业化开发研究等。

一、学习经历

（一）学习经历

1973—1978 年在宁夏固原县黄铎堡公社甘沟小学读小学；1978—1980 年在甘沟小学初中部读初中；1980—1982 年在黄铎堡中学读初中，1982—1985 年在固原一中读高中，1985—1989 年在宁夏农学院农学系读书（2002 年 2 月宁夏农学院与宁夏大学合并），1989 年 7 月毕业，获得农学学士学位，同年分配到固原地区农业科学研究所，（2002 年 7 月固原地区撤地设市后更名为固原市农业科学研究所，2006 年 9 月—2007 年 8 月，作为中央组织部选派"西部之光"访问学者在中国农科院作物科学研究所研修，2014 年 6 月 23 日固原市农业科学研究所由固原市人民政府移交宁夏农林科学院管理，2015 年 2 月 1 日更名为宁夏农林科学院固原分院），常克勤研究员在该单位工作至今。

（二）工作经历

1990 年 7 月—1995 年 12 月在固原地区农业科学研究所经济作物研究室从事胡麻新品种选育工作，1991—1999 年担任固原地区农业科学研究所团支部书记；1997—至今参与和主持荞麦新品种选育及栽培技术研究工作，1999—2005 年担任固原市农业科学研究所的办公室副主任，2005—2010 年担任固原市农业科学研究所党委委员、办公室主任，期间 2002—2005 年，2007—2008 年先后担任两届农业科学研究所机关党支部书记；2009 年至今，被农业农村部聘为国家燕麦荞麦产业技术体系执行专家组成员，固原燕麦荞麦综合试验站站长，在体系年度考核中多次被评为优秀等次，其中 2016—2020 年聘期内获得试验站综合考核第 1 名的优异成绩；2012 年 4 月—2020 年 12 月作为自治区科技扶贫指导员（百人团成员）参加科技扶贫工作，2022 年至今，被中共中央组织部、农业农村部等部委选派为国家乡村振兴重点帮扶县西吉县科技特派团团长兼燕麦荞麦产业组组长。

1989 年 7 月参加工作，1990 年 7 月转正聘为研究实习员，1996 年 12 月晋升为助理研究员，2002 年 8 月晋升为副研究员，2008 年 12 月晋升为研究员，2013 年 5 月晋升为三级研究员，2011 年 5 月应邀参加固原一中百年校庆，工作业绩收录到《百年一中》

知名校友录，2015 年入选中国科技创新网创新人物百科专家。

2009 年 4 月作为宁夏回族自治区“新世纪 313 人才工程”人选提名（公示），2021 年 12 月被宁夏固原市产业创新研究院聘为特聘专家；2022 年 6 月被宁夏农林科学院聘为小杂粮育种与栽培学科带头人，2022 年 7 月被成都大学聘为农业硕士（农艺与种业）专业学位研究生导师，2022 年 4 月入选宁夏农林科学院农业科技创新发展战略研究智库专家组成员，2023 年 6 月被聘为宁夏小杂粮育种与栽培创新团队带头人、首席专家，2023 年 10 月个人工作业绩入选《天南地北西吉人》一书，2024 年 1 月，作为科技界代表应邀出席固原市 2024 年春节团拜会。

（三）出访经历

2010 年 8 月 29 日—9 月 6 日，应北欧燕麦协会（瑞典哥德堡）的邀请出访瑞典，到距瑞典南部的大城市马尔默以东 70km 的美丽海边小镇于斯塔德参加第五届欧洲燕麦研讨会，期间考察了瑞典、丹麦等国家燕麦加工企业和燕麦种植农场，了解企业加工产品和现代化管理模式。

2011 年 10 月 23—29 日，应中国台湾农业化学会的邀请，赴我国台湾在台湾大学参加“第三届海峡两岸谷物与杂粮健康产业研讨会”，期间参观了多家杂粮加工企业以及有机蔬菜生产基地。

2016 年 6 月 26 日至 7 月 5 日，受俄罗斯全俄豆类及制米作物研究所的邀请前往俄罗斯参加“农作物育种及种子生产可持续发展战略研讨会”，以及糜子、荞麦方面的学术研讨与技术交流等活动，期间在奥廖尔参加座谈会，完成杂粮产业发展战略研讨、学术交流和糜子、荞麦及豆类等杂粮加工工艺及原料基地实地学习等一系列活动，7 月 4 日在圣彼得堡到瓦维洛夫遗传资源研究所并开展学术交流，参观荞麦、糜子及豆类试验基地等工作。

2019 年 9 月 2 日至 9 月 8 日，应第十四届荞麦国际研讨大会组委会的邀请，在印度梅加拉亚邦西隆市印度东北希尔顿大学（North-east Hill University）参加第十四届荞麦国际研讨大会，期间参观了印度东北希尔顿大学作物资源研究所种质资源保存库，听取该所技术人员有关农作物种质资源保存和利用的介绍，在学习交流的基础上考察了荞麦种质资源保存基地，并与相关科学家进行了现场学术交流。

二、主要工作业绩

先后参与或主持完成国家科学技术部、农业农村部、宁夏回族自治区科技厅、农业农村厅、宁夏农林科学院和固原市科技局等各级各类科研项目（课题）46 项，主持或参与选育作物新品种（系）22 个，主持或参与制定地方标准（地区）标准 16 项，公布 6 项，授权国家发明专利 2 项，实用新型专利 6 项、软件著作权 1 项，取得科技成果 25 项，获宁夏回族自治区科技进步奖二等奖 2 项、三等奖 3 项，出版专著 18 部［其中主著（编）3 部、副著（编）2 部、参著（编）13 部］，发表学术论文 60 余篇。通过多年的试验研究，制定出宁夏荞麦燕麦高产栽培技术规范，形成了适合宁夏南部山区特点的荞麦燕麦生产技术体系，在宁南山区荞麦燕麦试验、示范及丰产栽培技术、病虫害防控等方面进行了比较深入的研究，并将获得的科研成果加以推广，取得了良好的社会效益和经济效益。

三、主要成果论著

（一）获奖成果及奖励

1. 宁南旱区稳定型种植制度研究获宁夏回族自治区科学技术进步奖三等奖，2001 年 1 月 25 日，宁夏回族自治区人民政府（第 9 完成人）。

2. 高产抗病胡麻新品种宁亚 14 号、15 号的选育推广获宁夏回族自治区科学技术进步奖二等奖，2001 年 12 月 31 日，宁夏回族自治区人民政府（第 5 完成人）。

3. 荞麦莜麦新品种选育及应用推广获宁夏回族自治区科学技术进步奖三等奖，2007 年 4 月 26 日，宁夏回族自治区人民政府（第 4 完成人）。

4. 胡麻优良新品种宁亚 16、17 号选育及推广应用获宁夏回族自治区科学技术进步奖二等奖，2008 年 6 月 21 日，宁夏回族自治区人民政府（第 6 完成人）。

5. 荞麦燕麦新品种信农 1 号、黔黑荞 1 号、燕科 1 号引育及推广获宁夏回族自治区科学技术进步奖三等奖，2021 年 6 月 18 日，宁夏回族自治区人民政府（第 1 完成人）。

6. 宁夏（胡麻）品种区试先进个人，1993 年，宁夏回族自治区农业厅

7. 扶贫嘉奖荣誉称号，2021 年 3 月 3 日，宁夏农林科学院。

8. “四个带头人”荣誉称号，2021 年 3 月 3 日，宁夏农林科学院。

9. 在建党 100 周年之际，被宁夏农林科学院固原分院评为优秀共产党员，2021 年 7 月 1 日。

10. 优秀科技扶贫指导员，2016 年 1 月 28 日，自治区科学技术厅。

11. “五个形象”先进个人，2000 年 9 月 8 日，固原地委、行署。

12. “三五”普法先进个人，2001 年 2 月 28 日，固原地委、行署。

13. 全市宣传思想工作先进个人，2005 年 3 月，中共固原市委宣传部。

14. 五次被固原市委组织部、固原市人事局评为优秀工作者。

15. “十佳”科技人员，2011 年 7 月 1 日，固原市农业科学研究所。

16. 致函《感谢信》奖励，盐池县人民政府致函农业农村部，以《感谢信》的方式对他和他的团队为推动盐池县荞麦产业发展做出的重要贡献给予高度评价。2023 年 12 月，盐池县人民政府。

17. 优秀作品奖，组织制作的《科技助农轻骑兵，服务群众暖心巢》微视频，被评为 2023 年度“大美科技特派团”优秀作品奖。2024 年 3 月，中华人民共和国科学技术部。

18. 1996 年、2000 年、2004 年、2007 年、2011 年、2012 年、2013 年、2023 年，被宁夏农林科学院固原分院（原固原市农业科学研究所）评为“先进工作者”荣誉称号。

19. 2003 年、2004 年、2009 年、2013 年、2021 年、2022 年，被宁夏农林科学院固原分院（原固原市农业科学研究所）授予“优秀共产党员”荣誉称号。

（二）品种

1. 胡麻品种

宁亚 14 号、宁亚 15 号、宁亚 16 号，宁亚 17 号。

2. 荞麦品种

信农 1 号、黔黑荞 1 号、固荞 1 号、固荞 2 号、固荞 3 号、固荞 4 号、固荞 5 号、固荞 6 号和固苦荞 1 号。

3. 燕麦品种

燕科 1 号、固燕 1 号、固燕 2 号、固燕 3 号、固燕 4 号。

4. 地方品种（收集、鉴定、评价、提纯、保存）

固原甜荞、盐池甜荞、固原莜麦、固原燕麦。

（三）登记成果

1. 荞麦新品种——信农 1 号（审定编号 2008036，第 1 完成人）。

2. 莜麦新品种——燕科 1 号（审定编号 2008037，第 1 完成人）。

3. 苦荞新品种——黔黑荞 1 号（审定编号 2009045，第 1 完成人）。

4. 坝上秋留茬晚耕播燕麦丰产保土保墒关键技术与集成示范（河北省科学技术成果，审定编号 20123113，第 20 完成人）。

5. 六盘山特困区小杂粮精准扶贫技术集成示范（9642021Y410，第 7 完成人）。

6. 荞麦新品种——固荞 1 号（审定编号 9642023Y0234，第 1 完成人）。

7. 燕麦新品种——固燕 1 号（审定编号 9642023Y0235，第 1 完成人）。

8. 甜荞良种繁育技术规程（审定编号 9642023Y0759，第 1 完成人）。

9. 荞麦新品种——固荞 3 号（审定编号 9642024Y0327，第 1 完成人）。

10. 燕麦新品种——固燕 2 号（审定编号 9642024Y0326，第 1 完成人）。

（四）成果转化

1. 信农 1 号使用权转让（2020 年 4 月 15 日—2025 年 4 月 15 日）给盐池县嘉丰种业有限公司，授权费用 15 万元。

2. 黔黑荞 1 号使用权转让（2020 年 4 月 15 日—2025 年 4 月 15 日）给盐池县嘉丰种业有限公司，授权费用 5 万元。

3. 燕科 1 号使用权转让（2020 年 4 月 15 日—2025 年 4 月 15 日）给固原金穗农林开发有限公司，授权费用 4 万元。

4. 固荞 1 号使用权转让（2023 年 11 月 30 日—2028 年 11 月 30 日）给盐池县嘉丰种业有限公司，授权费用 18 万元。

5. 固燕 1 号使用权转让（2024 年 3 月 15 日—2029 年 3 月 15 日）给宁夏宏泰农林科技有限公司，授权费用 4. 5 万元。

（五）专利及软著作权

1. 一种可调式荞麦燕麦播种机（实用新型，ZL2021 2 0264989. 2，第 1 完成人）。

2. 一种宽窄行荞麦专用抗旱播种机（实用新型，ZL2021 2 0715556. 4，第 1 完成人）。

3. 一种荞麦用抗旱播种机的进料机构（实用新型，ZL2021 2 0715590.1，第 1 完成人）。

4. 荞麦播种器（实用新型，ZL2021 3 0852390.6，第 1 完成人）。

5. 一种旱地农作物种植用智能型施药施肥装置（实用新型，ZL2021 2 0609230.3，第 2 完成人）。

6. 一种抗旱播种机用进料机构（实用新型，ZL 2023 2 0093870.2，第 1 完成人）。

7. 一种可调式旋耕穴播一体机（国家发明专利，2023105211968，第 1 完成人）。

8. 一种裸燕麦宽窄行垄沟种植播种机（国家发明专利，2024102247040，第 1 完成人）。

9. 荞麦种质资源库管理系统（软件著作权，2021SR1597536，第 3 完成人）。

（六）地方标准

1. 陕甘宁地区绿色食品 甜荞生产操作规程（已评审，待发布，第 6 完成人）。

2. 陕甘宁等地区绿色食品 燕麦生产操作规程（已评审，待发布，第 6 完成人）。

3. 宁南山区无公害甜荞麦生产技术规程（DB64/ T 1238—2016，第 1 完成人）。

4. 旱地裸燕麦无公害栽培技术规程（DB64/ T 1630—2019，第 1 完成人）。

5. 旱地裸燕麦覆膜穴播栽培技术规程（DB64/ T 1716—2020，第 1 完成人）。

6. 甜荞麦良种繁育技术规程（DB64/ T 1716—2023，第 1 完成人）。

7. 宁南山区荞麦亩产 75 千克栽培技术规程（本规程未公布，第 1 完成人）。

8. 荞麦新品种-信农 1 号亩产 100 千克高产创建技术规范模式（本模式未公布，第 1 完成人）。

9. 信农 1 号品种标准（本规程提供品种审定，未公开发布，第 1 完成人）。

10. 固荞 1 号品种标准（本规程提供品种认证和成果登记，未公开发布，第 1 完成人）。

11. 固荞 3 号品种标准（本规程提供品种认证和成果登记，未公开发布，第 1 完成人）。

12. 黔黑荞 1 号品种标准（本规程提供品种认证和成果登记，未公开发布，第 1 完成人）。

13. 旱地裸燕麦膜侧沟播栽培技术规程（本规程在报审中，未公布，第 1 完成人）。

14. 莜麦“燕科一号”品种标准（本规程提供品种认证和成果登记，未公开发布，第 1 完成人）。

15. 固燕 1 号品种标准（本规程提供品种认证和成果登记，未公开发布，第 1 完成人）。

16. 固燕 2 号品种标准（本规程提供品种认证和成果登记，未公开发布，第 1 完成人）。

（七）论文

[1] 常克勤，安维太，刘世新．旱地胡麻密肥高产栽培模型的建立与分析．固原师专学报，22（6）：41-44.

[2] 常克勤，李永平，杜燕萍．有机生物复合肥对胡麻的增产效应．陕西农业科学，2002（3）：16-18.

[3] 买自珍，常克勤，武维民，张惠玲．小麦套种大豆的增产机理及经济效益分析．宁夏农林科技，1996（5）：6-8.

[4] 常克勤．植物生长调节剂对胡麻产量及主要经济性状的影响．甘肃农业科技，2002（3）：34-36.

[5] 常克勤，杜燕萍．Rc-1 型保水剂和保水抗旱型种衣剂在旱地玉米上的应用效果．甘肃农业科技，2002（6）：26-27.

[6] 李永平，贾志宽，刘世新，韩青芳，常克勤，上官周平．宁南山区旱地苜蓿垄沟集水种植生物群体生长特征及其水分利用效率．水土保持研究，2006（5）：199-201+204.

[7] 常克勤，马均伊，杜燕萍，穆兰海，张秋燕．莜麦新品种宁莜 1 号选育及推广．甘肃农业科技，2006（11）：9-10.

[8] 常克勤，杜燕萍，尚继红，穆兰海．灰色关联度多维综合评估在莜麦品种评价中的应用．陕西农业科学，2006（6）：98-100.

[9] 常克勤，马均伊，杜燕萍，穆兰海，张秋燕．甜荞新品种宁荞 1 号的特征特性及高产栽培技术．作物杂志，2006（6）：62-63.

[10] 常克勤，马均伊，杜燕萍，穆兰海，张秋燕．苦荞新品种宁荞 2 号特征特性及高产栽培技术．陕西农业科学，2007（1）：166-166+183.

[11] 常克勤．宁夏甜荞产业化发展的思考．作物杂志，2007（4）：20-22.

[12] 常克勤，宋刚．宁夏小杂粮生产布局及发展建议．甘肃农业科技，2007（8）：44-46.

[13] 杜燕萍，劳改凤，常克勤，王敏，魏国宁，关耀兵．春小麦典型遗传特性比较试验．陕西农业科学，2007（5）：1-3.

[14] 常克勤．宁夏优质荞麦产业化开发优势与对策（英文版）．第十届国际荞麦会议论文集．杨凌：西北农林科技大学出版社，2007.

[15] 常克勤，宋刚，杜燕萍，穆兰海，赵永峰，杨红．宁夏小杂粮生产存在的问题与发展对策．宁夏农林科技，2007（5）：142-143.

[16] 穆兰海，赵永峰，常克勤，杜燕萍．干旱山区燕麦适宜播期的探讨．中国燕麦研究进展，2010（第二届中国燕麦产业大会暨中国食品协会 燕麦产业工作委员会 2010 年会论文集）2010 年 8 月.

[17] 杜燕萍，马均伊，常克勤，穆兰海，王敏．宁夏南部山区甜荞丰产栽培技术. 陕西农业科学，2007（6）：202.

[18] 常克勤．甜荞新品种——宁荞 1 号．农村百事通，2007（23）：32.

[19] 杜燕萍，常克勤，穆兰海，王敏．宁夏南部山区发展荞麦生产的探讨．中国种业，2007（12）：51.

[20] 杜燕萍，马均伊，常克勤，穆兰海，王敏．宁夏南部山区裸燕麦丰产栽培技术．内蒙古农业科技，2008（1）：103-104.

[21] 杜燕萍，王敏，常克勤，穆兰海．宁夏荞麦良种应用现状及对策．中国种业，2008（5）：20-21.

[22] 杜燕萍，常克勤，王敏，穆兰海，杨红．甜荞引种试验初报．甘肃农业科技，2008（5）：21-23.

[23] 杜燕萍，常克勤，穆兰海，王敏．宁夏丘陵地区发展荞麦生产的探究．内蒙古农业科技，2008（3）：89+120.

[24] 常克勤，穆兰海，杜燕萍，赵永峰．构建抗旱节水技术体系 促进宁南山区特色杂粮可持续发展．第二届海峡两岸杂粮健康产业峰会论文集，2010 年 10 月.

[25] 赵永峰，穆兰海，常克勤，杜燕萍，陈勇，马存宝．不同栽培密度与 N、P、K 配比精确施肥对荞麦产量的影响．内蒙古农业科技，2010（4）：61-62+3.

[26] 赵永峰，穆兰海，常克勤，杜燕萍，马存宝．分期播种对干旱区燕麦产量的影响．内蒙古农业科技，2010（5）：30-30+37.

[27] 赵永峰，陆俊武，穆兰海，常克勤，杜燕萍，王效瑜．不同农艺措施对燕麦生长发育及产量影响试验．现代农业科技，2010（20）：42-43+2-3.

[28] 赵永峰，翟玉明，穆兰海，杜燕萍，常克勤，陈勇．燕麦引种比较试验．内蒙古农业科技．2010（6）：30-30+52.

[29] 穆兰海，剡宽江，陈彩锦，常克勤，周皓蕾，杨彩铃．不同密度和施肥水平对苦荞麦产量及其结构的影响．现代农业科技，2012（1）：63-64+3.

[30] 陈彩锦，穆兰海，剡宽江，常克勤，杜艳萍．微生物菌肥对宁夏南部山区燕麦生长的影响．现代农业科技，2014（1）：19-20.

[31] 陈彩锦，母养秀，剡宽江，穆兰海，杜燕萍，常克勤．宁夏南部山区燕麦肥效研究．安徽农业科学，2014，42（32）：19-20.

[32] 母养秀，陈彩锦，杜燕萍，穆兰海，常克勤．宁南山区不同甜荞麦品种产量和品质的比较研究．湖北农业科学，2015，54（16）：3860-3863.

[33] 陈彩锦，穆兰海，杜燕萍，母养秀，常克勤，剡宽江．分析播期对宁夏南部山区甜荞生长发育及产量的影响．陕西农业科学，2015，61（11）：6-12.

[34] 陈彩锦，穆兰海，母养秀，撒金东，常克勤，杜燕萍．播期对荞麦农艺性状和产量的影响及其相互关系．江苏农业科学，2015，43（12）：127-129.

[35] 母养秀，杜燕萍，陈彩锦，穆兰海，常克勤．不同苦荞品种营养品质与农艺性状及产量的相关性．江苏农业科学，2016，44（6）：139-142.

[36] 常耀军，母养秀，张久盘，穆兰海，杜燕萍，常克勤．种植密度对荞麦生理指标、农艺性状及产量的影响．湖北农业科学，2017，56（16）：3022-3024+3047.

[37] 穆兰海，母养秀，常克勤，杜燕萍，陈彩锦．不同皮燕麦品种蛋白质含量与营养指标及农艺性状的相关性分析．江苏农业科学，2017，45（22）：86-88.

[38] 母养秀，张久盘，穆兰海，杜燕萍，常克勤．不同播种密度对荞麦植株叶片衰老及产量的影响．江苏农业科学，2018，46（1）：40-42.

[39] 母养秀，杨利娟，张久盘，穆兰海，杜燕萍，常克勤．种植密度对荞麦受精结实率及产量的影响．湖北农业科学，2018，57（2）：32-34.

［40］杨崇庆，常耀军，杨娇，李耀栋，王湛，常克勤，穆兰海，杜燕萍，张久盘. 燕麦生产及品种选育技术研究进展. 麦类作物学报，2022，42（5）：578-584.

［41］常耀军，母养秀，张久盘，穆兰海，杜燕萍，常克勤. 种植密度对荞麦生理指标、农艺性状及产量的影响. 农业生物技术（英文版），2017，56（16）：3022-3024+3047.

［42］李耀栋，常克勤，杨崇庆，杜燕萍，穆兰海. 荞麦新品种"信农1号"选育及栽培要点. 南方农业，2021，15（31）：8-10+14.

［43］杨崇庆，常克勤，穆兰海，杜燕萍，张久盘，李耀栋，张晓娟. 荞麦品种改良与产业发展现状及趋势分析. 作物杂志，2021（2）：28-34.

［44］常克勤，穆兰海，杨崇庆，杜燕萍，张久盘，李耀栋. 提升宁夏荞麦生产能力的主要途径与对策. 宁夏农林科技，2020，61（4）：45-47+21.

［45］张久盘，常克勤，杨崇庆，穆兰海，杜燕萍. 基于ITS和RLKs序列的苦荞种质资源遗传多样性分析. 南方农业，2020，14（3）：149-152.

［46］张久盘，杨崇庆，常克勤，穆兰海，杜燕萍. 荞麦种质资源遗传多样性研究进展. 农业信息，2019（22）：107-109.

［47］张久盘，穆兰海，杜燕萍，贾宝光，常克勤. 宁南山区不同裸燕麦品种产量与品质比较研究. 现代农业科技，2018（3）：44-46.

［48］张久盘，穆兰海，杜燕萍，贾宝光，常克勤. 7个燕麦品种在宁南地区的抗旱性评价. 甘肃农业科技，2018（3）：74-78.

［49］陈一鑫，常晓明，穆兰海，杨崇庆，杜燕萍，常克勤. 燕麦新品种固燕1号选育过程及栽培技术要点. 南方农业，2023，17（17）：56-63+67.

［50］常克勤，任强，陈一鑫，赵芳成. 乡村振兴"组团式"帮扶战略背景下推动西吉县重点特色产业发展的思考. 宁夏农林科技，2023年专刊（已录用，待刊）

［51］穆兰海，常克勤，杜燕萍，陈一鑫，杨崇庆. 基于灰色关联分析不同气候生态类型区甜荞麦品种（系）的评价. 安徽农业科学（已录用，待刊）

［52］穆兰海，常克勤，杜燕萍，杨崇庆，陈一鑫. AMMI模型和GGE双标图对宁夏不同气候类型区苦荞品种稳产性适应性分析. 黑龙江农业科学，2024（02）：8-14.

［53］杨崇庆，常克勤，杜燕萍，穆兰海，陈一鑫. 宁南山区不同气候类型区苦荞作物品种关联度及稳定性分析. 作物科学，2023，37（06）：570-576.

［54］常克勤，穆兰海，杜燕萍，杨崇庆，陈一鑫. 基于AMMI模型和GGE双标图对荞麦品种稳产性及适应性分析. 新疆农业科学（已录用，待刊）

［55］常克勤，杜燕萍，穆兰海，杨崇庆，陈一鑫. 宁南山区苦荞新品种主要农艺性状主成分分析及综合评价. 黑龙江农业科学（已录用，待刊）

［56］杜燕萍，穆兰海，杨崇庆，陈一鑫，常克勤. 甜荞抗旱优良新品种固荞1号的选育. 宁夏农林科技（已录用，待刊）

（八）论著

1. 关友峰，常克勤. 油料作物丰产栽培技术［M］. 银川：宁夏人民出版社，1997.3，主编。

2. 柴岩，中国小杂粮产业发展指南［M］. 杨凌：西北农林科技大学出版社，2007. 8，参编。

3. 柴岩，冯佰利，孙世贤. 中国小杂粮品种［M］. 北京：中国农业科学技术出版社，2007. 8，参编。

4. 丁明等，宁夏小杂粮［M］. 银川：宁夏人民出版社，2008. 3，副主编。

5. 常克勤. 荞麦莜麦高产栽培技术［M］. 银川：宁夏人民出版社，2009. 4，主著。

6. 王立祥，李永平，廖允成. 宁南旱区种植结构优化与生产能力提升［M］. 杨凌：西北农林科技大学出版社，2009. 10，参编。

7. 郭志乾. 固原市农业科学研究所志［M］. 银川：宁夏精捷彩色印务有限公司，2009. 11，参编。

8. 任长忠，胡新中 中国燕麦产业发展报告 2010［M］. 杨凌：陕西科学技术出版社，2011. 2，参编。

9. 任长忠，杨才. 中国燕麦学［M］. 北京：中国农业出版社，2013. 11，参编。

10. 任长忠，陈庆富. 中国荞麦学［M］. 北京：中国农业出版社，2015. 6，参编。

11. 王立祥，李永平，许强. 宁夏粮食生产能力提升及战略储备［M］. 银川：黄河出版传媒集团阳光出版社，2015. 11，参编。

12. 惠贤，常克勤，陈勇，程炳文. 小杂粮高产栽培新技术［M］. 北京：中国农业科学技术出版社，2015. 12，主著。

13. 王鹏科，冯佰利. 荞麦食品［M］. 杨凌：西北农林科技大学出版社，2016. 8，参编。

14. 任长忠，胡新中. 中国燕麦荞麦产业“十二五”发展报告（2011—2015）［M］. 杨凌：陕西新华出版传媒集团陕西科学技术出版社，2016. 11，参编。

15. 任长忠，杨才. 中国燕麦品种志［M］. 北京：中国农业出版社，2018. 9，参编。

16. 马挺军，常克勤. 小杂粮营养价值及综合利用［M］. 北京：中国农业出版社，2021. 10，副著。

17. 任长忠，胡新中. 中国燕麦荞麦产业“十三五”发展报告［M］. 杨凌：陕西新华出版传媒集团陕西科学技术出版社，2021. 12，参编。

18. 储建平. 宁夏生物多样性研究［M］. 银州：黄河出版传媒集团阳光出版社 2023. 12，参编。

（九）调研报告

1. 向农业农村部提供的部分调研报告和扶贫项目立项建议：关于六盘山区燕麦荞麦产业提质增效生产关键技术研发与示范立项的报告（第 1 撰稿人）。

2. 向国家燕麦荞麦产业技术体系提供的部分调研报告：“打造体系升级版”具体构想和建议（第 1 撰稿人）。

3. 向宁夏回族自治区党委督察室提供的调研报告：关于宁夏燕麦产业发展状况的报告与建议（第 1 撰稿人）。

4. 向宁夏回族自治区农业农村厅提供的部分调研报告：固原燕麦主产区春季土壤

干旱情况调研报告；宁夏区域性荞麦良种繁育基地发展情况报告（第1撰稿人）。

5.《宁夏有机旱作农业发展面临的问题与对策》，本文于2022年向宁夏回族自治区党委、政府报送，并获得宁夏农林科学院三等奖（撰稿人之一）。

6.《宁夏小杂粮产业发展调研报告》，本文是2023年“旱作农业工作组”为“宁夏农林科学院农业科技创新发展战略研究智库”领导小组提交的调研报告（撰稿人）。

（十）主持或参与科研项目（按时间排列）

1. 大豆引种及栽培技术研究（固原地区科技局，1990年1月—1990年12月，第5完成人）。

2. 油料和杂粮作物新品种选育——胡麻新品种选育项目（宁夏回族自治区科技厅，1991年3月—1996年12月，第5完成人）。

3. 宁南旱区稳定型种植制度研究（宁夏回族自治区科技厅，1993年1月—1998年12月，第5完成人）。

4. 宁南山区玉米区试及品种筛选试验（宁夏回族自治区农牧厅，1997年1月—1998年12月，第2完成人）。

5. 六盘山区花卉资源开发利用及种球繁育基地建设（宁夏回族自治区科技厅，1997年1月—1998年12月，第1完成人）。

6. 小杂粮新品种引进选育——荞莜麦新品种选育（宁夏回族自治区科技厅，2001年1月—2005年12月，第1完成人）。

7. 荞莜麦新品种引进及种子繁育基地建设（宁夏回族自治区发改委，2003年1月—2004年12月，第2完成人）。

8. 宁南山区旱地避灾作物种质资源研究及新品种选育项目——荞莜麦种质资源研究及新品种选育课题（宁夏回族自治区科技厅，2006年1月—2010年12月，第1完成人）。

9. 荞麦资源高效利用与产业化示范研究专题（2008年1月—2009年12月，中华人民共和国科学技术部，第1完成人）。

10. 国家燕麦产业技术体系固原综合试验站（2008年9月—2010年12月，中华人民共和国农业部，第1完成人）。

11. 国家燕麦荞麦产业技术体系固原综合试验站（2011年1月—2015年12月，中华人民共和国农业部，第1完成人）。

12. 小杂粮和油料作物新品种选育及种植资源研究——荞麦燕麦新品种选育及种植资源研究（2011年1月—2011年12月，宁夏回族自治区科技厅，第1完成人）。

13. 宁南山区小杂粮种质资源研究及新品种选育项目——荞燕麦种质资源研究及新品种选育课题（2011年1月—2015年12月，宁夏回族自治区科技厅，第1完成人）。

14. 荞麦新品种新技术示范与推广服务（宁夏回族自治区科技厅，2012—2017年，第1完成人）。

15. 宁南山区旱地农作物和特殊林木种质资源收集保存及运行项目——荞麦燕麦种质资源收集保存及运行课题（宁夏回族自治区科技厅，2015年1月—2015年12月，第1完成人）。

16. 小杂粮种质资源收集与创新——荞麦燕麦种质资源收集与创新（2015年1月—

2015 年 12 月，宁夏回族自治区科技厅，第 1 完成人）。

17. 宁夏特色小杂粮与油料作物种质创制及节本增效栽培技术研究——荞麦燕麦轻简高效栽培技术研究（宁夏回族自治区科技厅，2015 年 1 月—2015 年 12 月，第 1 完成人）。

18. 小杂粮与油料新品种选育与种质资源研究——荞麦燕麦新品种展示与示范（宁夏农林科学院，2015 年 1 月—2015 年 12 月）。

19. 宁夏小杂粮与胡麻新品种选育及栽培技术研究与示范（宁夏自治区农业农村厅，2016 年 1 月—2020 年 12 月，第 2 完成人）。

20. 荞麦燕麦新品种选育及栽培技术研究与示范（宁夏农林科学院，2016 年 1 月—2018 年 12 月，第 1 完成人）。

21. 宁夏“三区”人才支持计划科技专项（宁夏回族自治区科技厅，2016 年 7 月—2018 年 7 月，第 1 完成人）。

22. 国家燕麦荞麦产业技术体系固原综合试验站（中华人民共和国农业农村部，2016 年 1 月—2020 年 12 月，第 1 完成人）。

23. 燕麦新品种及配套技术引进试验示范推广（宁夏回族自治区农业农村厅，2017 年 1 月—2017 年 12 月，第 1 完成人）

24. 宁夏小杂粮专家服务团（宁夏回族自治区农业农村厅，2017 年 1 月—2020 年 12 月，第 2 完成人）。

25. 荞麦新品种新技术示范与推广服务（宁夏回族自治区科技厅，2017 年 4 月—2017 年 12 月，第 1 完成人）。

26. 小杂粮优质高产品种筛选及配套技术示范推广（宁夏回族自治区农业农村厅，2017 年 1 月—2018 年 12 月，第 2 完成人）。

27. 荞麦燕麦新品种选育（宁夏回族自治区科学技术厅，2018 年 1 月—2020 年 12 月）。

28. 荞麦燕麦新品种选育（宁夏回族自治区科技厅，2018—2020 年，第 2 完成人）。

29. 宁夏小杂粮新品种展示示范园区建设（宁夏回族自治区农业农村厅，2018—2020 年，第 2 完成人）。

30. “科技支宁”东西部合作产业扶贫六盘山特困区小杂粮精准扶贫技术集成示范（宁夏回族自治区科技厅，2018—2020 年，第 2 完成人）。

31. 彭阳县产业扶贫技术集成与示范（宁夏农林科学院，2018—2020 年，第 2 完成人）。

32. 玉米新品种高效种植技术示范与推广服务（宁夏回族自治区科技厅，2018—2020 年，第 1 完成人）。

33. 小杂粮新品种与轻简高效栽培技术示范推广基地建设（宁夏回族自治区农业农村厅，2019 年 1 月—12 月，第 1 完成人）。

34. 荞麦新品种及轻简栽培技术示范（宁夏农林科学院，2020—2023 年，第 1 完成人）。

35. 国家重点研发计划项目子课题——黄淮区荞麦抗旱机械化栽培技术集成与示范（中华人民共和国科学技术部，2020—2022 年，第 2 完成人）。

36. 国家燕麦荞麦产业技术体系固原综合试验站（中华人民共和国农业农村部，2021—2025 年，第 1 完成人）。

37. 马铃薯与小杂粮高产种植技术示范与推广服务项目（课题）（宁夏回族自治区科技厅，2021—2022 年，第 1 完成人）。

38. 宁南山区优势特色产业提质增效技术集成示范与推广——荞麦新品种及提质增效技术集成示范与推广（宁夏回族自治区科技厅，2022 年 1 月—2022 年 12 月，第 1 完成人）。

39. 国家乡村振兴重点帮扶县西吉县科技特派团团长兼燕麦荞麦产业组组长（中共中央组织部、中华人民共和国农业农村部等，2022—2025，第 1 完成人）

40. 荞麦燕麦生态高效种植技术研发与示范（宁夏农林科学院，2023—2025，第 1 完成人）。

41. 国家重点研发项目——六盘山—秦巴山区特色种养绿色高效关键技术集成与示范项目——西吉县冷凉蔬菜产业绿色高效关键技术集成与示范专题（中华人民共和国科学技术部，2023—2025 年，第 2 完成人）。

42. 宁夏小杂粮创新团队（宁夏回族自治区科技厅，2023 年至今，第 1 完成人）。

43. 荞麦燕麦高值化技术研究及轻简高效栽培技术集成示范（宁夏农林科学院，2020—2022，第 2 完成人）。

44. 宁夏“三区”人才支持计划科技专项（宁夏回族自治区科技厅，2023 年 5 月—2024 年 5 月，第 1 完成人）。

45. 吴忠市耐旱杂粮栽培技术集成与示范（宁夏农林科学院、吴忠市政府，2024 年 3 月—2025 年 3 月，第 1 完成人）。同时在吴忠市盐池县嘉丰种业有限公司建设以常克勤研究员为首席的“小杂粮人才工作室”，同步实施。

46. 宁夏“三区”人才支持计划科技专项（宁夏回族自治区科技厅，2024 年 6 月—2025 年 6 月，第 1 完成人）。

四、社会兼职

国家燕麦荞麦产业技术体系执行专家组成员、固原综合试验站站长，国家乡村振兴重点帮扶县西吉县科技特派团团长兼燕麦荞麦产业组组长，中组部选派“西部之光”访问学者，宁夏小杂粮创新团队首席专家，宁夏农林科学院小杂粮育种与栽培学科带头人，成都大学农业硕士（农艺与种业）专业学位研究生导师，农业农村部农业主导品种主推技术通讯评审专家，国家科技专家库入库专家，中国知网（CNKI）评审专家，科技创新网创新人物，中国粮油市场报学术委员，中国作物学会燕麦荞麦分会常务委员，中国农学会杂粮分会理事，中国农学会耕作制度分会理事，中国农学会农业领域科技专家库专家，吉林省燕麦育种研究重点实验室学术委员会委员，陕西省咸阳市特色产业专家工作站（永寿）驻站专家，宁夏农林科学院农业科技创新发展战略研究智库专家组成员，固原市产业技术创新研究院特聘专家，固原市职称评审专家。

本文部分内容刊登在《荞麦花开：中国荞麦专家传略》一书。

部分荞麦燕麦品种展示

信农1号（首位完成人：常克勤）

固荞1号（首位完成人，常克勤）

固荞2号（首位完成人：常克勤）

固荞2号（首位完成人：常克勤）

固荞3号（首位完成人：常克勤）

固荞4号（首位完成人：常克勤）

固荞5号（首位完成人：常克勤）

固荞6号（首位完成人：常克勤）

固原苦荞（提纯鉴定）

黔黑荞1号（首位完成人：常克勤）

固苦荞1号（首位完成人：常克勤）

盐池甜荞（提纯鉴定）

固燕1号（首位完成人：常克勤）

固燕2号（首位完成人：常克勤）

固燕3号（首位完成人：常克勤）

固燕4号（首位完成人：常克勤）

固原燕麦（提纯鉴定）

固原莜麦（提纯鉴定）

燕科1号（首位完成人：常克勤）